# 터널공학
Tunnel Engineering

# 터널공학

# Tunnel Engineering

신 종 호

지금과 같이 함께 모여 강의를 듣는 교육방식은 언제까지 지속될 것인가? 제일 좋은 강의를 다 함께 공유할 인터넷, AI 환경의 플랫폼만 있다면, 전국 아니, 전 세계 대학들이 같은 과목을 제각각 강의를 하여야 할 필요가 있는 것인가? 그러한 교육환경에서도 책이 의미 있는 역할을 계속할 것인가? 이 책을 쓰기에 앞서 답을 내야 할 질문들이었다. 알고 보니 이러한 의문에 대한 해답은 이미 나와 있었다. 건물 없는 대학인 Minerva School이 바로 그 예이다. 위기의식을 가질 만큼의 변화의 수위가 이미 허리춤을 지났고, 그 격랑이 턱밑을 위협하고 있다. 이 추세라면, 앞으로 터널 강의와 학습은 이론과 현장을 결합한 AI가 주도하는 체험적 영상교과로 진화할 것이며, 교실에 모여 강의하는 현재의 산업시대적 교육방식은 궁극적으로 사라질 것으로 전망된다.

문제는 터널지식 전달환경을 논하기에 앞서, '터널'의 지식체계가 유비쿼터스 환경의 비대면 강의로 진행될 만큼 '체계적으로 정리되어 있는가?'이다. 터널기술에 대한 정보와 조각지식은 넘쳐나지만 지금의 교육환경에서조차 터널을 어떻게 체계적으로 가르쳐야 할 것인지 난망하다고들 한다. 나 자신도 지난 15년간 터널 강의를 하면서, 나름의 강의노트를 만들어 사용하며, 매년 바꾸고 고쳐 쓰기를 거듭해왔지만 항상 만족스럽지 못했다. 지식은 형식지(explicit knowledge)와 암묵지(tacit knowledge)의 상호작용으로 축적되고 전달된다고 한다. 책은 대표적 형식지이며, 미래교육환경에서 '책'은 단순 교과서가 아닌, AI 기반의 유비쿼터스 교육환경의 틀을 제시하고, 개인의 학습을 돕는 지식 Framing 기능을 계속할 것이다.

전 세계적으로는 해마다 수백 킬로미터의 터널이 건설되고 있고, 우리나라도 해마다 수십 킬로미터의 터널이 더해지고 있다. 터널은 단일 토목구조물로서 해마다 건설연장이 획기적으로 늘어나, 대표적 토목구조물로서의 기록을 매년 갱신하고 있다. 공간 부족문제에 대한 대응 및 갈등의 해소책으로서 터널과 지하공간의 확대는 앞으로 더욱 가속화할 것으로 예상된다. 이런 상황이 시사하는 바는 대부분의 건설 분야 전공자들이 향후 직간접으로 터널과 지하공간의 계획, 설계, 시공 및 유지관리 업무를 접할 수밖에 없으며, 터널지식을 기초소양으로서 예비할 것을 사회와 산업이 요구하고 있다는 것이다.

터널이 대표적인 토목구조물 중의 하나로 대두되었음에도 터널교육은 답답한 수준이다. 터널 강의가 쉽지 않은 것은 두 번째 문제이고, 터널의 교육적 자원은 매우 빈약하다. 심지어 '터널'이라는 용어가 주는 이미지마저도 이 시대의 젊은이들에게 매력적인 터널 학습에 대한 관심을 떨어뜨리는 요인임을 인정하지 않을 수 없다. 여러 터널 책이 있음에도 '가르치기가 쉽지 않다'는 불평의 근원이 어디에서 오는지 알게 되었다.

터널지식은 응용지질학, 고체역학, 토질 및 암반역학, 지하수 수리학 및 구조역학 등의 역학적 요소와 시공학, 기계 및 설비 관련 공학적 요소를 포함한다. 기하학적 경계의 불명확, 비선형 탄소성거동의 대변형문제, 구조-수리 상호거동, 지반-라이닝 구조상호작용, 굴착(건설) 중 안전율 최소 등이 터널역학과 공학의 대표적 특징이다. 이에 따라 터널의 형성 원리, 소성론, 비선형 수치해석 등 요구되는 선행학습의 양이 방대하고, 상당 부분이 학부 학습범위를 넘는다. 연약지반과 암반에 따른 터널의 거동양상이 다르고 터널공법에 따라서도 굴착과 지보 메커니즘이 다르다. 또한 터널 프로젝트의 계획, 설계, 시공, 유지관리별 요구되는 지식의 내용도 상이하므로 이를 일관된 지식체계로 풀어내는 것이 쉽지 않다.

지식의 관점에서 터널의 형성 원리 및 터널거동이론인 '터널역학(mechanics)', 그리고 터널의 계획, 조사, 굴착 및 지보공법 선정 그리고 경험을 포함하는 실무적 지식체인 '터널공학(engineering)'으로 구분할 수 있다. 터널지식을 역학과 공학으로 구분하면, 학습의 대상과 선후가 비교적 명확하게 정리된다. 이로부터 터널의 형성 원리와 거동의 직관을 제공하는 터널역학, 그리고 현장의 설계 및 시공 실무에 대한 전문가적 기초소양을 담는 터널공학의 학습체계를 제안하게 되었다. 이 책의 가제본을 제작하여 지난 1년간 수업을 통해 강의의 범위와 내용을 검증하였고, 이를 토대로 이 책을 이용한 학습프로그램(teaching instruction)을 제안하였다.

터널지식이 방대하여, 터널을 공부한다는 것은 어떤 다른 지반 구조물이나 지반 공학적 문제도 비교적 쉽게, 그리고 종합적으로 접근할 수 있는 기회를 갖게 되는 것 같다. 이 책의 준비과정에서, 기존의 연구활동과 저술, 그리고 터널지하공간학회를 중심으로 이루어진 정리된 정보들이 많은 도움이 되었다. 터널 연구 그리고 현장에서 많은 정보를 생산하여 터널지식의 축적에 기여해오신 많은 분들께 깊은 감사를 드린다. 이 책의 구성을 평가하고, 검증에 참여해준 Geo-system 실험실 후학들, 그리고 현업의 귀한 정보를 제공해주신 터널 전문가 분들께도 깊이 감사드린다.

앞으로 이 책이 터널지하공간 교육과 건설산업 발전에 도움이 되고, 통일 후 보다 확대될 한반도의 터널 및 지하공간 인프라 확충에도 작은 기여가 되기를 희망하며, 부족한 부분이 지속 보완될 수 있도록 독자제현의 많은 지도와 편달을 부탁드립니다.

著者 신 종 호

# 터널역학 및 터널공학의 체계와 구성

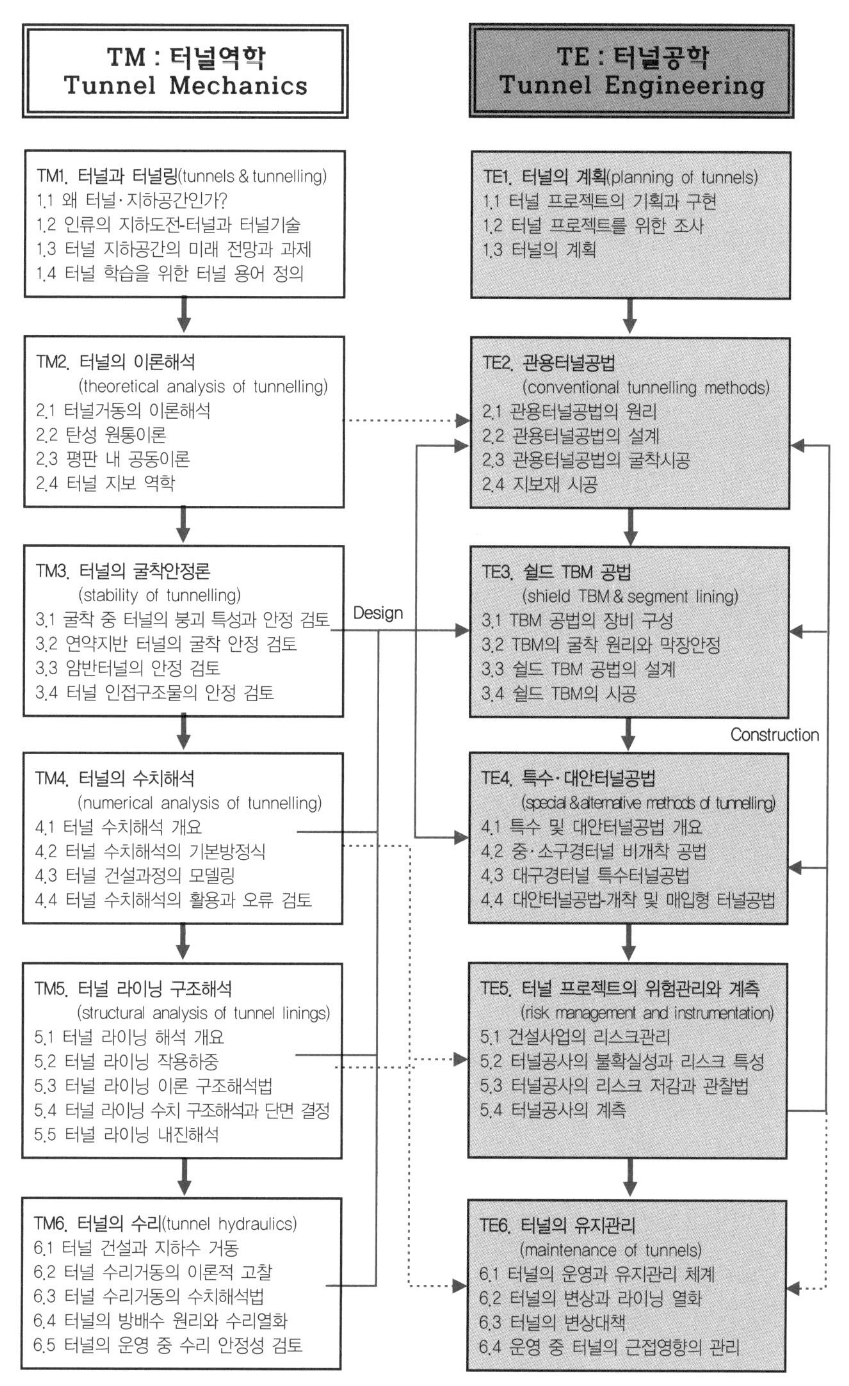


터널역학 및 터널공학의 체계와 구성

학습에 대한 안내 (Teaching Instruction)

터널지하공간을 포함하지 않는 인프라가 없을 정도로 터널지하공간은 이제 대표적인 토목구조물 중의 하나가 되었습니다. 이제 토목전공자라면, 어느 정도 터널에 대한 기초소양을 갖추어 현업에 진출하는 것이 바람직할 것입니다. 이 책은 학부의 기본학습은 물론, 대학원의 전문가적 기초소양까지 포함하고자 하였습니다. 따라서 이 책을 이용한 강의는 순차적이 아닌, 각 장의 기초 개념은 학부에서 다루고, 각 장의 후반부인 터널 소성론, 암반터널 안정론, 그리고 수치해석 및 위험도 관리는 대학원에서 다루면 좋을 것입니다.

## 학부(undergraduate course)

학부강의는 터널의 역학적·공학적 매력을 확산시키는 데 중점을 두면 좋을 것입니다. 이 책을 활용한 강의 경험을 토대로 한 학부 강의프로그램을 소개합니다.

| 주차 | 주제 | Key Teaching Points | 관련 장/절 | 활동제안 |
|---|---|---|---|---|
| 1 | 터널지하공간이란? | ① 강의소개<br>② 터널이론해석, 얇은 원통이론 | TM1장 : 1.1–1.4 | 토론 |
| 2 | 터널의 이론해석(1) | ① 두꺼운 원통이론(탄성)<br>② 평판이론(탄성) | TM2장 : 2.1–2.2 | 예제 연습 |
| 3 | 터널의 이론해석(2) | ① 터널 지보이론–CCM 원리<br>② 터널 지보이론–CCM 활용 | TM2장 : 2.3 | 예제 연습 |
| 4 | 터널 굴착안정해석 | ① 붕괴특성과 안정 검토법<br>② 전반붕괴 연습 | TM3장 : 3.1–3.2 | 예제 연습 |
| 5 | 터널라이닝 구조해석 | ① 라이닝 해석체계<br>② 원형보이론 | TM5장 : 5.1–5.3 | 예제 실습 |
| 6 | 터널 수리해석 | ① 터널수리의 특성<br>② 터널유입량과 라이닝 수압 | TM6장 : 6.1–6.2, 6.4–6.5 | 실습 |
| 7 | 전반기 정리 | 종합질문 및 정리 | (TM4장 터널 수치해석) | (or 실습 Demo) |
| 8 | Mid-term Examination | | | 시험 |
| 9 | 터널의 계획 | ① 계획요소 이론강의<br>② 토론 : 지하소유한계 | TE1장 : 1.1–1.3 | 토론 |
| 10 | 관용터널공법(1) | ① 공법원리<br>② NATM공법 설계 | TE2장 : 2.1–2.2 | 시청각(영상) |
| 11 | 관용터널공법(2) | ① 발파굴착과 보조공법<br>② NATM 지보시공과 계측 | TE2장 : 2.3–2.4<br>TE6장–계측 : 5.4 | |
| 12 | 쉴드 TBM Tunnelling | ① 장비구성<br>② 굴착 및 안정원리 | TE3장 : 3.1–3.2 | 시청각(영상) |
| 13 | 특수터널공법 | ① 비개착공법<br>② 특수 및 대안터널 공법 | TE4장 : 4.1–4.4 | (창의경진대회) |
| 14 | 터널의 유지관리 | ① 터널유지관리 개념과 체계<br>② 운영 중 터널의 안전성 검토 | TE6장 : 6.1, 6.4 | Case Study |
| 15 | 후반기 정리 | 종합질문 및 정리 | | (or 현장견학) |
| 16 | Final Examination | | | 시험 |

학부에서는 매주 2회 강의(회당 80분)로 터널역학 및 공학에 대한 전반적인 이해를 목표로 활용할 수 있습니다. 학부학습은 향후 실무에서 창의력을 가지고 업무를 수행하기 위한 잠재력 함양 과정이므로 강의범위를 적게 잡고, 예제를 통해 학습성과를 체화할 것을 권장합니다. 시청각교육, 현장견학, (수치해석)실습을 병행하면 학습효과를 크게 높일 것입니다. '터널'을 설계과목으로 개설하는 경우, 터널 단면작도와 수치해석을 대상으로 다룰 수 있을 것입니다(실습안은 부록에 수록).

① **시청각교육.** 터널공학(engineering) 부문은 영상 및 사진자료가 풍부하므로 시청각 자료를 적극 활용할 것을 권장합니다.

② **현장견학.** 학부과정에서 현장견학은 매우 유용합니다. 후반기의 종합정리 주차를 활용하여 NATM과 TBM 현장을 둘러볼 수 있다면 최고의 교육효과를 기대할 수 있을 것입니다.

③ **실습(또는 데모).** 실습은 CAD를 이용한 '터널의 작도'와 상업용 S/W를 이용한 '수치해석'을 대상으로 할 수 있을 것입니다. 저자의 경우 학부과정에서 수치해석 실습을 운영하고 있으나, 강의 진도상 시간이 충분히 학보하기 어려운 애로가 있었습니다. 따라서 본격적인 실습은 대학원 과정이 바람직하고, 학부에서는, 수치해석이론에 대한 선수과정을 이수한 경우가 아니면, 수치해석에 대한 간단한 데모와 단순활용 연습을 해보는 것이 바람직해 보입니다(학부에서 수치해석 데모는 따라하기 수준 정도가 바람직함).

④ **토론.** 책의 BOX에 정리한 사안들 중 주제를 선정하여 토론 주제로 활용할 수 있습니다(예, 지하소유권과 민원-터널 관련 갈등의 이해와 전공자로서 스탠스를 가늠해보는 기회로 활용). 토론이 어려운 경우, 특정 BOX 내용을 주제로, Short Technical Essay를 다루어봄으로써 Technical Report 작성능력을 평가해볼 기회를 갖는 것도 좋을 것입니다.

### 대학원(graduate course)

대학원과정은 설계 및 시공실무의 초보적인 업무능력 함양에 초점을 맞추어 학부학습의 잔여 부분인 터널소성거동, 암반터널 안정성 평가, CCM 연습, 터널수치해석, 라이닝 수치구조해석, 터널공사 위험도 관리를 주요 학습대상으로 할 수 있습니다. 터널 소성거동은 소성론의 선행학습이 필요합니다(TE부록 A3 참조). 특히, 수치해석과 리스크관리는 대학원과정에서 집중적으로 다루는 것이 바람직합니다. 수치해석의 경우, 실습 전 충분한 이론학습을 선행하여야 하며, 특히 해석의 오류와 책임문제를 깊이 있게 논의할 필요가 있습니다.

- 길이(length) : m (SI unit)

  1 m = 1.0936 yd = 3.281 ft = 39.7 in

  1 yd = 0.9144 m ;  1 ft = 0.3048 m ;  1 in = 0.0254 m

- 힘(force) : N

  1 N = 0.2248 lb = 0.00011 ton = 100 dyne = 0.102 kgf = 0.00022 kip

  1 kgf = 2.205 lb = 9.807 N

  1 tonne (metric) = 1,000 kgf = 2205 lb = 1.102 tons = 9.807 kN

  1 lbf = 0.4536 kgf

- 응력(stress) : 1 Pa = 1 N/m$^2$

  1 Pa = 1 N/m$^2$ = 0.001 kPa = 0.000001 MPa

  1 kPa = 0.01 bar = 0.0102 kgf/cm$^2$ = 20.89 lb/ft$^2$ = 0.145 lb/in$^2$

  1 lb/ft$^2$ = 0.04787 kPa

  1 kg/m$^2$ = 0.2048 lb/ft$^2$

  1 psi(lb/in$^2$)= 6.895 kPa = 0.07038 kgf/cm$^2$

- 단위중량(unit weight)

  1 kN/m$^3$ = 6.366 lb/ft$^3$

  1 lb/ft$^3$ = 0.1571 kN/m$^3$

- 대기압($p_a$) : 1 atm = 101.3 kPa = 1 kg/cm$^2$ , 1 bar =100 kPa
- 물의 단위중량 : 1 g/cm$^3$ = 1 Mg/m$^3$ = 62.4 lb/ft$^3$ = 9.807kN/m$^3$

- 심볼과 명칭

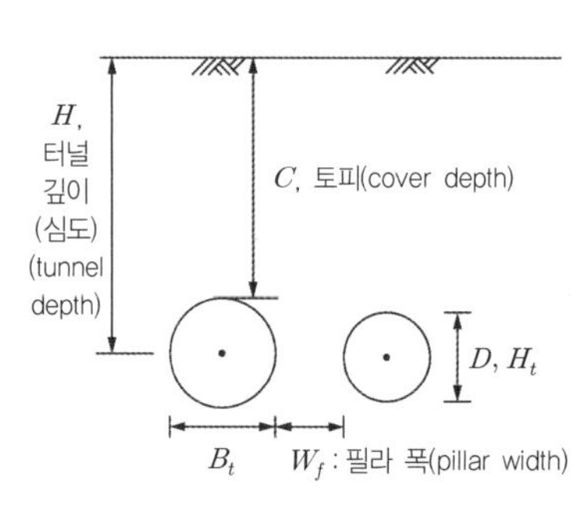


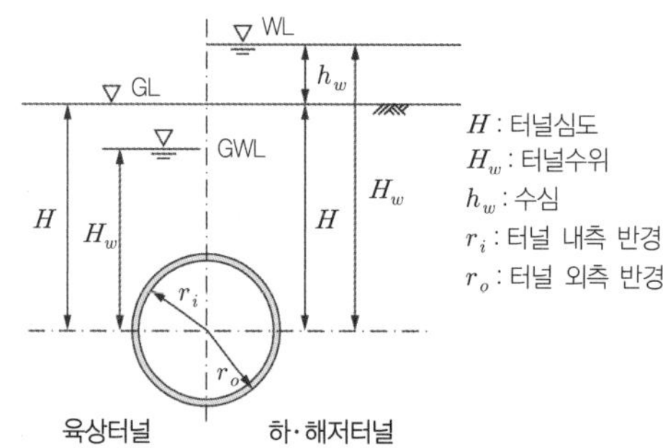

## Chapter 01 터널의 계획 Planning of Tunnels



## Chapter 02 관용터널공법 Conventional Tunnelling Methods



## Chapter 03 쉴드 TBM 공법 Shield TBM & Segment Lining

## 부 록

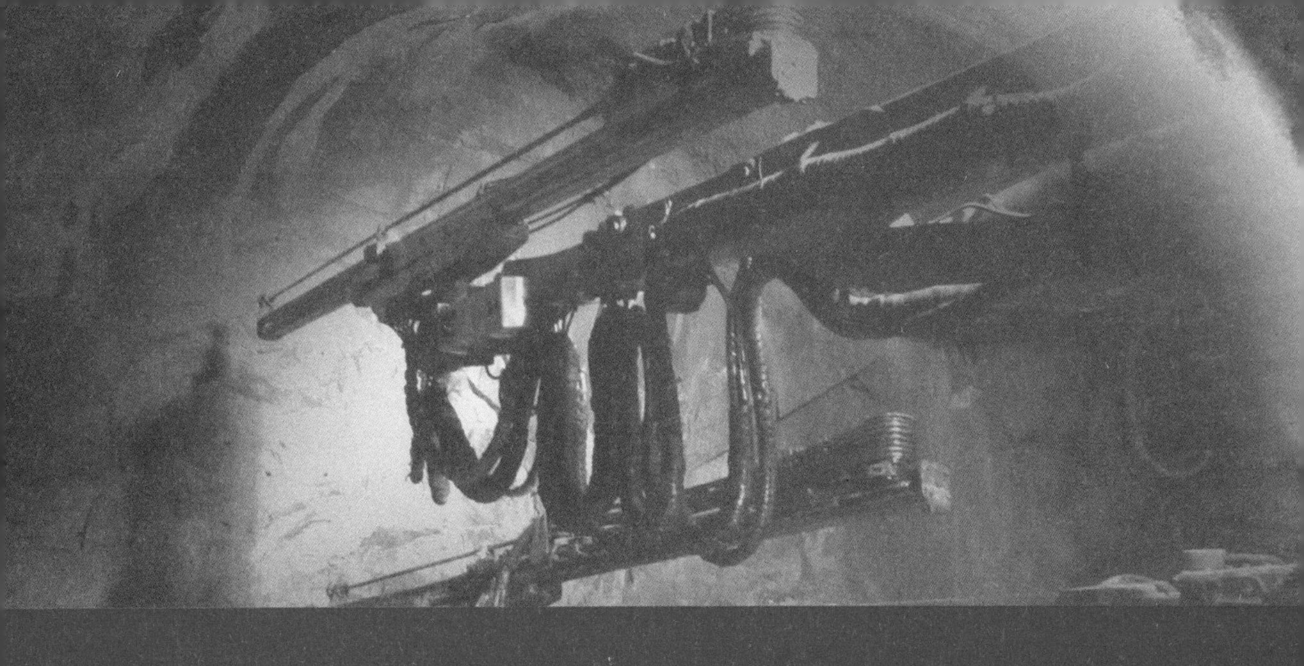

CHAPTER 01

# Planning of Tunnels

# 터널의 계획

# Planning of Tunnels
# 터널의 계획

터널은 지중에 형성되는 연속된 공간 구조물이다. 특정 지점을 지하로만 연결하는 경우 단일 터널프로젝트가 되기도 하지만, 대체로 (교량과 마찬가지로) 도로와 철도의 일부구간을 구성하는 대표적 토목구조물 중의 하나이다.

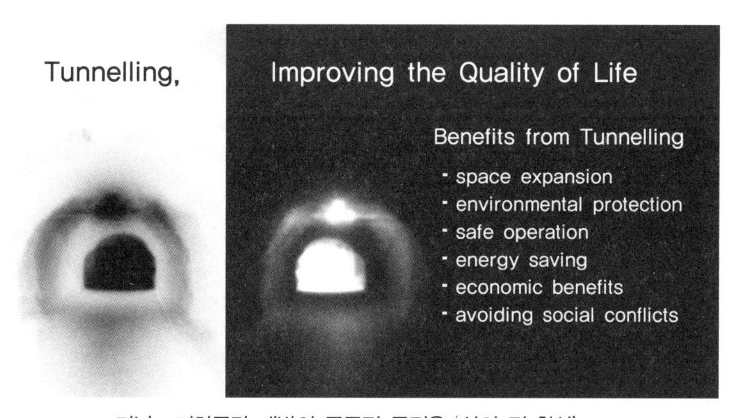


터널 · 지하공간 개발의 궁극적 목적은 '삶의 질 향상'

과거에는 터널건설이 지상구조물 건설에 비해 훨씬 더 많은 비용이 소요되어, 경제적 비교우위에 있지 못했다. 따라서 도로, 철도와 같은 선형 프로젝트에서 터널이 차지하는 비율도 그다지 높지 않았다. 하지만 사회의 고도화에 따른 지가 상승으로 건설비의 상대적 감소는 물론, 민원 및 환경문제 등 사회적 환경 변화에 따른 지하화 요구가 크게 높아져, 대안 구조물로서의 경쟁력이 크게 높아져왔다. 또한 굴착기술의 발달에 따른 공기 및 품질관리 능력도 향상되었고, 무엇보다도 경쟁관계의 다른 구조물에 비해 환경적 이득과 사회비용 저감 효과가 부각되면서 터널, 지하공간에 대한 건설 수요가 크게 증가하고 있다.

## 1.1 터널 프로젝트의 기획과 구현

인프라 건설 프로젝트는 사회적 요구에 의해 이슈화되고, 여건이 성숙되면(정치적 우호환경을 만나면) 정책으로 수용되게 된다. 이후 '**기본구상 → 타당성 조사 → 기본 계획 → 설계 → 시공**'의 과정을 거쳐 현실로 구현된다. 도로나 철도 신설과 같은 사회적 이슈는 논의과정에서 노선과 구간별로 여러 구조물 대안을 검토하게 되고, 터널로 건설하는 것이 **사회적·기술적·정책적·경제적 타당성**을 가질 때 비로소 터널 프로젝트로 추진될 수 있다. 그림 E1.1은 터널프로젝트의 구현 절차를 예시한 것이다.

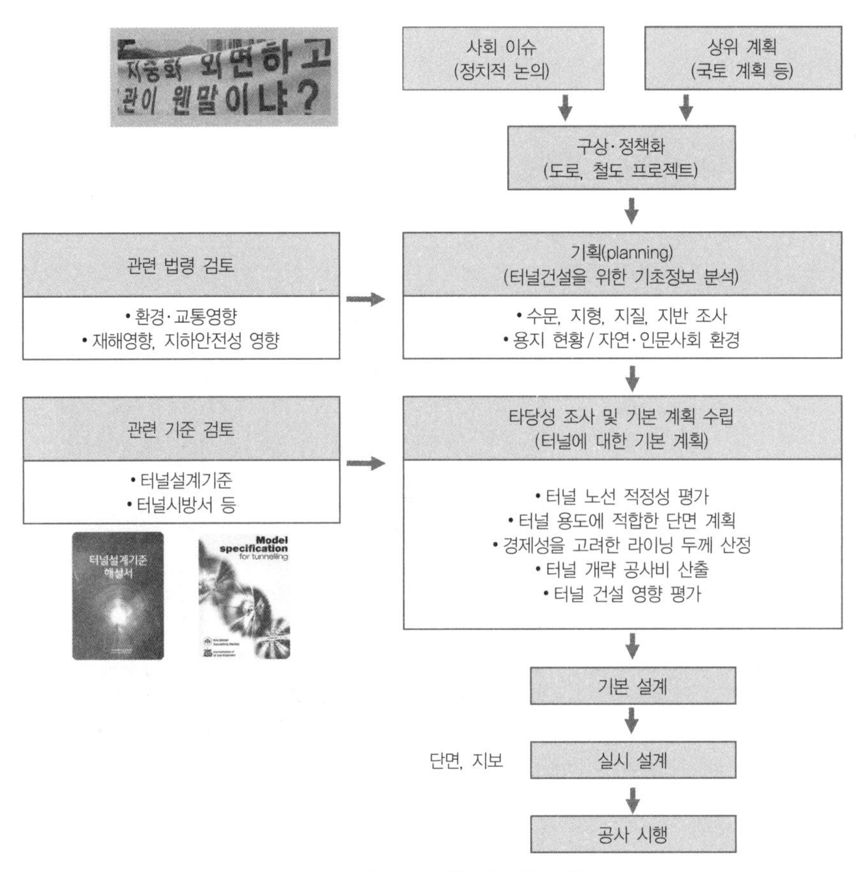


**그림 E1.1 터널 프로젝트의 구현 절차**

### 타당성 조사와 기본 계획

터널은 도로, 철도 등의 일부를 구성하는 시설이므로 터널공사가 구현되기 위해서는 먼저 모 프로젝트(parent project)의 사업시행 여부가 결정되어야 한다. 사업시행 여부는 **타당성 조사**로 판단한다. 타당성 조사는 사업조건에 대하여 그림 E1.2에 보인 바와 같이 경제적·정책적 검토를 통해 종합적으로 판단한다.

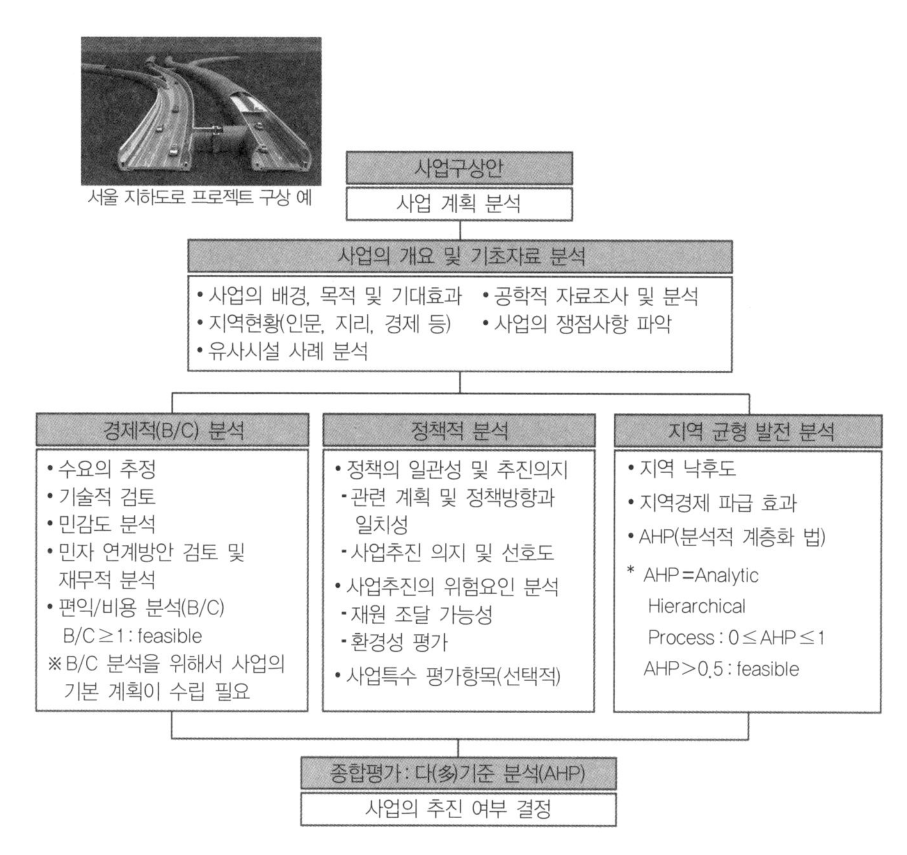


그림 E1.2 예비타당성 조사 수행흐름도(예비타당성 조사를 위한 일반지침, KDI)

NB : 우리나라는 본 타당성 조사 수행 전 대규모 재정사업의 타당성에 대한 객관적이고 중립적인 조사를 통해 예산 낭비를 방지하고 재정운영의 효율성 제고하고자 예비타당성(예타)제도를 도입하고 있다. 이 제도는 사회간접자본(social infrastructure)의 계획과 투자를 국가 계획에 따라 체계적으로 집행하고, 즉흥적(정치적)인 계획을 배제하여 국가예산의 왜곡사용과 낭비를 제어하기 위하여 도입되었다. 예비타당성 조사는 한국개발연구원(Korea Development Institute, KDI)의 부설기관인 공공투자관리센터(Public and Private Infrastructure Investment Management Center, PIMAC)에서 수행한다. B/C>1.0이면 경제적 타당성이 있다고 평가하며, B/C<1.0이라도 다기준 분석지표 AHP>0.5이면 정책적 타당성을 고려할 수 있다(사업시행이 시급한 경우 등의 사유에 따른 예타면제 제도가 있다).

타당성 조사에서 가장 중요한 평가항목은 경제적 타당성이다. 여러 경제성 분석방법 중에서 가장 보편적으로 사용되는 경제성평가 지표는 '**편익에 대한 비용의 비**(Benefit to Cost Ratio, B/C)'이며, 프로젝트의 총편익(benefit)에 대한 총비용(cost)의 비로 다음과 같이 정의된다(운영 기간 약 20년 기준).

$$\text{Benefit to Cost Ratio}(B/C) = \frac{\sum \text{총편익}(\text{benefits})}{\sum \text{총비용}(\text{cost})} > 1.0$$

## BOX-TE1-1 구조물 대안 검토 : 해저터널 vs 해상교량

### 보령-태안 국도 77호선 건설공사

충청남도 보령시와 태안군을 연결하는 국도 77호선 보령-태안 건설공사는 안면도 등 충청남도 서해안 일대에 원활한 교통수단을 제공하고, 증가하는 관광교통 수요를 효과적으로 대처하기 위하여 추진되었다. 이 사업은 1998년 12월 타당성 조사 및 기본 계획 용역이 수행되었고, 2002년 예비타당성 조사를 걸쳐 2005년 12월 대천항과 원산도를 해상교량으로 연결하는 것으로 기본 설계가 완료되었다. 기본설계 결과 총사업비가 당초 계획보다 20% 이상 증가하여 규정에 따라 타당성 조사를 재실시하게 되었고, 그 과정에서 해저터널 대안이 함께 검토되었다. 경제성 분석 결과 해저터널 대안은 B/C=0.89로서 해상교량에 비해 다소 불리한 것으로 평가되었다.

하지만 해저터널은 선박운항과 정박지 기능에 영향을 주지 않으며, 해양생태계의 오염에 대한 우려가 없고, 해상교량이 평균 강설일 21일, 안개 44일, 결빙 100일, 강수 104일로서 상당기간 해상교량이 차량의 운행 및 주행성 불량이 예상된 데 비해, 해저터널은 기상조건과 무관하게 운행이 가능하다는 장점이 긍정요인으로 평가되었다. 경제성과 선박운행 안정성, 해양 생태계 보존, 해양오염 저감, 무장애 통행기능 유지 등 관련 요소들을 종합적으로 고려한 끝에, 총공사비 약 4,730억 원(보상비 299억 원)이 소요되는 해저터널로 최종 확정되었다.

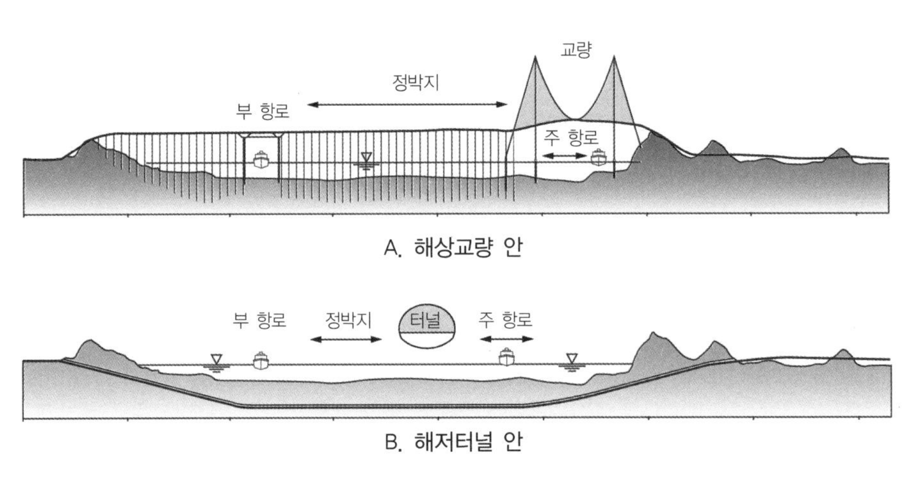


국도7호선 대천항-원산도 간 해상교량 vs 해저터널 대안 비교

일반적으로 해저터널이 해상교량보다 선호될 수 있는 이유는 다음과 같다. 첫째, 해저터널의 경우 안개, 태풍, 낙뢰 등 대기 기상조건에 따른 운영제약을 받지 않는다. 2012년 태풍 '볼라벤' 시 영종 및 인천대교가 8시간 이상 통행이 중단되었고, 2015년 2월 짙은 안개로 인해 영종대교에서 106중 추돌사고로 2명이 사망하고 68명이 부상한 사례가 있었다. 둘째, 선박의 해상안전성 및 적정 항행속도 확보에 유리하다. 셋째, 갯벌·철새도래지 등 자연보전과 양식장 등 지역경제 보호에 유리하다. 넷째, 기상에 영향 받지 않는 무장애 교통로의 확보는 비상 및 응급기능을 유지하여 지역의 발전에 긍정적 요인으로 기능할 것이다.

하지만 어떤 구간에 어떤 구조물이 절대적으로 옳다고 말하기는 어렵다. 일반적으로 해상교량은 경관과 경제성 측면에서 좋은 평가를 받고 있으며, 해저터널은 편의성, 통행기능, 환경성에서 유리한 것으로 알려져 있다. 지역의 특수성을 고려하고, 경제적으로 수용 가능한 범위 내에서 주변과 잘 조화되는 안전한 구조의 대안이 채택되는 것이 바람직하다.

터널은 도로나 철도 프로젝트의 일부 구간을 구성하는 구조물로서 경제성 분석과정에서 각 구간별 가능한 구조물 대안 검토를 통해 선정된다(BOX-TE1-1 참조). 어떤 구간의 구조물이 터널로 건설되기 위해서는 지상구조(절·성토), 고가(교량) 구조 등에 비해 편익(benefit)이 비교우위에 있어야 하고, 또한 비우호적 영향이 적어, 사회비용을 최소화할 수 있어야 한다.

일반적으로 건설공기 단축과 경제적인 건설공법 선정을 통해 사업비를 줄이고자 노력하지만, 보다 다양하고 적극적인 방법으로 터널의 편익을 극대화하는 방안을 찾기도 한다. 그 예로 흔히 언급되는 사례가 말레이시아 쿠알라룸푸르의 **SAMRT**(Stormwater Management and Road Tunnel) 터널이다(TM1장 그림 M1.19 참조). 평상시 도로, 여름철 홍수 시 방수로로 겸용 사용되는 **다목적 터널**로 계획하여 편익을 획기적으로 증가시킨 사례이다.

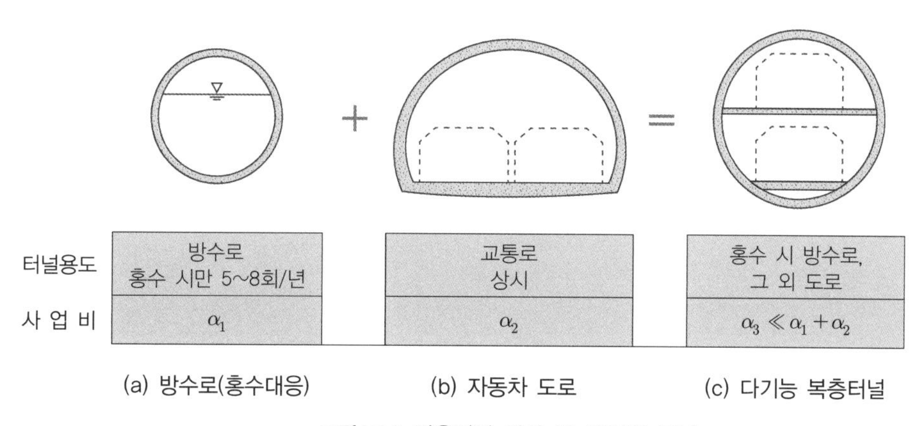


**그림 E1.3** 비용편익 개선 예 : 다목적 터널
(말레이시아, Kuala Lumpur, SMART 터널=방수로+도로)

터널은 일반적으로 건설비가 지상 구조물에 비해 상대적으로 높아, 경제성에 있어 우위를 점하기 어려운 경우가 많았다. 하지만 토지 가격 상승, 주민 저항으로 지상시설의 사회적 비용이 증가해온 반면, 상대적으로 지하시설에 대한 지상 환경보전 및 외부 환경영향 저감에 따른 장점이 부각되면서 선호도가 향상되어왔다. 여기에 굴착 및 지보기술의 발달로 경제적·기술적 타당성이 개선되어온 것도 터널 대안 채택 확대에 크게 기여하였다.

교통 인프라를 터널로 건설하여 얻게 되는 주요 편익은 주행시간의 단축(도로, 철도), 환경보전, 지상환경 개선, 사고 감소, 오염물 저감 및 통제관리, 정온 및 정숙성 등이다. 터널이 주는 이러한 편익은 비용으로 환산하는 체계가 마련되어 있지 않아서, 터널의 비교우위에도 불구하고 이를 정량적 데이터로 설득력 있게 주장하기 어려웠다. 하지만 최근 들어 **환경가치**에 대한 계수화 기법이 개발되고(BOX-TE1-2 참조), 갈등과 민원에 따른 **사회적 비용**에 대한 정량적 산정방법이 도입되면서(BOX-TE1-3 참조) 대안으로서의 장점이 보다 뚜렷하게 부각되고 있다.

## BOX-TE1-2 터널 갈등의 사회적 비용

**터널공사의 대표적인 갈등 사례**는 경부고속철도 2단계 구간 중 울산시 울주군 삼동면 하잠리에서 경남 양산시 웅상읍 평산리 구간에 위치한 천성산을 관통하는 연장 13.2km의 **원효터널**과 북한산 국립공원 주변을 통과하는 **사패산터널**의 노선 변경과 관련한 갈등을 들 수 있다. 갈등에도 불구하고, 각각 15개월 및 2년간의 공사 지연 끝에 모두 당초안대로 노선 변경 없이 완공되었다. 이 중 원효터널의 갈등 사례를 통하여 갈등의 사회적 비용을 살펴보자.

원효터널이 관통하는 천성산에는 1급 생태습지인 무제치 늪, 밀밭 늪, 대성 큰 늪과 법수원 계곡이 있고 이곳에 도롱뇽, 개구리, 가재 등 보존가치가 있는 동물이 서식하고 있다. 터널공사 중 시민단체 등이 환경 훼손과 지하수 고갈, 그리고 20여 개 습지의 훼손을 주장하여 2003년부터 2005년 11월까지 사업반대 시위로 3차례나 공사가 중단되었다. 급기야 환경단체들이 공사 중지 가처분신청을 냈으나, 대법원은 "터널공사가 천성산 생태에 별다른 영향을 미치지 않는다"라는 지질학회의 의견을 인용하여 2006년 환경단체 주장을 기각하였다.

터널 완공 후 천성산의 생태습지와 계곡에 대한 조사(2011)에 따르면 습지의 수위변화가 없으며, 도롱뇽, 가재 및 개구리들이 터널시공 전과 차이 없이 서식하는 것으로 확인되었다.

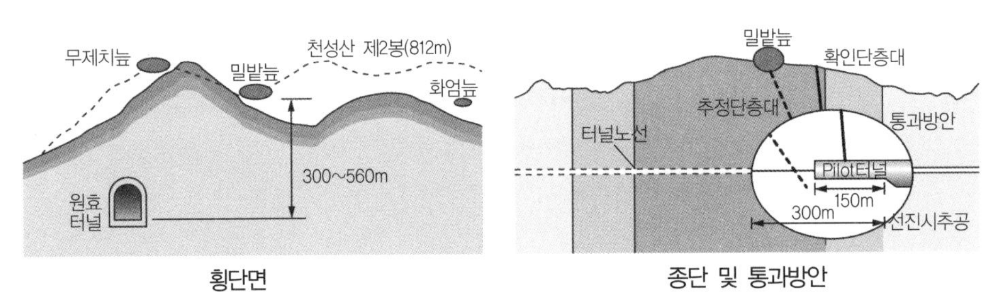

횡단면 종단 및 통과방안

천성산 원효터널

아직 갈등비용에 대한 체계적 산정 방법은 정립되어 있지 않다. 그리고 갈등을 통해 실현되는 이득을 고려할 때 갈등이라는 부정적 표현에 대하여도 여러 반론이 있을 수 있다. 다만 갈등 비용을 산정해봄으로써 갈등의 양 당사자가 서로의 이익을 위하여 가급적 빨리 타협하고 대안을 찾는 것이 궁극적으로 이로움을 이해할 수 있다.

터널 건설과 관련된 갈등의 대표적인 사례인 천성산 원효터널의 경우 갈등의 사회적 비용에 대하여 다양한 주장이 제기되었다. 경부고속철도 지연(15개월간 공사 중지) 개통에 따른 금융비용 등을 고려하면 사회경제적 피해가 2조 5,000억 원에 달한다는 주장도 있었다. 또한 집회와 시위 생산(임금) 손실, 그리고 이의 대응을 위한 공적 손실이 약 22~55억 원에 달한다는 분석도 있었다.

위의 갈등비용 산정은 관점에 따라 차이가 있을 수 있고 산정방식도 달라질 수 있어, 비용의 규모도 달리 계산될 수 있다. 하지만 어떤 경우든 갈등이 발생하면 엄청난 손실이 따른다는 사실은 분명하다. 터널을 계획함에 있어 갈등의 전례를 분석하고 교훈으로 삼아야 할 부분이 많다. 지난 갈등들로부터, 문제에 대한 이성적 논의와 대화가 필요하다는 사실과 기술에 대한 사회적 신뢰 회복이 필요하다는 사실을 인지한 것은 우리 사회가 성숙해가는 과정으로 이해하여야 할 것이다, 불신의 문제가 궁극적으로 과학적, 기술적 사안이니만큼 소통과 갈등 조정을 위한 건설행정의 고도화는 물론, 전문가에 대한 합당한 사회적 대우도 필요하다.

(문준식, 한국터널지하공간학회 정책연구자료, 2018)

BOX-TE1-3 **터널의 환경편익**

**인제-양양터널, 사패산터널, 가지산터널의 예**

**인제-양양터널.** 강원도 인제군 기린면 진동리와 양양군 서면 서림리를 잇는 인제-양양터널은 10.96km로서 2017년 6월 개통되었다. 기존 통행로인 국도 44호선 이용 시보다 운행거리는 25km, 주행시간은 40분 단축되었으며, 연간 이산화탄소 배출량을 83,610톤(tonf) 감소시켜(소나무 27,870,000그루를 심은 효과, 소나무 1그루는 $CO_2$ 0.003톤의 감소 효과가 있는 것으로 추정한 가정) 연간 약 33억 원의 '대기오염 감소'라는 환경편익을 가져왔다.

인제-양양터널(10.96km)

사패산터널(4km)

가지산터널(4.58km)

환경 편익을 실현한 터널 사례

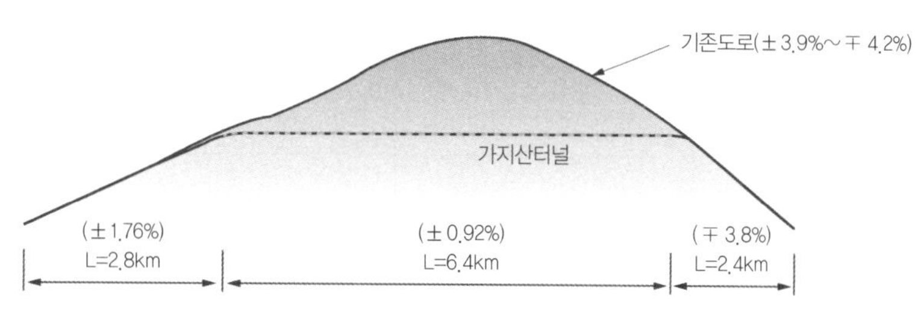

가지산터널(기존도로 : 지상, 신설도로 : 터널)

**사패산터널.** 사패산터널은 서울외곽순환도로의 북부구간으로 일산에서 퇴계원까지 주행거리를 약 11km, 차량 운행시간은 약 50분가량 단축시켰다. 사패산터널은 세계 최장(4km) 광폭(4차로) 도로터널로, 기존 도로 이용보다 연간 운행손실비용 2,600억 원과 연간 8,300ℓ의 연료를 절감하는 것으로 분석되었다. 특히 터널 내부에 전기집진시설을 설치하여 도로교통으로 초래되는 대기오염을 통제하여 터널의 친환경 개념을 구현한 사례로 의미가 있다.

**가지산터널.** 기존 국도 24호선은 가지산 도립공원(울산광역시 울주군 소재)을 지나가는 산악도로로서 급격한 종단경사에 구불구불한 평면선형으로 교통사고의 위험이 높고, 특히 우기 및 장마철에는 낙석 및 산사태가 빈발하였다. 또한 겨울철에는 결빙과 폭설로 도로의 전면통행 금지가 빈번하였다. 가지산터널은 도립공원을 관통하는 연장 4.58km의 병렬터널로서, 기존 국도 24호선(산악도로)의 통행거리를 약 6km 단축하고, 통행시간도 약 15분 정도 절감하였다. 이산화탄소 배출량을 연간 4,200kg 이상 감소시키는(소나무 1,400그루를 심는 효과) 환경편익이 산정되었다.

(문훈기, 한국터널지하공간학회 정책연구자료, 2018)

## 1.2 터널 프로젝트를 위한 조사

터널은 지중에 건설되는 불확실성 때문에 터널 계획을 위한 '**조사(survey)**'는 매우 중요한 절차이며, 계획부터 시공까지 각 진행단계에 걸쳐 구체화하고 수정, 보완하는 형식으로 이루어진다. 터널사업 추진단계에 따른 조사의 주요 내용과 방법을 그림 E1.4에 예시하였다(부록 A1 및 A2 참조).

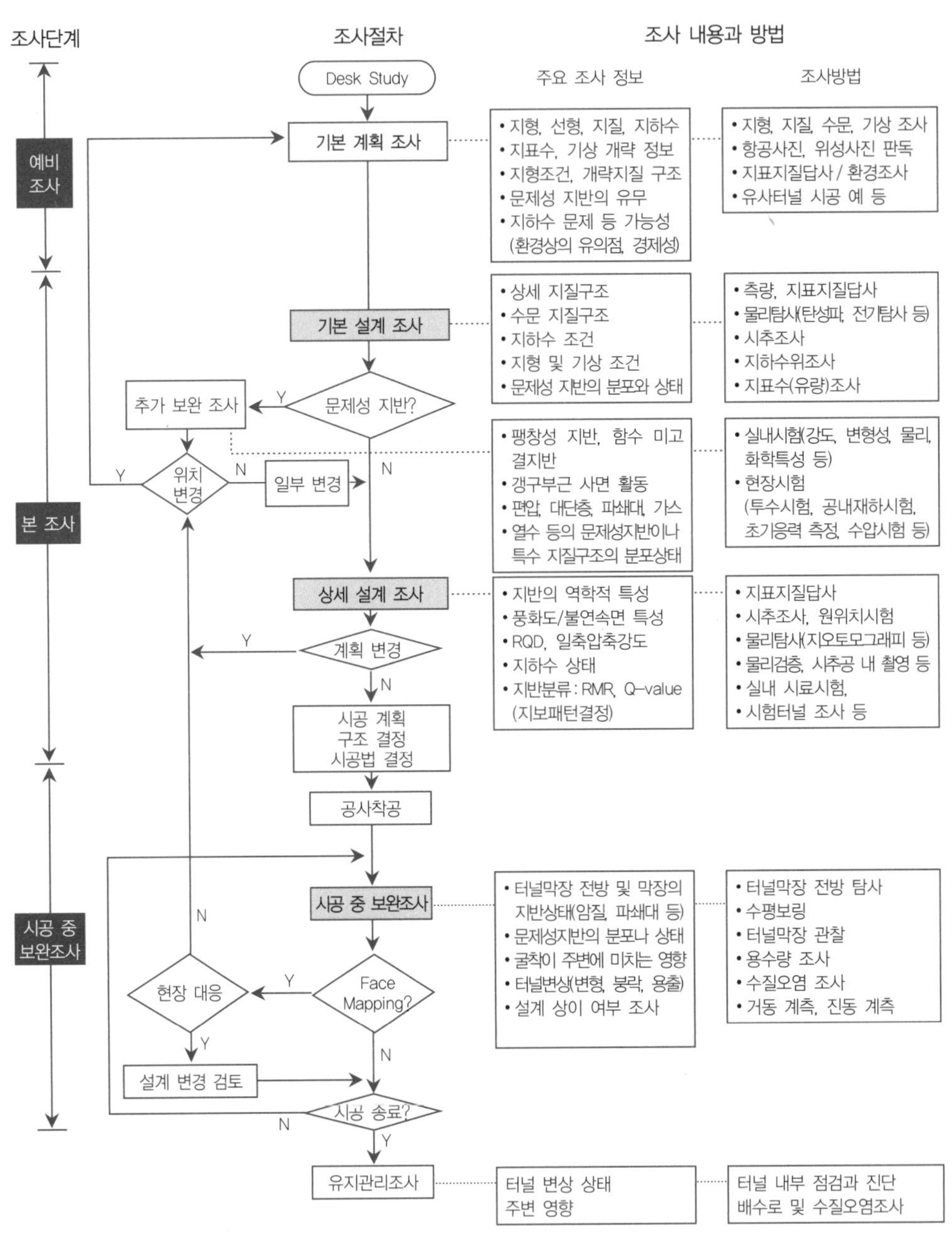


그림 E1.4 터널건설을 위한 단계별 조사 흐름도

### 터널 계획을 위한 지반조사

지반조사가 불충분하면 설계 신뢰성을 확보하기 어렵다. 조사비용을 늘리면, **불확실성을 저감**할 수 있지만, 아무리 비용을 늘려도 지반상태를 완전히 파악하는 데는 한계가 있으므로, 주어진 비용과 기간을 고려하고 사업추진 절차와 연계하여 단계적 조사를 통해 불확실성을 저감해가는 것이 바람직하다.

표 E1.1 터널 설계를 위한 지반조사 항목과 조사방법

| 지반 정보 | 지반 정보 주요 내용 | 조사 방법 |
|---|---|---|
| 지질 및 수문조사 | 노선 상 단층대 연장, 방향성<br>단층대의 규모 / 공학적 특성 | 지표지질조사(답사), 위성영상 분석, 전기비저항 탐사, 전자탐사, 탄성파탐사, 시추, 텔레뷰어 탐사 |
| 지반조사 | 단층대, 불연속면의 공학적 특성 | 시추공 영상 촬영(BIPS), 경사시추 |
| | 불연속체 해석을 위한 절리면 특성 | JRC / JCS 시험, 절리면 전단시험 |
| | 지반 및 암반의 공학적 특성 | 공내재하 시험, 공내탄 성파 시험, 실내 암석시험 |
| | 암반등급 분류(RMR, Q) | 시추조사, 대심도 탄성파 탐사, 전자탐사 |
| | 미시추 구간의 암반등급 추정 | 탄성파 탐사, 전자탐사 |
| | TBM 굴진율 평가 | 펀치투과시험, Siever's J-Value Test, 세르샤마모시험, 선형절삭시험, NTNU 마모시험, 석영 함유율 시험 |
| 수리조사 | 지하수위 | 장기 관측에 의한 지하수위 측정 |
| | 투수계수 및 지하수 유입수량 | 수압시험, 투수시험, 수질분 석 |

터널굴착과 관련하여 주의가 필요한 것으로 언급되는 **주요 취약지질조건**은 다음과 같다(부록 A1 참조).

- 공동(cavities) : 카르스트(Karst) 지형(석회암 지형)
- 지하수 유입 파쇄대(water bearing joints)
- 예기치 못한 취약대(inclusions : unexpected insertion)
- 점토 가우지(gouge)가 충전된 단층파쇄대(faults filled with soft soil)

일반적으로 터널노선에 따른 시추조사 간격은 100~300m가 제안되고 있으나, 지층 변화 정도, 구간별 중요도에 따라 간격을 조정한다. 그림 E1.5와 같이 터널경계에서 직경($D$) 이상의 이격거리를 유지하며, 조사심도는 일반적으로 터널저면에서 터널 직경($D$)만큼 더하여 시행한다. 지질구조 파악을 위해서는 적어도 **NX-size**(시료외경=54mm) 이상으로 시행한다.

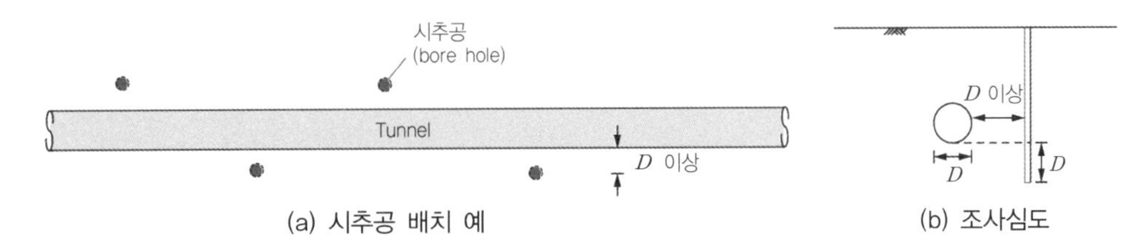


그림 E1.5 터널 조사 시 시추공의 배치와 조사심도

## BOX-TE1-4 터널공법 및 굴착 방식에 따른 지반조사 착안사항

**터널공법에 따른 지반조사 요구조건(AASHTO,2017)**

터널은 다양한 공법으로 굴착될 수 있다. 각 터널공법별 굴착메커니즘이 상이하므로 굴착설계에 요구되는 지반정보도 다르다. 따라서 지반조사는 적용할 굴착공법을 기초로 계획하여야 한다.

| 공법 및 굴착형식 | 지반조사 시 주요 고려사항(확보해야 할 지반 정보) |
|---|---|
| 개착공법<br>Cut & Cover | 흙막이 설계를 위한 지반물성, 지하수조건, 안정해석, 침투해석, 배수 및 차수 검토를 위한 데이터. 개착-관용터널-TBM 구간 접속부의 경제적 연결을 위한 지반정보 |
| 발파공법<br>Drill & Blast | 발파 패턴, 시공 절차, 자립 시간, 진동제어, 초기 지보재 선정, 여굴, 유입수량을 결정하는 데 필요한 지반정보 |
| 암반 TBM<br>Rock TBM | 커터의 마모, 관입률을 결정하기 위한 암반경도 데이터 확보. Open 또는 Closed Type을 결정하기 위한 자립시간 평가 데이터. 그리퍼 패드의 지지력 평가를 위한 파라미터. 굴착 중 및 장기지속 지하수 유입량, 지반 불연속성, 굴진성능 평가, 석영함유율 |
| 로드헤더 굴착<br>Roadheader | 암편을 교란 굴착할 것인지, 갈아낼 것인지를 검토하기 위한 절리성상 데이터 확보. 여굴 평가를 위한 정보. Cutter/Pick의 굴진율, 비용 산정을 위한 암반경도, 굴착 중 및 장기지속 지하수 유입량 |
| 압력식 굴착<br>(쉴드 TBM)<br>EPB, Slurry TBM | 막장안정 평가 데이터. 막장지지 및 채움 그라우팅 요구조건 검토 데이터. Mixed-face 조건에 대한 검토를 위한 데이터. 굴착 중 및 장기지속 유입량, 지하수 압력, 지반강도, 투수성에 대한 정보. 큰 돌 또는 핵석(core stone)의 크기, 양, 분포를 예측하기 위한 데이터. Mixed-face 조건 파악을 위한 데이터 |
| 압축공기식 굴착<br>Compressed Air | 터널 선형상 또는 근접한 보링 금지. 불가피한 경우 압력손실 경로가 되지 않도록 폐공 조치. 공기압 유출 가능지층 파악. 굴착 공기압에 의해 이동가능성이 있는 유해가스 존재 여부 파악 |
| 순차 굴착공법<br>NATM, SEM, SCL | 거동예측 및 지반분류를 위한 지반정보 취득. 지보재 설계를 위한 데이터 확보. 지반의 팽창 잠재성 및 지하수 유입량 평가 |
| 침매터널<br>Immersed Tube | 준설사면 안정 및 준설 트렌치의 융기 평가, 최종 침매구조의 침하, 액상화 가능성 등을 평가하기 위한 데이터 확보. 암반 돌출부와 같은 장애물 조사. 개착, 관용터널, 공법의 접속구간을 경제적으로 대응할 수 있는 위치 파악을 위한 조사. 육지 연접 개착부 흙막이를 위한 지반정보 |
| 압입식 비개착공법<br>Jacked Box(pipe)<br>Tunnelling | 지반 마찰력, 굴착도구, 지지구조, 지반개량 등의 검토에 필요한 데이터 확보. 반력벽 설계를 위한 지반 데이터. 발진 및 도달구 개착공법에 필요한 지반정보 |
| 갱구<br>Potal | 경제적인 적절한 갱구부 위치 결정을 위한 데이터 확보. 갱구부 설계에 요구되는 일시 및 영구적으로 필요한 지반정보 |
| 수직구<br>Shaft | 경제적인 적절한 갱구부 위치 결정을 위한 데이터 확보. 각 수직구에 대해서 개착공법에 필요한 지반정보 |

## BOX-TE1-5 지반조사의 성과분석 예

지반조사 결과는 굴착공법선정, 지보재설계에 활용된다. 지반조사 결과의 분석 성과를 아래에 예시하였다.

① 토목지질도

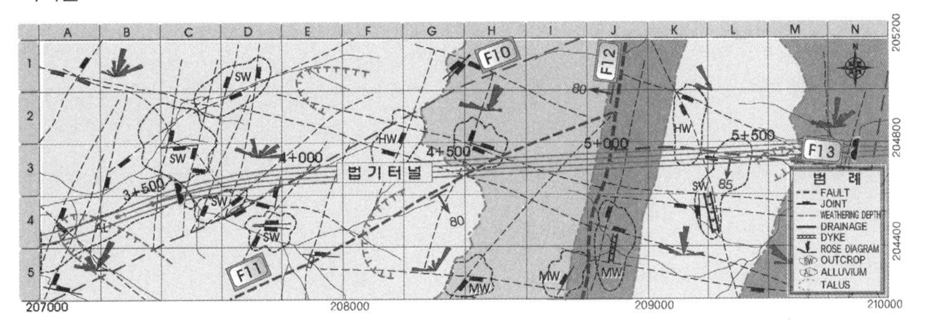


② 지질구조대 파악(물리탐사 및 시추조사)

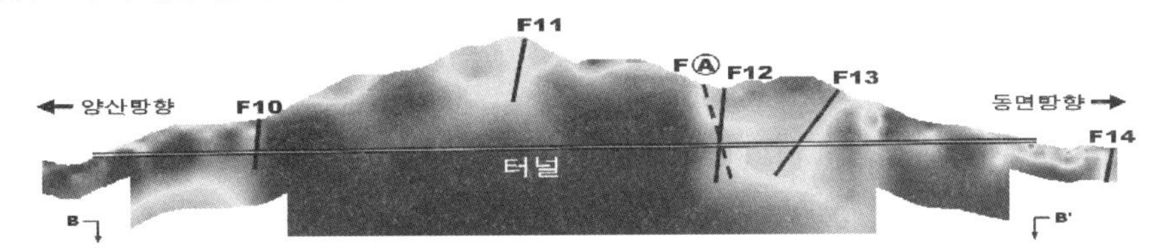


③ 불연속면 특성: 물리탐사 및 시추조사

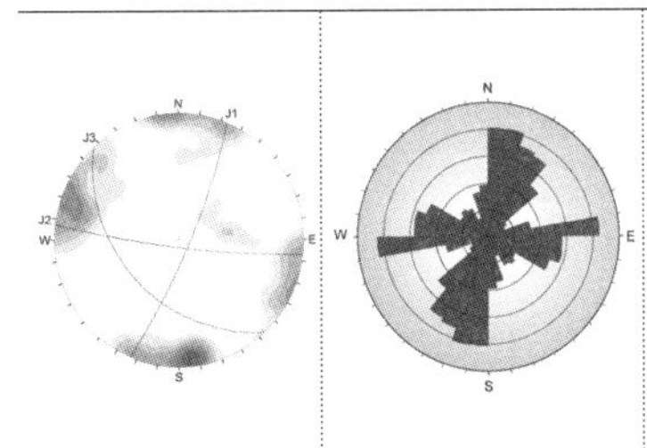

절리상태

- 고각 주절리군
- 3조의 절리군 발달 (주향/경사)
  - 제1절리군 : 113/80
  - 제2절리군 : 187/83
  - 제3절리군 : 247/40

| 구분 | J1절리군 | J2절리군 | J3절리군 |
|---|---|---|---|
| 군집도(K) | 24.2 | 26.1 | 37.4 |
| 분포도(%) | 48.2 | 24.8 | 10.5 |
| 평균 간격(m) | 0.978 | 1.288 | 1.483 |
| 평균연장(m) | 3.48 | 2.68 | 3.45 |
| JRC | 9.5 | 10.0 | 9.3 |
| JCS(kPa) | 16,080 | 16,040 | 10,420 |

④ 암석/암반의 역학적 특성(화강암 예) : 현장 및 실내시험

| 구분 | 밀도(t/m$^3$) | 흡수율(%) | 탄성파속도 $V_p$(m/sec) | 탄성계수 (10$^5$kPa) | 일축압축강도 (kPa) | 포아슨비 |
|---|---|---|---|---|---|---|
| 평균 | 2.70 | 0.33 | 5,520 | 51.2 | 27,600 | 0.17 |

⑤ 터널 통과구간 암반분류 : RMR 및 Q 분류

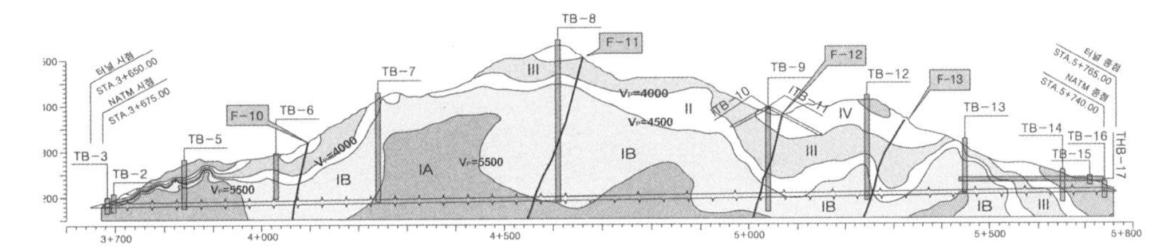


(한국터널지하공간학회 자료, 2011)

# 1.3 터널의 계획

터널 계획은 수용 가능한 공사비와 공사기간을 정하여 각 설계요소를 다양하게 조합함으로써, 가능한 최적대안을 마련하는 것이다. 터널 계획의 주요 요소는 다음과 같다.

- 선형(평면 및 종단) 계획(노선 계획)
- 단면(환기, 방재, 설비, 방수, 부속시설 고려) 계획
- 방배수 계획
- 굴착공법 및 지보 계획

## 1.3.1 터널의 선형 계획 Route Planning

터널의 선형(route, alignment) 계획은 평면선형(위치)과 종단선형(심도)으로 구분된다. 선형은 터널의 건설목적에 부합할 뿐만 아니라 지질, 지장물, 민원 및 환경영향, 기술적 가능성 등 종합 고려하여 결정한다.

### 평면선형 : 터널의 노선

터널의 선형은 통과구간의 지형, 다른 시설 및 구조와의 연결, 정거장 등 주요 경유 지점 및 해당 시설의 설계기준에 의해 결정된다. 평면선형은 직선, 원곡선, 완화곡선(직선과 원곡선의 전이구간)으로 구성된다. 시설(철도, 도로)에 따른 **최소 곡선 반경** 기준 이상으로 하되, 운행의 안전성과 이용의 쾌적함을 확보하기 위하여 직선 또는 가급적 큰 반경의 곡선이 바람직하다. 그림 E1.6(a)에 평면곡선을 예시하였다.

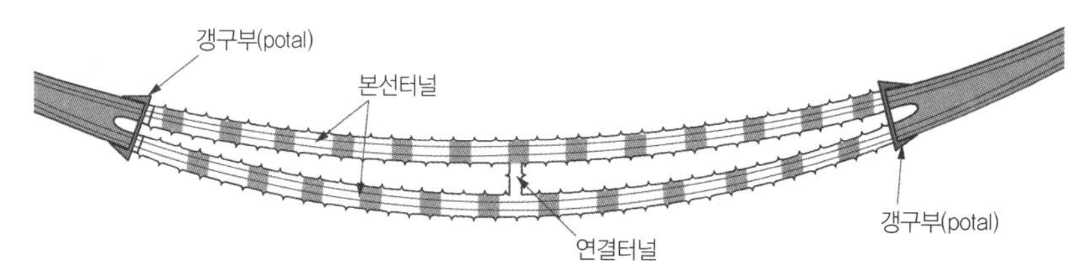


(a) 평면선형(단선병렬 터널) : 직선+완화곡선+원곡선

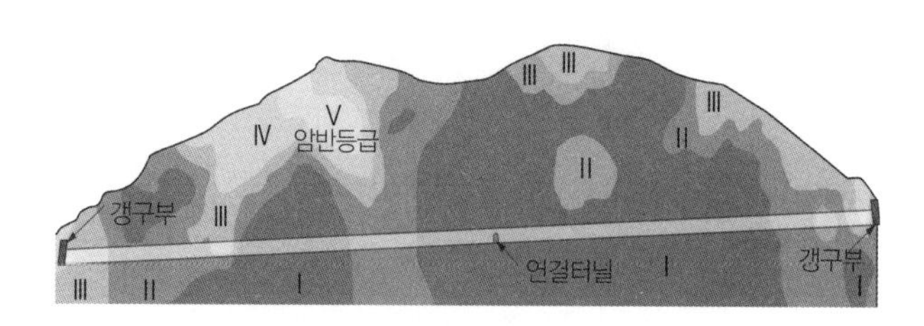


(b) 종단선형 : 구배(직선구간)+종단곡선

**그림 E1.6** 터널 평면선형과 종단선형 예

## BOX-TE1-6 내 땅의 지하소유권은 어디까지?

**지하소유권과 지하보상 : 한계심도와 지하보상**

내 땅의 소유권은 어느 깊이까지일까? 만일 지상에 있는 내 땅의 소유권이 지하의 모든 깊이에 미친다면 아마도 우리나라의 지구 저 반대편인 칠레에도 내 땅이 존재한다고 주장할 수도 있을 것이다. 우리나라 민법(212조)에서는 "토지소유권은 정당한 이익이 있는 범위 내에서 토지의 상하(上下)에 미친다"라고, 좀 막연하게 정의하고 있다. 많은 나라가 지하소유권을 제한하고 있다. 우리나라는 공공목적의 인프라(지하철, 철도, 도로, 상수도 등)를 건설하기 위해 사유지 하부를 사용하는 경우 보상을 통해 점유면적에 대한 배타적 권리인 '**구분 지상권**'을 설정할 수 있다. 지하보상을 위해 '**입체이용 저해율**', '**한계심도**' 등의 규정을 두고 있다.

**구분 지상권**(地上權). 타인의 토지에 위치하는 공작물(터널)을 소유하기 위하여 그 토지를 사용할 수 있는 물권을 지상권이라 한다. 터널건설을 위해 토지를 매입하지 않고, 토지의 일부 상하구간을 대상으로 설정하는 사용권으로서 보상이 필요하다. 보상액은 '지상토지의 적정 가격×입체 이용 저해율'로 산정한다.

**입체 이용 저해율.** 구분지상권 설정에 따라 토지의 공간 또는 지하 일부를 사용할 경우 이들 권리를 행사함으로써 당해 토지의 이용이 방해되는 정도에 상응하는 비율을 말한다. 입체 이용 저해율은 당해 토지가 최유효의 이용 상태에 있다고 가정하여 이의 사용 때문에 당해 토지의 최유효 이용이 방해받는 비율로 산정한다.

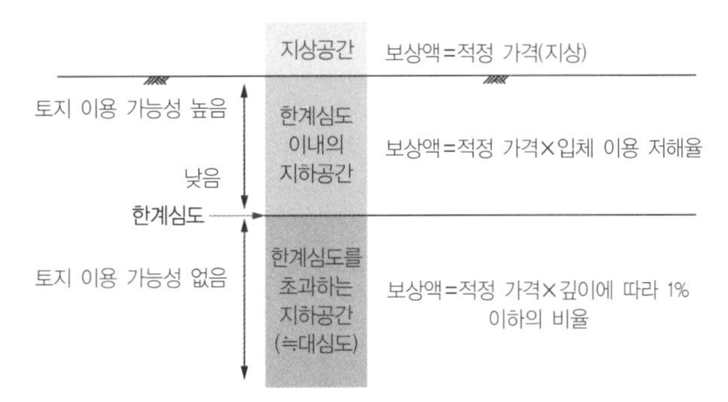


토지 용도별 한계심도 및 차등보상 기준 예

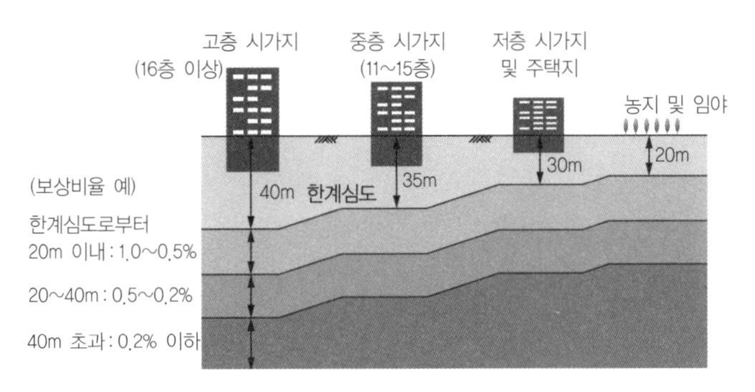


지하공간의 구분과 보상액(구분지상권 설정에 대한)

**한계심도.** 지하시설물 설치로 인하여, 토지소유자의 통상적 이용행위가 예상되지 않으며, 일반적인 토지 이용에 지장이 없는 것으로 판단되는 깊이를 한계심도라 한다. 한계심도 이상의 대심도에서는 입체이용 저해율을 '0'으로 본다(한계심도는 도심지의 고층 시가지 : 40m, 중층 시가지 : 35m, 저층 시가지 : 30m, 농촌 등 : 20m이다).

#### 종단선형 : 터널의 심도

종단선형은 종단곡선(longitudinal curve)과 구배(gradient, slope)로 구성된다. 종단선형은 운행안전성, 환기, 방재설비, 배수 및 시공성을 고려하여 결정한다. 가급적 중력배수 개념의 터널 내 유입수 처리 계획을 종단선형 계획에 반영한다. 터널 내 용출수를 **자연 배수하기 위해서는 적어도 0.2% 이상의 기울기가 필요**하다. 종단선형의 경우 구배(기울기, 경사)가 중요하며, 도로, 철도 등 각 시설기준에서 정하는 최대 구배 이하로 계획해야 한다. 그림 E1.6(b)에 터널의 종단 선형을 예시하였다.

#### 터널의 배치 : 단선병렬 vs 복선터널

도로터널이나 철도터널은 통상 상하행선이 함께 계획된다. 이때 상하행선을 모두 한 개의 터널에 수용하는 경우 복선터널(그림 E1.7 a), 분리하여 나란히 두 개의 터널로 건설하는 방식을 단선병렬터널(그림 E1.7 b)이라 한다(그림 E1.7 b). 일반적으로 단선병렬터널이 소단면이므로 복선터널보다 굴착안정성이 높으나 건설비용은 더 많이 소요된다. 장대터널의 경우 인접터널 간 연결통로(횡갱)가 설치되어 상호 대피로로 이용할 수 있는 **단선병렬구조가 방재 계획에 유리**하다.

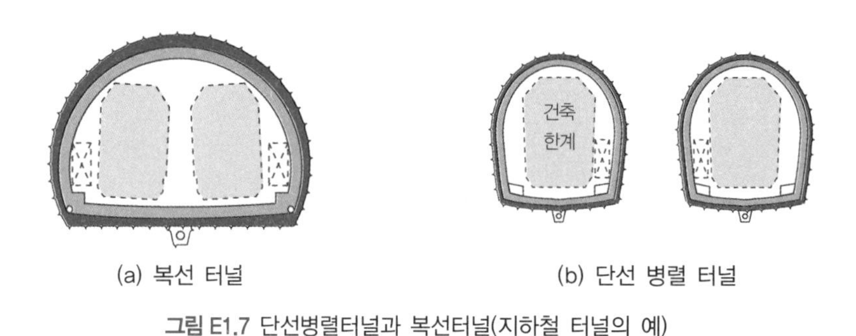

(a) 복선 터널　　(b) 단선 병렬 터널

그림 E1.7 단선병렬터널과 복선터널(지하철 터널의 예)

### 1.3.2 단면 계획

터널단면은 시설이 요구하는 소요 내공(건축한계)을 확보하면서 구조적 안정성과 경제성을 종합하여 계획하되, 다음 사항을 충분히 검토하여 정한다.

- 소요의 내공치수 : 건축한계
- 환기방식 및 대피공간
- 지반조건(수평토압계수, 측압계수)
- 굴착공법 : 발파굴착 vs 기계화 굴착(road header, TBM 등)
- 지하수 대응 계획과 방배수 형식
- 시공성 및 유지관리의 편의성

## 건축한계

터널단면은 터널로 건설하고자 하는 도로, 철도 등 각 시설규정에서 제시한 **건축한계**를 만족하도록 계획하여야 한다. 건축한계는 도로, 철도 등의 시설기준에 규정되어 있다. 터널 내 어떤 부속 구조물도 건축한계를 침범해서는 안 된다. 그림 E1.8은 각각 도로터널과 복선철도 터널의 건축한계를 예시한 것이다.

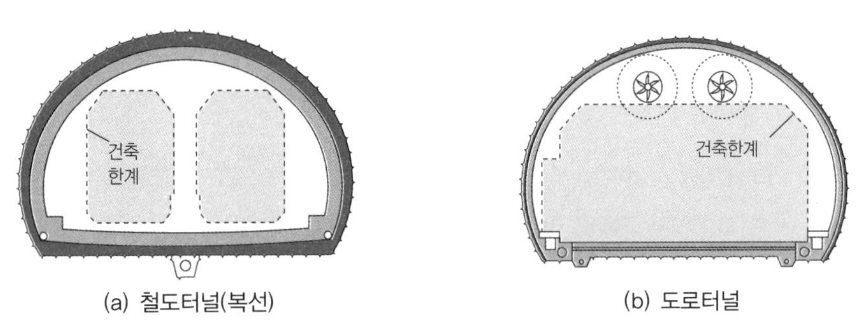


그림 E1.8 철도터널과 도로터널의 건축한계

## 지반조건과 터널형상

등방 토압조건(정수압 응력장, $K_o$=1.0)이라면 항상 압축상태가 되어 안정한 아치형 구조를 유지하는 원형터널이 외부하중(특히, 수압) 저항에 유리하다. 하지만 통상적인 지중응력상태($K_o \neq 1.0$인 응력조건)에서는 장단축비($e = H_t/B_t$)를 측압계수(수평지반의 경우, $K_o$)의 역수와 같게 취한 타원형 단면이 역학적으로 유리하다(그림 E1.9 a). 하지만 타원형 터널의 시공이 용이하지 않으므로 실제는 난형(egg-shaped), 또는 마제형(horse-shoe shaped) 단면을 주로 사용한다(주의 : 편평률 : $m = (b-a)/b$; $b$ : 장축반경 $a$ : 단축반경).

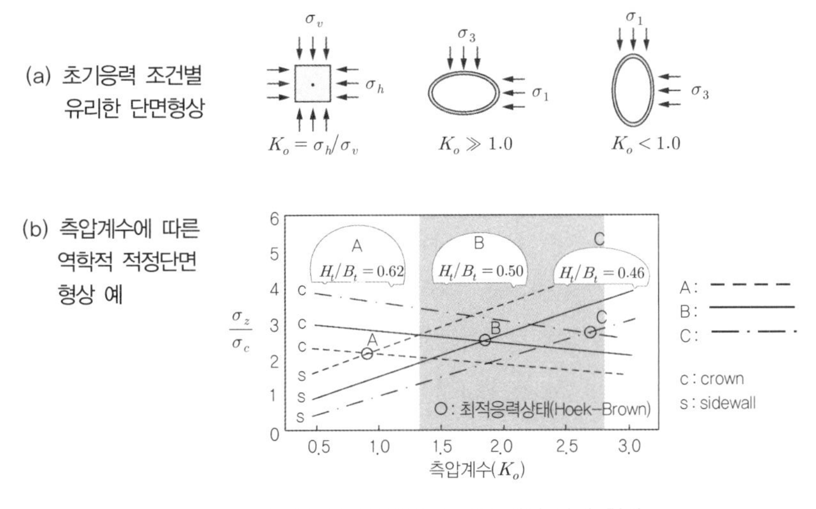


그림 E1.9 측압조건에 유리한 터널 단면 형상

일반적으로 $K_o$ <1.0인 경우, 지반이 양호하고 터널의 안정성에 문제가 없는 경우에는 아치와 연직 또는 약간 곡률이 있는 그림 E1.10(a) 및 (b)와 같은 단면 계획이 유리하며, 지반이 불량한(unfavourable) 경우에는 그림 E1.10(c)와 같이 인버트를 설치하거나 원형에 가까운 단면이 바람직하다.

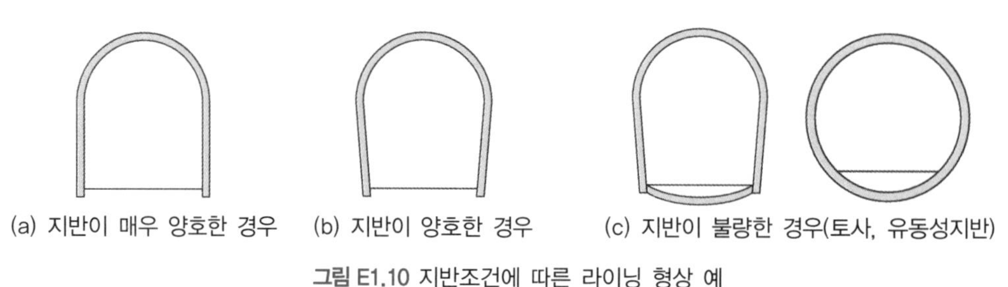


그림 E1.10 지반조건에 따른 라이닝 형상 예

### 굴착단면 계획 : 터널의 변형 및 시공오차의 고려

터널을 굴착하면 지반이 변형되어 밀려들어오기도 하고, 발파 등의 굴착 시 여굴이 발생하기도 한다. 따라서 굴착단면의 크기는 그림 E1.11에 보인 바와 같이 건축한계, 지반 변형량, 터널 지보재의 두께, 시공오차 등을 모두 고려하여 산정한다.

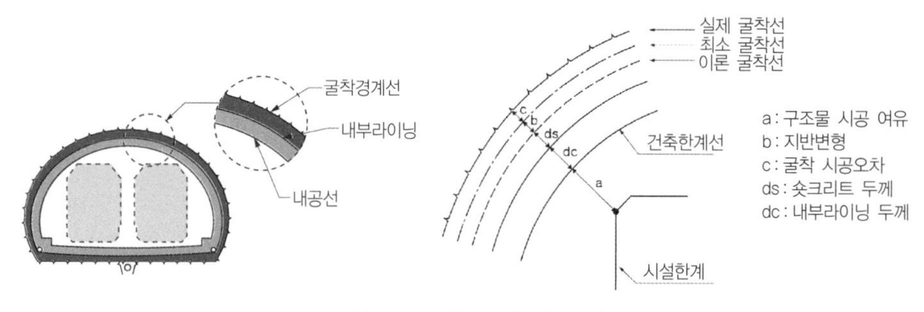


그림 E1.11 터널 굴착 단면 예

### 단면최적화

터널의 단면형상은 각 시설(도로, 철도)규정에 정해진 건축한계, 설비 및 대피와 관련된 설계기준을 만족하면서, 응력, 변형 등에 대하여 구조적으로 안정하여야 한다.

$K_o$ <1.0인 조건에서 타원형 단면이 유리하나, 타원형 단면은 기하학적으로 설성이 복잡하고 시공성도 떨어지므로, 일반적으로 타원형에 가까운 3심원 터널 단면을 주로 채택한다. 그림 E1.12에 터널단면의 기하학적 정의와 반경($R$) 구성에 따른 터널형상을 예시하였다.

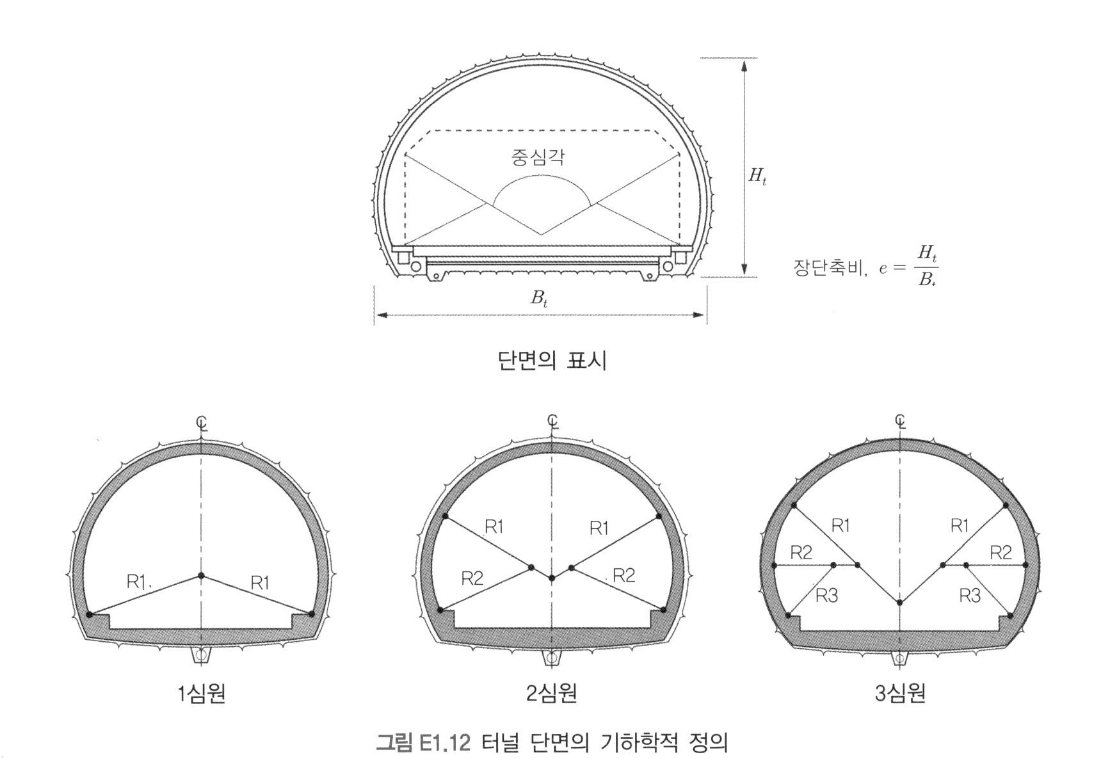

그림 E1.12 터널 단면의 기하학적 정의

NB : **터널의 편평률과 최적단면의 선정**

터널의 폭에 대한 높이의 비를 터널의 편평률이라 한다. 편평률을 작게 할수록 건축한계 상부의 여유 공간이 감소하여 굴착량을 줄일 수 있다. 그러나 편평률이 작아질수록 역학적으로 불안정하게 되므로 터널 내 불필요한(사, 死) 공간의 최소화와 동시에 안정성도 확보되는 단면을 추구해야 한다.

터널의 편평률은 2차로 도로 터널 규모의 경우, 통상 0.6 이하를 적용한다. 중심각을 조정하거나, R2/R1의 비율을 조정하여 편평률을 변화시킬 수 있는데, 터널의 폭과 R1을 고정할 경우에는 중심각과 R2/R1이 감소할수록 편평률도 감소한다. 일반적으로 편평률이 0.6~0.8이면, 중심각이 약 90°일 때, 면적이 최소 되는 단면이 얻어진다.

### 1.3.3 방배수 계획

#### 방배수 기준

터널 설계 시 터널의 용도에 적합한 **방수등급**을 정하고 각 방수등급별로 터널의 사용공간에 대한 허용 누수량을 정할 수 있다. 허용유입량은 독일(STUVA) 및 영국(British Tunnelling Society, BTS)의 기준을 참고할 수 있다. 일례로 교통시설로서의 터널은, 터널연장 100m에 대한 허용누수량은 0.05~0.1ℓ/m²/day, 터널연장 10m에 대하여 0.1~0.2ℓ/m²/day로 제안하고 있다(10m 기준은 국부적 집중누수 방지 개념이다).

터널의 지하수 대책에 따라 터널에 작용하는 하중체계가 달라지며, 단면형상 결정에도 영향을 미친다. 터널 건설 위치의 수리상황을 기초로 구조적·경제적 타당성을 검토하여 배수 형식을 결정한다. 배수 형식은 콘크리트라이닝에 수압이 작용하지 않도록 하는 **배수형 방수형식**과 콘크리트라이닝이 수압을 받도록 하는

**비배수형 방수형식**으로 구분된다.

**배수터널은 지하수의 터널 내 자유유입(free drainage)을 허용**하므로 유입수 처리가 필요하며, 비배수터널은 유입을 차단하는 대신 정수압을 지지하는 구조로 설계된다. 따라서 배수터널은 수압하중을 배제할 수 있어, 임의 형상으로 계획이 가능하나 배수층, 배수공, 배수로, 집수정, 펌프장 등의 배수설비가 포함되어야 한다. 반면, **비배수터널은 정수압을 지지**하여야 하므로 원형에 가깝게 비교적 두꺼운 단면으로 계획한다.

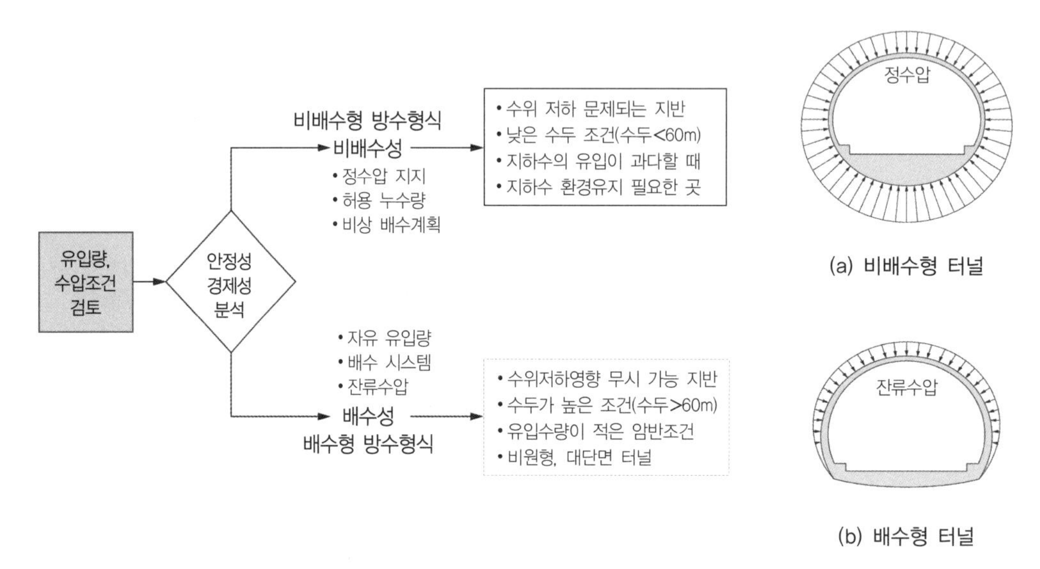


그림 E1.13 터널의 방배수 형식 선정

## 배수터널의 배수시스템

배수터널의 경우 지하수 처리에 대한 검토가 설계, 시공은 물론, 운영 중에 대해서도 이루어져야 한다. 그림 E1.14에 배수터널의 전형적인 단면 유형과 배수계통도를 예시하였다.

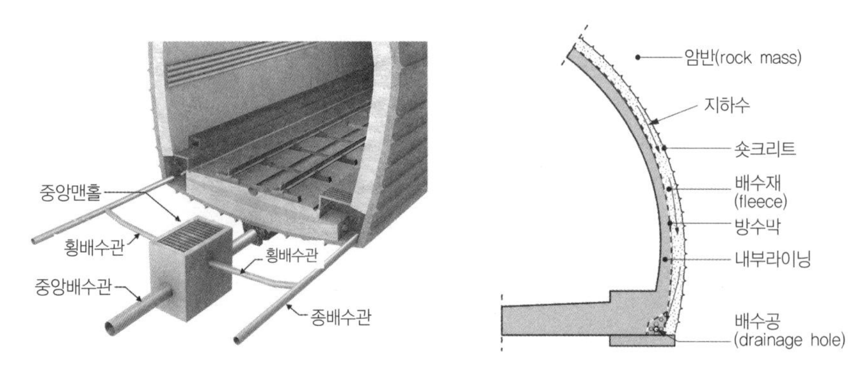


그림 E1.14 배수터널의 유입수 유도체계와 방배수 구조

하·해저터널의 경우 고수압 및 유입량 증가로 인해 방배수 계획이 매우 중요해진다. 연장이 수십 km에 달하는 하·해저터널의 경우 과대수압을 구조적으로 지지하기 어려우므로 주로 배수터널로 계획되며, 배수 설비는 거의 플랜트 수준에 가깝다. 그림 E1.15는 영불해협터널의 유입수 배수 계통도를 예시한 것이다.

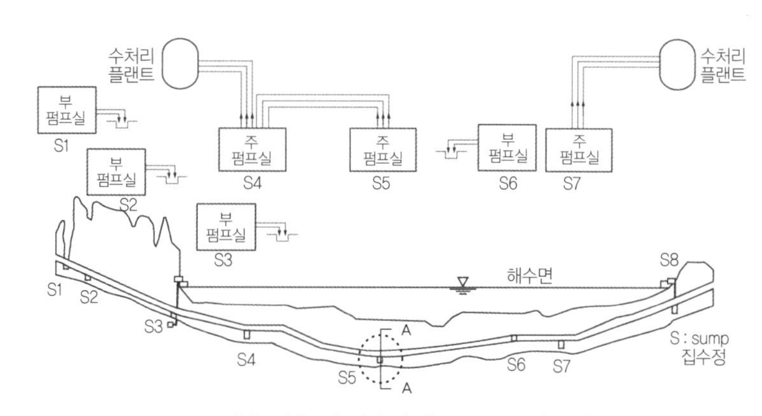


(a) 집수 및 배수체계(S : Sump 집수정)

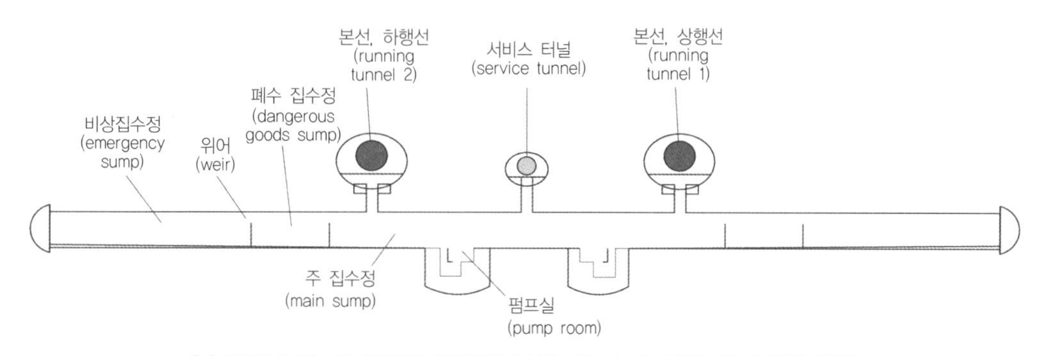


(b) 중앙부 집수정 위치의 횡단면(집수정-S5, A-A 단면 : 본선 직각 방향)

**그림 E1.15** 해저 배수터널의 배수계통도(영불해협터널, Channel tunnel)

### 1.3.4 환기 계획

#### 환기를 고려한 단면 계획

터널 내 오염물질의 농도가 허용 수준 이하로 유지될 수 있도록 환기 계획이 수립되어야 한다. 터널 환기는 **자연환기**와 **기계환기**로 구분하며, 기계환기의 경우 기계설비 및 풍도 설치에 따른 공간이 소요되어 터널 단면적이 증가한다. 소요 환기량을 산정하여, 자연환기로 소요 환기량을 만족하기 어려운 경우, 기계환기방식을 도입한다.

환기는 터널 내 공간 확보를 필요로 하므로 터널 단면 계획의 중요 고려사항이다. 대부분의 경우 건축한계 상부의 사공간을 **풍도**(air duct)로 활용하게 되지만, 터널이 길어 환기량이 커지면 충분한 풍도를 확보하기 위해 단면이 증가할 수 있다. 환기방식에는 그림 E1.16에 보인 바와 같이, 종류식·반횡류식·횡류식이 있다.

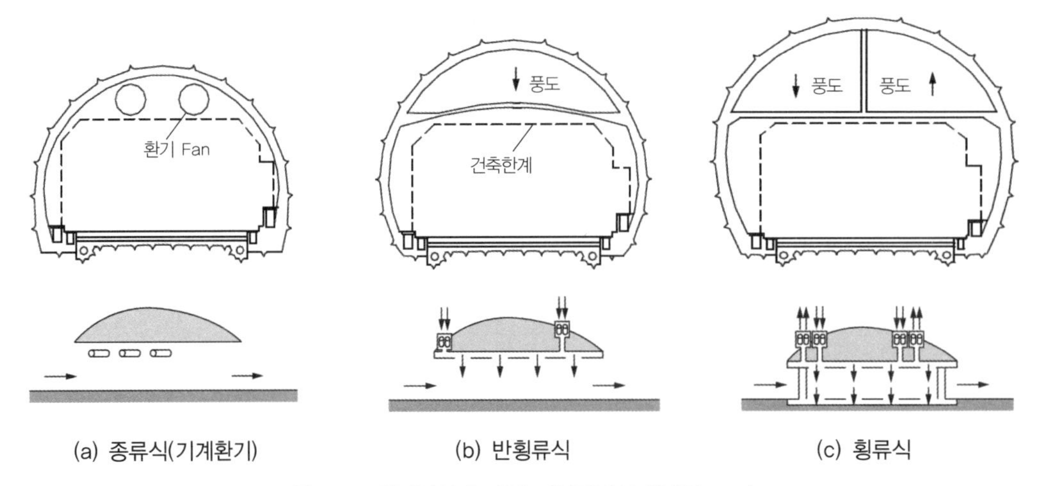


**그림 E1.16** 환기방식에 따른 터널단면의 상대적 크기

### 환기방식

**종류식**은 터널입구, 수직갱, 사갱 등을 통해 신선공기를 유입하며, 팬(fan)으로 종방향 기류를 형성하여 터널출구, 수직갱, 사갱 등으로 오염공기를 배출하는 방식이다. **반횡류**식은 터널 내 덕트(풍도)를 통하여 급기나 배기 중 하나만 제어하는 환기방식이다. **횡류식**은 터널에 급·배기 덕트를 설치하여 급·배기를 동시에 제어하는 방식이다. 환기시스템은 화재 시에 발생 가스 및 연기배출 기능을 수행하도록 계획한다.

## 1.3.5 방재 계획

터널은 밀폐공간이므로 사고, 화재, 침수, 폭발, 지진, 가스 살포 등의 위험 상황 발생 시 대량의 인명피해 및 재산 손실에 대비하여야 한다. 따라서 터널 계획 시 사고 예방, 초기대응, 대피, 소화 및 구조 활동, 사고 확대의 방지 등을 위한 방재 계획을 반영하여야 한다. 방재설비는 **소화설비**, **경보설비**, **피난설비**, **비상전원설비** 등으로 구성된다. 그림 E1.17은 터널 내부에 설치되는 방재설비를 예시한 것이다.

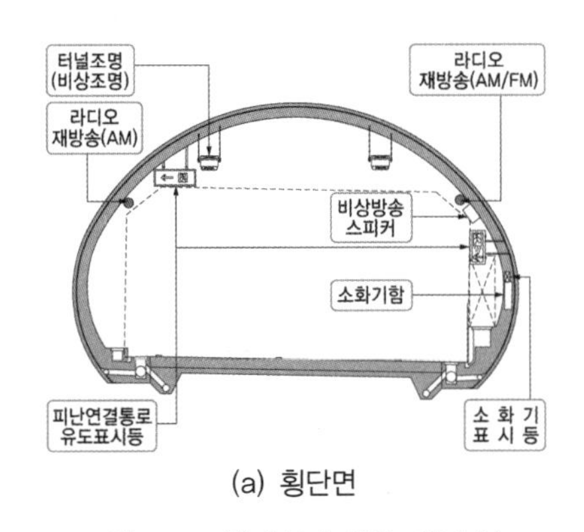


(a) 횡단면

**그림 E1.17** 방재설비 설치 예(계속)

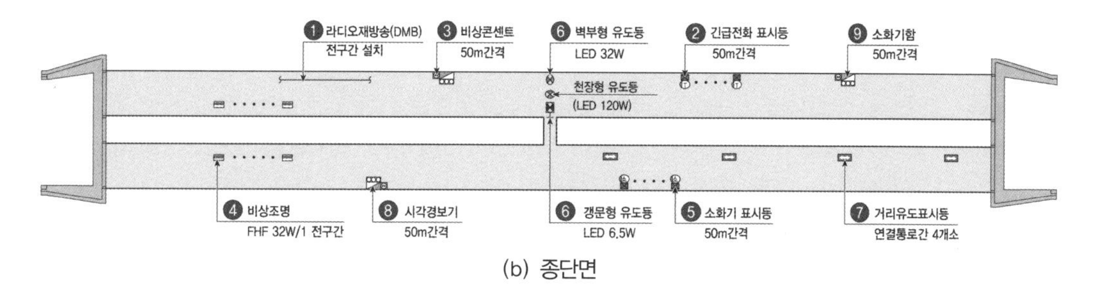


(b) 종단면

그림 E1.17 방재설비 설치 예

터널이 길어질 경우보다 더 엄격한 방재기준을 적용하여야 한다. 터널은 연장, 통행량 등에 따라 위험도 관리등급이 부여되며, 등급이 높은 중요 터널의 경우 피난연결통로, 대피터널 또는 대피소(피난연결통로의 설치가 불가능한 경우에 설치), 비상주차대 등이 터널 계획에 반영되어야 한다. 그림 E1.18에 대인 및 대 차량용 피난통로를 예시하였다. **대피 시설은 단면 계획의 요소이므로 계획 시부터 고려**하여야 한다.

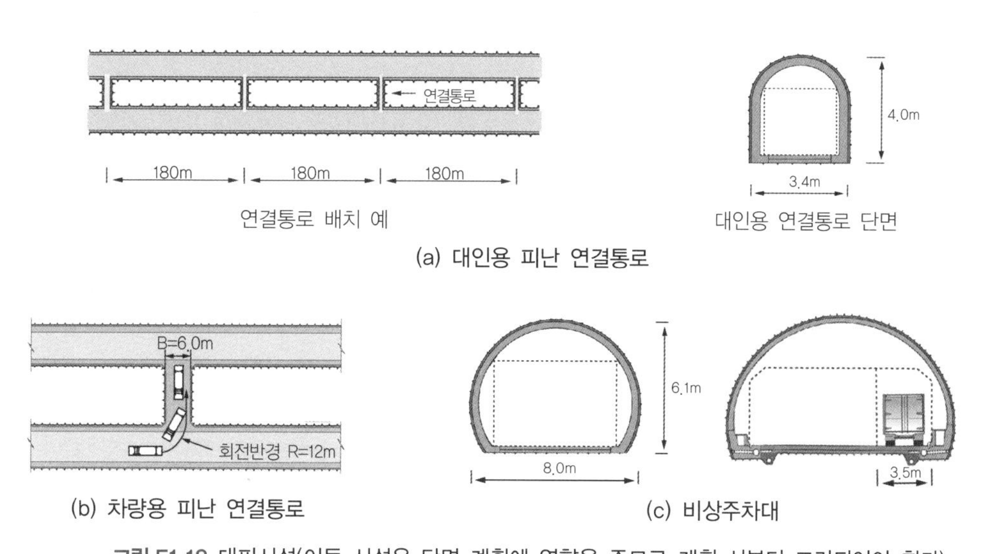


연결통로 배치 예

대인용 연결통로 단면

(a) 대인용 피난 연결통로

(b) 차량용 피난 연결통로

(c) 비상주차대

그림 E1.18 대피시설(이들 시설은 단면 계획에 영향을 주므로 계획 시부터 고려되어야 한다)

**NB : 터널의 갱구부 계획**

갱구부는 지하–지상 연결부로서 산지 사면에 위치하여 안정에 취약하고, 동해를 받기 쉬워 터널의 중요 관리 구간이다. 터널의 유일한 노출부로서 경관 개념이 도입될 수 있다.

날개식(면벽형–흙막이식)

패러핏식(돌출형)

원통절개식(돌출형)

벨마우스식(돌출형)

## BOX-TE1-7 터널의 Fire Protection

1999년, 프랑스와 이탈리아를 잇는 연장 11.6km의 Montblanc 도로터널 중간에서 밀가루와 마가린을 싣고 가던 트럭에서 화재가 발행하여 9개 국가 국적의 41명이 사망하였다. 화재는 50시간가량 지속되었고, 터널 내 온도는 1,000°C 이상 올라갔던 것으로 확인되었다. 사고 조사 결과 환기시스템 부적정, 경고장치 비효율, 양측 터널운영자(프랑스, 이탈리아) 간 소통 불충분, 소방체계 미흡 등이 피해의 원인으로 지적되었다. 몽블랑 터널화재는 터널의 화재안전 측면에서 방재 계획에 대한 현대적 개념 도입의 계기가 되었다. 사고 후 3년간 엄격한 안전 강화 보수공사를 시행하여 2003년 3월에 재개통되었다.

몽블랑 터널 화재

대구지하철 사고

실험 등에 근거한 화재영향에 대한 최근의 시나리오는 30분에서 수 시간 동안 연기 발생 240m$^3$/sec, 화력 100MW, 그리고 5분 내 온도가 1,000°C를 상승하는 것으로 가정한다. 유조차(휴발유) 화재를 가정한 화재특성곡선인 Rijkswaterstaat-curve는 60분 동안 최대 상승온도를 $T_{\max}$ =1,350°C로 설정한다.

화재 시 환기 시스템(ventilation)은 대량배연(smoke extraction)이 가능하고, 터널 축방향 공기 흐름 속도 제어를 제어할 수 있어야 한다. 고온하에서 환기 성능은 약 50%까지 저하한다. 장대 철도 터널의 경우 연기 흐름의 차단을 위하여 강화고무(플라스틱) 재질의 Inflatable Bellow, Plug 시설 등과 같은 Stopper를 설치할 수 있다.

화재 시 콘크리트의 박락(spalling)이 일어날 수 있다. 특히 지하수 아래 풍화암상에 위치하는 콘크리트의 피해가 심하다. 1996년 Euro-tunnel 화재 시 내부 콘크리트 라이닝 두께의 2/3가 박락(spalling)되었다. 박락은 습윤 콘크리트에서 빠른 온도 상승이 일어날 때 발생한다. 온도가 100°C 이상 올라가면 콘크리트 내 수분이 기화하여 팽창함으로써 박리가 야기된다. 고강도 콘크리트의 경우 파열에 특히 취약하다. 고온에서는 골재 내 화학물질의 변이가 일어날 수도 있다. 또는 300°C 이상의 고온에서는 철근의 강성과 강도가 감소하고, 강섬유 보강 숏크리트는 열전달을 촉진시킨다. 콘크리트의 화재 저항성(fire resistivity)을 강화하기 위하여 석회석과 같은 고온 분리성 광물과 16mm 이상의 조골재(coarse aggregates)의 사용을 피하는 것이 좋다. 피복두께를 6cm로 하면 300°C 이상에서도 철근보호가 가능하다. 화재 저항용으로 개발된 특수 콘크리트의 사용도 검토할 수 있으며, 열전달을 차단하기 위한 보호 판넬을 적용할 수도 있다.

안전과 구난대책(the safety and rescue plan)은 계획단계부터 발주자, 설계자, 시공자, 운영자가 협력하여 논의하여야 한다. 화재대응(fire combat)은 능동대책과 수동대책을 모두 포함하여야 한다. 능동대책은 화재진압 수단으로서 화재 감지, 소화전, 스프링클러, 응급환기 및 통신장치를 포함하며, 수동대책은 피해최소화 노력으로써 열저항 콘크리트 사용, 유해가스 미발생 소재 사용, 안전 전선, 화재물질 확산 방지용 횡단배수로, 대피동선 안내 표지 등을 포함한다. 화재대책은 화재시험을 통해 검증되어야 한다.

터널 이용자(차량)들도 일정거리 유지 등, 터널 이용 규정을 준수함으로써 재난안전 확보에 참여할 수 있다.

### 1.3.6 터널건설 계획-굴착 및 지보 계획

#### 터널건설의 3대 요구조건(Peck, 1969)

프로젝트에 대한 기본 계획이 마련되면 이를 구현할 기술적 세부 추진방안을 마련하여야 한다. 재정적·시간적 제약요건을 분석하여 적용이 가능한 기술적 최적대안을 강구한다. 터널건설의 기본조건으로서 Peck(1969)은 **터널건설의 3대 요구조건**(Three Requirements for Tunnelling)을 다음과 같이 제시하였다.

- 시공 가능해야 한다(constructability).
- 주변구조물에 손상이 없어야 한다(no-damages on existing structures).
- 터널의 수명기간 동안 작용 가능한 모든 외부영향에 대하여 안정하여야 한다.

첫째 항의 시공가능성이란 안정성 확보와 경제적 타당성에 관한 공법 관련 이슈이며, 둘째 항은 터널건설에 따른 주변영향에 대한 대책이 터널 계획의 중요부분임을 지적한 것이다. 그리고 셋째 항은 터널이 계획된 수명 동안 안전하게 유지되는 라이닝 내구성 조건을 규정한 것이다.

#### 터널공법의 선정

터널공법은 공사의 안전성과 시공성을 우선하여 검토하되, 건설비와 유지관리비 등을 포함한 경제성을 고려하여 계획한다. 지반 및 부지 제약조건을 기초로 개착식 공법, 터널식 공법, 특수·대안공법 등을 비교분석하여 구간과 상황에 타당한 터널공법을 결정한다. 그림 E1.19는 터널공법을 예시한 것이며, 그림 E1.20은 공법선정 절차를 예시한 것이다.

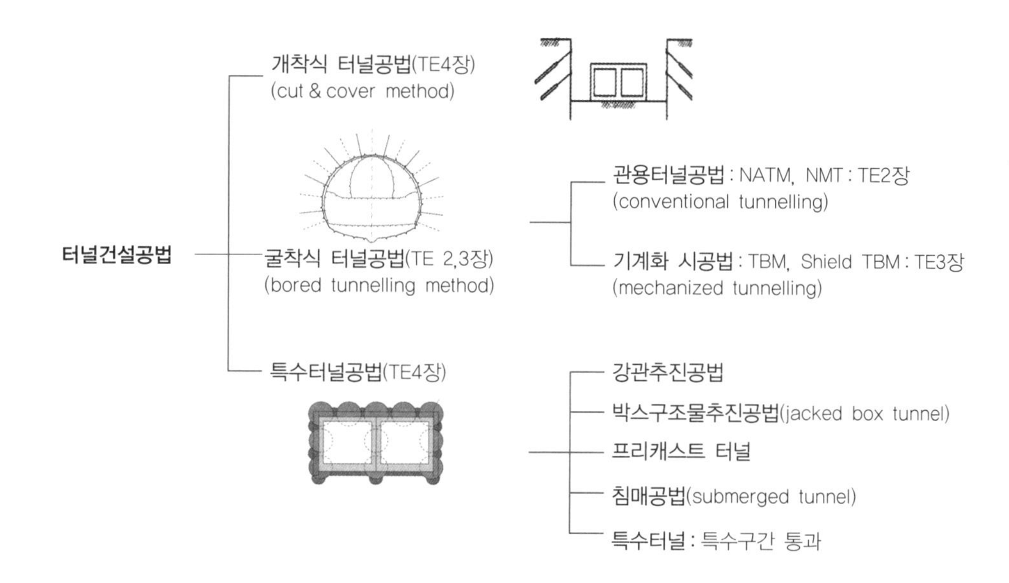


그림 E1.19 터널 건설 공법

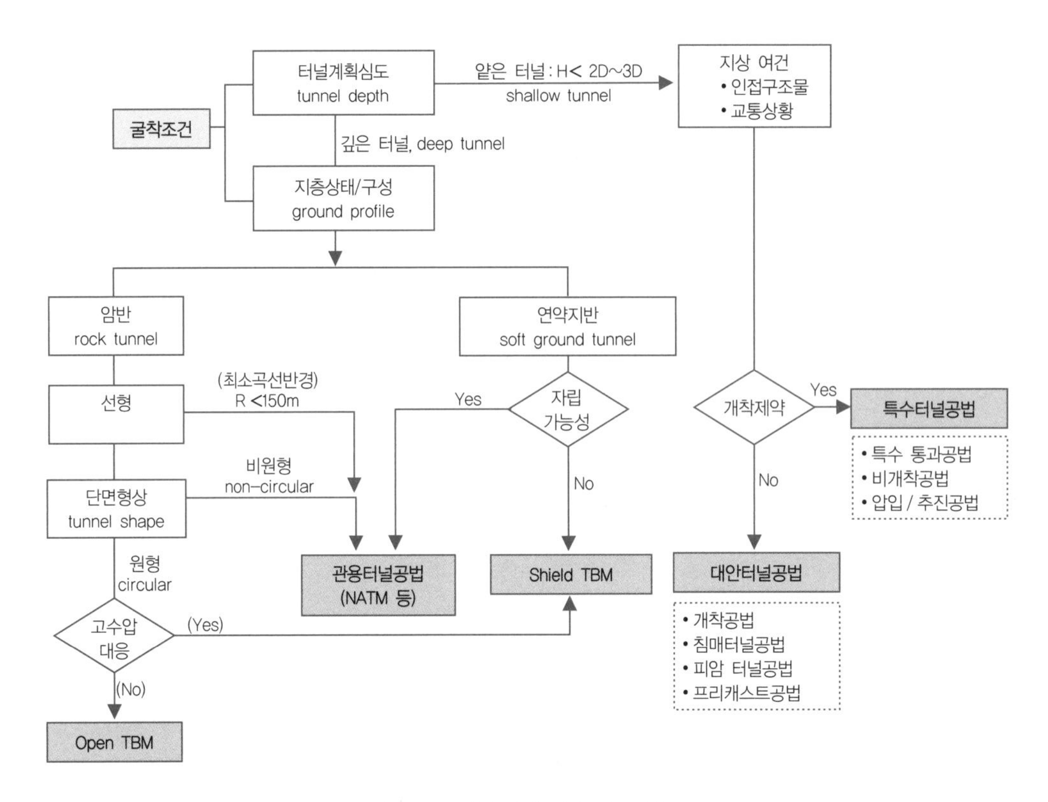


그림 E1.20 터널 건설공법 선정 흐름도

시공경험으로부터 지반에 따라 선호되는 터널공법이 있으며, 일반적 적용추세를 표 E1.2에 예시하였다.

표 E1.2 지반에 따른 터널공법 적용 옵션(M. Wood, 2000)

| 지반 조건 | 굴착 | 지보재 |
|---|---|---|
| A. 경암(hard rock) | D & B 또는 Open TBM | 없거나, 랜덤 록볼트 |
| B. 연암(weak rock) | TBM 또는 로드헤더 | 록볼트, 숏크리트 등 |
| C. 압착성 암반 (squeezing rock) | 로드헤더 | 상황에 따라 다양한 지보 선택 |
| D. 과압밀 점토(OC clay) | 비압력 쉴드 TBM(로드헤더) | 세그먼트 라이닝(숏크리트) |
| E. 연약점토, 실트 | 압력쉴드 TBM(EPB) | 세그먼트 라이닝 |
| F. 모래, 자갈 | 압력쉴드 TBM(슬러리) | 세그먼트 라이닝 |

표 E1.2에 제시된 공법은 통상적 조건의 적용 사례이며, 같은 지반이라도 여건에 따라 다른 공법이 적용될 수 있다. 일례로, 경암지반이라도 해저터널과 같이 고수압에 대응하여야 하거나, 투수계수가 커서 상당한 지하수 유입이 우려되는 경우에는 슬러리 쉴드 TBM 공법을 적용할 수 있다.

## 지보 계획

지보 계획은 대부분 굴착공법에 종속된다. 관용터널은 '숏크리트+록볼트+강지보'로 구성되는 초기지보(primary lining, 굴착지보, temporary lining)와 복공 콘크리트 라이닝지보로(secondary lining, 영구지보, permanent lining) 구성되며, 쉴드터널은 굴착 직후부터 '세그먼트라이닝'으로 지지한다. 터널공법에 따른 라이닝의 역할을 표 E1.3에 비교하였으며 터널공법에 따른 라이닝 지지 개념을 그림 E1.21에 보였다.

표 E1.3 터널공법에 따른 콘크리트라이닝의 역할

| 구분 | 터널공법 | | |
|---|---|---|---|
| | ASSM | 관용터널공법(eg. NATM) | 쉴드 TBM |
| 터널지지 개념 | 수동지지 개념 | '지반+1차 지보'의 암반 지지링 지지구조 | 강성 링구조체 |
| 주지보<br>(영구지보) | 강지보 /<br>콘크리트라이닝 | • 연약지반터널 : 콘크리트 라이닝<br>• 암반터널 : 암반+1차지보(숏크리트, 록볼트 등) | 세그먼트 라이닝 |
| 내부 라이닝의 역할 | 주지보재 | 설계 개념에 따라 주지보(연약지반)<br>또는 비구조재(암반터널) | 주지보재 |

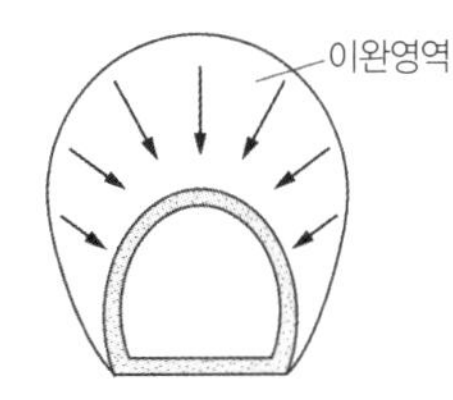


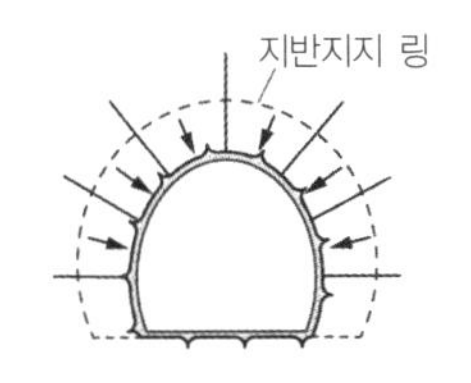


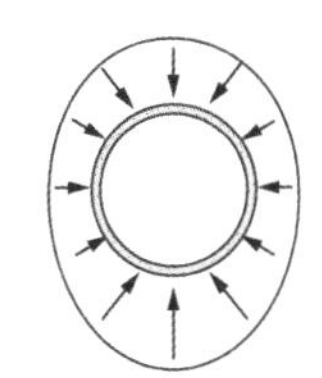


(a) 터널공법별 지지구조

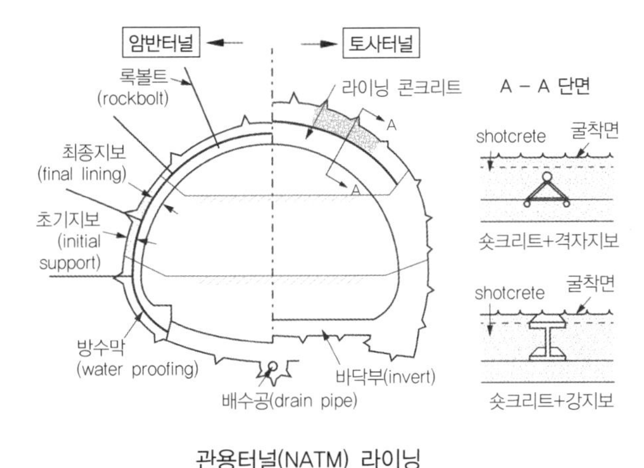


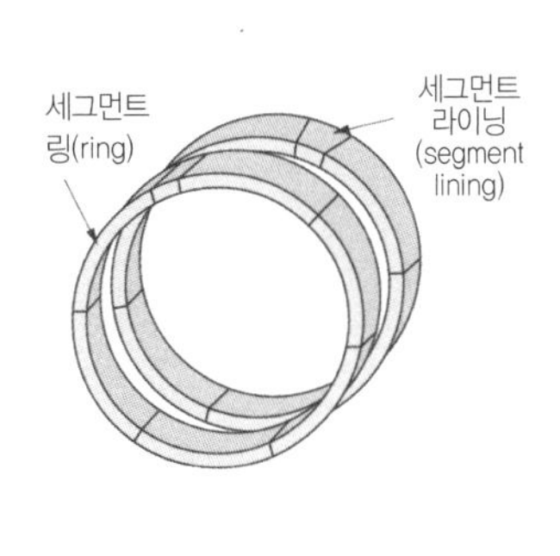


(b) 라이닝의 종류

**그림 E1.21** 터널공법에 따른 지지 개념 및 라이닝

## BOX-TE1-8 쉴드 TBM or NATM

터널공법을 선정하는 데 있어서, 관용터널공법과 기계식 TBM 공법 중 어느 것을 선택할 것인가는 매우 중요한 기술적 이슈이다. 공법 적용성에 대한 판단은 각 국가의 노동시장, 환경여건 그리고 현장 특성에 따라 달라진다. 최근 경제성에서 다소 우위에 있던 관용터널공법이 임금 상승, 지하수환경 영향, 그리고 굴착진동에 따른 사회적 비용문제로 TBM을 이용한 기계식 굴착공법의 적용 빈도가 높아지고 있다(특히, 도심지).

TBM 장비가격이 고가이므로, 일반적으로 연장이 길수록 TBM 굴착이 경제적인 것으로 알려져 있다. 아래 그림과 같이 건설 경제성 분기점이 1982년 약 5~6km이던 것이, 2000년대 이후 약 2km 정도로 단축되었다.

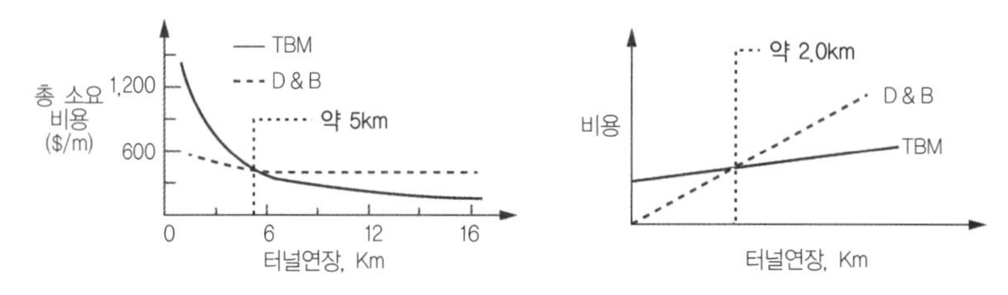


터널연장에 따른 공법 경제성 비교(왼쪽은 1982년 자료, 오른쪽은 2005, Kolymbas)

유럽, 일본의 TBM 적용 비율은 60~80%, 미국은 50%, 중국은 40% 수준이며, 우리나라는 2009년 현재 1% 미만 수준이었다. 유럽의 도시지역에서는 연결터널과 같은 짧은 터널, 불가피한 비원형 터널을 제외하면 거의 TBM 공법을 적용하고 있다. 현재 국내에서는 장비의 설계·제작을 거의 100% 외국에 의존하고 있어, 순 공사비만 비교할 경우 NATM이 경제적인 경우가 많다. TBM의 경우 아직 객관적인 공사비 산정 기준이 마련되어 있지 않고, 초기 장비비 과다, 재활용 제약의 문제가 있으며, 무엇보다도 숙련된 장비운영자(operator)가 절대 부족하다. TBM의 경우 시공연장이 늘어나면 세그먼트 및 커터 비용이 크게 올라가는 특성이 있다.

쉴드 TBM 항목별 공사비 구성비율

| 구분 | 세그먼트 | TBM 장비 | 커터 | 기타 |
|---|---|---|---|---|
| 직접 공사비 비율(%) | 25~40 | 10~20 | 10~15 | 25~50 |

터널공법의 선정은 경제성은 물론, 공기 단축, 시공성, 민원 발생, 친환경성 등을 종합적으로 고려하여 결정하여야 한다. 그동안 시공 사례들로부터 확인된 쉴드 TBM 공법의 장점을 정리하면,

- 연장이 긴 선형 터널에 적용 시 시공효율이 높고 공기와 공사비를 절감할 수 있다.
- 소음/진동, 지표침하, 분진 등 공사오염 유발이 적고, 지하수 환경 교란이 적다.
- 인력 투입 저감 및 공사기간의 단축이 가능하다.
- PC세그먼트의 채용으로 시공관리가 용이하며, 라이닝 품질관리가 확실하다.
- 공장(factory)형 작업환경이므로 작업자의 안전관리가 용이하고, 수준을 높일 수 있다.

한편, 단점으로는

- 적용 선형, 곡률반경(최소 곡률반경 : 40~80m) 및 경사구배(약 2% 이내)에 제한이 있다.
- 비원형 터널, 직경 17m의 대형터널 시공이 어렵다(특수 커터헤드장비 필요).
- TBM 장비 초기 투자비가 높고, 연장이 길면 세그먼트 비용이 증가한다.
- 시공 중 트러블(trouble)이 발생 시 대처가 어렵고 장비의 후진이 불가능하다.

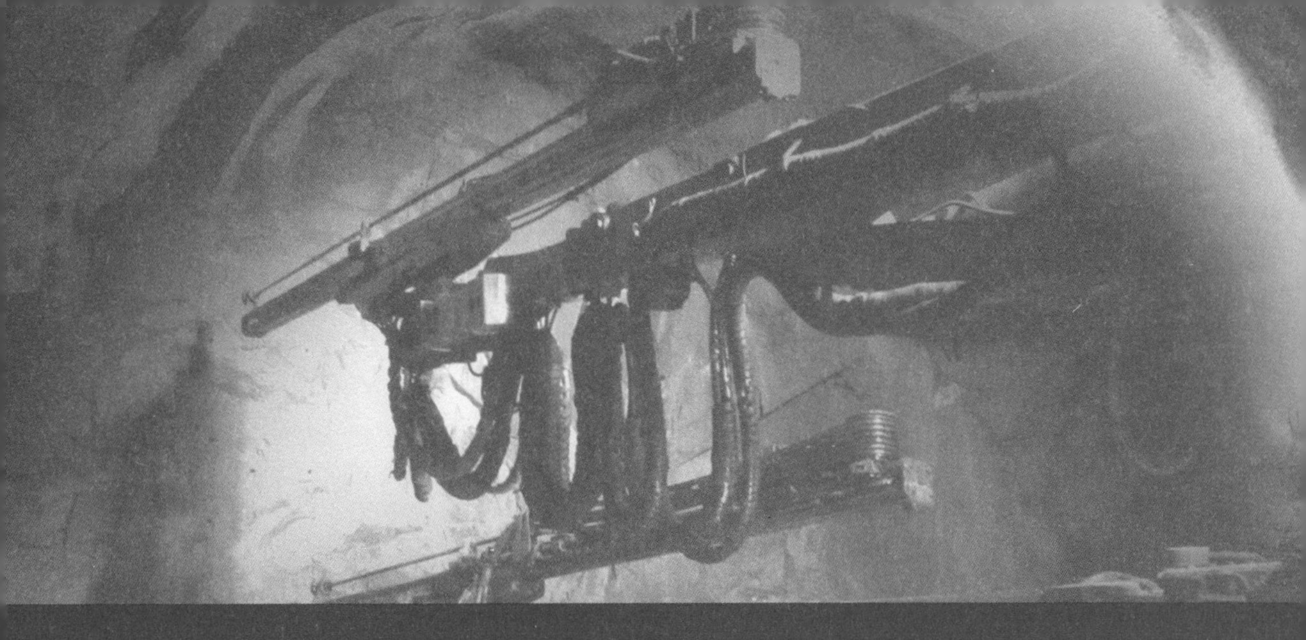

CHAPTER 02

# Conventional Tunnelling Methods
# 관용터널공법

# Conventional Tunnelling Methods
# 관용터널공법

발파(blasting)를 주 굴착 방법으로 하고 숏크리트와 록볼트를 지보재하는 전통적 터널건설 기술을 관용터널공법(conventional tunnelling method)이라 한다. 터널의 역사에 걸쳐 오랜 기간 동안 개발, 적용되어온 경제적인 굴착 및 지보기술로서 비원형 단면의 터널 건설에 유용하다. 암반분류에 따른 경험적 설계가 일반적이며, 대표적 공법으로 NATM(New Austrian Tunnelling Method, 오스트리아) 공법과 NMT(Norwegian Method of Tunnelling, 노르웨이) 공법이 있다. 설계기준 및 표준시방 규정에서는 국가이름이 들어간 명칭보다는 SCL(Sprayed Concrete Lining, 영국), SEM(Sequential Excavation Method, 북미) 등으로 지칭한다.

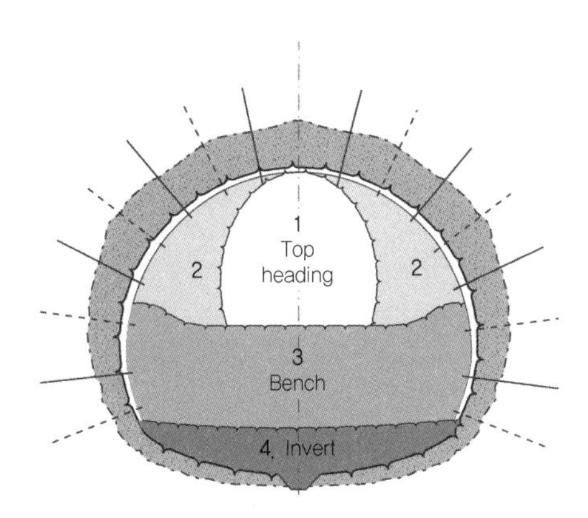


관용터널공법과 Bearing Ring

이 장에서 살펴볼 주요내용은 다음과 같다.

- 관용터널공법의 원리
- 관용터널공법의 설계요소와 패턴 설계
- 굴착(발파공법) 및 굴착보조공법
- 지보재(숏크리트, 강지보, 록볼트)

## 2.1 관용터널공법의 원리

### 2.1.1 관용터널공법의 터널 형성 원리

**내공변위-제어원리** convergence-confinement theory

내공변위-제어이론의 지반-지보 상호거동에서 평형점의 위치를 결정하는 요인들을 고찰해봄으로써 관용터널공법의 터널형성원리를 살펴볼 수 있다. 지반반응곡선(GRC)은 그림 E2.1과 같이 암반이 양호할수록, 터널의 굴착단면이 작을수록, 그리고 굴착충격 영향이 작을수록 내공 변형이 감소하므로 기울기가 급해진다. 반면, 지보반응곡선(SRC)은 지보의 강성 그리고 설치 시기에 따라 그 시작점과 기울기가 달라진다. 이들 요인들은 지반반응곡선과 지보특성곡선이 만나는 평형점의 위치에 영향을 미친다.

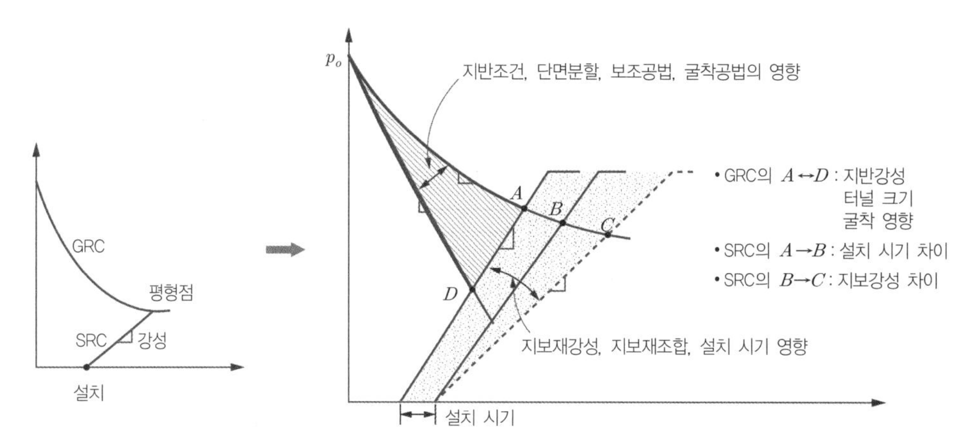


**그림 E2.1** 굴착공법과 지보재가 내공변위-구속관계에 미치는 영향

그림 E2.1의 $A$~$D$의 평형점 고찰로부터 **굴착공법과 지보재를 적절히 제어함으로써, 요구되는 평형조건을 유도**할 수 있다. 즉, 지반 자체의 지지력, 터널굴착공법의 굴착의 충격, 지보재의 강성과 설치 시기가 터널 평형조건에 영향을 미침을 알 수 있다.

위의 고찰로부터 관용터널공법의 굴착설계요소를 다음과 같이 정리할 수 있다.

- 지반 자체의 지지능력 고려→암반의 자립시간 이용
- 굴착교란 정도 및 제어를 고려→적정 굴착 방법 선택
- 지보강성 및 설치 시기→적정 지보재의 선정

관용터널공법의 원리는 위의 굴착설계요소를 CCM 원리에 따라 상황에 맞게 최적 제어하는 것이라 할 수 있다. 일반적으로 깊은 심도의 산악터널의 경우, 경제성을 추구하는 최적 평형점을 찾는 것이 바람직하며, 도심터널은 터널 상부 인접건물의 손상 방지를 위해 변형제어에 초점이 맞춰진다.

### 2.1.2 관용터널공법의 굴착설계요소 Design Factors

그림 E2.2는 관용터널공법의 설계 파라미터 간 상호 관계를 예시한 것이다. 각 요소가 터널 굴착안정에 어떻게 기여하는지 구체적으로 살펴보자.

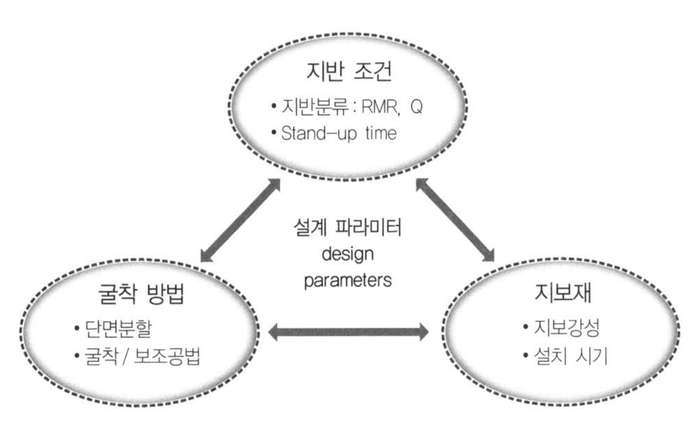


그림 E2.2 관용터널공법의 설계 파라미터

#### 2.1.2.1 지반 자체 지보능력 → 자립시간을 고려한 암반분류

암반의 강성과 강도가 클수록 굴착과 같은 외부 교란에 대하여 저항능력이 증가한다. Bieniawski(1976)는 암반 질에 따른 **자립시간**(stand-up time)을 무지보 지간(span)의 함수로 나타내었다(그림 E2.3 a). 암반이 양호할수록 무지보상태로 더 긴 지간으로 오래 견딘다. 그림 E2.3(b)는 암반의 질에 따른 지반반응곡선을 비교한 것이다. 양질의 암반이 변형이 작고 자립능력(시간)이 크다. 지반 자체의 지보능력을 고려하는 것은 관용터널공법의 설계에서 가장 중요하고, 또 특징적인 요소이다.

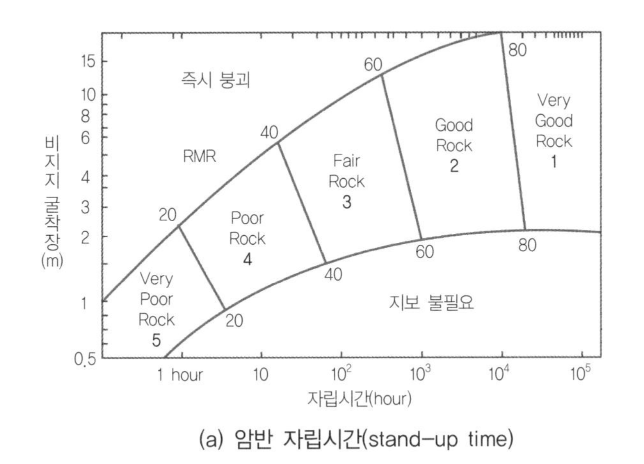


(a) 암반 자립시간(stand-up time)

(b) 지반강성에 따른 지반반응곡선

그림 E2.3 지(암)반의 지지능력

### 2.1.2.2 굴착 방법→단면분할 및 굴착제어

굴착은 지반의 초기응력장을 교란시켜 굴착면 주변 지반을 불안정하게 할 수 있다. 굴착은 단번에 가능한 많이 굴착하는 것이 경제적이나, 이는 교란영역을 크게 증가시켜 굴착안정성 유지에는 불리하다. 따라서 굴착단면의 크기는 굴착의 영향을 해당 지반이 감내할 수 있는 범위 이내이어야 한다. 굴착영향을 제어하기 위하여 충격이 적은 적절한 굴착공법 선정, 굴착보조공법의 채용 등의 방법도 고려할 수 있다. 굴착 방법의 제어요소와 그 효과는 다음과 같이 요약할 수 있다.

- 단면분할→작게, 다단계 굴착으로 굴착영향범위 제어
- 굴착공법→굴착충격이 작은 공법으로 굴착영향 제어
- 굴착보조공법→지반의 지지능력 보강

#### 단면분할

모래장난을 통해 작은 두꺼비집은 잘 무너지지 않지만, 큰 두꺼비집은 쉽게 무너진다는 사실을 경험할 수 있다. 그 이유는 터널의 규모가 작을수록 입자 혹은 절리에 대한 구속이 증가하여 중력붕괴에 대한 상대적 저항력은 커지기 때문이다.

따라서 큰 터널단면이라도 여러 개의 소단면으로 분할하여 첫 소단면을 굴착하고, 임시지보를 설치한 후 다음 소단면을 굴착하는 방식으로 단계별 굴착하면 안전하게 굴착할 수 있는데, 이것이 단면분할의 기본 원리이다.

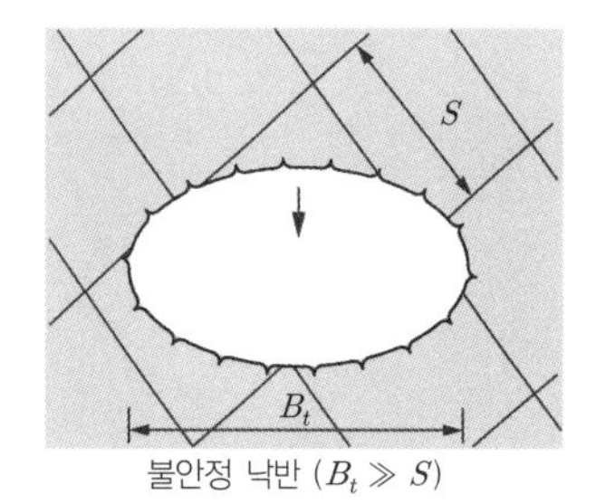

불안정 낙반 ($B_t \gg S$)

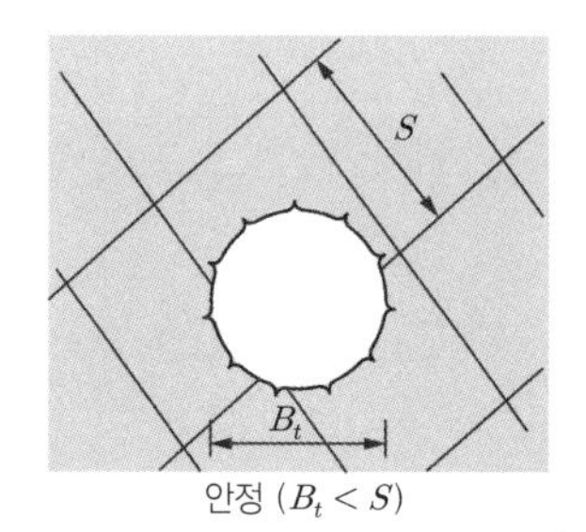

안정 ($B_t < S$)

그림 E2.4 단면분할의 터널공학적 의의

#### 굴착공법

지반은 입자 혹은 블록상 매질로서 굴착으로 인한 충격력은 매질의 안정상태에 상당한 영향을 미칠 수 있다. 따라서 강도가 취약한 지반일수록 지반 매질에 굴착 충격이 작은 굴착법을 적용하여야 안정 유지에 유리하다. 그림 E2.5에 굴착공법의 충격영향과 지반의 수용능력 관계를 예시하였다. 일반적으로 연약지반은 지반교란영향이 작은 기계굴착공법을 적용하며, 발파굴착은 지반교란영향이 가장 큰 굴착 방법으로 교란영향을 감내할 만한 양호한 암반에 주로 적용한다.

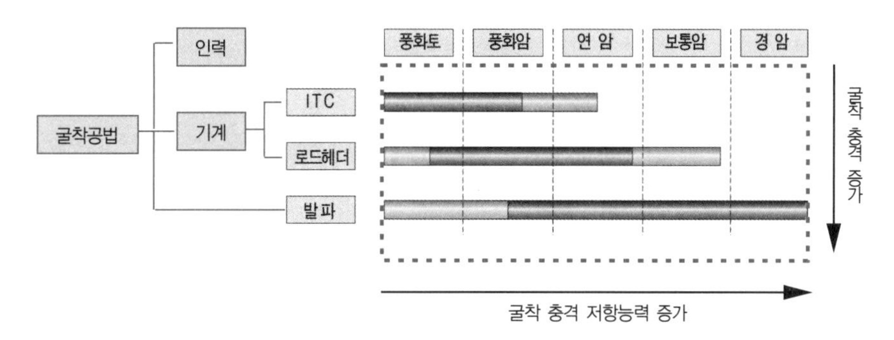


그림 E2.5 지반조건별 굴착 방법(ITC : 터널굴착용 다기능 브레이커)

그림 E2.6은 굴착방식이 지반반응곡선에 미치는 영향을 개념적으로 예시한 것이다.

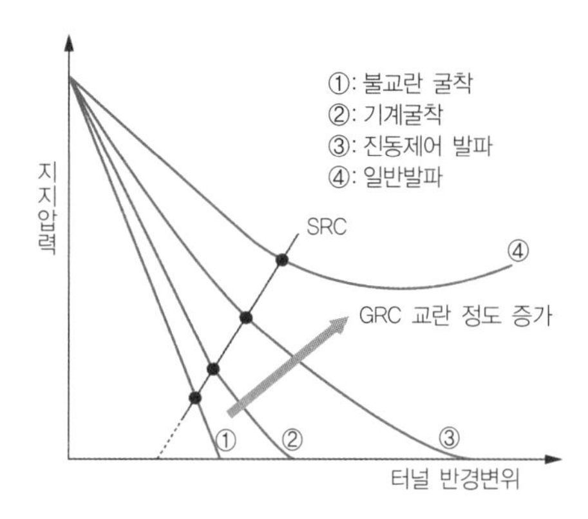


그림 E2.6 굴착공법의 지반교란영향에 따른 지반반응곡선

## 굴착 보조공법

소단면으로 분할하고, 충격영향이 최소인 굴착공법을 적용하여도 안정이 확보되지 않을 수 있다. 이런 경우 그림 E2.7과 같은 굴착보조공법을 적용하여 원지반의 아칭능력과 자립능력을 보강할 수 있다(보조공법의 영향은 CCM에서 지반반응곡선을 아래로 내려오도록 개선하는 것으로 이해할 수 있다).

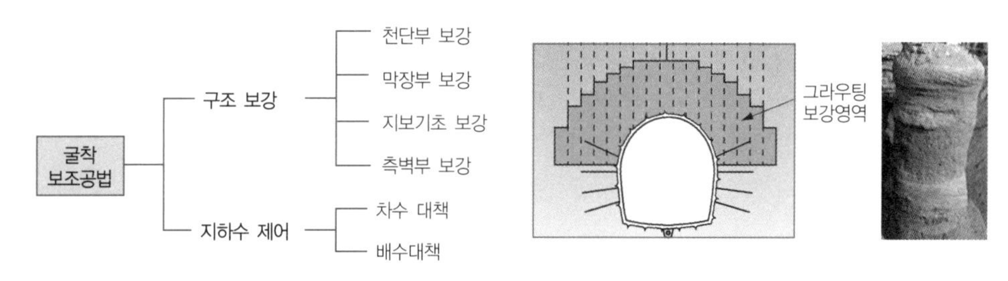


그림 E2.7 보조공법과 적용 예

### 2.1.2.3 굴착지보 요소 → 지보강성 및 설치 시기 제어

관용터널의 지보재(라이닝)는 보통 굴착안정 유지에 기여하는 **초기지보**(initial support)와 설계수명 기간 동안 라이닝에 작용하는 최대하중을 지지하는 **최종 지보**(final support)로 구성된다. 터널 형성과 관련되는 굴착지보재는 초기지보재이다. 초기지보재로는 숏크리트, 록볼트 및 강지보가 사용되며, 최종지보는 보통 콘크리트 또는 철근콘크리트로 현장타설한다(2.2절 설계 참조).

CCM 지보반응곡선의 평형점 위치에 영향을 주는 지보재요소는 지보강성과 설치 시기이다. 그림 E2.8에 이를 예시하였다. 강성이 클수록, 설치 시기가 빠를수록 변형이 제어된다(하지만 지보재의 하중분담은 증가한다).

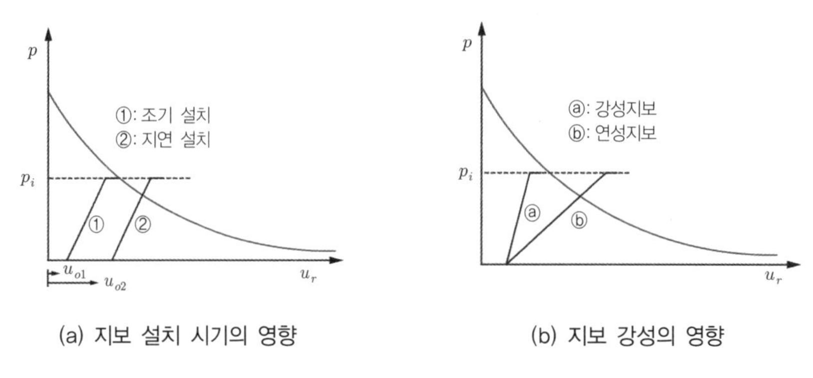


(a) 지보 설치 시기의 영향　　(b) 지보 강성의 영향

**그림 E2.8** 지보재 설치 시기 및 강성에 따른 내공변위 제어특성

#### 굴착 지보재

굴착 지보재로 사용되는 숏크리트, 록볼트 및 강지보, 각각을 개별 혹은 조합 설치하여 지보강성을 조절하거나 설치 시기를 제어할 수 있다.

**숏크리트.** 숏크리트는 관용터널공법에서 하중분담비율이 가장 높은 지보재로서 ⓐ 지반의 이완을 방지하여 원지반 강도 유지, ⓑ 콘크리트 아치로서 하중을 분담, ⓒ 응력의 국부적인 집중 방지, ⓓ 암괴의 이동 방지 및 낙반의 방지, ⓔ 굴착면의 풍화방지 등의 지보재 역할을 한다. 굴착직후 바로 타설 가능하므로 타설시기 제어에도 유리하다.

**강지보(steel set).** 숏크리트는 타설 직후 탄성계수가 작기 때문에 변형되기 쉽고, 강성이 작아 토사지반의 지보기능으로는 미흡하다. 따라서 도심지 연약지반 터널과 같이 변형이나 지표침하를 제한할 필요가 있는 경우에는 강성이 큰 강지보재와 숏크리트를 일체화하여 지반변위에 대응한다. 강지보재는 숏크리트 타설 후 숏크리트 또는 록볼트의 지보기능이 발휘되기까지 지지구조로 기능하며, 숏크리트가 경화한 후에는 숏크리트와 일체화된 합성구조체로 지반 하중을 지지한다.

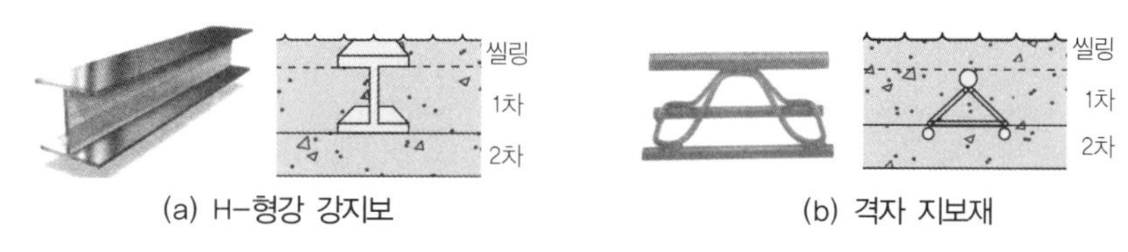

(a) H-형강 강지보 (b) 격자 지보재

그림 E2.9 숏크리트와 강지보재의 조합-합성구조체

**록볼트.** 록볼트가 지보재로서 기능하기 위해서는 그림 E2.10과 같이 패턴 록볼트의 내압효과로 굴착면 주변에 그랜드 아치(grand arch)를 형성하여야 한다. 이러한 그랜드 아치효과는 선단 정착형 록볼트로 구현할 수 있다.

그림 E2.10 록볼트의 내압효과와 암반지지링(그랜드 아치) 형성 개념

부정형(random)으로 배치하는 랜덤 록볼트나 전면접착형, 마찰형 록볼트는 전단저항, 봉합작용, 보형성 기능 등 지보효과 및 암반 또는 특정 불연속면 보강효과로 기능한다. 그림 E2.11은 록볼트 정착메커니즘에 따른 기능을 암반등급에 따라 살펴본 것이다. 지반 강성이 낮아질수록 터널의 지보재 기능보다는 지반보강 기능의 개념으로 적용된다.

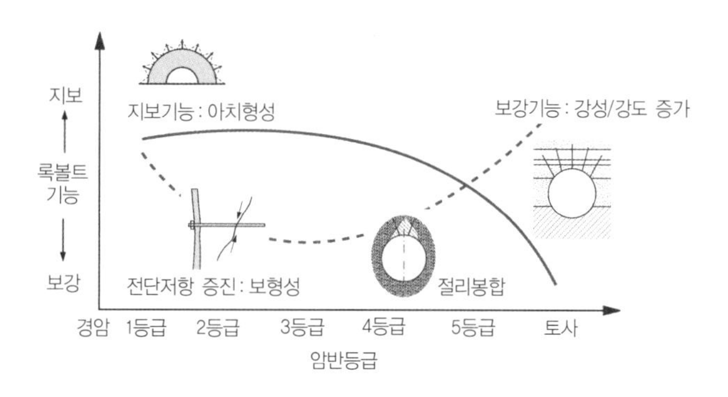


그림 E2.11 지반조건에 따른 록볼트의 기능

## 2.2 관용터널공법의 설계

관용터널의 설계범위는 그림 E2.12에 보인 바와 같이 크게 굴착설계와 지보설계로 구분해볼 수 있다. 지보(라이닝)설계는 TM5장에서 다룬 바 있으므로, 여기서는 주로 굴착설계를 중심으로 살펴보고자 한다.

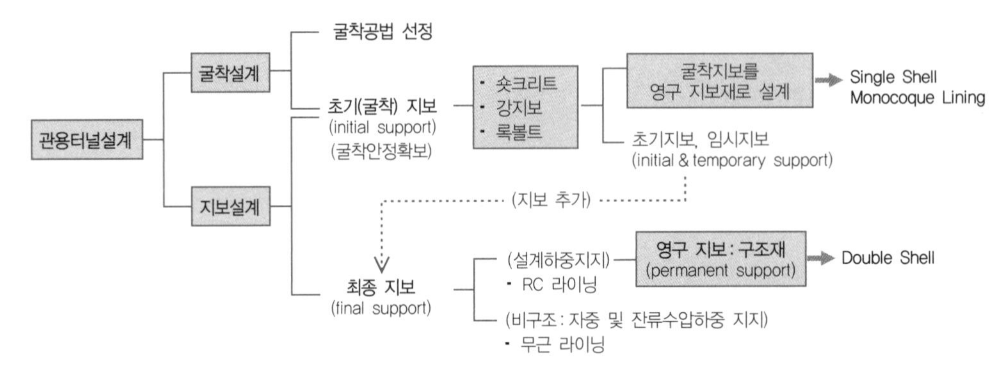


주) **관용터널 라이닝 명칭 :** 초기지보(initial support)는 굴착 중 설치하는 숏크리트, 강지보, 록볼트 등이며 이를 1차 지보(primary lining)라고도 한다. 최종지보(final support)는 터널 내부 사용공간의 기능 확보를 위한 콘크리트 라이닝으로서 이를 2차 지보(secondary lining)라고도 한다.

그림 E2.12 관용터널의 설계 내용

일반적으로 굴착 중 안정은 초기지보를 통해 확보하고, 운영 중 최대하중은 최종지보인 콘크리트 라이닝으로 확보한다. 따라서 관용터널(예, NATM)은 일반적으로 **초기지보와 최종지보의 이중 구조 라이닝**(double shell, dual-lining support) 구조로 건설된다.

초기(굴착)지보는 설계 개념에 따라 임시지보(temporary lining) 또는 영구지보(permanent lining)로 다룰 수 있다. 초기지보가 궁극적으로 열화하여 장기적으로 지지능력을 모두 상실하는 것으로 가정하여 최종지보인 콘크리트라이닝(cast-in-place lining)이 모든 하중을 분담한다고 설계하는 개념(그림 E2.12)과 초기지보가 설계수명 동안 지지능력을 발휘하는 초기지보의 영구지보 개념(주로 NMT)이 있다.

현재, 관용터널의 지보설계에 대하여 명확하게 통일된 설계 개념이 제시되어 있지 않다. 지보 설계 개념은 터널의 용도, 중요성, 주변환경, 장래 주변여건 변동 가능성 등을 토대로 발주자의 정책, 설계자의 설계 개념 등에 따라 숏크리트, 강지보, 록볼트 모두 임시지보로도 영구지보로도 설계할 수 있다. 굴착 지보재를 영구지보로 설계하는 경우, 개별 지보 부재의 안정검토를 수행하여 구조재로서 기능하도록 설계한다.

일반적으로 경암반 터널의 경우에는 최종지보(inner lining)를 설치하지 않거나, 비구조재의 무근 콘크리트 라이닝을 설치하고, 연약지반 터널의 경우 초기지보는 궁극적으로 열화한다고 가정하여, 최종 콘크리트 라이닝이 하중을 지지하는 개념을 주로 채택한다.

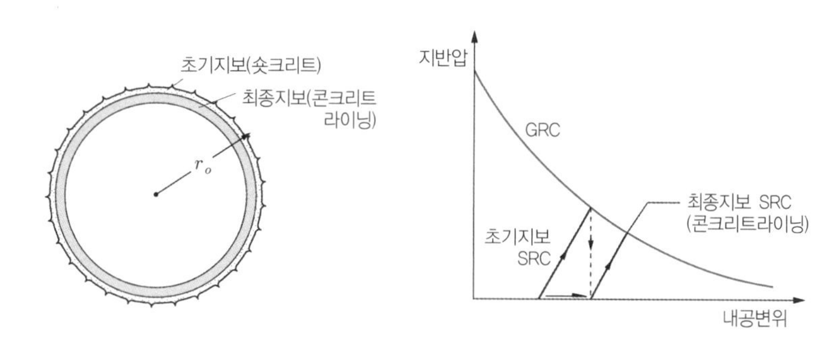


**그림 E2.13** 초기지보 열화에 따른 콘크리트 라이닝 하중분담 개념

하지만 초기지보가 어느 한순간에 열화되는 것이 아니며 점진적으로 진행될 것이다. 실제 터널건설 경험으로부터 1차 지보재의 기능이 완전소멸하지는 않는 것으로 알려져 있으며, 경우에 따라 초기지보의 일정 능력을 설계에 고려하기도 한다. 그림 E2.14는 장기적으로 1차 지보재의 기능이 50% 수준으로 유지되는 사례를 예시한 것이다.

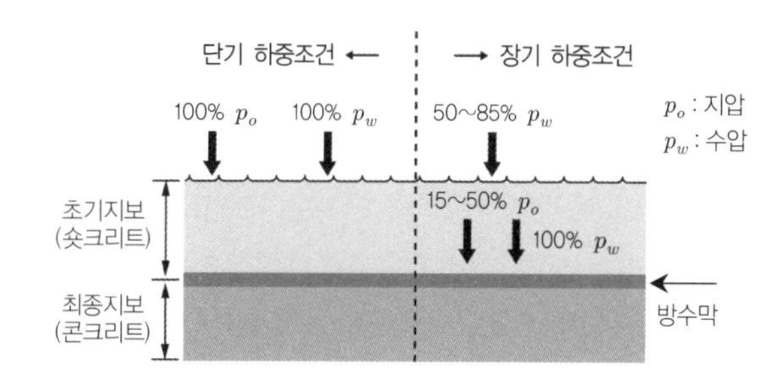


**그림 E2.14** 이중구조 라이닝의 시간경과에 따른 하중 지지특성 예

## 2.2.1 관용터널의 굴착설계

터널의 굴착설계는 시추 등의 조사 결과를 토대로 이루어지므로 공간적으로 변화하는 지층을 굴착을 통해 확인하기 전까지는 불확실성을 완전히 해소할 수 없어 잠정 설계의 개념으로 이해하는 것이 바람직하다.

초기(굴착)지보의 설계는 다음과 같은 방법을 적용할 수 있다.

- RMR, Q-system 등 암반분류에 따른 경험법→NATM, NMT
- 이론적 방법 : Rockbolt, Shotcrete 및 강지보 각각에 대한 부재해석법(예, AASHTO, LRFD 터널 굴착지보설계)
- Geotechnical Analysis : CCM, Stress Analysis, 연속체/불연속체 수치해석법

실무에서는 주로 경험법을 사용하며, 수치해석을 이용하여 설계를 검증한다. 대표적인 경험설계법은 암반의 RMR 분류에 기초한 NATM 공법과 Q-system 분류에 기초한 NMT 공법을 들 수 있다.

경험법은 공사비 선정 등을 위한 예비설계 개념으로 암반등급에 따라 표준단면을 적용하고 현장에서 굴착으로 확인되는 지반조건에 따라 설계를 수정하는 개념이다. 즉, 터널노선을 따라 나타나는 지반을 몇 개의 등급으로 구분하고 각 지반등급에 따라 그림 E2.15와 같이 **단면분할, 굴착공법, 굴착보조공법** 및 **지보상세**(패턴)를 정해놓는 것이다.

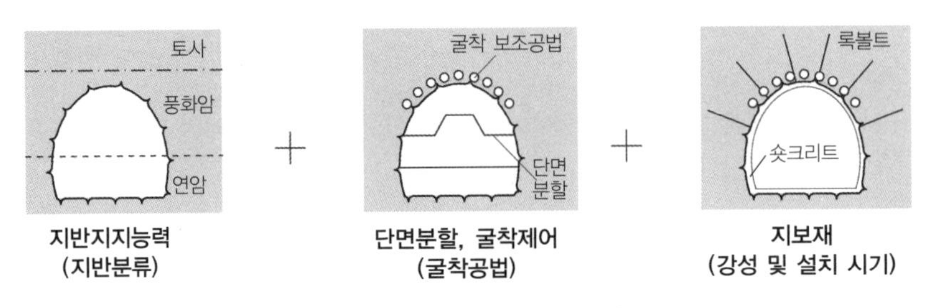


그림 E2.15 관용터널의 굴착설계 구성요소

암반등급에 따른 경험설계법은 지층변동이 큰 지반에 설치되는 터널과 같은 연속지하구조물에 대한 공학적 설계법으로 유용하다. 다만, **굴착 중 확인되는 지반조건에 따라 설계를 조정하는 시공의 유연성을 전제**로 한다. 우리나라에서는 등급에 따른 굴착 및 지보설계 내용을 '**패턴(pattern)**'이라 하며, 이와 같은 설계법을 는 '**패턴설계**', 그리고 지반등급에 따라 부여된 굴착 및 지보형식을 '**표준지보패턴**'이라 한다('패턴설계'는 국제적 터널 용어로 보기 어려우며, 우리나라에서 주로 쓰는 표현). 패턴설계방식은 공간적으로 변화가 크고, 지반불확실성이 큰 터널의 잠정설계(혹은 예비설계)로서 유용하며, 터널 공사비 예정가 산정 등에 편리하다.

매 위치마다 변화하는 지반성상에 정확히 대응하는 지보를 설계한다는 것은 공학적으로 비경제적이고 가능하지도 않다. 따라서 이에 대한 공학적 타협으로 지반을 5~6개의 범주로 구분(지반등급)하고, 그에 따른 굴착방식과 지보형식을 미리 정해 놓는 방안(패턴)은 현실적이고 공학적 타당성이 있다고 할 수 있다. 하지만 패턴의 결정은 매우 제약된 지반정보인 시추조사에 의하므로, 실제 현장조건과 상이할 가능성이 매우 높다. 지반 변화의 정도를 단지 몇 개의 패턴으로 규정하여 대응하는 방식은 지반의 공간적 변화와 불확실성을 고려할 때, 과소 내지는 과다가 될 가능성이 크다. 따라서 굴착하여 확인된 굴착면 지반의 성상을 재분석하여, 지반에 최적하도록 패턴의 보완 여부를 먼저 검토하는 것이 바람직하다.

### 암반분류에 따른 경험설계

암반등급별 표준 지보패턴 결정과정을 그림 E2.16(a)에 예시하였다. 지반조사를 통해 암반을 분류하고, 적용하고자 하는 터널공법(NATM, NMT 등)에 따라서 예비설계(패턴)를 검토한다. 프로젝트에 따라 지반의 특성, 과거 시공경험 등을 토대로 세분화도 가능하다. 검토패턴에 대하여 실제 지반상태, 작업조건 등을 고려한 대표 안정해석을 수행하여 설계적정성을 검증한다.

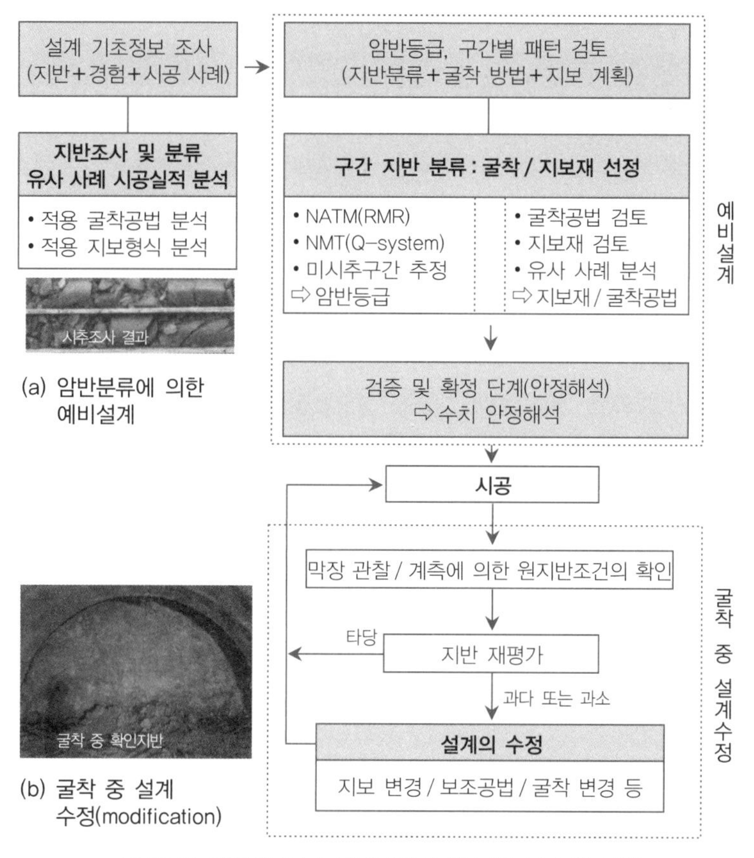


그림 E2.16 관용터널의 표준지보설계 및 굴착 중 조정 절차

지반의 성상은 실제로 굴착하여 확인하기 전까지는 정확히 알 수 없는 불확실성이 있다. 따라서 공사 중 확인되는 지반에 대한 재평가, 계측 결과 등을 통하여 시공 중 유연하고도 신속하게 설계를 조정할 수 있어야 한다. 그림 E2.16(b)에 굴착 중 설계조정 절차를 예시하였다. 관용터널공법이 내포하는 다양한 기술적 요소를 최적 지휘, 결정할 수 있을 정도의 풍부한 경험을 보유한 터널 전문가인 책임기술자(chief engineer) 중심의 현장운영과 함께, 계약을 유연하게 조정할 수 있는 환경이 지원되어야 한다.

NB : 외국 문헌에서는 '패턴설계(pattern design)'라는 표현을 찾기 어렵다. 반면, 우리나라에서는 패턴설계가 전형적인 확정설계로 인식되는 경향이 있다. 굴착 중 설계조정 범위를 단지 패턴 조정으로 대응하는 것은 관용터널공법의 기본원리에 부합한다고 보기 어렵다. 각 패턴 사이의 간단한 대응 혹은 패턴범주를 넘는 특별한 대응이 필요한 경우도 얼마든지 있기 때문이다. 터널의 확정설계는 공사비 감액 우려에 따른 불필요한 시공으로 비용을 낭비할 수 있고, 취약지반에 대한 추가보강을 기피하여 안정을 위협할 수도 있다. 지반불확실성을 고려하지 않는 터널 설계의 확정형 추진은 기본적으로 계약행정의 경직성, 그리고 기술적 판단에 대한 신뢰와 정직성 문제에서 비롯된 관행이라 할 수 있다. 이는 지반의 공간적 변화와 예측할 수 없는(unpredictable) 불확실성에 대하여 발주자, 시공자가 합리적으로 위험을 분담할 수 있는 리스크분담시스템(risk sharing system)을 도입하여 해결하여야 한다.

**BOX-TE2-1 암반분류와 활용(부록 A3 참조)**

**RMR 분류법→NATM 설계**

광산터널 굴착자료를 기초로 Bieniawski(1973, 1989)가 제안하였다. RMR(rock mass rating)의 분류기법으로 암석의 일축압축강도(15), RQD(20), 불연속면의 간격(20), 불연속면의 상태(30), 지하수의 상태(15), 그리고 불연속면의 방향성의 영향을 고려하기 위한 보정요소(≤-60)로 구성된다. $0 \le RMR \le 100$이다.

$$RMR = \sum_{i=1}^{5} (\text{암반평가 요소에 따른 점수}) + \text{불연속면의 방향성 효과에 따른 보정}$$

**Q-분류법→NMT 설계**

Norway의 Cavern 굴착자료 등을 토대로 Barton 등(1974)이 제안하였다. $Q$의 정의는 아래와 같으며, $0.001 \le Q \le 1000$로서, $Q$=1000 : 틈이 없는 단단한 암반, $Q$=0.001 : 극히 연약한 암반이다.

$$Q = \frac{RQD}{J_n} \cdot \frac{J_r}{J_a} \cdot \frac{J_w}{SRF}$$

여기서, $J_n$ : 절리군의 수(0.5 : 절리가 거의 없는 괴상암반~20 : 파쇄되어 흙과 같은 암반), $J_r$ : 절리면의 거칠기 계수(0.75 : 단층경면이 있는 평면상 절리~4 : 불연속적인 절리), $J_a$ : 절리의 변질도(0.75 : 변질되지 않은 절리면~20 : 폭이 두꺼운 팽창성 절리), $J_w$ : 절리면에 존재하는 지하수에 따른 저감계수(1.0 : 건조상태~0.05 : 상당한 지하수 유입), $SRF$ : 응력감소계수(1.0~20(중간~높은 응력))

**RMR 값과 $Q$ 값의 상관관계 :** $RMR \fallingdotseq 9 \ln Q + 44$

RMR 및 $Q$에 따른 암반 등급

| RMR | 100~81 | 80~61 | 60~41 | 40~21 | ≤20 |
|---|---|---|---|---|---|
| $Q-value$ | >40 | 40~10 | 10~4 | 4~1 | <1 |
| **분류(등급)** | I | II | III | IV | V |
| 상태평가 | 매우 좋은 암반 | 좋은 암반 | 양호한 암반 | 불량한 암반 | 매우 불량한 암반 |
| 암반의 점착력(KPa) | >400 | 300~400 | 200~300 | 100~200 | <100 |
| 암반의 내부마찰각(°) | >45 | 35~45 | 25~35 | 15~25 | <15 |
| 무지보 자립시간 (stand-up time) | 20년 (15m 스팬) | 1년 (10m 스팬) | 1주일 (5m 스팬) | 10시간 (2.5m 스팬) | 30분 (1m 스팬) |

**RMR과 $Q$의 활용 : 암반물성 평가**

① Geloogical Sterngth Index, $GSI$ : Heavily broken rock≈10, Intact Rock≈100

$GSI = RMR - 5$ (Bieniawski, 1989); $GSI = 10 \ln Q' + 32$, $Q' = (RQD/J_n)(J_r/J_a)$ (Barton et al., 1974)

② Rock Mass Deformability : $E_d(GPa) = 10^{\left(\frac{RMR-10}{40}\right)}$; $E_d(GPa) = \sqrt{\frac{\sigma_{ci}}{100}}\, 10^{\left(\frac{GSI-10}{40}\right)}$

③ Rock Mass Strength(Hoek et al., 1995), $\sigma_{ci}$ : 암석일축강도, $\sigma_{cm}$ : 암반일축강도

Intact rock : $m_b = m_i$, $s = 1.0$, $a = 0.5$

undisturbed rock : $GSI > 25$, $m_b = m_i \exp\{(GSI-100)/28\}$, $s = \exp\{(GSI-100)/9\}$, $a = 0.5$

$GSI < 25$, $s = 0$, $a = 0.65 - (GSI/200)$

disturbed rock : $m_r = m_i \exp\{(GSI-100)/14\}$, $s_r = \exp\{(GSI-100)/6\}$ (Hoek and Brown, 1988)

$\sigma_{cm} = (0.0034 m_i^{0.8}) \sigma_{ci} \{1.029 + 0.025 e^{(-0.1 m_i)}\}^{GSI}$ (Hoek and Brown, 1997)

### 2.2.2 암반분류(경험법)에 의한 관용터널의 굴착설계 : NATM 및 NMT

터널굴착의 경험설계법은 암반에 따른 다양한 터널 시공경험을 토대로 제안되었다. 대표적인 터널설계법으로 Austria의 Rabcewicz가 RMR 분류에 의거하여 제시한 NATM(New Austrian Tunnelling Method) 공법과 Norway NGI에서 Barton 등이 Q-system을 토대로 제시한 NMT(Norwegian Method of Tunnelling) 공법이 대표적이다(부록 A3 참조).

#### 2.2.2.1 NATM 설계 : RMR

NATM 설계 등급(패턴)은 암반분류 기준인 **RMR로부터 경험적으로 제시**되었다. 수직응력이 25MPa인 암반에 건설되는 폭 10m의 마제형 터널을 발파공법으로 굴착할 때를 기준으로 한 NATM 표준패턴을 표 E2.1에 예시하였다. 프로젝트마다 단면특성이 다를 수 있으므로 표 E2.1를 참조하여 해당프로젝트에 부합하는 표준지보 유형(패턴)을 기본설계단계에서 설정한다.

표 E2.1 NATM : RMR 분류에 의한 굴착 및 지보(Bieniawski)
(수직응력<25MPa, 발파공법, 폭 10m의 마제형 터널 기준)

| 등급 | 암반 구분 | 굴착 | 지보 | | |
|---|---|---|---|---|---|
| | | | 록볼트($\phi$=20mm) 전면접착 | 숏크리트 | 강지보재 |
| 1 | RMR : 100~81<br>매우 양호한 암반 | · 전단면<br>· 굴진장($L$)=3m | 비우호적 절리에 대한 국부적 록볼트 외에는 일반적으로 지보가 필요 없음 | | |
| 2 | RMR : 80~61<br>양호한 암반 | · 전단면(20m 후방지보)<br>· $L$=1.0~1.5m | 천장 $l_r$=3m(랜덤),<br>$S_r$=2.5m, 때로 wire mesh | 천장 $t_s$=50mm 필요시 | – |
| 3 | RMR : 60~41<br>보통의 암반 | · 반단면(10m 후방지보)<br>· $L$=1.5~3.0m | 천장, 측벽(격자 – 시스템)<br>$l_r$=4m, $S_r$=1.5~2.0m | 천장 $t_s$=50~100mm,<br>측벽 $t_s$=30mm | – |
| 4 | RMR : 40~21<br>불량한 암반 | · 반단면(굴착동시지보)<br>· $L$=1~1.5m | 천장, 측벽(격자 – 시스템)<br>$l_r$=4~5m, $S_r$=1~1.5m | 천장 $t_s$=100~150mm,<br>측벽 $t_s$=100mm | 필요 위치에<br>$l_s$=1.5m |
| 5 | RMR : <20<br>매우 불량한 암반 | · 분할굴착(동시지보)<br>· 상반 $L$=0.5~1.5m<br>· 숏크리트 조기타설 | 천장, 측벽(격자 – 시스템)<br>$l_r$=5~6m, $S_r$=1~1.5m<br>wm, 인버트 록볼트 | 천장 $t_s$=150~200mm,<br>측벽 $t_s$=150mm<br>굴착면 50mm | 필요 위치에<br>$l_s$=0.75m<br>인버트 폐합 |

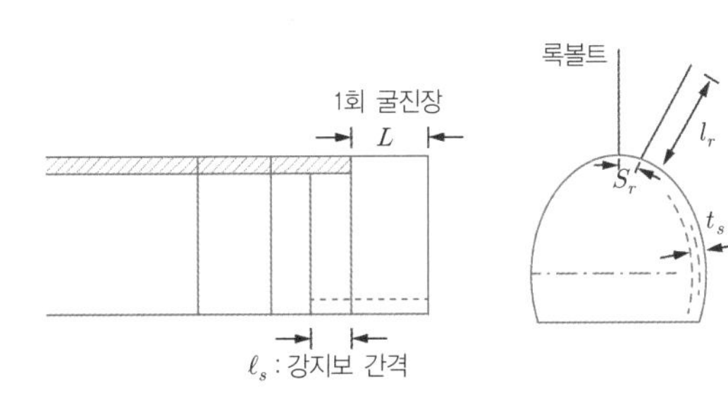


관용터널의 지보설치 파라미터

### 2.2.2.2 NMT 설계 : Q-시스템

NMT는 노르웨이 경암반조건에서 시공된 약 4,000km의 터널 시공 사례를 토대로 제안된 공법으로 *Q*-system 암반분류법에 기초하였다. NATM보다 더 적극적으로 암반의 지지능력을 활용하고, 1차 지보재의 성능을 개선(고성능 숏크리트+부식 방지 록볼트)하여 영구지보재로 활용, 콘크리트 복공의 배제 또는 최소화를 추구한다.

굴착의 유형에 따른 굴착지보비(Excavation Support Ratio, ESR)를 이용하여 터널의 유효 크기, $D_e(=B/\mathrm{ESR})$를 결정하고, $D_e$와 $Q$값에 따른 지보 유형을 그림 E2.17과 같이 NATM보다 세분화하여 제안되었다.

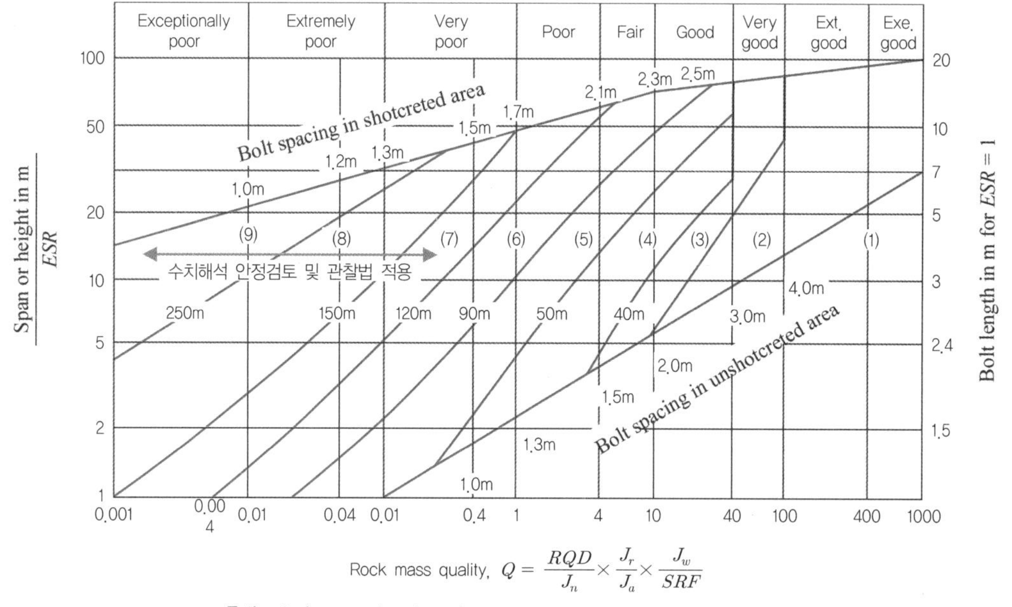


Estimated support categories

(1) unsupported(무지보)
(2) random(spot) bolting
(3) systematic bolting
(4) systematic bolting and unreinforced shotcrete(40~100mm)
(5) fiber reinforced shotcrete(50~90mm) and bolting
(6) fiber reinforced shotcrete(90~120mm) and bolting
(7) fiber reinforced shotcrete(120~150mm) and bolting
(8) fiber reinforced shotcrete(150mm) with reinforced rib and bolting
(9) cast concrete lining

* ESR : Excavation support ratio
일시적으로 유지되는 터널 : 2~5; 지하수로 : 1.6~2.0; 지하저장소·소형 터널 : 1.2~1.3;
지하발전소·지하터널·방공호 : 0.9~1.1
지하원자력발전소·지하정류장·지하경기장 : 1.5~0.8

* (7)~(9) 구간의 지반은 수치해석 등의 방법을 이용하여 안정을 검토하고, 관찰법 적용

그림 E2.17 Q-system에 의한 지보설계(Grimstad and Barton, 1993)

BOX-TE2-2 NATM vs NMT

New Austrian Tunneling Method(NATM) vs Norwegian Method of Tunneling(NMT)

우리나라의 경우 일반적으로 RMR에 근거한 NATM에 기반을 두고 있으며, NATM의 시공원리는 다음과 같이 요약할 수 있다.

- 관찰에 의한 설계수정(design as you go; design as you monitor)
- 지반자립능력 활용(exploitation of the strength of native rock mass)
- 숏크리트를 이용한 원지반 보호(shotcrete protection)
- 유연(가축성) 지보(flexible support)
- 인버트 폐합(closing of the invert)
- 계측과 관찰(measurement and monitoring)

NMT 공법은 주로 경암반 시공실적을 토대로 제안된 공법으로서 NATM보다 더 적극적으로 암반의 지지능력을 활용하며, 고성능 숏크리트와 내부식성 록볼트로 굴착 지보재 성능을 향상시켜 영구지보재로 하는 Single Shell 구조를 주로 채택한다. 지반조건이 양호하여 콘크리트 라이닝이 필요하지 않을 경우 주로 검토되며, 우리나라에서는 1980년대 지하원유비축기지 건설 시 적용한 실적이 대표적이다.

| 구분 | NATM | NMT |
|---|---|---|
| 대표단면 | 숏크리트<br>방수시트<br>콘크리트 라이닝<br>Double Shell | 고성능 숏크리트<br>내부식성 록볼트<br>Single Shell |
| 제안자 | Rabcewicz(Austria) | Barton 등(Norway) |
| 암반 분류 | RMR | Q-SYSTEM |
| 설계 개념 | 시공 중 지반조건 및 계측 결과에 따라 지보 패턴변경이 가능한 잠정 설계 개념 | 시추코어, 현장 Q-값으로 지보량 선정, 계측, 현장 변경 최소화 |
| 굴착지보 | 주보강재 : 숏크리트($f_{ck}$=210kgf/cm$^2$)<br>부보강재 : 록볼트, 강지보 | 주보강재 : 내부식성 록볼트<br>부보강재 : 고성능 SFRS($f_{ck}$=235~400kgf/cm$^2$)<br>⇒굴착지보재가 영구지보 역할 |
| 라이닝 (최종지보) | double lining, 현장타설 콘크리트 라이닝 (T=30,40cm)⇒콘크리트 라이닝이 영구지보 | single lining : 비구조재 precast concrete 판넬 (T=15cm)⇒내장재 |
| 방배수 | 숏크리트와 콘크리트라이닝 사이에 방수막 설치하여 지하수를 유도배수 | 별도의 방배수를 고려 않음. 필요시 Pin-hole 등 설치하여 유도 |

**NB : 예비설계패턴의 적용 예 : 지층변화구간의 고려**

터널굴착 시 지반영향 범위는 막장외부로 확대되므로 단지 막장면 지질상태만으로 패턴을 설정할 수는 없다. 터널 안정은 막장면 지층보다 터널 직상부 토층의 상태와 두께(cover depth)에 지배된다.
수치해석적 시뮬레이션 결과 굴착면의 지층이 적어도 천단 상부 0.5D 이상까지 분포할 때, 굴착면 지층으로 패턴 설정이 타당하며, 0.5D 미만인 경우 굴착면 지층이 아닌, 굴착면 상부지층의 패턴으로 설정하는 것이 적절한 것으로 알려져 있다(서울시 지하철 자료, 김승렬 등). 그림 E2.19는 이러한 기준에 따라 복합지층에서의 터널 패턴을 예시한 것이다. 예비설계 및 공사 예가 산정 시 유용하다.

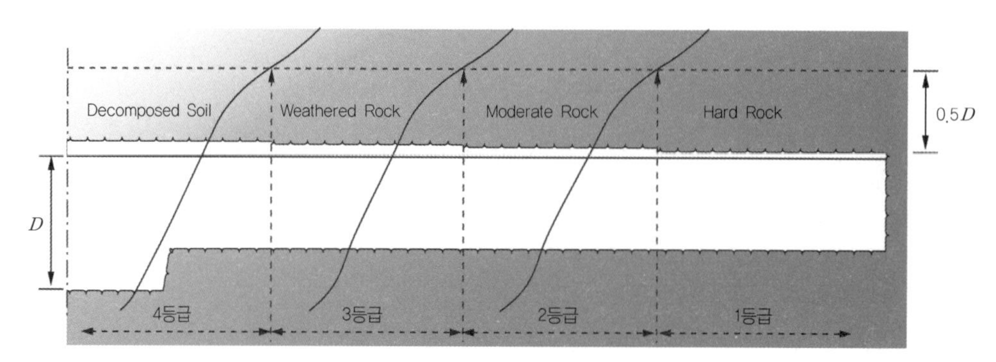


그림 E2.18 복합지반의 지보패턴 선정 예(표 E2.1 참조)

**예제** 내공 6.7m 길이 수 킬로미터의 원형수로터널을 굴착하고자 한다. 터널은 지표로부터 36m 깊이, 지하수위 위에 위치하며, 암반응력 측정 결과 초기수평응력은 약 3MPa, 수직응력은 약 0.9MPa였다. 아래 시추조사 결과를 참고하여 다음을 구해보자.

- 암석분류=Slightly weathered shale with inter-bedded land stones
- $RQD$=50~75%, Fair quality
- 암석의 일축압축 강도 : 시료1=50~100MPa; 시료2=25~50MPa

| | 간격(mm) | 평균주향 | 경사 | 연속성(m) | 틈새(mm) | 조도 | 충진물 | 지하수 |
|---|---|---|---|---|---|---|---|---|
| Set1 | 200~600 | N23E | 20 SE | 10~20m | 0.5~2.5 | rough | None | None |
| Set2 | 600~2000 | N47E | 20 SE | 10~20m | 0.5~2.5 | rough | None | None |

(1) ① $RMR$, ② $Q$-분류법에 따른 암반 분류
(2) $RMR$과 $Q$-분류법을 이용하여 각각 ① 무지보 터널 폭, ② 최대 가능 터널 길이(폭)
(3) $RMR$ 분류 결과를 이용하여 무지보 자립 시간
(4) 각 분류방법에 기초하여 설계 패턴을 제시해보자.

**풀이**

(1) 암반분류

① $RMR$ 분류(지반조사 Data 활용, 상세내용 생략)

- 무결암의 강도, $\sigma_c$=50MPa : 점수=4
- $RQD$=55~85%, 평균=72% : 점수=13
- 불연속면의 간격 : 50mm~0.9m : 점수=10
- 불연속면의 상태 : 0.8mm~1.1mm 이격, 약간 풍화됨, 거친표면 : 점수=25
- 지하수 : 물방울이 떨어지는 정도, 분당 25~125리터의 지하수 유입 점수=4
- 기본 $RMR$=4+13+10+25+4=56(불연속면의 방향에 대한 보정 전)
- 불연속면의 방향 보정 : 주향은 터널축에 수직, 경사는 20°, 보통 정도의 방향=-5

• 보정된 $RMR=56-5=51$(암반등급 III)

② $Q$ 분류(지반조사 Data 활용, 상세내용 생략)

• $RQD=72\%$(평균)

• $J_n=6$, 2개의 절리군과 산발적인 절리

• $J_r=1.5$ : 거친 평면상의 절리

• $J_a=1.0$ : 변질되지 않은 절리면, 절리면에 얼룩만 보임

• $J_w=0.5$ : 대량의 지하수 유입 가능성

• SRF=1.0 : 중간 정도의 응력 : $\sigma_c/\sigma_1=50/0.9=55$

• $Q=\frac{RQD}{J_n}\times\frac{J_r}{J_a}\times\frac{J_w}{SRF}=\frac{72}{6}\times\frac{1.5}{1}\times\frac{0.5}{1}=9.0$, 보통 정도의 암반

(2) 무지보 터널폭 및 최대 가능 터널폭(표 E2.1 그림 E2.17)

| | $RMR$=51 | $Q$=9(ESR=1.6) |
|---|---|---|
| 무지보 터널 1굴착장 | 2.4m | – |
| 최대 가능 1회 비지지장 | 10.5m | 8m($D=2(1.6)\times 9^{0.4}$) |

(3) 무지보 자립시간 : 그림 E2.3(a)를 이용하면,

$RMR$=51, 터널폭=8m의 경우, 무지보 자립시간 약 70시간(3일)

(4) 지보방법(표 E2.1 및 그림 E2.17)

① NATM($RMR$) : 천공발파

지보 : 1.5m 간격, 3.5m 길이의 시스템 록볼트, 천장부에 두께 50~100mm, 측벽에 두께 30mm 숏크리트, 천장부에 와이어메쉬

② NMT($Q$) : 천공발파

지보 간격 : 2m, 록볼트 : 3m, 숏크리트 : 20~30mm(그림 E2.17 이용)

NB : ADECO-RS

CCM은 터널건설공법 자체는 아니지만 NATM과 같은 경험적 터널공법의 공학적 원리를 설명해줄 수 있는 이론체계로 유용하게 활용되어왔다. CCM은 터널횡단면의 내공변위와 지압감소관계(GRC), 그리고 지보의 지지거동(SRC)을 고려한다. 완전하지는 않지만 터널의 3차원 영향을 어느 정도 고려하고 있다. 문제는 터널의 붕괴가 횡단면보다는 전방 굴착면에서 발생하는 경우가 많고, 전방 굴착면의 안정이 확보되면 횡단변형도 억제되는데, CCM은 이러한 거동을 반영하지 못한다는 것이다.

Lombardi(1971), Lunardi(2000) 등은 기존의 CCM에 굴착면의 터널 축방향 변형을 포함하는 개념의 이른바 굴착부의 3차원 거동을 고려하는 ADECO-RS 방법을 제안하였다. 이 이론에 따르면 코어를 보호하고, 전단면을 굴착해가는 방법이 안전하고 경제적인 방법이라 제안하였다. 이 방법은 터널굴착이론인 동시에 이 원리에 기초한 시공법으로서 이를 Italian Method라고도 한다. 보다 상세한 내용은 BOX-TE3-3을 참고할 수 있다.

## BOX-TE2-3 ADECO-RS (Italian Method) vs NATM

ADECO-RS vs NATM

내공변위-제어법은 터널 형성의 개념적 이론으로서 기존의 이완하중에 대응하는 수동지보 개념을 진일보시켜, 얇은 라이닝을 채용하고 변형을 허용함으로써 관용터널공법의 성공적 적용과 발달에 크게 기여하였다. 하지만 내공변위-제어 개념은 굴착부의 거동이 3차원인데, 이를 내공변위만 고려하는 2차원적 접근법이라는 데 한계가 있다.

Lombardi(1971), Lunardi(2000)는 굴착부의 지지가 굴착면의 변형거동과도 관련이 있고, 굴착 중의 대부분의 파괴가 굴착면으로 부터 시작되는 데 착안하여 기존의 내공변위제어 개념에 굴착면의 압출변형(extrusion)을 포함하는 터널변형 제어이론인 ADECO-RS를 제안하였다.

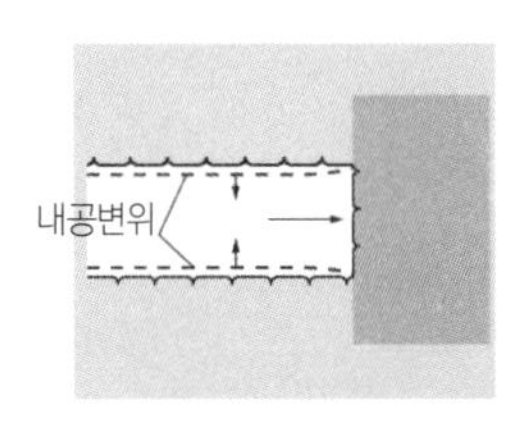


NATM

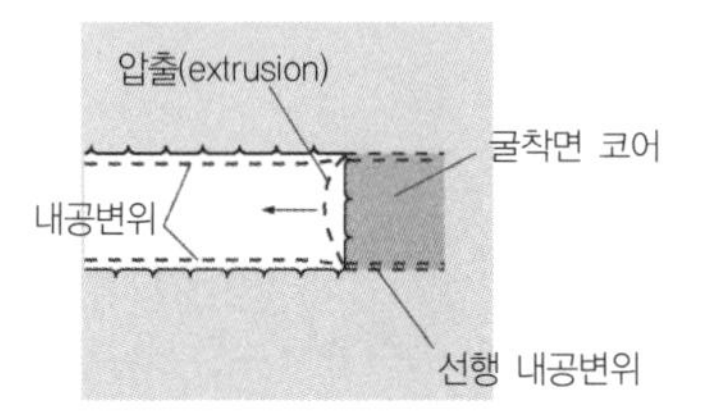


ADECO-RS

굴착면 압출변위 제어 메커니즘

NATM이 굴착면 변형을 고려하지 않는 2차원적 내공변위 제어 개념이라면, ADECO-RS는 굴착면의 선행내공변위제어를 포함한 3차원적 변위제어 개념으로 제안되었다. ADECO-RS는 굴착면 전반의 포함한다. 따라서 ADECO-RS는 굴착면의 압출변형(extrusion)을 산정하여야 한다.

아래 NATM과 ADECO-RS의 굴착 개념을 비교하였다. 연약지반 터널에 대하여 NATM은 단면분할 및 굴착보조공법을 적용하는 데 비해, ADECO-RS는 굴착부 Core 보호를 위한 프리라이닝을 설치하고(core protection), 굴착면에 제트그라우팅, 록볼트 등을 적용하여 Core부의 강도를 증진시킴으로써(core reinforcement) 전방굴착면의 내공변위를 선행제어(preconfinement)한다.

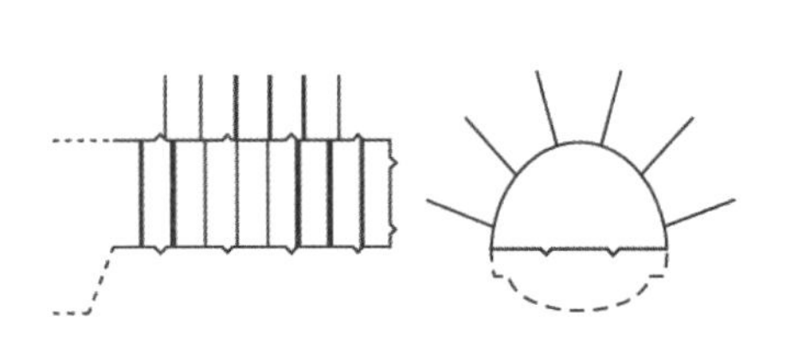

- Shotcrete+Bolting(관용지보)
- Sectionized excavation(분할굴착)

NATM : 분할굴착

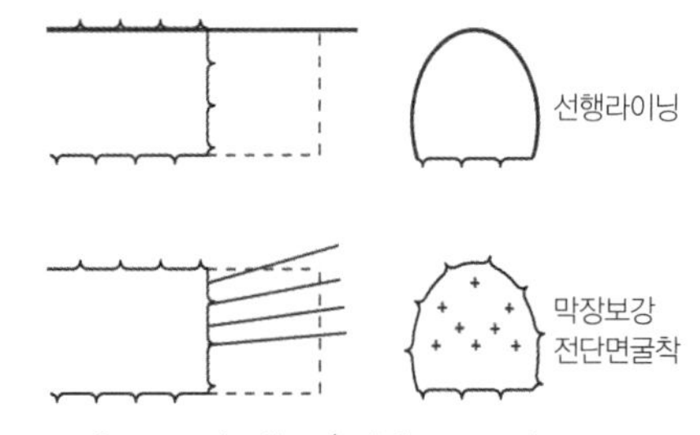


- Core protection / reinforcement
- Full face excavation

ADECO-RS : 코어 보호 후 전단면 굴착

ADECO-RS는 여러 터널 건설 현장에서 시행된 실적이 다수 발표되었다. ADECO-RS의 선행변위 제어 개념은 연약지반에서도 전단면 터널굴착이 가능하여, 단면분할 및 굴착보조공법을 채용하는 NATM에 비해 시공성과 경제성을 획기적으로 개선할 수 있다고 주장하였다.

## BOX-TE2-4 터널 용도별 설계패턴 예

### A. 지하철터널의 표준지보 예

M : 기계굴착 B : 발파굴착

| 구분 | | | PD-2A | PD-2B | PD-3 | PD-4 | PD-5 |
|---|---|---|---|---|---|---|---|
| 표준 지보 패턴 | | | | | | | |
| 적용 지반 | | | 풍화토 | 풍화토 | 풍화암 (RMR<33) | 연암, 보통암 (33<RMR<55) | 경암 이상 (55<RMR) |
| 굴착 공법 | | | 링컷(링컷분할) 가인버트 | 링컷 | 상하분할 | 상하분할 | 상하분할 |
| 굴진장(상반/하반, m) | | | 0.8/0.8 | 0.8/0.8 | 1.0/1.0 | 1.2/1.2 | 1.5/1.5 |
| 굴착지보재 | 숏크리트 | 형식 | 강섬유보강 | 강섬유보강 | 강섬유보강 | 강섬유보강 | 강섬유보강 |
| | | 두께(mm) | 250 | 250 | 200 | 150 | 100 |
| | 록볼트 | 길이(m) | 4.0 | 4.0 | 4.0 | 3.0 | 3.0 |
| | | 개수(EA) | 12.0 | 12.0 | 14.5 | 14.5 | 랜덤 |
| | | 종 간격(m) | 0.8 | 0.8 | 1.0 | 1.2 | 랜덤 |
| | | 횡 간격(m) | 1.0 | 1.0 | 1.5 | 1.5 | 랜덤 |
| | 강지보 | 종류 | H-125×125×6.5×9 | H-125×125×6.5×9 | H-125×125×6.5×9 | LG-50×30×20 | - |
| | | 간격 | 0.8 | 0.8 | 1.0 | 1.2 | - |
| 굴착 보조공법 | | | 강관다단/ 그라우팅 | 훠폴링/ 강관다단 | 훠폴링 | 필요시 | 필요시 |
| 콘크리트 라이닝 | | 두께(mm) | 500 | 400 | 400 | 400 | 400 |
| | | 철근보강 | O | O | O | O | O |

### B. 도로터널(2차로 자연환기) 표준지보 예

| 구분 | P-1 | P-2 | P-3 | P-4 | P-5 | P-6 |
|---|---|---|---|---|---|---|
| 지보패턴도 | | | | | | |
| 굴착공법 | 전단면 | 전단면 | 전단면 | 상하 반단면 | 상하 반단면 | 상하 반단면 |
| 굴진장(m) | 3.5 | 3.5 | 2.0 | 1.5/3.0 | 1.2/1.2 | 1.0/1.0 |
| 숏크리트(mm) | 50 | 50 | 80 | 120 | 160 | 160 |
| 보조공법 | - | - | - | - | 훠폴링 | 강관다단 |

### C. 수로터널 표준지보 예(신월배수터널)

| 구분 | P-1 | P-2 | P-3 | P-4 | P-5 | P-6 |
|---|---|---|---|---|---|---|
| 지보패턴도 | | | | | | |
| 굴착공법 | 전단면 | 전단면 | 전단면 | 상하 분할 | 상하 분할 | 상하 분할 |
| 굴진장(m) | 1.75(2회) | 1.75(2회) | 2.0 | 1.5/3.0 | 1.2/1.2 | 1.0/1.0 |
| 숏크리트(mm) | 50(일반) | 50(강섬유) | 80(강섬유) | 120(강섬유) | 160(강섬유) | 160(강섬유) |
| 보조공법 | - | - | - | - | 훠폴링 | 소구경 SG |

### 2.2.3 CCM을 이용한 관용터널의 초기지보설계

NATM을 비롯한 관용터널의 설계와 굴착안정은 CCM 이론으로 검토할 수 있다. CCM을 이용하여 지보강성의 적정성, 안전율, 최적 지보 설치 시기 등을 결정할 수 있다.

$$\text{안전율,}\ F_s = \frac{p_{sf}}{p_{ia}} \tag{2.1}$$

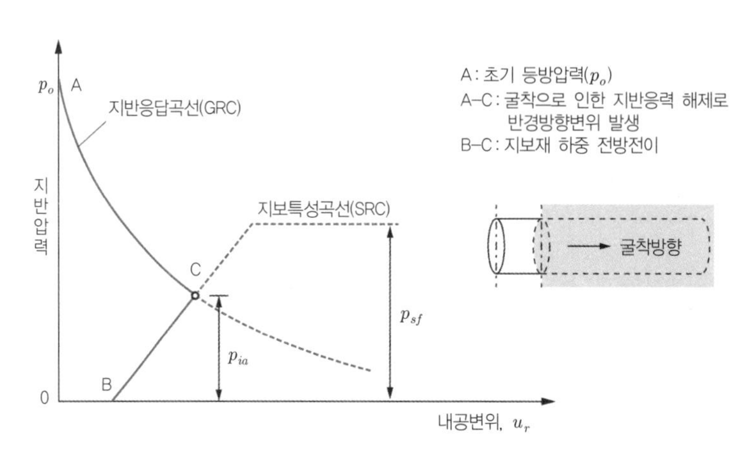


그림 E2.19 CCM 기본 개념 : 지반–지보 상호작용($u_r = u_{ro}$)

#### 2.2.3.1 CCM을 이용한 관용터널 지보의 설계

관용터널의 초기 지보재로 지반조건, 터널규모 등에 따라 숏크리트, 록볼트, 강지보 등을 개별 또는 조합으로 계획할 수 있다. Hoek and Brown(1980)와 Oreste(2003)는 각 지보재의 링 강성을 탄성의 얇은 원통이론을 이용하여 유도하였다.

**숏크리트**

원형 터널에 대하여 숏크리트가 주면에 동시 타설되었다고 가정하고, 숏크리트의 지보강성 $k_{s,shot}$는 지보라이닝을 내경 $r_o$, 타설두께 $t_{shot}$, 숏크리트의 일축압축강도 $\sigma_{c,shot}$라 하면, 숏크리트 링 강성(ring stiffness)은 얇은 탄성 원통이론을 기반으로 다음과 같이 나타낼 수 있다.

$$K_{s,shot} = \frac{E_{shot}}{(1+\nu_{shot})} \frac{\{r_o^2 - (r_o - t_{shot})^2\}}{[(1-2\nu_{shot})r_o^2 + (r_o - t_{shot})^2]} \frac{1}{r_o} \tag{2.2}$$

최대지보압은 숏크리트 일축압축강도($\sigma_{c,shot}$)를 이용하여 다음과 같이 나타낼 수 있다.

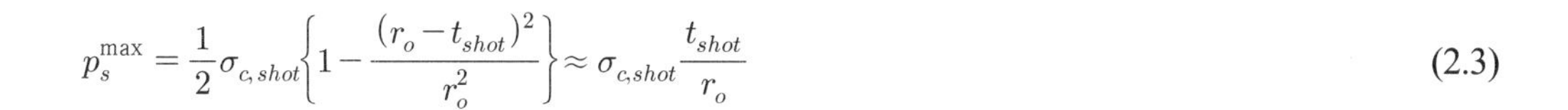

$$p_s^{\max} = \frac{1}{2}\sigma_{c,shot}\left\{1 - \frac{(r_o - t_{shot})^2}{r_o^2}\right\} \approx \sigma_{c,shot}\frac{t_{shot}}{r_o} \tag{2.3}$$

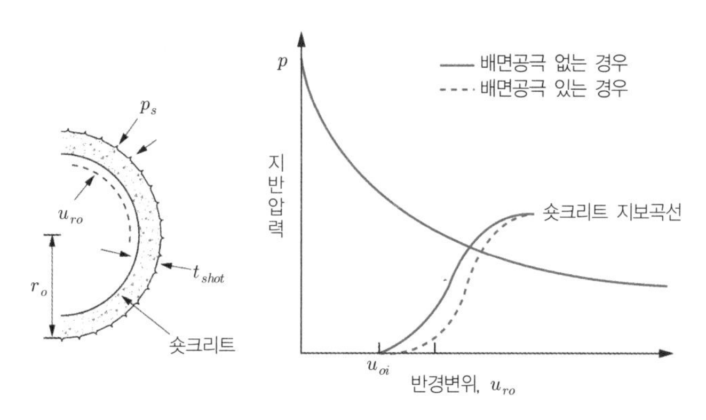


**그림 E2.20 숏크리트 라이닝의 지보반응곡선**

숏크리트 타설 시 지반과의 부착이 좋다면, 설치 직후부터 하중을 분담하게 될 것이나, 강지보 배면의 공극(void) 등으로 **부착이 완전하지 못하면 충분한 강성발휘가 안 된다.** 이러한 영향은 숏크리트의 시간 의존성거동과 더불어 지반반응곡선의 기울기를 완만한 곡선으로 (강성저하) 만드는 요인이 된다.

## 강지보

강지보가 원형터널에 전주면에 걸쳐 원형으로 설치되었다면, 연결 받침블록이 없는 경우, 반경강성(ring stiffens)과 최대지보압은 다음과 같이 산정된다.

$$K_{s,steel} = \frac{E_{steel}A_{steel}}{l_s\left[r_o - h_{steel}/2\right]^2} \approx \frac{E_{steel}A_{steel}}{l_s r_o^2} \tag{2.4}$$

$$p_{s,steel}^{\max} = \frac{\sigma_{y,steel}A_{steel}}{l_s(r_o - h_{steel}/2)} \approx \frac{\sigma_{y,steel}t_{steel}}{r_o} \tag{2.5}$$

여기서, $h_{steel}$ : 강지보재 높이, $l_s$ : 강지보재의 터널 축방향 간격, $\sigma_{y,steel}$ : 강재의 항복강도, $A_{steel}$ : 강지보공을 가상의 원형 관으로 가정한 단면적, $t_{steel}$ : 강지보 환산 두께($t_{steel} = A_{steel}/l_s$)이다.

강지보공과 굴착면이 밀착된 경우(기계굴착) 그림 E2.21의 선 A와 같이 강지보공이 항복할 때까지 휘어지지 않고 힘을 받을 수 있다. 하지만 강지보공과 굴착면이 밀착되지 않았다면 굴착면의변형이 상당히 진전된 후 접촉되므로 강지보공의 특성곡선은 선 B와 같이 나타난다. **밀착 시공은 강지보 시공 시 가장 유념할 요소**이다.

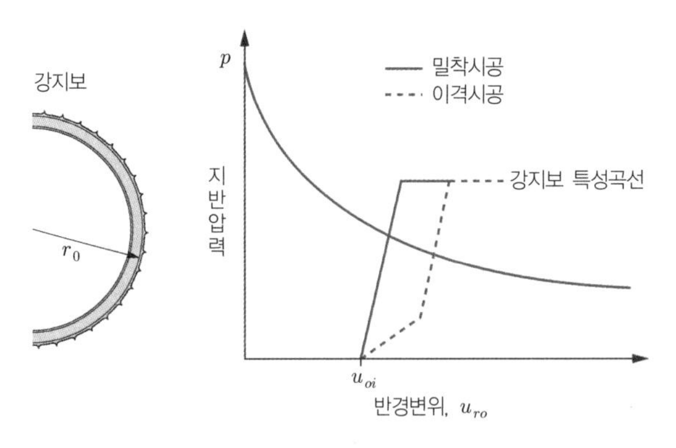


그림 E2.21 강지보(steel support)의 지보반응곡선

**NB : 강지보와 숏크리트의 일체거동**

숏크리트와 강지보공은 통상 일체로 설치된다. 지보변형계수 $E_{shot}$와 $E_{steel}$가 지반 변형계수 $E_{ground}$보다 훨씬 크므로 지보재는 지반보다 작게 변형되어 지반거동을 억제한다. 그림 E2.22에 두 재료의 변형특성을 비교하였다. 강재의 파괴변형률은 숏크리트의 1~3배 수준으로 공학적으로 비교적 근접한 범위에 있다.

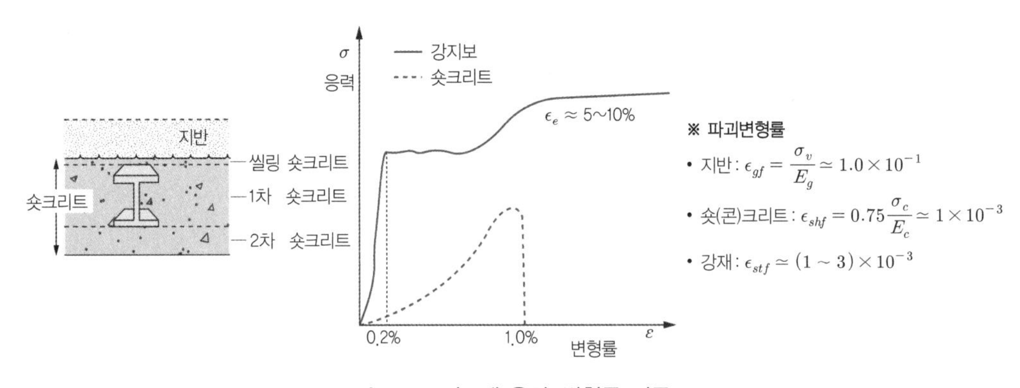


그림 E2.22 지보재 응력-변형률 거동

## 록볼트

록볼트는 정착부와 두부 사이의 스프링과 그리고 불완전한 정착 또는 두부 지압판의 변형과 항복으로 인한 스프링의 직렬구조로 나타낼 수 있다. 원형터널에서 그림 E2.23과 같이 반경방향의 등간격으로 록볼트(선단정착형 패턴록볼트)가 설치된 경우, 링 강성은 다음과 같다.

$$K_{s,bolt} = \frac{E_s \pi d_b^2}{4 l_b s_l s_c + s_c s_l \pi d_b^2 E_s Q} \tag{2.6}$$

여기서, $d_b$ : 록볼트 직경(m), $l_b$ : 록볼트 자유장 길이(m), $E_s$ : 록볼트(steel)의 탄성계수(MPa), $s_c$ : 록볼트의 원주방향 간격, $s_l$ : 록볼트의 터널 길이방향 간격, $Q$ : 록볼트 하중-변형 계수이다.

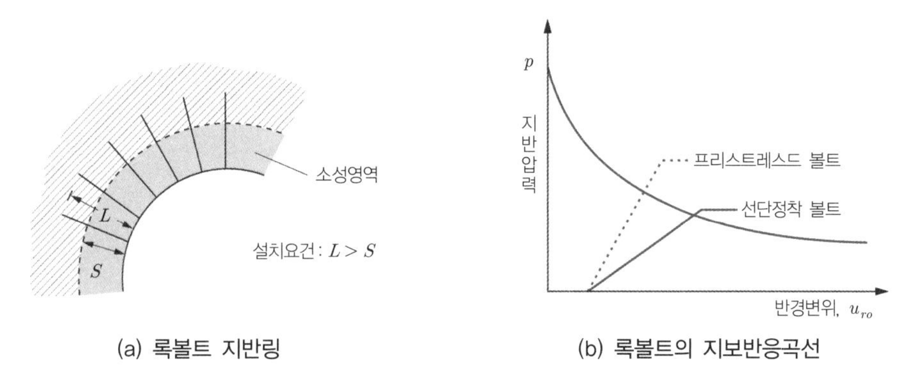


(a) 록볼트 지반링

(b) 록볼트의 지보반응곡선

그림 E2.23 록볼트의 지보반응곡선

록볼트의 항복하중이 $T_y$라면, 최대지보압은

$$p_{s,bolt}^{\max} = \frac{T_y}{s_c s_l} \tag{2.7}$$

록볼트는 굴착면 변위에 의하여 터널 중심방향으로 축 인장력을 받는다. 록볼트에 선행 긴장력(pretension)을 도입하면 그림 E2.23(b)와 같이 기울기가 급하게 나타난다.

### 지보재의 조합 compound support

각 지보재별 상대강성을 보면 일반적으로 **숏크리트의 강성이 가장 크고, 하중 분담비율로 높다.** 록볼트의 지보 분담효과는 상대적으로 크지 않다.

NB : 수치해석적 시뮬레이션에 따르면, 관용터널공법에서 지보재별 하중분담비율은 대략, 숏크리트 : 40%, 록볼트 : 10%, 강지보 : 10% 정도로 나타난다.

그림 E2.24(a)에 각 지보재별 상대강성에 따른 지보특성 곡선을 예시하였다. 각기 다른 지보재가 동시 설치되는 경우는 동시에 지반하중에 저항하므로 지보재의 강성이 병렬연결 형태로 조합된다고 가정할 수 있다. 즉 **지보 강성의 병렬조합 효과로 지지강성을 증진**시킨다.

$$K_s = K_{s,shot} + K_{s,steel} + K_{s,bolt} \tag{2.8}$$

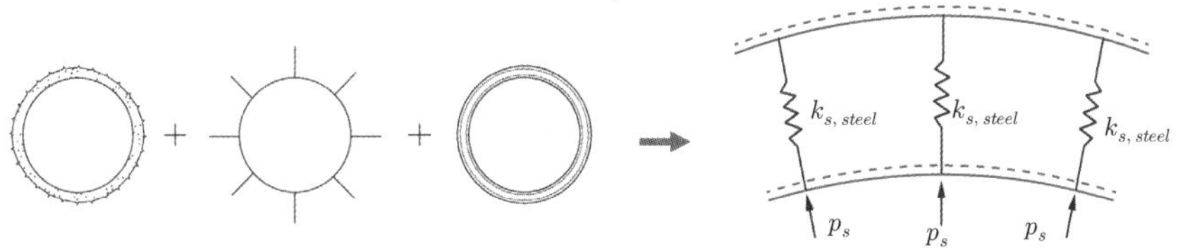

(a) 지보시스템(=숏크리트+록볼트+강지보)의 조합지보 모델(강성의 병렬연결)

그림 E2.24 조합지보의 내공변위-제어 특성(계속)

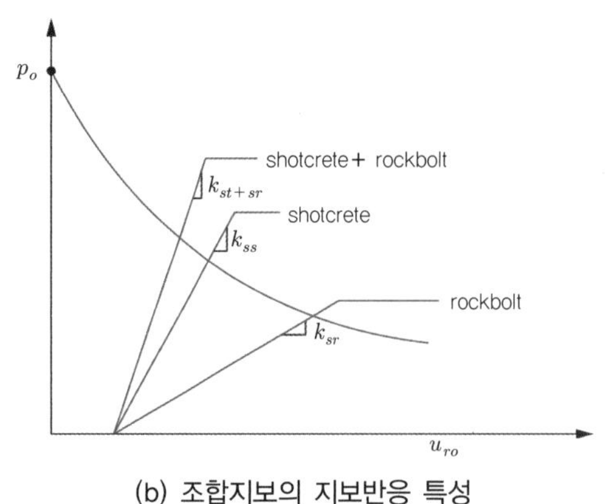


(b) 조합지보의 지보반응 특성

**그림 E2.24** 조합지보의 내공변위-제어 특성

그림 E2.24(b)에 NATM의 조합지보 개념을 예시하였다. 숏크리트와 록볼트의 조합시공 시 조합 링 강성은 다음과 같이 표시된다.

$$K_{compound} = K_{s,shot} + K_{s,bolt} = \frac{E_{shot}}{(1+\nu_{shot})} \frac{\left\{r_o^2 - (r_o - t_{shot})^2\right\}}{(1-2\nu_{shot})r_o^2 + (r_o - t_{shot})^2} \frac{1}{r_o} + \frac{E_s \pi d_b^2}{4 l_b s_l s_c} \tag{2.9}$$

지보재의 병렬조합 시 최대 지보압이 작은 지보재부터 항복에 도달한다(실무에서는 어떤 지보재든 최초 항복이 일어나면 지보가 항복한 것으로 판단한다).

**예제** 지표로부터 50m 심도에 $r_o$=5.0m 터널을 건설하고자 한다. 시추조사와 시험으로 파악된 물성은 아래와 같다. 지보재 설치 전 발생한 터널의 초기 변형은 $u_i = 0.005\text{m}$이다.

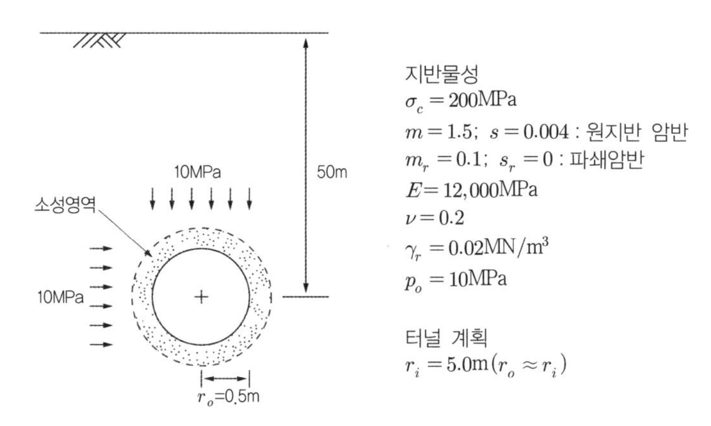


**그림 E2.25** 터널 및 지보물성

위 터널에 대한 지반반응곡선(ground reaction curve), 그리고 아래 3 지보 조건에 대한 지보반응곡선(support reaction curve)을 그려보자.

ⓐ 숏크리트 지보
탄성계수, $E_s = 20{,}000\text{MPa}$
포아슨비, $\nu_s = 0.2$
두께, $t_s = 0.05\text{m}$
일축압축강도, $\sigma_{c.s} = 40\text{MPa}$

ⓑ 패턴 록볼트 지보
그리드/자유장 길이, $1.5 \times 1.5\text{m}$ / $l = 5\text{m}$
볼트직경/탄성계수, $d_b = 0.03\text{m}$ / $E_b = 207{,}000\text{MPa}$
록볼트 하중-변형 계수, $Q = 0.143\text{m/MN}$
최대 항복 하중, $T_{bf} = 0.285\text{MN}$
원주방향/축방향 간격, $s_c = 1.5\text{m}$ / $s_l = 1.5\text{m}$

ⓒ 두께 0.05m 숏크리트와 1.5×1.5m 그리드 패턴록볼트의 복합지보 시스템
(두 개의 지보시스템은 한 번에 설치되며 동시에 지지력을 발휘하는 것으로 가정)

**풀이** A. 지반반응곡선

(1) 탄성구간, $p_i > p_{cr}$ 인 경우
한계지지압, $p_{cr} = (p_o - M\sigma_c) = 0.154$
탄성구간의 지반반응거동 : $\dfrac{u_r}{r_o} = \dfrac{(1+\nu)}{E}(p_o - p_i)$

(2) 소성구간, $p_i < p_{cr}$ 인 경우 : Hoek-Brown 모델 이용

$$M = \frac{1}{2}\left(\left(\frac{m}{4}\right)^2 + m\frac{p_o}{\sigma_c} + s\right)^{0.5} - \frac{m}{8} = 0.30, \quad D = \frac{-m}{m + 4(m/\sigma_c(p_o - M\sigma_c) + s)^{0.5}} = -0.677$$

$$N = 2\left[\frac{p_o - M\sigma_c}{m_r\sigma_c} + \frac{s_r}{m_r^2}\right]^{0.5} = 0.453$$

$$r_e = r_o \exp\left\{N - 2\left(\frac{p_i}{m_r\sigma_c} + \frac{s_r}{m_r^2}\right)^{0.5}\right\}$$

$$u_{ro} = -\frac{M\sigma_c}{G(k+1)}\left\{\frac{1-k}{2} - \left(\frac{r_e}{r_o}\right)^{1+k}\right\} r_o$$

$\dfrac{r_e}{r_o} < \sqrt{3}$ 일 경우: $R = 2D\ln\left(\dfrac{r_e}{r_o}\right)$; $\quad \dfrac{r_e}{r_o} > \sqrt{3}$ 일 경우: $R = 1.1D$

$$e_{av} = \frac{2(u_e/r_e)(r_e/r_o)^2}{((r_e/r_o)^2 - 1)(1 + 1/R)}, \quad V = \left(2\frac{u_e}{r_e} - e_{av}\right)\left(\frac{r_e}{r_o}\right)^2, \quad \frac{u_{ro}}{r_o} = 1 - \left(\frac{1 - e_{av}}{1 + V}\right)^{0.5}$$

(3) 지반반응곡선, 터널의 스프링라인 인접지반 : $\dfrac{u_i}{r_o}$ vs. $\dfrac{p_i}{p_o}$

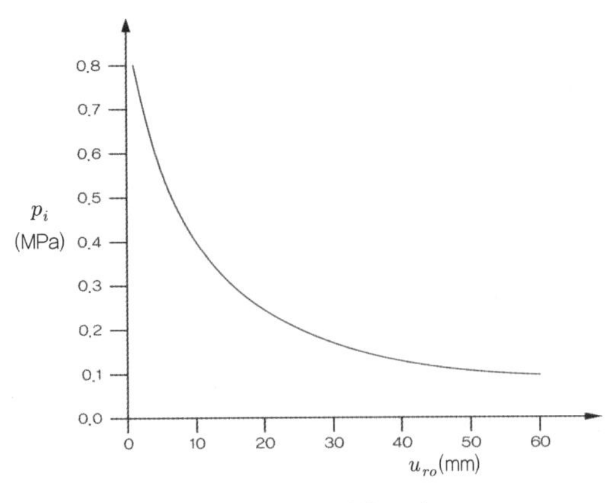


그림 E2.26 지반반응곡선

B. **지보반응곡선(지보특성곡선)**, $u_{oi}$ =0.005m

(1) 숏크리트 지보재 특성곡선

① 지지강성

$$k_s = \frac{E_s(r_o^2 - (r_o - t_s)^2)}{(1+\nu_s)((1-2\nu_s)r_o^2 + (r_o - t_s)^2} = 104.56$$

② 최대지지 압력

$$p_{ssmax} = \frac{1}{2}\sigma_{c.s}\left(1 - \frac{(r_o - t_s)^2}{r_o^2}\right) = 0.20$$

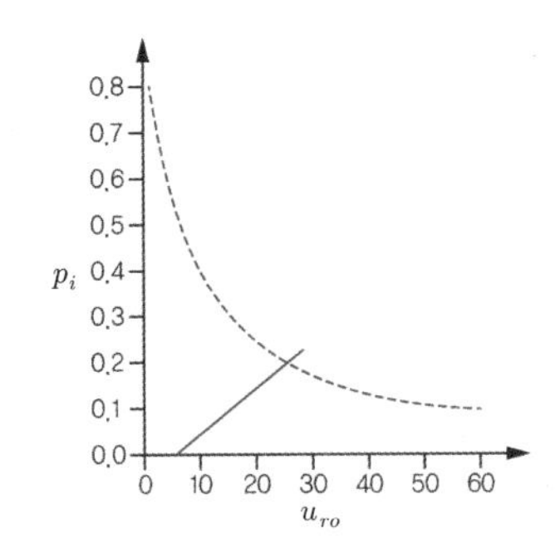


그림 E2.27 숏크리트 지보반응곡선

(2) 록볼트 지보재 특성곡선

① 지지강성

$$k_b = 1/\left\{\frac{s_c s_l}{r_o}\left(\frac{4l}{\pi d_b^2 E_b} + Q\right)\right\} = 25.09$$

② 최대지지 압력

$$p_{sbmax} = \frac{T_{bf}}{s_c s_l} = 0.127$$

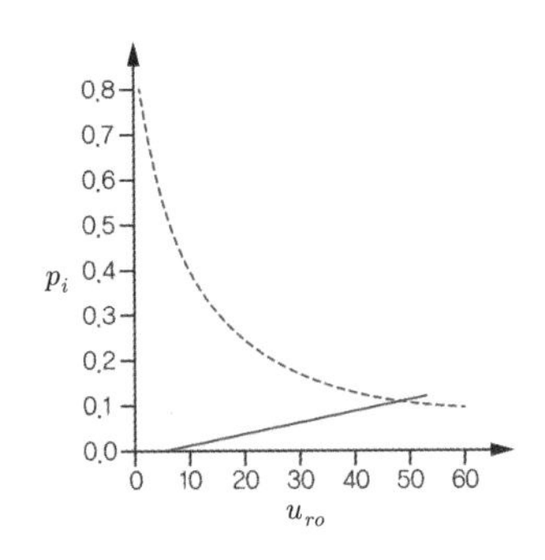


그림 E2.28 록볼트 지보반응곡선

(3) 숏크리트와 1.5×1.5m 그리드 패턴 록볼트의 복합지보 시스템 파라미터

$k_s = 104.56$; $p_{st}^{\max} = 0.200$; $k_b = 25.09$; $p_{sb}^{\max} = 0.127$; $u_{io} = 0.005$

조합강성과 저항 : $u_{\max s} = r_o \dfrac{p_{smaxs}}{k_s} = 19.08$; $u_{\max b} = r_o \dfrac{p_{smaxb}}{k_b} = 50.49$

$$u_{s+b}=\frac{r_o p_i}{k_s+k_b}$$

$u_{s+b}<u_{\max s}<u_{\max b}$일 때, $\frac{u_i}{r_o}=\frac{u_{io}}{r_o}+\frac{p_i}{k_s+k_s}$

$u_{s+b}>u_{\max s}<u_{\max b}$일 때, $p_{\max sb}=u_{\max s}\frac{k_s+k_b}{r_o}$

$u_{s+b}>u_{\max b}<u_{\max s}$일 때, $p_{\max sb}=u_{\max b}\frac{k_s+k_b}{r_o}$

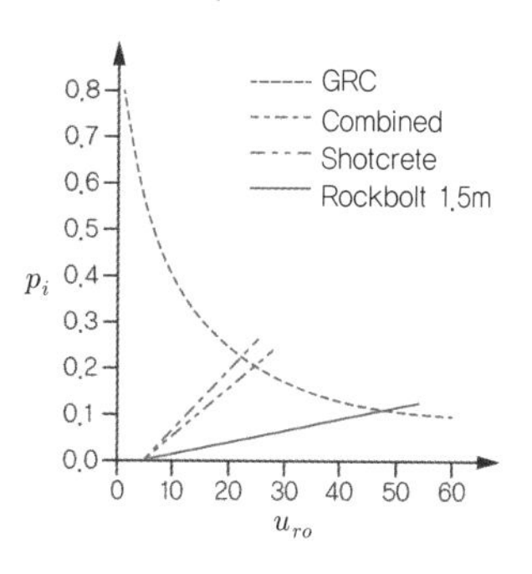


그림 E2.29 GRC 및 SRC 종합

### 2.2.3.2 최적 지보시기 결정

굴착 후 지반의 변위가 어느 정도 발생한 후에 지보재가 시공되므로 지보 설치 시기를 적절히 제어하면 경제적인 터널시공이 가능해진다. 지보 설치 시기를 설정하는 방법에는 계측자료인 **종단곡선 이용법**과 **수치해석을 이용하는 방법** 등이 있다. 수치해석법은 터널의 횡단면에 대한 2차원 수치해석으로 지반반응곡선을 구하고, 3차원 수치해석으로 터널의 반경변형을 파악함으로써 적정지보 설치 시기를 추정할 수 있다.

종단곡선이용법은 종단곡선의 최종침하에 대한 굴착면 위치의 침하비를 토대로 지보 설치 시기를 제어하는 것이다. 내공변위는 일반적으로 굴착면이 측정단면에 도달하기 $4r_o$의 거리에서부터 발생하기 시작하여 굴착면을 통과한 후 $8r_o$까지의 구간에서 발생한다. 해당 단면 굴착 직후 천장에서 최종변위의 약 30~50%가 발생한다. 그림 E2.30은 종단곡선과 CCM의 평형점 관계를 보인 것이다.

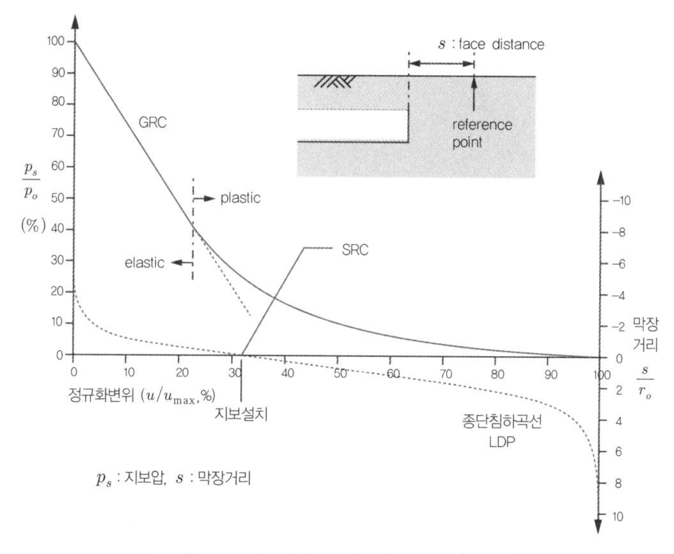


그림 E2.30 지보 설치 시기와 종단곡선

## 2.3 관용터널공법의 굴착시공

굴착은 터널 단면적에 해당하는 지반을 제거하는 작업이다. 굴착공사비가 전체 건설비에서 차지하고 있는 비율이 높고, **굴착 중에 안전율이 최소인 상태**가 되므로 터널시공관리의 핵심 부문이다.

### 2.3.1 관용터널공법의 굴착시공 일반

그림 E2.31은 관용터널공법의 전형적인 굴착단면을 보인 것이다. 지반의 안정성이 낮은 경우로서 분할굴착과 초기지보 그리고 보조공법이 적용된 예이다.

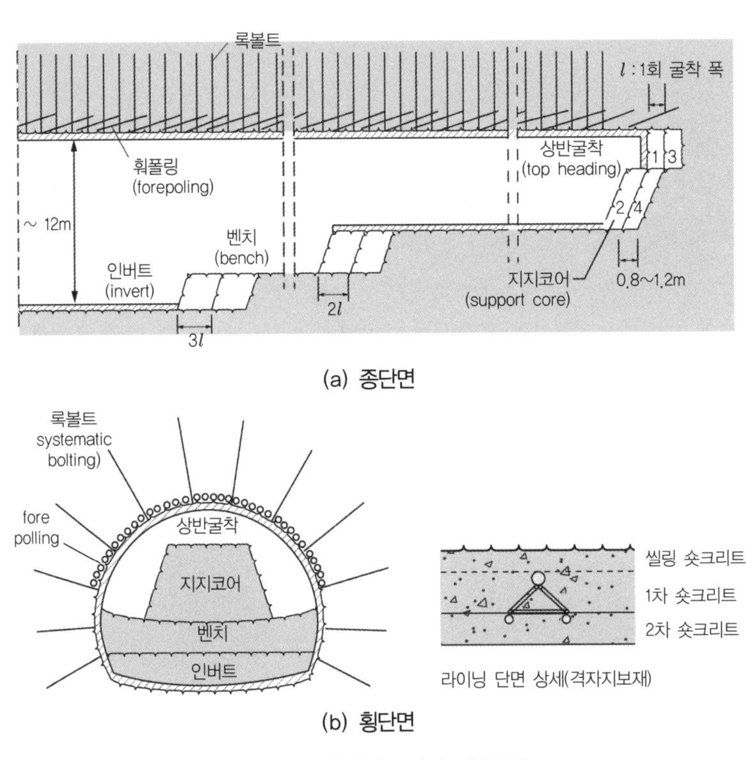


(a) 종단면

(b) 횡단면

**그림 E2.31** 관용터널공법의 시공요소

그림 E2.32에 발파굴착이 이루어지는 관용터널공법의 일반적인 작업순서를 예시하였다. 현재 작업(굴착) 대상 굴착면을N 막장이라 하면 굴착-지보 작업을 2~3개 막장을 연계하여 작업한다. 일례로 N-1 막장의 록볼트 천공작업과 N 막장 발파천공작업을 순차적으로 실시하며, N-1 막장의 록볼트를 설치한 후, N막장의 발파작업을 수행한다. 발파작업 직후 Sealing Shotcrete를 타설하고, 이후 강지보를 설치한다. 이 과정을 1 Round라고 하며, 관통할 때까지 반복 수행한다.

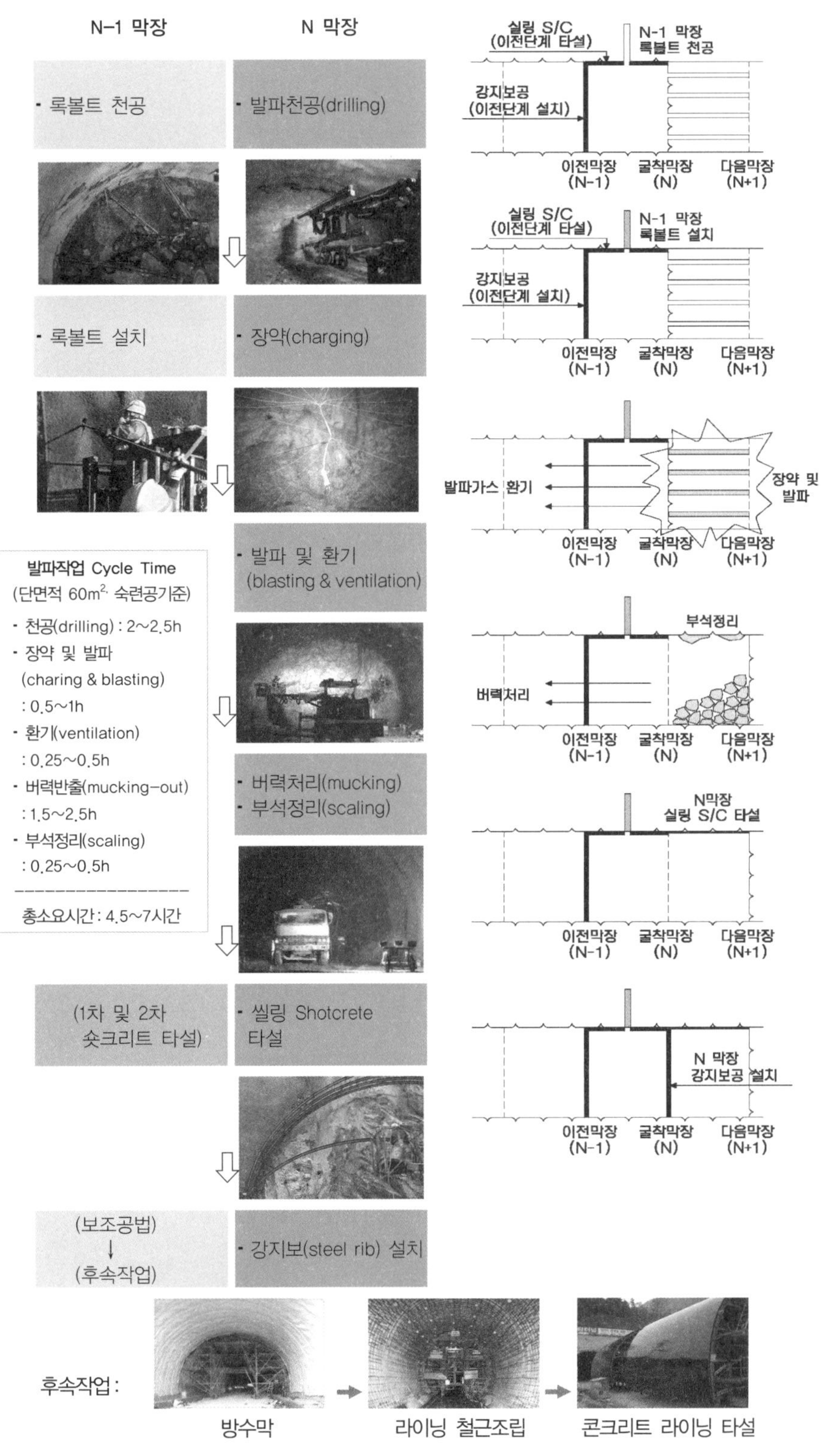


그림 E2.32 관용터널공법의 굴착 및 지보설치 절차 예

표준작업 외에 보조공법의 적용, 배수처리 등의 작업이 병행하여 진행될 수 있다. 굴착 및 초기지보 공사 이후 숏크리트면에 **부직포**와 **방수막**을 설치하고, **슬라이딩 폼**(sliding form)을 이용하여 2차 라이닝을 타설함으로써 터널시공이 완료된다.

## 2.3.2 굴착시공-단면분할과 굴착공법

관용터널의 굴착공법의 설계는 '단면분할+굴착 방법(도구)'를 결정하는 것이다. 지반이 연약할수록 작은 단면으로 분할하며, 지반충격이 작은 굴착방식을 채택한다.

### 2.3.2.1 단면분할 공법

단면분할 방식은 막장의 자립성, 원지반의 지보능력, 지표면 침하의 허용 범위 등을 토대로 시공성과 경제성을 고려하여 결정하여야 한다. 지반이 연약할수록 교란영향에 민감하므로 작은 단면으로 분할하는 것이 유리하며, 암질이 양호할수록 굴착충격에 잘 견딜 수 있으므로 발파를 이용한 전단면굴착이 가능하다. 또한 **지반이 연약할수록 분할을 늘리고, 벤치길이는 감소**시키는 것이 유리하다. 표 E2.2에 단면분할 공법을 정리하였다.

표 E2.2 단면분할공법

| 분할 명칭 | | 분할 단면 개념도 | 적용 조건 |
|---|---|---|---|
| 전단면 굴착<br>(full face cut) | | 1 / 1 | • 소단면에서 일반적인 공법<br>• 양호한 지반에서 중단면 이상도 가능 |
| 수평<br>분할 | 벤치 컷<br>(long bench) | 1, 2 / 1, 2 | • 비교적 양호한 지반에서 중단면 이상의 일반적 시공법<br>• $L>3D$ |
| | 벤치 컷<br>(short bench)<br>(ring cut) | 1, 2, 3 / 1, 2, 3 | • 보통 지반에서 중단면 이상의 일반적 시공법<br>• $L<3D$ |
| 수평<br>+<br>수직<br>분할 | 측벽 선진<br>도갱 공법<br>(side pilot) | 3, 1,2, 4 / 3, 1, 2, 4 | • 지반이 비교적 불량한 대단면<br>• 침하를 극소화할 필요가 있는 경우 |
| | 중벽 분할공법<br>(center<br>diaphragm) | 3, 1, 4, 2 / 3, 1, 4, 2 | • 지표침하 최소화 필요 구간인 토피가 작은 토사 지반<br>• 대단면 터널의 비교적 불량한 지반 |

**전단면굴착**은 지반의 자립성과 지보능력이 충분한 경우에 적용하며, 주로 발파굴착이 가능한 양호한 지반의 중소단면의 터널에 유리하다.

**수평분할굴착**은 지반상태가 양호하고 굴착단면이 큰 경우, 시공성 향상을 위해 적용한다. 지반상태가 다소 불량한 경우에도 막장의 자립성을 높일 수 있어 유용하다. 지반이 연약할수록 다단의 짧은 벤치를 채택하는 것이 안정유지에 유리하다. 벤치 길이 30m 이상은 롱벤치, 터널직경~30m는 숏벤치로 구분한다.

**수직분할굴착**은 주로 지반상태가 불량하고 단면적이 큰 경우에 적용하며, 대단면인 경우 안전성 확보를 위해 임시 지보재를 설치를 병행하기도 한다. 중벽분할공법이 대표적인 연직분할공법이며, 하반의 지반은 양호하나 상반의 지반이 불량하여 침하를 억제할 필요가 있는 경우에 효과적이다. 굴착면의 안정성 유지와 변형억제에 효과적이나, 작업 공간의 제약으로 시공성과 경제성이 떨어진다.

**선진도갱(pilot, drift) 굴착**은 굴착단면적이 크고 터널 상부에 대규모 지장물이 있는 경우, 하저통과 등의 특수한 조건에 적용한다. 막장 전방 지반 및 지하수 상태를 확인하면서 굴착할 수 있다. 대단면 터널 굴착 시 침하량을 최소화할 수 있어 암피복 두께가 얇은 지역의 건물 하부 통과도 가능하지만, 작업공간의 제약으로 장비운용이 어려워 시공속도가 느리고 경제성이 떨어진다.

### 2.3.2.2 굴착공법

굴착공법은 인력, 기계, 파쇄, 발파굴착으로 구분한다. 진동제약조건, 지층조건, 작업조건에 따라 적절한 굴착공법을 선택한다. **기계굴착**에는 브레이커, 로드헤더, TBM 등이 이용된다. 장비에 따라 토사~연암의 지반에 적용 가능하다.

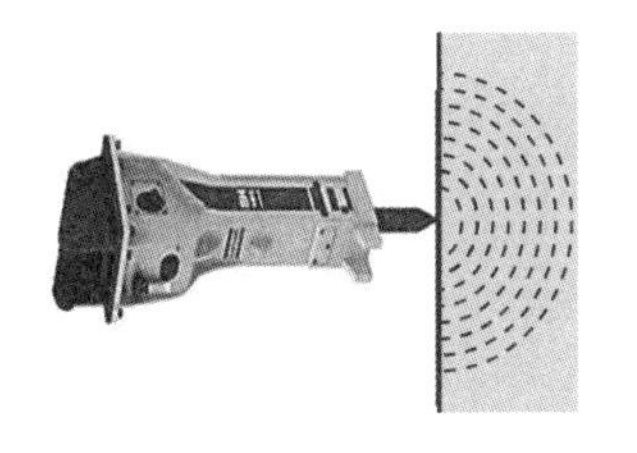
(a) 브레이커(기계굴착)

(b) 무진동 암반절개(파쇄굴착)

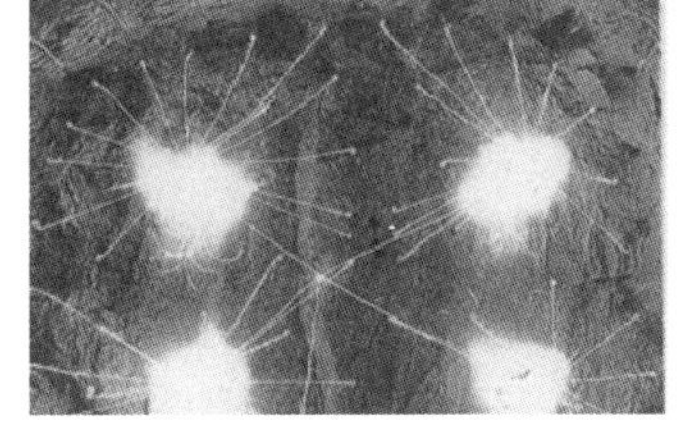
(c) 발파굴착

그림 E2.33 굴착공법의 예

**파쇄굴착은** 유압 및 수압을 이용한 기계적 무진동 암반절개공법, 전기적인 충격을 이용한 플라즈마 파쇄굴착 공법 등이 있다. 진동제어가 필요한 구간에서 주로 적용한다.

**발파굴착**은 관용터널공법의 가장 일반적인 굴착공법으로 화약을 점화시켰을 때 발생된 순간적인 고온·고압의 에너지를 이용하여 암반을 파쇄하는 굴착 방법이다. 경제성이 높고 굴착효율이 좋으나, 굴착면 주변 지반의 손상 가능성이 있고, 여굴이 비교적 크며, 소음과 진동제어에 따른 민원이 수반될 수 있다.

표 E2.3 기계 굴착 방법

| 구분 | 브레이커 | 터널용 브레이커(ITC) | 로드헤더 | TBE(확공용 tunnel) |
|---|---|---|---|---|
| 장비 개요 | 백호(Backhoe)에 장착 | 브레이커(버켓 장착) | 커터헤드에 비트를 장착 | 원형 소구경 커터헤드 |
| 적용 지층 | 풍화토 – 연암 | 풍화토 – 연암 | 풍화암 – 연암 | 연암이상 강도의 지반 |
| 적용 특징 | • 장비비가 적으며, 임의 형상 단면굴착 가능<br>• 작업 중 브레이커와 버켓의 교체장착 필요<br>• 발파가 곤란한 도심지 터널에 일부 사용 | • 브레이커, 버켓, 버력처리 연속 작업 가능<br>• 도심지 터널에 효과적<br>• 장비 비용이 다소 고가<br>• 연암 이상 암반에서 굴진 효율 극히 저하 | • 임의형상 단면에 경제적, 굴진 속도 빠름<br>• 장비 비용이 다소 고가<br>• 점성지반 큰 토사, 경암 이상의 암반에서 경제성 저하 | • 원형으로 안정성 우수, 굴진속도 빠름<br>• 장비 비용이 고가, 대규모의 설비가 필요<br>• 지하철, 도로 수로 공동구 터널에 적용 |

## 단면분할과 굴착공법의 조합 예

단면분할은 일반적으로 연약지반의 대단면 터널일수록 중요한 고려사항이다. '단면분할+굴착 방법'의 최적조합을 통해, 굴착 충격을 제어한다. 그림 E2.34에 지반조건에 따른 시공 사례에 기초하여 '**단면분할+굴착 방법**' 적용을 예시하였다.

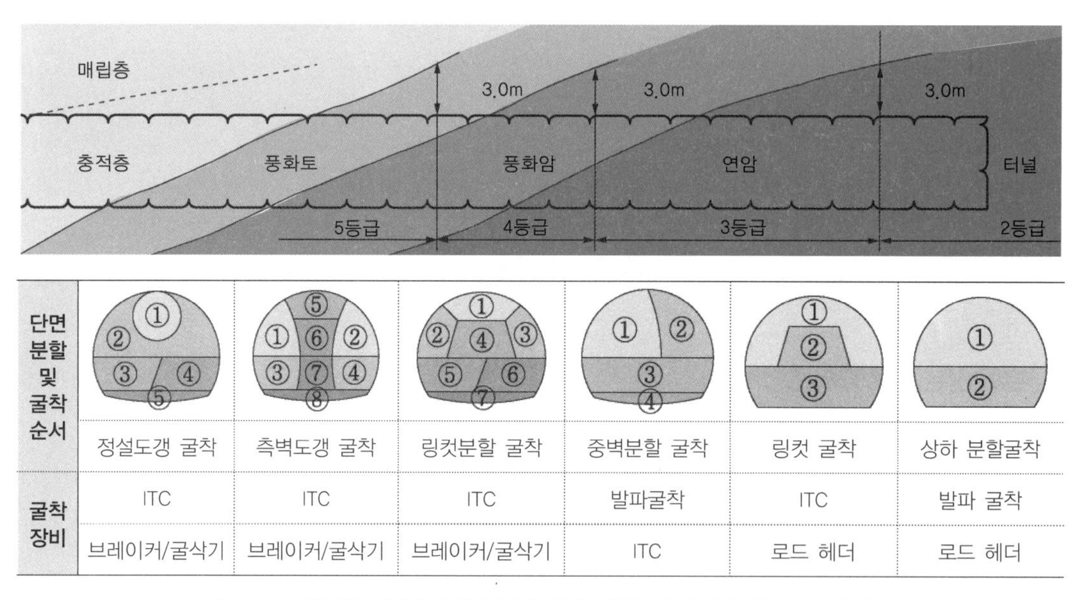


| 단면분할 및 굴착순서 | 정설도갱 굴착 | 측벽도갱 굴착 | 링컷분할 굴착 | 중벽분할 굴착 | 링컷 굴착 | 상하 분할굴착 |
|---|---|---|---|---|---|---|
| 굴착장비 | ITC | ITC | ITC | 발파굴착 | ITC | 발파 굴착 |
| | 브레이커/굴삭기 | 브레이커/굴삭기 | 브레이커/굴삭기 | ITC | 로드 헤더 | 로드 헤더 |

그림 E2.34 대단면 터널의 지반조건에 따른 분할굴착과 굴착공법의 조합 예

## 2.3.3 발파굴착 Drill & Blast

발파공법은 화약, 뇌관, 천공기술, 진동제어, 정밀발파기술 등의 발전과 더불어 효율과 정밀성이 개선되어왔으며, 소음과 진동으로 민원이 유발되기 쉬움에도 경제성이 양호하여 관용터널공법의 주 굴착공법으로 사용되고 있다.

### 2.3.3.1 발파이론

암반 내에서 폭약을 터트리면 폭발 후 수 $\mu$sec에서 최대압력이 100,000기압을 상회하는 가스 충격압이 발생한다. 초고압을 받은 암석은 순간적으로 3,000°C 이상의 고온이 되어 폭발점으로부터 그림 E2.35(a)와 같이 폭약반경의 2~3배 범위로 파쇄와 함께 소성거동을 일으킨다.

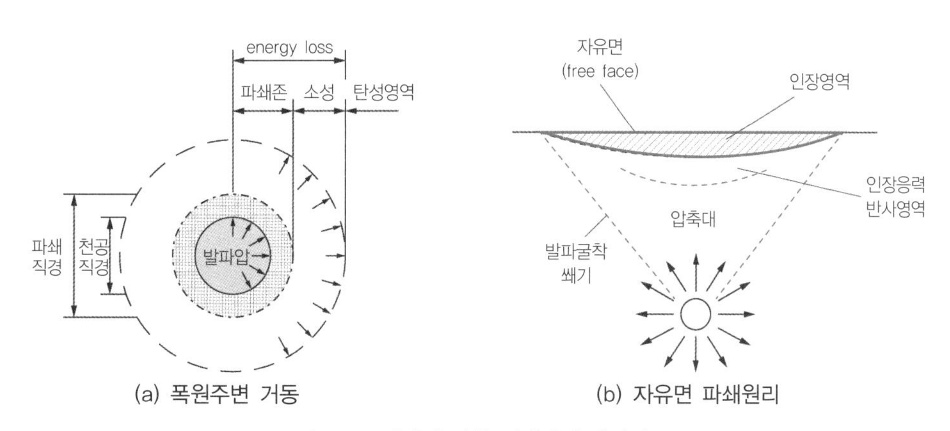

(a) 폭원주변 거동 (b) 자유면 파쇄원리

그림 E2.35 발파에 의한 암반파쇄 메커니즘

발파공 내에 생성된 고압의 소성유동파는 충격파의 형태로 방사형으로 전파한다. 자유면(지표)방향으로 전파한 충격파는 그림 E2.35(b)와 같이 발파공 상부에 수직한 방향으로 인장 응력을 야기하여 원추형(crater) 파쇄를 일으키는데, 이 **누두공**(crater)이라 한다.

#### Hauser, Chalon의 발파식

Hauser와 Chalon은 각각 자유면으로부터 어떤 깊이 $D_f$까지 파쇄를 일으키기 위하여 얼마의 장약($L$)을 사용할 것인가를 조사하였다. 이들은 실험을 통해 그림 E2.36(a)와 같은 1자유면 발파의 경우, 원추상의 파쇄공(**누두공**, crater)이 발생하는데, 이때 장약량 $W$은 자유면에서의 파쇄깊이(최소저항선) $D_f$의 세제곱에 비례함을 발견하였다. 이를 기초로 '장약량-파쇄심도'에 대한 다음의 발파식을 제안하였다.

$$W = CD_f^3 \tag{2.10}$$

여기서 $C$는 발파계수로서 암반의 성질, 폭약, 폭파공 전색의 상태, 최소저항선의 길이(깊이) 등의 함수이다.

발파 후 그림 E2.36(b)와 같은 원추형 누두공(체적 $V$, 누두 반경 $R$, 높이 $D_f$)이 형성되었다고 하면, 발파 체적은, $V=(1/3)\pi R^2 D_f$이며, 근사적으로 $R \simeq D_f$ 및 $\pi \approx 3$을 가정하면, $V=D_f^3$이므로, **발파 누두공의 체적도 최소저항선의 세제곱에 비례**한다(이 이론으로 터널 막장면에서 심발(심빼기)량을 추정할 수 있다).

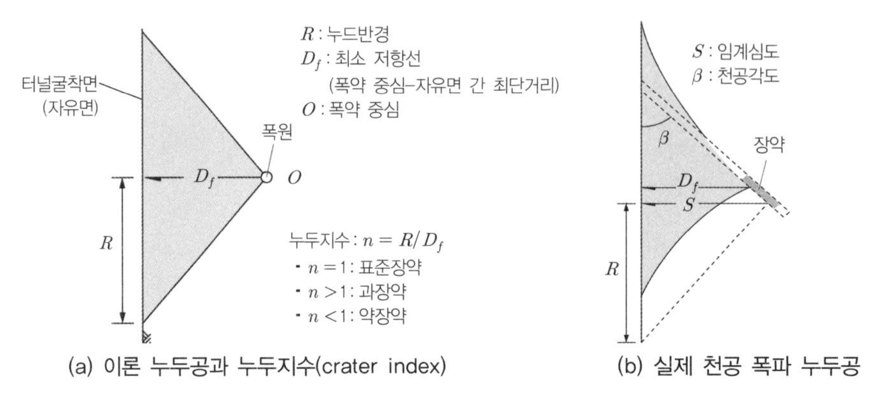

(a) 이론 누두공과 누두지수(crater index)　　(b) 실제 천공 폭파 누두공

그림 E2.36 터널굴착면 천공(drill) 발파의 누두공
(누드지수, $n=R/D_f$, $n=1$이면 표준장약, $n>1$이면 과장약)

## 단차(지연)발파(지발)에 의한 자유면 확장 원리

터널 발파단면 중심에 무장약공(relieving hole, burn hole)을 설치하면 발파 시 자유면으로 기여하여 심빼기가 용이해진다. 이후 순차적으로 '중심 → 외곽' 으로 발파를 진행하면(지연발파) 매 단계마다 증가된 자유면효과가 도입되어 효율적으로 발파가 된다. 일례로 그림 E2.37의 1번 공 발파 자유면은 무장약공, 2번 발파 시 자유면은 무장약공과 1번 공 발파로 확대된 영역이 자유면이 된다.

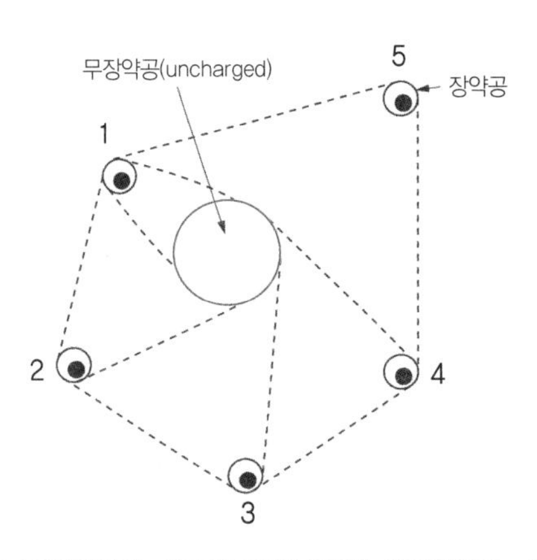

그림 E2.37 무장약공을 이용한 자유면확장 원리(번호는 발파순서)
무장약공 : uncharged borehole, 장약공 : charged borehole, 발파공 : blast hole

**제어발파의 원리** principle of controlled blasting

주응력의 방향을 고려하면 암석을 효율적으로 쉽게 분리할 수 있다. 지반이 균질등방하다면 발파압($\Delta\sigma$)에 의한 균열방향은 그림 E2.38(a)와 같이 **최소주응력에 수직한 방향**으로 일어날 것이다. 암반이 최소 주응력의 직각 방향으로 쪼개지는 이유는 가장 힘이 덜 드는 방향으로 균열을 발생시키기 때문이다. 목표 균열방향과 $\sigma_1$ 작용방향이 다른 경우 균열은 $\sigma_1$을 따라가려고 해 불규칙한 모양으로 쪼개진다.

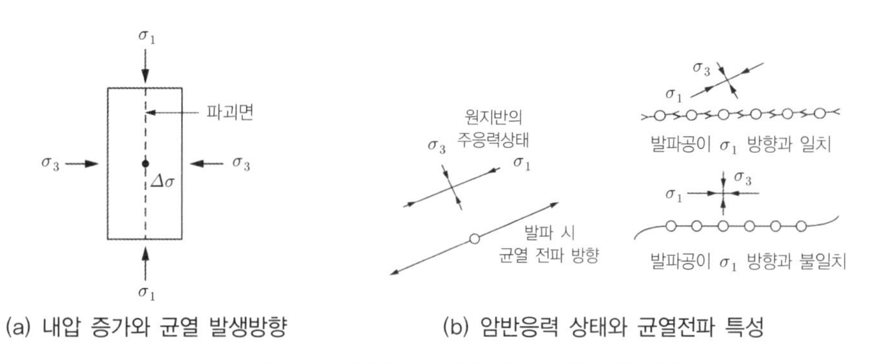


그림 E2.38 암반응력 상태와 발파 균열과 초기응력

실제터널에서 시차를 두어 여러 단계로 발파하는 경우, 그림 E2.39와 같이 **전 단계 발파 굴착면은 다음 단계 발파 굴착의 자유면**(freee face)이 된다. 터널 굴착면에서는 접선방향응력이 최대 주응력이 되므로 발파공을 원주상으로 배치하면, 발파 시 최대 주응력에 평행한 방향으로 파괴가 일어나, 이론적으로 터널 계획선과 대략 일치하는 굴착면이 형성된다.

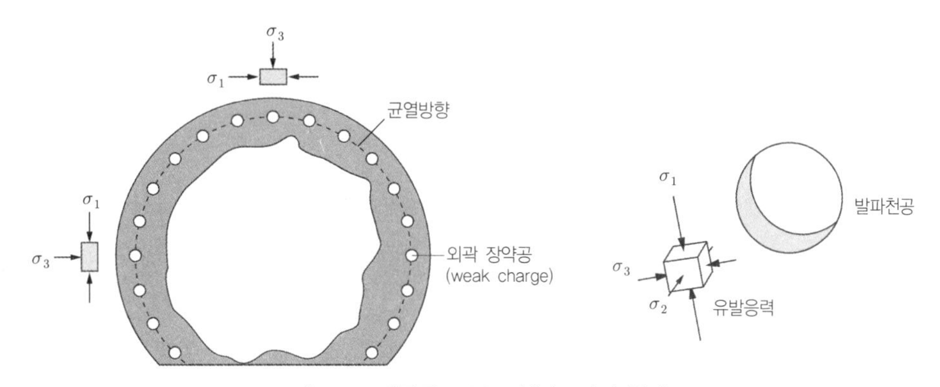


그림 E2.39 외곽공 스무스 블라스팅의 원리

NB : 이론적으로 2차원 터널 횡단면에서는 굴착경계의 접선응력이 최대 주응력이지만, 실제 지반의 경우, 3차원 주응력 축은 연직축에 대해 기울어져 있거나 회전하여, 초기 주응력 방향이 터널 축 또는 지표면과 일치하지 않게 형성되었을 수도 있다. 이런 경우 의도한 대로 스무스 블라스팅이 이루어지지 않고, 균질 암반이라도 균열이 불규칙하게 발생할 수 있다.

## BOX-TE2-5 제어발파(controlled blasting)

일반발파에서 여굴이 생기면, 버력량 증가, 숏크리트 지보재 시공량 증가, 낙반위험성 증가 등의 문제가 발생할 수 있다. 제어발파는 최외곽 굴착계획면 형성 정밀도를 높이는 발파기법으로 발파공의 배치와 디커플링 고려, 장약량 조절, 그리고 지연발파 등을 조합하여 제어한다. 다양한 발파 특허공법들이 제안되었다.

### A. 스무스 블래스팅(smooth blasting)

천공홀 내에서 폭약이 폭발할 때 고압의 가스와 충격파가 발생한다. 충격파는 발파공 주변에 균열을 발생시키고, 고압의 가스는 균열영역에 팽창파괴를 일으킨다. Smooth Blasting은 발파공의 직경을 폭약의 직경보다 작게 하여 발파 시 충격파를 공기층으로 제어함으로써 암반의 손상 및 여굴을 억제하며 발파하는 기법이다.

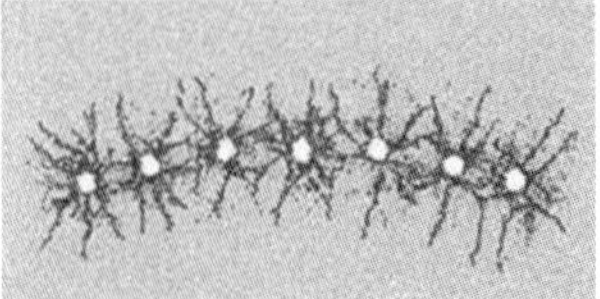

일반발파

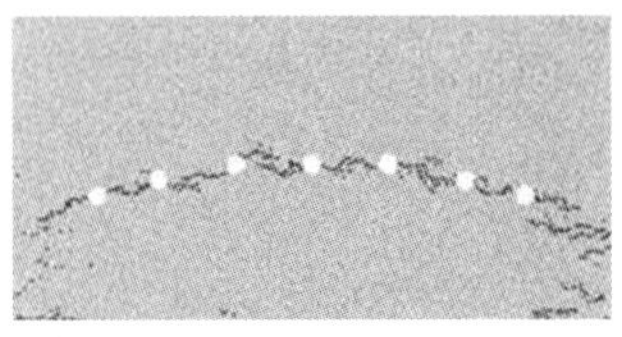

Smooth blasting

Smooth Blasting은 일반 발파공보다 간격을 좁게 하고, 디커플링효과를 이용하기 위하여 천공 홀보다 작은 지름으로 장약하며, 낮은 장약밀도를 가진 폭약을 사용한다.

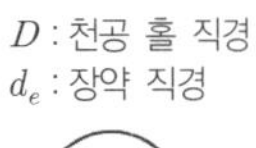


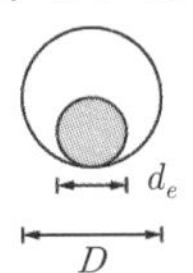


- 디커플링지수

$$\text{Decoupling Index} = \frac{\text{발파공의 직경}}{\text{폭약의 직경}}$$

- S.B 공법은 Decoupling 계수가 2.0~3.0일 때 가장 적합함
- 국내에서는 S.B 공법에 적합한 정밀폭약이 사용됨

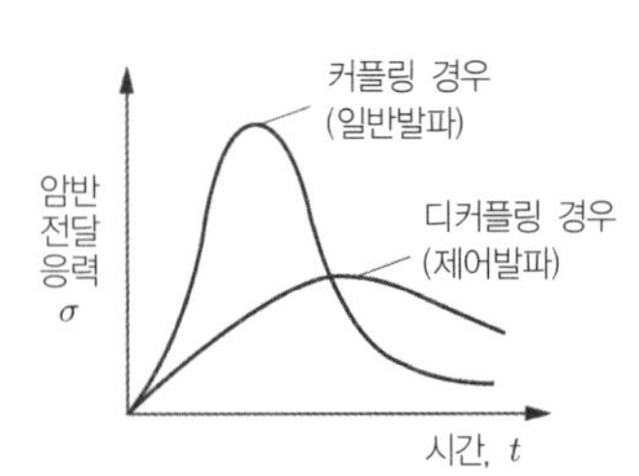


일반발파와 Smooth Blasting의 균열영역 비교

### B. 프리스플리팅(pre-splitting)

Smooth Blasting 공법에서 발전한 제어발파공법으로 본 발파에 앞서 외곽공을 미리 발파하여 파단면을 형성시킨 후 나머지 부분을 발파하는 방법이다. 이때 형성된 파단면은 최종굴착면의 보호뿐만 아니라 본 발파 시 발생하는 지반진동을 차단하는 효과도 있다.

### C. 기타 제어발파 : Line Drilling 및 Cushion Blasting

**Line Drilling** : 굴착계획선을 따라 75mm 이내 소구경 천공홀을 공경의 2~4배 간격으로 무장약공을 배치하고, 최인접공의 장약량을 50% 수준까지 줄여 발파함으로써 진동전파 저감 및 계획 굴착선을 형성하는 제어발파공법이다.

**Cushion Blasting** : 굴착계획선 발파공에 소량 장약하고, 이를 주 발파 직후 지연발파하면 두 발파영향 간 공기 Cushion 작용이 일어나 진동이 저감되고, 굴착면이 계획대로 용이하게 유도되는 제어발파공법이다(Canada에서 개발).

### 2.3.3.2 발파공법의 설계(발파시공 계획)

발파공법의 적용 여부는 굴착효율보다는 진동허용규제에 지배되는 경우가 많다. 발파공법은 사용 폭약량 및 진동영향 제어 정도에 따라 다음과 같이 분류한다.

- 미진동 굴착공법 : 특수 화약류를 이용한 열팽창 작용으로 균열파쇄
- 정밀진동 제어발파 : 소량 폭약 사용 후 브레이커로 2차 파쇄
- 진동제어발파 : Decoupling 효과에 의한 인장파괴(인접건물 존재 시 시험발파 후 기준 준수 조건의 발파)
- 일반발파 : 폭발력을 이용한 충격파괴 이론(공당 진동기준 충족조건으로 최대 장약량 발파)
- 대규모발파 : 영향권 내 보호대상 건물이 존재하지 않을 때 발파효율만 고려

발파설계란 주어진 진동 허용규제치 안에서 굴착이 경제적으로 이루어지도록 발파공의 배치(직경, 배치, 각도 및, 천공길이), 장약량, 화약과 뇌관의 종류, 발파순서 등을 정하는 것이며, 진동영향을 평가하는 작업을 포함한다. 발파설계의 일반적 절차 및 내용은 그림 E2.40과 같다.

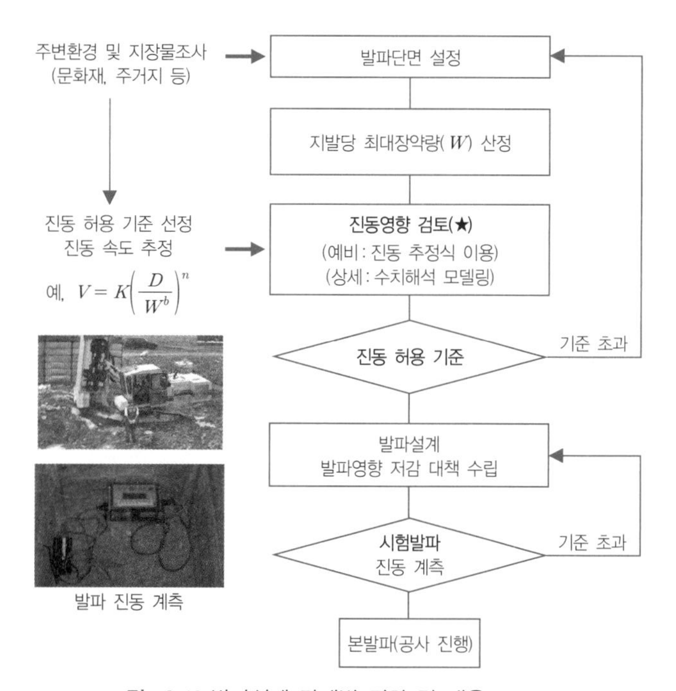


그림 E2.40 발파설계 단계별 절차 및 내용

#### 터널 발파공의 구성과 배치

발파 굴착 시 자유면의 수와 방향은 발파효율을 결정짓는 가장 중요한 인자이다. 터널의 경우, 굴착(막장)면은 주변이 구속된 1 자유면 상태이므로 높은 발파효율을 기대하기 어렵다. 이를 개선하기 위해 최초 발파는 터널 중심부에 **무장약공**(burn hole)을 두어 자유면을 추가 도입하는 방법을 사용하게 되는데, 이를 심발(심빼기)공 발파라 한다. 한편, 터널 외곽(굴착경계)에는 진동의 영향을 줄이고, 여굴을 방지하기 위한 제어

발파 기법을 도입한다. 터널발파공 명칭은 그림 E2.41과 같다.

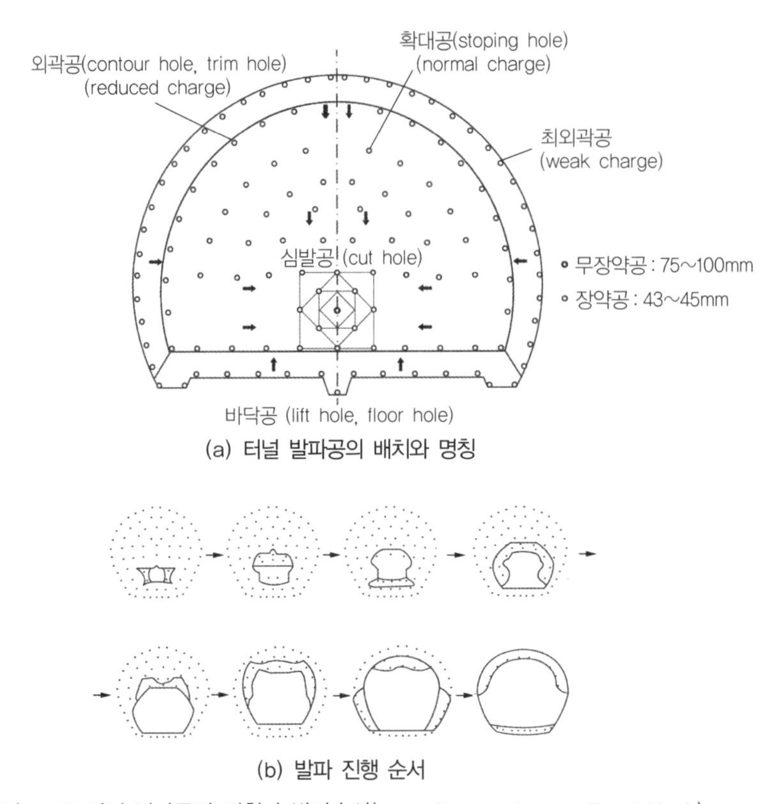

(a) 터널 발파공의 배치와 명칭

(b) 발파 진행 순서

**그림 E2.41** 터널 발파공의 명칭과 발파순서(after Course Note of Evert Hoek)

터널 굴착면에서 중앙의 최초 일부분을 제거하기 위하여 인위적인 무장약공 자유면을 두어 발파하는 기법을 **심발공**(cut hole method) 발파라 한다. 심발 발파 이후의 후속발파는 확대된 자유면이 기여되므로 발파 효율이 높아진다. 천공각도 및 방향에 따라 대표적으로 경사공 심발(angle cut, V-cut)과 평행공 심발(parallel cut)로 구분한다. 그 특성을 표 E2.4에 비교하였다. 적용특성(1회 발파에 의한 굴진장, 터널 내공폭, 사용 장비, 환경영향 등)을 고려하여 적정한 심발공법을 선정한다. 일반적으로 암반 1×1m 면적을 굴착(심발발파)하는 데 약 5~7kg/m$^3$의 폭약이 소요된다. 이후 '**확대공 → 외곽공 → 바닥공**'의 순서로 발파한다.

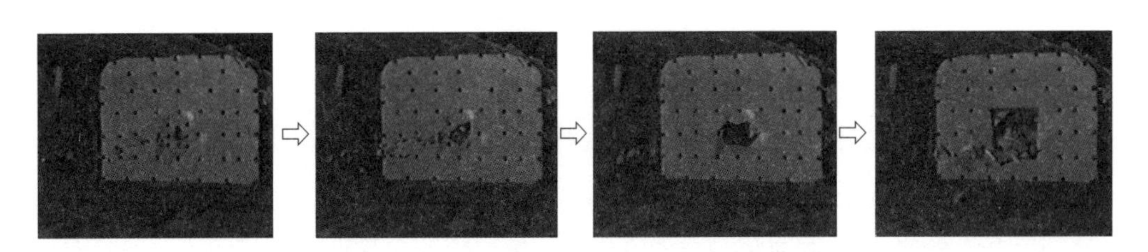

**그림 E2.42** 심발공에 의한 자유면 확대과정(모형시험)

표 E2.4 기본 심발공법(심빼기, cut out blasting) 및 특징

| 구분 | Cylinder-cut(평행심발공) | V-cut(경사심발공) |
|---|---|---|
| 발파공 배치도 | | |
| 적용성 | • 터널측에 평행천공(burn-cut의 진보 형태)<br>• 심발 내부 무장약공 설치(공경 75~112mm)<br>• Cylinder 공을 리밍하여 2자유면 형성 가능<br>• 장공발파에 유리(3m 이상) | • 천공장 및 다양한 경사 심발공 천공 가능<br>• 경사심발공은 단(short)공으로, 확대, 주변공은 장(long)공으로 계획<br>• 단공발파에 유리(3m 이하) |
| 자유면 | 2 자유면 발파 | 1 자유면 발파 |
| 특징 | • 사압이 없고, 진동제어 용이<br>• 버력이 작아 처리 용이<br>• 대구경천공 위해 비트 및 로드 교체<br>• 심발공 천공에 고도의 기술 필요 | • 천공이 정밀하지 않아도 발파는 가능<br>• 심발부에 발파압 손실(사압)문제가 있고 굴진장 짧음<br>• (운반처리를 위한) 버력 크기 조절 필요 |

## 장약량 산정(장약설계)

발파영향요인이 매우 다양하며, 장약설계는 주로 유사 사례, 발파실적 등 경험에 근거한다. 그림 E2.33은 터널단면적-천공홀(drill hole)의 길이와 수(ea), 그리고 장약량 관계를 예시한 것이다. 발파 설계는 시공 전 수행한 **시험발파** 결과로부터 발파효율, 소음, 진동영향 등을 고려하여 보정한다.

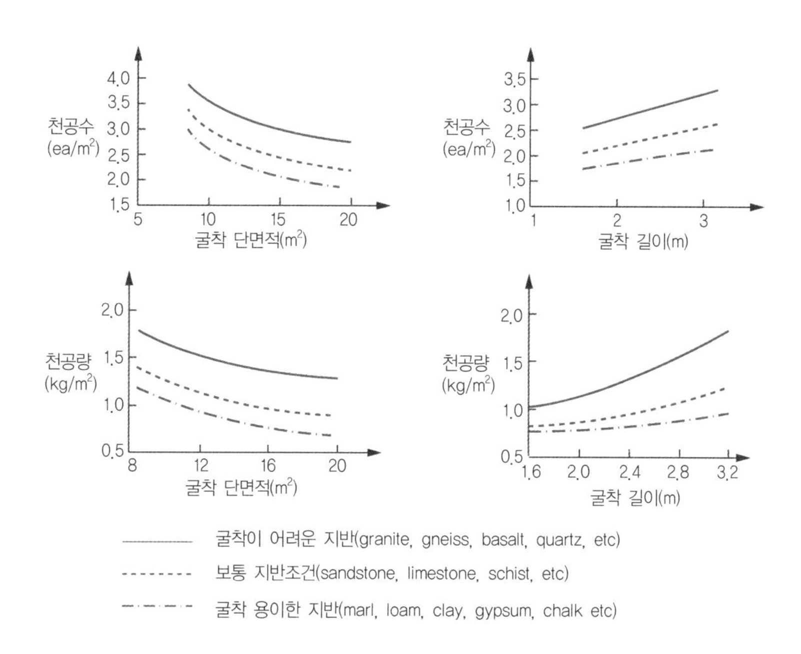


그림 E2.43 굴착 단면적 및 굴착 길이에 따른 천공홀 수와 장약량(after Muller, 1978)

### 폭약과 뇌관의 선정

**폭약(explosives).** 발파굴착에 사용되는 폭약은 제조 구성물질에 따라 다양하다. 일반적으로 건설현장에서는 젤라틴 다이너마이트(gelatin dynamite, GD-니트로글리세린) 계열, 에멀션(emulsion explosives) 계열, ANFO(Ammonium Nitrate Fuel Oil explosives, 초유폭약-질산암모늄) 계열이 주로 사용된다.

유독성 가스발생이 적은 다이너마이트나 에멀션 폭약이 선호된다. 다이너마이트는 폭발에너지가 커서 화강암 등의 (극)경암에, 그리고 에멀션폭약은 저폭속 폭약으로서 석회암과 같은 연암에 주로 적용한다.

**뇌관(detonator).** 폭약이 폭발하도록 마찰, 열, 충격을 가하는 장치를 뇌관이라 한다. 뇌관은 감도가 예민한 화약(기폭약 또는 첨장약)을 채운 새끼손가락 굵기의 금속제 관(pipe)으로서 발파자극이 전달되면 먼저 뇌관 내 기폭약이 폭발하고, 이 기폭력이 주폭약을 폭발시킨다. 점화 후 기폭을 지연시키는 장치가 포함된 뇌관을 지발(delayed) 뇌관이라 한다. 지발뇌관을 사용하면 동일단면에 설치된 폭약을 수 밀리 초(m sec)~수 초 간격으로 폭발시간을 차등 제어하여 발파할 수 있어, 발파효율과 굴착 정밀도를 높일 수 있다.

뇌관은 발파자극을 전달하는 방법에 따라 전기식 뇌관, 비전기식 뇌관, 전자뇌관이 있다. 전자뇌관이 발파제어가 용이하고 정밀도가 높지만 가격이 비싸다. 전기식뇌관은 **미주전류**(누설전류, stray current), 정전기, 낙뢰 등에 유의할 필요가 있다.

## 2.3.3.3 발파시공

발파시공은 '**천공→장약→전색→결선→점화→버력처리**'의 6단계로 이루어진다.

**Step1 : 천공(drilling).** 롯드(rod) 끝의 타격 및 회전으로 천공하는 웨곤, Crawler, 점보, Leg Drill 등이 사용되고 있으며, 상향 천공 시 Stoper, 하향 Sinker, 그리고 수평천공 시 Drifter 천공기를 사용한다.

(a) 점보드릴 예(Atlas Copco 자료)

(b) 드릴비트

그림 E2.44 천공장비와 Drill Bit

**Step2~3 : 장약(charging)과 전색(stemming).** 화약을 천공홀에 채워 넣는 작업을 화약장전, 즉 장약이라 하며, 천공홀을 청소한 후 그림 E2.36과 같이 다짐대를 이용하여 원통형 약포를 삽입한다. 천공홀 입구를 막는 작업을 전색(塡塞, stemming)이라 한다. 주로 모래질점토를 사용한다. 뇌관을 천공홀 입구에 두는 정기폭

(top ignition)과 끝쪽에 두는 역기폭(bottom ignition)이 있다. 일반적으로 기폭점이 자유면 근처에 위치하는 정기폭이 발파위력이 크나, 천공길이가 긴 경우에는 역기폭이 효과적이다.

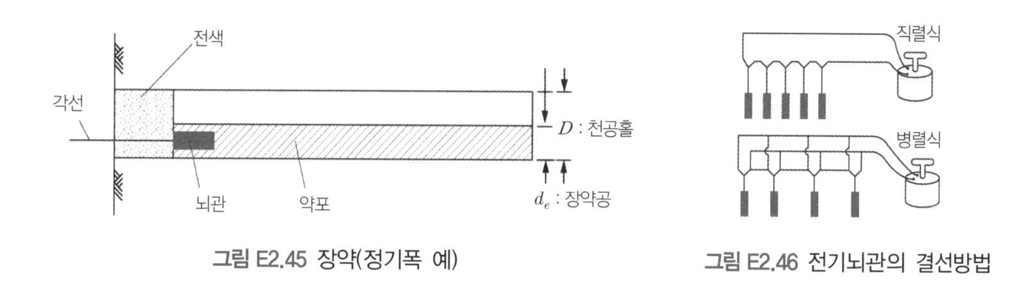


그림 E2.45 장약(정기폭 예)

그림 E2.46 전기뇌관의 결선방법

**Step4~5 : 결선 및 점화(firing).** 폭약을 터트리기 위하여 각 천공홀의 뇌관과 발파기 사이의 전선을 연결하는 작업을 결선이라 한다. 직렬연결과 병렬연결이 있으며, 직렬연결의 소요전압이 약 40% 덜 소요된다. 저항계를 이용하여 결선상태를 확인하여야 하며 작업자들이 대피한 후 발파스위치를 눌러 발파한다.

**Stept 6 : 버력처리(mucking)와 여굴(overbreak) 관리.** 버력처리는 공사비 비중이 크고, 공사기간 산정에도 매우 중요한 요소이다. 발파굴착의 경우 발파공사기간의 약 30%가 버력반출 시간이다. '버력량 = 굴착량 × (1 + 여굴률) × 용적 변화율(토사 1.2~경암 1.8)'으로 산출한다.

발파 후 설계선보다 외측으로 굴착된 영역을 여굴(over break), 덜 굴착된 부분을 미굴(under break)이라 한다. 여굴의 발생은 버력 반출량 증가, 숏크리트 및 콘크리트 충전량 증가로 공사비 상승의 원인이 된다. 여굴 원인은 굴착장비의 부적정 사용, 발파 정밀도 미흡, 불연속 암반속성에 기인한다. 또한 천공장비의 외향각(outlook, 약 4도)으로 인해, 천공장 5m의 경우 약 40cm 여굴이 발생하는 불가피성도 있다. 드릴 롯드의 휘어짐, 폭속이 큰 폭약 사용 등이며, 대상지반의 불균질 특성도 중요한 변수이다. 여굴을 개선하기 위해서는 적정 폭약량 사용, Smooth Blasting, 천공장비 개선 등이 필요하다. 허용 여굴량은 10~20cm이다.

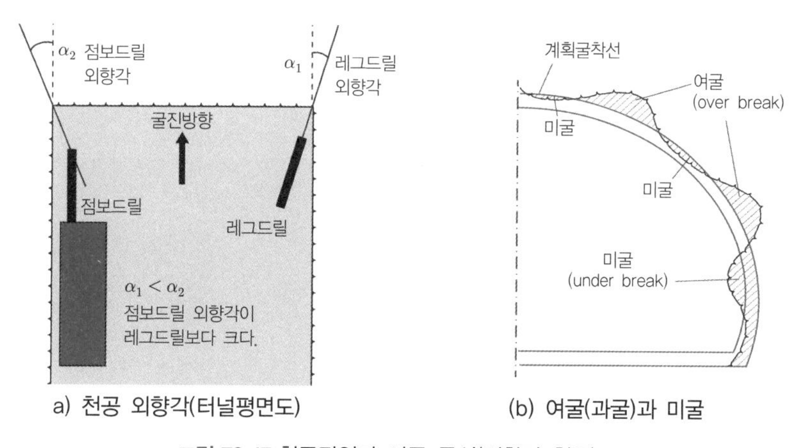


a) 천공 외향각(터널평면도)

(b) 여굴(과굴)과 미굴

그림 E2.47 천공작업과 여굴 특성(외향각 천공)

## BOX-TE2-6 터널 발파용 폭약과 뇌관

### A. 폭약(explosives)

| 구분 | 다이나마이트 | 함수 폭약 | 에멀전 폭약 | ANFO 폭약 | 정밀 폭약 |
|---|---|---|---|---|---|
| 폭속(m/s) | 6,100~6,700 | 4,500~4,800 | 5,700~5,900 | 3,300 | 3,900~4,400 |
| 내수성 | 우수 | 매우 우수 | 매우 우수 | 취약 | 보통 |
| 위력 | 매우 우수 | 우수 | 우수 | 보통 | 보통 |
| 후 가스 | 880~900(ℓ/kg) | 680~760(ℓ/kg) | 810~890(ℓ/kg) | 970(ℓ/kg) | 640~740(ℓ/kg) |
| 특성 | • 니트로겔 약 20%를 한도로 사용, 산화제, 가연제, 감열소염제 등이 주성분<br>• 폭력이 매우 우수 | • 내수성으로 수공(水孔)에서 사용 가능<br>• 충격에 둔감하고 ANFO보다 안전<br>• 폭발 후 가스 적음<br>• 장기저장 시 물 분리로 내수성 저하 | • 신속하고 완전연소가 가능하며 에너지 방출이 빠름<br>• 수중작업에 이상적<br>• 열, 마찰, 충격에 안전하고, 혹한, 혹서에도 사용 가능 | • 충격감도가 둔감<br>• 가격이 저렴<br>• 흡습성으로 장기저장 곤란<br>• 가스량이 많아 갱내 환기불량<br>• 수공(水孔)사용 불가 | • 내수성이 양호하고 취급상 안전성이 우수하며, 신속, 정확하게 장전<br>• 모암 균열 최소화<br>• 발파 정밀성 높아 여굴 감소 |
| 용도 | • 대발파<br>• 산악발파<br>• 건설산업용 발파<br>• 경암~중경암 | • 도심지발파<br>• 용출수 많은 단면<br>• 보통암~경암 | • 발파공해로 인한 민원예상지역<br>• 용출수 많은 단면<br>• 경암~극경암 | • 노천채석, 광산발파에 주로 사용<br>• 용출수 없는 단면<br>• 연암~보통암 | • 터널의 제어발파<br>• 대절토사면 굴착 경계부 이완 억제<br>• 연암~보통암 |
| 예시 | | | | | |

### B. 뇌관(detonators)

| 구분 | 전기식 뇌관 | 비전기식 뇌관 |
|---|---|---|
| 기폭 원리 | 뇌관단차로 기폭 | 뇌관단차+표면뇌관 시차로 기폭 |
| 단차 | 42단차(전기식) | 무한 단차(1ms 이상 초시 설정 가능) |
| 안정성 | • 물리적 외력에 민감(낙뢰 취약)<br>• 전기(미주, 유도, 정전기) 및 전파에 불안정 | • 전기나 물리적 외력에 안정<br>• 유출수 위험성 낮음 |
| 진동·소음 | • 진동 및 소음이 큼<br>• 42단차로 진동제어 가능한 곳에 적용 | • 지발당 장약량 감소 가능<br>• 진동 및 소음이 적음 |
| 작업성 | • 전기적인 위험으로 수중발파 곤란<br>• 터널발파 시 누설전류에 주의 필요<br>• 취급이 복잡함 | • 사용이 안전하고 다양<br>• 시공시간 절감<br>• 터널발파, 대발파에 적합 |
| 경제성 | 비교적 저렴 | 비교적 고가 |
| 예시 | | |

### 2.3.3.4 발파진동 영향의 평가와 저감 대책

발파에 의한 소음이나 진동의 크기는 험식 또는 수치해석으로 예측 가능하다. 경험식으로는 비균질 지반 특성, 인접구조물, 불규칙 지형, 복잡한 경계조건 등의 영향을 적절히 고려하기 어렵다. 특정조건을 고려한 상세한 진동영향의 검토가 필요한 경우 발파하중에 대한 동적 수치해석을 활용할 수 있다.

#### 경험식에 의한 진동 예측

측정경험으로부터, 폭원에서 거리 $D$만큼 떨어진 위치의 지반입자 진동속도 $V$는 다음과 같다.

$$V = K\frac{W^n}{D^b} \tag{2.11}$$

여기서, $V$: 지반입자진동속도(cm/sec), $K$: 지반특성 · 장약 · 구속조건 · 폭약 관련 계수, $D$: 폭원과 구조물 간의 거리(m), $W$: 지발당 최대장약량(kg/delay), $n$ : 장약지수(대략 1/3~1/2), $b$ : 감쇠지수(대략 0.7~2)이다. 주요 진동 추정식을 표 E2.5에 정리하였다.

표 E2.5 진동 추정식($V$: 입자속도(cm/sec), $D$: 이격거리(m), $A$ : 최대진폭, $W$: 장약량(kg))

| | 제안자 | 진동 추정 경험식 | 상수 값 |
|---|---|---|---|
| 최대 진동 속도 (V) PPV[1] | Langefors | $V = KW^{0.5}D^{-0.75}$ | $K = 300 \sim 700$ |
| | 日本火薬(株) | $5 < D < 3{,}000$ 및 $0.2 < W < 4{,}000$인 경우 $V = KW^{0.75}D^{-2}$ | $K = 450 \sim 900$ : 심발발파 $= 200 \sim 500$ : 확대발파 $= 300 \sim 700$ : 바닥공 |
| | 日本油脂(株) | $V = KW^{0.75}D^{-1.5}$ | $K = 80 \pm 40$ : Dynamite 사용 시 $= 60 \pm 20$ : 제어발파 폭약 $= 20 \pm 10$ : Cone 파쇄기 |
| 최대 진폭 (A) PPA[2] | 관용식 | • $15 < D < 250$; $A = 400KW^{2/3}D^{-2}$ • $250 < D < 1{,}500$; $A = 5.2KW^{2/3}D^{-2}$ | $K = 7.0$ 표층이 파장에 비하여 깊은 경우 $= 2.5$ 표층이 파장에 비하여 얕은 경우 $= 1.0$ 표층이 없는 경우 |
| | USBM | $15 < D < 1{,}829$ 및 $454 < W < 4{,}536$인 경우 $A = 30K(e^{-0.00469D} + 0.0143)W^{2/3}$ | $K = 1$ 표층이 없는 경우 $= 1$ 표층이 파장의 $1/2 \sim 1/4$ $= 3$ 표층이 파장의 $1/2$ 이상 |

[1] PPA : Peak Particle Acceleration
[2] PPV : Peak Particle Velocity

NB : 우리나라의 경우 흔히 다음의 식을 사용한다.

$$V = 200\left(\frac{D}{W^{1/2}}\right)^{-1.6} \text{(국토부 등)}, \qquad V = 64.48\left(\frac{D}{W^{1/3}}\right)^{-1.5} \text{(서울시 등)}$$

하지만, 경험상수는 발파설계 및 지반조건에 따라 달라지므로, 본 굴착 전 해당지반에 대한 다수의 시험발파를 시행하여 결정하는 것이 바람직하다.

수치해석에 의한 진동평가

연속체 모델에 대한 동적평형방정식은 다음과 같다(지반역공학 II. 3장 참조).

$$[M]\ddot{u}(t)+[C]\dot{u}(t)+[K]u(t)=P(t) \quad (2.12)$$

여기서, $[M]$ : 질량행렬, $[C]$ : 감쇠행렬, $[K]$ : 강성행렬, 그리고 $P(t)$ : 발파하중이며, $u(t)$, $\dot{u}(t)$, $\ddot{u}(t)$는 각각 변위, 속도, 가속도를 나타낸다(TE5장 라이닝 동적해석 참조). 여기서 발파하중은 충격하중으로 그 시간이력곡선의 예를 그림 E2.39에 보였다. 0.0001초에서 최대치를 나타내고 바로 소멸된다. 터널 굴착면의 장약 위치에 해당하는 절점에 발파하중을 작용시킨다.

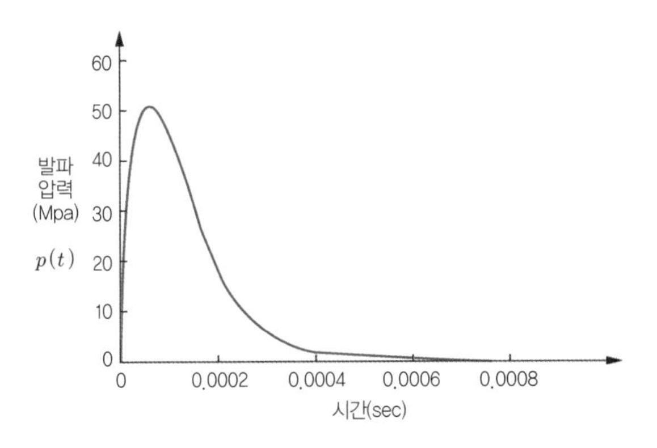


그림 E2.48 발파하중 시간이력곡선 예

발파로 인한 충격파는 대부분 지반매질을 통해 전파하여 돌아오지 않고 소멸된다. 이를 고려하기 위해 그림 E2.49와 같이 모델 경계에 **감쇠전달경계**를 두며, Lysmer and Wass(1972)가 제안한 점성경계(quiet boundary)를 이용할 수 있다.

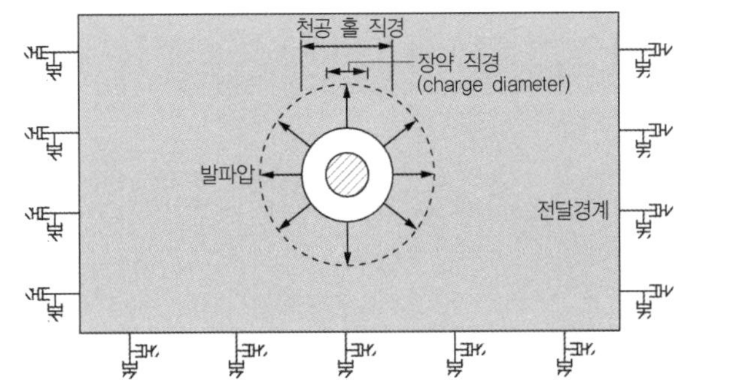


모델 경계의 감쇠계수

- 점성경계($P$파),
  $C_p=\rho A\sqrt{\dfrac{\lambda+2G}{\rho}}$
- 점성경계($S$파),
  $C_s=\rho A\sqrt{\dfrac{G}{\rho}}$

$\rho$ : 질량, $W$ : 단위중량,
$\lambda$ : 체적탄성계수,
$G$ : 전단탄성계수, $E$ : 탄성계수,
$A$ : 단면적, $\nu$ : 포아송비

그림 E2.49 발파진동의 동적해석을 위한 모델링

발파진동해석 결과는 속도의 시간이력곡선의 형태로 얻을 수 있다(그림 E2.50). 수치해석 결과, 여러 방향의 진동속도가 얻어질 수 있는데, 특별히 지정된 경우가 아니면, 진동속도는 각 방향을 조합한 RMS(root mean square) 속도벡터식을 이용한다.

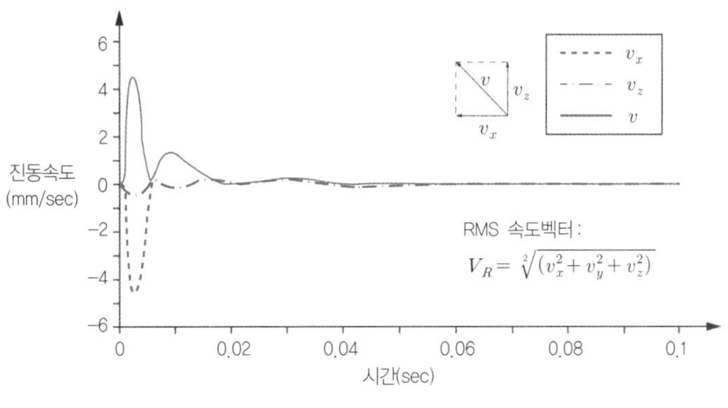


그림 E2.50 해석 결과(진동속도)

## 2.3.3.5 진동 저감 대책

발파에 따른 진동영향을 저감시키는 **능동적인 대책**(active measures)으로 동시에 폭발하는 화약의 양(지발당 장약량)을 줄이거나, 발파지점과의 이격거리를 증가시키는 방법이 있다. **수동적인 대책**(passive measures)은 지반을 통한 진동전파를 차단하는 것으로써, 전파경로에 빈공(무장약공)이나 저밀도 차단층을 설치하는 방법이 있다. 그림 E2.51에 진동저감 대책을 정리하였다.

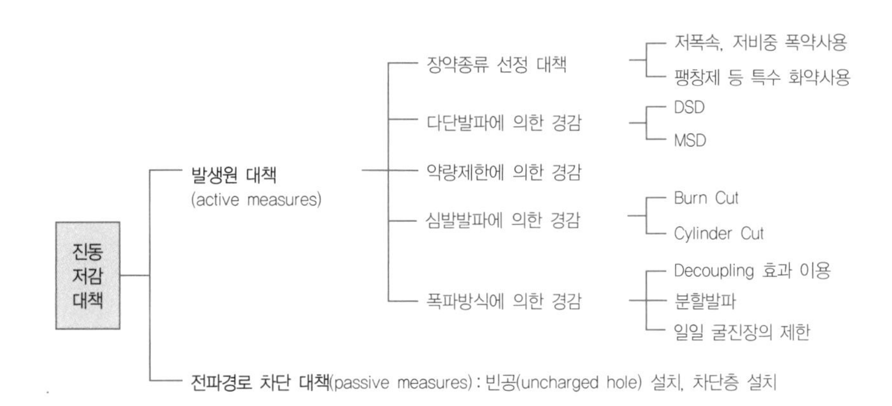


*- DSD(deci-second detonator) : 진동이 연속되지 않도록 점화시차 조정법
- MSD(mili-second detonator) : 발파를 중첩시켜 진동파 상호 간섭효과를 이용하는 한 감쇠법
- Burn Hole : 자유면 형성을 위한 중앙 평행공
- Burn Cut : 소구경(75mm 이하) Burn Hole을 이용하는 심발발파
- Cylinder Cut : 대구경(75~200mm) Burn Hole을 이용하는 심발발파

그림 E2.51 발파진동 저감 대책 예

## BOX-TE2-7 발파진동속도(cm/s)와 발파폭음(dB)

### A. 발파진동( $V$)

발파 시 총 발파 에너지의 0.5~20%는 탄성파의 형태로 매질을 전파한다. 발파위치에 인접한 구조물은 탄성파의 영향으로 진동영향을 받게 된다. 진동으로부터 인접 구조물을 보호하기 위하여 입자속도를 기준으로 하는 발파진동 허용기준이 설정되어 있다. 장약량 조정, 저감대책 등을 통해 이 기준을 만족하도록 설계한다.

구조물 손상기준 발파진동 허용치 예

| 구분 | 문화재 등 | 주택, 아파트 | 조적식 벽체, 목재천장 구조물 |
|---|---|---|---|
| 허용입자 속도 (cm/sec=kine) | 0.2 | 0.5 | 2.0 |

※ 참고 : 일상걷기 : 0.08, 뛰뛰기 : 0.71, 문을 꽝 닫을 때 : 1.27, 벽에 못을 박을 때 : 2.24(USBM, 1984)

### B. 발파폭음( $VL$)

발파 시 암석을 통하여 대기 중으로 방출되는 압축파를 발파폭음이라 한다. 터널 내 발파작업 시 발파폭음의 주파수는 40Hz 이하의 저주파가 우세하며, 이는 건물이나 구조물에 손상을 주는 수준은 아니다. 하지만 에너지 손실이 작아 비교적 먼 곳까지 전파하여, 창문이나 문짝 등이 흔들리는 2차 영향을 유발하고, 이것이 발파와 관련한 민원이 되고 있다. 전파해온 초저주파 발파음은 건물 자체를 진동시켜서 인체를 자극하기 때문에 인체에 대한 발파음의 영향은 건물 밖보다, 건물 안에 있을 때 더 크게 느껴진다. 발파소음레벨( $VL$, dB)은 다음과 같이 산정한다.

$$VL(dB) = VAL - W_n$$

여기서, $VAL = 20\log_{10}(a_{rms}/a_o)$, $a_{rms}$ : 진동가속도 실효값, $a_o$ : 진동가속도 기준치($10^{-5}m/s$), $W_n$ : 인체감각에 대한 주파수별 보정치이다.

### C. 발파진동속도( $V$)와 발파폭음( $VL$)의 관계

Ejima식 : $VL(dB) = 20\log_{10}\left(\frac{V(\text{cm/sec})}{10}\right) + 71$

발파진동의 경우 지속시간이 짧아, 위 식은 진동레벨을 과다하게 산정할 수 있다. 진동파형의 지속시간( $T_d$, sec)을 고려할 수 있는 다음 식이 보다 타당한 것으로 알려져 있다.

Vanmarcke식 : $VL(dB) = 20\log_{10}\left(\frac{V(\text{cm/sec})}{10}\right) + 10\log_{10}\left(1 - e^{-T_d/0.63}\right) + 85$

발파진동과 폭음폭음의 비교

| 구분 | 발파진동 | 발파폭음 |
|---|---|---|
| 전달 매질 | 지반(토사, 암반) | 대기(공기 중) |
| 전파 속도 | 2,000~5,000m/sec | 343m/sec |
| 인체 감응 | 전파속도가 빠르기 때문에 인체 감응도 작아 인체의 감으로 느낌 | 소음을 수반하기 때문에 인체 감응도(청각)가 큼 |
| 구조물 피해 정도 | 구조물에 물리적인 피해 영향 있음 | 피해 없으나 이차 소음 등 야기 |
| 측정단위 | 진동속도(cm/sec, kine) | 소음레벨, 음압(dB) |

### 2.3.4 굴착보조공법

초기지보로 터널의 굴착안정성을 확보하기 어려운 경우, 굴착보조공법을 도입할 수 있다. 터널의 붕락에 관한 조사 결과에 따르면 터널의 붕락 대부분이 지하수 영향을 받는 RQD≤50, 특히, RQD≤25의 얕은 터널(심도 30m 이하)에서 발생하였다. 일반적으로 **굴착보조공법의 적용 검토가 필요한 구간**은 다음과 같다.

- 토피($C$)가 작고, 지반이 연약하여 지반의 자립성이 낮은 경우(RQD ≤ 25)
- 터널 인접구조물 보호를 위하여 지표나 지중변위를 억제하여야 할 경우
- 용출수로 인한 토사유출 및 지반이완이 진행될 수 있어 터널의 안정성 확보가 필요할 경우
- 편토압 또는 심한 이방성 지반 등 특수한 조건에서 터널을 시공할 경우

그림 E2.52는 보강 목적에 따른 적용 가능한 보조공법을 예시한 것이다. 단독 혹은 조합하여 적용할 수 있다.

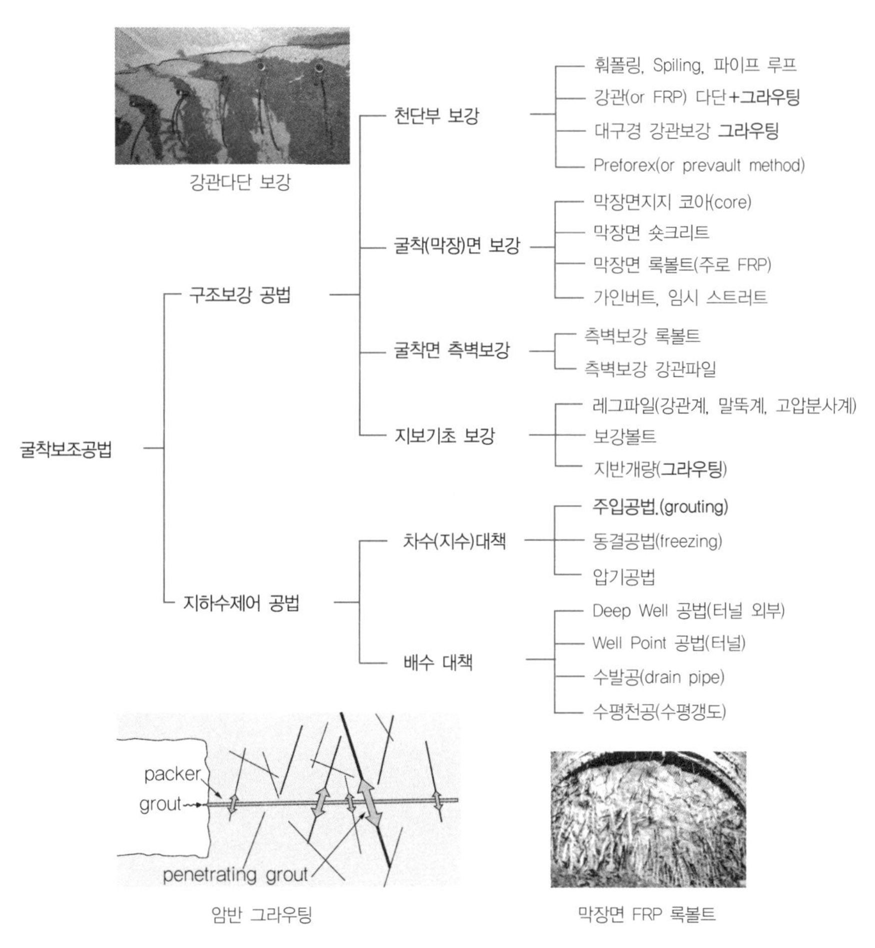


그림 E2.52 보조공법의 적용 목적별 분류

### 2.3.4.1 천단 보강공법

**훠폴링** fore poling

훠폴링은 다음 단계 굴착을 안전하게 수행하기 위하여 천단에 캐노피(canopy) 형태로 미리 설치하는 터널 축방향 선행지보(pre-driven support)라 할 수 있다. 터널 상부의 종방향 아치 및 보작용을 통해 터널안정에 기여한다. 일반적으로 직경 200mm 이하 Steel Pipe 또는 Rod를 사용하는 **스파일링**(spiling), 그리고 직경 200mm 이상인 **파이프루프**(pipe roof)로 구분한다. 천공 후 강관(봉)을 삽입하고, 그라우트재를 주입하여 정착시킨다. 이때 그라우트는 상향 경사 시 중력에 의한 유출, 후속 발파의 진동, 씰링(sealing)재 등의 영향에 따른 정착부실이 되지 않도록 유의하여야 한다.

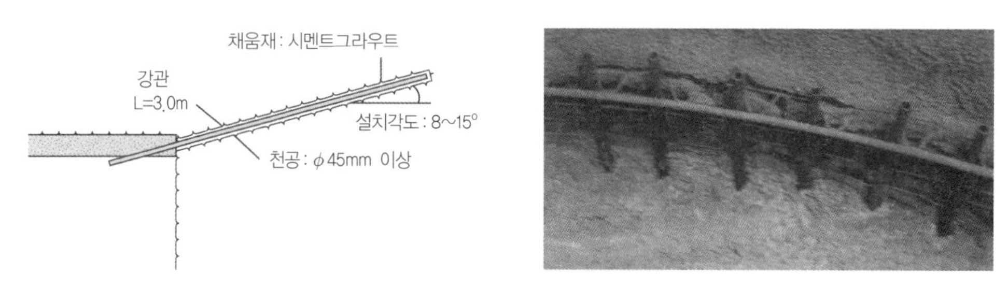


그림 E2.53 훠폴링(fore polling)(횡방향 설치 간격 : 30~60cm, $D$<200mm)

**강관(또는 FRP) 그라우팅/파이프 루프** pipe roof

Spiling보다 직경이 크고, 길이도 3배에 이르는 강관을 시공하는 보조공법으로 강관의 휨 모멘트를 이용하는 **강성증대공법**이다. 고각(큰 경사)으로 설치할 경우 굴착면 여굴 방지를 위해 훠폴링과 함께 적용하거나, 다단으로 계획할 수 있다.

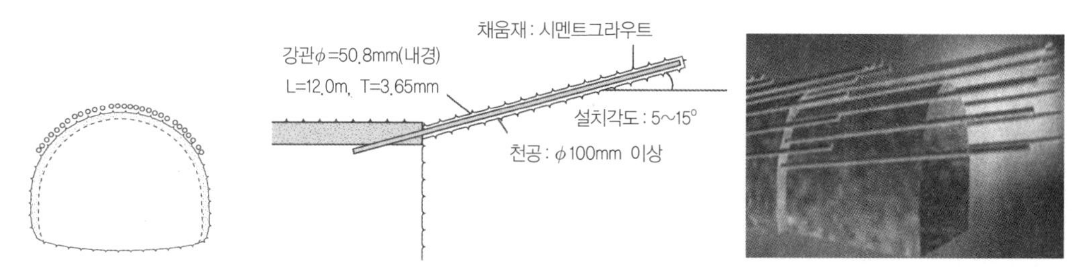


그림 E2.54 강관 그라우팅공법(횡방향 설치 간격 : 30~60cm, $D$>200mm)

강관다단 그라우팅은 굴착면에서 강지보와 간섭될 수 있다. 이를 해소하기 위해 일반적으로 그림 E2.55와 같이 변단면을 적용하기도 한다.

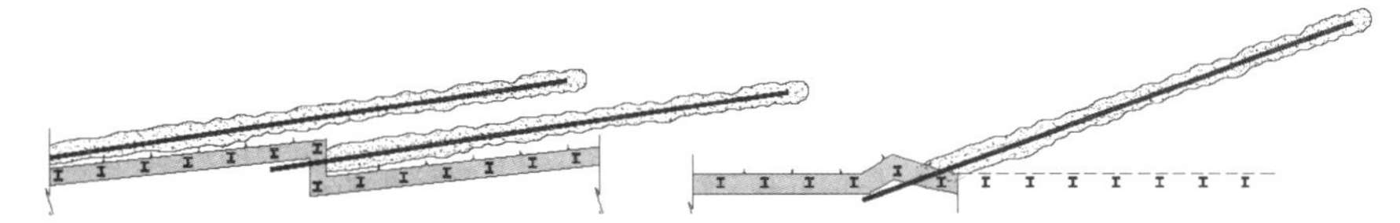

(a) 전 굴착스팬을 변단면으로 시공하는 방법 (b) 2 스팬을 변단면으로 시공하는 방법

그림 E2.55 강관다단 그라우팅의 간섭배제 방법

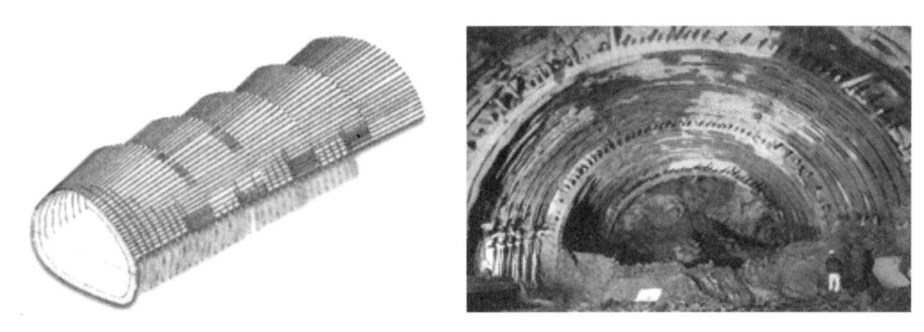

그림 E2.56 강관다단 그라우팅 시공 예

### 2.3.4.2 그라우팅 보강과 차수

지하수위가 높고, 투수성이 큰 지반에서 지하수의 유입은 지반자립성을 저하시킬 뿐 아니라 숏크리트와 록볼트의 부착력을 감소시켜 터널안정성을 현저하게 저해한다. 이런 경우 지반에 그라우팅을 실시하여 지반강도 증가, 주변 지반 변형 억제, 인접 구조물 보호, 토압 경감 등의 효과를 얻을 수 있다. 또한 지반의 투수성 감소로 차수성이 증진되어 터널 굴착 시 용출수 방지 및 지하수위 저하를 예방할 수 있다.

#### 터널 외부에서(갱외) 그라우팅

토피가 작은 터널은 지상그라우팅 작업이 효과적이다. 도심지의 경우 지상 그라우팅을 실시하기 위한 지상공간을 확보하기 어려우므로, 이런 경우 별도 위치에 그라우팅용 트렌치를 계획하여 경사 그라우팅을 실시할 수 있다.

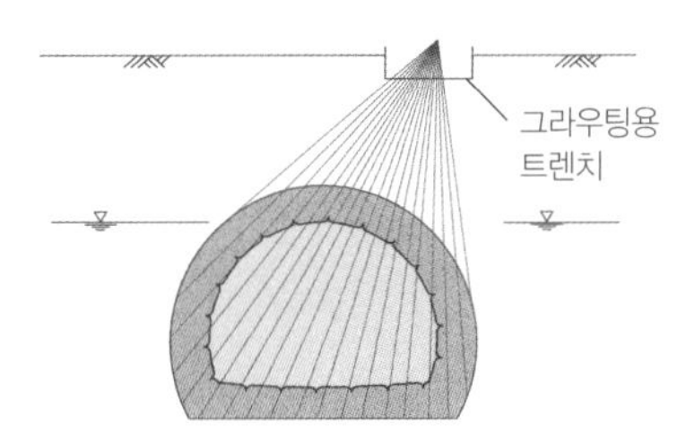


그림 E2.57 터널 외부(갱외) 지상 그라우팅 예 : 카라카스 메트로

### 터널 내부에서(갱내) 그라우팅

터널심도가 깊거나 지상에서의 접근이 불가능할 때는 터널 내 그라우팅이 불가피하다. 그림 E2.58은 Seikan 터널의 터널 내 그라우팅 예를 보인 것이다. 천공 작업 시 주입공이 외향경사로 천공되므로 마치 '우산(umbrella)' 형상이 된다.

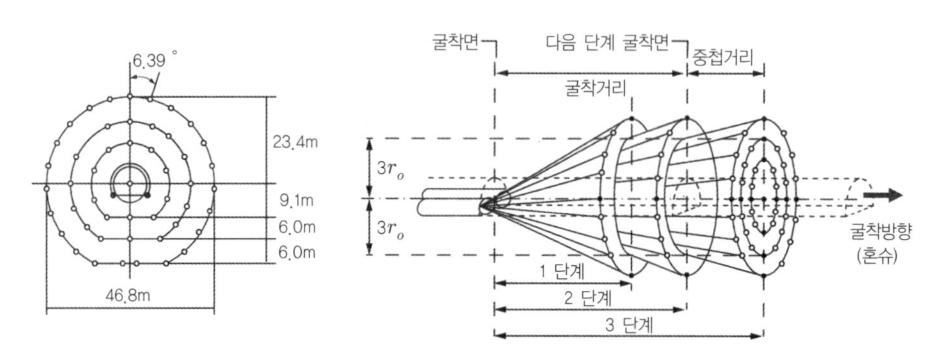


그림 E2.58 터널 내 그라우팅 예 : Seikan Subsea Tunnel

## 2.3.4.3 굴착면(막장) 자립유지 및 보강공법

대부분의 터널 붕괴는 굴착면 부근에서 발생한다. 굴착교란을 줄이거나 구조적 보강을 통해 막장안정성을 향상시킬 수 있다. 굴착면의 자립능력이 부족해 붕괴가 우려되는 경우, 그림 E2.59와 같이 지지 코아 설치, 막장면 숏크리트/록볼트 설치, 가인버트 설치 등으로 굴착면 안정성을 개선할 수 있다.

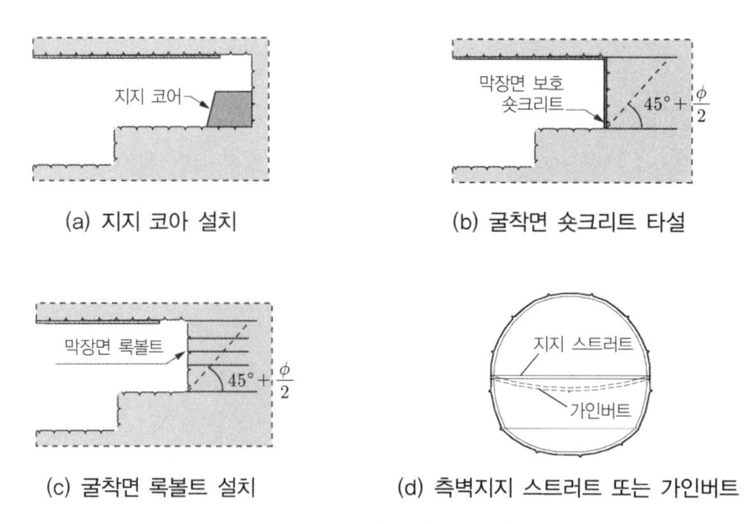


(a) 지지 코아 설치 (b) 굴착면 숏크리트 타설

(c) 굴착면 록볼트 설치 (d) 측벽지지 스트러트 또는 가인버트

그림 E2.59 굴착면 자립공법 예시

① **지지 코아.** 굴착면 중앙부에 남겨두는 일정 부분의 원지반 미 굴착부를 지지 코아라 한다. 토사지반에서 지지 코아를 설치하면 압성토 효과로 굴착면을 향한 거동을 억제할 수 있다. 지지 코아 규모는 클수록 좋으나, 지보재 설치 등의 후속 작업을 고려하여 정한다. 일반적으로 지지 코아의 길이는 1회 굴착장의 2~3배 이상으로 한다.

② **굴진면 숏크리트 타설.** 막장자립이 곤란한 경우 숏크리트를 굴진면에 타설하여 이완을 억제한다. 장기간 공사를 중지해야 하는 경우 유용하다.

③ **굴진면 록볼트.** 굴착면에서 록볼트의 길이를 굴착영향이 없는 변위 이상으로 하여 설치하는 방법이며, 연약지반의 경우에는 보통 막장면 숏크리트와 함께 사용한다. 재굴착 시 제거가 용이하도록 주로 수지계열(예, FRP)의 록볼트를 사용한다.

④ **가인버트 보강.** 지반이 불량하거나 측면변위가 증가하는 경우 측벽지지 스터러트(strut)나, 가(임시)인버트를 설치한다. 가인버트 는숏크리트 타설 후 복토를 시행해야 하는 등의 공정이 복잡하고 시간소요가 큰 문제가 있으나, 측방 변위제어 효과가 매우 우수하다.

## 2.3.4.4 측벽보강 및 지보재의 지지력보강

### 측벽보강공법

터널의 측벽부 지반이 밀려들어오는 경우 강관 등의 보강재를 지보 하부에 경사 설치하고 그 주변을 그라우팅하여 지반을 보강한다. 터널 하반 굴착 시 측벽지반의 이완으로 터널안정이 우려되거나, 지하수로 인해 느슨해진 터널하반의 유입수 제어 및 지반보강에 효과적이다.

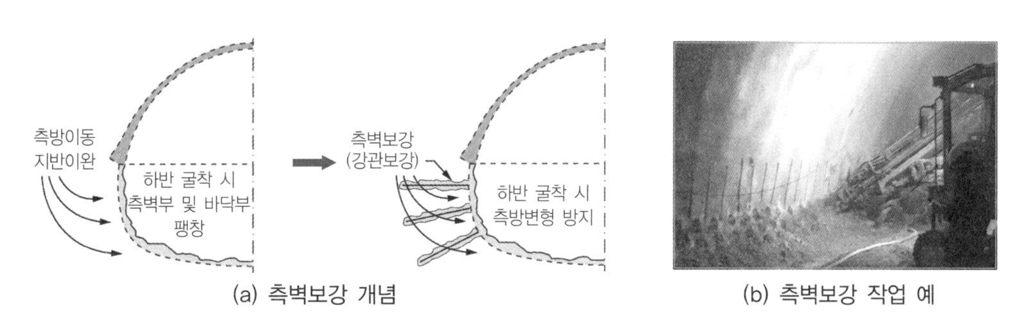


(a) 측벽보강 개념 (b) 측벽보강 작업 예

그림 E2.60 터널의 측방유동과 측벽보강 예

### 지보재의 기초보강

상반굴착 시 강지보재를 지지하는 인버트 양단의 지지부 또는 아치 하단부를 각(leg)부라 한다. 연약지반 터널 지보재의 지지력 보강 및 침하 억제를 위하여 각부에 강관이나 말뚝을 삽입하고 주변에 그라우팅을 시행한다.

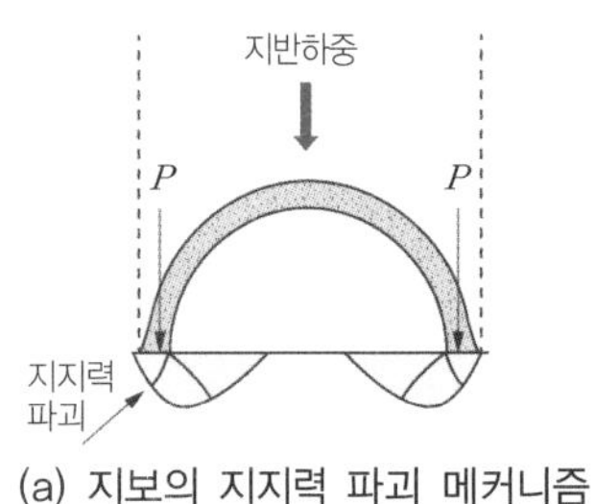

(a) 지보의 지지력 파괴 메커니즘

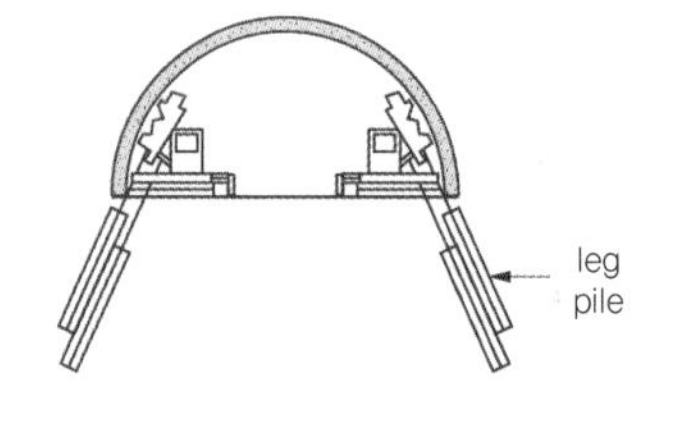

(b) 레그파일(leg pile) 보강

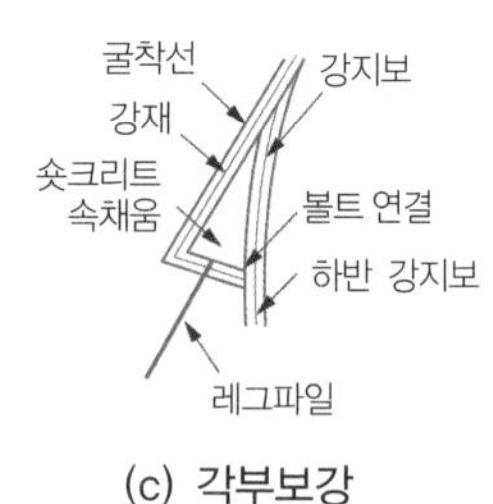

(c) 각부보강

그림 E2.61 지보재의 지지력 보강 예

### 2.3.4.5 지하수 제어 대책

건설 중 유입량을 제어하는 방법은 배수를 통해 수위를 저하시키는 방안과 그라우팅으로 지반의 투수성을 저감시키는 방안이 있다.

#### 배수대책-지하수위 저하(배수)

사질지반의 붕괴는 대부분, 침투력에 의해 지하수와 토사가 함께 쏟아져 들어오며 발생한다. 미리 지하수위를 저하시킬 수 있다면, 지하수 흐름으로 인한 침투력이 원천적으로 제거되고, 겉보기 점착력이 유도되어 안정화가 증진된다.

일반적으로 사용되는 배수공법은 딥웰(deep well, 심정), 웰 포인트(well point), 물빼기공(수발공) 등이 있다. Deep Well 공법은 수위저하 목적에 따라 자유롭게 조절가능하나 공경이 크기 때문에 도심지에서는 설치개소나 공기에 제약이 따르며, 얕은 터널에서 가능하다. Well Point 공법은 진공(강제) 배수이기 때문에 적용 가능한 지반조건의 범위가 넓다. 하지만 자갈층이 출현할 경우 선단부에 자력삽입 곤란하며, 지하수위가 GL-10.0m 이하에 위치하는 경우 다단 계획이 필요하다.

배수공법은 지하수 배제 시 토사가 함께 유실되는 경우에는 공동발생에 의한 지반침하와 지반의 이완이 발생할 수 있고, **지하수위 저하에 따른 침하문제 또는 지하수 관련 환경문제를 야기**할 수 있다.

굴착 중 유출되는 지하수는 특정 파쇄대를 따라 유입되는 경우가 많으며, 이 경우 유로가 불특정하여 그라우팅으로 쉽게 제어하기 어렵다. 이런 경우 토립자의 유실을 방지할 수 있고 주변 침하 등의 영향이 없다면 일시적 **유도배수**도 검토할 만하다. 그림 E2.62에 배수공법의 종류와 터널 적용 예를 보였다. 지하수위를 터널굴착범위 이하로 저하시켜야 하며, 이 경우 사질지반에는 겉보기 점착력이 도입되어 안정성을 향상시켜주는 효과가 있다.

NB: 배수터널의 경우 터널 주변 그라우팅은 유입량 저감에 기여하는 긍정적 효과가 있다. 투수성 저감에 따른 터널 내 유입량 감소로 유입수 처리 부담이 줄어든다. 그라우팅은 지반투수계수를 낮추는 것이므로 터널 라이닝에 비우호적 영향은 없지만, 그라우트 영역이 터널에 근접하면 그라우트 존의 침투력이 지반변형을 일으켜 라이닝 구조에 2차 영향을 줄 수 있다. 또한 장기적으로 그라우트재가 용탈되어 배수시스템의 배수재 폐색을 유발하고, 잔류수압 증가를 초래하므로 라이닝에 구조적 부담을 야기할 수 있다.

## BOX-TE2-8 그라우팅(grouting)

그라우팅은 터널 현장에서 가장 흔히 적용되는 차수 및 보강 공법 중의 하나이다. 그라우트가 지반에 침투하는 메커니즘은 침투, 할렬(hydraulic fracturing), 보상(compensation), 교반 및 이의 복합작용으로 이루어진다.

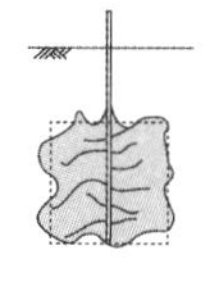

침투 주입
(사질토지반)

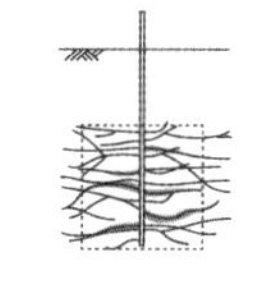

할렬 주입
(점성토)

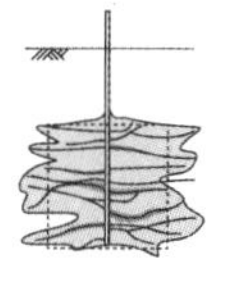

침투+할렬
(점토질 실트)

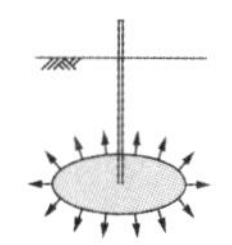

보상(변위, 변위) 주입
(점성토)

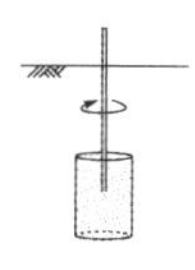

교반주입
(거의 모든 지반)

주입방식에 따라 다음과 같이 1액 1shot, 2액 1Shot(용액미리조합), 2액 2Shot(노즐에서 조합) 방식으로 구분할 수 있으며, 대표적인 주입공법은 LW와 SGR이다.

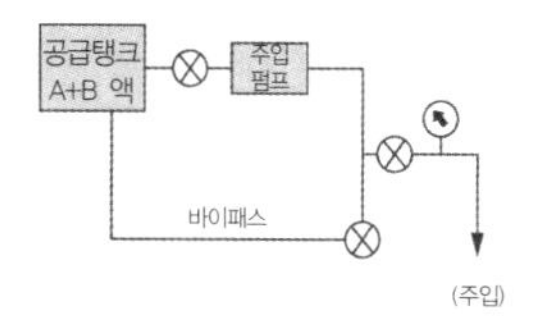


(a) 1 shot 방식(1액 1공정식)

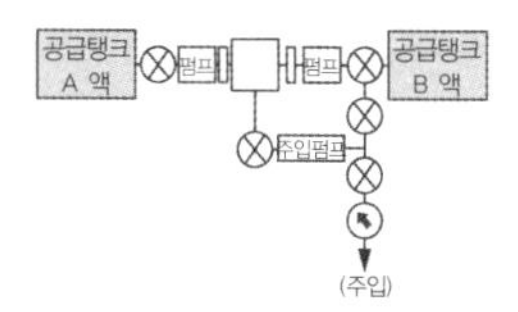


(b) 1.5 shot 방식(2액 1공정식)

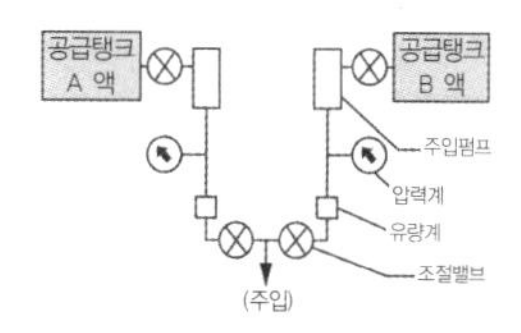


(c) 2 shot 방식(2액 2공정식)

| 구분 | LW 공법 | SGR 공법 |
|---|---|---|
| 시공개요 | 맨젯튜브/파이프 사용 이중패커를 사용 주입 | 이중관 롯드에 특수 선단장치(로켓)를 조합하여 복합 주입 |
| 주입공법 | 1.0 또는 1.5 숏 방식 | 2.0 숏 방식 / 복합 주입 |
| 주입재 | 시멘트 / 규산소다 / 벤토나이트 | 겔타임 조절 약액 / 시멘트 / 규산소다 |

그라우팅은 주입재료에 따라 시멘트를 주로 하는 현탁액형(비약액 계)과 물유리, 우레탄계 등을 사용하는 용액형(약액계)이 있다. 지반 입도별 적용 가능한 약액의 범위를 나타내었다.

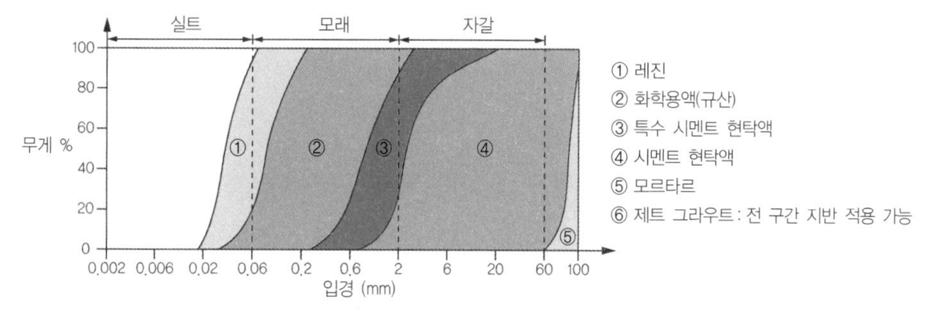


터널의 경우 암반그라우팅이 많다. 암반의 공극은 토사에 비해 현저히 작으므로 균질한 그라우팅이 어렵고, 작은 절리는 충진이 안 된 채 큰 절리로 유출되는 경우가 많다. 이를 피하기 위하여 암반그라우팅은 좀 더 유동성이 적은 그라우트재를 사용하여야 하며, 실험 결과에 따르면, 주입량($V$)과 주입압($p$)의 한계 설정이 필요한데, $pV = const$(500~2500) 조건을 유지하는 것이 바람직하다(Lombardi).

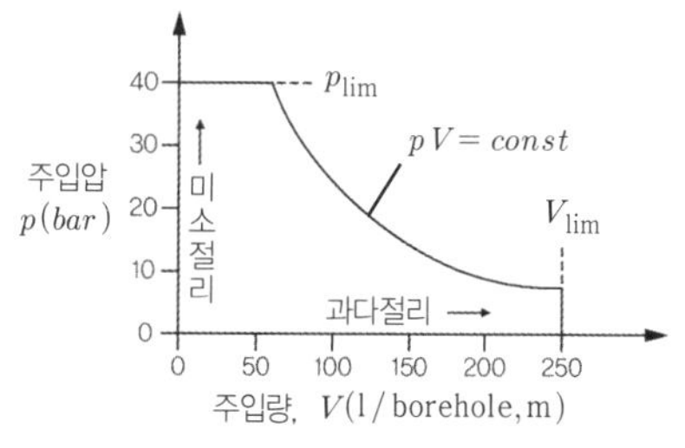

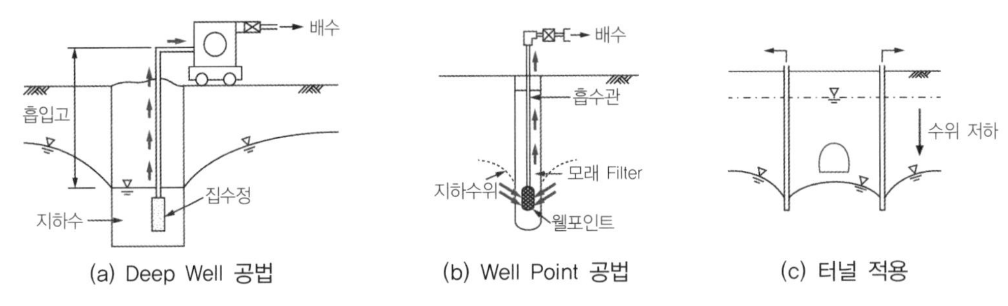

(a) Deep Well 공법 (b) Well Point 공법 (c) 터널 적용

**그림 E2.62** 지하수위 저하공법의 터널 적용–지하수위 저하

**차수대책–그라우팅**

그라우팅(그림 E2.57, E2.58)은 입자성 지반의 공극을 채워 투수성 감소 효과를 준다. 그라우팅 두께를 증가시킬수록 침투력이 지반에 분산되어 단위체적당 작용력이 감소하므로 굴착안정유지에 바람직하다. 하지만 그라우팅 구간은 주변 지반보다 투수성이 낮아진 상태이므로 그라우팅 링 외부에 수압이 작용하는데, 수압이 터널에 미치는 영향이 배제되도록 하여야 한다.

그라우트는 **시간 경과와 함께 시멘트 용탈**을 일으키기 쉽다. 따라서 그라우팅 차수효과의 내구성과 그라우트재의 용탈에 따른 배수기능의 저하 영향 등이 검토되어야 한다.

## 2.3.5 굴착관리

터널설계는 시추조사를 토대로 이루어지므로, 지반불확실성에 따른 잠정설계의 성격이 크다. 따라서 관용터널의 설계원리에 의거하여 **굴착으로 확인되는 지반조건에 따른 즉각적인 설계수정**을 포함하는 현장의 굴착관리가 중요하다. 막장관찰을 통해 굴착 중 **현장지반조건과 설계와의 상이점**(site differing condition)을 분석하여 설계를 조정하고, 용수, 여굴, 진행성 변형 등 돌발상황에 대비하여야 한다.

### 2.3.5.1 굴착면 관찰과 굴착지반 평가

**막장관찰** face mapping

터널설계는 시추조사라는 지극히 한정된 지반정보만으로 이루어지므로, 이의 불확실성을 해소할 수 있는 단계는 굴착을 하여 굴착면 상태를 눈으로 확인한 때이다. 따라서 막장관찰은 설계가 확정되는 정보를 제공할 뿐 아니라 이어 바로 시공이 이루어지는 터널건설의 가장 중요한 순간이라 할 수 있다. 굴착 중 막장의 지질조건을 조사 분석하는 활동을 **막장관찰**(face mapping)이라 한다. 야장(막장관찰용지), 지질 해머(hammer), 클리노미터, 강도측정을 위한 슈미트 해 등을 준비하여 드러난 굴착면 정보를 기록하고, 분석하여 **설계조건과의 상이**(site differing conditions) 여부를 판단한다.

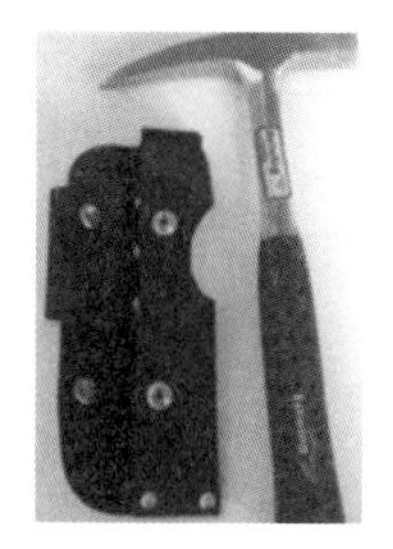

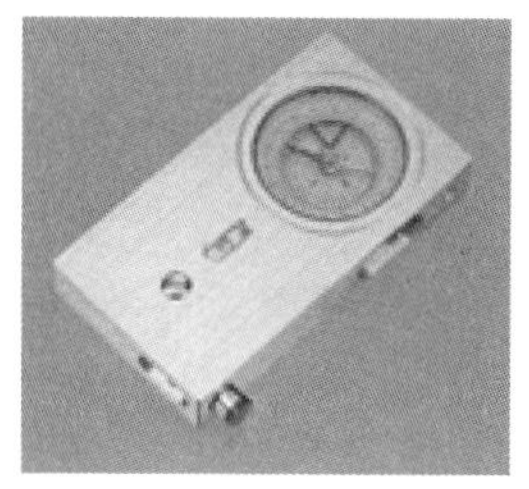

(a) 지질해머 : 암반상태 (b) 클리노 미터 : 불연속면 방향 (c) 슈미트 해머 : 암반강도

**그림 E2.63 막장관찰 도구**

막장관찰은 원칙적으로 매 막장마다 실시하며, 사진으로도 기록한다. 막장관찰 시 주요 분석내용은 다음과 같다.

- 지층, 암석 분포, 지층의 주향, 경사
- 고결 정도, 풍화의 변질 정도, 경연 정도, 불연속면 성상
- 단층의 위치와 주향, 경사, 파쇄 정도, 협재물(충진물)의 유무와 성상
- 용출수의 위치와 정도 등

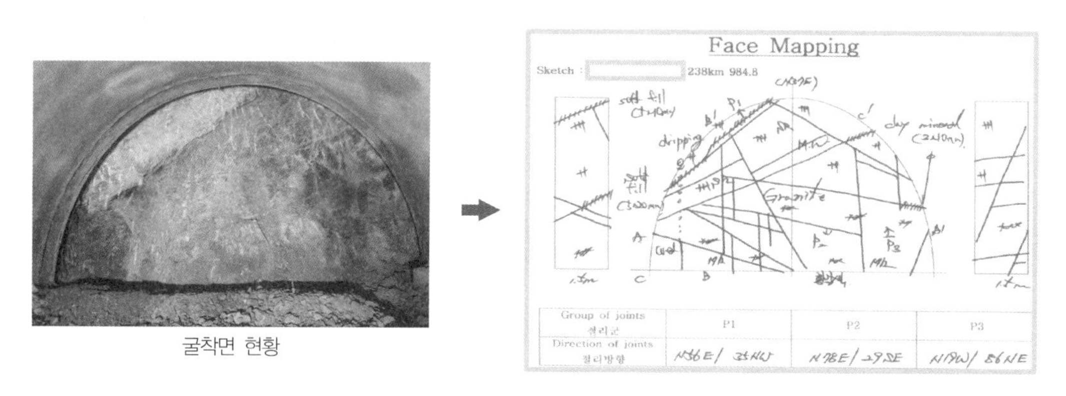


**그림 E2.64 막장관찰 예**

## 암반등급 적정성 평가 : RMR 보정

설계 시 불연속면방향을 정확하게 고려하기 어려우므로 막장관찰을 통해 터널방향과 불연속면 경사방향을 검토하여 암반등급(설계 RMR)을 재검토하여야 한다. 현장에서 확인된 조사 결과에 따라 암반등급(RMR)을 보정하여 필요시 설계내용(굴착방식 및 지보 계획)을 조정한다.

NATM의 RMR 평가와 관련하여, 터널굴진방향과 불연속면 경사와의 관계를 그림 E2.65에 보였다. 터널굴진방향과 주향이 직교하는 경우 불연속면 경사 20~45°를 역방향으로 굴진할 때 막장면 활동파괴 위험이 높다. 또한 주향이 터널축에 평행한 경우 불연속면 경사가 45~90°이면 활동가능성이 매우 높다. 불연속면과의 교차상태에 따라 RMR을 최대 (−)12까지 감소시켜 암반등급을 평가한다.

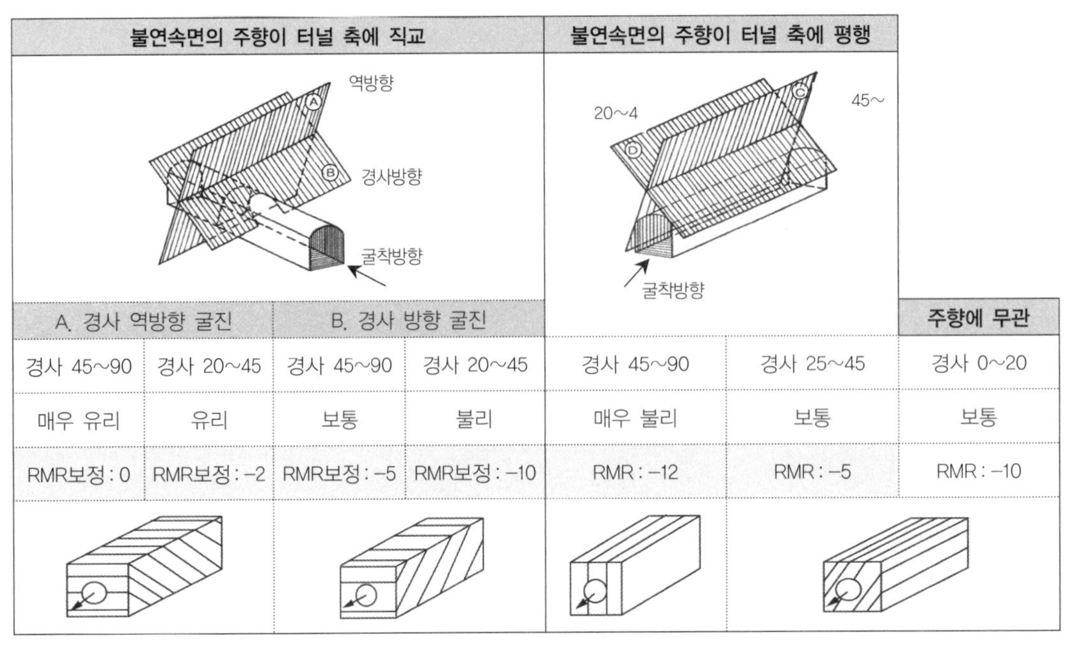


| 불연속면의 주향이 터널 축에 직교 | | | | 불연속면의 주향이 터널 축에 평행 | | 주향에 무관 |
|---|---|---|---|---|---|---|
| A. 경사 역방향 굴진 | | B. 경사 방향 굴진 | | | | |
| 경사 45~90 | 경사 20~45 | 경사 45~90 | 경사 20~45 | 경사 45~90 | 경사 25~45 | 경사 0~20 |
| 매우 유리 | 유리 | 보통 | 불리 | 매우 불리 | 보통 | 보통 |
| RMR보정 : 0 | RMR보정 : -2 | RMR보정 : -5 | RMR보정 : -10 | RMR : -12 | RMR : -5 | RMR : -10 |

그림 E2.65 불연속면의 방향성이 터널공사에 미치는 영향과 RMR 보정

### 2.3.5.2 용수처리

지하수위 아래서 터널을 굴착하는 경우, 지하수 유입은 불가피하다. 굴착 전 그라우팅에 의한 차수공법을 도입하거나 차수공법으로 지하수 유입이 제어되지 않는 경우, 지하수를 적극적으로 배제시키기 위한 배수공법의 도입을 검토할 수 있다.

용수가 집중되어 나타나는 경우, 해당위치에 유공관이나 다발집속관을 천공·삽입하여 침투수를 자연배수시킬 수 있다. 이때 사용하는 집수관을 수발공(drain pipe)이라 하며, 굴착면에 작용하는 침투수압 저감에도 도움이 된다.

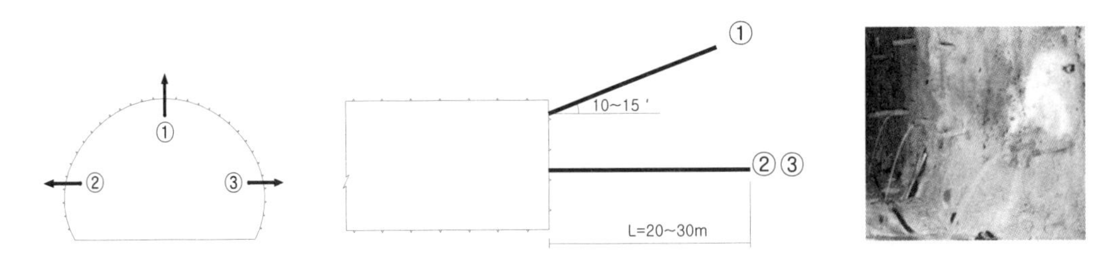


* 천공길이 20~30m, 1~3공을 천공하여 막장 전방의 지질과 용수상태를 확인

그림 E2.66 감지공(feeler hole) 또는 수발공(drainage pipe)

## BOX-TE2-9 막장면관찰과 평사투영을 이용한 안정검토

### 막장관찰 정보를 이용한 막장면 안정검토 예

1980년대 중반 서울지하철 2기(5~8호선) 건설 중 발생한 다수의 막장붕괴 사고 이후 암반의 불연속 구조에 의한 막장면 안정문제가 중요 이슈도 대두되었다. 이후 막장관찰의 중요성이 강조되고, 중요구간에 대하여 평사투영법에 의한 정성적 막장 안정 평가가 도입되기도 하였다. 특히, 지하철 5호선 마포-여의도를 잇는 한강 하저터널 구간에 대하여 이러한 체계의 터널 굴착관리가 시도된 바 있다. 아래 예는 당시 매 막장의 관찰 자료를 토대로 평사투영법(stereo net)으로 막장의 블록파괴 안정성을 검토한 한 예를 보인 것이다.

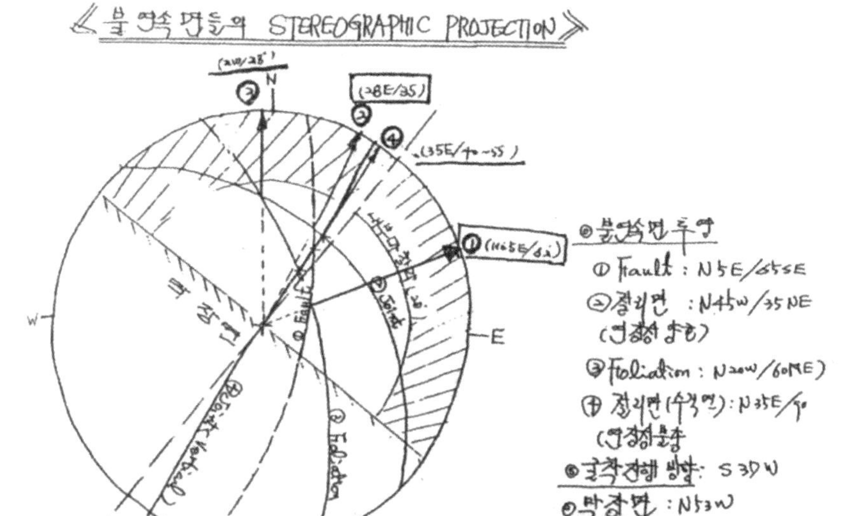


막장관찰 및 분석 예

## 2.4 지보재 시공

### 2.4.1 숏크리트 시공

숏크리트(shotcrete, spray concrete)는 암괴 낙하 방지, 굴착면 풍화 방지, 요철부 응력집중 방지 등 원지반의 교란(이완)을 억제하여, 강지보 설치 전 지반하중을 분담하여 굴착면의 안정을 도모하는 관용터널공법의 가장 중요한 지보재이다. 숏크리트가 지보기능을 발휘하기 위해서는 굴착면과 숏크리트 사이에 공극이 발생하지 않도록 관리하는 것이 핵심이다.

굴착 직후 부석(들뜬 암석)이나 먼지, 흙 등을 제거한 뒤 바로 타설하는 숏크리트를 씰링숏크리트(sealing shotcrete)라 하며, 굴착 후 가급적 빠른 시간 내에 타설하는 것이 바람직하다. 과다한 용출수가 있을 경우는 수발(배수)관을 매설하여 용출수를 유도하거나 급결성 모르타르 등으로 지수시킨 후 타설한다.

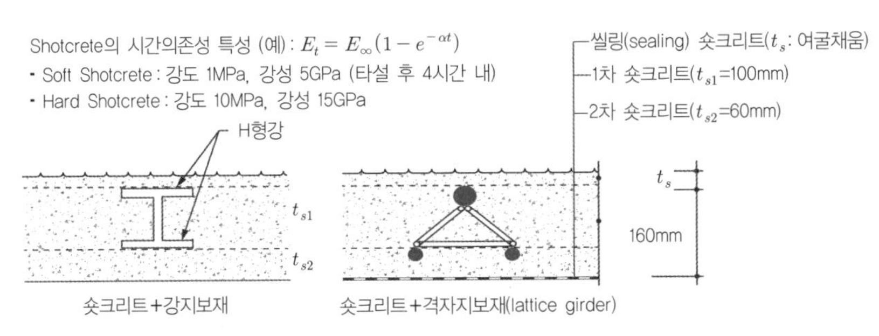


**그림 E2.67 숏크리트+강지보(steel rib) 조합지보 단면 예**

#### 배합설계

숏크리트 배합설계는 설계기준강도에 따른다. 표 E2.6에 1m$^3$당 숏크리트 배합비를 예시하였다. 숏크리트는 시멘트와 잔 골재, 굵은 골재, 물, 급결제로 구성되며, 급결제는 숏트리트의 초기강도 발현에 중요하며 시멘트 중량의 5~7%를 사용한다. 이 외에도 조기강도 발현을 위해 염화칼슘, 탄산소다, 수산화 알루미늄, AE제 등을 첨가재로 사용한다.

**표 E2.6 숏크리트 배합설계 예(1m$^3$당)**

| 시멘트 | 물 | 잔골재 | 굵은 골재 | 물-시멘트비 | 급결제 |
|---|---|---|---|---|---|
| 380kgf | 170kgf | 1,092kgf | 742kgf | 45% | 시멘트량의 5~7% |

인장력이 부족한 숏크리트의 성능은 Wire Mesh를 보강하거나, 강섬유 내지는 섬유보강재를 혼합하여 개선할 수 있다. 강섬유보강 숏크리트(Steel Fiber Reinforced Shotcrete, SFRS) 사용이 보다 일반화되고 있

으며, 특히 **NMT의 경우 고성능(강도) 숏크리트를 도입**하고 있다. 강섬유 숏크리트는 일반 숏크리트보다 두께 감소(약 20% 감소), 작업시간 단축, 진동과 충격 저항성이 크며, 높은 인장력 발휘, 공사 인력감소 및 공기단축에 유리한 장점이 있다. 반면, 자재비가 고가이고, 강섬유 혼합 불량 시 분사가 어려운 문제가 있다. 그림 E2.68(a)는 강섬유가 숏크리트 강도에 미치는 영향을 실험적으로 조사한 것이다. 강섬유 혼합 시 숏크리트 압축강도가 약 300%까지 증가한다. 지지력 증가로 그림 E2.68(b)와 같이 지반응력 분포에 영향을 미친다.

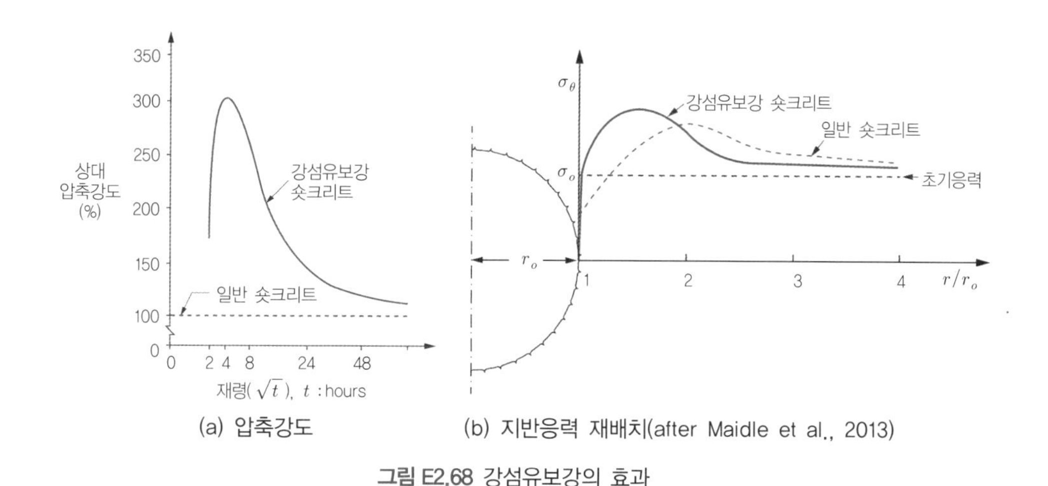

(a) 압축강도 (b) 지반응력 재배치(after Maidle et al., 2013)

그림 E2.68 강섬유보강의 효과

## 타설

숏크리트타설 방법은 배합 및 시공 방법에 따라 **건식과 습식**으로 구분할 수 있다. 건식은 노즐에서 물과 배합재료를 합류시켜 분사하는 방법으로 분진 및 반발률(재료손실)이 크며 품질관리가 어렵다. 터널공사의 경우 그림 E2.69와 같이 품질관리에 유리하며 분진 및 리바운드가 적은 **습식 공법을 주로 적용**한다.

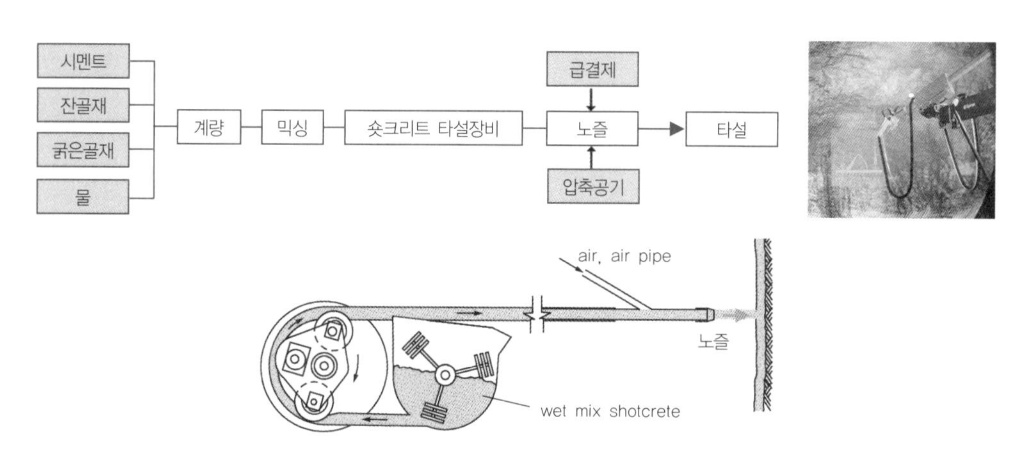

그림 E2.69 숏크리트 공법(습식 숏크리트공법)

리바운드량(타설되지 않고 낙하한 량)은 숏크리트 **노즐과 타설 부위와의 거리가 1m 정도**이고, **타설면과 노즐의 방향이 직각**에 가까울 때 최소가 된다. 숏크리트 1회 타설 두께는 10cm 이내가 되도록 하며, 단면이 두꺼워 단계별로 분할타설하는 경우, 층간 시공 시차를 1시간 이내로 한다(아래에서 위로 타설).

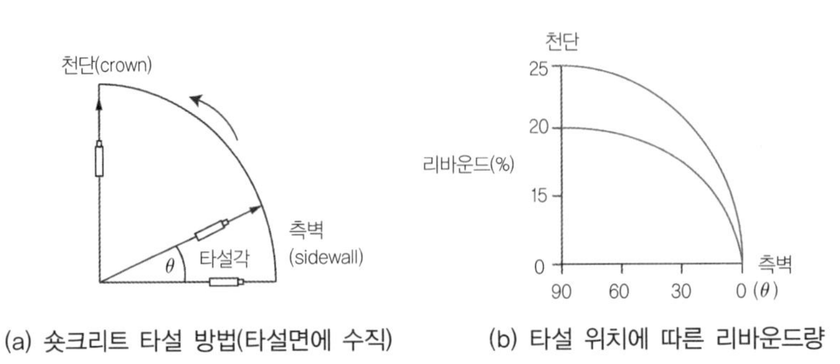


(a) 숏크리트 타설 방법(타설면에 수직)　　(b) 타설 위치에 따른 리바운드량

**그림 E2.70 숏크리트 타설 방법과 타설 위치에 따른 리바운드량**

### 숏크리트의 시공관리

숏크리트의 강도는 시간경과와 함께 증가한다. 유동성에서 경화하기까지 숏크리트의 강도변화특성과 시간대별 측정방법을 그림 E2.71에 예시하였다. 급결제를 사용하여 숏크리트 강도의 조기 발현을 유도할 수 있다.

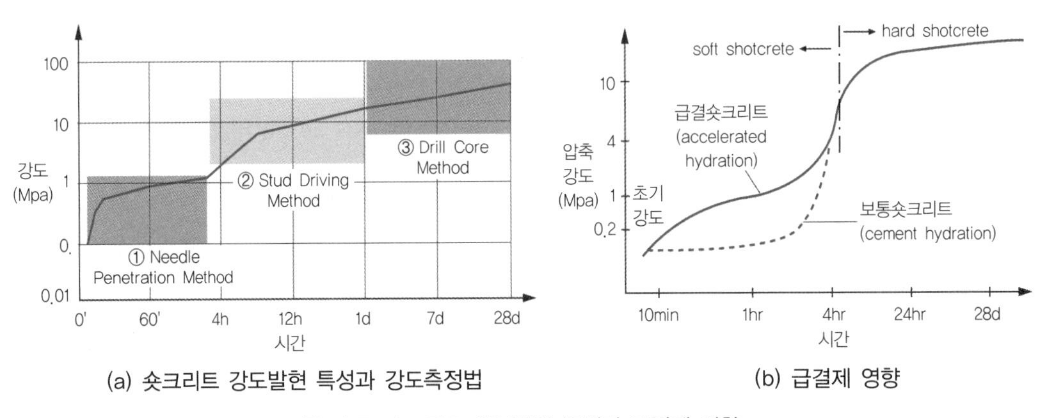


(a) 숏크리트 강도발현 특성과 강도측정법　　(b) 급결제 영향

**그림 E2.71 숏크리트 강도발현 특성과 급결제 영향**

## 2.4.2 강지보 시공

강지보재는 숏크리트가 경화되기 전에는 독립적으로 지보효과를 발휘하며, 숏크리트가 경화한 후에는 숏크리트와 조합지보재로서 지지기능을 분담한다. 강지보재의 종류는 H(I)형, U형, 격자지보(lattice girder)

등이 있다. 중량이 크지 않아 시공성이 양호하고, 경제적인 격자지보재를 많이 사용한다. 압착(squeezing) 또는 팽창(swelling) 거동이 예상되는 경우 주면길이 조정이 가능한 U-형의 가축성 지보재가 유리하다.

강지보 설치에 있어 가장 중요한 시공 유의사항은 **강지보와 지반을 밀착**(tight contact)시키는 것이다. 밀착이 적절하지 않으면 적정 지보기능을 발현시키기 어렵다.

갱구부, 편토압구간, 연약지반, 단층대 등 지반이완이 예상되는 경우에는 초기 강성 발현이 큰 H-형 강지보재를 적용한다. H-형 강지보재 배면은 숏크리트의 타설이 용이하지 않아 공극이 남을 수 있고, 숏크리트의 두께가 얇은 경우에는 숏크리트와 강지보재의 결합거동을 기대하기 어려울 수 있다. 대표적 H-형 강지보재의 규격을 그림 E2.72에 예시하였다.

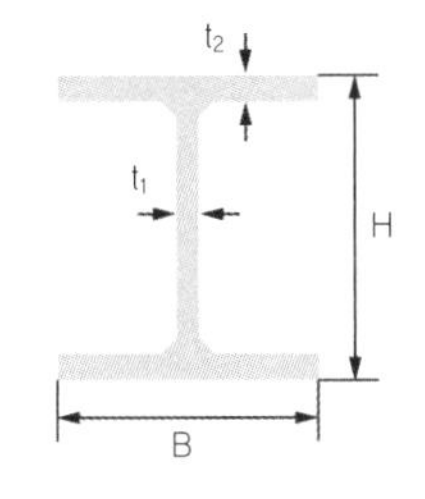


| 규격 (mm) | 표준단면치수(mm) | | | | 단위중량 (kg/m) | 단면적 ($cm^2$) | 단면2차모멘트 ($cm^4$) | | 단면계수 ($cm^3$) | |
|---|---|---|---|---|---|---|---|---|---|---|
| | H×B | $t_1$ | $t_2$ | r | W | A | $I_x$ | $I_y$ | $Z_x$ | $Z_y$ |
| 150×150 | 150×150 | 7 | 10 | 11 | 31.5 | 40.1 | 1,640 | 563 | 219 | 75.1 |
| 200×200 | 200×200 | 8 | 12 | 13 | 49.9 | 63.5 | 4,720 | 1,600 | 472 | 160 |
| 250×250 | 250×250 | 9 | 14 | 16 | 72.4 | 92.2 | 10,800 | 3,650 | 867 | 292 |

그림 E2.72 H형 강지보재의 단면 예(규격표시방법 : $H \times B \times t_1 \times t_2$)

격자지보재는 강봉을 삼각형 또는 사각형으로 엮어 만들어 터널형상에 맞도록 제작한 지보재로서, 가벼워 취급이 용이하여 인력과 장비소요가 적은 반면, 휨강성은 다소 낮다. 그림 E2.73에 대표적 격자지보재의 규격과 단면특성을 예시하였다.

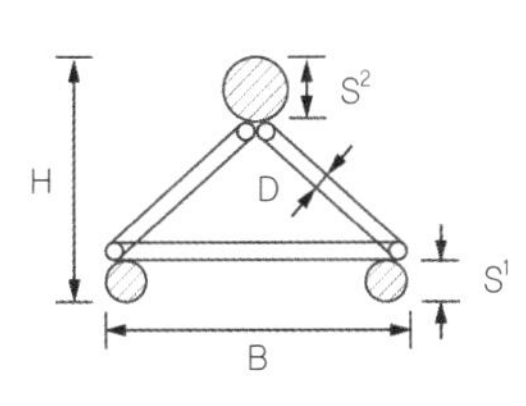


| 규격 (예) | 단면치수(mm) | | | | | 단면적 ($cm^2$) | 단위중량 (kg/m) | 단면2차모멘트 ($cm^4$) | | 단면계수 ($cm^3$) | |
|---|---|---|---|---|---|---|---|---|---|---|---|
| | H | $S^1$ | $S^2$ | B | D | | | $I_x$ | $I_y$ | $Z_x$ | $Z_Y$ |
| type 70 | 139 | 18 | 26 | 180 | 10 | 10.4 | 10.7 | 359 | 337 | 51 | 37 |
| | 141 | 20 | 26 | 180 | 10 | 11.6 | 11.7 | 405 | 406 | 53 | 45 |
| | 145 | 20 | 30 | 180 | 10 | 13.4 | 13.1 | 485 | 407 | 66 | 85 |
| | 149 | 22 | 32 | 180 | 10 | 15.6 | 14.9 | 589 | 482 | 78 | 54 |
| | 155 | 26 | 34 | 180 | 10 | 19.7 | 18.2 | 774 | 641 | 92 | 71 |

그림 E2.73 격자지보재 단면 예(규격 표시 방법 : $H \times S^1 \times S^2$)

### 강지보재의 기초 footing

강지보재의 기초는 터널의 상반 혹은 측벽과 인버트가 만나는 굴착면상에 설치되는 경우, 그림 E2.66과 같이 충분한 지지력을 확보할 수 있도록 하여야 하며, 강지보의 기초가 적절하지 못하면 강지보가 하중을 지지하는 것이 아니고, 오히려 강지보가 숏크리트에 매달려 있는 상황이 될 수 있다. 기초의 활동저항에 대해 검토하고, 수평지지력이 부족한 경우 매입깊이 조정, **스트러트** 또는 **가인버트** 설치를 검토한다.

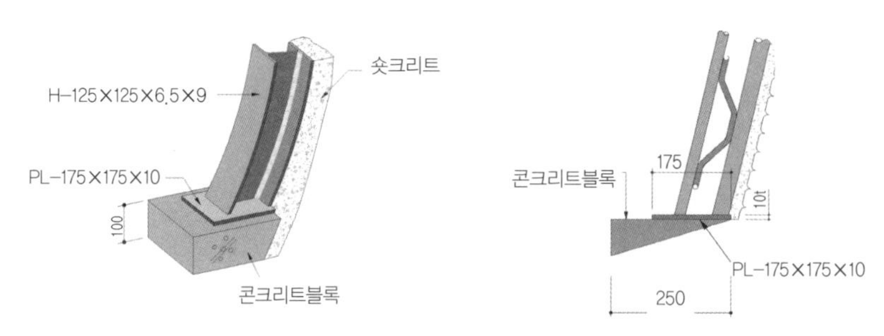


**그림 E2.74** 강지보재의 기초 예(단위 : mm)

## 2.4.3 록볼트 시공

록볼트의 길이는 굴착단면의 크기와 이완영역의 발달 범위에 따라 설정되며 보통 **소성영역폭의 1.2~1.5배 이상** 또는 **설치 간격의 2배 정도**를 표준으로 한다. 터널 굴착면의 접선에 수직한 방향으로 설치하며, 인접한 록볼트간 상호작용의 발휘가 가능한 간격 이내로 설치한다.

### 록볼트의 설치 시기와 배치

록볼트 시공 시기는 목적에 따라 다음의 3가지 경우로 구분할 수 있다. ① 양호한 지반조건에서 불연속 절리에 의한 소규모붕락 방지가 목적인 경우 → 굴착 직후 지반응력이 해방된 후 설치, ② 주변 지반의 변위 억제 목적(지지링 형성-아치작용 유도)인 경우 → **굴착 후 수 사이클이 지난 뒤 숏크리트 위에 설치**, ③ 연약지반 터널의 굴착면 안정 확보를 위해 설치하는 경우 → 굴착 전 터널 막장면에 설치한다. 시공 후 일부 록볼트를 샘플링하여 설치 정착력 검증을 위한 인발력 시험(pull-out test)을 실시한다.

### 록볼트의 유형과 특징

터널지보재로 기능하는 록볼트는 **선단정착형 록볼트**이나, 현장에서는 지반보강재로서 기능이 지배적인 전면접착형을 주로 사용한다. 전면접착형은 록볼트의 전면을 지반에 접착시키는 방법으로, 레진 혹은 시멘트 몰탈을 사용한다. 단층대 등 자립이 곤란한 구간에는 자천공형 록볼트를 사용하며, 막장전방 보강 등 설치 후 제거가 필요한 구간에는 **GRP**(Glass fiber Reinforced Plastic)형 록볼트를 적용하기도 한다. 특히, 굴착면에 용수가 있거나 조기에 록볼트 효과를 발현시켜야 할 경우에는 마찰형 록볼트인 **강관 팽창형 록볼트**가 유리하다(그림 E2.75 a). 특히 배수성 암반에서는 유도 수발공을 병행 설치하여야 하는 경우가 많은데, 수발공 설치에 따른 지반 열화를 보완하기 위해서는 수발겸용 록볼트를 사용할 수도 있다. 표 E2.7에 록볼트의 종류별 적용성을 예시하였다.

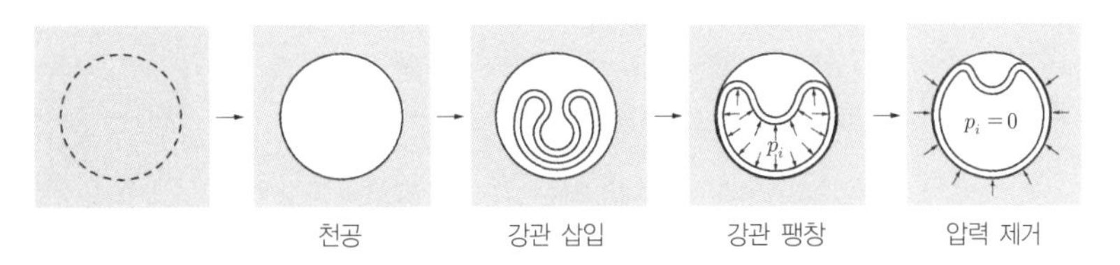


그림 E2.75 강관 팽창형 록볼트의 정착원리

표 E2.7 록볼트의 종류와 적용성

| 기능 | 구분 | 정착방법 | 정착재 | 개념도 |
|---|---|---|---|---|
| 지보재 | 선단 정착형 | • 록볼트의 선단 정착후 너트로 조임<br>• 절리 적은 경암, 보통암 층에 적용 | 웨지형, 익스팬션형, 레진형 | |
| 지반 보강 | 전면 접착형 | • 충전재를 먼저 충전하고 볼트 삽입 정착 | 시멘트몰탈, 레진 | |
| | | • 공내 볼트 삽입 후 충전재 주입 정착 | 시멘트 밀크 | |
| | 마찰 접착형 (강관팽창형) | • 강관과 공벽 간 마찰력에 의해 정착<br>• 설치즉시 지보기능 확보, 용수조건 유리 | 슬릿(slit)형 강관 팽창형 | |
| | 혼합형 | • 록볼트 선단 기계적 정착 후 충전재 주입<br>• 선단 부분에 급결용 캡슐 이용 가능 | 레진(선단장치) 시멘트 밀크 | |
| | 자천공 록볼트 | • 록볼트 선단에 비트로 회전 천공 후 인발 없이 주입 정착<br>• 천공 후 자립이 곤란한 구간 적용 | 시멘트 모르타르 또는 레진 | |
| | GRP 록볼트 | • 록볼트 시공 후 제거가 필요 구간에 적용<br>• 부식으로 인한 Bolt 유효단면적 감소 없음 | 시멘트 모르타르 또는 레진 | |

## 록볼트의 설치길이(부재설계법 적용 시 참조)

양질의 암반의 경우 랜덤(random/spot bolting) 시공만으로 암반블록의 낙반 방지에 효과적이다. 하지만 개별 암반블록의 안정성을 알 수 없으므로 많은 경우 패턴시공(system bolting)을 채택하게 된다. 일반적으로 록볼트의 간격이나 규격은 NATN의 경우 표 E2.1, NMT는 그림 E2.17, 또는 경험적으로 제시된 기준대로 시공한다. 록볼트의 일반적인 길이는 3~5m, 직경은 20~32mm 수준이다. 시공 중 길이 검토가 필요한 경우, 다음의 Palmström and Nilson(2000)의 록볼트 길이 산정식을 참고할 수 있다.

터널 천장부에서, $L_b = 1.4 + 0.17 D_t (1 + 0.1 / D_b)$

터널 인버트에서, $L_b = 1.4 + 0.1 (D_t + 0.5 W_t)(1 + 0.1 / D_b)$

여기서 $D_t$ : 터널 굴착직경 또는 길착길이, $D_b$ : 암반블록 직경, $W_t$ : 터널굴착 높이 이다. 록볼트의 지지능력은 숏크리트와 조합됨으로써 증가한다. 이 경우 안정검토는 터널역학 TM3장 낙반안정을 참고한다.

### 2.4.4 콘크리트 라이닝 시공

콘크리트 라이닝은 **설계 개념에 따라 무근 혹은 철근 콘크리트로 시공**된다. 설계수명 기간 중 지반이 열화하거나 주변 거동이 예상되는 경우 1차 지보의 지지기능을 무시하고, 설계수명 동안의 최대하중을 지지하는 철근 콘크리트 라이닝으로 설계된다. 산악터널 등 암질이 좋아 구조적 보강이 필요하지 않은 경우에는 라이닝을 설치하지 않거나, 무근 콘크리트로 계획된다.

#### 철근배근

구조해석 결과(TM 5장)를 바탕으로 철근량을 산정하여 설계기준에 맞게 배치한다. 터널 라이닝에 배치되는 철근은 기능상 주 철근, 배력철근, 전단철근 등으로 구분되며, 그림 E2.76에 라이닝 철근 배치를 예시하였다. 원주방향 철근은 설계하중을 지지하는 데 필요한 주 철근으로 인장 및 압축에 저항한다. 응력의 고른 분포를 위해 배력철근을 주 철근과 직각 방향으로 배치하며, 인장력에 저항하도록 전단철근을 배치한다.

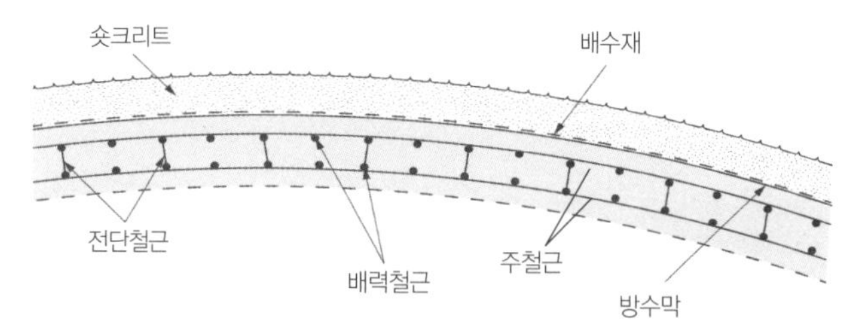


(a) 콘크리트 라이닝 배근도

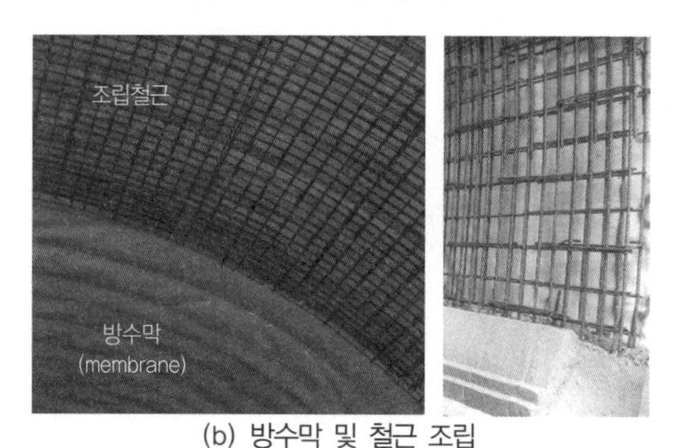


(b) 방수막 및 철근 조립

그림 E2.76 철근 콘크리트라이닝 내부의 철근 예

NB : 라이닝은 철근콘크리트 구조물로서 균열관리가 중요하다. 터널 축방향 균열, 즉 라이닝 주철근에 직각방향으로 발생하는 균열을 종균열이라 하며, 종균열의 경우 구조적(역학적) 균열일 가능성이 크다(TE6장 참조).

## 라이닝 콘크리트 타설

상반 아치부의 기초가 되는 라이닝 측벽 하단부를 먼저 타설한다. 인버트가 있는 경우, 기초보와 함께 인버트를 타설하여 콘크리트라이닝 아치부와 인버트 아치의 하중전달이 원활하게 이루어지도록 한다.

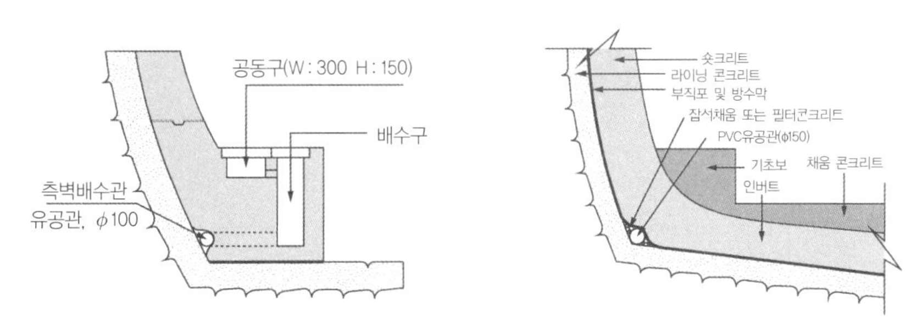


**그림 E2.77** 인버트와 기초보의 위치와 형상

**그림 E2.78** 콘크리트 라이닝 타설을 위한 이동형 거푸집(sliding(rolling) formwork)

콘크리트라이닝 타설 시 거푸집은 조립과 해체가 가능한 **강재거푸집**을 이용한다(그림 E2.78). 콘크리트의 1회 타설길이는 약 10m 내외이며 연속 작업으로 시행한다.

콘크리트라이닝은 전 구간 굴착 후 시행하는 것이 경제적이다. 하지만 대단면, 연약지반터널, 용수가 많은 터널 등은 1차 지보재가 쉽게 열화할 수 있으므로 굴착면과 일정거리를 두고 콘크리트라이닝을 1차 지보와 병행 시공하는 것이 바람직하다.

**천장부 채움.** 콘크리트라이닝의 천장부는 타설한계, 콘크리트의 소성침하와 레이턴스 발생 등으로 공극이 발생할 수 있다. 콘크리트 타설 후 공동 존재 여부를 검사하고, 공동이 확인된 경우, **천장부 채움 그라우팅**을 실시하여야 한다(타설 약 2개월 경과 후, 주입압<2Bar 수준으로 주입). 채움 주입 시 공극 내 공기가 갇힐 수 있으므로 배기관을 설치하여 용수 및 공기가 배출되도록 하여야 한다(그림 E2.79 a). 주입재료로 보통 몰탈을 사용하며 배합재료에 무수축성의 혼화재료를 첨가하는 것이 바람직하다. 주입압은 방수막 손상 및 라이

닝에 균열이 발생하지 않는 범위로 하되 균열방지를 위해 0.2~0.4MPa 범위로 주입한다.

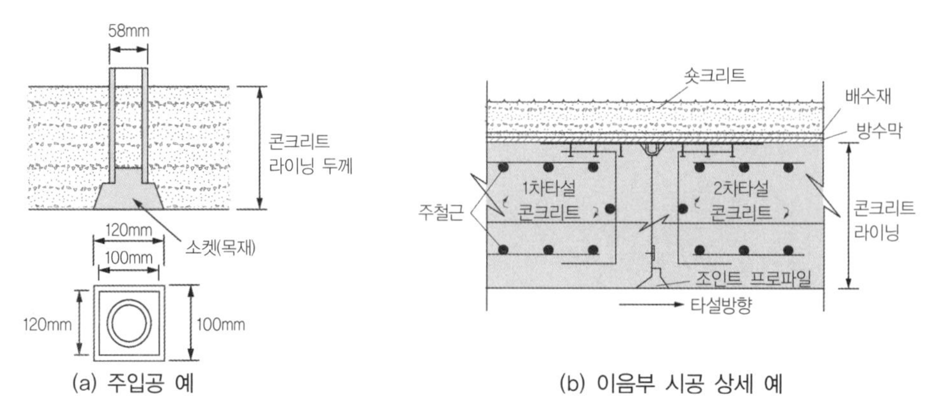


(a) 주입공 예

(b) 이음부 시공 상세 예

그림 E2.79 라이닝 천장부 주입공 및 이음부 처리

**이음부 처리.** 강재거푸집을 이용하여 콘크리트라이닝을 타설하는 경우, 시공이음부에서 건조수축 등의 영향으로 균열이 발생할 수 있다. 따라서 적절한 시공이음 및 신축이음의 설치가 필요하다. 터널의 종방향 시공이음부에는 조인트 프로파일을 두고 지수판(waterstop)을 설치하여 누수를 방지하여야 한다. 그림 E2.79(b)에 이음부 처리방법을 예시하였다. 그림 E2.80은 이음부에 설치되는 **지수판**을 예시한 것이다.

표 E2.8 지수판 종류와 적용조건

| 명칭 | 형상 | 용도 |
|---|---|---|
| 톱니형(serrated) | | 거동이 거의 없을 것으로 예상되는 조인트 |
| 신축성 톱니형 (serrated w/center bulb) | | 거동이 예상되는 조인트 |
| 덤벨형(dumbbell) | | 거동이 거의 없는 조인트 |
| 신축성 덤벨형 | | 전후/좌우로 거동이 예상되는 팽창조인트 |
| 틈새 차단용(splits) | | 거푸집 틈새 차단용 |
| 미로형(labyrinth) | | 수직/수평 시공조인트(틈새) |
| 파열망형(tear web) | | 대변형을 수용해야할 조인트 |
| 바닥씰(base seals) | | 수직침투를 저감용 |

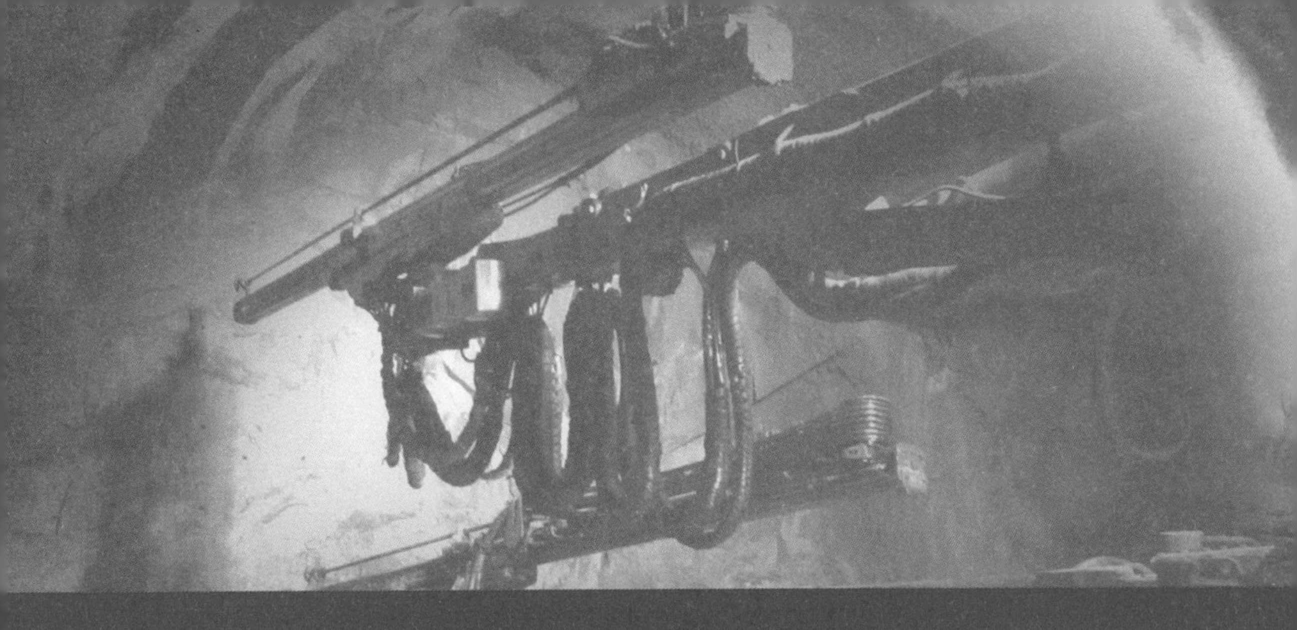

CHAPTER 03

# Shield TBM & Segment Lining

# 쉴드 TBM 공법

# Shield TBM & Segment Lining
# 쉴드 TBM 공법

쉴드 TBM(Tunnel Boring Machine)공법은 원통형 전단면 굴착기로 터널을 굴착하고 지상의 작업장에서 만들어진 세그먼트(segment) 부재를 조립하여 터널을 완성해가는 공법이다. 영국의 Brunel이 쉴드 TBM의 원형이라고도 할 수 있는 굴착장비를 개발하여 많은 난관 끝에 템즈강을 횡단한 이래, 이제 많은 터널막장이 TBM 장비로 대체되고 있다.

이 장에서 다룰 주요 내용은 다음과 같다.

- TBM 장비의 구성
- TBM 굴착 원리와 막장안정
- 쉴드 TBM 장비의 선정과 작업능력 평가
- 세그먼트 라이닝 설계
- 쉴드 TBM 터널의 시공

# 3.1 TBM 공법의 장비 구성

'기계굴착'은 '인력굴착'에 대응하는 개념으로서, 착암기, 로드헤더, 굴삭기 그리고 TBM(Tunnel Boring Machine)까지 포함하는 광의의 굴착 개념을 담고 있으나, 최근에는 관용터널공법의 발파공법(Drill & Blast, D & B)에 대응하여 TBM 및 쉴드 TBM 공법을 통칭하는 의미로 사용하기도 한다. TBM은 소규모 굴착장비나 발파공법에 의하지 않고 굴착에서 버력처리까지 기계화된 대(전)단면 굴착기계를 말한다.

## 3.1.1 TBM의 유형

### 3.1.1.1 TBM 장비의 구분

TBM 굴착공법의 유형을 그림 E3.1에 분류하였다. TBM은 크게 막장압과 쉴드가 필요 없는 경암용 무쉴드(non-shielded) TBM, 그리고 막장압과 강재원통인 쉴드로 안정을 유지하며 굴착하는 연약지반용 쉴드(shielded, pressurized) TBM으로 구분된다.

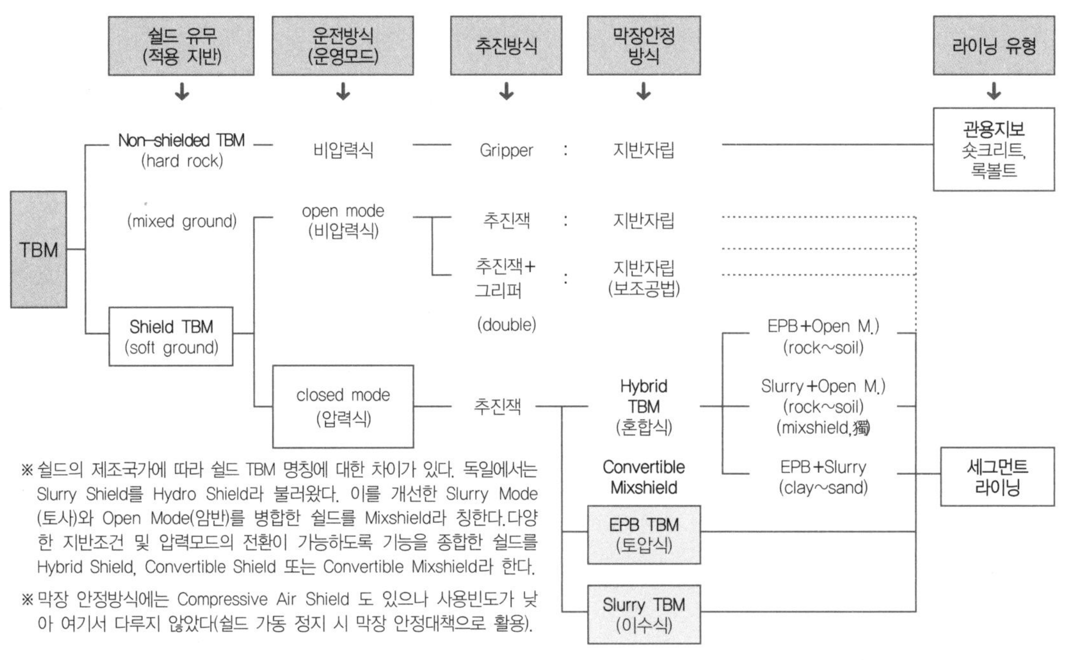


그림 E3.1 TBM의 분류

#### 추진방식에 따른 TBM 구분

TBM은 전진을 위한 반력(추진력) 확보방법에 따라 그림 E3.2와 같이 3가지로 분류된다. 먼저, 암반 굴착면과 TBM의 **그리퍼**(gripper)를 이용한 마찰력으로 추진하는 방법(주로 Hard Rock TBM), 막 설치된 쉴드

TBM의 세그먼트를 지지대로 삼아 전진하는 추진잭(thrust cylinder jack) 방법, 그리고 두 추진방식을 병용하는 더블 쉴드 방식이 있다.

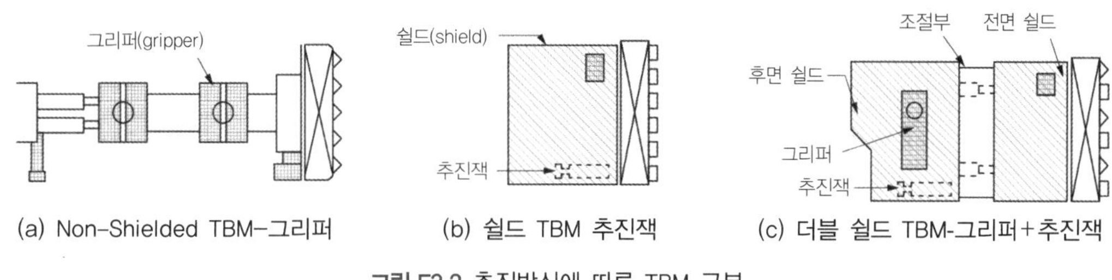


(a) Non-Shielded TBM-그리퍼　(b) 쉴드 TBM 추진잭　(c) 더블 쉴드 TBM-그리퍼+추진잭

**그림 E3.2** 추진방식에 따른 TBM 구분

## 막장 안정방식에 TBM 구분

TBM은 막장안정방식에 따라 표 E3.1과 같이 비압력식과 압력식으로 구분한다. 압력식 굴착에는 이토압식, 이수압식, 그리고 모드전환이 가능한 혼합식이 있다.

**표 E3.1** 막장안정 유지 방식에 따른 TBM 분류

| 막장안정 방식과 TBM의 종류 | | | 주요 특징 |
|---|---|---|---|
| 막장안정방식 | | TBM 개요도 | |
| 비압력식<br>Open<br>TBM | 비지지 또는<br>기계식 지지<br>mechanical<br>support | | 커터헤드를 지반에 밀착시켜 압력을 유지하여 막장의 안정을 유지<br>• Skin Plate(쉴드) 있음<br>• Gripper 추진잭에 의한 추진<br>• Open Mode 굴진(기계식 압력 가능) |
| 압력식 | 토압식<br>earth<br>pressure<br>balanced<br>machine | 배토 | 커터로 굴착한 토사에 첨가재를 주입교반하여 소성 유동화한 이토압으로 막장 안정을 유지<br>• Skin Plate(쉴드) 있음<br>• 추진잭에 의한 추진<br>• Close Mode 굴진 |
| | 이수식<br>slurry<br>machine | 압력이수<br>이수 유입<br>이수배토 | 이수(벤토나이트 슬러리액)에 소정의 압력을 가하여 막장의 안정을 유지<br>• Skin Plate(쉴드) 있음<br>• 추진잭에 의한 추진<br>• Close Mode 굴진 |
| | 혼합식<br>hybrid, or<br>convertible<br>shield | 압력이수<br>고농도이수<br>배토 | 이토압 및 이수가압식 쉴드의 밀폐모드와 Open TBM 기능을 복합적으로 갖추어 지반상태에 따라 모드전환이 가능한 쉴드<br>• Skin Plate(쉴드) 있음<br>• Close 및 Open Mode 기능 겸비 |

### 3.1.1.2 Hard Rock TBM-Open TBM

Hard Rock TBM은 Shield가 장착되지 않은 Open 구조로서 자립능력이 충분한 경암반(hard rock, competant rock) 터널에 적용된다. 그림 E3.3(a)에 보인 바와 같이 무쉴드(non-shielded) TBM으로서, 암반 굴착면과 TBM Gripper의 마찰저항을 이용하여 추진한다. 경제적 굴착을 위하여 대단면 터널의 심발공 영역을 TBM으로 굴착하고, 잔여단면을 발파로 굴착하는 공법을 사용하기도 하는데, 이때 그림 E3.3(b)의 확공용 TBM(TBE)을 이용한다.

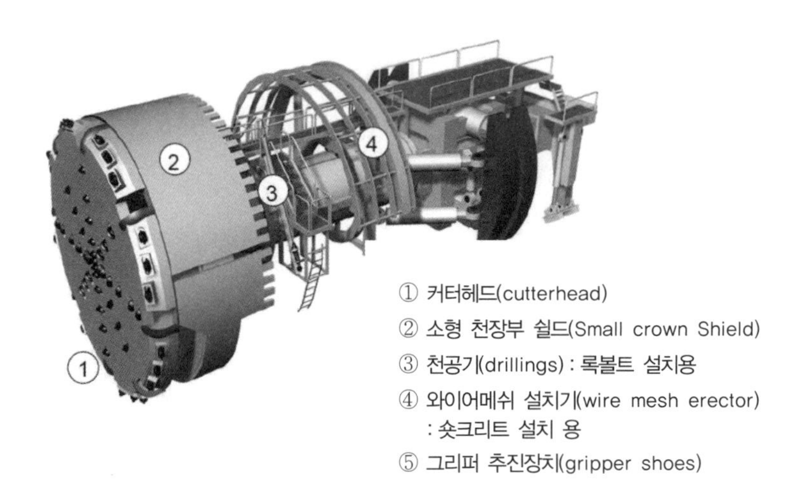


(a) Non-shielded(open) TBM

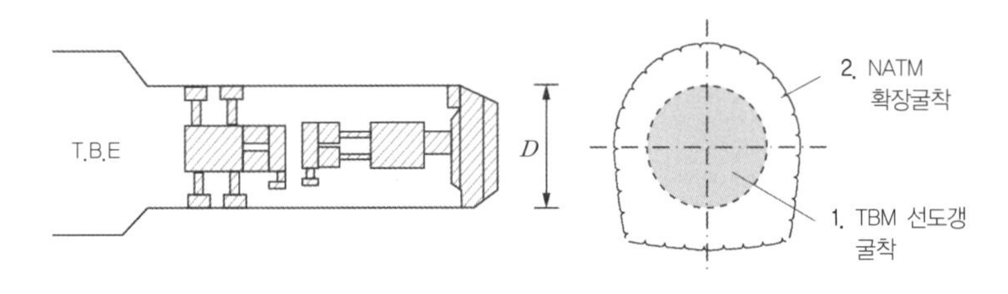


(b) 확공용 TBM(Tunnel Boring & Enlarging Machine, TBE)

그림 E3.3 Hard Rock TBM

Open TBM의 천장부에 소규모 쉴드(small crown shield)를 두어 커터헤드 배면의 추진 설비를 보호하기도 한다. Hard Rock TBM은 지보가 필요 없는 양호한 암반에 주로 적용되며 지보재로서 숏크리트 및 록볼트를 사용한다. 따라서 터널의 **지보 관점에서 Hard Rock TBM 공법은 관용터널공법에 가깝다.** 커터헤드 뒤에 Wire Mesh 설치 및 Shotcrete 타설 장비가 결합될 수 있다. BOX-TE3-1에 Open TBM 터널의 지보패턴 설계기준을 예시하였다.

## BOX-TE3-1 Open TBM 터널 라이닝

### Hard Rock TBM Tunnel의 지보

터널의 지보설계 관점에서 Open TBM의 지보 개념은 관용터널 지보와 거의 같다. Open TBM은 굴착면 자립이 가능한 양호한 암반구간에 적용되며, 발파충격으로 인한 주변지역의 손상이 발생하지 않는 장점 때문에 도심의 경암구간에서 유용하다. 발파굴착에 비하여 지반교란 영향이 적으므로 비교적 적은 지보재를 사용할 수 있다. 관용터널 지보설계법과 같이 RMR 및 Q 분류법에 따라 지반등급을 분류하여 지보량을 정할 수 있다.

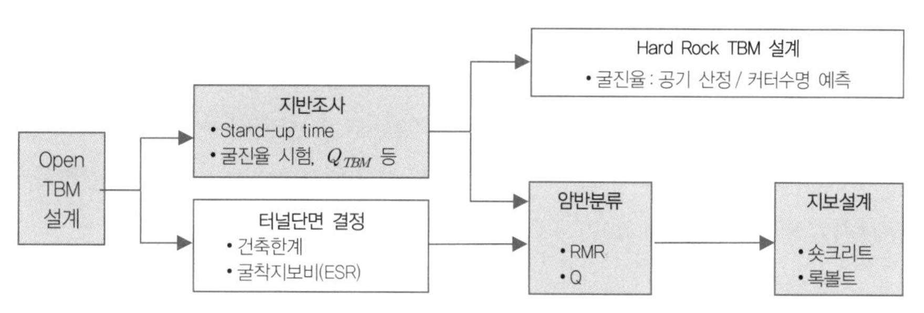


Open TBM의 TBM 및 지보설계

암반분류에 따른 Open TBM 지보설계패턴을 아래 예시하였다.

Open TBM 지보패턴 설계기준(Scolari, 1995)(표준단면 D=6m, SS : steel support)

| | F1 | F2 | F3 | F4 | F5 | F6 | F7 |
|---|---|---|---|---|---|---|---|
| 지보<br>단면 | | | | | | | |
| $Q$ | 10~100 | 4~10 | 1~4 | 0.1~1 | 0.03~0.1 | 0.01~0.03 | 0.001~0.01 |
| RMR | 65~80 | 59~65 | 50~59 | 35~50 | 27~35 | 20~27 | 5~20 |
| 암반<br>상태 | 안정 | 소규모 낙석<br>발생 가능 | 소규모 낙석 | 소규모 붕락 | 잦은 붕락<br>발생 가능 | 대단위<br>붕락 가능 | 자립 불가 |
| 지보재<br>(최소) | • RB<br>L=2.0m<br>0.5개/m<br>(필요시) | • Rock bolt<br>L=2.0m<br>0.5개/m<br>• Wire mesh<br>$1.0m^2$<br>• Shotcrete<br>5cm<br>$0.1m^3$<br>(필요시) | • Rock bolt<br>L=2.0m<br>1~3개/m<br>• Wire mesh<br>$1\sim1.5m^2$<br>• Shotcrete<br>5cm<br>$(0.1\sim0.5)m^3$ | • Rock bolt<br>L=2.5m<br>1~3개/m<br>• Wire mesh<br>$1\sim1.5m^2$<br>• Shotcrete<br>8cm<br>$0.5\sim1m^3$<br>• SS,<br>40~80kgf | • Rock bolt<br>L=2.5m<br>5~7개/m<br>• Wire mesh<br>$9\sim18m^2$<br>• Shotcrete<br>8cm<br>$1\sim1.8m^3$<br>• SS,<br>80~160kgf | • Rock bolt<br>L=2.5m<br>7~10개/m<br>• Wire mesh<br>$18\sim27m^2$<br>• Shotcrete<br>8cm<br>$1.8\sim3.0m^3$<br>• SS,<br>160~300kgf | 굴착전방<br>지반보강 |

### 3.1.1.3 Soft Ground TBM – Shield TBM

#### 쉴드 TBM의 장비 구성

TBM의 장비 구성은 유형에 따라 차이가 있지만, 그림 E3.4와 같이 일반적으로 **후드부, 거더부, 테일부**로 구성된다. 후드부는 회전판에 디스크커터, 커터비트 등 각종 굴착도구를 부착하여 회전·굴착하는 부분인 **커터헤드**(cutter head), 그리고 커터헤드와 격벽 사이의 공간인 **Cutter Head Chamber**를 말한다. 후드부는 실질적인 지반굴착을 담당하며, 굴착면의 안정을 유지하는 역할을 한다.

후드부 뒤로 쉴드 추진설비와 배토장치 등 막장압 제어 설비와 추진잭이 위치하는 부분을 거더부라 한다. 쉴드 TBM의 경우, 이 부분에 TBM 외피이자 원통형 스킨플레이트(skin plate) 구조체인 **쉴드**(shield)가 설치된다. 거더부는 쉴드에 작용하는 토압을 지지하며 후드부와 테일부를 연결해준다.

**테일부**는 쉴드의 후면부로서 스킨플레이트 내부에 세그먼트를 조립하는 **이렉터**(erector)가 위치한다. TBM 본체 이후에는 쉴드의 운전 및 세그먼트 설치 지원을 위한 수 대의 차량으로 구성된, 펌프, 동력, 케이블 등의 **후방대차 설비**(back-up system)가 따라온다.

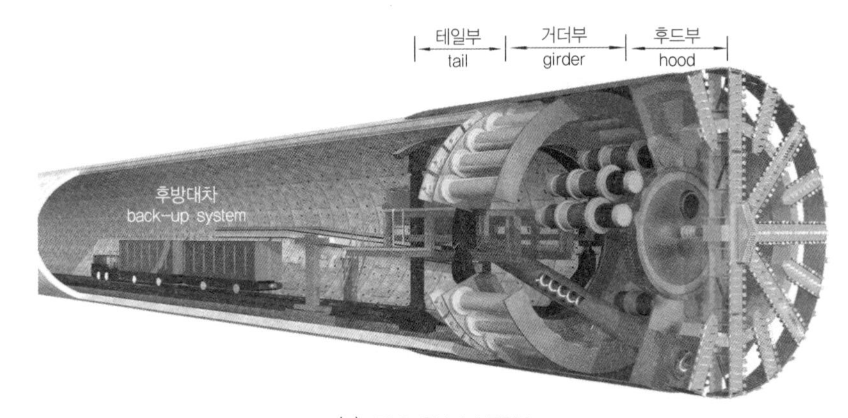


(a) EPB Shield TBM

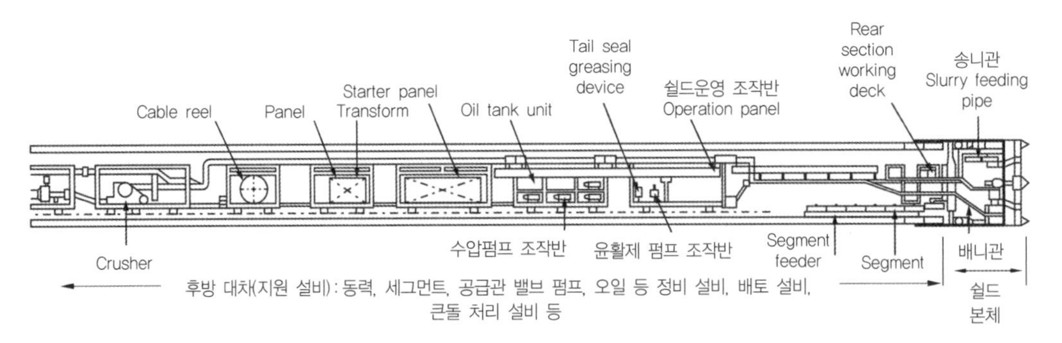


(b) Slurry Shield TBM

**그림 E3.4** 쉴드 TBM의 구성

### 쉴드 TBM헤드의 유형과 운영(굴착)모드

Shield TBM은 헤드부 전면의 굴착모드에 따라 그림 E3.5와 같이 개방형(open type), 블라인드형(blind type), 밀폐형(closed type)으로 구분한다.

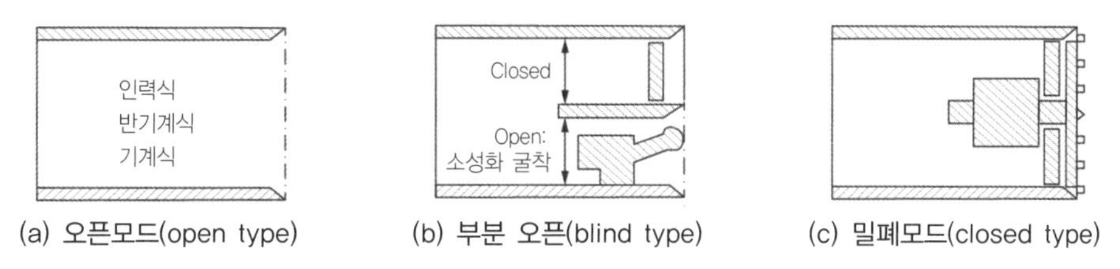


(a) 오픈모드(open type) (b) 부분 오픈(blind type) (c) 밀폐모드(closed type)

**그림 E3.5** 쉴드 TBM의 굴착 모드 분류(Open Mode는 비압력 상태로 굴착조건이 Open TBM과 유사)

### 토압식 쉴드 TBM EPB shield TBM

그림 E3.6은 대표적 밀폐형 쉴드 TBM인 EPB(Earth Pressure Balanced) 쉴드의 구조를 보인 것이다. EPB 쉴드는 **유동성 토사**의 막장압으로 굴착면을 지지하며, 막장압 유지 및 굴착효율 제고를 위한 **첨가재** 분사노즐이 장착되고 배토를 위한 스크류 콘베이어(screw conveyer)가 설치된다.

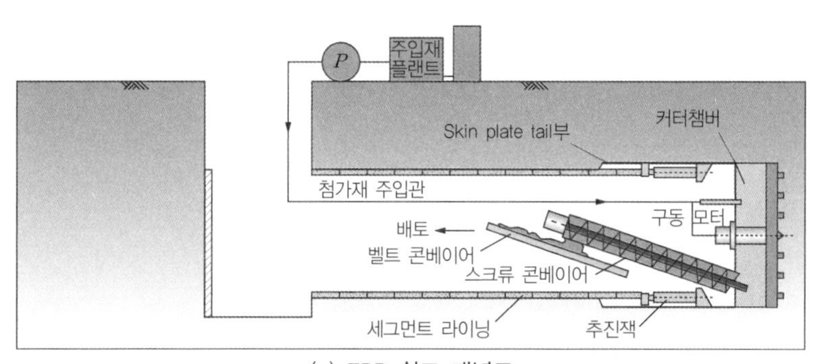


(a) EPB 쉴드 개념도

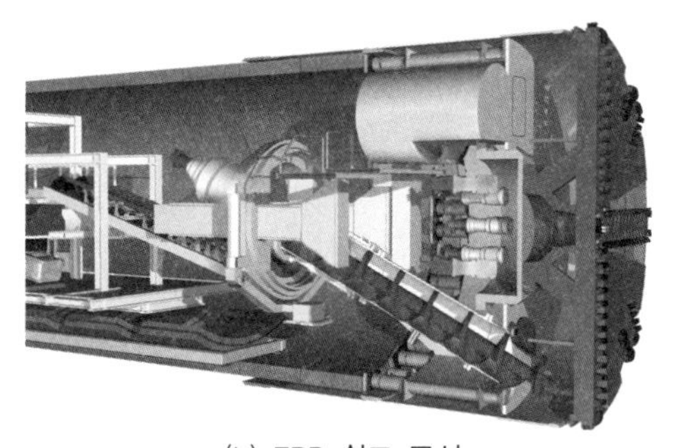

(b) EPB 쉴드 구성

**그림 E3.6** EPB 쉴드 구성 예

이수식 쉴드 TBM slurry shield TBM

투수성이 큰 모래, 모래 자갈질 지반에 주로 적용하는 Slurry TBM을 그림 E3.7에 예시하였다. Slury 쉴드는 **이수압**으로 막장을 지지하며, 이수형태로 배토하여 지상플랜트에서 버력을 분리, 배출한다. Slurry shield의 후방에는 유체수송을 위한 P1(송니펌프), P2(배니펌프)의 Pump 대차와 굴착진행에 따른 배관연결을 위한 신축관 대차(cable reel 및 expansion) 등이 탑재된다.

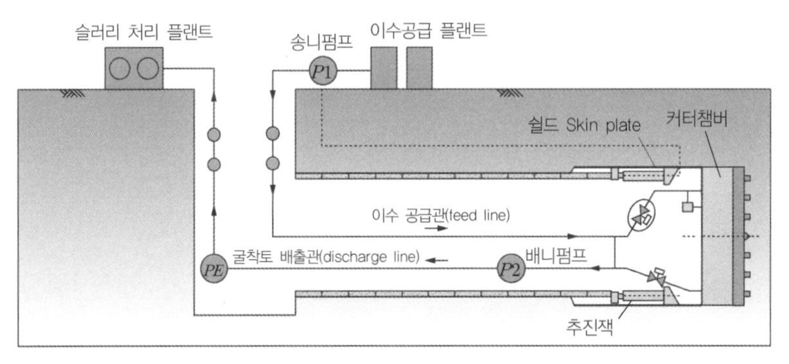


(a) Slurry 쉴드 개념도

(b) 슬러리 쉴드 구성

**그림 E3.7** Slurry 쉴드 TBM의 구성

## 3.1.2 커터헤드와 커터 Cutter Head & Cutter

커터헤드란 커터가 장착된 TBM의 회전면판을 말한다. 커터헤드는 지반과 접촉하여 굴착이 일어나는 TBM의 가장 핵심적인 부분으로서 굴착 지반에 따라 굴착 저항력이 최소가 되도록 커터헤드의 형상을 달리한다. 토사지반의 경우 주로 스포크(spoke)형 플랫(flat) 커터헤드가 적용되며, 암반의 경우 주로 면판형 세미돔 또는 돔형 구조가 적용된다.

다양한 지반을 효율적으로 굴착하기 위하여 여러 유형의 굴착도구(cutting too : disc cutter, cutter bit)가 개발되었다(Oh & Cho, 2016). 굴착도구에는 **토사 또는 연암용 커터비트**와 **암반용 디스크커터**가 있다. 커터비트는 회전력을 이용하는 절삭식, 디스크커터는 회전 및 압축력에 의한 압쇄식으로 굴착한다. 절삭식은 일축 압축강도 300~800kgf/cm$^2$ 정도의 연암 이하의 지반, 압쇄식은 1,000kgf/cm$^2$ 이상인 암반에 주로 적용한다.

### 3.1.2.1 토사용 커터헤드와 커터

토사(연암반)에는 그림 E3.8과 같이 주로 스포크형, 면판형 또는 프레임형(frame)을 적용한다.

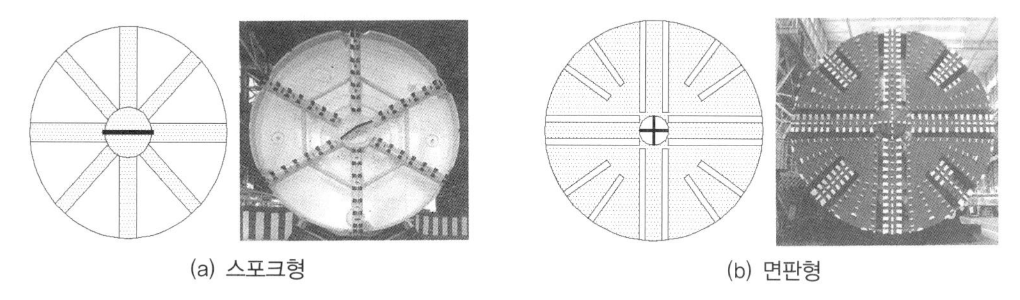

(a) 스포크형 (b) 면판형

그림 E3.8 토사용 커터헤드의 예

커터헤드의 개구부를 통해 배토가 이루어지며, 커터헤드의 면적($A_r$)에 대한 커터헤드의 개구부 총면적($A_s$, 커터비트의 투사면적 배제)의 비를 커터헤드의 **개구율**(opening ratio)이라 한다.

$$O_r = \frac{A_s}{A_r} \tag{3.1}$$

개구율이 너무 크면 막장지지에 불리하고, 너무 작으면 배토 흐름이 저해되므로 지반조건에 따른 최적의 개구율 확보가 필요하다. Slurry TBM의 일반적인 개구율은 10~30%이며, EPB 쉴드의 개구율은 이보다 크다. 점성토에서는 개구율을 증가시키는 것이 바람직하지만 너무 크면 굴착면의 붕괴 안정성이 취약해진다. TBM 운전을 중단하는 경우, 압력이 해제되어 개구부의 붕괴, 또는 토사 유입을 방지하기 위하여, 커터헤드에 슬릿(slit) 개폐 장치를 도입한다.

#### 커터비트 cutter bit

커터비트는 커터헤드에 배치되는 토사 굴착용 칼날이며, 역할이 다른 여러 종류의 커터비트가 있다.

- 티스비트(teeth bit), 또는 스크레이퍼 비트(scraper bit) : 고결성 점토 굴삭
- 리드비트(lead bit) : 발진부, 도달부 또는 경질지반의 선행굴삭 및 티스비트의 보호

• 쉘비트(shell bit) : 자갈이나 풍화대지반의 선행굴삭 및 티스비트의 보호

(a) 커터비트(티스비트) (b) 리드비트 (c) 쉘비트

그림 E3.9 토사용(풍화암) 커터비트의 예

커터비트는 그림 E3.10에 보인 바와 같이 칼날로서 본체와 팁으로 구성되어 있다. 크롬 몰리브덴강, 니켈 크롬 몰리브덴강 등의 내마모강으로 만든 본체의 끝(tip)부분에 텅스텐, 코발트, 카본 등으로 만든 초경합금인 팁을 용접하여 제작한다. 지반이 연약할수록 커터비트 첨두각이 크고, 날카로운 것이 유리하다.

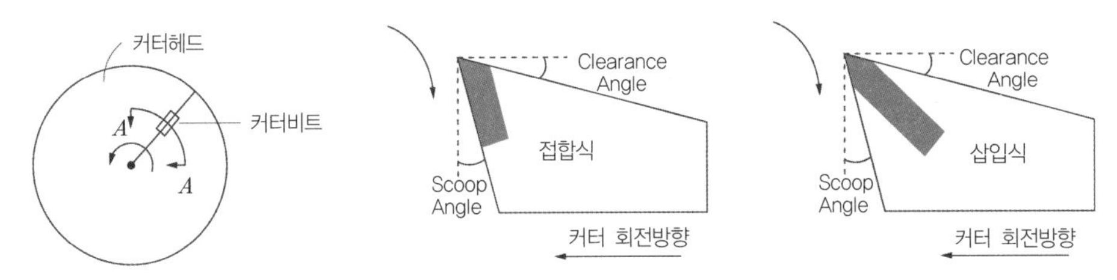


그림 E3.10 커터비트의 구조와 절삭거동

곡선시공이나 급격하게 선형을 수정하는 경우 저항토압을 경감하기 위해 계획굴착외경 이상으로 굴착하는 여굴용 커터를 **카피커터**(copycutter, over cutter)라 한다. 곡선부의 내측을 확대 굴착하며, 유압잭으로 작동된다. 최근에는 굴착면 외곽굴착용 Gauge Cutter 기능도 대체할 수 있도록 개선되고 있다.

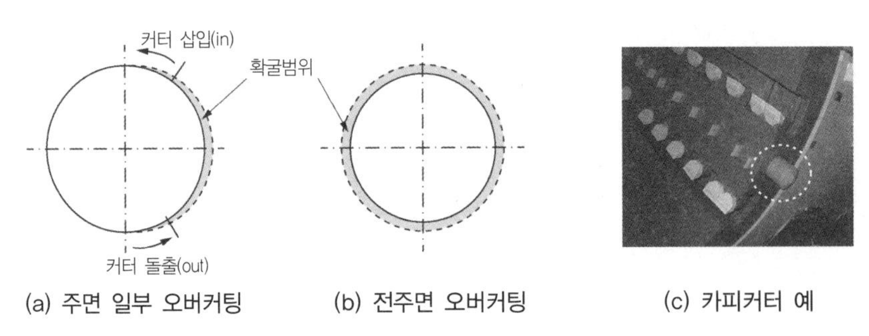


(a) 주면 일부 오버커팅 (b) 전주면 오버커팅 (c) 카피커터 예

그림 E3.11 확대굴착과 카피커터(copy cutter)

### 3.1.2.2 암반용 커터헤드와 커터

경암 또는 극경암인 경우에는 큰 추력을 가할 수 있고 압쇄와 절삭효과를 높일 수 있는 돔(dome) 형식의 커터헤드 단면이 유리하다(그림 E3.12 a). 반면, 암반이 연약할수록 편평한 형상인 심발형(deep flat face), 또는 평판형(shallow flat face 또는 flat face)이 굴진면 자립에 유리하다(그림 E3.12 b 및 c).

(a) 돔형　　(b) 심발형　　(c) 평판형

그림 E3.12 암반용 커터헤드의 예

#### 디스크커터 disk cutter

암반용 굴착도구(cutting tool)를 **디스크커터**(disc cutter 또는 roller cutter)라 한다. 디스크커터(롤러커터, roller cutter)는 암반의 절삭도구로, 커터비트의 선행굴삭 및 티스비트의 보호기능도 갖는다. 보통 직경 12~19in(483mm)의 원판형 굴착도구로, 일축강도($\sigma_c$)가 70~274MPa의 암반에 적용한다. 관용터널공법에 적용되는 **Road Header**에는 Drag Pick($\sigma_c$=70MPa 이하에 적용)이 사용된다(TE2장). 저 강도 암반의 경우 회전력이 절삭효율을 높여주나, 고강도 암반일수록 추력에 의한 압쇄가 유리하다. 초경암반의 경우($\sigma_c$ = 275~415MPa), 암석을 갈아내는 방식의 Tooth Cutter 또는 Button Cutter가 굴착효율이 높다.

(a) Single　　(b) Double　　(c) Triple

그림 E3.13 디스크커터의 종류

디스크커터는 커터헤드에 장착되는 위치에 따라 중앙부의 Center Cutter, 커터헤드 전면 전반부의 Face Cutter 및 외곽부 Gauge Cutter로 구분한다. 절삭 효율 및 에너지 효율의 극대화 측면에서 인접한 디스크커터는 동시에 같은 궤적을 지나지 않도록 배치된다. 디스크커터의 설치 간격은 직경에 따라 14in 커터의 경우 60~65mm, 19in 커터의 경우 75~90mm이다.

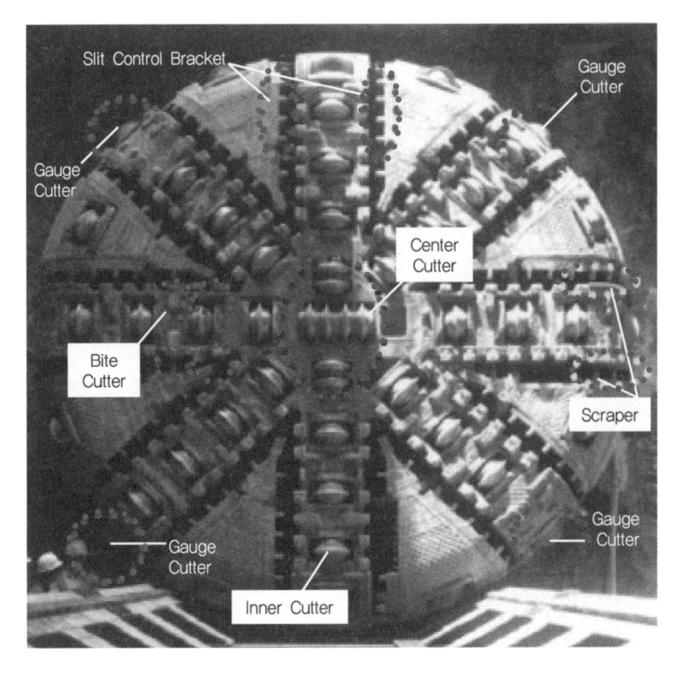


그림 E3.14 커터 명칭 및 배치 예(center cutter-double cutter, inner cutter-single cutter)

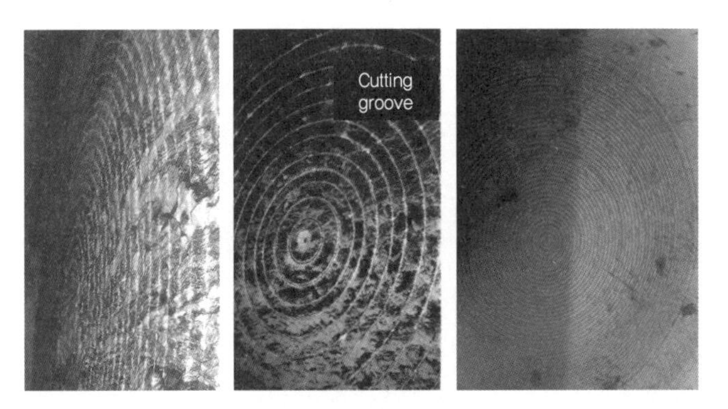


그림 E3.15 TBM에 의한 암반 절삭면

### 3.1.2.3 복합지반(mixed ground)용 커터헤드와 커터

터널단면이 상부 풍화토에서 하부 연암(경암)까지 변화하는 복합지반의 경우에는 암반과 토사의 특성을 동시에 고려하는 커터헤드가 필요하다. 이러한 복합지반의 경우 디스크커터와 커터비트를 조합 배치한 세미돔형 커터헤드가 사용된다. 이 경우 단단한 부분은 주로 롤러커터에 의해 압쇄굴착되며, 커터비트가 잔여 부분을 절삭하는 방식으로 굴착이 이루어진다. 토사용 커터비트는 갑자기 출현하는 암반에 부딪히면 쉽게 손상(편마모)이 될 수 있으므로, 복합 지반이 예상되면, 굴착속도를 낮춰야 한다(그림 E3.16).

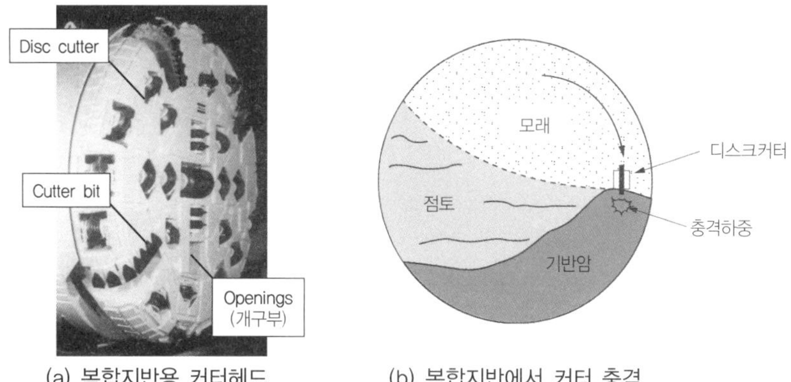


(a) 복합지반용 커터헤드 (b) 복합지반에서 커터 충격

그림 E3.16 복합지반조건의 커터헤드와 커터 충격 예

### 3.1.3 기타 주요 설비

#### 이렉터와 추진잭

**이렉터**(erector)는 세그먼트를 집어서 이동 및 회전을 통해 정위치에 조준, 삽입하는 장비이다. **추진잭**(thrust jack)은 세그먼트 설치 중 세그먼트 각각에 대하여 힘을 가하여 정위치 세그먼트의 완전한 결합을 도우며, 링 조립이 완료되면 조립된 링을 반력대로 하여 다음 단계굴착을 위한 추진력을 얻는다.

그림 E3.17 세그먼트 이렉터(erector)와 추진잭

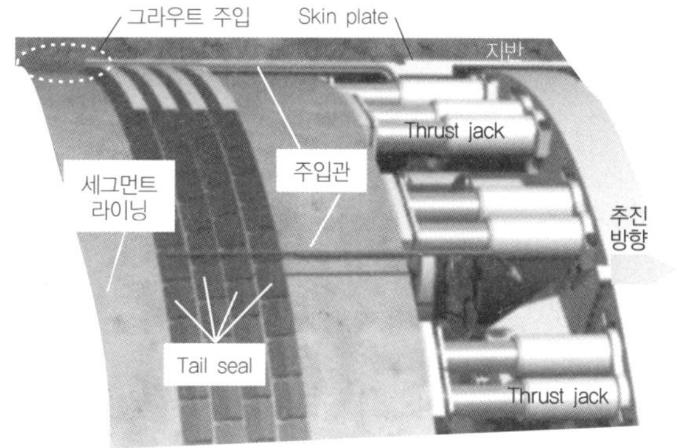


그림 E3.18 테일씰과 그라우팅 작업

#### 테일씰과 외주면 그라우팅 장치

링 조립이 완료되면 추진잭을 이용하여 전진하게 되는데, 이때 지반과 세그먼트 외경 사이의 공극을 그라우트로 채우게 된다(annular grouting). 그라우트재의 내부 유입을 방지하기 위한 테일씰(tail seal) 후부에서 주입으로 주입한다. 주입을 위하여 지상에 주입재 플랜트가 설치된다.

**BOX-TE3-2　　　　쉴드 TBM의 발전추세와 전망**

TBM은 1970년대 이후 획기적으로 발전하였다. 최근에는 모드전환(convertible) TBM이 개발되어 장비 교체 없이 변화하는 지층에 대한 대응이 가능해지고 있다.

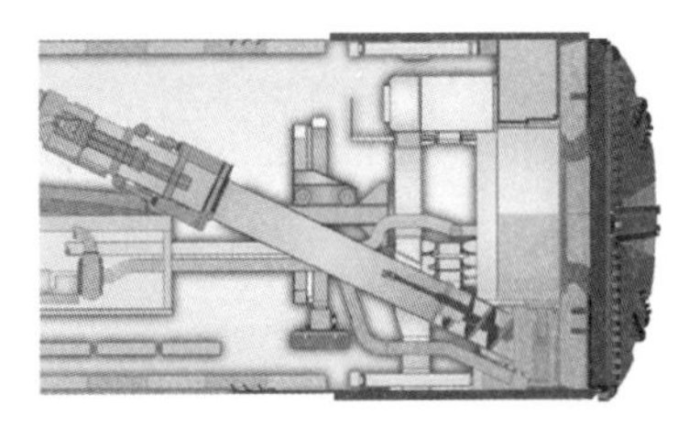

TBM 기능결합 경향 : EPB↔Slurry Convertible Shield

한편, 전통적으로 원형 터널에만 적용하던 쉴드 TBM 장비가 다양한 터널 단면 굴착이 가능하고, 분기 및 방향 전환이 가능한 쉴드도 개발되었다. 쉴드의 다양화에 일본의 경험이 많이 활용되고 있다.

(a) Divergent 쉴드

(b) 3심 쉴드(타원형 단면)

(c) MMST 쉴드

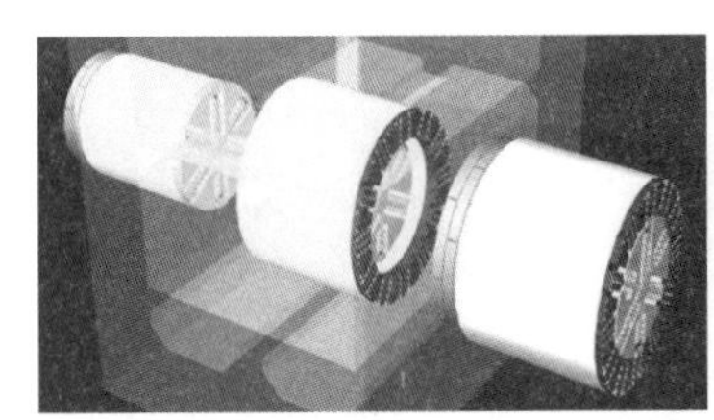

(d) 변단면 쉴드

(e) Branching 쉴드

(f) Cutter drive rotating head

특수 쉴드단면 TBM

이와 함께 지반의 불확실성에 대처하기 위한 전방탐사 장비, Open TBM과 조합되는 관용지보 설치 로봇 장비 등 다양한 부대시설에 대한 기계화도 함께 이루어져왔다.

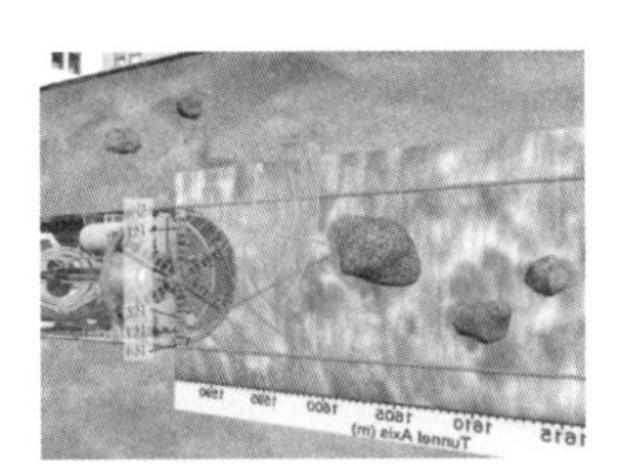

TBM 부대 장비의 개발(전방탐사기술, Shotcrete 타설 Robot 등)

## 3.2 TBM의 굴착 원리와 막장안정

### 3.2.1 TBM의 굴착 원리

TBM의 굴착 원리는 커터헤드가 추력으로 밀며 회전할 때, 커터헤드에 장착된 커터가 지반을 절삭하는 것이다. 그림 E3.19는 토사와 암반의 굴착 메커니즘을 비교한 것이다. 토사는 칼날형 굴착도구인 커터비트를 사용하여 지반을 전단 파괴하여 굴착하며, 암반은 디스크형 커터를 이용하여 압력과 회전력으로 암반을 압쇄 굴착한다.

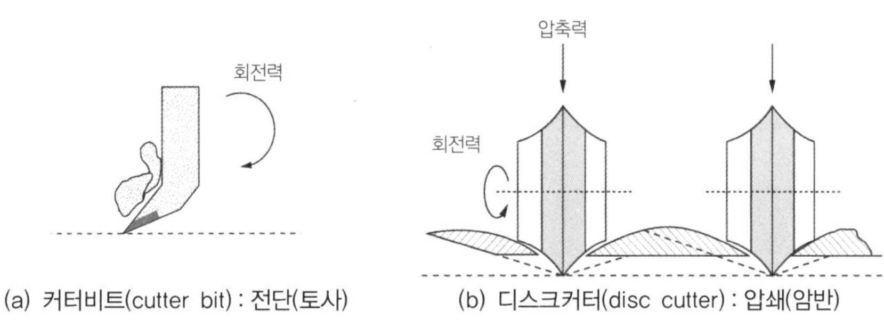


그림 E3.19 커터의 절삭원리

TBM 굴착메커니즘을 수학적으로 정의하기는 쉽지 않다. 제안된 일부 식을 살펴봄으로써 굴착 작용력의 체계와 굴착의 지배요인을 고찰할 수 있다.

#### 3.2.1.1 Cutter Bit의 토사절삭이론

토사용 커터헤드에는 토사를 절삭하는 커터비트와 절삭된 토사를 개구부로 쓸어 담는 쉘비트가 장착되어 있다. 커터비트의 절삭메커니즘은 보통 **인장파괴이론**(Evance 이론), 또는 **전단파괴이론**으로 설명할 수 있다. 이 중 인장파괴 이론은 절삭 비트가 지반에 원호형 인장파괴를 야기한다고 가정한다.

인장파괴이론은 그림 E3.20과 같이 파괴순간 절삭력($p_c$)이 커터비트의 첨두(pick)면에 수직한 방향의 힘($R$), 원호파괴면을 따라 발생하는 인장력의 합력($T$), $O$점에서 절삭부가 제거될 때 힌지를 따라 걸리는 반력($S$)의 세 힘과 평형을 이룬다고 가정한다. 절삭파괴 발생 시 굴착거리가 절삭 깊이($P$)에 비해 충분히 작다면, $p_c$를 다음과 같이 나타낼 수 있다.

$$p_c = \frac{2\sigma_t w P \sin^{\frac{1}{2}}\left(\frac{\pi}{2}-\alpha\right)}{1-\sin^{\frac{1}{2}}\left(\frac{\pi}{2}-\alpha\right)} \tag{3.2}$$

여기서, $p_c$ : 파괴 순간의 절삭력(kN), $\sigma_t$ : 지반의 인장강도(MPa), $w$ : 커터비트의 접촉폭(mm), $P$ : 절삭깊이(mm), $\alpha$ : 커터비트의 접촉각(°)이다. 위 식에 따르면 커터비트의 설계인자는 비트의 폭, 절삭깊이, 접촉각, 암석의 인장강도 등이다. 접촉각이 작을수록 절삭저항은 증가한다.

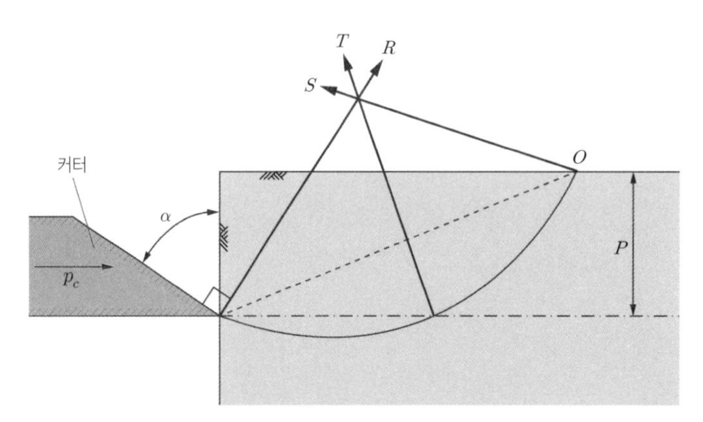


그림 E3.20 커터 비트의 인장파괴 절삭이론

### 3.2.1.2 Disc Cutter의 암반 압쇄이론

디스크커터는 수직력(thrust)과 회전력(torque)을 가하여 암반을 압쇄 절삭하는 도구로서 절삭영향인자는 절삭 깊이, 디스크 직경, 디스크 모서리각(disk edge angle), 암석물성 등이다. 디스크커터의 암반 절삭 시 관련되는 힘의 체계를 그림 E3.21에 보였다.

디스크커터의 날(blade)에는 보통 추력 $p_c$와 회전마찰력 $p_r$이 작용한다. 디스크 직경 $D$, 접촉 길이 $l$, 1회 절삭심도가 $P$인 경우 디스크커터의 1회 절삭 시 회전력에 대한 추력의 비율은 다음과 같다.

$$\frac{p_c}{p_r} = \sqrt{\frac{D-P}{P}} \tag{3.3}$$

디스크 접촉길이는 $s = 2\sqrt{(D-P)P}$ 이며, 디스크 접촉 폭이 접촉 길이와 같다면, 면적 $A = 2Ps\tan(\theta/2)$. 여기서 $\theta$는 디스크 모서리각이다. 암석의 일축압축강도가 $\sigma_c$라면, 암반절삭에 필요한 추력과 회전력($p_r$)은 다음과 같다.

$$p_c = A\sigma_c = 4\sigma_c \tan\frac{\theta}{2}\sqrt{(D-P)P^3} \tag{3.4}$$

$$p_r = 4\sigma_c P^2 \tan\frac{\theta}{2} \tag{3.5}$$

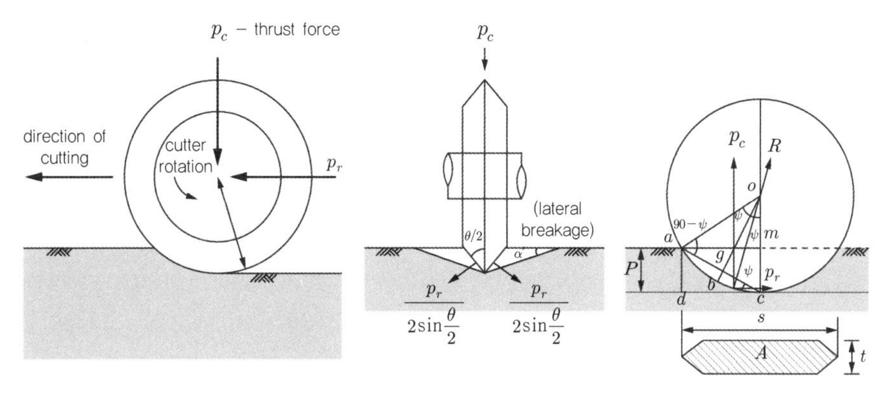


그림 E3.21 디스크커터의 압쇄절삭이론

## 소성 펀칭이론

커터 사이에서는 치핑(chipping)이 일어난다. 커터헤드 회전 시 커터 직접 접촉부에서는 압쇄가 일어나며, 탄성구간에서 디스크 펀칭력 $p_c$와 관입깊이 $P$는 다음의 선형관계가 성립한다(Hertz).

$$P = \frac{p_c}{wE_{rock}}k \tag{3.6}$$

여기서 $k = \frac{1}{\pi}\left[\lambda(1-\mu_{steel}^2)+1-\mu_{rock}^2\right]$ 이고, $\lambda = E_{rock}/E_{steel}$ 이며, $w$는 커터의 접촉두께이다.

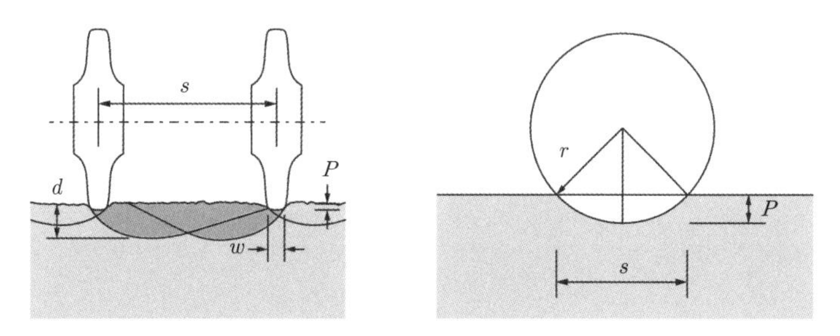


그림 E3.22 치핑이론

$p_c$가 암석의 탄성한도를 초과하면, **소성펀칭**(plastic punching )이 일어난다(Prandtl). 암석이 분쇄되어 내부 마찰각이 없어진다고 가정하면, 펀칭하중 $p_d$은 Prandtle 이론으로부터

$$\frac{p_d}{s\,w} \approx 5c \tag{3.7}$$

여기서 $s=2\sqrt{r^2-(r-P)^2}\approx 2\sqrt{2rP}$, $c$ : 암석의 점착력($c=\sigma_c/2$), $w$ : 커터 블레이드의 폭이다.

$$p_d \approx 5\,s\,w\,c \approx 10\sqrt{2\,r\,P}\;\;w\,c \tag{3.8}$$

파괴순간 $p_c \approx p_d$을 가정하고, 식(3.6)을 (3.8)에 대입하면, 커터당 펀칭 추력은

$$p_c \approx 200\,k\,r\,l\,c^2/E_{rock} = 50\,k\,r\,l\,\sigma_c^2/E_{rock} = 100\,k\,r\,\epsilon \tag{3.9}$$

파괴상태에서, $\epsilon=(1/2)\sigma_c\epsilon_l$ 이며, 여기서 $\sigma_c$, $\epsilon_l$ 은 일축압축시험으로 구할 수 있다.

커터헤드의 총 토크는 반경 위치 $r_i$에 있는 디스크커터 $i$의 수평력이 $p_{ri}$이면,

$$M_t = \sum_i p_{ri} r_i \tag{3.10}$$

단위회전당 관입에너지(penetration work)는 $W=2\pi M_t/Ad$이며, 여기서 $A$ : 터널단면적($=\pi D^2/4$), $d$ : 암반파괴 심도($d>P$). 순 관입파괴 속도는 $N\cdot d$이다. 이로부터 $M_t \propto D^3$임을 알 수 있다.

### 3.2.1.3 소요 커터 개수, 배치와 간격, 커터수량

단위관입깊이($P$) 및 커터 간격($l$)에 소요되는 디스크커터의 회전하중($F_r$)을 **비에너지**(specific energy, $SE$)라 정의하면

$$SE=\frac{\text{디스크커터 회전하중}}{\text{커터간격}\times\text{관입깊이}}=\frac{p_r}{l\times P} \tag{3.11}$$

그림 E3.23은 디스크커터의 간격 $l$과 비에너지 $SE$의 관계를 보인 것이다. 비에너지가 최소가 되는 간격 $l$이 최적배치 간격이다. 커터의 배치와 간격이 굴착효율을 지배한다.

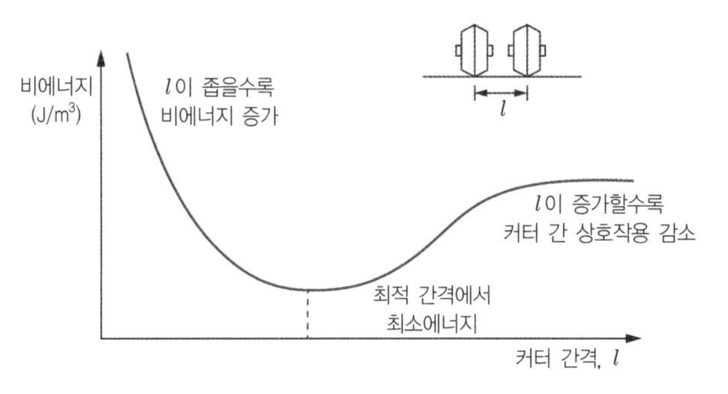


**그림 E3.23** 커터 배치거리와 소요 비에너지

커터 1개가 미치는 영향이 균등하게 배치되어야 전단면 굴착이 원활하게 이루어진다. 커터 간격이 너무 크면 **미굴**(underbreak)이 발생하고, 작으면 **과굴**(overbreak)이 된다. 따라서 그림 E3.24와 같이 최적의 파괴쐐기(chip formation)가 발생하도록 커터 간격이 설정되어야 한다. 일반적으로 커터의 설계는 실험적 또는 경험적 방법을 이용한다.

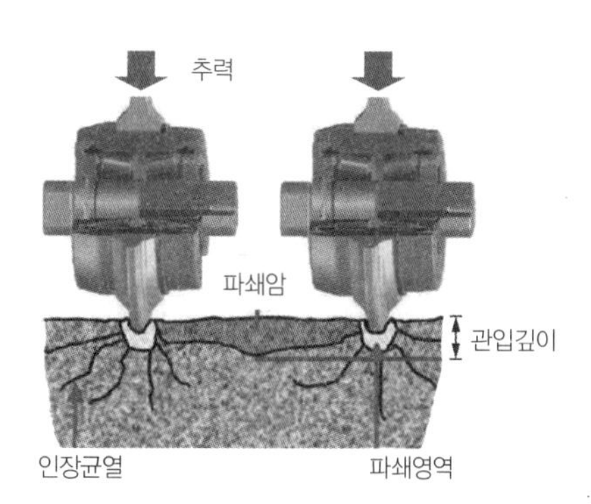


**그림 E3.24** 커터 최적 배치 간격(미굴 없이 암편 분리가 일어나는 거리)

### 소요 커터수량

일반적으로 롤러커터는 단위지름당 균등 배치한다. 커터가 반경방향 단위지름당 받을 수 있는 힘을 $f$라 하면, $f$가 작용하는 최대 길이는 터널직경 $2r_o$이므로 커터헤드에 작용하는 총 저항력 $F=2r_o\times f$이다. 따라서 커터 개수는

$$N=\frac{F}{\text{단위 커터당 허용하중}} \tag{3.12}$$

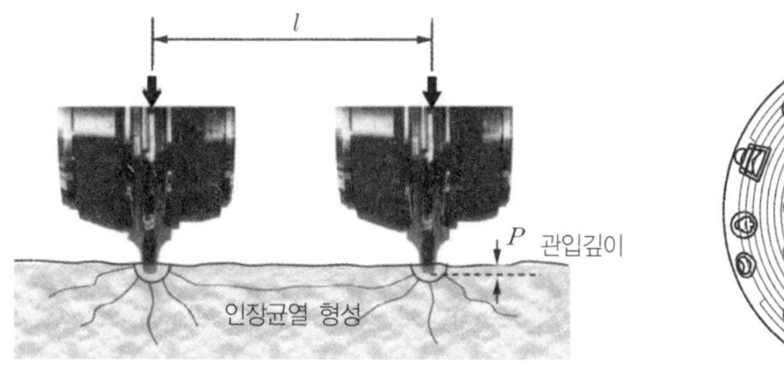


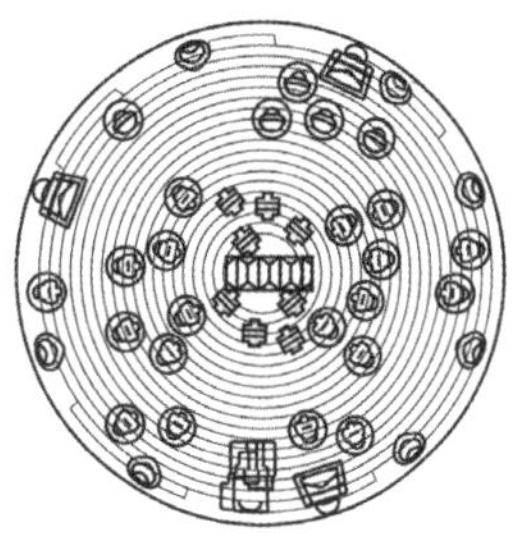

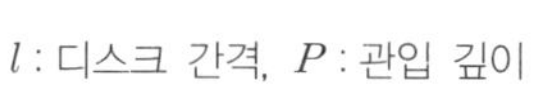


**그림 E3.25** 쉴드 TBM 면판설계 : 커터 배치 예

**예제** 커터헤드 지름이 10m인 TBM의 단위지름당 작용력 150ton이고, $f$의 경험치가 150ton/m이며, 허용하중인이 22ton인 17in(외경 432mm) 커터를 사용하고자 할 때, 커터 수량을 산정해보자.

**풀이** $F = 10 \times 150 = 1{,}500$

17inch(외경 432mm) 커터를 사용하고 허용하중이 22ton이면

총 커터의 수는, $N = \frac{F}{P_a} = \frac{1{,}500}{22} \fallingdotseq 69\,EA$

이 경우 운영 사례 등을 참고하여 69개의 커터를 Gauge Cutter(굴착경 확보용) : 2, Inner Cutter(전면부) : 45, Center Cutter(중심부) : 8 등으로 배치할 수 있다.

NB : 커터의 절삭력은 회전전단과 추력의 조합에 의해 결정된다. 면판상 커터배치를 고려하면 중심부와 외곽의 절삭속도 차이는 상당하다. 따라서 실제 TBM 면판의 단일 커터 거동으로 전체 굴착헤드 거동을 이론적으로 다루는 것은 상당한 수준으로 단순화한 것임을 알 수 있다.

### 3.2.1.4 커터의 마모와 수명 Cutter Life

**디스크커터 마모이론**

디스크커터는 커터헤드에 고정되어 있으므로 미끄러짐이 발생한다. 일반적으로 추력이 감소하면 회전마찰력이 증가하여 마모가 증가한다. 최근의 디스크커터는 접촉부 마모 저항도를 높이기 위해 'V'형 단면보다는 평면형 단면을 주로 사용한다. 커터헤드(반경 $R$)의 시간당 회전수가 $N$이고, 반경 $r$인 디스크커터의 시간당 회전수를 $n$이라 할 때, 디스크커터의 미끄러짐이 없는 경우, $2\pi rn = 2\pi RN$이다.

$$n = \frac{R}{r}N \tag{3.13}$$

$$\text{커터의 선속도, } v = \frac{2\pi rn}{1\text{hour}} = 2\pi NR \tag{3.14}$$

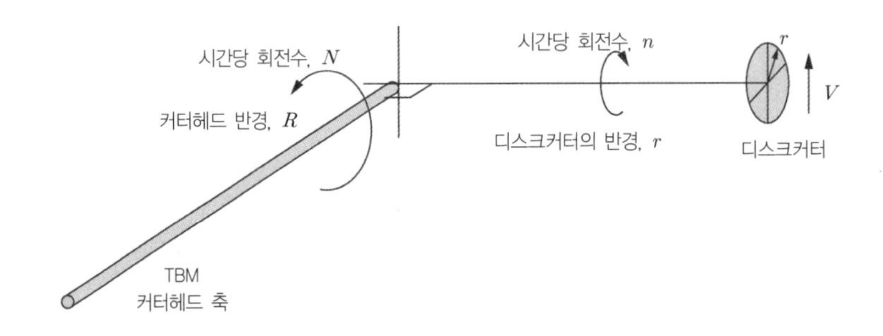


그림 E3.26 커터헤드와 디스크커터의 회전관계

하지만 디스크커터는 커터헤드에 반경 $r$, 관입깊이 $P$인 회전체로서 마찰특성으로 인해 그림 E3.27과 같이 회전과 미끄러짐 현상이 일어난다. 커터와 암석 사이의 **미끄러짐은 디스크커터에 저항하는 반력을 야기하므로 마모의 주요 원인**이 된다.

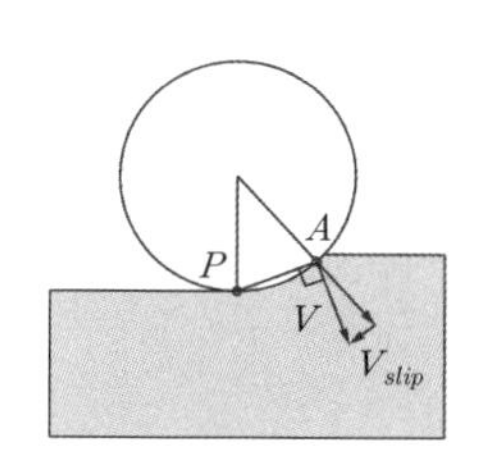

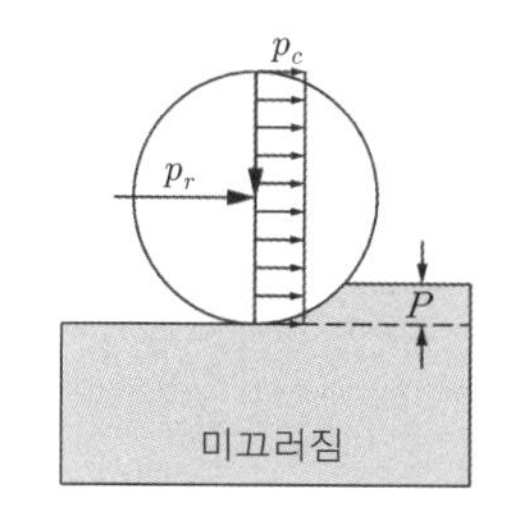

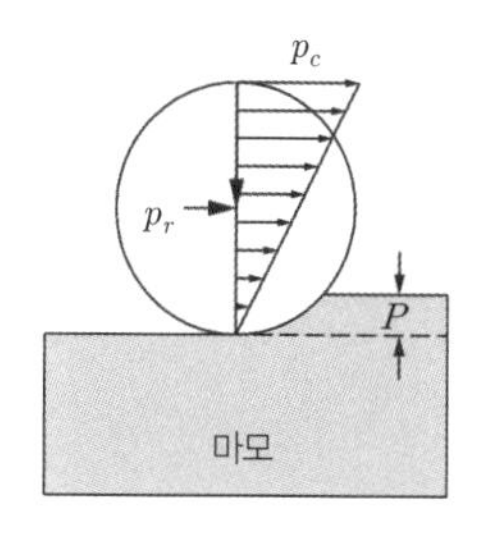


그림 E3.27 디스크커터의 회전과 미끄러짐(after Kolymbas, 2004)

NB : 선속도가 증가하면 진동문제가 발생하므로, 일반적으로 $v \leq$9km/hr으로 제어하며, 이를 위해 커터헤드 회전수 $N$을 조절한다.

디스크커터는 개당 단가가 수백(십)만 원에 이르므로, 커터교체 및 공기관리 관점에서 커터의 마모평가는 매우 중요하다. Schimazek는 다음의 마모도 평가 계수($f_c$)를 다음과 같이 제안하였다.

$$f_c = \frac{V d_Q \sigma_t}{100} \tag{3.15}$$

여기서, $V$ : 석영의 체적백분율, $d_Q$ : 석영입자의 평균 크기, $\sigma_t$ : 암석의 인장강도이다. $f_c$<0.05이면 마모가 거의 없고, $f_c$>2이면 마모가 심한 경우이다.

커터의 마모도는 일반적으로 실험을 통해 평가하며, 다음과 같은 시험법이 사용된다.

① **CERCHAR 시험법 :** 원뿔형 강재 Tip에 7kg의 중량을 작용시켜 암석시료 평면에 1cm 길이로 6회 긁어 커터의 끝부분이 평편해진 정도를 측정한다. 1~6등급의 지수로 분류한다.

② **LCPC 시험법 :** 암석을 4~6.3mm의 크기로 파쇄하여 500g을 취한 다음 강재 프로펠러와 함께 회전원통에 넣고 분당 4,500회 회전 후 질량마모를 측정한다. 2톤당 질량 감소로 마모도를 평가한다.

### 커터의 수명예측

커터의 소모는 장비 운영에 있어 비중이 큰 비용항목이므로 최적 커터의 사용 및 교체 주기는 중요한 검토사항이다. 커터 교체를 위해서 굴착을 **중단(intervention)**해야 하는데, 압력 쉴드의 경우 압력을 해제 하여야 하므로 터널의 안정문제와 관련되어 교체 위치 계획도 중요하다. Cutter 수명에 영향을 미치는 인자는 지반 강성(경암>보통암>연암>풍화암), 쉴드 형식, 광물성분 등이다. 광물의 경우 석영, 조장석, 운모, 백운모, 강옥 등의 구성비가 높을 경우 커터마모가 20~30% 정도 빨라진다. 대표적인 커터 수명 예측방법으로 NTNU(Norwegian University of Science and Technology) 모델과 일본 터널기술협회의 경험법을 참고할 수 있다.

(a) 커터 하우징 파손

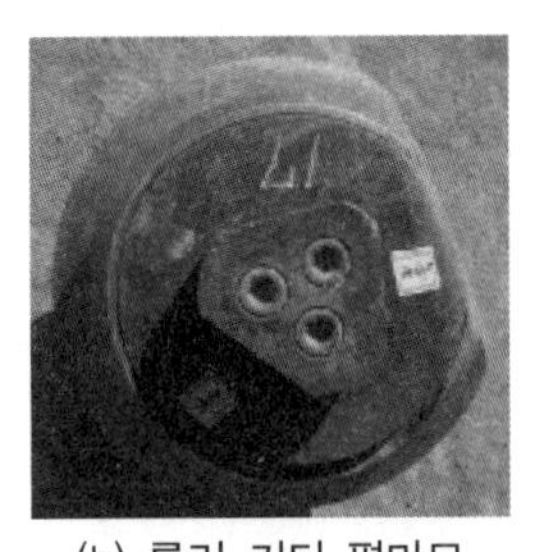

(b) 롤러 커터 편마모

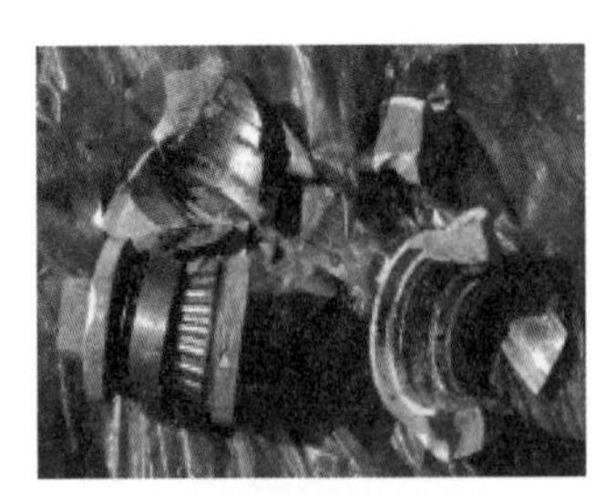

(c) 롤러 커터 손상

그림 E3.28 커터 손상 예

### ① 디스크커터의 수명 예측

NTNU의 커터 수명 예측 모델(Amund Bruland, 1998)은 암반의 물성(석영 함유량) 및 기계적 변수를 커터 수명의 영향요인으로 고려하여, 커터 링의 평균 수명(커터헤드에 장착된 커터의 평균수명)을 다음과 같이 기간, 거리, 굴착량으로 산정한다.

굴착 시간 수명, $H_h = \dfrac{(H_o \times k_D \times k_Q \times k_{RPM} \times k_N)}{N}$ (hr/cutter) (3.16)

굴착 거리 수명, $H_m = H_h \times V$ (m/cutter) (3.17)

디스크커터 1개당 굴착량 수명, $H_f = \dfrac{H_h \times V \times \pi \times D_{tbm}^2}{4}$ (m$^3$/cutter) (3.18)

여기서, $H_o$ : 기본 평균 커터 링 시간수명, $N$ : 커터 개수, $V$ : 굴진속도, $k_D$ : TBM 직경에 따른 보정계수, $k_Q$ : 석영 함유량에 따른 보정계수, $k_{\mathrm{RPM}}$ : 커터헤드 RPM에 대한 보정계수($=\{50/D\}/\mathrm{RPM}$, $D$ : 커터헤드 직경, RPM : 커터헤드 RPM), $k_N$ : 커터개수 차이에 따른 보정계수($=N_C/N_o$, $N_C$=실제 커터 개수, $N_o$=평균 커터 개수)이다. 만일, '$H_m$=10m/cutter'라면, 이는 터널 굴진거리의 각 10m에 대해 커터헤드에 장착된 모든 커터의 총 평균 마모량을 하나의 커터 링으로 표현한 것이다.

일본의 터널기술협회 방법은 1회전당 디스크커터의 관입량 $P$를 구하여(DRI, CLI(3.2.3 굴진율의 NTNU법 참조, 또는 제조사의 추정식 이용), 순굴진 속도($V$, m/hr)를 구하고, 커터 링의 마모한계거리($\lambda$ : Disc cutter의 마모가 한계치에 이를 때까지의 전주(轉走) 거리, km)로부터 커터 소모량(m$^3$/EA)을 산정하는 다음 식을 제안하였다.

굴착시간 수명($h$), $L_h = \dfrac{1000 \times \lambda}{2 \times \pi \times r_m \times n \times 60}$ (3.19)

굴착거리 수명($m$), $L_m = L_h \times V$ (3.20)

디스크커터 1개당 굴착량 수명(m$^3$/EA), $L_v = \dfrac{\pi}{4} \times D^2 \times \dfrac{L_m}{N}$ (3.21)

여기서, $r_m$(m) : 디스크커터가 장착된 평균반경, $n(\text{min}^{-1})$ : 커터헤드 회전속도, $V$(m/hr) : 굴진속도, $N$ (EA) : 총 디스크커터 수, $D$(m) : 커터헤드 직경이다.

**② 커터비트(cutter bit)의 수명의 예측**

토사지반에 대한 커터비트의 수명 예측은 다음의 경험식을 사용할 수 있다.

$$L = \frac{10P\lambda}{2\pi r_m}(\text{m}) \tag{3.22}$$

여기서, $L$ : Cutter의 마모가 한계치에 이를 때까지의 굴진 가능한 터널연장(m), $\lambda$ : 디스크 수명 전주거리, $r_m$ : Cutter의 절삭 반경(m), $P$ : Cutter Head 1회전당 관입깊이(cm/Rev.) 일반적으로 관입깊이는 1~2 cm/Rev.를 표준으로 한다.

NB : 실제로 비트의 수명을 결정하기는 매우 어렵다. 이러한 한계를 근본적으로 개선하기 위하여, 그림 E3.29과 같이 마모를 감지할 수 있는 센서를 장착한 비트도 개발되었다.

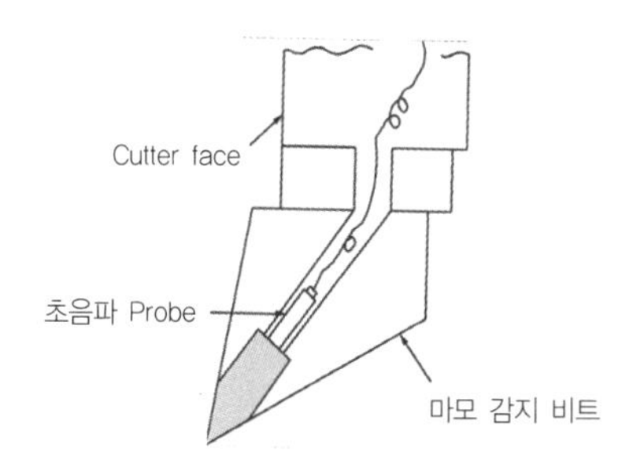


그림 E3.29 마모 감지 센서가 부착된 커터비트

## 3.2.2 TBM 추진원리 : 추력과 회전력

### 3.2.2.1 추력 Thrust Force, Propulsion

추력은 커터헤드를 굴착면을 향해 밀어 내는 힘이다. 추력은 굴착도구에 작용하는 절삭에 필요한 힘, 막장압, 쉴드(skin plate)의 마찰저항(friction) 등을 고려하여 결정할 수 있다. 그림 E3.30에 TBM에 작용하는 추력과 저항력의 작용체계를 예시하였다.

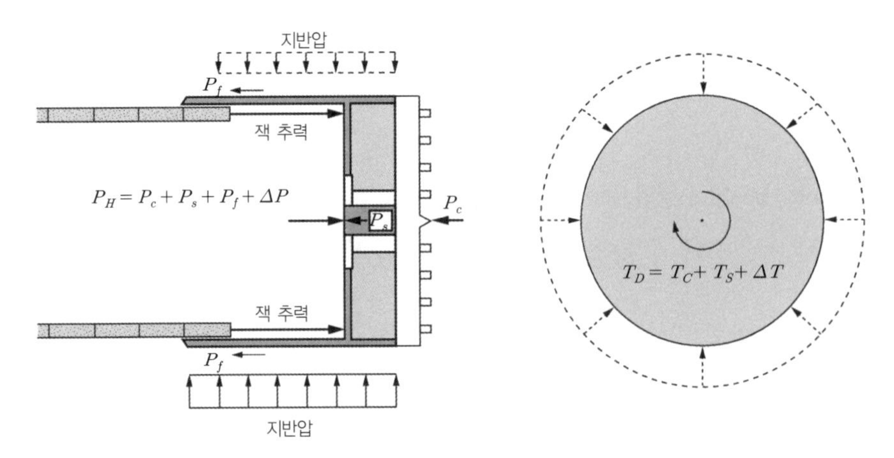


E3.30 밀폐형 쉴드 TBM에서의 소요 추력 및 토크

그림 E3.30에서 쉴드 굴진방향에 대한 힘의 평형조건을 고려하면

$$P_H = P_c + P_s + P_f + \Delta P \tag{3.23}$$

여기서, $P_c$ : 디스크커터(혹은 커터비트)에 작용하는 하중, $P_s$ : 밀폐형 TBM에서 막장압에 해당하는 하중 (open mode에서는 '0'), $P_f$ : 쉴드 외판(shield skin)과 지반 사이의 마찰력, $\Delta P$ : 여유 추력이다.

### 쉴드 TBM의 추력 산정

**① 쉴드전면 굴착 도구(커터비트 및 디스크커터)에 의한 저항, $P_c$**

커터헤드에 설치된 $N$개의 커터를 통해 암반에 전달되는 추력, $P_c$는 다음과 같다.

$$P_c = \sum_{i=1}^{N} p_{ci} = N p_{ci} \tag{3.24}$$

여기서 $N$은 커터의 개수, $p_{ci}$는 $i$번째 디스크커터에 작용하는 수직추력이며, 단위커터당 추력으로서 절삭시험을 통해 평가할 수 있다. 토사터널인 경우, 커터비트만 장착되므로 $P_c$는 다음과 같이 토압을 이용하여 나타낼 수 있다.

$$P_c = a_b \times K \times p_v \tag{3.25}$$

여기서 $a_b$ : 모든 커터비트의 굴진방향 투영 단면적 합, $K$ : 토압계수(주동토압 계수와 수동토압 계수 사이, $K_a < K < K_p$), $p_v$ : 막장 전면에서의 상재압력이다($p_v = \sigma_v + q$).

② **막장 지지압**(support pressure)에 따른 저항(EPB, Slurry TBM만 해당), $P_s$

면판의 수직저항은 TBM의 종류에 따라 다르다. Open TBM의 경우 커터헤드의 수직저항은 거의 대부분 디스크커터에 발생할 것이다. 반면, 쉴드 TBM의 경우 커터비트의 저항과 함께 막장압이 면판에 작용한다. 그림 E3.31은 이를 비교한 것이다.

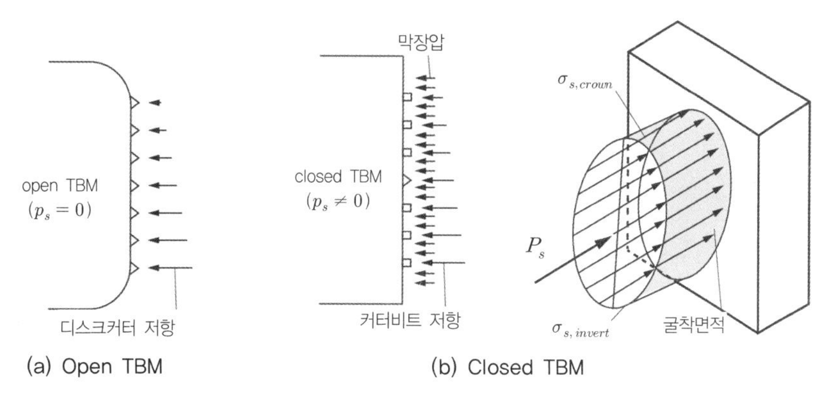


**그림 E3.31** 커터헤드 작용압력(막장압 $p_s$는 전체 커터헤드 단면적에 작용)

$$P_s > p_s + p_w \tag{3.26}$$

여기서, 굴착면적(쉴드기 단면적), $A_o = \pi R^2$

총 수압저항, $p_w = A_o \times \sigma_{w,crown} + \sigma_{w,invert})/2$

굴착면 단위 지지저항 : $p_s = A_o \times (\sigma_{s,crown} + \sigma_{s,invert})/2$

③ **쉴드의 마찰저항, $P_f$**

$$P_f = \mu \times [2\pi \times R \times l \times (p_v + p_h) \times 0.5 + W_S] \tag{3.27}$$

여기서, $\mu = \tan\delta$ : 마찰계수(주면마찰각, $\delta$의 함수), $2\pi R$ : 주면 장, $\sigma_v$ : 상재 토압, $l$ : 쉴드 길이, $q$ : 상재하중, $p_v$ : 수직하중(kN/m$^2$), $p_h$ : 수평하중 , $K_o$ : 정지토압(측압)계수, $W_S$ : 쉴드의 자중(kN)이다. $p_v$와 $p_h$는 각각 다음과 같이 산정한다.

수직하중 : $p_v = \sigma_v + q$

수평 하중 : $p_h = K_o p_v$

표 E3.2 지반에 따른 쉴드면(skin plate, 강재)과의 마찰계수, $\mu$

| 지반 유형 | 마찰계수(friction coefficient) $\mu$ |
|---|---|
| gravel | 0.55 |
| sand | 0.45 |
| loam, marl | 0.35 |
| silt | 0.30 |
| clay | 0.20 |

④ 안전여유($\Delta P$)는 Backup 설비 견인력, 테일실과 라이닝 간 마찰저항, 이상 돌출물에 대한 커터블레이드의 추가적 저항, 그라우팅존의 추가저항, 팽창성 지반으로 인한 추가저항, 곡선부 운전에 따른 추가 저항 등을 고려하여 설정한다.

**NB : 곡선부에서 쉴드기의 조향 저항**

곡선부 굴착 시 쉴드 장비에 2차 휨모멘트가 걸릴 수 있다. 의도적 과굴, 테이퍼 쉴드 원통 사용(뒤쪽보다 앞쪽 직경을 크게), 벤토나이트 윤활제를 쉴드 외곽부에 주입 등의 방법으로 마찰을 저감시킬 수 있다. 벤토나이트로 쉴드 외주면을 도포하면 $\mu$가 0.1~0.2 수준으로 저감된다.

## 추력에 의한 쉴드 원통체의 축방향 안정조건

쉴드 원통체는 추력과 추진잭의 반력으로 상당한 축력을 받게 된다. 쉴드 TBM이 지반 관입파괴를 일으키지 않으면서, 쉴드 원통체(skin plate)가 굴착방향에 대해 구조적으로 안정하도록 스킨 플레이트의 최대단면 저항력 $P_k$가 지반의 최대저항(단위지지력, $q_u$)보다 커야 한다.

$$P_k > 2\pi R q_u t \tag{3.28}$$

여기서, $q_u$(kN/m$^2$) : 지반의 최대저항력, $2\pi R$(m) : 쉴드 주면장, $t$(m) : 스킨플레이트 두께이다. 최대저항 $P_k$ 가 한계치를 초과하면 쉴드의 스킨플레이트가 변형(좌굴손상)될 수 있다. 스킨플레이트의 터널 축방향 저항은 의도적인 과굴착으로 감소시킬 수 있다. 지반조건에 따른 최대 저항력(peak resistance) $q_u$는 표 E3.3을 참고할 수 있다.

표 E3.3 지반조건에 따른 최대저항력, $q_u$

| 지반조건 | 최대저항력, $q_u$ (kN/m$^2$) |
|---|---|
| 암지반 | 12,000 |
| 자갈 | 7,000 |
| 사질토 지반(조밀~느슨) | 6,000~2,000 |
| 이회암(泥灰岩)질 지반 | 3,000 |
| 제3기 충적점토(Tertiary clay) | 1,000 |
| 실트, 제4기 충적점토(Quaternary clay) | 400 |

### 추력의 경제적 제어 : '암반강도-커터하중-관입깊이' 관계 이용

관입깊이는 커터하중, 즉 추력과 관련된다. 그림 E3.32는 일축압축강도에 따른 '**커터하중-관입깊이**' 관계를 보인 것이다. 커터하중-관입깊이 관계는 직선으로 증가하다 어느 한도에 이르면 감소하는 경향을 보이는데, 이는 커터하중 증가로 암석의 **항복**이 일어난 때문이다. 일축압축강도가 작은 무른 암석일수록 작은 커터하중, 작은 관입깊이에서 항복이 발생한다. 커터하중을 이 변곡점 전후(빗금 친 부분)로 제어하면 경제적이다. 관입깊이는 토크 평가를 위한 회전마찰계수 $\mu$ 산정에도 중요하다(그림 E3.35 참조). 관입깊이를 증가시키면 절삭량은 증가하나 요구되는 쉴드의 토크가 증가한다.

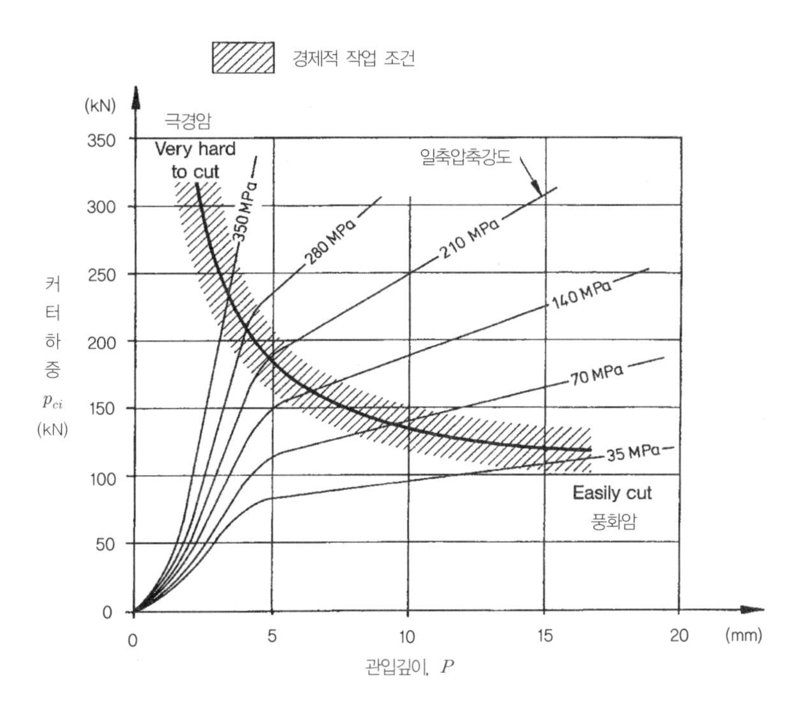


그림 E3.32 암반강도에 따른 경제적 압입깊이와 커터하중(Robbins curves, 1970)

### 추력의 경험적 추정법

추력의 평가는 커터헤드 면판설계에 필수적이지만, 게재되는 여러 불확실성을 감안하여 유사지반의 경험적 적용 사례를 우선 검토해보는 것이 바람직하다. 그림 E3.33은 쉴드 직경과 추력의 경험 사례를 정리한 것이다. 지반에 대한 정보는 담고 있지 않지만, 추력이 쉴드의 종류 및 크기와 관계되므로 TBM 예비검토 시 소요추력 판단에 활용할 수 있다.

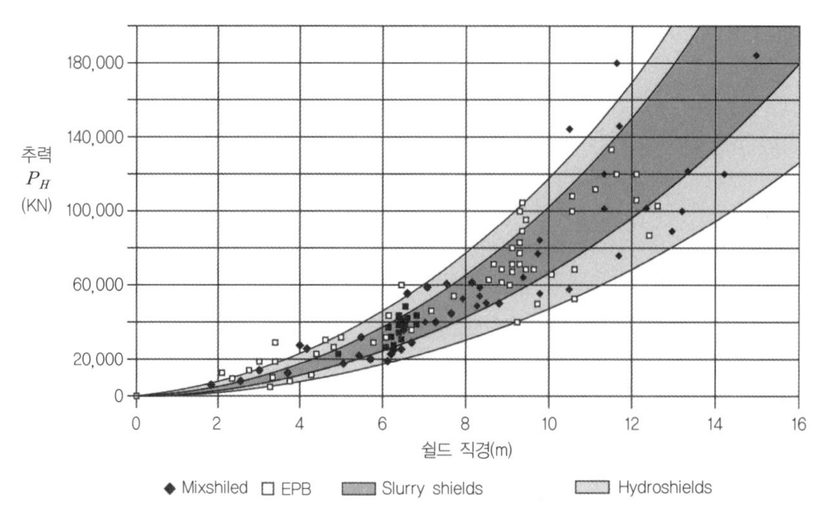


그림 E3.33 최대추력($P_H$) - 쉴드직경($D$) 관계(Data from Herrenknecht)

그림 E3.33의 쉴드 직경-추력 관계는 수식으로도 나타낼 수 있다.

$$P_H = \beta \times D^2 \tag{3.29}$$

여기서 $D$(m)는 쉴드 직경, $\beta$(kN/m$^2$)는 경험계수로서 $\beta$=500~1,200이며, $P_H$의 단위는 kN이다.

$$P_H = (500 \sim 1200) \times D^2 \tag{3.30}$$

사례 분석 결과 쉴드 굴착단면적당 추진력은 100~130ton/m$^2$ 수준이며, 곡선부 시공 및 사행수정을 위해 총 추력에 대한 여유로 안전율 1.5~2.0을 적용한다.

### 3.2.2.2 회전력(토크, torque)

커터헤드의 회전력(torque)은 굴착도구의 회전 저항력보다 커야 한다. 커터헤드의 소요 회전력은 다음과 같이 정의할 수 있다.

$$T_D = T_c + T_s + \Delta T \tag{3.31}$$

여기서, $T_D$ : 소요 토크(밀폐형 쉴드의 경우), $T_c$ : 디스크커터의 회전저항을 극복하기 위한 토크, $T_s$ : 밀폐형에서 이수 또는 굴착토로 채워진 커터헤드를 회전시키는 데 필요한 토크, $\Delta T$ : 원활한 운전을 위한 여유 토크이다.

$$T_c = \sum_{i=1}^{N} p_{ri} r_i \tag{3.32}$$

여기서, $p_{ri}$ = $i$ 번째 디스크커터에 작용하는 (회전)수평추력, $r_i$ = 회전축에서 $i$ 번째 디스크커터까지의 거리이다. 디스크의 회전(수평)하중 $p_{ri}$는 추력(수직)하중 $p_{ni}$에 회전마찰계수를 곱한 것과 같다. 즉, $p_{ri} = \mu_{ri} p_{ci}$. 여기서 $\mu_{ri}$는 $i$ 번째 디스크커터의 회전마찰계수이다. 따라서 $T_c$는 다음과 같이 나타난다.

$$T_c = \sum_{i=1}^{n} \mu_{ri} p_{ci} r_i \tag{3.33}$$

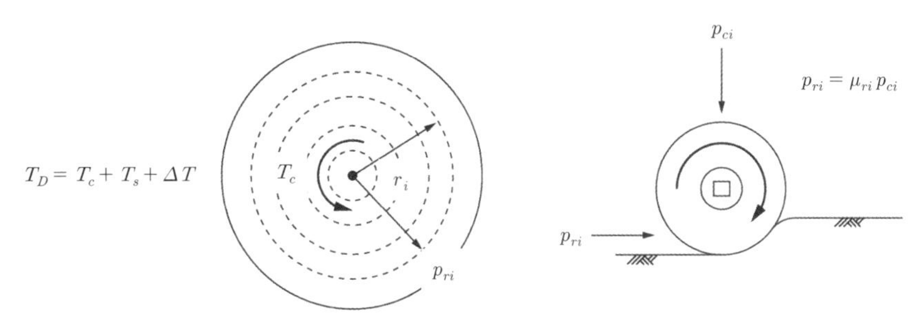


그림 E3.34 디스크커터의 마찰저항

모든 디스크커터의 작용하중과 회전마찰계수($\mu_r$)가 동일하다고 가정하면,

$$T_c = \mu_r p_c \sum_{i=1}^{n} r_i \tag{3.34}$$

회전마찰계수 $\mu_r$은 디스크커터의 관입깊이 $P$가 깊을수록 증가한다. 그림 E3.35에 압입 깊이와 회전마찰계수의 관계를 예시하였다.

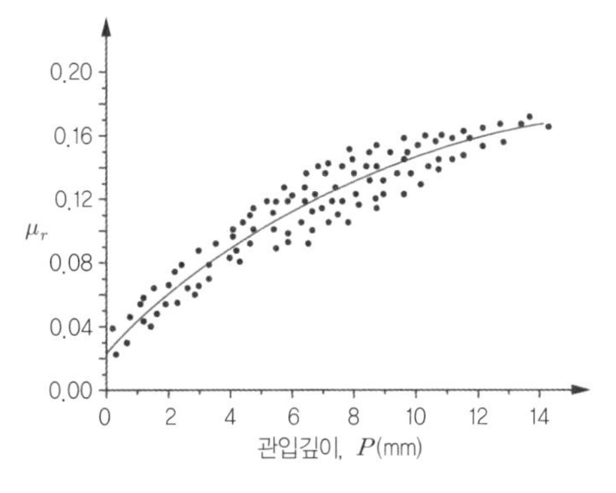


그림 E3.35 커터헤드 관입깊이에 따른 회전마찰계수

### 토크의 경험적 추정법

그림 E3.36은 실제 적용 사례로부터 얻은 쉴드 직경과 토크의 관계를 보인 것이다. 쉴드 유형과 직경이 검토되었다면 이를 이용하여 소요 토크를 추정할 수 있다.

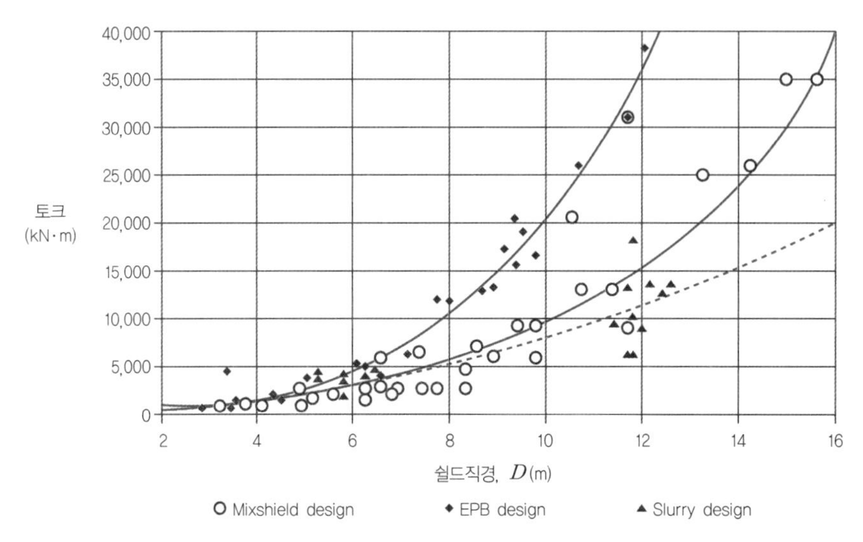


그림 E3.36 쉴드 직경과 토크 상관관계(Data from Herrenknecht)

이론적 고찰에 따르면, 전 소요토크(ton-m) $T_D$는 쉴드 직경($D$)의 세제곱에 비례한다(BTS, 2005).

$$T_D = \alpha D^3 \tag{3.35}$$

여기서, $\alpha$는 기계상수로서 지반과 쉴드기의 마찰특성에 관계된다. EPB에서는 $\alpha$ =2.0~3.0, Slurry 쉴드에서는 $\alpha$ =0.75~2.0이다. EPB에서 계면활성제인 첨가재(foam)의 투입은 TBM의 소요 토크를 저감시켜준다.

### TBM 구동력 power

TBM을 움직이는 데 필요한 구동력은 TBM 토크($T_D$)와 커터헤드의 분당 회전속도($RPM$)의 함수로서 다음과 같이 산정할 수 있다.

$$HP = \frac{T_D 2\pi RPM}{60} (\mathrm{kW}) \tag{3.36}$$

### 3.2.3 굴진율 Advance Rate

#### 3.2.3.1 순 굴진율(속도), $P_r$

굴진율(속도)은 공사기간과 관련되므로 TBM 계획 단계에서 매우 중요한 평가항목이다. 순 굴진율($P_r$, m/hr)은 암반 굴착 시 커터의 1회전당 압입깊이 $P$(mm/rev)와 커터헤드의 회전속도 RPM(rev/min)을 이용하여 다음과 같이 산정한다.

$$P_r(\mathrm{m/hr}) = P(\mathrm{mm/rev}) \times \mathrm{RPM}(\mathrm{rev/min})\frac{60}{1000} \tag{3.37}$$

실제 굴진율은 여러 요인에 지배되므로 대부분의 굴진율 산정 모델은 경험식이며, 순 굴진율(순 굴진속도, $P_r$)에 대한 다양한 예측기법들이 제시되었다. 예비설계단계에서는 일축압축강도나 합경도 등을 이용한 간편법을 사용할 수 있으나, 구체설계단계에서는 암석시험을 토대로 한 방법인 NTNU(노르웨이 과기대), 또는 CSM(미국 콜로라도 Mine School)에서 제안한 방법을 주로 사용한다.

**① 간편법**

**일축압축강도 이용법.** Tarkoy(1985)가 다음과 같이 제안하였다.

$$P_r(\mathrm{m/hr}) = -0.909\ln(\sigma_c) + 7.2349 \tag{3.38}$$

**합경도를 이용한 순굴진속도 산정법.** 실제 커터의 압입깊이는 암반경도(강성)에 따라 달라지며, 따라서 굴진율도 지반의 강성에 따라 달라질 것이다. 지반강성의 지표인 경도와 순 굴진속도의 경험적 상관관계는 다음과 같다.

$$P_r = -0.02H_T + 3.754(\mathrm{m/hr}) \tag{3.39}$$

여기서, 합경도 $H_T$란 슈미트해머 반발경도(평균치) $H_R$과 암석마모경도 $H_A$(=1/마모중량(g))를 이용하여, $H_T = H_R\sqrt{H_A}$ 로 정의한다.

**② NTNU 법**

시추조사 결과와 암석 시험 결과를 이용하여 암반의 절리상태($k_c$), DRI(Drilling Rate Index), CLI(Cutter Life Ibdex)를 평가하여 산정하는 방법이다. Siever's-J value 시험(SJ 값 : 천공비트 200회 회전 천공깊이), 취성도(brittleness) 시험(S20 : 낙하 파쇄시험 후 11.2mm체 통과백분율), NTNU 마모시험(Abrasion Value cutter Steel, AVS) 결과가 필요하다(그림 E3.43 참조).

DRI는 SJ 값과 S20 값과의 상관관계로부터 구하며, CLI는 다음의 경험식으로 구한다.

$$\mathrm{CLI} = 13.84\left(\frac{\mathrm{SJ}}{\mathrm{AVS}}\right)^{0.3847} \tag{3.40}$$

'커터수명 = $f$(CLI, R, …)'의 함수관계를 이용하여 구할 수 있으며, 이에 대한 구체적인 내용은 NTNU의 제공자료를 참고할 수 있다(Amund Burland, 1998). 관입깊이는 $P = f(k_c,\ thrust\ force)$로서 $k_c$는 암반절리 상태를 나타내는 계수로 $k_c = f$(DRI, fracturing factor)이다.

### ③ CSM 법

CMS 모델은 콜로라도 Mining School에서 개발한 경험법이다. 자체시험에 의한 평가기법으로서 장비정보인 $RPM$, $r$, $R$, $w$, 최대 $P$, 최대 커터하중, 순 커터 토크, 추력과 토크 효율이 필요하며, 암반지질정보로서 일축압축강도, BTS, CAI(세르샤 마모시험 결과), 간극률 등이 요구된다.

### ④ $Q_{TBM}$ 이용한 순굴진속도 산정법

Barton 등은 $Q$-시스템 암반분류 기준을 이용하여 TBM의 굴진성능을 예측하기 위하여 $Q_{TBM}$과 이에 기초한 $Q_{TBM}$ - $P_r(A_r)$ 관계를 그림 E3.37과 같이 제안하였다. 이를 수식으로 나타내면 다음과 같다.

$$P_r(\mathrm{m/hr}) = 5(Q_{TBM})^{-1/5} \tag{3.41}$$

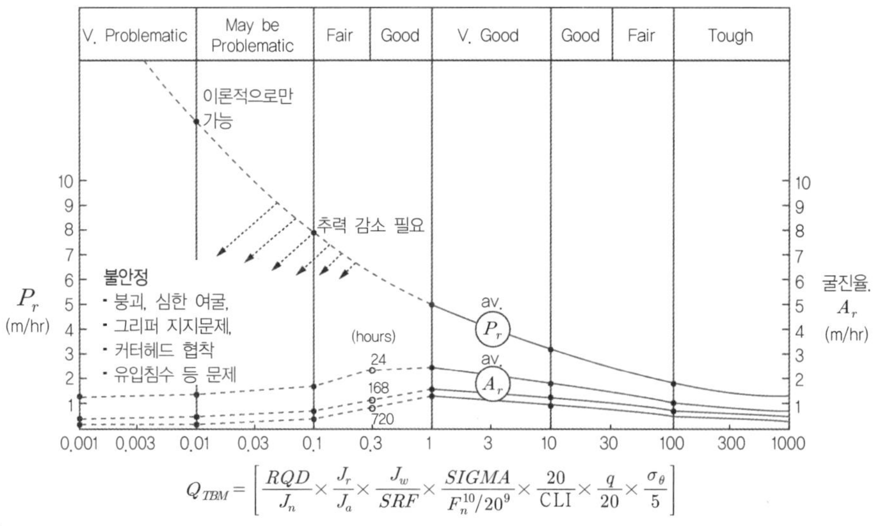


$$Q_{TBM} = \left[\frac{RQD}{J_n} \times \frac{J_r}{J_a} \times \frac{J_w}{SRF} \times \frac{SIGMA}{F_n^{10}/20^9} \times \frac{20}{\mathrm{CLI}} \times \frac{q}{20} \times \frac{\sigma_\theta}{5}\right]$$

$\Sigma = 5\gamma Q_c^{\frac{1}{3}}$, $Q_c = Q \times (\sigma_c/100)$, $\sigma_\theta$ : 터널 막장에 유도된 이축응력(MPa), $\sigma_c$(MPa) : 일축압축강도(≈150MPa), $\gamma$(g/cm$^3$) : 단위중량, CLI : Cutter Life Index, $F_n$ : Average cutter force, $q$ : 석영함유량(%)

**그림 E3.37 $Q_{TBM}$을 이용한 굴진율 산정(after Barton)**

#### 3.2.3.2 굴진율(굴진속도), $A_r$

순 굴진율($P_r$, Net Penetration Rate, m/hr)에 장비효율이나 작업시간 등을 고려한 가동률($U$)을 곱하여 산정한 값을 굴진율(속도)이라 한다.

$$A_r = \frac{\text{굴진거리}}{\text{작업시간}} = \text{가동률}(U) \times P_r(\text{m/hr}) = \text{가동률}(U) \times P_r \times 24(\text{m/day}) \qquad (3.42)$$

실제, 가동률은 추진, 커터교환, TBM 정비, 이동 등 운영상 Downtime 요인과 Thrust Ram Level에 따라 결정된다. TBM 추진력 수준(thrust level)을 약 80%로 할 때 가동률dms 40% 내외로 평가한 예가 있다. TBM 굴착 소요공기는 굴진율($A_r$, gross advance rate, m/day, m/week, m/month)로 부터 다음과 같이 구한다.

$$\text{총 소요 공기} = \text{총 터널길이} \times (1/A_r) \qquad (3.43)$$

$Q_{TBM}$을 이용한 순 굴진율은 $A_r(\text{m/hr}) = P_r(T)^m$로 산정할 수 있다. 여기서, $T$(hr)는 굴진율을 평가하기 위한 시간($T$=24hr → 일별 굴진율, $T$=168hr → 주간 굴진율 등)이며, 상수 $m$은 TBM 수행성능에 따른 계수이다. Barton(2000)은 $m$값을 Best performance(−0.13~−0.17), Good performance(−0.17), Fair performance(−0.19), Poor performance(−0.21), Exceptionally poor performance(−0.25)로 제시하였다.

NB : **현장 검토 사례.** 서울지역 암반에 대한 TBM 공기 검토 예를 살펴보자(안양천변)

1) NTNU 법

시험치의 분포범위 S20=38~48mm, SJ=3~10, AV=2.5~17.5, 석영함유율=14~32, DRI=32~42, CLI=6~13, 석영함유량=14~30%, 간극률=0.3%, $k_c$=0.7~1.5(파쇄등급, 경사, 방향에 따른 계수, 주어진 표로 구함)

TBM 운전조건 가동률 : RPM=4, 추력 약 80% 조건, 평균가동률 37.1%, 최대커터하중의 80%(310kN/cutter)로 조건을 가정하여 산정한 결과는 다음과 같다.

- Penetration Rate=1.57m/hr
- Utilization Rate=36.9%
- Advance Rate=1.54m/hr×24hr×36.8%=13.8m/day
- Total construction period=총연장(m)/13.8m/day

2) CSM법

UCS 80MPa, 밀도=1.8m/m$^3$, 간극률 0.3%인 서울지역 암반에 대하여 D=14.4m, 커터직경=483mm, 최대커터하중=250kN, 추진효율 90%, 최대관입률=8m/hr인 경우, RPM=4, 최대커터하중의 80%(310kN/cutter)로 응력을 가정하여 산정한 결과는 다음과 같다.

- Penetration depth, P=6.45mm
- Rate of Penetration, ROP=1.55m/hr

## 3.2.4 쉴드 TBM의 막장안정 원리

### 3.2.4.1 쉴드 TBM의 내적안정조건

쉴드 TBM은 밀폐형 압력식으로 운영되며, 막장면이 무너지지 않게 하면서 원활한 굴착이 이루어져야 한다. 운전모드의 전환, 보수 및 비트교체를 위한 압력저하 등의 조건에서도 막장이 붕괴에 대해 안정을 확인하여야 한다.

TM3장에서 압력식 쉴드터널의 안정문제를 외적안정과 내적안정 관점으로 구분하여 고찰하였다. **외적안정**은 TM3장의 얕은 연약지반 압력 터널의 안정검토 이론을 적용하여 검토할 수 있다. 반면, **내적안정**은 쉴드 운영 중 굴착면 입자의 탈락, 이동, 흐름 등 굴착면이 변형되지 않고 운전이 가능한 조건을 말한다.

쉴드 TBM 공법은 밀폐형 쉴드로 압력상태를 유지하여 굴착 중 막장의 토압($p_a$)과 수압($\sigma_w$)을 지지한다. 그림 E3.38은 굴착면에 작용하는 최소, 최대 외부압력과 막장압의 분포양상을 보인 것이다.

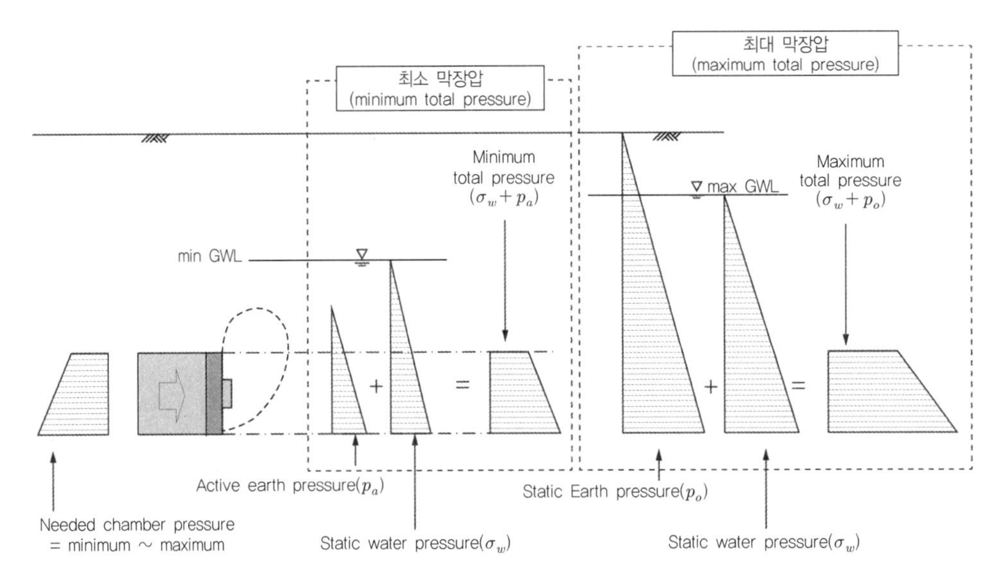


**그림 E3.38 쉴드 TBM 터널의 굴착면 압력조건**

#### 최소 막장압 조건

막장이 붕괴되지 않으려면 굴착면 압력, 즉 막장압 $p_{s,\min}$이 주동토압과 수압을 합한 값보다 커야 한다.

$$p_{s,\min} \ge \sigma_s{}' + \sigma_w = K_a \sigma_v{}' + \sigma_w \tag{3.44}$$

압력손실, 지반 불균일성 등을 고려한 막장압의 여유치 $\delta\sigma_m$($\approx$20kPa)를 감안하여, 최소 막장압은 다음과 같이 관리한다.

$$p_{s,\min} \geq \sigma_s' + \sigma_w = K_a \sigma_v' + \sigma_w + \delta\sigma_m \tag{3.45}$$

지반에 약간의 점착력이 있어, 일시적 자립유지가 가능한 경우라도 막장압은 정수압보다는 커야 한다.

$$p_{s,\min} \geq \sigma_w \tag{3.46}$$

한편, 막장압이 작으면 지반 변형이 일어나기 쉬우므로, 변형제어를 위하여 적어도 정지토압 수준의 막장압이 바람직하다. 막장에서의 3차원 구속효과를 고려하면 주동토압은 평면변형조건의 0.6~0.65배 수준으로 볼 수 있어 $p_{s,\min}$은 다음 조건을 만족하여야 한다.

$$p_{s,\min} \geq (0.6 \sim 0.65) K_a \sigma_v' + \sigma_w \tag{3.47}$$

### 최대 막장압 조건

막장압이 과다한 경우 지반 융기, 이수 유출 등의 문제가 야기될 수 있고, 굴진속도가 저하한다. 일반적으로 막장압은 그림 E3.38과 같이 정지토압과 수압의 합보다는 작게 유지하는 것이 바람직하다.

$$p_{s,\max} \leq K_o \sigma_v' + \sigma_w \tag{3.48}$$

지반융기 등을 방지하려면 막장압 $p_s$는 토피압보다 작아야 하므로, 다음 조건도 만족하여야 한다.

$$p_s \leq \sigma_v \tag{3.49}$$

최소 및 최대 막장압 조건을 고려하면, 막장압의 운용범위는 다음과 같이 설정될 수 있다.

$$(0.6 \sim 0.65) K_a \sigma_v' + \sigma_w \leq p_s \leq K_o \sigma_v' + \sigma_w \tag{3.50}$$

쉴드터널의 최소막장압은 굴착면 이완토의 주동토압과 최저수위의 수압이며, 최대치는 굴착면 정지토압과 최고 수위의 수압이다. 앞에 언급한 대로 지반에 점착력이 있어서 일시적 자립이 가능한 지반이라도 막장압은 최소 정수압 이상이어야 하며, 경험상 '정수압+0.5Bar' 수준으로 운영한다.

## 3.2.4.2 EPB 쉴드의 막장안정

EPB 쉴드의 막장안정 메커니즘은 굴착면에 작용하는 토압과 수압을 막장에서 소성화된 토사의 이 토압을 이용하여 균형을 이루게 하는 것이다. EPB 굴착토의 유동성이 충분하지 못하면 압력전달이 균일하지 못해 불안정이 야기될 수 있다. 이를 개선하기 위해 굴착토에 첨가재를 가하면 토사가 유동화되어 균일한 막장압을 유지할 수 있다.

그림 E3.39는 커터 챔버 내 압력분포를 예시한 것이다. 유동성토사가 스크류 컨베이어를 통해 배출될 때, 배출구에서 **압력 저하**가 일어나기 쉽다. 따라서 스크류에서 밀폐조건을 형성하여 유동토사로 압력 손실을 막아주는 Plug 형성, 압력손실 방지를 위한 주입 등의 대책이 고려된다.

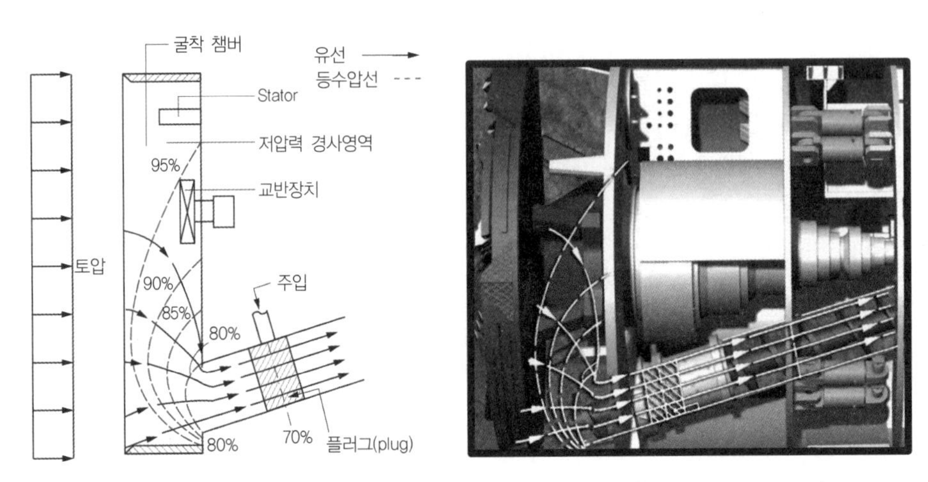


그림 E3.39 EPB 쉴드 내 굴착토의 이동과 챔버 압력 분포(after Krause, 1987)

EPB 쉴드를 적용하는 경우 지반의 투수성이 너무 낮으면 유동성 토사 막장에 지하수의 배수 경로가 형성되는데, 첨가재를 투입함으로써 유입경로 형성을 방지할 수 있다. 한편, 추력에 의한 지반압 $p_s$가 과다하면 토사의 유동작용이 잘 형성되지 못해 막장안정, 챔버관리 및 배토문제가 발생한다.

첨가재인 폼(foam)제를 분사하면 기포가 생성되어 굴착토의 유동성 증가는 물론 점토가 굴착도구에 부착되는 문제도 개선된다. 다만, 일정시간이 지나면 기포가 소멸하므로 연속투입이 필요하다. 일반적으로 투수계수가 크거나, 유동성이 부족할수록 첨가재 투입을 늘려야 안정유지에 유리하다.

### 3.2.4.3 슬러리 쉴드의 막장안정

슬러리 쉴드는 슬러리 안정액의 이수압으로 굴착면에 작용하는 토압과 수압을 지지한다. 슬러리액은 굴착지반의 성상에 따라, 그림 E3.40(a)와 같이 **이막(filter cake)**을 형성하거나, 그림 E3.40(b)와 같이 지반 침투력을 야기하여 막장안정에 기여한다.

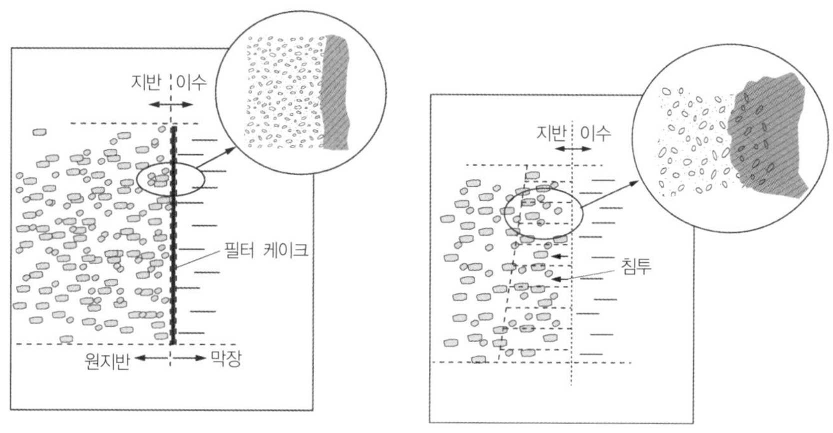


(a) Membrane model : 저투수성 지반 (b) Penetration model : 고투수성 지반

**그림 E3.40 침투 및 이막(filter cake) 형성 메커니즘(after Maidle et al., 2012)**

### 이막에 의한 막장안정 filter cake

지반의 투수성이 낮은 경우 굴착면과 원지반 사이에 슬러리 이막(filter cake)이 형성된다. 이막에 의해 굴착면 내측의 막장압과 슬러리 액의 정수압에 상응하는 압력이 굴착면 외측의 수압 및 주동토압과 평형을 이루어 안정상태를 유지한다. 따라서 이막 형상은 가장 바람직한 Slurry TBM의 안정조건이나, 비교적 투수성이 낮은 세립실트나 점성토 지반에서만 이막이 형성된다.

### 침투 penetration에 의한 막장안정

투수성이 큰 사질토 지반에서는 그림 E3.40(b)와 같이 이막은 형성되나 어느 정도 침투가 일어난다. 하지만 투수계수가 상당히 큰 사력지반의 경우 이막 형성 없이 침투가 과다하게 일어날 수 있다. 이수가 과도하게 침투하면 이 수압이 막장에 유효하게 작용하지 않으며, 침투력도 활용할 수 없다. 오히려 간극수압이 상승하고 유효응력이 저하하여 막장안정이 저해될 수 있다.

이수의 침투가 일어나는 비교적 투수계수가 큰 지반($k=1\times10^{-5}$m/sec)에서는 슬러리 용액의 침투력을 이용해 막장의 안정을 도모할 수 있다. 슬러리 침투거리가 $S$이고, 설계 막장압이 $p_s$이면, 슬러리 지체경사($i_s \approx$ 동수경사, stagnation gradient)는 다음과 같이 나타낼 수 있다.

$$i_s = \frac{p_s}{S} \tag{3.51}$$

침투거리 $S$가 증가할수록 그림 E3.41(a)와 같이 지체경사(동수경사)는 작아지고 침투력은 감소하므로, 침투거리를 적정하게 관리해야만 유효한 침투력을 유지시켜 막장안정을 도모할 수 있다.

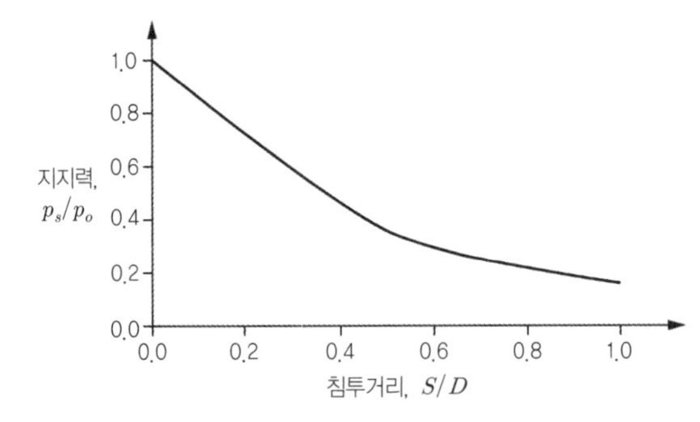


(a) 이수침투에 따른 지지압 감소 특성

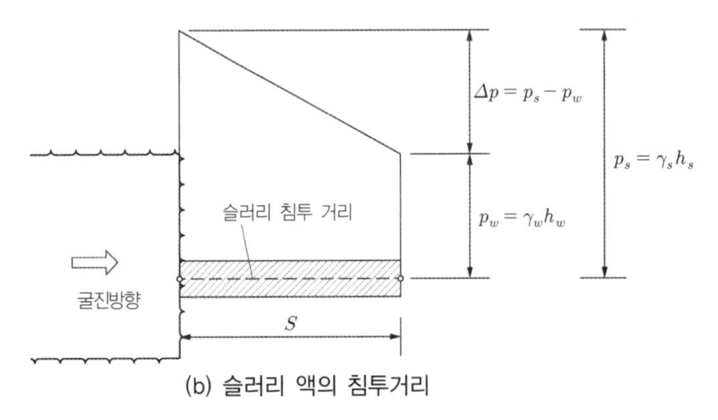


(b) 슬러리 액의 침투거리

**그림 E3.41** 투수성이 큰 지반의 슬러리 침투거동(DIN 4216)

슬러리 액의 침투 거리 $S$는 압력차와 입자 유효입경($d_{10}$ : 10% 통과 입경)에 비례하고, 슬러리의 전단강도($\tau_F$)에 반비례한다.

$$S = \frac{\Delta p d_{10}}{2\tau_F} \tag{3.52}$$

여기서, $\Delta p$는 막장 슬러리 액의 압력과 원지반 지하수압의 차이며, $\tau_F$는 슬러리 전단강도로서 액성한계에 비례한다.

침투거리 $S$의 증가는 안전율 감소를 의미하므로 같은 막장압에 대하여 입자 유효입경이 커지면 안전율이 감소한다. 지반의 입경을 제어할 수 는 없으므로 결국 압력차를 줄이거나, 슬러리의 전단강도를 증가시켜야 안정성을 향상시킬 수 있다. 침투길이는 실험을 통해 평가할 수 있다.

Anagnostou & Kovari(1996)의 실험 결과에 따르면 세립토에서는 **슬러리압을 올리면 안전율이 증가**한다. 하지만 지반의 $d_{10}$이 2mm 이상이면, 슬러리압 증가는 침투거리만 증가시켜 용액손실을 초래하고 안정에 도움이 되지 않는다. 조립토인 경우에는 오히려 **슬러리 액의 농도를 증가**시키는 것이 안정 향상에 도움됨이 확인되었다. 농도의 증가는 슬러리 전단강도를 증가시켜 침투거리를 감소시킨다.

## 3.3 쉴드 TBM 공법의 설계

### 3.3.1 쉴드 TBM 공법의 적용성 검토

TBM 설계는 최적 시공성을 갖는 경제적 장비설계를 포함한다. 실제 쉴드TBM의 설계는 유사사례 분석을 토대로 최적 장비를 선정하여 제조업체에 주문하고, 장비제조업체와 협업으로 작업능력의 검토, 막장안정조건 등을 검토하는 방식으로 이루어진다. 쉴드 TBM 공법의 주요 설계항목은 다음과 같다.

- 장비의 선정 및 작업능력 검토
- 막장 안정 검토
- 세그먼트 라이닝 검토(제작 검수, 품질관리)
- 지원시설(back-up 설비 : 플랜트, 동력설비, 부대시설 등) 검토

쉴드 TBM의 설계의 일반적 절차를 그림 E3.42에 예시하였다.

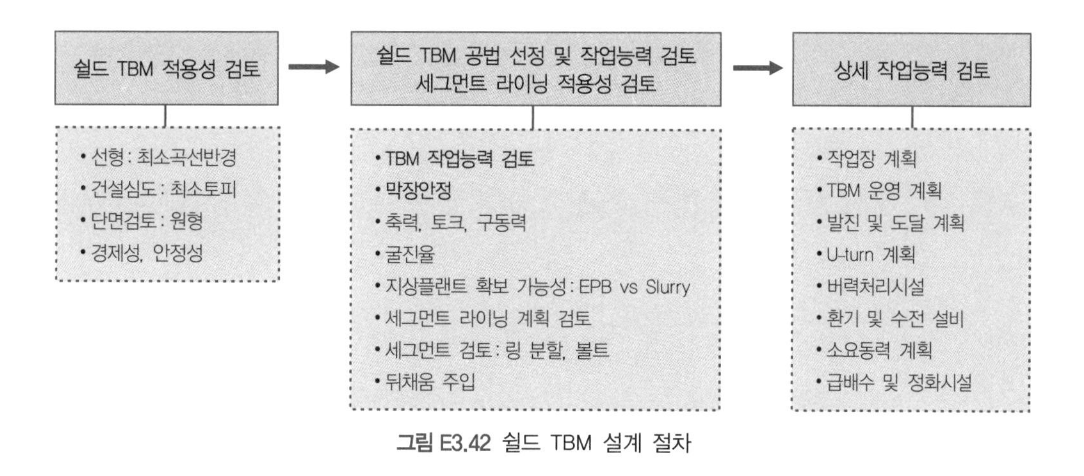


그림 E3.42 쉴드 TBM 설계 절차

이 외에도 지원시설로서 굴착토사 적치장 확보, 대용량 동력설비 확보(소요전력 예 : 전력구 1,700~2,000KVA, 지하철단면 : 2,800~3500KVA, 철도(D8.41) : 5,600KVA), 지상플랜트 등을 검토하여야 한다.

#### TBM 적용을 위한 지반조사

TBM은 비교적 안전하고, 고속 굴착의 이점이 있으나, 굴착 중 막장지질을 확인할 수 없어 지반변화 대응이 용이하지 않으므로, 세밀한 지반조사가 필요하다. ITA Working Group(2000)은 TBM 장비 선정 시 고려하여야 할 지반조건으로 **지반의 불연속성, 지하수 성분, 지반강도** 등을 제시하였다.TBM 설계항목에 따라 요구되는 주요 지반조사 내용을 표 E3.4에 정리하였다. 그림 E3.43은 굴착 성능평가에 필요한 **암석시험법**을 예시한 것이다.

**표 E3.4** TBM설계를 위한 지반조사 항목(◎ : 활용도 높음, ○ : 활용 가능)

| 주요 지질조사 항목 \ TBM 설계항목 | | TBM 형식 선정 | | | (순) 굴진속도 | 커터 소비량 | 세그먼트 계획 |
|---|---|---|---|---|---|---|---|
| | | 기본 형식 | 그리퍼 압력 | 커터 설계 | | | |
| 지형·지질조사(지층구성) | | ○ | | ○ | ○ | | |
| 토질시험(강도 및 입도분포, 투수성 등) | | ○ | ○ | ○ | ○ | | ○ |
| 일축압축강도(core) | N/mm$^2$ | ○ | ○ | | ○ | ○ | |
| RQD | % | ○ | | | | | ○ |
| 탄성파속도(core, 암반) | km/s | ○ | ○ | | ◎ | | ○ |
| 절리의 간격과 방향(암맥, 단층 등) | | ◎ | ○ | ◎ | ◎ | ○ | |
| 석영 함유율 | % | | | | ◎ | ○ | |
| 굴진성능 평가시험((관입, 세르샤, NTNU 등) | | | | ◎ | ◎ | ○ | |
| 용수량·지하수위(수압, 투수성) | | ○ | | | | | ◎ |

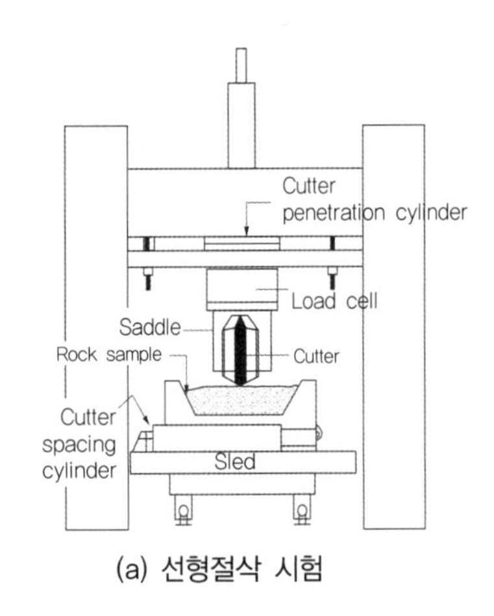


(a) 선형절삭 시험

(b) 취성도 시험(brittleness test) → S20

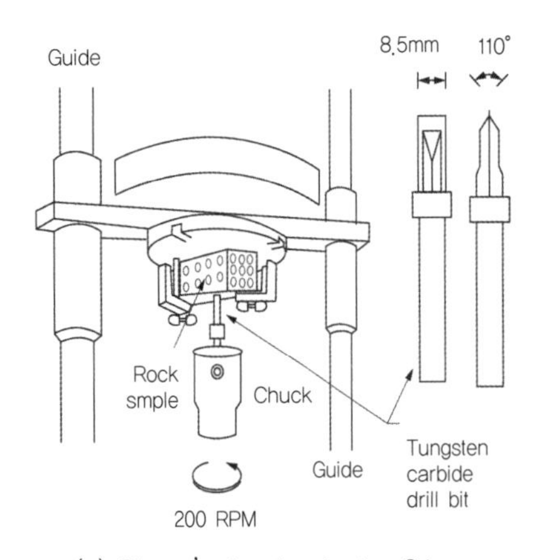


(c) Siever's J-value test → SJ

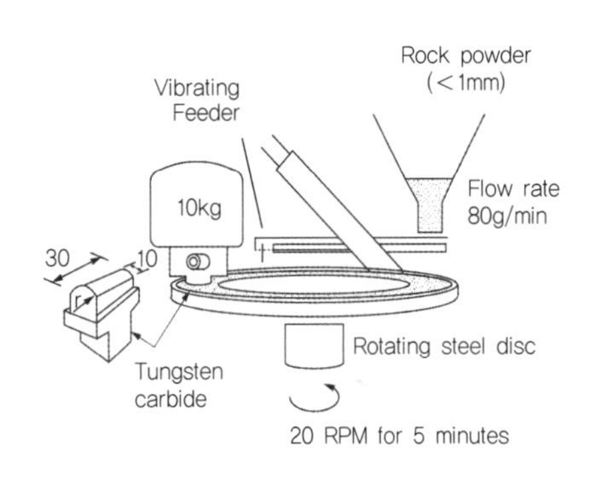


(d) NTNU 마모시험 → AVS

**그림 E3.43** 주요 굴진성능 평가시험

## 3.3.2 쉴드 TBM 장비 형식 결정

### 3.3.2.1 쉴드 TBM의 규모(굴착직경) 결정

#### 쉴드 TBM의 직경과 굴착경

TBM 굴착경은 소요내공과 세그먼트라이닝 두께, 장비 특성 등을 고려하여 정한다. 그림 E3.44(a)에 쉴드 TBM 단면구성 요소를 예시하였다.

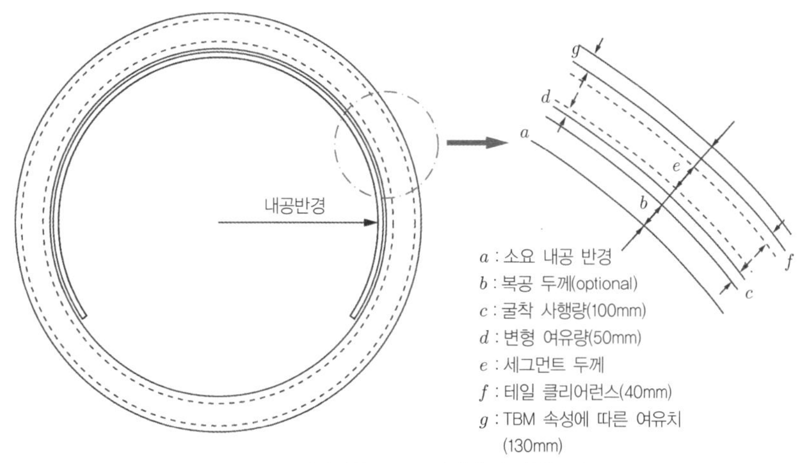


(a) 쉴드 TBM 굴착경 결정요소

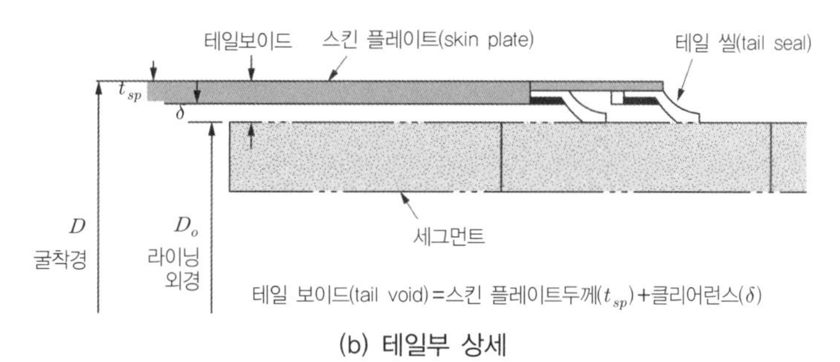


(b) 테일부 상세

**그림 E3.44 세그먼트 라이닝 굴착경과 테일부 상세**

그림 E3.44(b)로부터 쉴드 TBM의 굴착경($D$)은 세그먼트 링의 외경($D_o$), 테일 클리어런스($\delta$), 스킨 플레이트 두께($t_{sp}$)를 고려하여 다음과 같이 정한다.

$$D = D_o + 2(\delta + t_{sp}) \tag{3.53}$$

**테일 클리어런스**(tail clearance)란 테일 스킨 플레이트(tail skin plate)의 내면과 세그먼트 외면 사이의 간격($\delta$)을 말한다. 그 크기는 곡선시공에 필요한 최소 여유, 세그먼트 조립 시 여유 등을 고려하여 결정되는데 보통 20~40mm 정도이다. 테일 스킨 플레이트의 두께($t_{sp}$)와 테일 클리어런스($\epsilon$)의 합($\Delta = t_{sp} + \delta$)을 **테일 보이드**(tail void)라 한다. 그림 E3.45는 세그먼트 외경이 3.0m인 전력구 터널의 굴착경 산정 예를 보인 것이다.

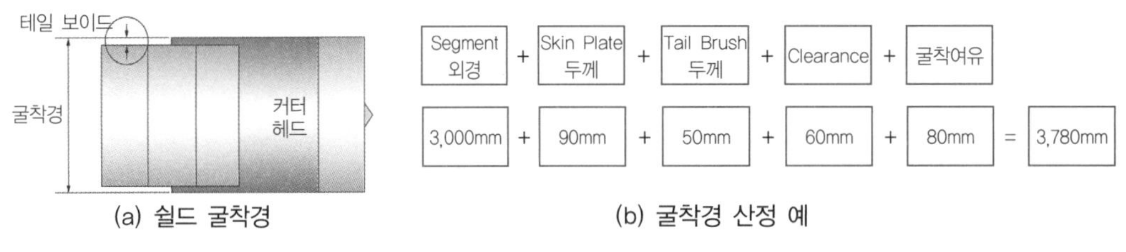


(a) 쉴드 굴착경 (b) 굴착경 산정 예

그림 E3.45 TBM 터널의 굴착경 결정

### 쉴드 TBM의 길이

쉴드의 크기는 현장조건이나 장비특성에 따라 크게 다르나 대체로 그림 E3.46을 참고하여 평가할 수 있다. **쉴드 원통체의 길이는 쉴드 외경의 1~3배 수준**이다.

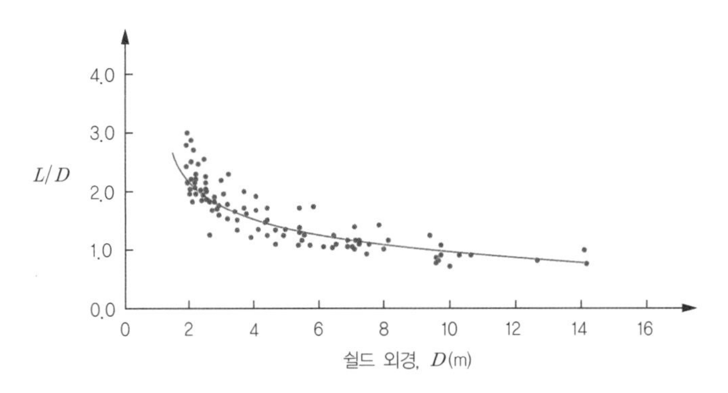


그림 E3.46 쉴드 TBM 외경과 본체 길이($L$)의 관계

NB : **쉴드 TBM 원통체의 구조적 안정성.** 쉴드 TBM 선정 시 강재원통형 쉴드 구조체의 안정성도 검토하여야 한다. 토압(횡단면 안정)뿐 아니라 추진력(종단면 안정)에 의해 쉴드장비가 변형되거나 손상되지 않도록 안정성을 확보하여야 한다. Analytical methods(full load approach), 또는 Numerical methods(FEM)로 검토한다.

### 3.3.2.2 토질 조건을 고려한 쉴드 형식 결정

TBM 장비의 설계는 장비의 규모, 커터 형식, 개수, 배치, 축력, 토크 등의 결정을 포함한다. TBM은 주문제작이므로 제조업체와 터널설계자가 지반조건 및 장비성능 등에 대하여 협업, 검토하는 방식으로 진행된다.

쉴드 TBM의 적용성 검토에 있어 가장 중요한 요소는 굴착대상지반의 입도분포이다. 그림 E3.47에 입도분포에 따른 쉴드 TBM의 종류별 적용구간을 예시하였다.

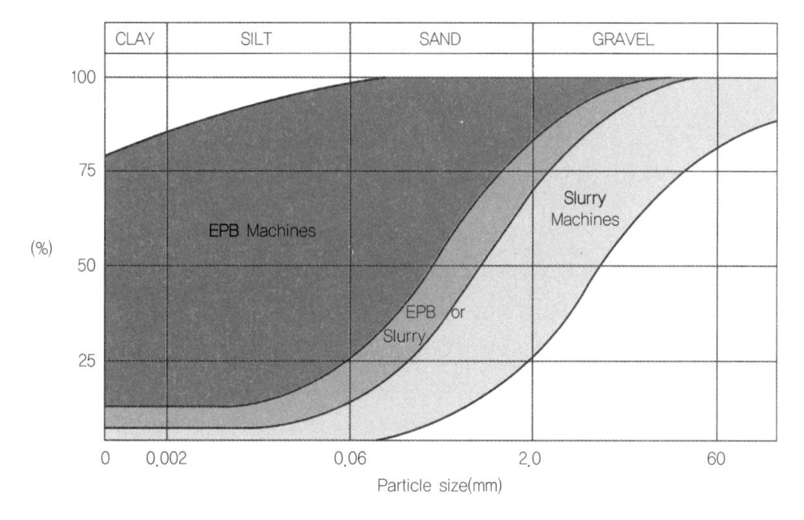


**그림 E3.47** 입도분포에 따른 쉴드 TBM의 적용성(after BTS/ICE 2005)

세립분(#200체(75$\mu$m) 통과량이 20% 이상)인 지반은, EPB 쉴드가 배토 Screw Plug 형성이 용이하여 압력유출제어가 용이하고, 지하수제어도 잘 되어 효과적이다. 이러한 지반에 Slurry Shield를 적용하면 지상 플랜트에서 Slurry와 굴착토(spoil)의 분리(separation)가 어려워지는 문제가 있다. 반면, 세립분(#200체 통과량)이 10% 이하인 경우(입도가 나쁘거나 세립이 아닌 경우)에는 챔버압력을 유지하기 위하여 배토 Screw에 첨가재를 추가 주입하여야 하는데, 첨가재 소요가 크게 늘어나므로 EPB 적용이 유리하지 않다.

그림 E3.47의 'EPB or Slurry' 영역은 지반의 유동화를 위해 점성의 점토질 서스펜션 또는 고분자 포말의 첨가재가 필요한 영역이다. EPB는 최대 2.0Bar의 압력조건에서 투수계수가 $10^{-5}$m/sec를 넘지 않아야 유리하다. 이 영역의 오른쪽은 투수성이 매우 높아, 첨가재를 많이 투입하여도 막장의 지지능력을 향상시키기 어려우므로 Slurry 쉴드가 유리하다.

그림 E3.48에 지반 연경도($I_c$)에 따른 EPB 쉴드의 운전모드와 첨가재 투입범위를 보였다. 연경도가 0.75 이하인 경우 밀폐모드운전이 바람직하며, 그 이상이면 개방모드운전이 가능하다. 첨가재 주입은 $I_c$ = 0.5~1.0인 지반에서는 커터헤드 **개구부 폐색현상**(clogging) 방지에 도움이 되며, $I_c > 1.0$ 경우에는 막장토의 소성유동화로 굴진율을 높여주는 효과가 있다.

소성지수(PI)가 크면(sticky clay), EPB 굴착부에서 **굴착토가 덩어리지는(balling) 현상**이 야기되기 쉬우므로 이를 고려하여 주입재를 선정한다(이런 지반에 Slurry Shield를 적용하면, 이수처리 플랜트에서 토사의 '분리(separation)'가 어렵다).

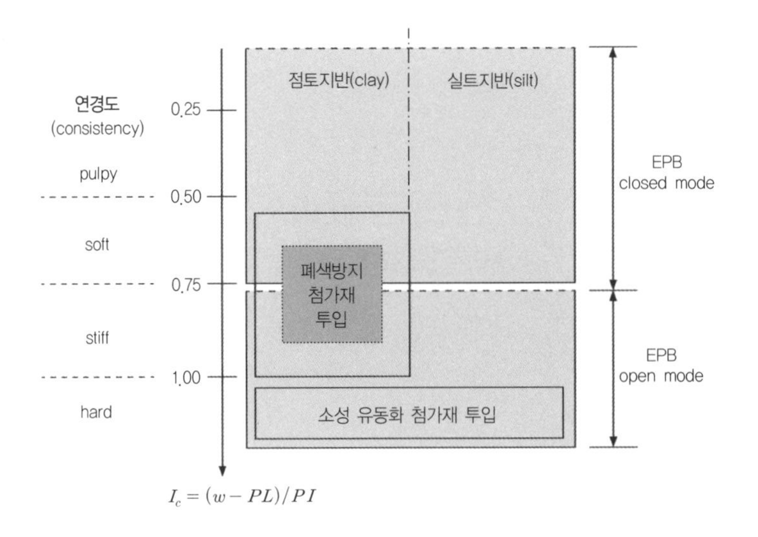


(liquidity Index, $I_c = (w - PL)/PI$, $w$ : water content(%), $PL$ : plastic limit, $PI$ : plastic index)

그림 E3.48 EPB 쉴드의 지반 연경도에 다른 첨가재 주입 및 운전모드

Slurry 쉴드장비는 점성토 비율이 낮은 사질토, 모래질 사질토에 적용성이 높다. 하지만 자갈비중이 큰 경우 이수의 지층침투가 과다해져, 이막(filter cake)이 형성되지 않으므로 농도증가 등 추가적 대책이 필요하다.

### 3.3.2.3 EPB 쉴드와 슬러리 쉴드 TBM의 적용성 비교

그림 E3.49는 투수계수에 따른 EPB와 Slurry 쉴드의 적용성을 비교한 것이다. 두 공법의 투수계수 적용 경계는 $10^{-5}$m/sec 정도이다. EPB의 경우 주입재를 늘리면 더 높은 투수성 지반에도 적용할 수 있다. 터널 위치의 정수압은 TBM 선정에 중요한 요소이다. 고수압, 고투수성 조건에서는 배토관(screw)에서 Plug 형성이 어려워 챔버압 유지가 곤란하다. 따라서 고수압 조건에서는 Slurry Shield가 EPB보다 유리하다. 표 E3.5는 두 쉴드 TBM 장비특성을 비교한 것이다.

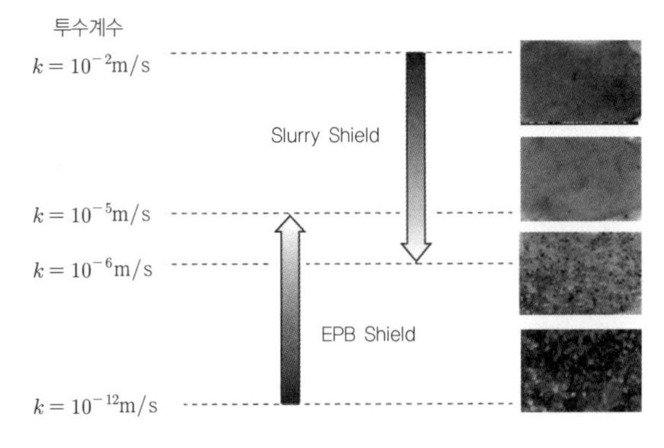


그림 E3.49 투수성에 따른 쉴드 TBM 적용성

표 E3.5 EPB 쉴드와 Slurry 쉴드의 장비 특성 비교

| 항목 | EPB 쉴드 | Slurry 쉴드 |
|---|---|---|
| 커터헤드 구동력(cutterhead power) | High | Low |
| 동력소요(site power requirement) | Moderate | High |
| 초기투자비(capital cost) | Low | High |
| 부지소요규모(site size) | Moderate | Large |
| 버력처리(spoil disposal) | Easy | Complex |
| 굴착진도(spread of excavation) | Fast | Moderate |
| 터널청결상태(cleanliness of tunnel) | Poor | Good |
| 침하억제 대책(settlement control) | 첨가재 주입량 증가 | 슬러리 압 증가 |
| 큰 돌 등 처리(boulder measure) | Crusher 구비 여부 | Crusher 구비 여부 |
| 지장물 처리 | 막장에서 발견 및 처리가 어려움 | 막장에서 발견 및 처리가 어려움 |
| 보조공법 적용 | 사질층에서는 지반개량이 필요 | 원칙적으로 필요가 없음 |
| 버력처리 문제 | 비교적 적음 | 이수처리의 능률에 제약 |

### 전환형 다기능 쉴드 convertible shield, mixshield

막장지지 방법, Open 또는 Closed 등의 기능을 조합한 쉴드기를 Hybrid Shield, Convertible Shield, 또는 Convertible Mixshield라 한다(원래 Mixshield란 명칭은 당초 독일에서 슬러리 모드(토사용)와 Open 모드(암반용)의 조합 기능의 쉴드를 지칭하였으나, 최근 기능 병합 쉴드기란 개념으로도 사용되고 있다). 지반조건(투수성)에 따라 EPB Mode와 Slurry Mode를 선택할 수 있는 Convertible Mixshield의 적용범위를 그림 E3.50에 나타내었다. 일반적으로 투수계수가 $10^{-5}$m/sec보다 큰 경우, Convertible Mixshield를 적용할 수 있다. $10^{-3}$ m/sec보다 크면 Slurry Mode, $10^{-4}$m/sec보다 작으면 EPB Mode로 운전한다.

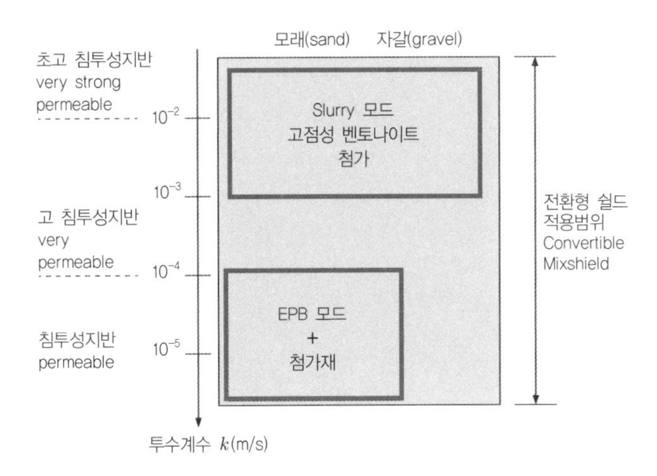


그림 E3.50 전환형 쉴드(convertible mixshield)의 적용범위

**BOX-TE3-3　지반조건별 쉴드 TBM의 적용성(BTS Guidelines)**

**견고한 지반**(firm ground) : 자립능력이 충분히 큰 지반이면 쉴드의 적용이 필요 없다.

**입자 분리(흘러내리는) 지반**(raveling ground) : 지하수 아래의 모래, 실트, 자갈

굴착교란에 따른 입자탈락으로 과굴착(여굴)이 일어날 수 있다. 지반에 주입 보강대책을 시행한 후 오픈 TBM을 적용하거나, 밀폐형 TBM을 적용한다.

**압착성지반**(squeezing ground) : 연약점토, 장기간 노출된 강성점토

굴착으로 발생한 굴착경계 응력이 막장부 지반에 소성유동을 야기하므로, 밀폐형 TBM이 바람직하나, 굴착 중 쉴드기가 지중에 교착(trapped)될 수 있으므로 작업 시 유의하여야 한다.

**팽창성지반**(swelling ground) : 과압밀 점토, 팽창성광물 포함 지반

지하수 흡수로 체적이 팽창하는 지반으로, 밀폐형 TBM이 바람직하나, 이 경우에도 굴착 중 쉴드기가 지중에 교착(trapped)될 수 있어 유의가 필요하다.

**연약암반**(weak rock) : 풍화암

풍화암은 터널 굴착 관점에서는 연약지반(soft ground)에 해당한다. 단기적으로는 자립능력이 있어 밀폐형 쉴드 TBM이 필요하지 않을 수 있으나, 지하수가 변수이다. 지하수 억제 및 정수압 대응이 필요한 경우 밀폐형 Slurry 쉴드 TBM이 유리하다.

**고수압조건의 경암반**(hard rock)

자립능력이 충분한 지반이므로 쉴드 TBM을 적용할 필요가 없지만, 수압에 대응하고, 유입수의 침투를 제어하고자 한다면 밀폐형 TBM을 적용한다. Slurry TBM이 밀폐압 유지에 유리하다.

**복합지반**(mixed ground) : 풍화토+풍화암+경암

일반적으로 밀폐형 쉴드로 대응하기가 매우 어려운 지반이다. 복합지반의 경우 지층의 구성성분이 터널축을 따라 구간별, 수직, 수평방향으로 변화할 수 있는데, 수직으로 변화하는 경우(하부 암반, 상부 토사) 특히 대응이 어려우므로 가능하다면, 선형 계획 변경을 통해 해당 지층을 피하는 것이 바람직하다. 복합지반은 모드(mode) 변경(open↔closed)이 가능한 전환형(convertible) TBM이 유용하다. 수직변화 지층에서는 굴착속도를 늦춰야 암반에 대응할 수 있다. 이런 지반에서는 상부 토사의 과굴착이 일어나 지표침하, 붕괴 등이 야기될 수 있다.

### 3.3.3 세그먼트 라이닝 설계

세그먼트의 치수 및 크기는 쉴드 TBM 터널의 굴진속도 및 작업시간을 지배하며, 세그먼트의 제작비는 터널 공사비의 약 20~40%에 이르므로 세그먼트 라이닝 설계는 쉴드터널의 설계에 중요한 부분이다.

#### 3.3.3.1 세그먼트 라이닝 계획

**단면크기 결정**

세그먼트라이닝 터널단면의 크기는 해당 프로젝트의 설계규정에서 정하는 건축한계와 환기팬 등 내부수용시설(환기설비, 대피로)의 포락선을 포함하되 여유치를 감안하여 원형(circular shape)으로 계획한다.

### 세그먼트 부재 계획

그림 E3.51은 세그먼트 라이닝의 지보 개념을 관용터널 지보와 비교한 것이다. 굴착 중 쉴드가 일시적 지보 역할을 하나, 굴진과 함께 단일구조 라이닝(one pass lining)인 세그먼트가 지반하중을 지지하게 된다.

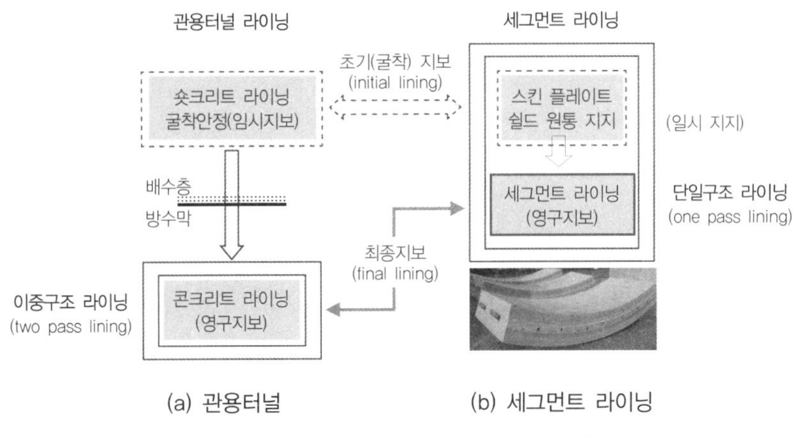


(a) 관용터널　　(b) 세그먼트 라이닝

**그림 E3.51** 세그먼트 라이닝의 지지 개념 비교

세그먼트는 별도의 지상 작업장에서 제작되는 프리캐스트 라이닝 부재로서 재질, 링의 구성, 세그먼트 분할 개수, 조인트 형식, 곡선 시공을 위한 테이퍼 계획 등이 주요 설계 검토사항이다.

**세그먼트 재질.** 쉴드 TBM 터널 초기에는 강재 세그먼트가 많이 사용되었으나, 방청처리(부식 방지)로 인한 비용 증가로, 횡갱 연결부와 같이 향후 추가공사 시 제거하여야 하는 경우에만 제한적으로 사용된다. 콘크리트의 성능향상에 따라 최근에는 주로 철근콘크리트 세그먼트가 사용되고 있다. 철근콘크리트 세그먼트는 내부식성 및 내열성이 양호하며, 부식 염려가 없고 강재에 비해 제작비가 저렴하다.

(a) 철제 세그먼트(iron segment)

(b) 콘크리트 세그먼트(concrete segment)

**그림 E3.52** 세그먼트 라이닝의 종류

**세그먼트 분할 수.** 여러 개의 세그먼트로 구성되는 세그먼트 라이닝의 축방향 단위길이를 세그먼트 링(ring)

이라 한다. 터널 외경이 2,150~6,000mm의 경우는 5~6개의 세그먼트, 외경 6,300~8,300mm의 경우는 6~8개의 세그먼트로 분할한다. 이보다 단면이 큰 철도·도로터널에서는 8~11분할을 적용하기도 한다.

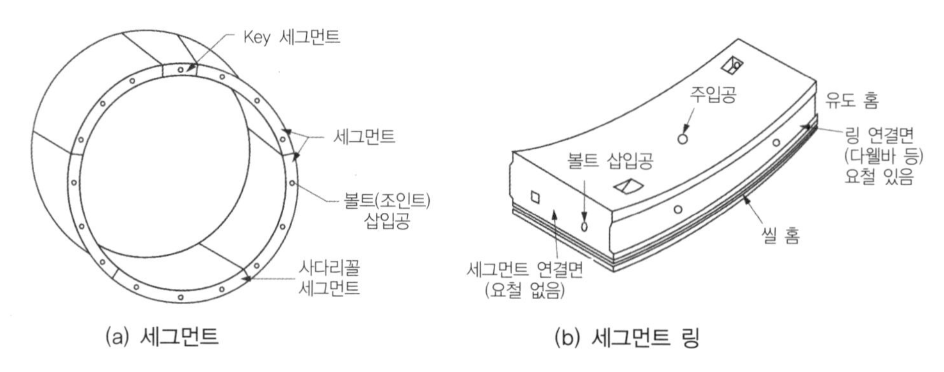


그림 E3.53 세그먼트 링과 세그먼트 상세 구조

한 개의 링을 구성하는 세그먼트는 보통 그림 E3.54(a)와 같이 A, B 및 K-Type으로 구성된다. A-Type은 세그먼트 양단 조인트에 이음각도를 주지 않는 형태이며, B-Type은 한쪽 세그먼트 조인트에 이음각도(혹은 삽입각도)를 둔 테이퍼 세그먼트를 말한다. 맨 마지막으로 끼워 넣는 조각 세그먼트를 K-세그먼트라 한다.

세그먼트 링은 그림 E3.54(b)와 같이 폭이 일정한 표준형(standard)과 한쪽이 다른 쪽보다 좁은 테이퍼(tapered) 링으로 구분된다. 표준형과 테이퍼형을 적절히 배치하여 곡선형에 부합하는 링을 조립할 수 있다.

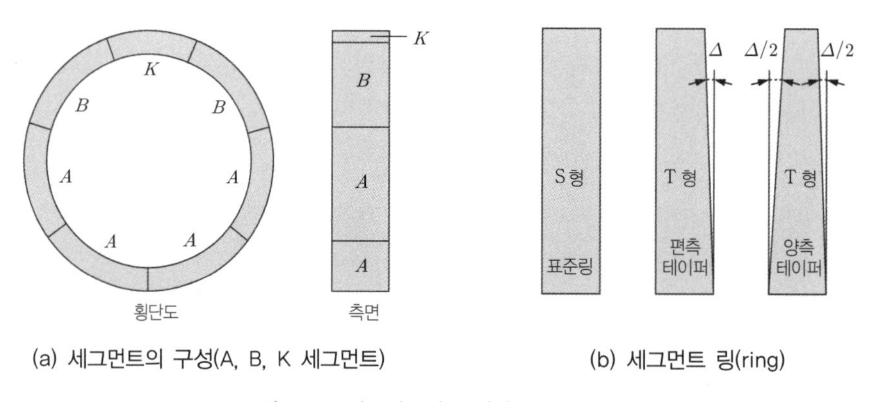


그림 E3.54 세그먼트의 구성과 세그먼트 링

**세그먼트 두께와 폭.** 세그먼트 라이닝은 지반압에 대한 **수동지지** 개념으로 설계한다(TM5장 참조). 통계적으로 콘크리트계 세그먼트의 두께는 세그먼트 외경의 4% 전후이다. 세그먼트의 폭은 운반 및 조립 용이성, 곡선부 시공성 등을 고려할 때, 작을수록 유리하나, 폭을 키우면 세그먼트 제작비 감소, 조립횟수 저감에 따른 시공속도의 향상, 그리고 지수성이 향상되므로 관련 사항들을 종합 검토하여 결정한다.

### 세그먼트 조인트

세그먼트 이음방식은 체결 형식에 따라 경사볼트, 곡볼트, 박스볼트, 연결핀(dowel bar) 등의 형식이 있다. 경사볼트는 공정이 비교적 간단하며, 곡볼트는 추진 Jack의 추력에 대한 대응 등 구조적 안정성 높고 변형에 대한 허용 여유가 크다. 박스볼트는 누수방지 및 방청을 위한 몰탈 충진이 필요하며, 연결핀 체결은 조립이 용이하나 연결부가 구조적으로 취약하다. 조인트는 응력집중 및 누수위험 개소로서 세그먼트 라이닝 설계의 중요한 검토 항목이다.

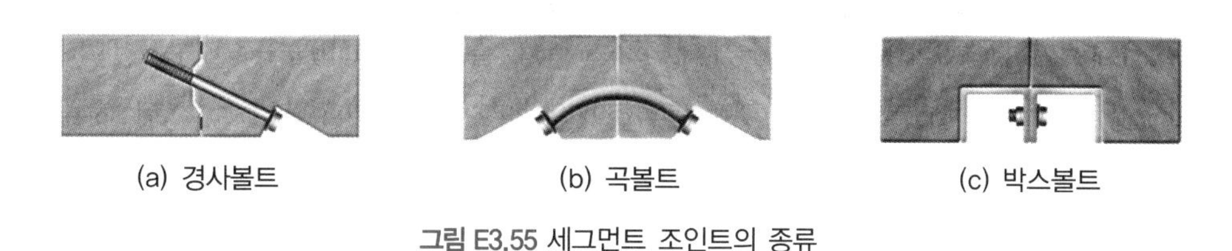


그림 E3.55 세그먼트 조인트의 종류

## 3.3.3.2 세그먼트라이닝 선형 계획

TBM은 쉴드 원통체의 길이, 굴착 회전반경, 세그먼트 형상 등으로 인해 곡선반경에 제약이 따른다. 일반적으로 시공 가능한 최소 곡선반경은 도로, 철도 등 대구경(10m 이상) 터널의 경우, $R$=250m 이상, 상하수도, 전력구 등 중·소구경(9m 이내) 터널의 경우에는 $R$=80~120m 이상이다.

**평면선형.** 곡선부를 직선형 세그먼트 링으로 처리하기 위하여 세그먼트 링의 폭이 다른 그림 E3.54의 테이퍼링(tapered ring)을 도입한다. 그림 E3.56은 곡선부의 세그먼트라이닝 배치 예를 보인 것이다. 테이퍼 링에 있어서 최대 폭과 최소 폭의 차이를 **테이퍼량**이라 한다.

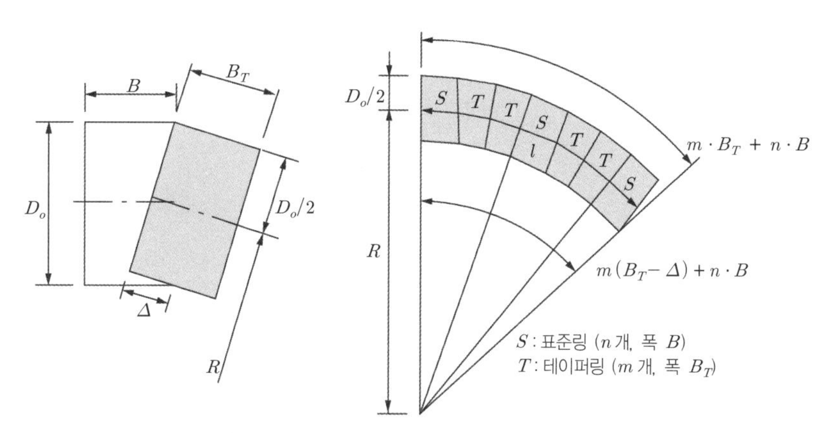


그림 E3.56 곡선부의 세그먼트 링(ring) 배치 예(S : standard, T : tapered)

**곡선부 여굴.** 곡선부의 여굴량은 쉴드 본체 길이와 곡선의 회전반경에 따라 달라진다. 쉴드길이가 $L$, 외경이 $D_o$, 곡선반경이 $R$이고, 여굴량이 $X$이면, $(R+D_o/2)^2+L^2=(R+D_o/2+X)^2$이 성립한다. $X^2\approx 0$이고 $D_o \ll 2R$임을 고려하면, 굴곡부 여굴량 $X$는 다음과 같다.

$$X\approx \frac{L^2}{2R} \tag{3.54}$$

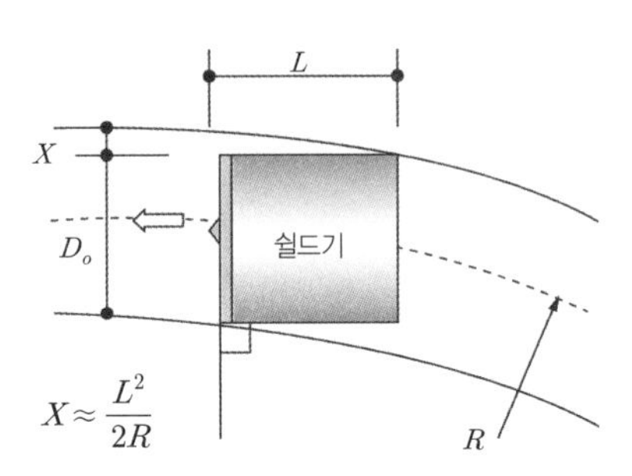


**그림 E3.57** 쉴드장비 전면이 회전중심인 경우의 여굴 특성

**종단선형.** 쉴드 굴착 시 지상의 구조물에 미치는 영향을 최소화하기 위해 소요 토피고는 일반적으로 굴착외경의 1.5배 이상으로 하고, 시공 중 용출수를 자연 유하 시킬 수 있도록 0.2% 이상의 상향경사로 굴착을 계획한다. 평면곡선과 종단곡선이 중첩되는 경우에는 3차원적인 정밀한 링 조합이 요구된다.

### 3.3.3.3 쉴드 TBM 세그먼트라이닝 방배수 설계

세그먼트 라이닝은 조인트에 **씰(seal)재** 또는 **가스켓(gasket)**을 설치하여 방수한다. 세그먼트 라이닝과 지반 사이의 뒤채움 그라우팅(annular grouting)도 방수성능 확보에 중요하다. 세그먼트 내부에 콘크리트를 타설(복공)하는 경우, 방수막을 설치하는 등 관용터널의 방배수 개념을 병용할 수 있다.

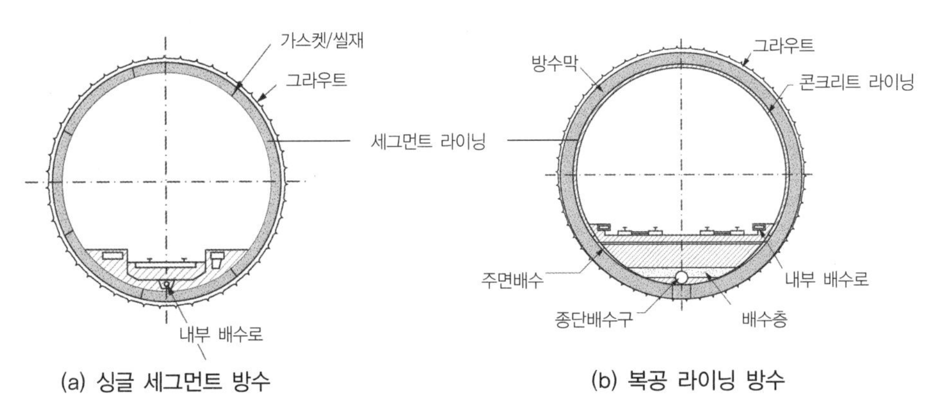


**그림 E3.58** 세그먼트 라이닝 방배수 예

세그먼트 라이닝의 방수원리는 그림 E3.59와 같이 씰재(가스켓)의 접촉압력($\sigma_r$)을 수압($p_w$)보다 크게 하는 것이다. 즉, 방수조건은

$$\sigma_r > p_w \tag{3.55}$$

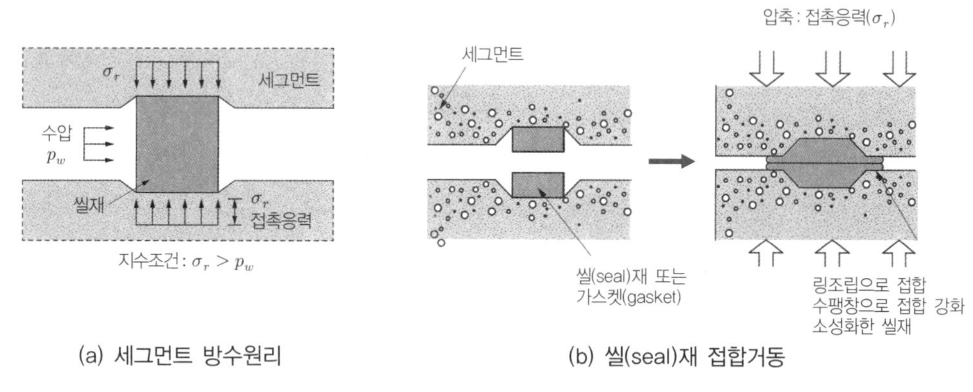


(a) 세그먼트 방수원리 (b) 씰(seal)재 접합거동

**그림 E3.59** 세그먼트 터널의 방수원리와 접합거동

씰재나 가스켓은 수압에 저항할 수 있는 재질, 강도, 수밀성을 가져야 한다. 가스켓이 일단 손상되면 손상부를 찾아내기가 어려우므로, 누수예방을 위해 2중 배열 또는 전체 두께에 걸쳐 일체화된 가스켓을 사용하기도 한다. 수압 상승에 따라 세그먼트 라이닝이 두꺼워지며, 이에 따라 가스켓의 적층 높이와 강성도 증가한다. 표 E3.6은 씰재와 가스켓을 비교한 것이다.

**표 E3.6** 재료별 방수재 특성

| 구분 | 수팽창성 씰재(sealing materials) | 가스켓(gasket) |
|---|---|---|
| 형상 | | |
| 지수원리 | • 고무강성으로 1차 효과<br>• 흡수팽창으로 2차 효과 | 고무탄성 반발력으로 지수 |
| 설치방법 | • 세그먼트 이음면에 부착하여 이음부를 방수<br>• 수압이 높은 경우 2열 부착<br>• 수팽창 고무의 팽창 이용 | • 홈에 앵커링(anchoring) 또는 접착(gluing)부착<br>• 세그먼트 저장, 운반, 설치 및 운영 중 보호주의<br>• 탄성 고무의 압축성에 의해 방수 |
| 재질 | 수팽창성 고무 : 합성고무 | 탄성고무(EPDM, Ethylene Polythene Diene Monomer) |
| 특징 | • 가스켓에 비해 저렴하고 조립 용이<br>• 부착 시 밀림현상 적으나, 파손 우려 있음<br>• 시공오차에 의한 누수가능성 적으나 내구성 유의<br>• 고수압 작용 시 파손 우려(일본에서 많이 사용) | • 내구성이 우수함<br>• 세그먼트 조립 시 지수재 밀림 발생 가능성 높음<br>• 시공오차 발생 시 누수가 지속될 우려<br>(유럽에서 많이 사용) |

씰재와 가스켓은 요철형 씰홈(seal groove)에 의해 구속된다. 가스켓의 경우 콘크리트에 매입(anchored), 또는 접합(glued) 방식으로 설치되며, 씰재는 주로 부착식이다. 수팽창 씰재의 경우, 물에 접하면 체적이 팽창하여 추가적인 팽창압력을 발생시킨다.

수압, 가스켓의 압축특성 그리고 접합부의 불일치 오차(offset)와 관련된 규정을 만족하도록 하는 것이 라이닝 방수 설계 및 시공의 핵심이다. 세그먼트 씰링 시스템은 세그먼트 제작 및 조립 장비의 사양에 따라 달라지기 때문에 세그먼트 제작자와 방수재 제작자가 협업으로 작업하도록 권고(BTS Guidelines)하고 있다. 그림 E3.60은 가스켓의 설치 예를 보인 것이다. 가스켓 설치방식에는 세그먼트 제작 시 콘크리트에 매입하는 앵커방식(anchored-type)과 홈(groove)에 부착하는 접착방식(glued-type)이 있다.

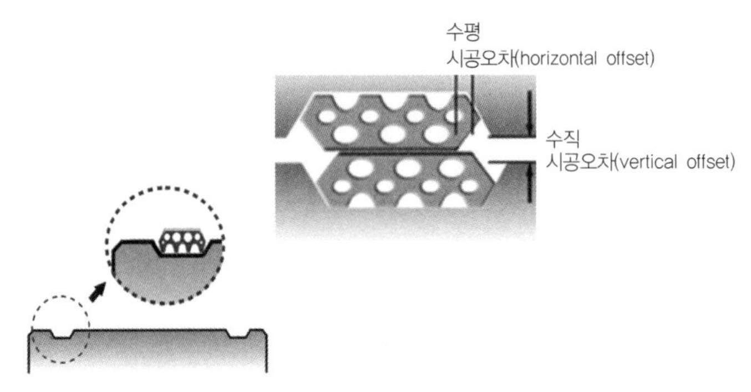


그림 E3.60 가스켓 설치 및 Offset 예

### 3.3.3.4 복공(inner lining) 계획

쉴드터널은 통상 세그먼트로 마무리하지만 터널의 용도에 따라 복공 라이닝을 타설하거나 내부관을 삽입한 후 충진을 하는 경우도 있다. 하수도(외부 유출 방지), 상수도 및 가스관(관 보호) 등은 자체 안정기준 또는 주변영향을 고려하여 복공 여부를 결정한다. 철도·도로 등 교통 인프라로 건설되는 세그먼트 터널의 경우 조인트 접합 및 씰링(sealing) 기술의 발달로 별도의 복공 라이닝을 하지 않는 경우가 대부분이다.

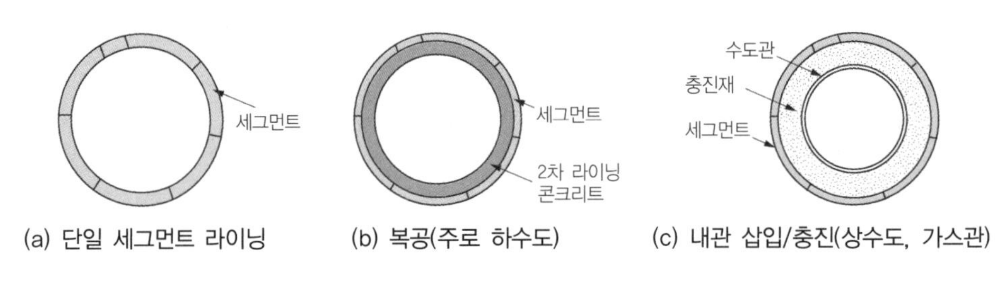


그림 E3.61 쉴드터널의 라이닝 형식

## 3.4 쉴드 TBM의 시공

관용터널굴착이 고(高) 인력구조의 작업체계인 데 비해, 쉴드 TBM은 비교적 소수의 장비운영팀으로 작업이 가능하다. 대신, 후방의 플랜트, 설비 등의 지원소요는 비교적 크다. 그림 E3.62는 쉴드 TBM의 시공단위에 따른 작업흐름을 보인 것이다.

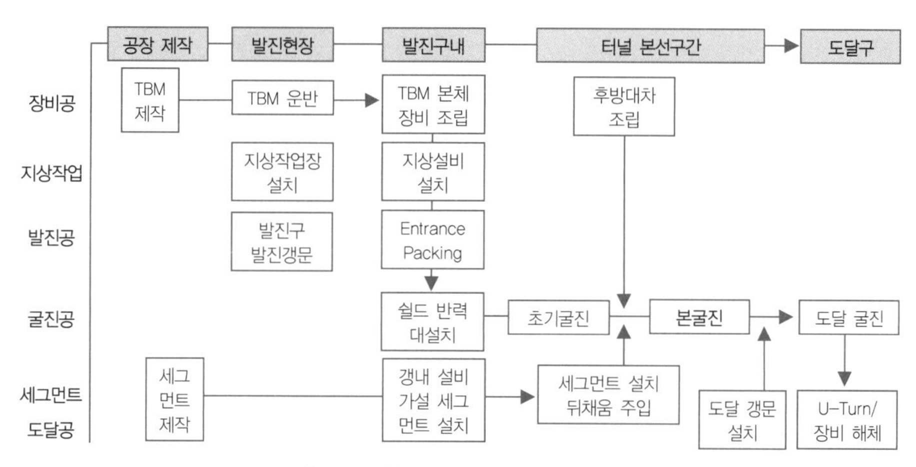


그림 E3.62 쉴드 TBM 터널의 시공순서

### 3.4.1 TBM 운영 계획

쉴드 TBM 작업은 다공종(multi-disciplinary) 조합업무로서 토목, 기계, 전기, 전자, 재료, 지질 분야의 기술자 및 전문가 간 긴밀한 협업으로 이루어진다. 따라서 운영팀을 이끄는 관리자의 역할 이 중요하고, 팀원 개인이 고도로 훈련되고 기술적 경험이 풍부해야 한다.

NB : 최근 쉴드 TBM의 적용이 증가하면서 Shield Operator의 훈련과 양성이 중요한 이슈가 되고 있다. Operator는 지반불확실성에 대한 경험적 대응이 가능한 수준의 숙련이 필요하다.

#### 3.4.1.1 작업 계획

쉴드 TBM 적용 시 지상 작업장에서는 장비 및 기자재의 반입 및 버력반출, 세그먼트 야적, 공사 중 오·폐수 처리 등의 작업이 가능해야 한다. 또한 EPB 쉴드의 경우, 첨가재 플랜트, Slurry 쉴드의 경우 이수처리를 위한 플랜트 확보가 필요하다.

TBM 운전 작업팀은 장비에 따라 차이는 있지만, 약 10인 내외로 구성되며, 보통 2교대 또는 3교대로 운영한다. 일반적으로 터널작업은 하루 12시간, 일주일에 6~7일 가동된다. 계획 시 커터의 교환 시기 등을 판단하여, 부품 수급 계획이 마련되어야 한다. 그림 E3.63은 지상 작업장 배치 및 작업자 구성을 예시한 것이다.

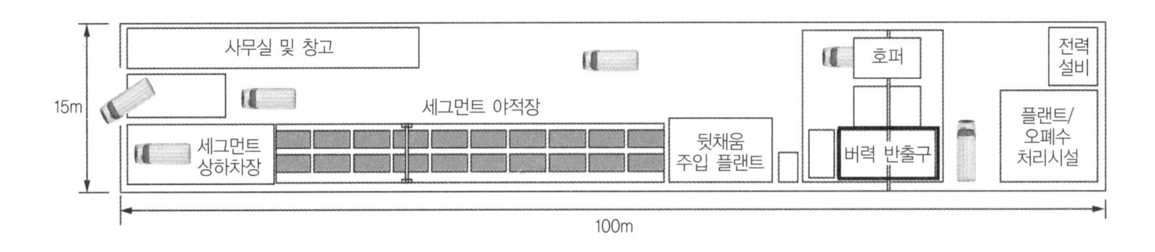


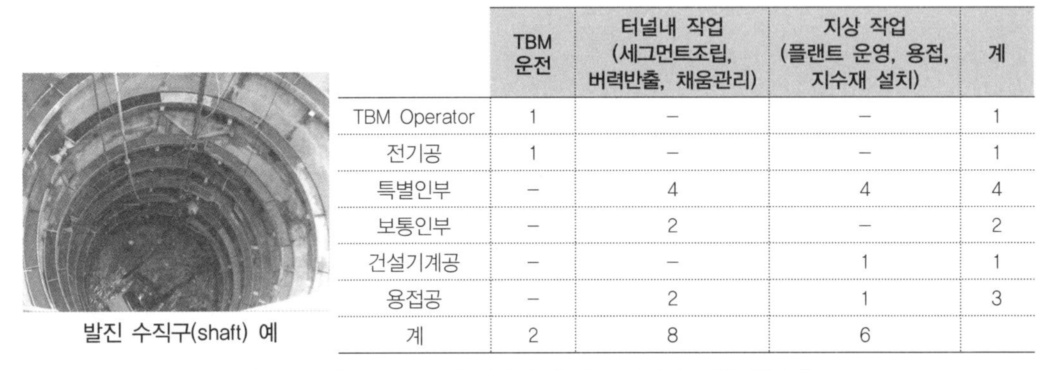

발진 수직구(shaft) 예

| | TBM 운전 | 터널내 작업 (세그먼트조립, 버력반출, 채움관리) | 지상 작업 (플랜트 운영, 용접, 지수재 설치) | 계 |
|---|---|---|---|---|
| TBM Operator | 1 | – | – | 1 |
| 전기공 | 1 | – | – | 1 |
| 특별인부 | – | 4 | 4 | 4 |
| 보통인부 | – | 2 | – | 2 |
| 건설기계공 | – | – | 1 | 1 |
| 용접공 | – | 2 | 1 | 3 |
| 계 | 2 | 8 | 6 | |

**그림 E3.63** 쉴드 TBM 공사 작업장 및 단위 작업팀 구성 예(주간)

### 3.4.1.2 발진작업

#### 발진 작업구

발진기지의 길이는 벽체반력 시스템과 TBM 본체의 길이($L$ =10~15m)를 고려하여 정한다. 통상 직경이 약 10~20m 정도의 수직구(shaft)가 계획된다. 발진터널의 직경은 일반적으로 'TBM 구경+30cm' 수준으로 계획한다. 그림 E3.64에 발진 수직구의 평면을 예시하였다.

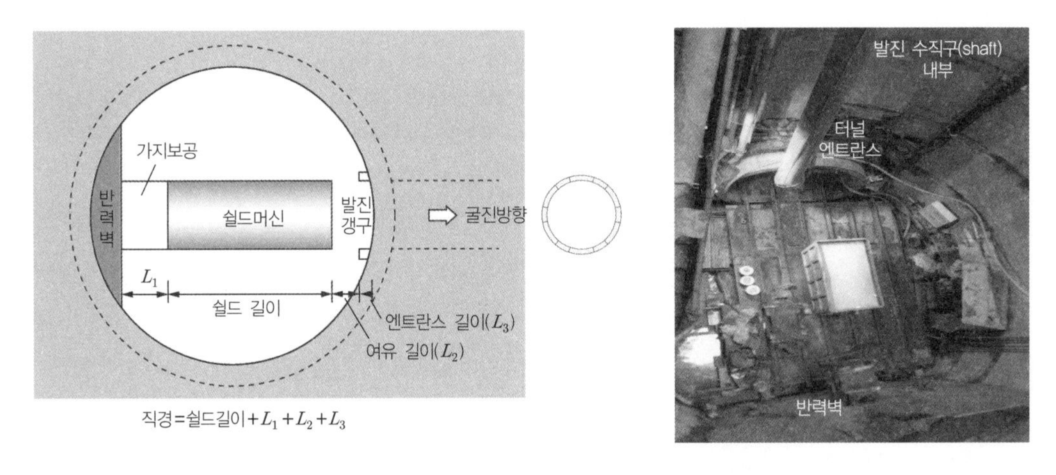


**그림 E3.64** 발진 작업구(원형 수직구)의 평면도 예(수직구 직경=10~20m)

### 반력대

발진 작업구는 쉴드 TBM 장비 하중을 지지할 수 있도록 받침대를 설치하며, 초기추진을 위한 반력대를 설치하여야 한다. 또한 장비의 투입 및 조립을 위한 갱문 및 갱문 최초 진입 시 주변 지반 파괴에 대한 안정화 대책인 **엔트런스패킹**(entrance packing) 계획을 수립하여야 한다.

쉴드 TBM의 최초 추진반력은 가설 세그먼트, 반력대(혹은, 반력벽), 흙막이 벽체, 배면지반 순으로 전달된다. 반력벽은 쉴드잭의 추력 하중을 균등하게 지지할 수 있도록 설치한다. 그림 E3.65에 주요 반력대 설치 과정을 예시하였다.

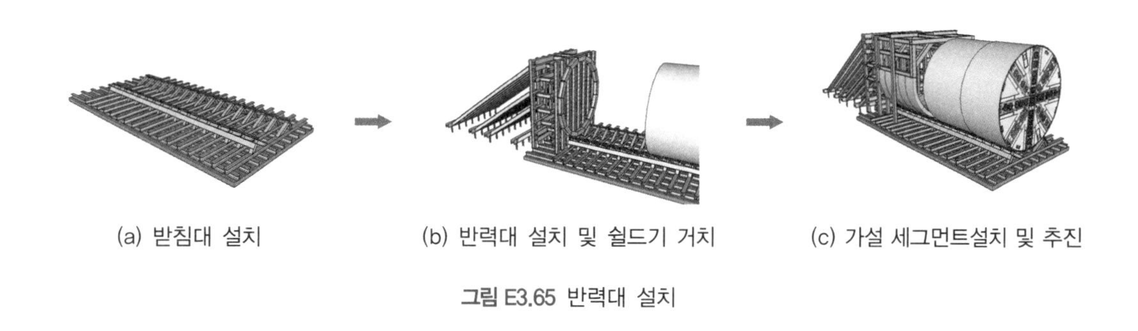

(a) 받침대 설치 (b) 반력대 설치 및 쉴드기 거치 (c) 가설 세그먼트설치 및 추진

그림 E3.65 반력대 설치

최초 굴진 시 터널시점부의 파괴를 방지하기 위한 대책이 필요하다. 이를 위해 그림 E3.66과 같이 지반이 자립할 수 있는 범위까지 굴착부에 대한 보강 작업을 실시한다. 지하수위가 높아 지반이 불량한 경우, 더 길게 보강하여야 하며, 세그먼트의 뒤채움주입을 시행하고, 접근 벽체의 엔트런스(입구)를 패킹하여야 한다.

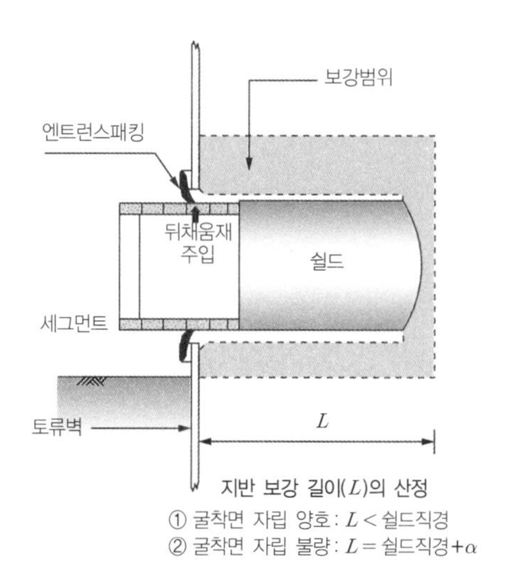


그림 E3.66 발진작업구의 엔트런스 패킹(entrance packing)과 지반보강

### 3.4.1.3 쉴드 TBM 굴진

쉴드의 발진 준비가 완료된 후, 쉴드의 후방설비가 터널 속으로 들어가기까지의 굴진 과정을 초기굴진이라 하며, 이후 굴진을 본 굴진이라 한다.

#### 초기굴진

초기굴진 과정에서는 쉴드 TBM 장비 및 각 기계설비(gauge 등) 관찰, 데이터를 이용하여 본 굴진 계획에 반영한다. 초기굴진거리는 세그먼트와 지층의 마찰저항이 쉴드의 전 추력능력과 같아지는 거리와 후방대차 설비를 터널에 설치할 수 있는 거리 중 큰 쪽으로 정한다.

일례로 세그먼트의 외경 2.8m, 쉴드의 전 추력 18,000kN, Shield 장비의 길이 8.2m, 후방대차의 길이 54m, shield 본체와 후방대차 사이의 길이 8m인 조건에 대하여 초기굴진거리는 '추력과 저항력' 관점으로 계산하면 약 52.2m, 후방대차를 포함한 길이는 '장비의 길이+후방대차의 길이+본체와 후방대차 사이의 길이'이므로 70.2m가 된다. 따라서 초기 굴진거리는 70.2m 이상으로 설정하여야 한다.

#### 본 굴진

초기굴진 완료 후 가조립 세그먼트와 반력대를 해체하고, 받침대를 철거하며 환기설비, 동력설비, 버력 및 자재운반용 궤도(레일)를 설치한다. 그 다음, 후방설비를 터널 내 투입하여 본 굴진을 준비한다.

본 굴진에 대한 Cycle Time을 산정하기 위하여, 1 Cycle 작업을 아래와 같이 설정하면,

- Segment 1링의 길이 : 1,000mm(Jack 1회 추진 길이 500mm)
- 1링의 굴착량 : $48m^3$
- 토사 버켓의 수량 : $4m^3 \times 12$조
- 추진잭 속도(jack speed) : 8mm/min(경암)

1링 Cycle Time은 180분, 1일 굴진거리는 7.3링(7.3링×1,000mm=7.3m) 정도로 산정된다. 매월 순 작업일수가 21일이라면, 월 굴진거리(=순 작업일수×1일 굴진거리=21일×7.3m)는 153.3m가 된다.

쉴드 TBM의 굴진속도는 약 40~100mm/min 수준이다. 암석 덩어리, 큰 자갈 등의 출현 시, 커터헤드의 손상을 줄이기 위해 추력과 회전력을 낮추어야 하는데, 이 경우 암석을 깨는 데 시간이 소요되므로 굴착속도를 10mm/min 수준까지 떨어뜨릴 수 있다. 최근 쉴드 TBM의 일 최고 굴진기록은 70m/day를 상회한다.

### 3.4.1.4 쉴드 TBM의 도달 계획과 U-Turn 계획

#### 도달 계획

터널과 도달 수직구가 만나는 위치의 지반은 쉴드추력에 저항하지 못하는 비구속 상태에 해당한다. 이 경우 도달부 지반이 적절하게 지지되지 않으면, TBM 형상대로 굴착이 안되고 주변파괴가 일어날 수 있다. 따

라서 발진부와 마찬가지로 도달부의 지반도 보강하여 터널 단면의 연속성을 확보하여야 한다. 일반적으로 도달부 수직구의 토류벽을 제거하고 빈배합 몰탈로 채워 주변 교란 없이 관통할 수 있도록 준비한다.

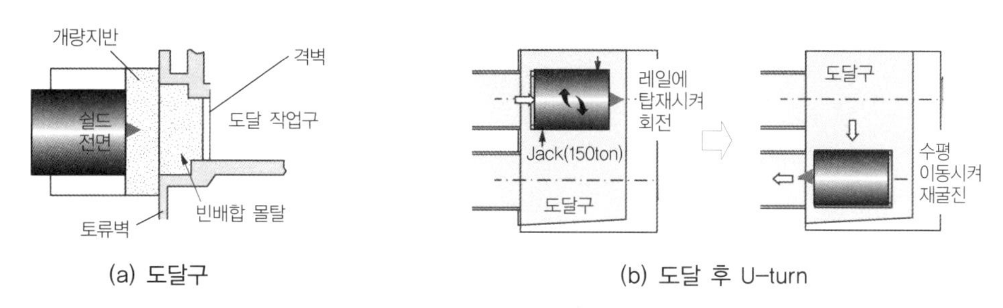


(a) 도달구

(b) 도달 후 U-turn

그림 E3.67 도달작업과 U-turn 계획

U-Turn 계획

단선 병렬 터널을 쉴드 TBM으로 굴착하는 경우, 터널의 일 방향 굴착 후 상대편 터널 굴착을 위해 작업구에 도달한 쉴드 TBM 장비를 회전, 이동하는 U-TURN 작업이 필요하다. 이는 도달구에 회전 받침대를 설치함으로써 가능하다(그림 E3.67 b).

### 3.4.2 쉴드 TBM 운영관리

쉴드 TBM 작업 시 지반조건(굴착에 따른 예상 거동), 주변 건물 및 시설, 터널 선형 등의 운전조건을 숙지하고 있어야 하며, 다음과 같은 운영정보(operating parameter)를 적절하게 관리하여야 한다.

- 추력(thrust force, propulsion force)과 커터헤드 토크
- 쉴드 TBM 운영압력(커터헤드에 적어도 3개 이상의 압력 Cell을 설치, 천장부에 반드시 설치)
- EPB 주입재(foam) : 농도, 공기-주입재 비
- 배토량
- 그라우팅(annular grouting) 충진압
- 지상 플랜트 운영정보(예, Slurry TBM 슬러리량 등)

#### 3.4.2.1 EPB TBM의 시공관리

막장압이 과다하면, 지반이 융기하거나 굴진성능이 저하될 수 있다. 반면, 막장압이 과소하면 막장면 붕괴가 일어날 수 있다. 따라서 막장압의 적정 관리를 통해 굴착면의 안정을 유지하며 굴진율을 극대화하는 것이 쉴드 TBM 시공관리의 요체이다(막장압 관리는 굴착면의 안정 및 변형제어의 개념으로서 이를 TM3장에서 쉴드터널의 내적안정 문제로 정의한 바 있다). EPB의 막장압 제어는 첨가재를 이용한다. 첨가재는 압력조절은 물론 우호적 굴착조건을 조성(conditioning)하는 역할을 한다.

### 막장압 관리

EPB 운영의 핵심은 커터챔버의 압력 조절과 굴착토를 최적화 컨디셔닝하는 것이다. 이를 위해 굴착토가 적절한 유동성을 갖지 못할 경우 계면활성 기능을 갖는 첨가재(conditioning agent)인 기포제(foam), 폴리머 등을 주입하여, 챔버압을 적절하게 조정함으로써 막장 안정을 유지한다. 첨가재 주입은 압력조절뿐 아니라 굴착토의 내부마찰각 감소, 커터의 소요토크 감소, 굴착도구와 토립자 간 저항 감소, 투수성 저하, 기계 마모 저하 등의 효과도 제공한다.

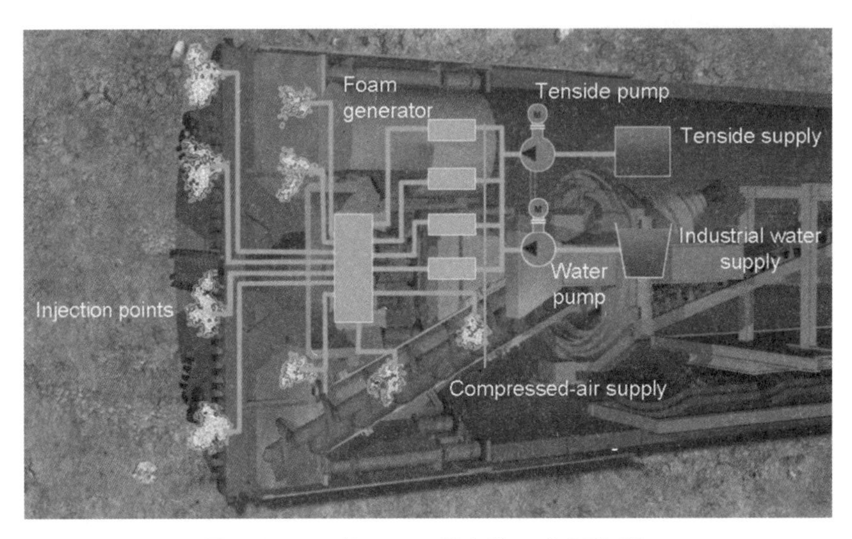


**그림 E3.68** EPB 쉴드 TBM 첨가재(foam) 주입계통도

### 첨가재량 산정 additives

가장 흔히 사용되는 첨가재는 기포제(foam)이며, 폴리머계 슬러리(99.8% 물), 벤토나이트 슬러리(96% 물) 등이 사용되기도 한다. 첨가재의 주입량 조절은 TBM 오퍼레이터의 경험이 매우 중요하다. 주입량 $Q$ (%)를 결정하는 방법으로 일본의 Obayashi社의 다음 식을 참고할 수 있다.

$$Q(\%) = \frac{\alpha}{2}\left[\left(60 - 4.0 \times A^{0.8}\right) + \left(80 - 3.3 \times B^{0.8}\right) + \left(90 - 2.7 \times C^{0.8}\right)\right] \tag{3.56}$$

여기서, $A$, $B$, $C$는 각각 0.075, 0.420, 2.0체의 통과비율이며, $\alpha$는 보정계수이다. 균등계수($U = d_{60}/d_{10}$)가 ① $U<4$이면 $\alpha = 1.6$, ② $4 \leq U \leq 15$이면 $\alpha = 1.2$, ③ $U>4$이면 $\alpha = 1.0$이다(다만, 이 식은 간극체적, 함수비, 투수성, 연경도, 막장압 수준 등을 고려하지 않았음을 감안하여야 한다).

그림 E3.69는 기포재 1,000리터를 만드는 배합비에 대한, 생산 공정과 주입상황을 예시한 것이다. 일반적으로 버력체적의 30~60% 범위의 기포(foam)를 주입한다.

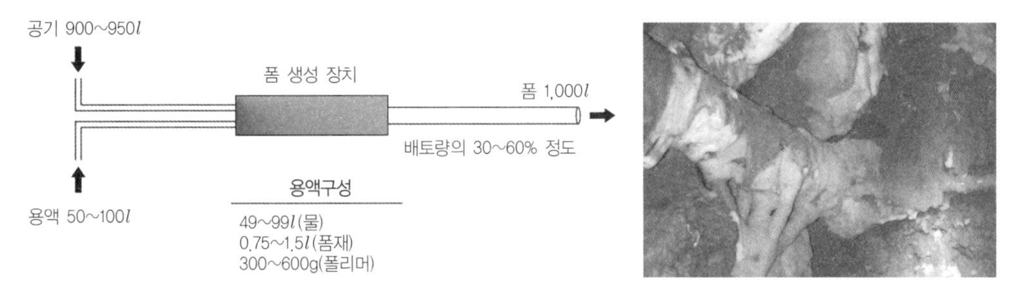


**그림 E3.69** 기포제(foam) 생산 예

기포제를 사용하는 경우, 폼의 함수비, 단위중량, 입도, 투수성, 연경도 등 재료시험(agent testing)을 수행하고, Foam Expansion Ratio(FER), Foam Stability(half-life, 폼의 내구성 : 3분~2시간), Foam Density, 그리고 생화학적 분해특성 및 독성 시험 등의 재료시험을 수행한다.

**NB : 지하수위 상부 EPB 운영**

대부분의 경우 쉴드 TBM은 지하수위 아래 굴착이지만, 지하수위의 저하 등으로 인해 간혹 지하수위 상부를 굴착하게 되는 경우가 있다. 이런 경우 굴착 분진 발생, 헤드부의 마찰열 발생, 배토 시 과다 점성 또는 유동성 부족에 따른 배토효율 저하 등이 일어날 수 있다. 이를 방지하기 위하여 지하수위 상부의 터널을 EPB로 굴착하는 경우, 물 또는 이수 주입으로 굴착토를 이토화하여 막장지지 및 배토를 용이하게 할 수 있는데, 이러한 공법을 특별히, '이토압식' EPB 공법이라 한다. 환경영향 문제로 최근에는 이수 대신 폼이나 폴리머를 사용하기도 한다.

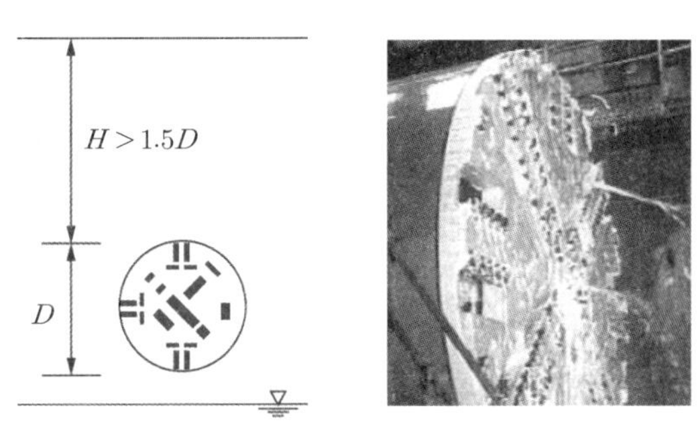


(a) 지하수 상부 굴착상황 (b) 기포제 분사 예

**그림 E3.70** EPB의 지하수위 상부 적용

## EPB의 배토관리 soil disposal

EPB의 버력처리는 벨트컨베이어, 광차 또는 덤프트럭을 이용할 수 있으며, 이는 공사기간, 버력 발생량, 터널 내부 환경 등을 감안하여 결정할 수 있다. 벨트컨베이어 시스템은 터널 크기에 관계없이 적용할 수 있으나, 비용 소요가 크고, 굴진과 함께 연장 설치하여야 하는 번거로움이 따른다. 터널 직경이 작은 경우(약 7.0m 이하), '기관차+광차'가 유리하며, 이보다 더 큰 직경의 터널은 덤프트럭이 경제적이다.

스크류의 배토구는 굴착부 인버트에 위치하는데, 스크류의 토크를 줄이기 위해 첨가재를 주입하기도 한다. 이 경우 스크류 내 Plug가 파괴되어 막장압 손실을 야기할 수 있으므로 유의하여야 한다.

**배토량 측정.** 배토량으로부터 굴착작업의 적정성, 과굴착, 공동(cavity) 생성 등의 문제를 조기에 파악할 수 있다. 하지만 첨가재의 종류나 첨가량 또는 배토방식에 따라 굴착버력의 용량이나 중량이 변화하므로, 배토량의 정확한 파악은 용이하지 않다.

배토량 측정법에는 중량측정법(conveyor scale method, belt weigher method), Ultrasound Method, Laser Scanning Method(laser profiler) 등의 방법이 있다. 레이저 스캐닝(그림 E3.71)보다는 중량측정법이 보다 신뢰할 만한 것으로 알려져 있다.

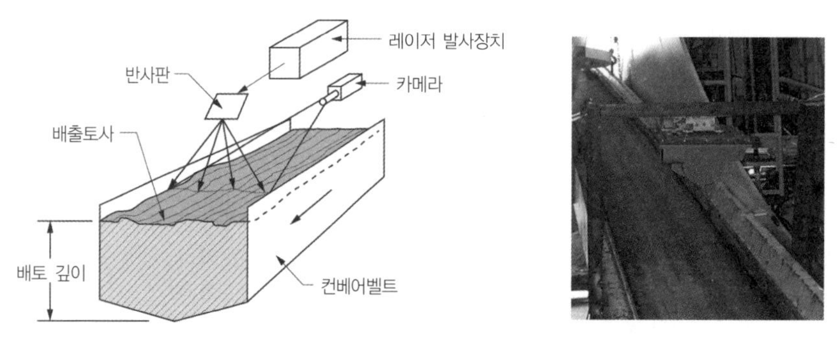


그림 E3.71 레이저 스캐닝 배토량 측정 시스템(laser scanner for muck control)

### 3.4.2.2 Slurry TBM의 시공관리

#### 막장압관리

슬러리 쉴드의 Slurry 재료로 일반적으로 Bentonite를 사용하며, 경우에 따라서는 고분자 폴리머를 첨가하기도 한다. 작업 중 슬러리 쉴드 TBM의 작업을 중단(intervention)할 경우에는 굴착면에 Slurry Filter Cake을 형성시켜 안정을 유지한다. 챔버의 Slurry 수위가 낮아지면 **공기압**(air pressure)을 가하여 압력을 유지하여야 한다.

#### 배토량 관리

배니관 흡입구의 폐색 방지와 이수의 원활한 교반을 위하여 챔버 내 벌크헤드부의 배니관 입구에 독립된 회전날개형식의 아지테이터(agitator)가 설치된다. 슬러리 TBM의 배토량은 송니관(in-bound pipeline) 및 배니관(out-bound pipeline)의 일정 위치에서 단위중량 및 유속을 측정하여 송니(공급)관과 배니(배출)관의 중량 차이로 산정한다. 그림 E3.72는 Slurry TBM 의 굴착토량 관리 계통도를 보인 것이다.

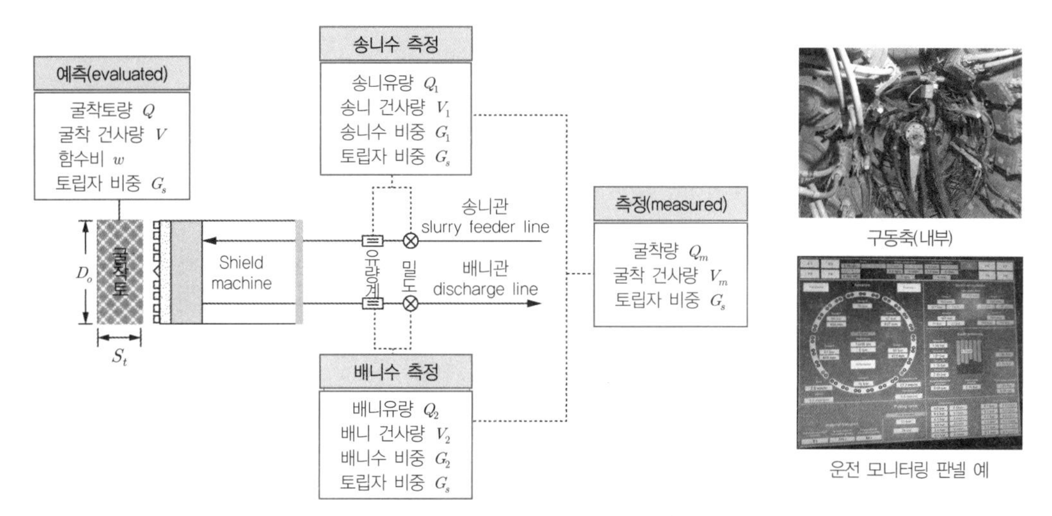


그림 E3.72 Slurrry 쉴드의 굴착토사 계통도(건사(乾沙) : 건조모래)

쉴드 TBM의 굴착경이 $D$이고, 굴진 스트로크가 $S_t$이면, 여굴이 없는 경우, 원지반 예측 굴착체적은

$$Q=\frac{\pi}{4}D^2S_t \tag{3.57}$$

측정 토립자의 체적, $V_m$(계측 건토량)은

$$V_m = V_2 - V_1 = \frac{1}{G_s-1}\{(G_2-1)Q_2-(G_1-1)Q_1\} \tag{3.58}$$

송니(공급)관과 배니(배출)관에 계측기를 설치하면, 각각에 대하여 유량과 밀도를 측정할 수 있다. 측정 송니유량이 $Q_1$, 배니유량이 $Q_2$이면, 측정 굴착체적은 $Q_m = Q_2 - Q_1$이다. 예측 굴착량 $Q$와 $Q_m$을 비교하여 $Q > Q_m$ **이면, 이수의 지반침투이고,** $Q < Q_m$ **이면 지하수의 터널 유입**이 일어나는 상황으로 판단할 수 있다.

토립자의 비중 $G_s$, 함수비 $w$(%)관계로부터, 원지반 굴착체적 $V$(계산 건조토량)는

$$V=Q\frac{100}{G_s w+100} \tag{3.59}$$

여기서 $V_1$ : 송니 건토량, $V_2$ : 배니 건토량, $G_1$ : 송니수 비중, $G_2$ : 배니수 비중이다.

원지반 체적($V$)과 측정체적($V_m$)을 비교하여 $V > V_m$ **이면, 이토의 유출,** $V < V_m$ **이면 여굴**이 일어나는 상황으로 판단할 수 있다.

### 이수처리

Slurry TBM은 슬러리처리 플랜트를 위한 대규모 지상부지가 필요하다. 이는 도심지에서 공법 선정 시 중요한 문제이며, Slurry 쉴드와 EPB가 모두 적용 가능한 지반에서 EPB가 선호되는 이유이기도 하다. Slurry TBM의 처리 프로세스는 그림 E3.73과 같이 '모래를 분리(desanding)하는 1차 처리 → 필터 프레스의 2차 처리 → 탁도 및 PH 관리를 위한 3차 처리'로 이루어진다.

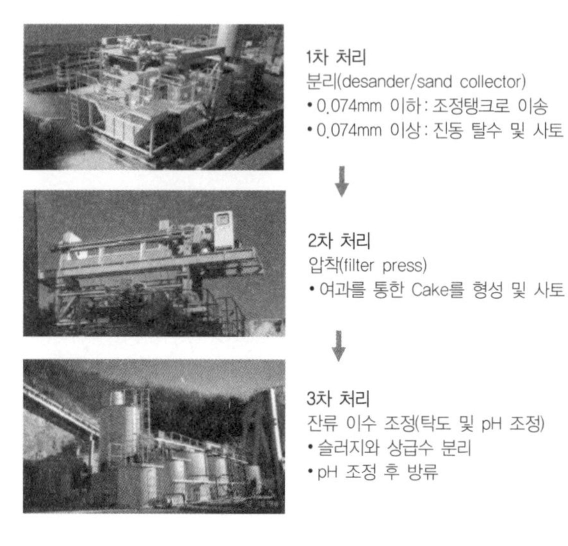


그림 E3.73 Slurry TBM 이수처리

## 3.4.2.3 큰 돌 처리설비

큰 돌 및 자갈의 출현은 쉴드 추진에 상당한 장애요인이 된다. 따라서 쉴드 TBM 내 큰 돌의 제거 및 파쇄 설비를 갖추는 것이 필요하다. 그림 E3.74는 쉴드 TBM의 자갈처리 방식을 예시한 것이다.

그림 E3.74 큰 돌 처리 방식

## 3.4.3 세그먼트 라이닝 시공

### 3.4.3.1 세그먼트 라이닝 제작

세그먼트는 제작, 운반, 설치과정에서 다양한 하중조건에 놓일 수 있다. 세그먼트는 운반 및 적치 관련 하중, 이렉터에 의한 설치 하중, 쉴드기 추진을 위한 반력하중 등에 충분히 안정하여야 한다. 일반적으로 단면력을 감소시키지 않는 손상은 보수하여 사용할 수 있다. 하지만 단면이 손상되거나 누수를 유발할 정도로 손상된 세그먼트는 교체하여야 한다. 따라서 세그먼트의 제작과 관리 전 과정에 걸쳐 세심한 품질관리가 필요하다. BOX-TE3-4에 세그먼트 품질관리체계를 예시하였다.

그림 E3.75 세그먼트 제작용 거푸집

### 3.4.3.2 세그먼트 라이닝 시공

세그먼트 설치는 '이렉터에 의한 부재 정위치 배치 → 추진잭 이용한 세그먼트 조립 → 추진잭 반력 추진 → 볼트체결'의 단계로 이루어진다. K-세그먼트는 축방향(그림 E3.76) 또는 반경방향의 삽입방식으로 조립될 수 있다. **축방향 삽입이 외부하중 저항에 유리**하다.

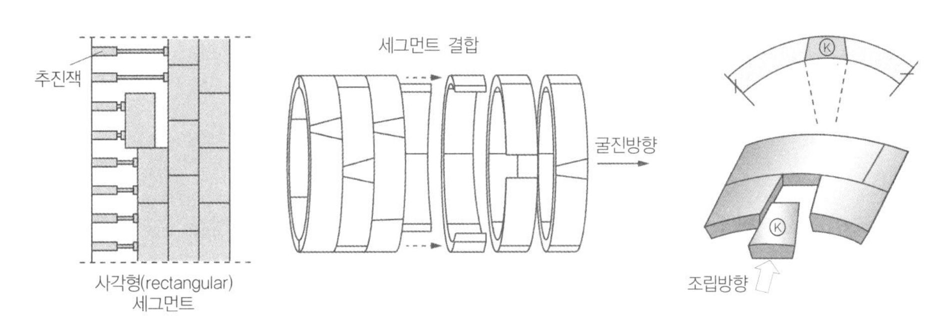


그림 E3.76 세그먼트 조립(K-세그먼트 축방향 삽입 예)

## BOX-TE3-4 세그먼트 품질관리

세그먼트의 '제작→운반→적치→이동→설치' 과정의 품질저하 특성요인도는 아래와 같다.

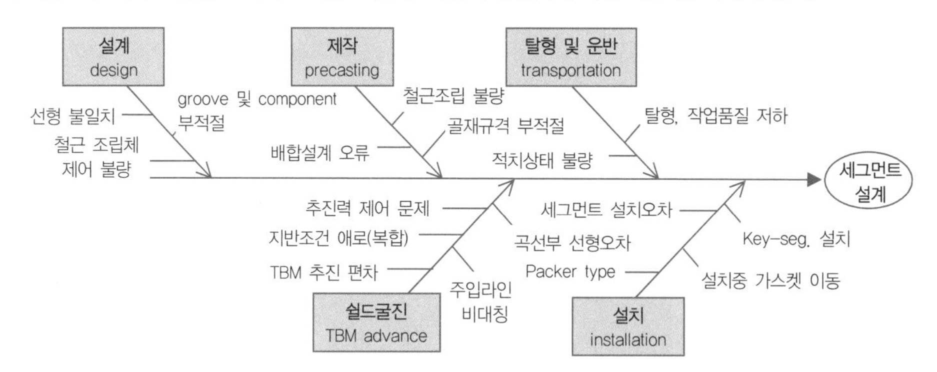


아래는 세그먼트의 제작에서 운영까지 Life Cycle에 따른 손상 유형을 예시한 것이다. 취급과정에서부터 다양한 손상이 발생할 수 있으며, 가장 일반적인 손상형태는 모서리 파손이다. 구조적 손상인 경우 보수가 불가하여 재제작하여야 하므로 건설공기에 상당한 영향을 미칠 수 있다.

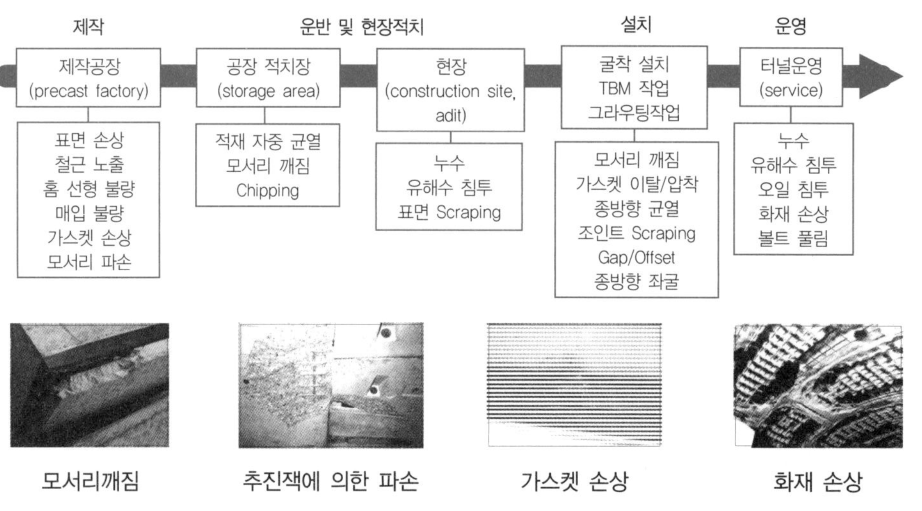


모서리깨짐 | 추진잭에 의한 파손 | 가스켓 손상 | 화재 손상

일반적으로 가스켓 손상, 세그먼트 관통균열, 철근 노출, 누수 또는 단면손실을 야기하는 구조적 손상은 보수하지 않고 재제작(reject)하여야 하며, 비구조적 부위인 모서리, 또는 표면손상은 보수(repair)하여 사용한다. 중요한 것은 예방적 품질관리이다. 세그먼트에 바코드를 부착하고, 작업의 주요 결절지에 스캐닝시스템을 설치하여 모니터링정보를 크라우드 저장 장치로 공유하면 세그먼트 품질관리 수준을 크게 향상시킬 수 있다.

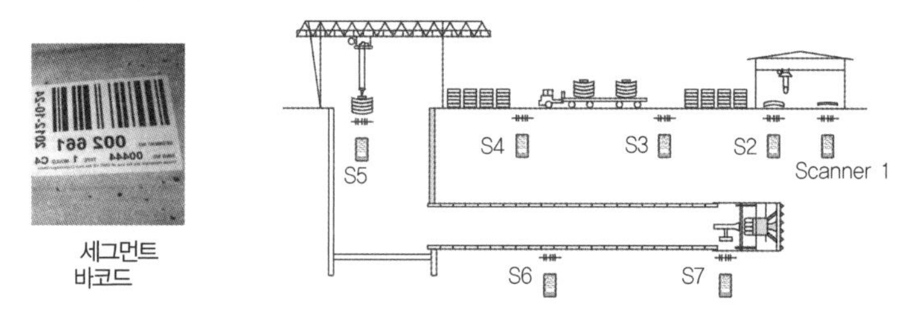


세그먼트
바코드

### 3.4.3.3 뒤채움재 시공 Annular Grouting

**세그먼트 라이닝 주변 공극특성**

쉴드 TBM 공법에서는 그림 E3.77과 같이 굴착경과 세그먼트 외경과의 사이에 공극이 발생하므로, 뒤채움 작업이 필요하다. 뒤채움 작업은 터널 주변 지반의 변형을 방지하는 것은 물론, 터널 방수성능 확보에도 중요하다.

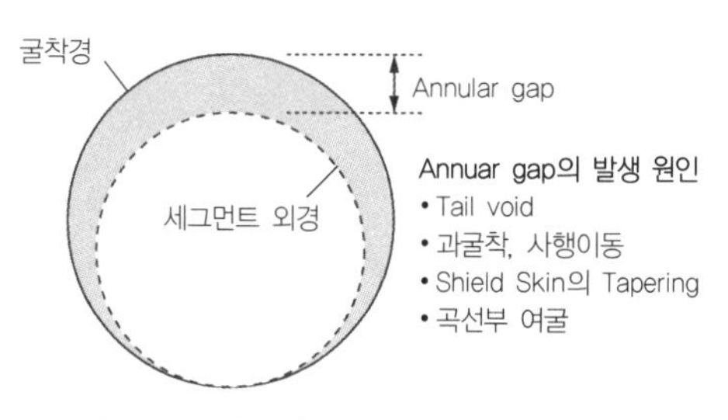


그림 E3.77 세그먼트 공극 발생 원인

뒤채움 시 Tail void를 통한 주입재의 역류를 막기 위하여 Tail부 원통주면에 그림 E3.78과 같이 우레탄 또는 와이어 브러쉬 형태의 차단커튼이 설치되는데, 이를 테일 씰(tail seal)이라 한다.

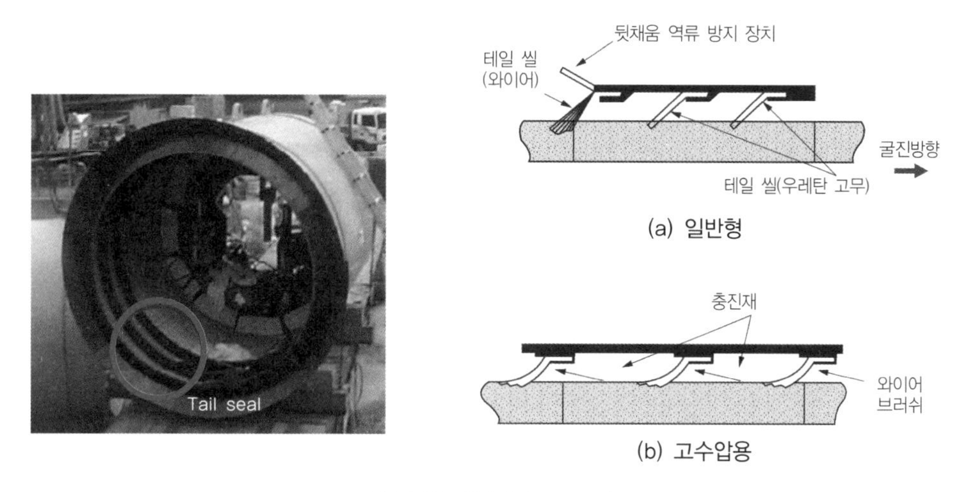


그림 E3.78 테일 씰(tail seal)

**뒤채움 주입재료**

쉴드 공법의 초기에는 모르타르, 시멘트, 벤토나이트 등의 1액 주입재료가 주로 사용되었으나, 최근에는 겔 타임 조정이 가능한 2액 주입재료(가소상재료, thixotropical gel mortar)를 주로 사용한다. 간극이 큰 경우 자갈을 채우고 그라우팅을 하기도 한다. 그림 E3.79는 주입재의 종류를 예시한 것이다.

주입재료는 가급적 블리딩(bleeding) 등의 재료분리를 일으키지 않는 재료, 유동성이 충분한 재료, 주입 후의 경화현상 등에 따라 체적 감소가 적은 재료, 조기에 설계강도 이상을 발휘할 수 있는 재료, 수밀성이 뛰어난 재료, 주변환경에 영향이 없는 무공해 재료이어야 한다.

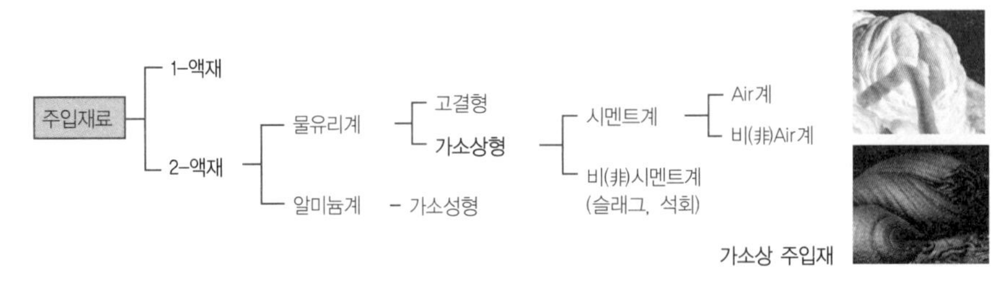


**그림 E3.79** 뒤채움 주입재

## 주입시기와 방법

뒤채움 주입은 주입시기가 빠를수록 충진율이 높고, 변형제어에도 효과적이다. 주입 방법으로는 쉴드 추진과 **동시에 주입하는 방식**과 쉴드 추진 후 **즉시 주입하는 방법**이 주로 적용되고 있으며, 일반적으로 주입시기가 빠른 동시주입이 바람직하다. 동시주입은 쉴드의 추진에 맞추어 쉴드테일부 외측에 설치한 주입관으로 뒤채움재를 주입한다. 즉시주입은 세그먼트 주입공을 이용하여 주입하며, 주입공에 대한 사후 지수처리에 유의하여야 한다.

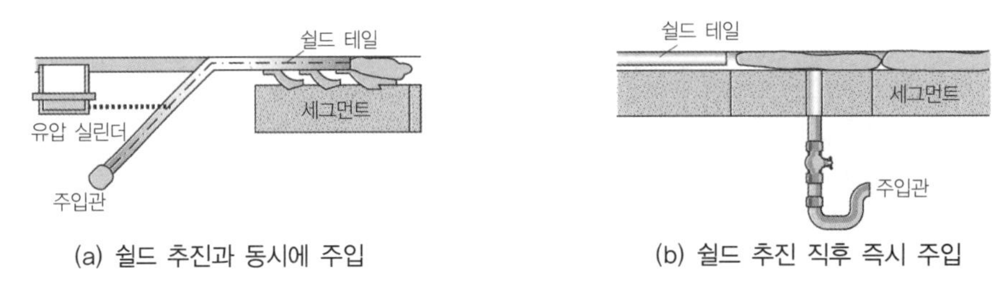


(a) 쉴드 추진과 동시에 주입 (b) 쉴드 추진 직후 즉시 주입

**그림 E3.80** 주입방식 비교

## 주입압과 주입량

원지반 응력 수준의 주입압으로 주입하고, 뒤채움재가 수축되지 않게 경화시켜야 한다. 주입압은 세그먼트 주입구에서 1~3kgf/cm$^2$가 일반적이지만, 세그먼트의 강도, 토압, 수압, 이수압을 고려하여 완전한 충전이 가능한 압력으로 설정한다. 주입압이 너무 크면 세그먼트가 파괴되고, 너무 작으면 주입이 불량해진다. 주입압력이 4~6kgf/cm$^2$ 이상이면 스킨플레이트가 변형될 수 있고, 4kgf/cm$^2$를 넘으면 세그먼트의 조인트가 전단파괴를 일으킬 수 있다.

주입량은 지반침투, 압밀, 여굴 등에 의해 Tail Void 양의 약 130~150%에 이르며, 200%를 넘는 경우도 있다. 일반적으로 할증분($\alpha$)을 고려하여,'이론 Tail Void 량+$\alpha$'로 계획한다. 주입공의 시공 관리는 압력 또는 량(量)으로 관리할 수 있는데, 두 변수 중 하나를 관리기준으로 하고, 다른 하나로 결과를 확인하는 방법이 바람직하다.

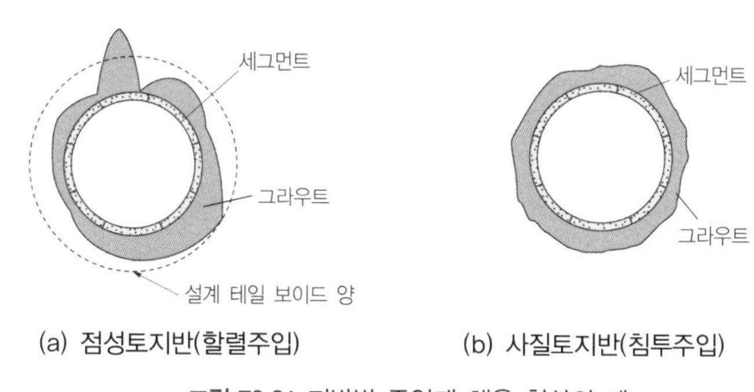


(a) 점성토지반(할렬주입) (b) 사질토지반(침투주입)

**그림 E3.81** 지반별 주입재 채움 형상의 예

## 3.4.4 쉴드 TBM 시공 중 지반변위 메커니즘과 제어

### 3.4.4.1 쉴드 굴진 시 굴착면 변형특성

TBM 굴진 시 터널 주변에 발생하는 체적손실(Volume loss, VL)은 지반손실(Vround loss, VS)로 이어진다. 많은 연구가 쉴드 TBM 굴진 시 침하과정을 원인별로 5단계로 분류하여 제시하고 있는데, 단계별 침하 메커니즘은 그림 E3.82와 같다.

① **제1단계 :** 막장면 전면부 선행침하

쉴드 막장의 전방에서 발생하는 침하로 지하수위 저하에 따른 유효응력 증가에 따른 압축(즉시) 또는 압밀침하이다.

➜ 챔버 내 압력을 '(토압+수압)×1.10' 수준으로 관리하여 침하를 억제할 수 있다.

② **제2단계 :** 막장 도달직전 침하, 굴진면 전면부 침하(융기)

쉴드 도달 직전에 발생하는 침하 또는 융기로서, 막장의 압력 불균형이 주 원인이다. 막장 용수나 세그먼트의 누수, 사행수정, 곡선 여굴 등도 이의 원인이다.

➜ 챔버 내 토압, 버력 반출량, 스크류 컨베이어의 속도제어, 챔버압(face pressure) 관리 등으로 부분제어할 수 있다.

③ **제3단계 :** Shield 통과 시 침하

쉴드가 통과할 때 굴착에 따른 응력해방, 스킨 플레이트 단면감소 영향 등으로 인해 발생하는 침하 또는 융기이다.

➜ 굴진 시 폴리머(polymer)의 주입 및 점성 관리로 여굴부(상하 40mm) 침하를 부분 제어할 수 있다.

④ **제4단계 :** Tail void부 침하(융기)

쉴드 테일이 통과한 직후에 생기는 침하 또는 융기로서, 스킨 플레이트로 지지되고 있던 지반이 테일 보이드의 응력해방으로 인해 유발되는 침하(침하의 대부분을 구성하며, 응력해방에 따른 탄소성 변형)이다.

→ 동시주입방식 채용 및 적절한 뒤채움 주입관리(주입압, 주입량)를 통해 침하를 제어할 수 있다.

⑤ **제5단계 :** 세그먼트부 침하, 후속침하

주로 연약 점성토 지반에서 나타나는 침하 또는 융기로서, 세그먼트 설치 후 지반응력 재배치, 과도한 주입압 등에 기인한다. 테일 통과 후 불균형 지압이 라이닝 변형을 야기하여 지반침하를 유발할 수 있으며, 특히, 세그먼트 이음 볼트의 조임이 불충분할 때 세그먼트 링의 변형이 쉽게 일어날 수 있다.

→ 2차 뒤채움 주입을 통해 침하발생을 억제할 수 있다.

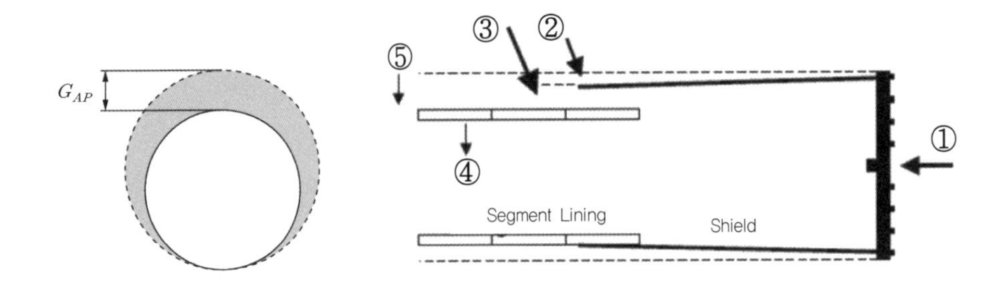


(a) 쉴드터널의 침하요인(화살표의 굵기와 방향은 거동의 크기와 방향을 의미)(Cording, 1991)

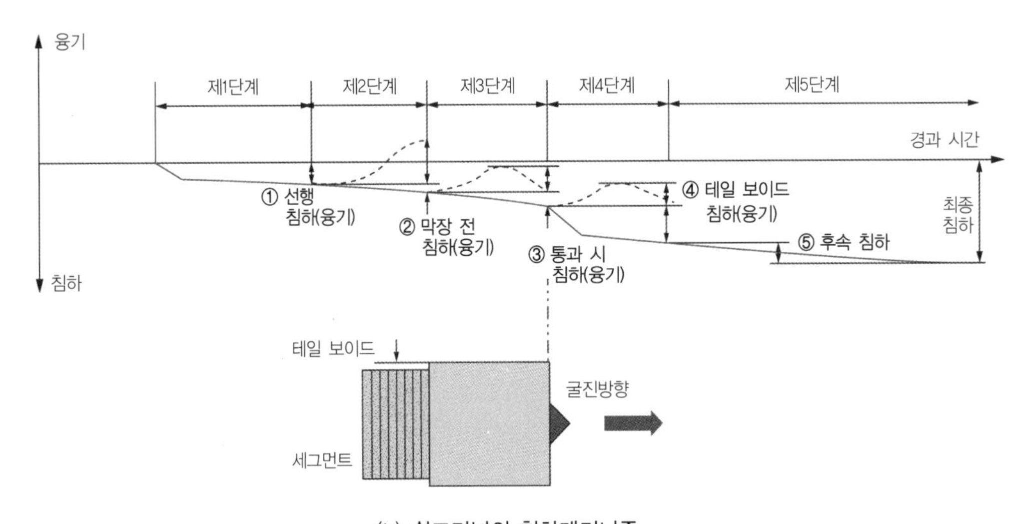


(b) 쉴드터널의 침하메커니즘

그림 E3.82 쉴드 TBM에 의한 지반변형특성

### 3.4.4.2 지반조건에 따른 침하특성

그림 E3.83(b)의 제1, 2 및 5단계의 침하는 점성토 지반에서 주로 보이는 침하양상이다. 사질토 또는 단단한 점토에서는 이러한 단계가 명확히 관찰되지 않을 수도 있다. 충적 점성토 지반의 경우 지하수 영향에 따른 장기침하로 인해 5단계인 세그먼트 설치구간에서 발생되는 후속침하가 전체 침하량의 40~50%에 달할 수 있다. 반면, 충적 사질토 지반에서는 쉴드 장비부의 Tail Void 침하가 전체 침하량의 90% 정도를 차지하며, 즉시침하(탄성침하) 양상을 보인다. 표 E3.7은 지층조건별, 굴착 단계별 침하비율을 비교한 것이다.

표 E3.7 지층조건 및 굴진 단계별 침하비율

| 구분 | ① 선행침하 | ② 굴진면전방 | ③ 쉴드 도달 | ④ Tail void 침하 | ⑤ 후속침하 |
|---|---|---|---|---|---|
| 점성토 | 6% | 5% | 8% | 34% | 47% |
| 사질토 | ≈0% | 3% | 31% | 60% | 6% |

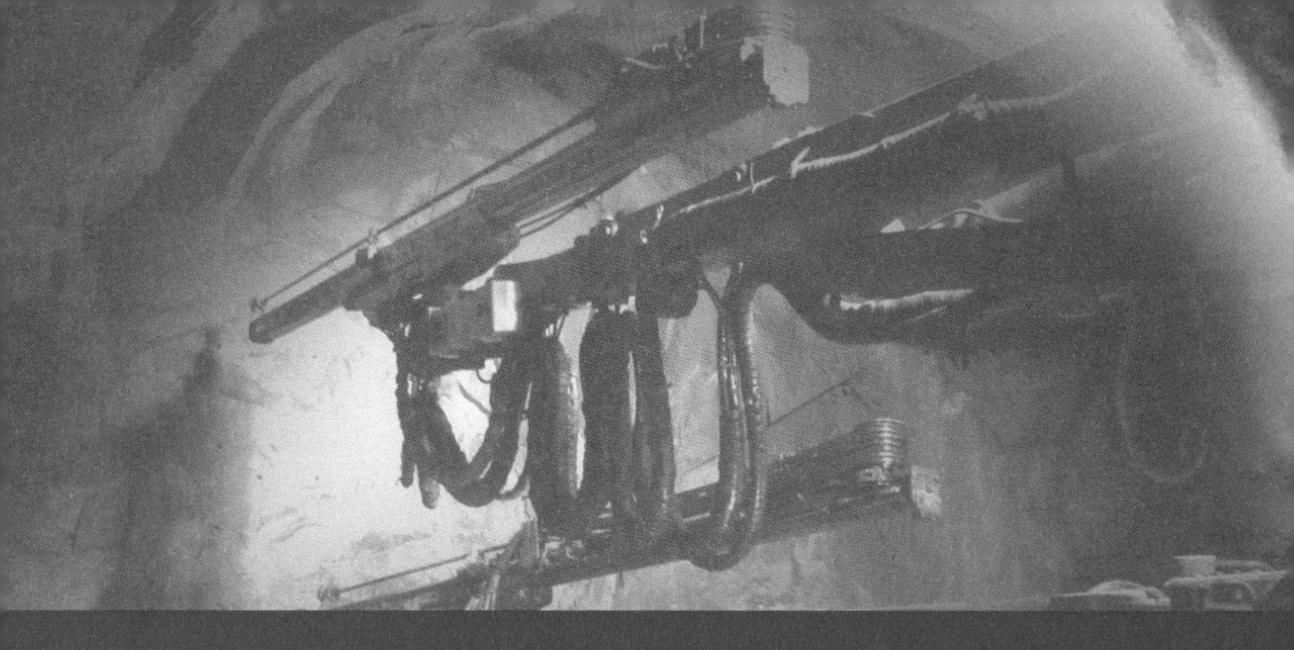

CHAPTER 04

# Special & Alternative Methods of Tunnelling

# 특수 · 대안터널공법

# Special & Alternative Methods of Tunnelling
# 특수·대안터널공법

터널이 중요시설의 하부 또는 초저토피의 운영 중 철도 하부를 통과하여야 하는 경우나, 선박항행이 빈번한 해협을 저심도로 통과해야 하는 경우에는 일반적인 터널공법을 적용하기 어렵다. 이런 경우 제약조건을 극복할 수 있는 특수하거나 대안적인 터널공법을 검토하여야 한다. 특수공법이 적용되는 구간은 전체 사업 또는 전체 터널연장에서 길이의 비중은 크지 않으나 높은 시공 난이도와 위험도, 기존시설에 미치는 영향으로 인해 해당 터널프로젝트의 핵심사항으로 관리되는 경우가 많다. 특수공법의 고찰을 통해서 터널 건설 제약조건을 해소하기 위한 다양한 노력들을 이해할 수 있다.

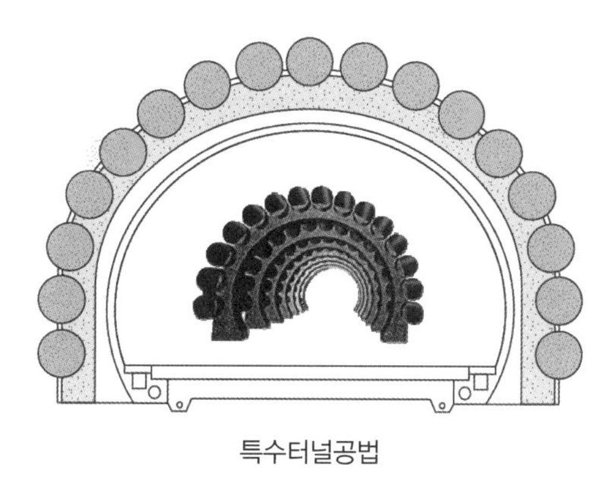

특수터널공법

이 장에서 다룰 주요 내용은 다음과 같다.

- 소구경 터널(관로) 비개착기술(trenchless technology, pipe jacking, micro tunnelling)
- 강관추진 특수터널공법
- 굴착 터널형 특수공법
- 대안터널공법 : 개착터널, 매입터널, 침매터널, 피암터널

## 4.1 특수·대안터널공법 개요

관용터널공법이나, 쉴드 TBM 공법은 초저토피, 초 연약지반에 적용하기 어렵다. 또한 고층건물, 교량, 철도 등 운영 중 시설의 하부를 손상없이 통과하기도 용이하지 않다. 이러한 제약요건에 적용할 수 있도록 개발된 특수하거나 대안적인 터널굴착기술을 특수 및 대안터널공법으로 분류하였다.

### 특수·대안터널공법의 선정

특수터널공법의 필요성을 살펴보기 위해, 우선 터널형태의 지하 구조물 건설공법의 선정절차를 살펴보자. 공법 선정은 그림 E4.1를 참고할 수 있으며, 경제성과 안정성을 고려하되 **지반조건 및 터널심도**가 1차적인 기준이다. 특수터널공법은 제약요인에 따라 개착이 불가한 구간에서 고려된다.

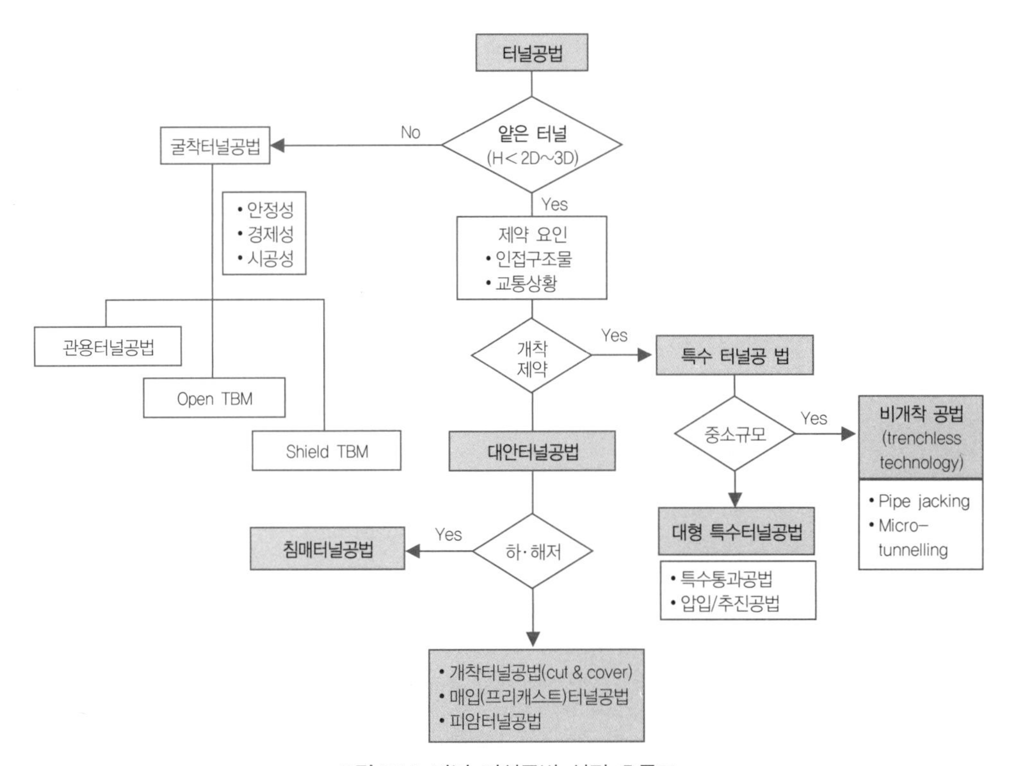


그림 E4.1 터널 건설공법 선정 흐름도

특수터널공법은 제약조건으로 인해 강관 등 특수한 보조공법을 채용하는 터널건설공법으로, 굴착단면 규모가 작은 중소구경 터널(관로) 건설공법인 **비개착공법**과 대구경 특수 터널굴착공법으로 구분할 수 있다. 특수 터널굴착공법은 기존의 터널건설공법을 보완한 공법으로 지반을 보강하거나 라이닝을 보완, 또는 시공순서의 변화 등으로 구성된다. **대안터널공법**은 지하굴착 방식은 아니나, 완공 후 터널과 같은 개념으로 운영되는 지중구조물로서 개착터널공법, 프리캐스트 터널공법, 피암 터널공법이 이에 해당한다. 해저의 매입터널공법인 침매터널공법도 대안터널공법으로 분류할 수 있다. 그림 E4.2에 특수 및 대안터널공법을 예시하였다.

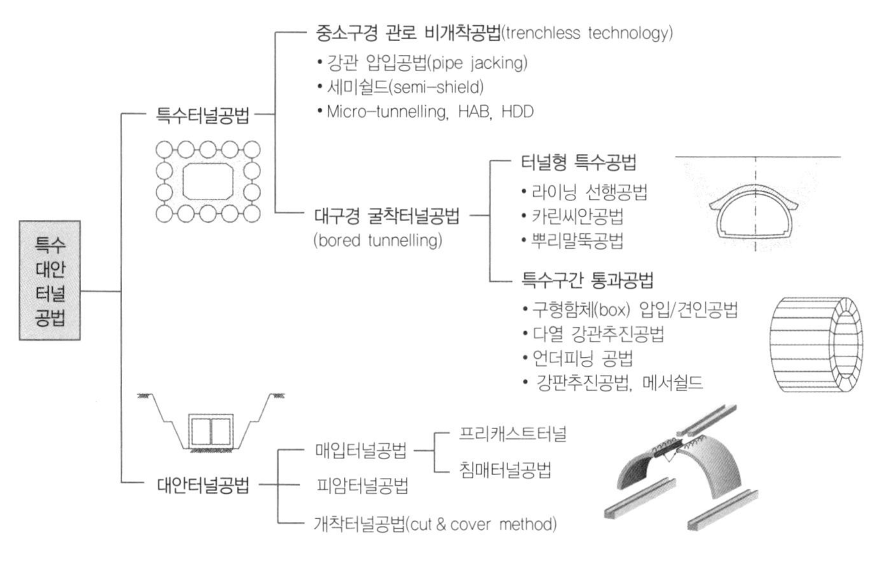


**그림 E4.2 특수 및 대안터널공법의 분류**

특수터널공법의 보조수단으로 흔히 사용되는 강관추진은 비개착공법의 압입추진공법과 같다. 비개착공법은 소구경 기성 관(ring segment)을 구조물로 활용하는 공법이며, 강관추진 터널공법은 특수구간 통과 공법으로서 도심구간에 빈번하게 적용된다. 터널 굴착 전 구조물 외주면에 다수의 강관을 선추진하여 굴착 시 안정을 확보하는 방식으로 다양한 유형의 공법이 제안되었다.

개착식 공법(cut & cover method)은 주로 토압을 지지하는 상자(box)형 구조물을 지상에서 개착하여 건설하는 것으로 통상적인 굴착터널 건설방식은 물론 구조에 있어서도 큰 차이가 있다. 하지만 일단 완성되면 이를 흔히 '**개착터널**'이라고 하며, 따라서 이를 대안터널공법으로 분류할 수 있다. 한편, 산지의 비탈면에 건설되는 반(semi-)터널방식의 개착터널을 **피암터널**이라 한다.

최근 들어, 건설 중 도로 운영제약 최소화 등의 방안으로 터널구조물을 몇 개의 부재로 분할하여 이를 공장에서 제작하고 현장에 운반하여 가설하는 **프리캐스트 매입 터널공법**도 사용이 확대되고 있다. 선박통행이 많은 항구나 해협을 횡단해야 하는 경우, 터널구조물을 지상에서 제작하여 부상시켜 운반하여 해저에 설치하는 **침매터널**도 일종의 매입터널이라 할 수 있다.

특수터널공법의 대부분이 상업적 신기술 또는 특허로 등록되어 여기에서 다루는 것이 바람직하지 않을 수도 있다. 하지만 이미 실무에 광범위하게 적용되고 있음을 감안하고, 또 특수공법들이 제약조건 해소를 위해 실무에서 구현되는 과정을 학습하는 것은 신공법 개발에 중심으로 다루는 것은 의미가 있다.

## 4.2 중·소구경터널 비개착 공법

Trenchless Technology, Pipe Jacking, Micro-tunnelling

### 4.2.1 비개착기술 개요

비개착공법은 종래 트렌치굴착에 의하던 중소구경 관로(혹은 터널)를 터널식으로 설치하는 공법을 일컬으며, 1980년대부터 적용이 활발해졌다. 그림 E4.3은 비개착기술이 적용되는 주요 관로사업을 예시한 것으로 상하수도, 통신, 열공급, 소규모 전력구가 이에 해당한다.

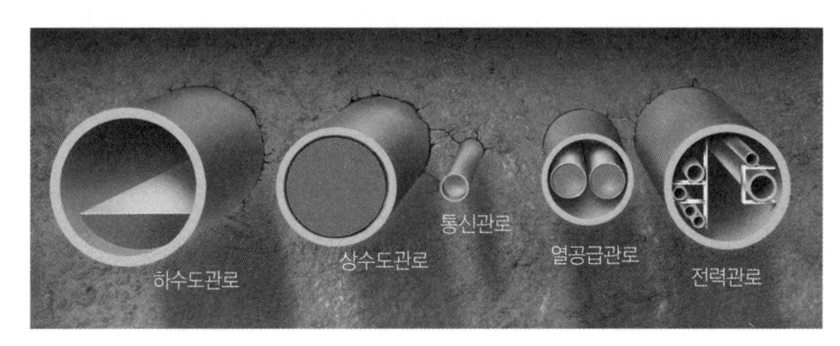


그림 E4.3 비개착기술 적용이 가능한 중소구경 관로

비개착기술이 활성화된 배경은 개착형식의 라이프라인(life lines, 상하수, 전기, 통신 등 관로) 건설방식과 관련한 **사회적 갈등과 불편을 비용으로 인식**한 데 있다. 얕은 토피로 건설되는 라이프 라인은 대체로 트렌치 개착방식으로 건설되었으나, 시민의 통행불편에 따른 민원, 중요 구조물통과 곤란 등 많은 문제가 따른다. 지상의 불편을 초래하지 않고, 혼잡 및 갈등으로 초래되는 **사회적 비용을 획기적으로 줄일 수 있다**는 장점 때문에 비개착기술에 대한 관심이 높아져, 관 추진 기술의 발전과 경제성이 개선되어 보편화되었다.

(a) 개착식(trench mehod)

(b) 비개착식(trenchless)

그림 E4.4 중소구경 관로의 건설방식: Trench 공법과 Trenchless 공법

NB: 'Trenchless'를 단지 '비개착'으로 번역하면, '개착식(cut & cover)'과 상대되는 개념으로 연상되어 본래 의미보다 훨씬 광범위한 개념으로 전달되기 쉽다. 'Trenchless Technology'를 보다 명확히 번역하면 '중소관로 비개착 지중 건설공법'이라 할 수 있다. 관로가 소구경 터널이라는 의미에서 최근 이를 Micro

Tunnelling Method라고도 하며, 파이프(관) 추진형식이므로 Pipe Jacking이라고도 한다. 하지만 비개착 관로설치 기술 중 소규모 Shield Tunnel(semi-shield, micro-shield)을 Micro Tunnelling(독일)이라고도 하므로 용어사용에 유의할 필요가 있다.

## 비개착공법의 분류와 적용성

비개착공법은 작업자가 터널 내에 들어가지 않는 방식(unmanned process)과 작업자가 관(혹은 터널) 내 들어가서 작업을 하는 방식(manned process)으로 구분하기도 하지만, 일반적으로 관경과 **선도체**(굴착헤드, leading body)의 굴착방식을 기준으로, 그림 E4.5와 같이 구분한다. 중대형의 경우 강관 선도체 추진공법이라 할 수 있는 **파이프잭킹**, 그리고 일반 TBM 터널굴착방식과 동일하지만 원통형 링(ring) 세그먼트를 사용하는 **세미(semi-shield) 쉴드 공법**이 있다. 소구경강관 공법에는 수평오거시추법(Horizontal Auger Boring method, HAB), 수평지향성 시추법(Horizontal Directional Drilling method, HDD)이 있다. 특히, 직경 900mm 이하의 비개착공법을 **마이크로 터널링 공법**이라고도 한다.

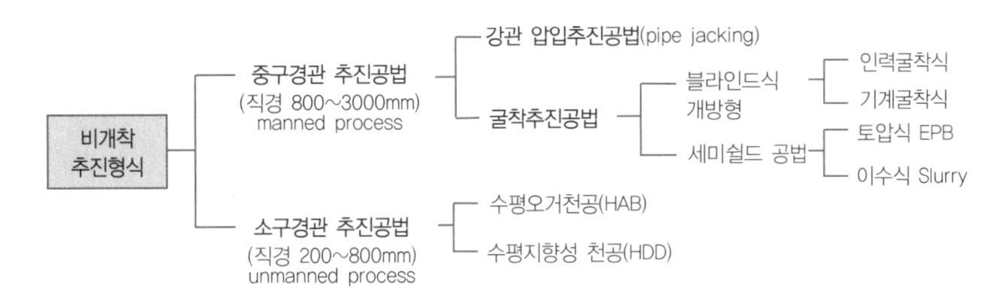


그림 E4.5 비개착공법의 추진 형식에 따른 분류

비개착기술은 완성된 관(pipe 또는 링)을 추진·관입하는 방식이므로 일반 터널공법과 다르다. EPB 또는 Slurry TBM을 이용하여 프리캐스트 원통형 링 단위의 관로를 설치하는 공법을 세미쉴드 공법이라 한다.

특기할 만한 사실은, 비개착기술의 강관압입공법이 특수구간 횡단터널공법의 요소기술로서 사용된다는 것이다. 강관을 원형 혹은 사각형으로 조합 추진함으로써 굴착 전 터널의 확실한 안정을 도모할 수 있다. 그 적용 개념을 그림 E4.6에 예시하였다.

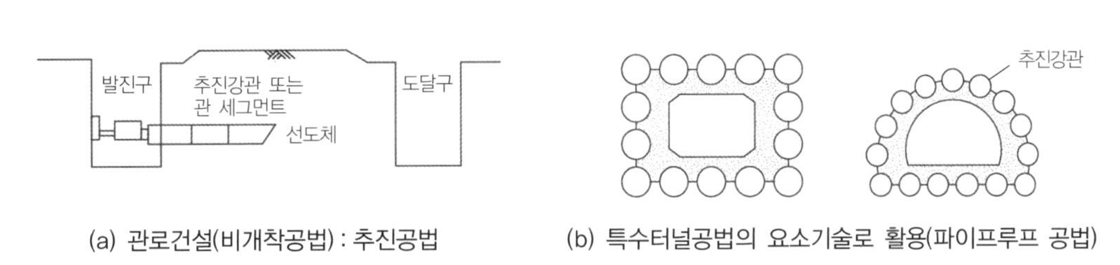


(a) 관로건설(비개착공법) : 추진공법　　(b) 특수터널공법의 요소기술로 활용(파이프루프 공법)

그림 E4.6 비개착기술의 적용

## 4.2.2 비개착 관로 추진공법 Trenchless Technologies

### 4.2.2.1 압입 추진공법 Pipe Jacking

압입추진공법은 유압을 이용하여 추진부에 관입 칼날을 부착한 대구경 원통형 관(ring segment)을 압입(jacking), 추진하는 공법이다. 보통 시점부 수직구(drive shaft)에 발진기지를 설치하고, 추진력으로 관과 지반 사이의 마찰저항을 극복하며 나아간다. 굴착된 흙(spoil)은 추진관을 통해 발진기지로 보내져 반출된다. 관 내부 작업을 위해 관경은 최소 100~180cm 이상이 바람직하다. 추진 길이 증가, 선형 정확도 개선, 관 연결 기술 향상, 관 재질 개선, 그리고 굴착기술 및 막장안정 기술 향상으로 대구경 상하수 관로, 전력구, 통신구 등 **유틸리티 터널** 등에 적용이 확대되고 있다. 특히 도로 등 지상시설 저촉없이 낮은 토피로 횡단하고자 하는 경우 유용하다.

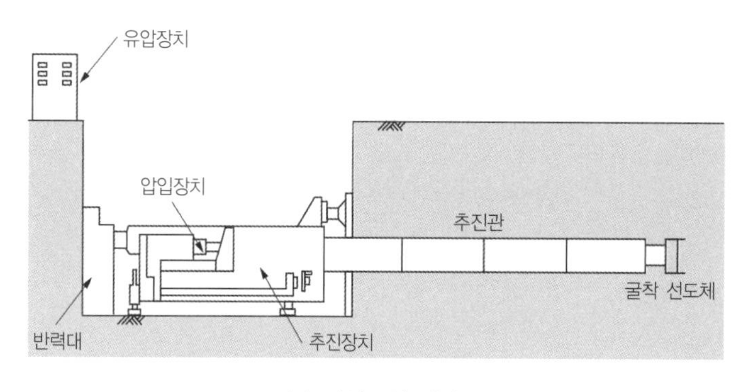

(a) 작업구성 체계

(b) 작업현황

그림 E4.7 관거 압입추진공법

### 4.2.2.2 Semi-shield(micro-shield) 공법

세그먼트를 **원통형 링**(ring)으로 제작하여 굴착 추진하는 중소구경의 쉴드 TBM을 **세미쉴드**(semi-shield) 또는 마이크로 쉴드(micro-shield)라고 한다(관경이 900mm 이하로 관 내부에서 작업이 불가능한 소규모 관로공사를 '**마이크로 터널링**'이라 함에 유의).

지반이 양호한 경우 칼날형 선단압입방식으로 안전하게 굴착이 가능하다. 연약지반의 경우 굴착면의 안정을 위하여 압력굴착방식인 소규모의 EPB 또는 Slurry TBM을 적용한다(원리는 대형 쉴드기와 같으나 규모가 작아, 이를 세미쉴드(semi- shield) 또는 마이크로 쉴드(micro-shield)라고 한다. 그림 E4.8). 관의 마찰을 줄이기 위하여 **윤활시스템**(pipe lubrication system)을 채용하거나 중간 압입 추진 장치인 **잭킹 스테이션**(Intermediate Jacking System, IJS, 중압잭)을 둘 수 있다.

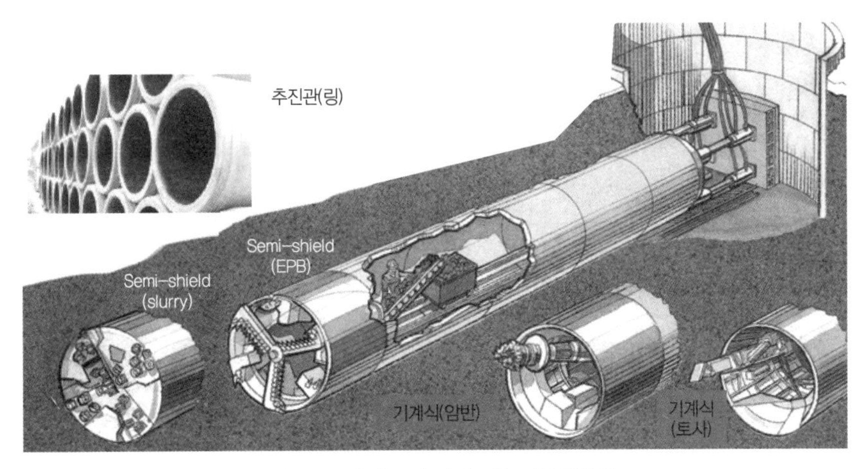


그림 E4.8 마이크로(세미) 쉴드 굴착방식

**IJS**(중압잭)는 두 관 사이에 원통주면을 따라 수압잭을 설치한 장치로, 일반적으로 추진잭이 한계추진력의 약 80% 정도에 달했을 때 사용한다. 그림 E4.9(a)에 IJS 추진부 상세를 예시하였다. 관과 지반의 접촉부 윤활제로 벤토나이트 용액이나 폴리머를 사용하면 마찰저항을 줄여 추진력을 20~50% 저감시킬 수 있다.

그림 E4.9(b)는 각 단계 굴착 중 세그먼트 링의 연결부 상세를 예시한 것이다.

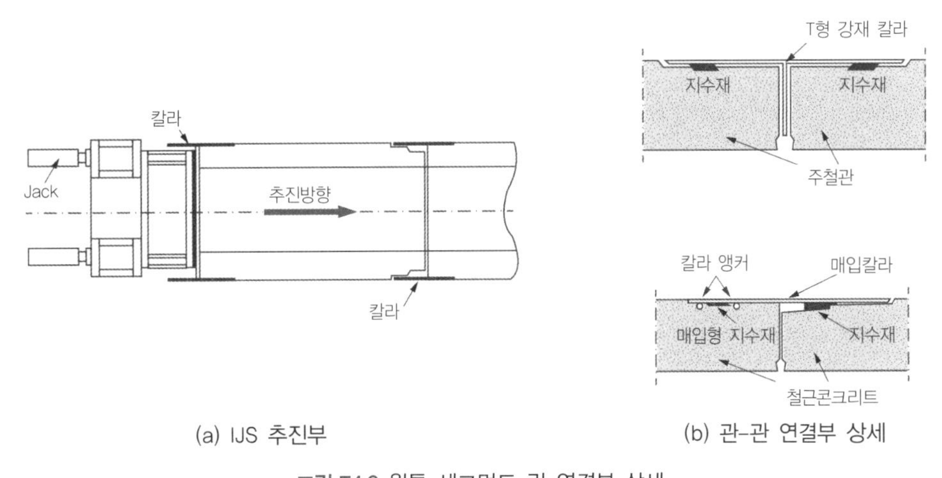


(a) IJS 추진부

(b) 관-관 연결부 상세

그림 E4.9 원통 세그먼트 링 연결부 상세

그림 E4.10에 마이크로 쉴드의 발진구 작업체계를 보였다. 굴착작업은 '발진 수직구(launch shaft, driving shaft) 굴착 → 반력벽 설치 → 레이저 유도 시스템이 탑재된 추진잭 설치 → 굴착기 반입 및 반력대에 거치' 순으로 이루어지며, 이후 Jacking Track에 신규관을 반입 · 거치하고 압력판을 밀착시켜 추진한다. 본 굴착이 시작되면 '**굴착-버력 반출-잭 후퇴-관 추진**'을 반복하며 굴진한다.

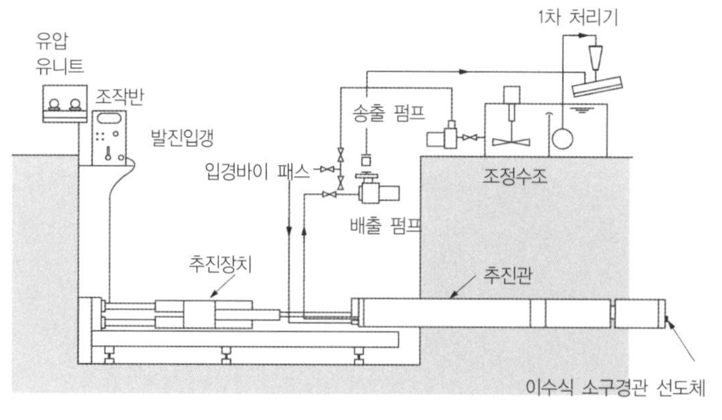


(a) 작업구성 체계

(b) 작업현황

그림 E4.10 이수식 마이크로(세미) 쉴드 추진공법

TE3장 쉴드 TBM에서 다룬 바와 같이 지반 입도조건 및 투수성을 고려하여 EPB 및 Slurry Type의 세미 쉴드(소구경 쉴드)를 선정할 수 있다. 지하수위가 높은 모래·자갈질 지반의 경우 Slurry Type을 주로 적용하며 이 경우, 막장보호를 위해 막장압을 지하수압보다 1~2t/m$^2$가량 높게 유지하면 막장붕괴를 방지할 수 있다. 지반투수성에 따른 EPB와 Slurry Type의 적용성은 TE3장 쉴드터널의 적용성을 참고할 수 있다. 투수계수가 $10^{-7}$m/s 이상(세립모래)이면 Slurry Shield가 바람직하다.

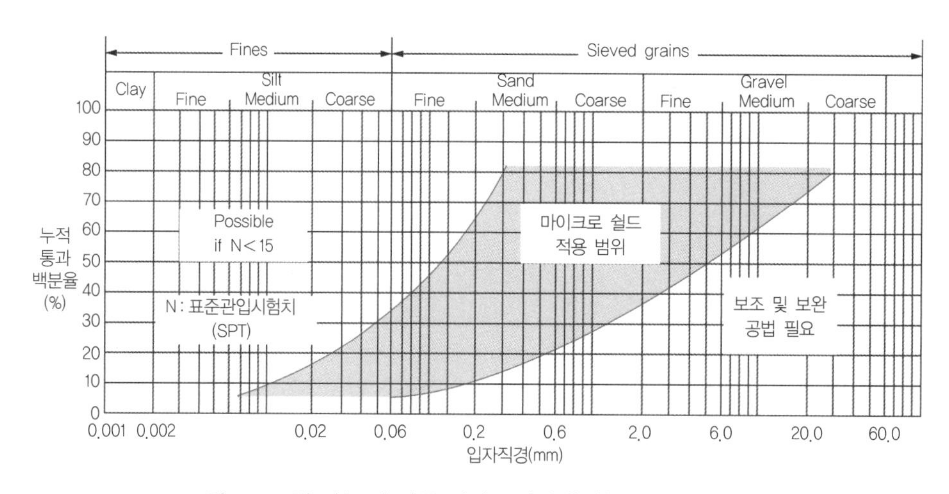


그림 E4.11 입도분포에 따른 마이크로(세미) 쉴드의 적용 범위

#### 4.2.2.3 수평 오거 시추 공법 Horizontal Auger Boring Method(HAB)

HAB는 오거 굴착과 동시에 강관을 잭으로 밀어 넣는 소구경관로 추진방식이며 도로나 철도 횡단에 유용하다. 오거의 추진력과 토크로 흙을 절삭하고 배토한다. 그림 E4.11에 보인 바와 같이 중간 이하 입도의 모래

지반에 적용 가능하다. 일반적으로 굴착기의 케이싱 내에 기성관로를 설치하며, 이격공간은 시멘트 풀로 채운다. 직경 약 200~1,500mm의 소구경 강관추진에 적합하다.

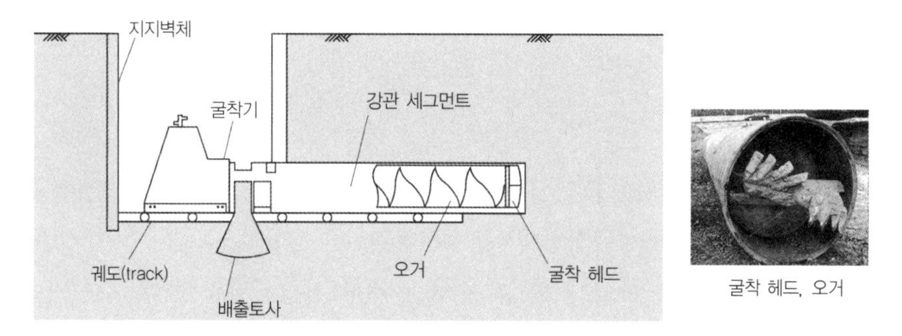


그림 E4.12 수평오거 시추공법(track type HAB)

### 4.2.2.4 수평 지향성 시추 공법 Horizontal Directional Drilling Method(HDD)

지향성 시추 공법은 **원격조정 시스템**을 이용하여 직경 25~120mm의 관로를 선형을 제어하며 추진하는 소구경관로 추진공법으로, 비교적 긴 연장의 관로 설치가 가능하다. 작업은 보통 2단계로 구성되는데, 첫 단계에서 계획노선을 따라 작은 직경의 시범 홀(pilot hole)을 천공하며, 두 번째 단계에서 관로를 수용할 수 있는 크기로 시범 홀을 확장하고, 마지막 단계로 관로를 설치한다. 시범 홀의 확장을 여러 단계로 나누어 시행할 수도 있다. HDD의 가장 큰 장점은 'Electromagnetic Telemetry(EMT)'라고 하는 시추경로 Tracking 시스템을 채용하여 조종키를 이용해 경로를 제어할 수 있다는 것이다. 작업속성상 복잡한 지하 상황에서 소구경관로를 설치하는 데 유용하며, 주로 압력관이나 케이블 관을 설치하는 데 적용한다.

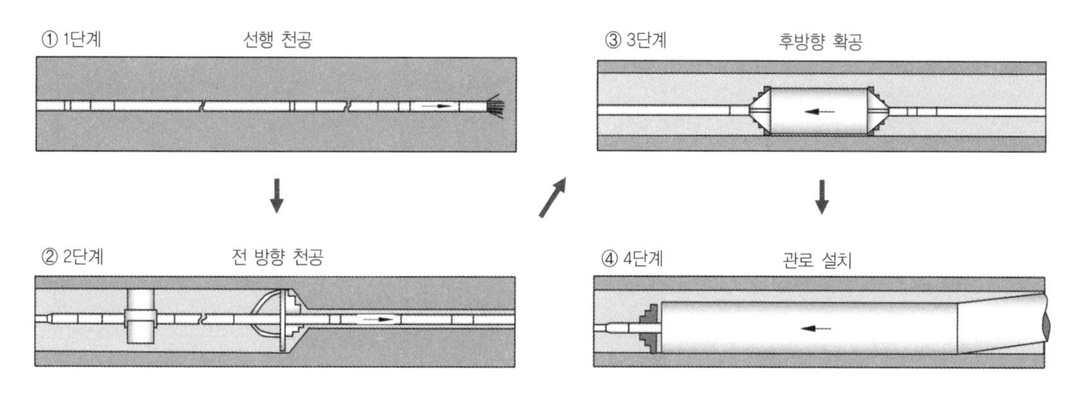


그림 E4.13 HDD 작업 진행 단계

#### 4.2.2.5 기타 소구경 강관 추진공법

앞의 공법 외에도 공기압축기를 이용하여, 강관을 타격 관입시키는 타입공법(ramming methods, PR), 지반을 압축하여 보링 홀을 형성하고 밀어 넣는 압입공법(Compaction Method, CM), 여러 공법기능을 조합한 선진도관 마이크로 터널링(Pilot Tube Micro Tunneling, PTMT) 공법 등이 있다.

### 4.2.3 비개착공법의 설계

비개착공법은 지보를 필요로 하지 않는 원통형 프리캐스트 관을 사용하므로 설계방법이 굴착터널과 다르다. 그림 E4.14는 추진관에 작용하는 하중체계를 정리한 것이다. 일반적으로 관 추진 시 전면부 저항과 관의 마찰저항이 발생하며, 추진력이 이들 저항력보다 클 때 접촉면에서 지반의 전단파괴가 일어나면 관추진이 이루어진다. 비개착공법의 설계는 추진력을 산정하고, 반력벽의 안정성을 검토하는 **Jacking System** 설계와 설치된 관의 안정성을 확인하는 2단계로 구성된다.

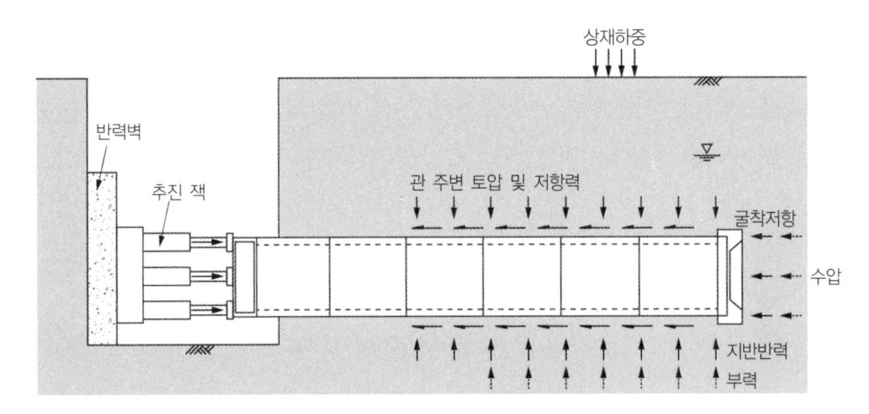


그림 E4.14 추진관에 작용하는 저항력

#### 4.2.3.1 추진시스템의 설계

Jacking system의 추진력

그림 E4.15는 추진관에 작용하는 힘의 체계를 보인 것으로 마이크로터널링공법의 **추진력**(jacking force), $F_J$는 다음과 같이 산정한다.

$$F_J = F_o + \Sigma F_R + \delta F \quad (4.1)$$

여기서 $F_J$는 총 추진력, $F_o$는 터널보링머신(TBM)의 헤드부저항(관입저항), $F_R$은 관의 마찰저항(friction resistance), $\delta F$는 여유 추진력이다.

$$F_R = F_{fr} \times S \times L \tag{4.2}$$

여기서, $F_{fr}$은 관의 주면 마찰저항, $S$는 관의 지반접촉면적($=\pi D_c$, $D_c$=직경), $L$은 추진 길이이다.

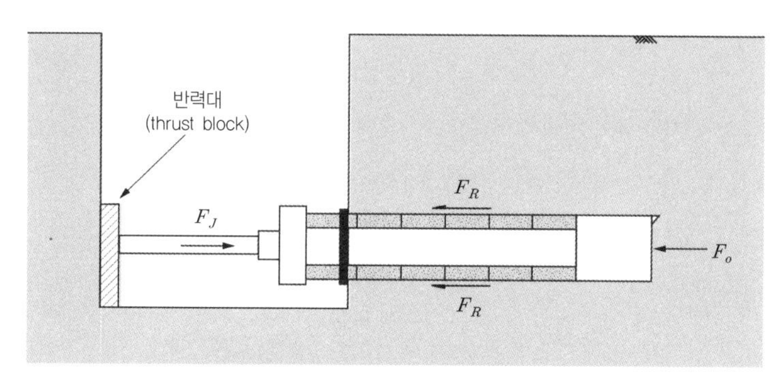


그림 E4.15 추진관에 작용하는 힘의 체계

표 E4.1 관입 마찰 저항

| 지반 | 점토 | 실트 | 모래 | 점토질 자갈 | 팽창성 점토 | 모래질 자갈 | Loamy sand |
|---|---|---|---|---|---|---|---|
| $F_{fr}$(kPa) | 3.86 | 3.86 | 4.83 | 4.83 | 19.31 | 7.58 | 8.96 |

$F_o$는 굴착기계의 굴착면 관입저항으로 지반특성과 헤드의 형상, 운전특성에 따라 다르다. 슬러리(slurry) 쉴드 마이크로터널의 경우 다음과 같이 산정할 수 있다.

$$F_o = (p_e + p_w) \times \left(\frac{D_c}{2}\right)^2 \times \pi = p_e A_e + p_w \left(\frac{D_c}{2}\right)^2 \pi \tag{4.3}$$

여기서 $p_e$ : 커터비트의 접촉(점)압($\approx$138kPa), $A_e$ : 커터비트 총 접촉면적, $p_w$ : 슬러리압, $D_c$ : 관(실드장비)의 외경이다.

관의 저항력 $F_R$은 외주면 마찰저항($F_{fr}$)과 관로굴곡에 따른 부가 저항력($F_{tn}$)의 합이다.

$$F_R = F_{fr} + F_{tn} \tag{4.4}$$

관의 외주면 저항력 $F_{fr}$은 다음과 같이 마찰력과 부착력으로 구성된다.

$$F_{fr} = (\pi D_c q_{ave} + W)\mu L + \pi D_c c L \tag{4.5}$$

여기서, $q_{ave}$: 관에 가해지는 평균수직하중($=q_o+\gamma_t z$), $W$: 관의 단위길이당 자중, $\mu$ : 관과 지반 접촉면의 마찰계수($\approx \tan(\phi/2)$), $\phi$ : 지반의 전단저항각, $c$ : 관과 지반 접촉면의 부(점)착력, $L$ : 추진연장이다.

관로굴곡에 따른 부가저항력, $F_{tn}$은 그림 E4.16으로부터 다음과 같이 산정할 수 있다.

$$F_{tn}=(F_{n-1}+F_n+\mu T_n)\sec\theta \tag{4.6}$$

여기서, $F_{tn}$ : 곡선부 $n$번째까지 전체 저항력, $F_n$ : 직선의 경우 $n$번째의 전체 저항력, $T_n$ : 굴곡에 의한 부가적인 지반저항력, $\theta$ : 곡선부 관의 꺾임 각도(degree)이다.

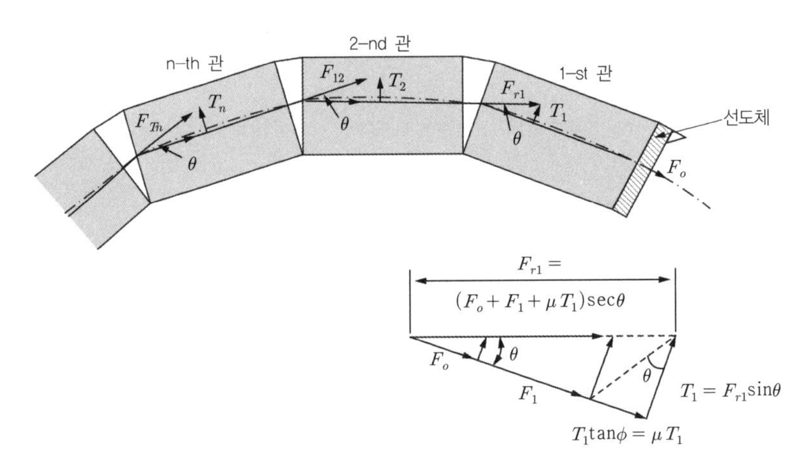


그림 E4.16 곡선부의 부가 저항

### 4.2.3.2 관의 축방향 안정성

추진 시 관이 파괴되지 않기 위해서는 추진력($F$)이 허용압축강도($F_a$)보다 작아야 한다.

$$F < F_a \tag{4.7}$$

여기서, $F_a$ : 관의 허용 압축력($=\sigma_a A_c$, $A_c$ : 관의 유효 단면적, $\sigma_a$ : 콘크리트의 허용 평균 압축 응력).

### 4.2.3.3 관의 허용추진 연장

가능한 최대 추진연장은 관의 허용 압축강도로부터 다음과 같이 결정할 수 있다.

$$L_a=\frac{F_a-F_i}{(\pi D_c q+W)\mu+\pi D_c c} \tag{4.8}$$

여기서, $L_a$ : 허용추진연장, $F_a$ : 관의 허용강도, $F_i$ : 관의 선단 저항이다.

추진력이 반력대의 저항한도를 초과할 수 없으므로, 지압벽의 지지력 $R$을 고려하면 허용추진연장은 다음 식으로 표시된다.

$$L_a = \frac{R - F_i}{(\pi D_c q + W)\mu + \pi D_c c} \tag{4.9}$$

추진력은 $F_a$, $R$ 중 작은 값보다 작아야 한다. 허용추진연장을 초과하는 경우, 관로의 중간에 추진장치(중절잭, Intermediate Jacking Station, IJS)를 도입하거나, 강관외부 윤활제 포설 등을 통해 마찰저항을 감소시켜야 한다.

### 4.2.3.4 반력대(지압벽) 안정검토

반력대가 충분한 지지력을 갖지 못하는 경우, 지지력파괴가 일어날 수 있다. 따라서 추진력은 반력대 지지력보다 작아야 한다. 반력대 배면 지반의 수동 파괴를 가정하면 **반력대의 저항력**은 다음과 같이 산정된다.

$$R = \alpha D_c \frac{(\sigma_T + \sigma_B)H}{2} \tag{4.10}$$

$\sigma_T = K_p \gamma h + 2c\sqrt{K_p}$ 이고, $\sigma_B = K_p \gamma (h+H) + 2c\sqrt{K_p}$, $\gamma$ : 흙의 단위중량, $H$ : 지압벽의 높이, $K_p$ : 수동토압계수$(= \tan^2(45 + \phi/2))$, $\phi$ : 흙의 내부마찰각, $c$ : 흙의 점착력, $h$ : 지압벽 상부로부터 지표까지 거리, $B$ : 지압벽의 폭, $\alpha$ : 계수(1.5~2.5)이다.

$$R = \alpha B \left( \frac{1}{2} K_p \gamma H^2 + 2cH\sqrt{K_p} + 2hHK_p \right) \tag{4.11}$$

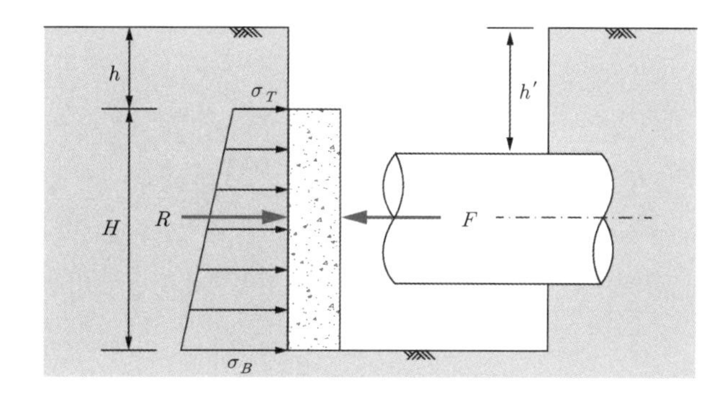


그림 E4.17 반력대의 지지 체계

### 4.2.3.5 관로 안정성 검토

관로(pipes)는 수명기간에 가능한 최대 외부하중을 안전하게 지지하여야 한다. 이는 터널의 라이닝 구조해석 개념과 마찬가지로 관에 대한 단면해석을 통해 검토할 수 있다.

#### 관에 작용하는 하중

**연직지반하중.** 연성관을 가정하면(예, PVC) 연직지반하중 $w$는 Terzaghi의 Trapdoor Theory(1943)를 이용하여 산정할 수 있다(TM5장 5.2.1.1 이론과 동일하나, 이 분야 통용기호 사용).

$$w = \left(\gamma_t - \frac{2c}{B_e}\right) C_e \tag{4.12}$$

여기서, $C_e = \dfrac{B_e}{2K\mu}\left[1 - e^{-\left(\frac{2CK\mu}{B_e}\right)}\right]$ 이며, $B_e = B_t\left[1 + \dfrac{2}{\tan(45+\phi/2)}\right]$, $w$ : 흙의 단위폭당 수직 분포하중(사하중), $C_e$ : Terzaghi의 토압하중(soil load) 계수, $B_e$ : 파이프 변형에 의한 파이프 상부 흙의 폭(전단파괴의 폭), $\gamma_t$ : 흙의 단위중량, $c$ : 흙의 점착력, $K$ : 횡방향 토압계수, $\mu = \tan\phi$, $C$ : 토피고(height of cover), $B_t = D_c + 0.1$, $D_c$ : 추진관 외경, $B_t$ : 터널의 굴착직경이다.

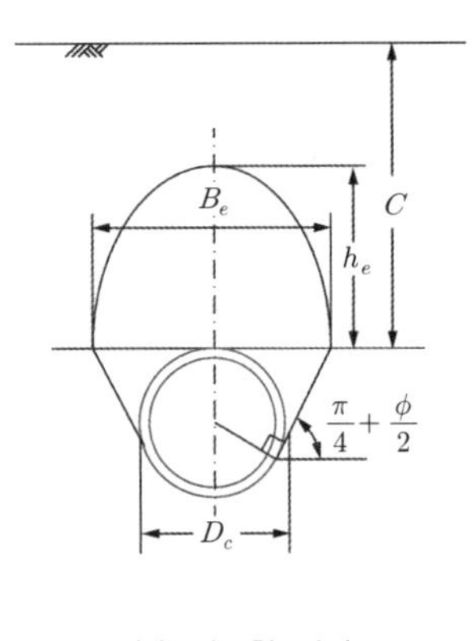

(a) 견고한 지반

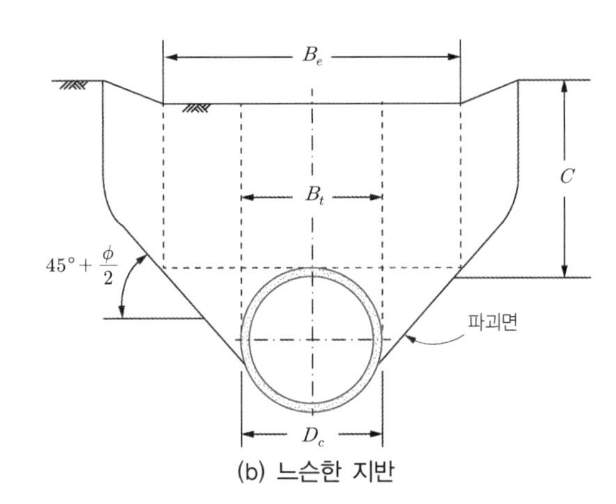

(b) 느슨한 지반

그림 E4.18 Terzaghi 이완하중

**지표 상재 하중.** 대표적인 상재하중은 지표의 교통(윤)하중($P$)이다. 하중을 그림 E4.19와 같이 가정하면,

$$p = \frac{2P(1+i)}{B_d(A + 2C\tan\theta)} \tag{4.13}$$

여기서, $p$ : 관로(강관터널) 상부에 작용하는 등분포 하중, $P$ : 최대 윤하중, $i$ : 충격계수(impact factor), $B_d$ : 차량 폭, $A$ : 타이어 접촉 길이, $C$ : 토피고, $\theta$ : 분포하중의 각도(angle of distributed load)

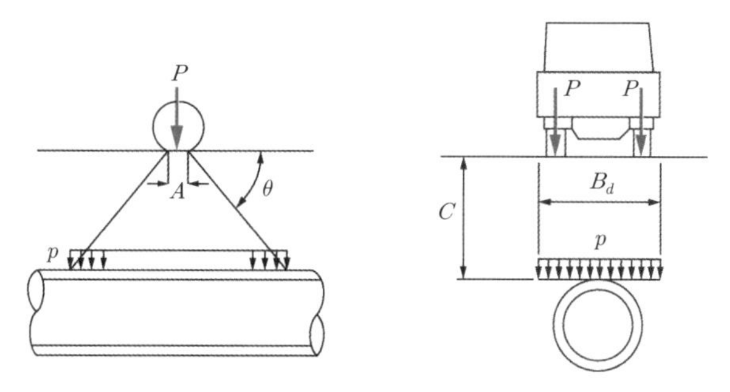


그림 E4.19 지표 윤하중의 영향

표 E4.2 토피고(cover depth)에 따른 충격계수(JRAS), $i$(Impact factor)

| 토피고($C$), m | $C\leq1.5$m | $1.5< C<6.0$m | $C\geq6.0$m |
|---|---|---|---|
| Impact factor, $i$ | 0.65 | 0.5–0.1 | 0 |

## 관의 연직방향(횡단면) 안정성

추진관의 설계수명기간 동안 내구성은 터널 라이닝 구조설계 개념과 마찬가지 방법으로 검토할 수 있다. 다만 소구경 관로로서 간단한 이론식들이 제안되었다. 강관터널에 작용하는 연직하중은 그림 E4.20에 보인 바와 같이 지반하중($w$)과 지표의 윤하중($p$)의 합이다. 즉, $q=w+p$.

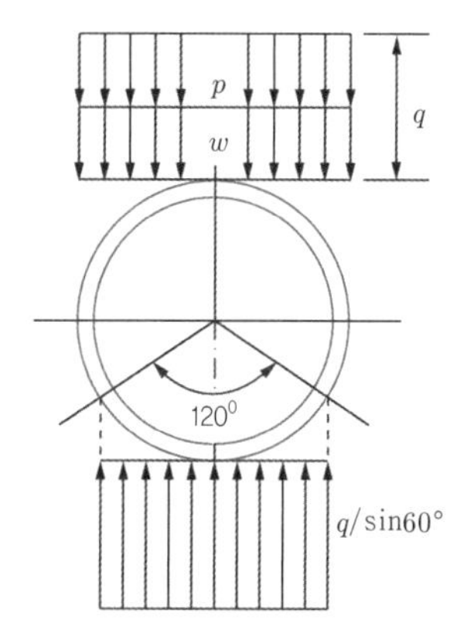


그림 E4.20 관에 작용하는 하중

추진구간에서 120°의 자유 받침 조건을 가정하면, 관의 횡단면에 발생하는 최대 휨모멘트,

$$M = \beta q r_o^2 \tag{4.14}$$

여기서 $M$ : 관에 발생하는 단위길이당 휨모멘트(관 기초각이 120°일 때, $\beta$ =0.275), $q$ : 관에 작용하는 수직하중, $r$ : 관 두께 중심 반경이다.

외력에 의해 발생하는 관의 응력은 관의 응력강도보다 작아야 한다. 관의 휨응력은 다음과 같이 계산된다.

$$\sigma = \frac{M}{Z} \tag{4.15}$$

여기서 $M$: 단위길이당 휨모멘트($= 0.275\,q r_o^2$, $r_o = (D_c - t)/2$, $Z$: 단위길이당 단면 수($= Lt^2/6 = t^2/6$, $L = 1$), $q$ : 관의 수직 등분포 하중, $D_c$ : 관의 외경, $t$ : 관 두께, $L$ : 길이이다.

**예제** 다음의 강관압입추진조건에 대하여 ① 허용 추진 길이, ② 중간 추진 잭 필요 여부, ③ 반력벽의 저항력을 산정해보자.

- 관 내경 : $D$=1.35m
- 관 외경 : $D_c$=1.60m
- 흙의 내부 마찰각 : $\phi$=30°
- 반력벽 높이 : $H$=3.40m
- 최대 윤하중 : $P$=8.0tf
- 지반 $N$값=15
- 추진 총 길이 : $L$=140m
- 흙의 점착력 : $c$=0.0tf/m$^2$
- 흙의 단위체적중량 : $\gamma_t$=1.8tf/m$^3$
- 관로 토피두께 : $h'$=5.20m

**풀이**

(1) 발진잭 추진압의 검토

a) 관에 작용하는 수직 하중

① 토압에 의한 수직하중($B_t$ : 굴착경, $D_c$ : 관의 외경)

$$B_t = D_c + 0.1 = 1.60 + 0.1 = 1.70\text{m}$$

$$B_e = B_t \left\{ \frac{1+\sin\left(45° - \frac{\phi}{2}\right)}{\cos\left(45° - \frac{\phi}{2}\right)} \right\} = 1.70 \left\{ \frac{1+\sin\left(45° - \frac{30°}{2}\right)}{\cos\left(45° - \frac{30°}{2}\right)} \right\} = 2.94\text{m}$$

$$K = 1,\ \ \mu = \tan\phi = \tan 30° = 0.577$$

$$C_e = \frac{1}{\frac{2K \cdot \mu}{B_e}} \left\{ 1 - e^{-\left(\frac{2K \cdot \mu}{D_e}\right)H} \right\} = \frac{1}{\frac{2\times1\times0.577}{2.94}} \left\{ 1 - e^{-\left(\frac{2\times1\times0.577}{2.94}\right)5.20} \right\} = 2.217$$

$$w = \left(\gamma_t - \frac{2c}{B_e}\right)C_e = \left(1.8 - \frac{2\times0.0}{2.94}\right)2.217 = 3.99\text{tf/m}^2$$

② 활하중에 의한 수직 하중

$$p = \frac{2P(1+i)}{C(\alpha + 2h' \cdot \tan\theta)} = \frac{2 \times 8(1+0.13)}{2.75(0.20 + 2 \times 5.20 \times \tan 45°)} = 0.62\text{tf/m}^2$$

$$q = w + p = 3.99 + 0.62 = 4.61\text{tf/m}^2$$

b) 발진잭압 허용 추진 총길이 산정

① 초기 저항력, $F_o = 1.32\pi \cdot D_c \cdot N = 1.32 \times \pi \times 1.60 \times 15 = 99.5\text{tf}$

② 1m당 관주면 마찰저항력 : 직경 1.35m, 추진관의 단위길이당 중량 $W = 1.419\text{tf/m}$

$$f_o = (\pi \cdot D_c \cdot q + W)\mu = (\pi \times 1.60 \times 4.61 + 1.419)\tan 30°/2 = 6.59\text{tf/m}$$

③ 관의 허용내력으로 정해지는 총 허용추진길이, 관의 허용내력 $F_{pa} = 624\text{tf}$

$$L_{pa} = \frac{F_{pa} - F_o}{f_o} = \frac{624 - 99.5}{6.59} = 79.6\text{m} < L = 140\text{m} \quad \text{NG}$$

④ 발진잭 추진기로부터 정해지는 허용 추진 총길이, 유효추진력을 40%로 가정

$$F_{ma} = \frac{100t \times 8EA}{1.4} = 571 \fallingdotseq 570\text{t}$$

$$L_{ma} = \frac{F_{ma} - F_o}{f_o} = \frac{570 - 99.5}{6.59} = 71.4\text{m} < L = 140\text{m} \rightarrow \text{NG}$$

관의 허용내력, 발진잭 추진능력 검토 결과, 총 추진 길이 $L$=140m를 만족하지 못하므로 IJS(중간잭 추진 공법) 도입 필요

(2) IJS(중간잭) 설치 필요성 검토

a) IJS 1단 주변 허용 추진 총길이, IJS 유효추진력은 20%로 가정

$$F_{na} = \frac{50t \times 10EA}{1.2} = 420\text{t}$$

$$L_{na} = \frac{F_{na} - F_o}{f_o} = \frac{420 - 99.5}{6.59} = 48.6\text{m}$$

b) IJS 단수 산정

$$N_n = \frac{L - L_{ma}}{L_{na}} = \frac{140 - 71.4}{48.6} = 1.4 \fallingdotseq 2\text{단} \rightarrow \text{IJS 2단 필요}$$

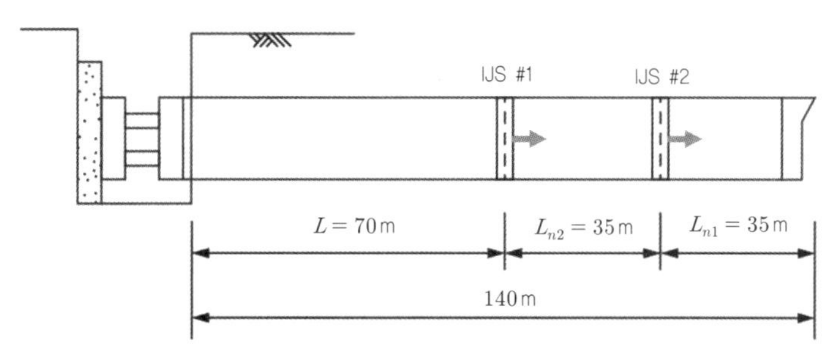


그림 E4.21 IJS 2단 배치

c) IJS의 스팬 비율

① 발진잭 추진기에 걸리는 추진력

$F = F_o + f_o \times L_m = 99.5 + 6.59 \times 70 = 560.8\text{tf}$

② IJS에 걸리는 추진력(중압 1단 주변)

$F = F_o + f_o \times L = 99.5 + 6.59 \times 35 = 330.2\text{tf}$

IJS 1단, 2단 추진 시 각 후속부에 대한 관입 저항($F_o$)은 고려하지 않는다.

(3) 반력벽 안정검토

a) 수동 토압 계수

$$K_p = \tan^2\left(45° + \frac{\phi}{2}\right) = \tan^2\left(45° + \frac{30°}{2}\right) = 3.0$$

b) 수동 토압 강도

$\sigma_T = K_p \cdot \gamma h + C \cdot \sqrt{K_p} = 3.000 \times 1.8 \times 4.332 = 23.39\text{tf/m}^2$

$\sigma_B = K_p \cdot \gamma(h+H) + 2c^2\sqrt{K_p} = 3.0 \times 1.8(4.332 + 3.400) = 41.75\text{tf/m}^2$

$\sigma_M = 3.000 \times 1.8(4.332 + 1.935) = 33.84\text{tf/m}^2$

c) 지압벽 배면 반력

$$R = \alpha \cdot H(\sigma_T + \sigma_B)\frac{H}{2} = 2 \times 3.40(23.39 + 41.75)\frac{3.40}{2} = 753.0\text{tf}$$

지압벽 배면 반력은 20%의 여유로 가정하면,

$$R_a = \frac{753.0}{1.2} = 627.5tf > F_m = 560.8\text{tf} \rightarrow \text{OK}$$

d) 지압벽 배면 반력의 작용 위치 조사

$R_1 = R/2 = 2 \times 3.40(23.39 + 33.84)1.935/2 = 376.5\text{tf}$

$R_2 = R/2 = 2 \times 3.40(41.75 + 33.84)1.465/2 = 376.5\text{tf}$

따라서 $F$와 $R$의 작용점이 일치하는 경우의 지압벽 위치는 지표면으로부터 깊이 $h = 4.332\text{m}$에 위치하면 안정이 확보된다.

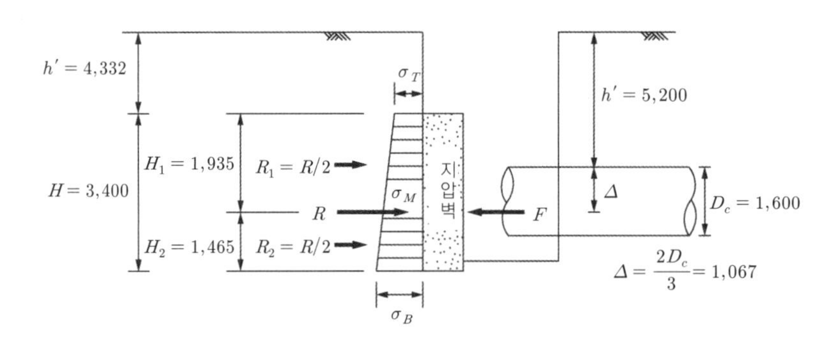


그림 E4.22 반력벽 안정검토(길이단위 : mm)

## 4.3 대구경터널 특수굴착공법

대구경 특수터널공법에는 연약지반이나 초저토피를 통과하는 터널형 특수공법과 함체 혹은 강관을 이용하여 기존 구조물을 지지하며 하부를 통과하는 특수구간 통과공법으로 구분할 수 있다.

NB : 특수 터널공법의 굴착방식, 지보 개념은 일반적 터널굴착공법과 상이하며, 국가 기준의 설계규정이나 시방규정이 없는 경우가 많다. 이런 경우 설계일반원리에 따라 굴착 중 안정 확보, 지보의 영구지지 개념 등이 설계해석을 통해 검증되어야 한다. 특수터널공법의 경우 보조재 사용 등 재료와 단면 그리고 시공상 절차의 복잡성으로 인해 이론적 접근이 어려우므로 통상 수치해석법으로 안정검토를 수행한다. 기하학적으로 복잡하고, 다수의 공종이 조합되는 경우가 많으므로 누수 등 품질관리가 중요이슈가 된다.

### 4.3.1 터널형 특수공법 Special Bored Tunnelling

특별한 난(難, difficult) 공사구간을 통과하는 터널형 특수공법에는 선행지보공법, Carinthian 공법, Root Piling 공법 등이 있다. 이들 공법은 비교적 짧은 구간의 취약지반, 장애물 통과, 구조물 보호를 위한 특별한 조건이 있는 경우 주로 채택된다.

#### 4.3.1.1 선행 지보 공법

통상 지보는 굴착 후 설치되나 만일, 굴착 전에 지보를 미리 설치할 수 있다면, 터널굴착의 안정성을 획기적으로 향상시킬 수 있을 것이다.

**록볼트 선행공법**

그림 E4.23은 록볼트(혹은 기타 선행 보강재)를 이용한 선행 지보공법을 예시한 것이다. 계획 단면 내 소형 터널(pilot tunnel)을 굴착하여 계획 터널의 외주면에 부합하는 록볼트를 미리 시공하면, 본 터널 굴착 시 록볼트의 선지보 효과로 지반교란이 억제되어 안전성을 증가시킬 수 있다. 이때 록볼트는 굴착 시 장애가 되지 않도록 FRP 소재 등을 사용하는 게 좋다. 천층터널의 경우 지상에서 지보재를 선시공할 수 있다.

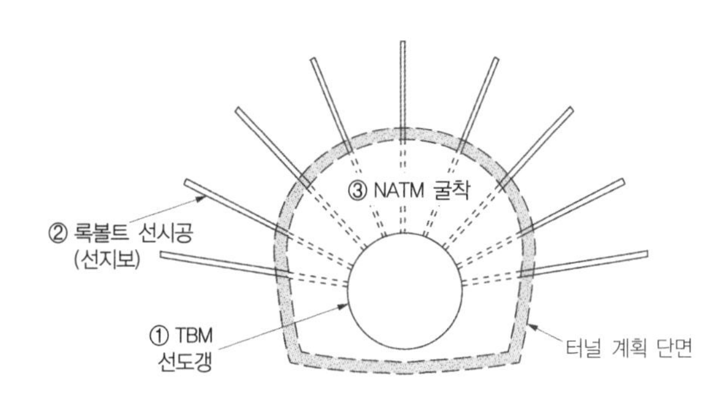


그림 E4.23 록볼트 선행지보공법 개념도

**라이닝 선행공법** pre-cutting method, pre-vault method, perforex method

터널의 라이닝은 굴착 후 설치되는데, 만일 라이닝을 굴착 전에 설치할 수 있다면, 선행 록볼트와 마찬가지로 굴착 중 안정성을 획기적으로 증진시킬 수 있을 것이다. 그림 E4.24는 대단면 터널에 대하여 수평 콘크리트 주열식 라이닝을 선행하여 설치하고 굴착을 진행하는 **라이닝 선행공법**을 예시한 것이다. 굴착면에서 시공하므로 완전한 선지보 개념과는 구분된다. 시공성을 고려할 때, 굴착면이 **외향각**을 갖게 될 수밖에 없으므로, 종방향으로 톱니형 단차가 반복되는 굴착면 형상을 나타내게 된다.

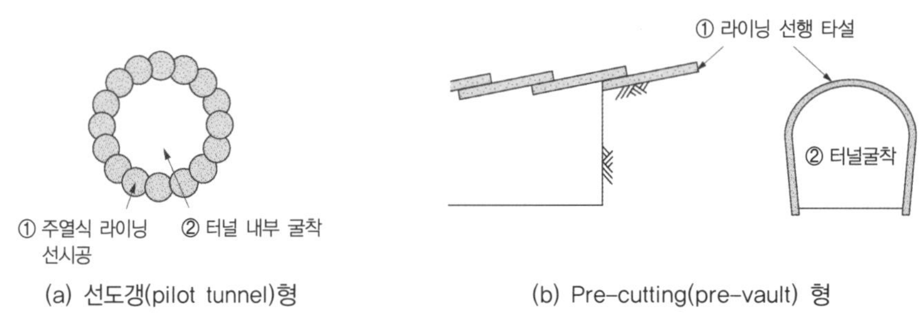


그림 E4.24 라이닝 선행공법 개념도

특별히 고안된 장비를 사용하여 막장 굴착 전 라이닝 테두리를 먼저 굴착하고 여기에 콘크리트를 채워 라이닝을 형성한 후, 막장을 굴착하는 Pre-vault 공법 또는 Perforex 공법(프랑스)이 있다. 이 공법은 'Peripheral Slot Pre-cutting Method' 또는 'Sawing Method'라고도 불린다. 가동형 Chain Saw(slot cutter) 장비를 이용하여 막장굴착 전 라이닝이 형성될 주면 위치에 두께 19~35cm, 길이 5m 정도의 가늘고 긴 틈(slot)을 만들어 라이닝 콘크리트를 타설한다.

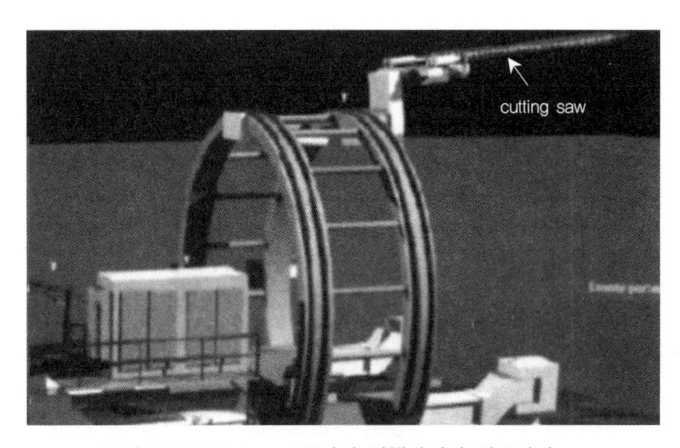


그림 E4.25 Perforex 공법의 선행라이닝 시공장비

### 4.3.1.2 카린씨안(Carinthian) 공법

토피가 낮은 지반은 자립능력이 낮고, 아칭이 확보되지 않아 굴착 안정성을 확보하기 어렵다. 이때 그림 E4.26과 같이 **터널 굴착 전 터널 상부를 미리 개착하여 크라운 아치를 시공**하고, 이를 되메운 후 안전하게 터널을 굴착하는 방법을 Carinthian 공법이라 한다. 미리 설치한 상부 크라운 아치가 종방향 보강효과를 발현하여 안전한 터널굴착이 가능하다.

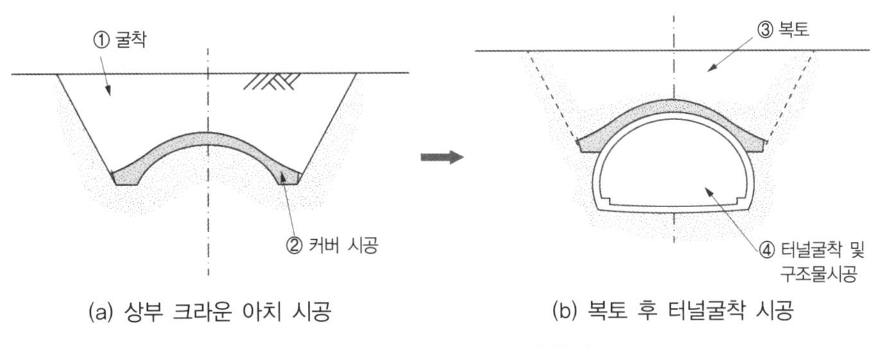


**그림 E4.26** Carinthian 공법 원리

그림 E4.27(a)에 작업순서를 예시하였다. 그림 E4.27(b)와 같이 상자(구)형 터널의 시공도 가능하다. 수직벽을 설치한 후 되메우기를 시행하고 터널을 굴착하므로, 구조물을 시공한 후 되메우기를 시행하는 개착공법(cut & cover method)과 구분된다.

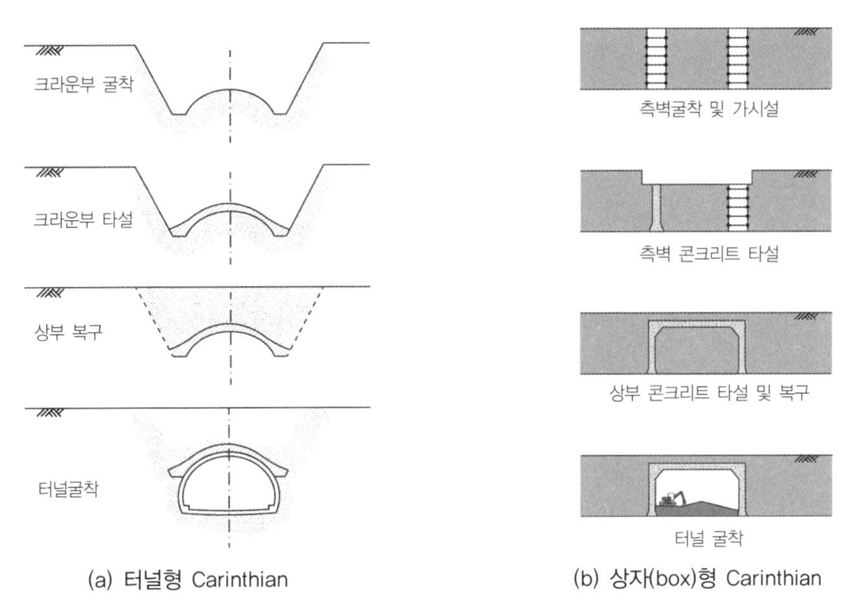


**그림 E4.27** 단면형상별 시공순서

#### 4.3.1.3 지반의 구조보강 공법

구조재를 이용하여 지반의 전단강도를 적극적으로 증진시켜 터널과 인접구조물의 안전을 유지하며, 굴착할 수 있다. 대표적 구조보강공법으로 그림 E4.28의 **뿌리말뚝공법**(root piling)을 들 수 있다. 터널 상부 이완영역의 지반변형을 억제하기 위하여 먼저 지반을 뿌리말뚝으로 보강한 후, 터널을 굴착한다. 마이크로파일 등의 구조재와 그라우팅 효과로 상당한 지반보강효과를 얻을 수 있으나 보강효과를 정량적으로 고려하기 용이하지 않다.

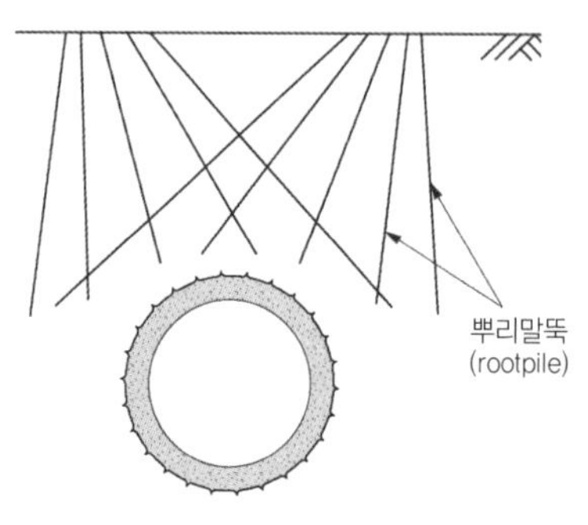


그림 E4.28 뿌리말뚝 공법

### 4.3.2 구조물 하부통과 특수터널공법

기존시설물 하부 통과는 굴착에 따른 영향을 최소화하기 위하여 미리 제작된 함체를 관입시키며 굴착하는 프리캐스트 **구형함체의 압입추진방식**, 그리고 구조물 외주면에 연해 먼저 강관을 추진하여 종방향 지지체를 형성하고 강관 내부구간에 프리캐스트 함체를 견인하며 굴착하는 **함체 견인추진공법** 등이 사용된다.

#### 4.3.2.1 구(상자)형 함체 추진공법 Jacked Box Tunnelling Method

##### 프리캐스트 구형함체 압입추진공법

전단면 프리캐스트 혹은, 현장 제작 박스형 터널구조물을 유압잭을 사용하여 지중에 압입, 설치하는 공법을 **비개착 박스 추진공법** 또는 **박스잭킹 공법**(box jacking method)이라 한다. 이때 추진부의 방향 및 경사도 제어를 위해 로프 등을 이용한 Anti-Drag System(ADS) 등이 채용된다. 박스잭킹 공법은 구체가 프리캐스트 콘크리트이므로, 추진 중 대규모 방향 전환 또는 구배 변경은 용이하지 않다. 지중 압입 및 견인방식에 따라, 여러 유형의 박스추진공법이 제안되었다. 이 공법은 충분한 토피를 확보하지 못하는 도로 및 철도의 하부를 근접하여 통과하는 경우, 작업구를 양단에 설치할 수 없을 때 유용하다. 그림 E4.29에 도로하부를 낮은 토피로 근접 통과하는 구형함체의 압입추진공법을 예시하였다.

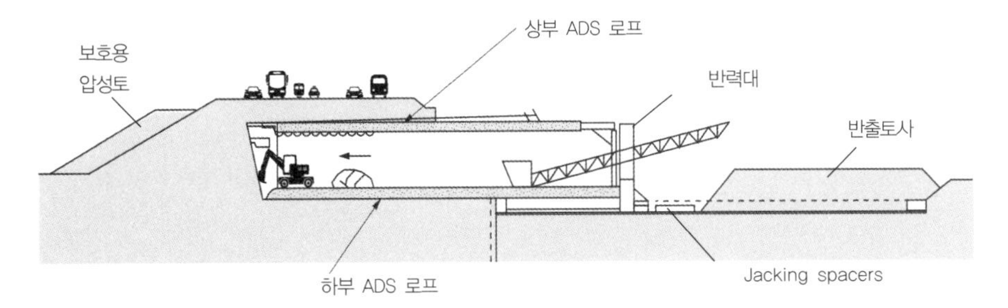

그림 E4.29 비개착 박스함체 추진공법(Anti-Drag System(ADS)을 채용한 jacked box tunnelling)

## 프리캐스트 구형함체 견인추진공법

먼저, 예정된 프리캐스트박스 외주면에 강관을 추진(수평, 수직)하여 함체견인을 위한 강관벽체 공간을 형성한다. 별도의 작업장에서 콘크리트 함체를 제작한 후 횡단부 양측에 발진구를 설치하고, 발진구에서 구조물 계획 방향으로 수평방향으로 천공한다. 다음, 천공홀에 PC강선을 관통시켜 발진갱내에 프론트 잭과 함체를 연결한 후 견인하면서 함체 내부의 토사를 굴착·제거한다.

함체 추진은 **견인방식**으로 이루어진다. 이 경우 먼저 함체 구조물 외곽 주면에 강관을 추진하고, 견인할 로프 경로를 확보한다. 외부에서 제작한(혹은 현장에서 타설한) 함체를 견인할 수 있도록 세팅한다. 함체 내부를 굴착하며 견인을 통해 구조물을 관입시킨다. 추진 방법에 따라 크게 편측견인공법, 상호견인공법으로 분류된다.

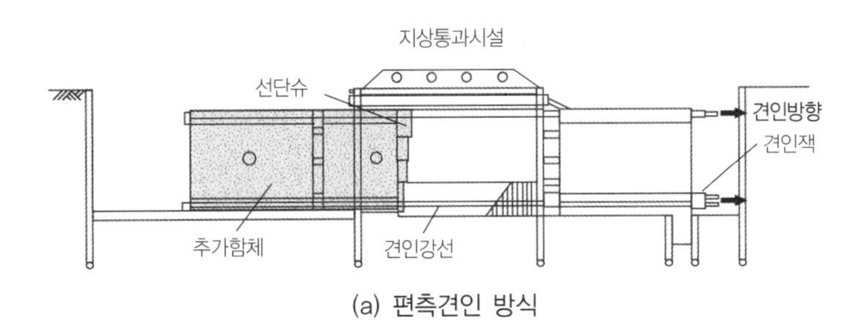

(a) 편측견인 방식

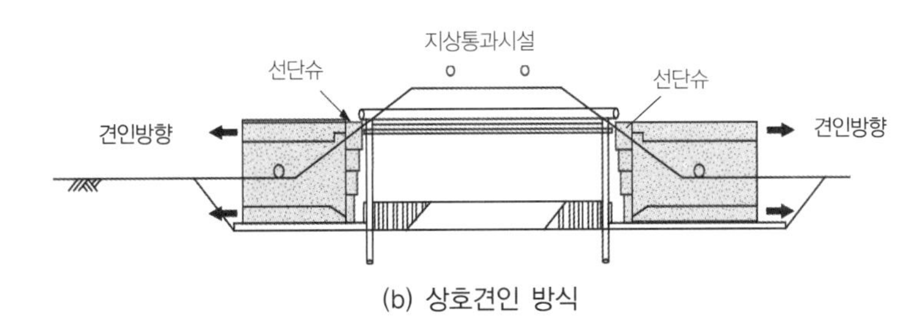

(b) 상호견인 방식

그림 E4.30 구형함체 견인추진공법의 견인방식

편측견인 공법은 그림 E4.30(a)와 같이 1방향으로 함체를 견인하는 공법이며, 그림 E4.30(b)의 상호견인 공법은 함체구조물을 횡단 구간 양측에 위치시켜 상호 견인하여 추진한다. 그림 E4.32에 편측견인 프론트 잭킹 공법을 예시하였다.

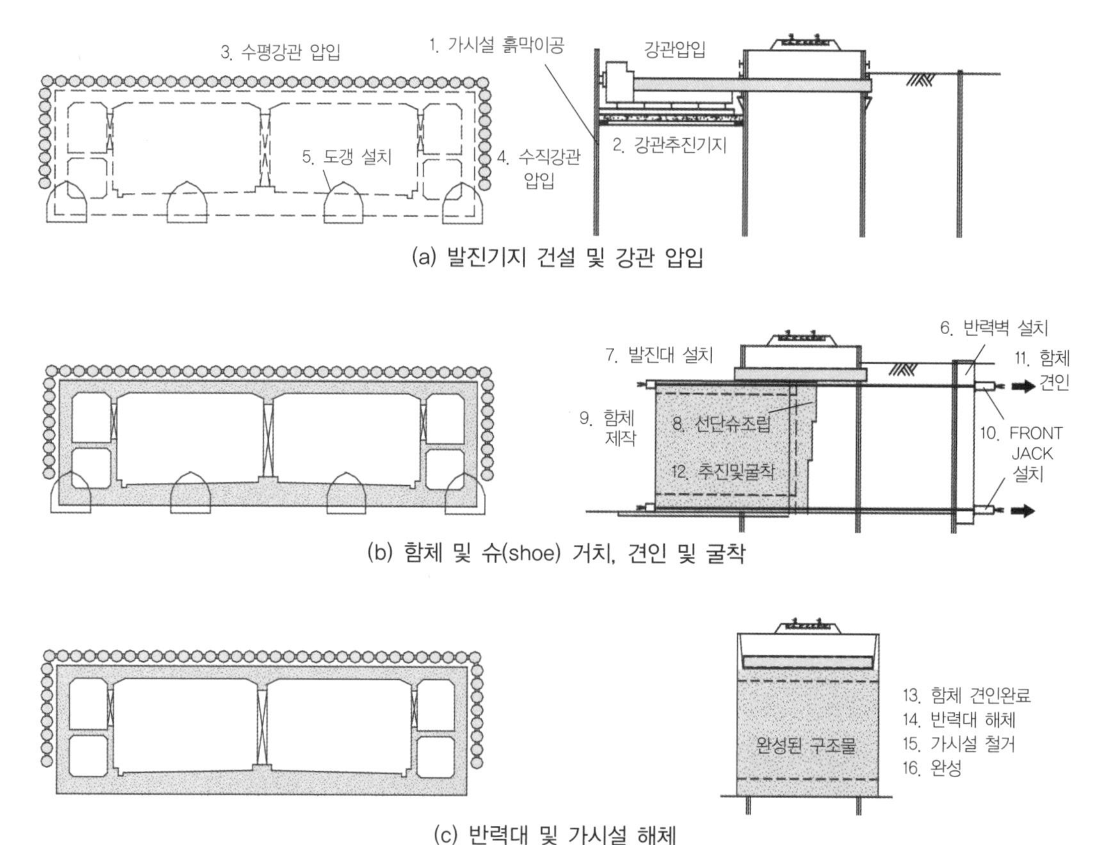


그림 E4.31 구형함체 견인공법의 주요 시공순서

그림 E4.32 견인추진 공법의 시공 현황(Front Jacking Method)

### 4.3.2.2 다열 강관추진공법 Pipe Jacking Method-현장타설

강관추진공법은 상당한 개발역사를 갖고 있는데, 다양한 조건에 적용이 시도되면서 정교해지고, 대형화로 개선 및 확장되었다. 이 공법의 기본 개념은 미리 제작한 강관 등의 요소를 목적구조물 주변에 선 추진하여, 지지구조의 공간을 확보하는 것이다. 강관으로 확보된 공간 내에서 철근을 조립하고, 현장타설 콘크리트로 구조물을 완성한다. 추진요소의 형상, 결합조건, 사용재료, 구조물 타설 방식 등에 따라 다양한 명칭의 공법들이 제안되었다.

#### 구형함체 파이프루프 공법 pipe roof method

지하수위가 높아 굴착 시 주변 지반에 침하가 크게 예상되거나, 지반이 연약하여 이완영역이 클 것으로 예상되는 경우, 터널단면 계획 외관선상에 터널선형과 일치하는 방향으로 강관을 미리 추진하여 보강지붕(roof)을 형성함으로써 굴착안정을 확보하는 공법을 파이프루프 공법이라 한다. 이 공법은 4.2절에서 살펴본 **비개착 관로설치공법을 요소기술로 이용**한다. 여굴이 거의 없어, 주변 지반의 침하나 융기거동 제어에 유리하다. 그림 E4.33에 시공절차를 예시하였고, 그림 E4.34에 시공현황을 예시하였다.

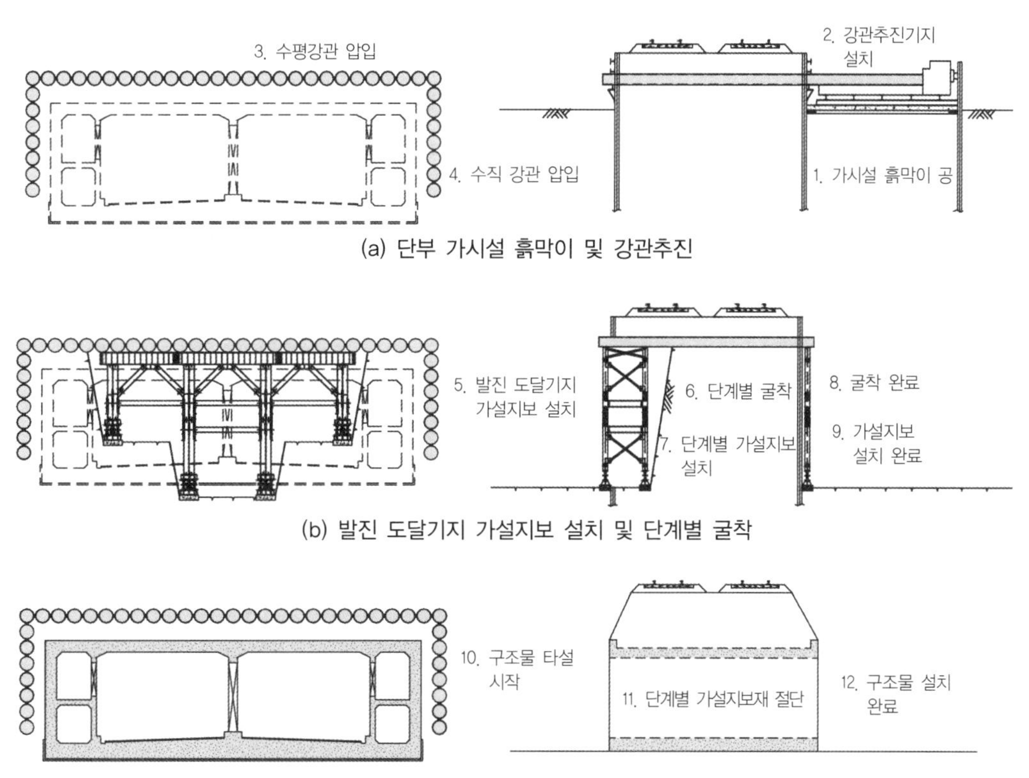


그림 E4.33 파이프 루프공법의 주요 시공순서

(a) 강관추진 및 굴착

(b) 굴착내부 지보

그림 E4.34 파이프루프 공법 시공 예(한강공원, 풍납동)

### 튜브형 강관루프 공법

튜브형 강관루프공법의 원형인 TRM(Tubular Roof construction Method)은 벨기에의 Smet Boring사가 개발한 지하구조물 축조공법으로서 강관을 이용하여 먼저 **지중에 지붕(roof)형 외주면 을 형성**한 후 구조물을 타설하는 공법이며, 시공 상황에 따른 다양한 수정(modified) 공법들이 제안되었다.

튜브형 강관루프 공법은 발진작업구에서 유압잭으로 강관을 압입하여 터널 형상(루프형)의 지지체를 형성한 후, 강관 내부를 굴착하여 터널 라이닝 구조물을 타설한다. 이 공법은 강성강관으로 굴착공간을 만들고, 채움 철근콘크리트로 구조물을 완성하므로 상부구조물의 침하 방지에 유리하다.

4.2절에서 다룬 강관 압입추진공법은 대단면 특수터널공법의 요소기술로서 강관배열 형태에 따라 아치(arch)형, 박스(box)형 등 다양한 형태로 구현될 수 있다. 그림 E4.35는 아치형 강관추진에 의한 대단면 터널 건설을 예시한 것이다.

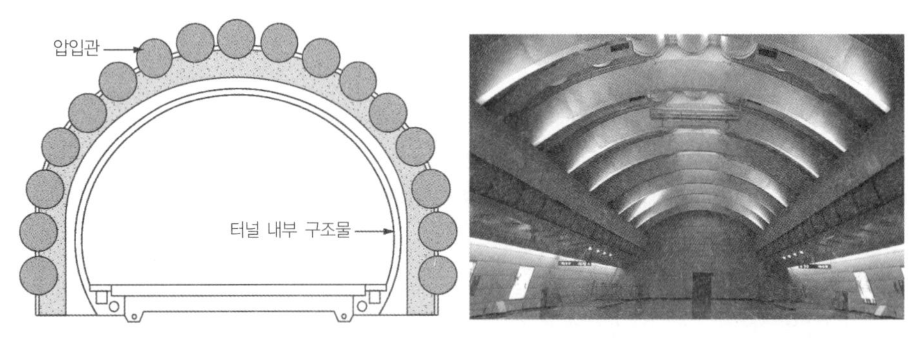


그림 E4.35 강관추진 공법을 이용한 아치형 대단면 터널(서울지하철 고속터미널역)

국내의 경우 도시지역에서 지하철 터널의 환승정거장 구간에 아치형, 고층건물 지하통과에 구형(박스, 상자형)이 적용된 사례가 있다. 그림 E4.36은 강관을 이용한 박스구조물 시공 사례를 예시한 것이다.

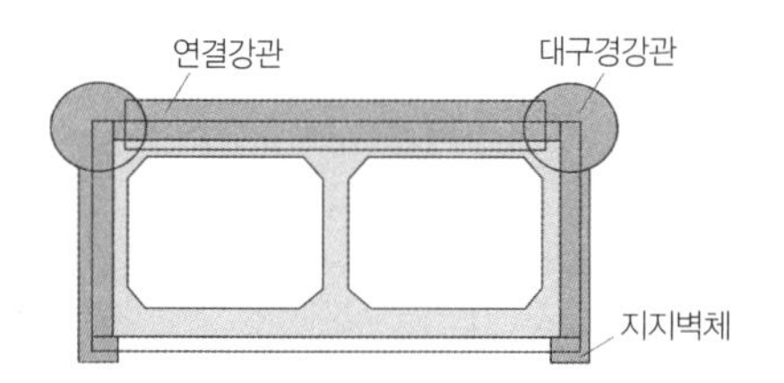


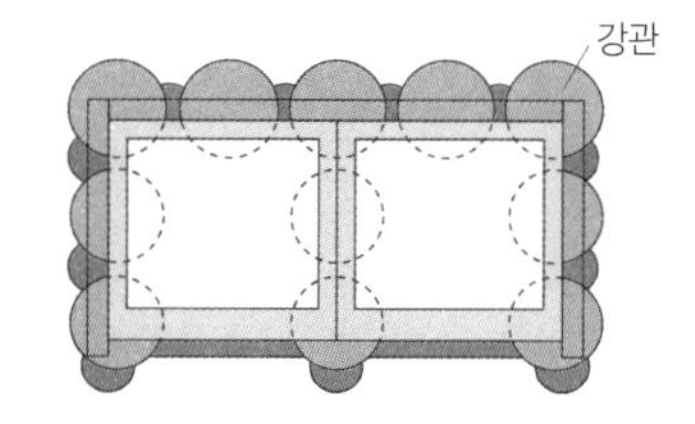


그림 E4.36 박스형 터널단면의 강관추진공법 시공 개념도

천단의 지붕을 형성하는 방식, 용접 및 콘크리트를 타설하는 형식에 따라서 매우 다양한 강관루프 공법이 제안되었다. 강관추진공법은 강관 간 연결의 고난도 작업, 콘크리트 타설 여건의 제약이 따르므로 **방수작업과 구체콘크리트의 품질 확보에 유의**하여야 한다.

### 4.3.2.3 강판(steel plate) 추진공법

#### 강판모듈추진공법

강관형상 및 연결요소 등을 수정, 개선한 다양한 형태의 강판추진 공법들이 개발되었다. 그림 E4.37의 Sheet Pile과 같은 강판으로 **상자형 모듈**을 구성하여 압입 추진함으로써 지중에 박스형 라멘구조물, 또는 터널을 구축할 수 있다. 강재가 인장력을 부담하고, 엘리먼트 내 콘크리트가 압축력을 부담하는 개념이다.

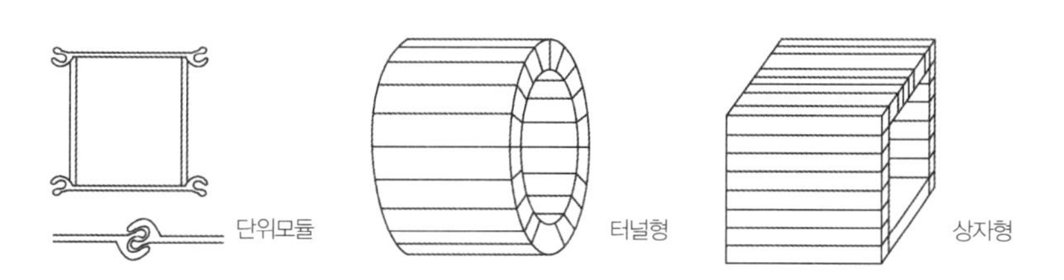


그림 E4.37 강판추진공법 : 조립모듈과 단위 모듈의 연결상세

#### 메서쉴드 공법 messer shield

메서쉴드 공법은 그림 E4.38(a)의 메서쉴드 플레이트라는 강널판을 병렬배열한 후 이 플레이트를 한 개씩 유압잭으로 굴착주면에 일정 부분씩 미리 관입시킨 후 굴착하고 그 후방에 흙막이 판을 설치함과 동시에 지보공을 설치하며 전진하는 공법이다(메서란 칼을 뜻하는 독일어이다).

굴착 전 구간을 단계적으로 압입, 굴착하므로 소 단면인 경우에 유리하며, 메서 추진 시 방향 수정이 가능하므로 곡선인 경우에도 적용 가능하다. 장비 취급이 용이하며 미숙련자도 시공이 가능한 장점이 있다. 그러나 선행 관입심도가 제한적이므로 지하수 유출 우려가 있는 연약지반에서는 막장관리에 유의하여야 한다.

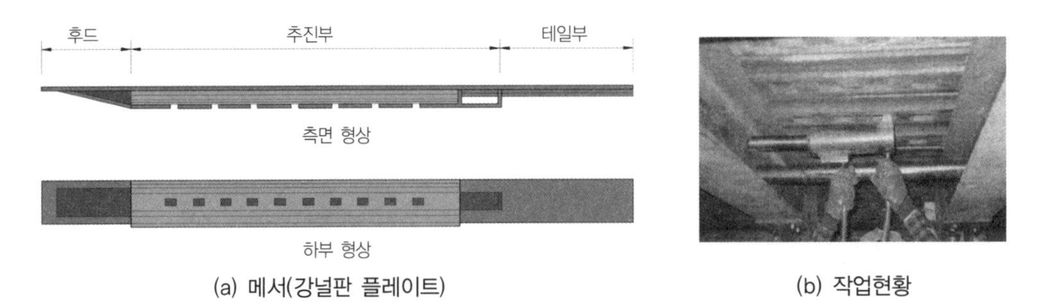

(a) 메서(강널판 플레이트) (b) 작업현황

그림 E4.38 토류용 메서 단면도와 작업현황

메서공법은 메서 지지를 이용하여 내부토사를 굴착 후, 임시 지보가 아닌 현장 콘크리트 지보를 타설한다. 메서는 반복 사용되는 굴착도구로서 강판이 터널체를 구성하는 일반적 모듈형 강판추진공법과는 개념이 다르다. 메서쉴드 공법은 주로 토피가 작은 토사터널에 적용되고 있으나, 막장안정을 위하여 최소토피고 1.5D 이상을 확보하는 것이 바람직하다. 연약지반에 적용하는 경우, 지반침하 그리고 자갈층 및 전석층에서는 붕락 가능성에 유의하여야 한다.

### 4.3.2.4 언더피닝 Underpinning

언더피닝 공법은 기존구조물을 손상 없이 유지시키며, 하부를 굴착하여 터널구조물을 축조하는 공법이다. 이 공법은 기존구조물의 하부를 파일 등으로 지지하고, 단계별로 굴착하면서 신설 터널구조물을 설치하는 공법이다. 협소한 작업공간에서 인력 및 소규모 장비로 시공을 해야 하므로, 일반 굴착공사에 비하여 공사비용 및 기간 소요가 크다. 그림 E4.39는 터널이 기존 구조물 하부의 일부 또는 전부를 통과하는 경우에 언더피닝 공법의 적용 예를 보인 것이다.

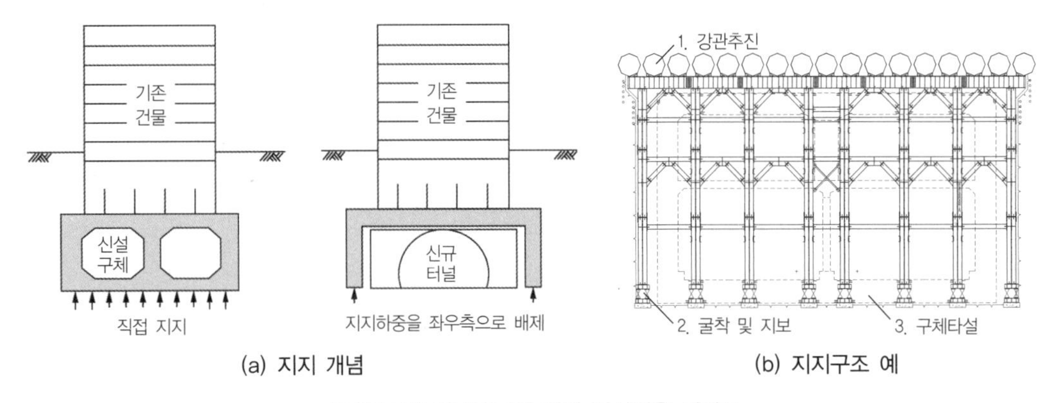

(a) 지지 개념 (b) 지지구조 예

그림 E4.39 언더피닝의 터널 공사적용 개념도

언더피닝 공법은 독립적으로도 사용되지만, 강관추진공법과 함께 사용하기도 한다.

## 4.4 대안터널공법-개착 및 매입형 터널공법

완성 후 궁극적으로 지중, 혹은 반 지중 구조물이 되지만 그 건설방식이 굴착터널과 다른 지중 구조물 건설공법을 '대안터널공법'이라 하면, 다음의 공법들이 이에 해당한다.

- 개착식 공법(개착터널공법, cut and cover tunnel)
- 프리캐스트 터널공법, precast tunnel)
- 피암터널공법
- 침매터널공법

이들 공법은 굴착터널(bored tunnel)의 대안공법(alternative method)으로서 경제성 및 안정성(시공가능성) 측면에서 굴착터널보다 유리할 때 채택된다. 대안터널공법에 대한 특징, 장단점 및 적용성을 이해하는 것은 터널프로젝트의 구간별 최적터널공법 선정을 위해 필요하다.

### 4.4.1 개착터널공법 Cut & Cover Tunnel

개착 공법은 지중 구조물을 설치하고자 하는 위치까지 지상에서 굴착하여 구조물을 시공하고 되메워서 지표를 복원한다. 굴착(터파기) 형식과 흙막이 유형에 따른 다양한 요소공법이 존재하며, 굴착심도, 지반(물성)상태, 지하수상태, 지형조건, 노선주변의 여건 등을 종합적으로 분석하여 최적의 요소공법을 선정한다.

#### 4.4.1.1 터파기(굴착) 공법

개착공법의 터파기(굴착) 방법은 주변토사의 영향을 배제하는 방식에 따라 가설지지구조를 이용하는 **흙막이 공법**과 지지구조를 사용하지 않는 **비탈면 공법**이 있다. 지지구조가 필요 없는 비탈면공법이 공기나 공사비 측면에서 유리하지만, 굴착범위가 심각하게 제약되는 도심지에서는 흙막이 공법의 적용이 불가피하다. 그림 E4.40에 개착공법의 터파기 방식을 정리하였고, 그림 E4.41에 공법별 개념도를 예시하였다.

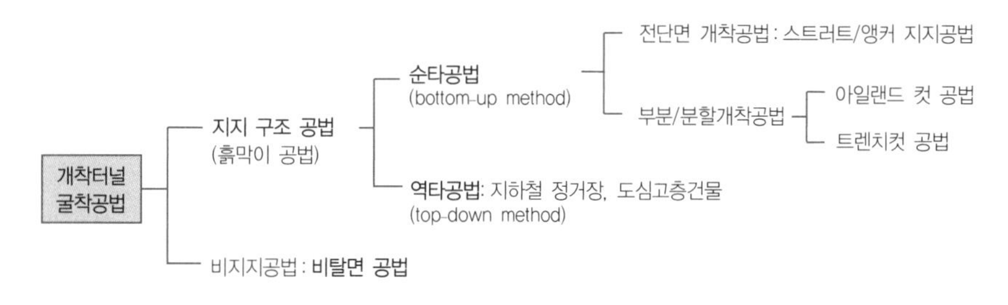


※ 개착면적이 넓거나, 굴착제약이 따르는 경우
순타공법, 역타공법 및 비지지공법을 조합하는 굴착공법이 채용될 수 있다.

**그림 E4.40 개착터널의 굴착방식**

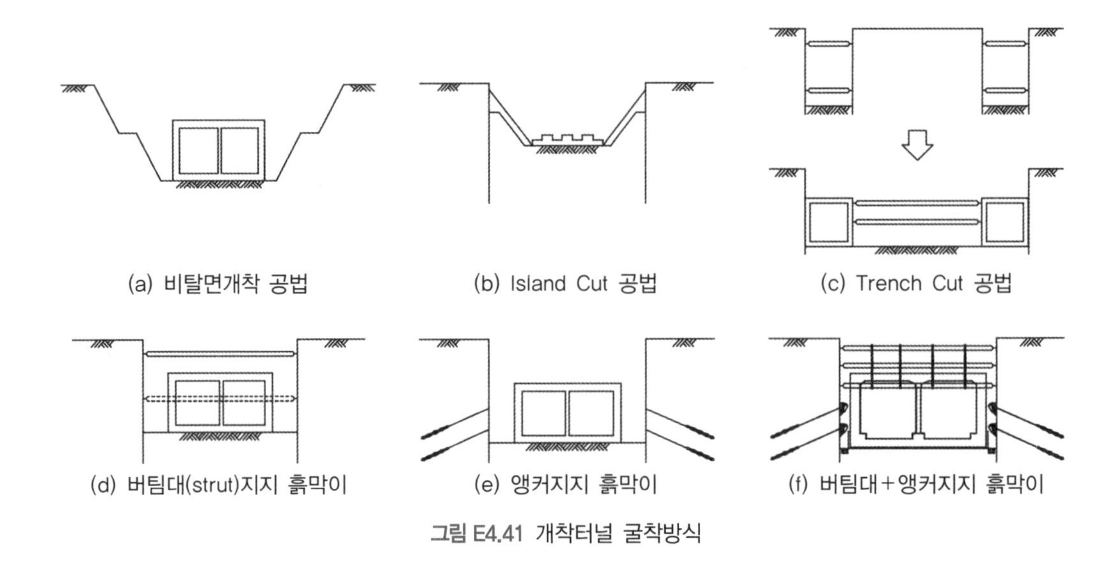


그림 E4.41 개착터널 굴착방식

흙막이 지지구조 굴착방식에는 굴착 후 바닥부터 본 구조물을 건설해 올라오는 **순타공법**(bottom-up method)과 콘크리트 벽체 및 기초를 선 시공 한 후 굴착하며 지상부터 본 구조물 슬래브를 설치하여 토압을 지지토록하고, 그 하부로 단계적으로 완성해가는 **역타공법**(top-down method)이 있다. 역타공법은 지지구조 설치 제약이 크고, 기존구조물이 밀집한 도심에서 주변영향을 최소화하는 대책으로 주로 적용된다.

### 4.4.1.2 흙막이 공법

흙막이 가시설은 그림 E4.42와 같이 **흙막이 벽체**와 벽체 **지지구조**로 구성되며, **지하수대책**을 포함한다.

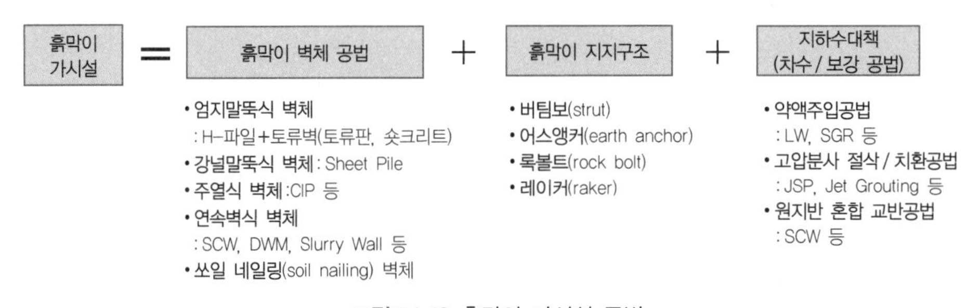


그림 E4.42 흙막이 가시설 공법

'H-Pile+토류판 공법'은 비교적 경제적이나, 토류판 삽입 시 여굴이 생기기 쉽고 주변 지반의 침하가 쉽게 발생할 수 있으며, 지하수위가 높은 경우, **차수공법을 병용**하여야 한다. 주변 침하 제어가 필요한 경우 슬러리 월, CIP 공법을 사용한다. 흙막이 붕괴사고는 대부분이 그릇된 공법의 적용, 굴착 시 지지구조 미설치 상태에서 과 굴착, 가시설 해체 시 과다구간 해체가 문제가 되는 경우가 많다(BOX-TE4-1).

## BOX-TE4-1 흙막이 벽체공법과 벽체지지공법

### 흙막이공법

A. **H-Pile+토류판+그라우팅.** 먼저, 오거(auger) 및 T4 등으로 천공하여 엄지말뚝(soldier pile)을 삽입, 설치하고, 굴착하면서 토류판을 설치하는 공법이다. 토류판은 풍화암 상단 일부 구간까지만 적용 가능하며, 양호한 암반은 숏크리트를 타설하고 록볼트로 암괴의 탈락을 방지하는 방법을 사용한다.

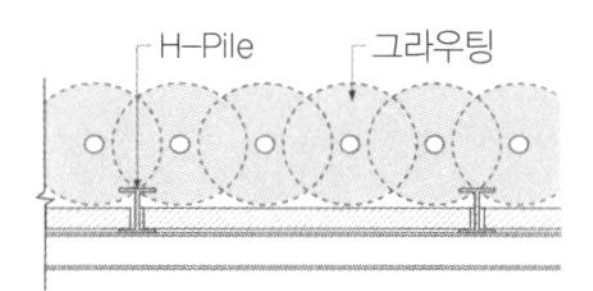

B. **주열식 벽체공법**(C.I.P). 굴착 전 현장 콘크리트 타설말뚝으로 주열식 가벽의 구조체를 형성한 후 지지구조로 지반의 거동을 억제하면서 굴착하는 공법이다. 풍화암 약 1m 정도까지 시공이 가능하다. 벽체 강성이 크나 공사기간이 많이 소요된다. 연접 시공 시 Tangent Pile, 겹침 시공 시 Secant Pile이라 한다.

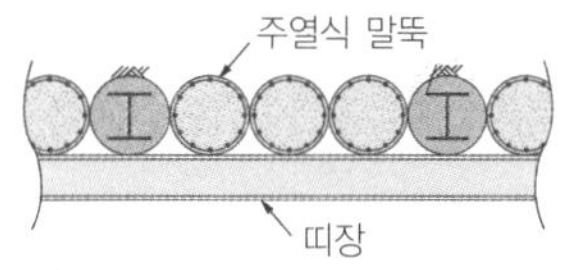

C. **지중연속벽, 슬러리 월**(slurry wall). 굴착 전 직사각형 철근 콘크리트 강성구조체로 벽체를 형성하는 방법으로, 차수성 및 강성이 매우 양호하며, 깊은 심도(연암)까지 시공가능하나 공기가 길고 공사비 소요가 크다.

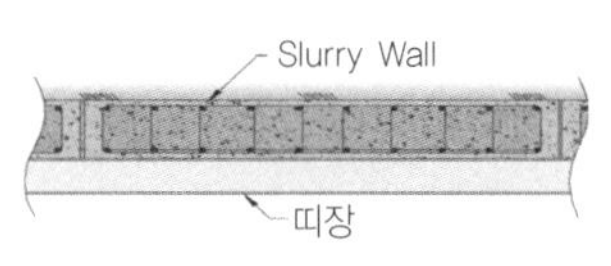


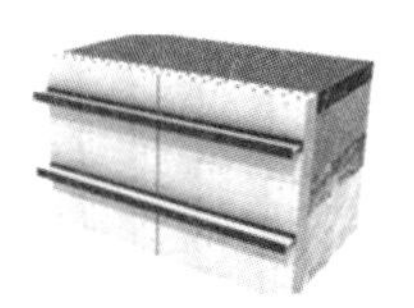

D. **쏘일 시멘트 월**(soil cement wall). 굴착 전 굴착경계를 따라 고결제를 고압분사교반(JSP, Jet Grouting)하여 주열식 벽체를 설치한 후 굴착하는 방법이다. 차수효과가 좋고, 저소음, 저진동의 우수한 공법이나 강성이 작으며, 암반층 시공이 어렵다.

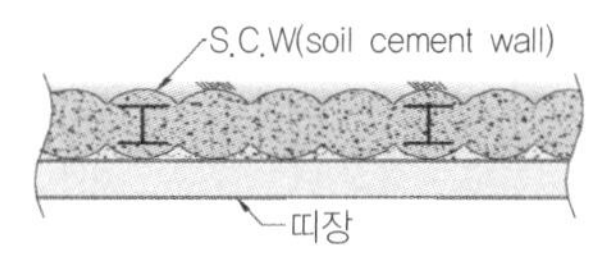

### 벽체지지공법

흙막이 벽체지지 공법에는 Strut, Earth Anchor, Soil Nail, Raker 등이 있다. Strut는 굴착단면의 작업 공간을 잠식하므로 주변 지반 여건상 가능하면 EArth Anchor(또는 soil nail)를 주로 사용하게 된다. Raker는 앵커지지가 불가한 경우 주로 사용하나, 후속 작업굴착 지장, 경사지지에 따른 역학적 손실이 커 제한적으로 사용한다.

Strut

Earth Anchor

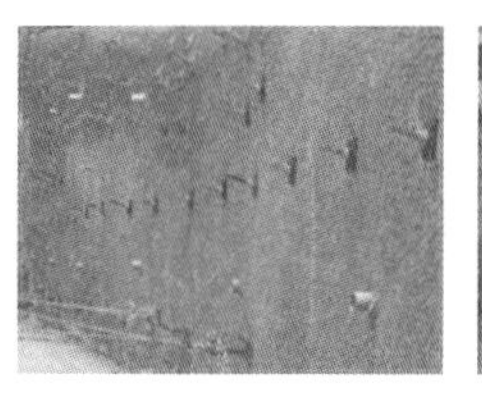

Soil Nail

Raker

## BOX-TE4-2 개착터널의 설계해석(design analysis)

**개착터널(지하철 터널)**

터널 라이닝 해석과 마찬가지로 토압 등 작용하중을 평가하고 구조해석을 실시하여 단면을 결정한다. 개착터널은 구형 철근콘크리트 구조물이다. 설계 시 유의할 사항은 가시설에 작용하는 하중조건이다. 가시설 철거 초기의 작용 하중은 주동조건과 유사하지만, 되메움 후 시간 경과와 함께 정지 지중응력 조건으로 회복되는 특성이 고려되어야 한다.

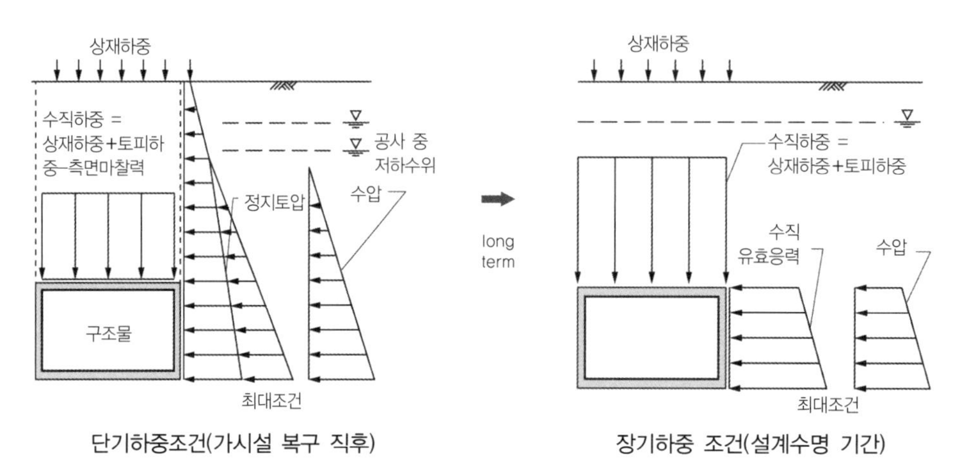


단기하중조건(가시설 복구 직후) 장기하중 조건(설계수명 기간)

개착터널에 작용하는 지반하중의 변화 특성

개착터널에 작용하는 하중은 토압, 수압, 상재하중 등이며, 철근 콘크리트 강도 설계규정에서 정하는 하중조합 조건 등을 고려하여 단면을 검토한다. 상부 및 하부 슬래브에서는 중앙 기둥부와 양측 모서리, 측벽에서는 상하단과 중앙부에서 최대 모멘트가 발생한다. 아래에 지하철 개착터널 구조물에 대한 대표단면의 형상과 이의 해석 결과를 예시하였다.

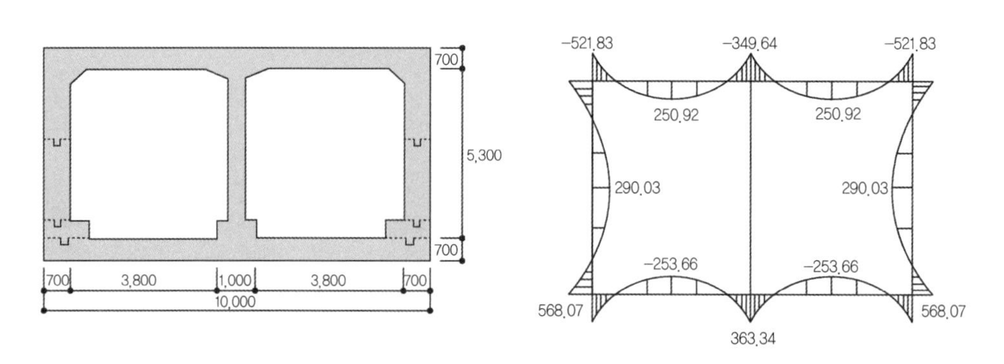


개착 구조물 단면(지하철 터널) 예 개착터널의 휨모멘트 분포 예

구조해석 모델링 및 해석 결과 예

### 4.4.2 프리캐스트 및 피암터널공법 Precast & Rock Shed Tunnel

#### 4.4.2.1 프리캐스트 터널 Precast Tunnels

터널을 몇 분절의 프리캐스트 구조로 제작하여 현장에서 신속히 조립하고, 배면을 흙으로 되메움하여 완성하는 공법을 프리캐스트 터널공법이라 한다. 지상도로를 얕은 깊이, 또는 **반지하로 터널화**함으로써 주변 환경을 개선하거나 지상공간을 이용하고자 하는 경우에 주로 채택된다.

그림 E4.43(a)는 콘크리트의 중량 및 강성을 이용한 콘크리트 프리캐스트 터널의 분절구성과 시공 예를 보인 것이다. 그림 E4.43(b)는 주름형(파형) 강관을 터널형태로 제작하여 설치하고, 주변 및 상부를 채움하여 터널형태로 완성시키는 공법이다. 공정이 간단하고 경제적이어서 여러 목적으로 다양한 적용이 시도되고 있다. 시공 중 배면 채움 하중, 운영 중 **하중의 균형(balance) 관리가 매우 중요**하다.

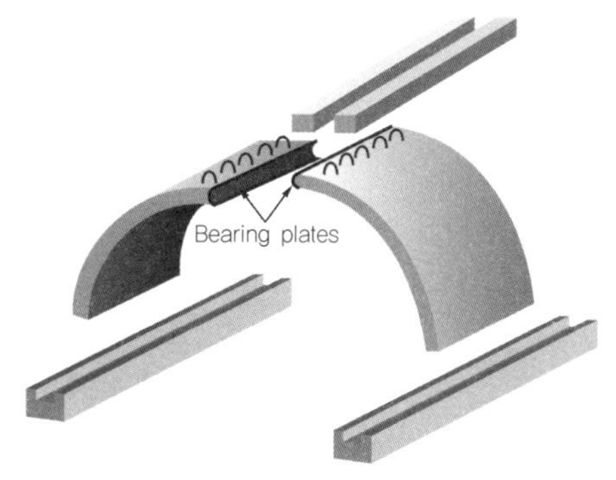

분절형 프리캐스트 터널

싱글아치 프리캐스트 터널

(a) 콘크리트 프리캐스트 터널

(b) 파형강판(corrugated steel plate) 터널

그림 E4.43 프리캐스트 터널의 시공 예

#### 4.4.2.2 피암(皮岩)터널 Rock Shed Tunnel

산 허리를 우회하는 교통로의 계획 시, 토피 부족, 지질여건 취약 등의 제한조건으로 인해 굴착터널의 건설이 용이하지 않아 개착으로 계획하는 경우, 절성토에 따른 사면 불안정, 낙반에 따른 위험, 그리고 산지 절

개에 따른 환경문제가 대두될 수 있다. 이러한 경우, 산지 측에 터널단면의 일부를 관입설치하거나 또는 개착 설치 후 지상토를 복원하는 형태의 반(semi) 터널형식을 적용할 수 있는데, 이를 피암 터널이라 한다. 피암(皮岩) 터널은 전체 구조물의 약4분의3이 지반에 접하는 개착형 터널이다. 지상과 지하공간을 적절히 타협한 구조물로서 하중의 비대칭 고려가 중요하다. 현장타설 또는 프리캐스트 공법으로 건설된다.

그림 E4.44 피암터널의 예(구 경춘선)

피암터널은 한 측이 개방되므로 터널의 **경관제약을 극복**하는 이점이 있으며, 경우에 따라서는 불안정한 산지사면을 보강하는 적극적 기능도 부여할 수 있다. 산지에 접하는 구조의 기하학적 형태에 따라 상자형(라멘형)과 터널형(아치형)으로 구분한다. 해당 지역의 지질구조, 사면경사 등을 고려하되 노출 구조이므로, 경관적 요소가 중시된다. 일반적으로 상자형이 시공상 유리하나, 구조적으로는 터널형이 바람직하다. 피암터널이 굴착터널과 연결되는 부분은 터널(아치)형 시공이 불가피하다. 아치형 단면은 비교적 시공이 까다롭다.

피암터널은 측벽의 개방형식에 따라 기둥형 또는 아치형으로 구분된다. 아치형이 개방감이 좋으며, 외부에서 보는 경관도 우수하다. 기둥형의 경우, 미관제고를 위하여 V형 기둥을 채택하기도 한다.

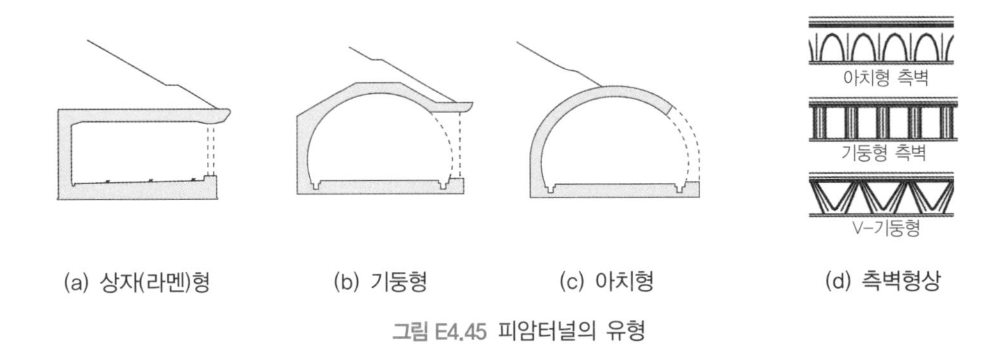


그림 E4.45 피암터널의 유형

### 4.4.3 침매터널공법 Immerged Tube Tunnel

침매터널은 지반이 취약하고, 토피가 충분히 확보되지 않으며, 빈번한 항행으로 인해 교량 설치가 제한되는 해협, 항만 등 수변구간에 유리하다. 침매터널은 해저에 얕게 건설할 수 있어 구조물 길이가 단축되는 장점이 있다. 일례로 Calana Kanal의 횡단구조물(도로) 계획 시 대안을 비교한 결과, 교량 2,500m, 굴착터널 2,250m, 침매터널 1,500m로 검토된 바 있다.

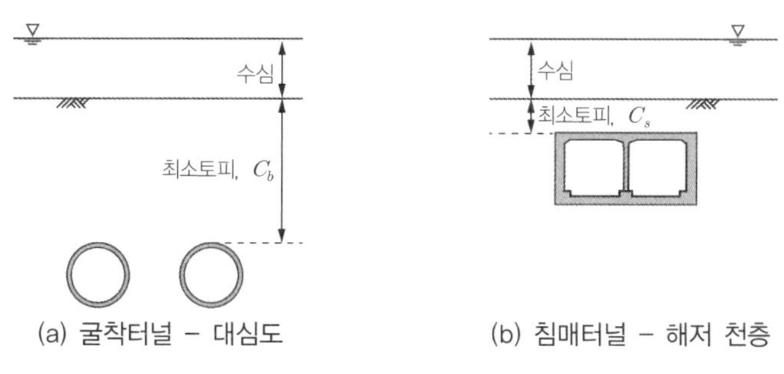


그림 E4.46 굴착터널과 침매터널의 최소토피 비교($C_b \gg C_s$)

최초의 침매터널은 미국 미시간-온타리오 간 철도 터널로서 1910년에 건설되었고, 이후 지금까지 세계적으로 약 100여 개 이상의 침매터널이 건설되었다. 우리나라의 경우 부산의 거가연육로의 일부 구간이 침매터널로 건설되었다.

#### 4.4.3.1 침매터널의 건설 절차

침매터널의 설계하중으로 제작·설치에 따른 하중영향, 조류영향, 수압저항 그리고 **지진**과 **선박 충돌**과 같은 조건이 고려된다. 그림 E4.47은 침매터널의 공종 구분과 표준단면을 예시한 것이다. 해저에서 낮은 토피로 건설되므로 상부에 보호층이 포설된다. 선박의 충돌, 해류, 지진 등이 중요한 설계 검토사항이다.

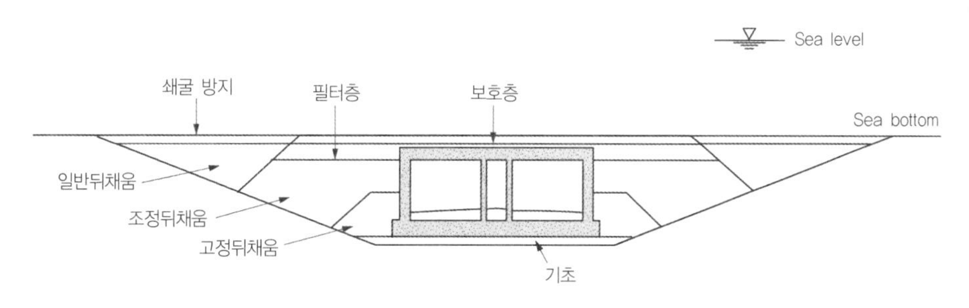


그림 E4.47 침매터널의 표준단면 예

육상의 제작장에서 침매함체를 제작하는 동시에, 해저터널 설치위치에서는 Trench 준설, 지반개량, 기초 Foundation 조성 등 기초지반 형성을 위한 선행공정을 진행한다. 함체 제작이 완료되면 계류장에서 부상시켜 침설현장까지 예인한다. 침설위치에 함체가 도착하면 함체 내부에 설치된 Ballast Tank에 물을 채워 함체를 서서히 가라앉힌다. 접합면을 기설함체에 근접시켜 기초에 안착시키고, 접속부의 물을 배제함으로써 작용하는 수압을 이용하여 접합한다. 그림 E4.48에 침매터널의 건설절차를 예시하였다.

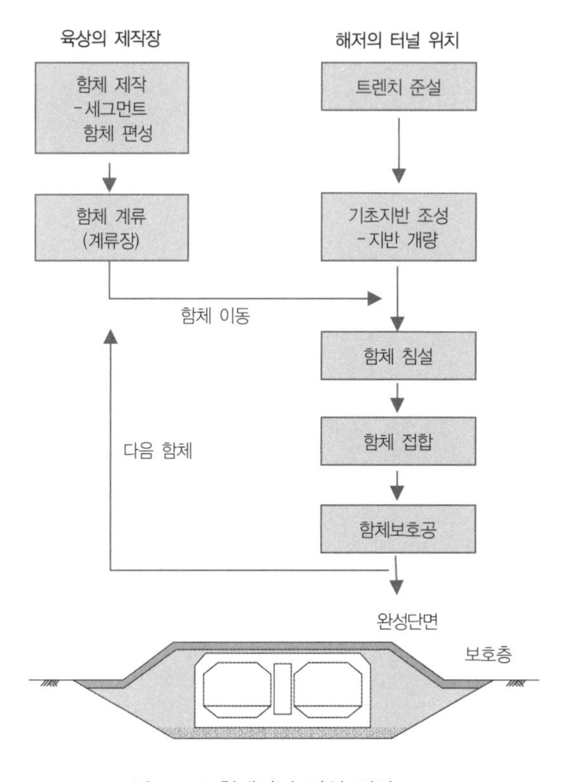


그림 E4.48 침매터널 건설 절차

### 4.4.3.2 침매 함체의 제작과 조인트 계획

육상의 Dry dock(물이 없는 건조 작업장을 말하며, 제작 후 물을 채워 구조물을 부상시킬 수 있다) 제작장에서 여러 개의 함체를 동시에 제작한다.

침매터널의 핵심기술 중의 하나는 각 침매함을 연결하는 조인트의 설계이다. 조인트에는 각 세그먼트를 연결하는 **세그먼트 조인트**와 여러 개의 세그먼트를 한 단위로 묶은 함체를 연결하는 **함체 조인트**가 있다.

세그먼트 조인트는 육상 제작장에서 제작 시 설치되나, 함체조인트는 현장 침설치 결합 형성되며 따라서 함체 조인트를 침설조인트라고도 한다.

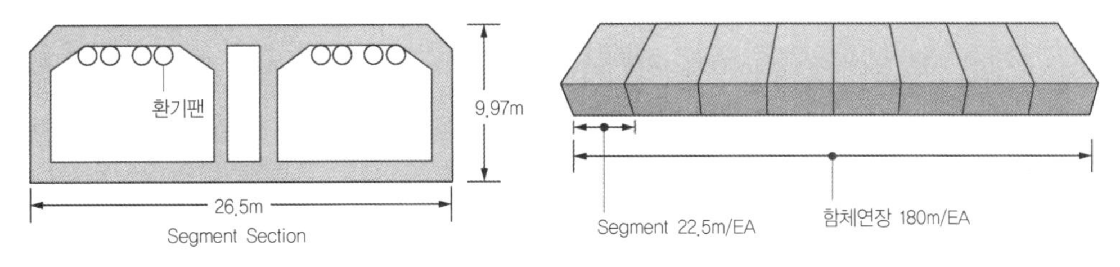


(a) 세그먼트(22.5m)와 함체(180m)의 예

(b) 제작 전경(왼쪽은 함체, 오른쪽 벌크헤드)

그림 E4.49 침매 함체의 구성과 제작 예(거제 연육로 침매터널)

**세그먼트 조인트(segment joint).** 침설함체는 수 개(5~10개)의 세그먼트로 구성되며, 각 세그먼트는 세그먼트 조인트(segment joint)라고 하는 시공이음으로 연결되어 있다. 세그먼트 조인트는 그림 E4.50과 같이 세그먼트의 양 끝단 시공이음부에 콘크리트 타설 시 설치하며, 주입성 지수재(injectable waterstop)와 Omega Seal로서 수밀성을 유지한다. 각 세그먼트는 철근으로 연결되지 않으므로 어느 정도 거동이 일어나나 지수재가 허용할 수 있는 거동은 매우 제한적이다. 지진 시 과도한 수압 영향을 저감시키기 위해 충격흡수장치(shock absorber)가 설치되고 슬래브와 벽면에 전단키가 설치된다.

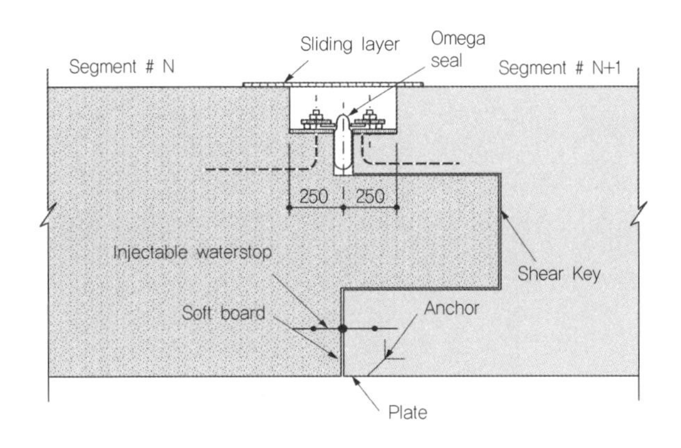


그림 E4.50 세그먼트 조인트(바닥슬배브)

**침설 조인트(immersion joint).** 침설 조인트는 함체(약 180m) 간 연결조인트로서 기 침설된 선행 함체와 연결되는 부분이다. 고무재료로 제작되며 함체의 양단 경계를 따라 설치된다. 침설조인트는 Gina Gasket (joint)과 Omega Seal로 구성된다. Gina Gasket은 양 단부 사이에 작용하는 압축력을 이용하여 수압에 저항하는 개념이며, 터널의 시공오차, 부등침하, 크리프에 대해 안정성을 확보하고 기온변화에 따른 온도하중, 크리프, 지진에 대해 저항하는 역할을 한다(그림 E4.51). Gina Gasket은 드라이도크에서 함체 제작 시 단부에 설치된다.

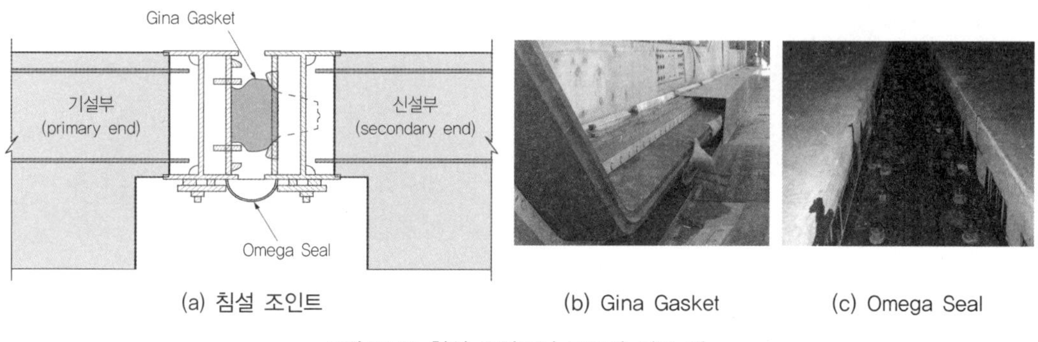


(a) 침설 조인트 (b) Gina Gasket (c) Omega Seal

그림 E4.51 침설 조인트의 구조와 시공 예

### 4.4.3.3 침설 및 접합

침설될 위치의 기초 조성작업이 마무리되면, Pontoon을 이용하여 함체를 침설 위치까지 이동시킨 다음, 앵커를 이용하여 Pontoon을 고정시키고, 함체를 선행함체에 근접시켜 Ballast Tank의 수위를 조절하여 해저로 침설시킨다.

그림 E4.52 침설 작업 예(Pontoon 방식)

함체 침설이 완료되면 견인잭(pulling jack) 시스템으로 침설중인 함체와 기설함체를 1차 접합시킨다. 이때 두 함체 연결부의 격벽 사이에 있는 물을 배수하여 연결부를 대기압 상태로 만들면 연결부와 침설함체 양단(수압)의 압력차가 발생하므로 수압차에 의해 연결부의 Gina Gasket이 접합된다. 접합 완료 후 뒤채움 및 보호공 작업을 순차적으로 진행한다.

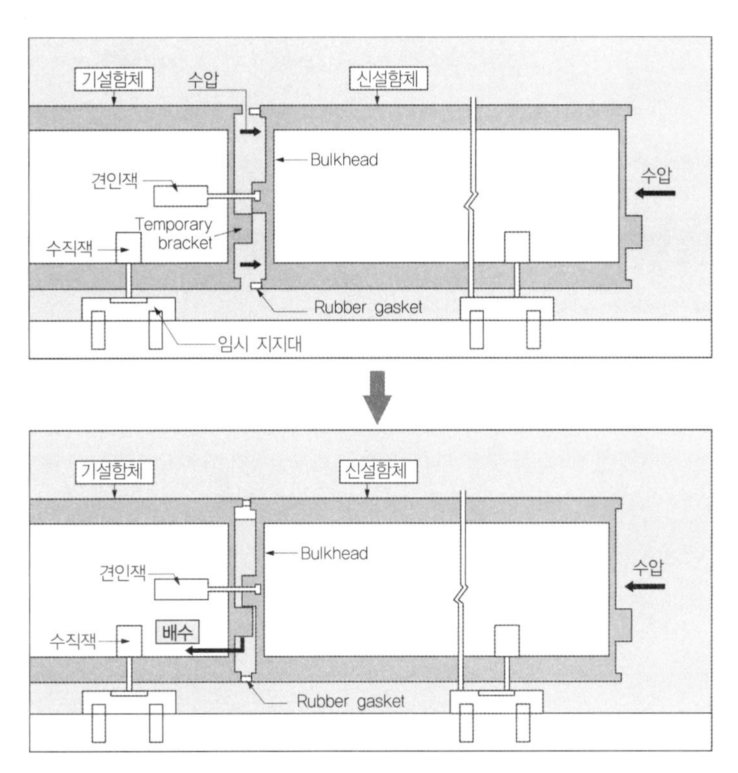


그림 E4.53 함체의 수중접합원리(수압 압접방식)

### 4.4.3.4 기초형성 및 바닥채움

침매함체는 그림 E4.54와 같이 Trench 준설면 하부에 설치된다. 함체를 설치하기 위해서는 해저면에 대한 Trench 준설작업이 필요하다. 준설작업은 TSHD(Trailing Suction Hopper Dredger) 등을 이용한다. 종래는 기초저면에 모래를 포설하였으나, 최근 **자갈을 포설하여 골재층 기초를 형성**하는 공법도 개발되었다. 골재층 기초는 0.5~0.9m 정도의 두께로 조성하며, 입도가 양호한 골재를 사용한다.

함체를 준설면에 안착시키는 경우 모래, 자갈 등을 포설하여 기초를 보완하거나 함체와 기초저면 사이의 공극을 채우는 작업을 실시한다. 이를 위해 **모래분사공법**(Sand Jetting)과 **모래낙하공법**(Sand Flow) 등이 사용된다. 함체 제작 시 하부 슬래브에 분사 노즐(jetting nozzle)을 설치하거나 함체 침설 시 수직파이프를 내려 모래-물 혼합물을 주입하기도 한다.

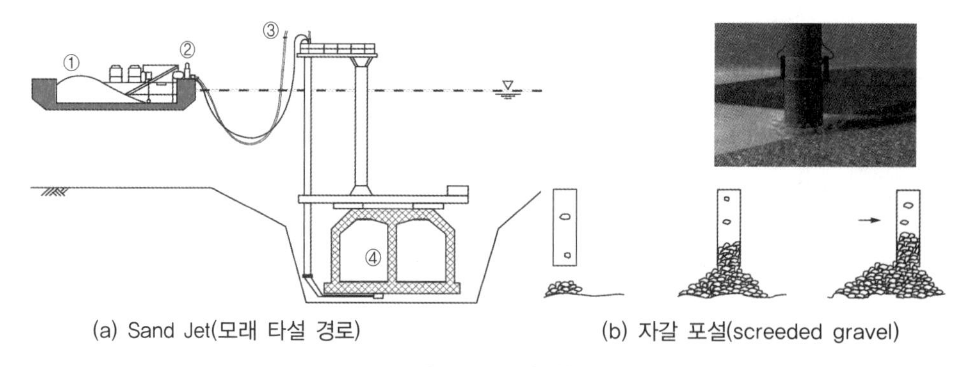


(a) Sand Jet(모래 타설 경로) (b) 자갈 포설(screeded gravel)

그림 E4.54 바닥채움

## BOX-TE4-3 부유식 터널(submerged floating tunnel)

부유식 터널은 해중터널이라고도 하며, 침매터널의 대안 유형으로 검토되어왔다. 해류의 영향이 크지 않는 깊은 해안이나 호수 횡단 등의 환경에서 교량이나 해저터널 건설의 대안으로 검토되기도 한다.

부유식 터널은 부력을 받는 터널구조물을 케이블 등의 지지구조로 수중에 위치시키는 공법으로 이동성을 제한하는 것이 핵심기술이며, 부유 구조체 형성 및 저면앵커 설치 등 기초(foundation) 작업이 중요한 기술인데, 호수와 같이 해류가 없는 경우 수변 및 지상경관의 손상을 줄이는 데 유용하며 매우 제한적으로 적용이 검토되고 있다. 아래 그림은 현재까지 제안된 다양한 유형의 부유식 터널을 예시한 것이다.

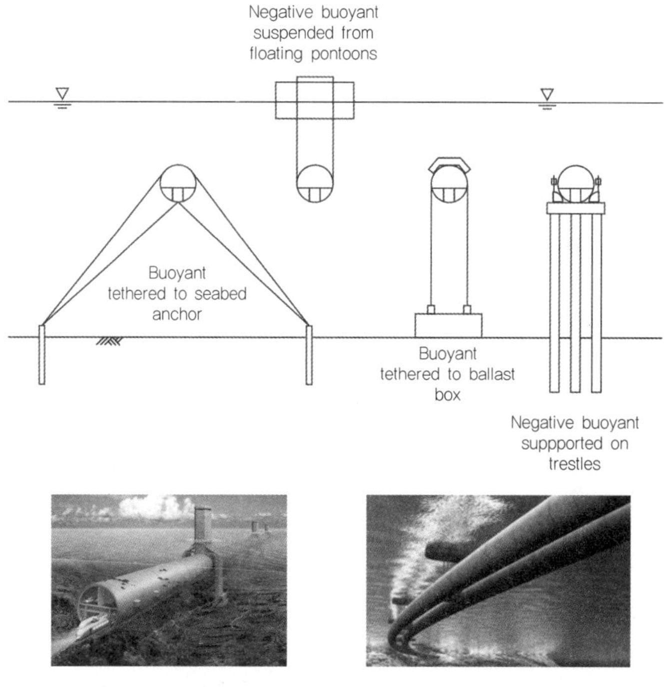


Schematic Diagram of Submerged Floating Tunnel

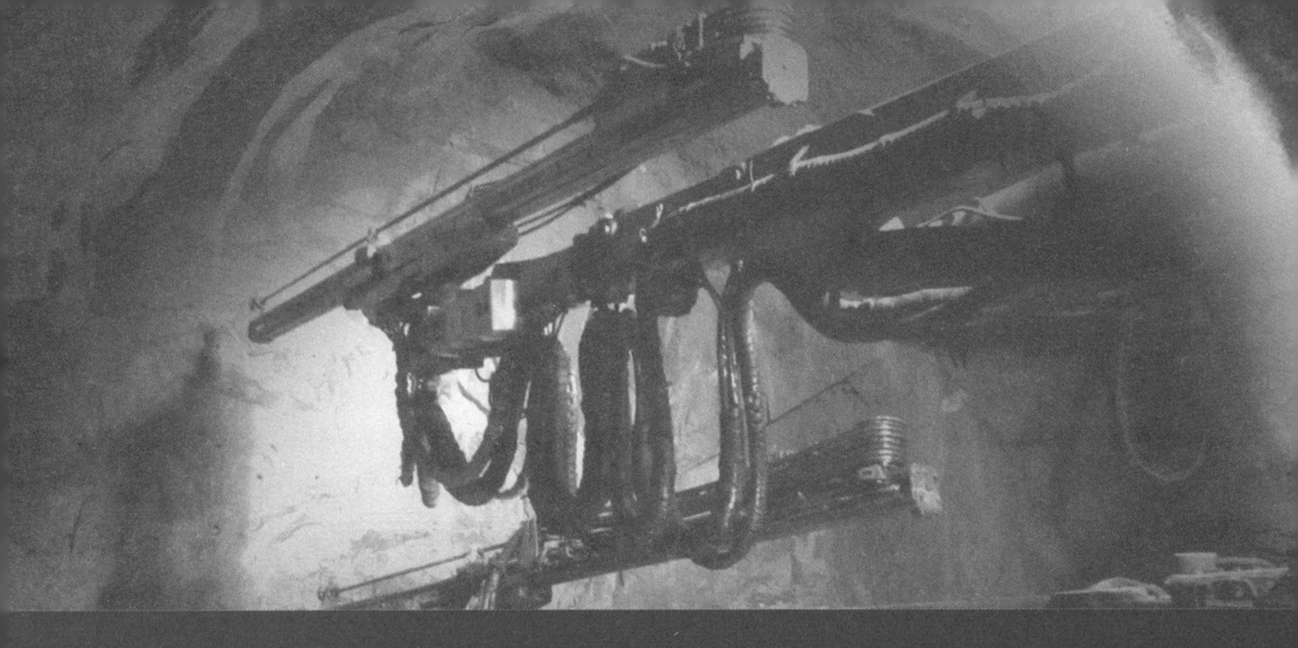

CHAPTER 05

# Risk Management and Instrumentation

# 터널 프로젝트의 위험관리와 계측

# Risk Management and Instrumentation
# 터널 프로젝트의 위험관리와 계측

지반을 대상으로 하는 지하공사의 불확실성은 지상공사보다 훨씬 크며, 아무리 많은 조사를 수행하더라도 지반불확실성을 완전히 제거하기란 사실상 불가능하다. 터널공사의 성패가 지반불확실성의 저감과 이에 따른 리스크의 관리에 좌우됨에도 불구하고, 그 중요도에 대한 이해나 체계적인 접근은 아직 미흡하다. 건설 선진국의 경우 리스크관리를 이미 건설사업관리의 중요항목으로 다루고 있음을 감안할 때, 터널공사의 불확실성을 사업관리의 핵심 리스크로 다루는 것이 바람직해 보인다.

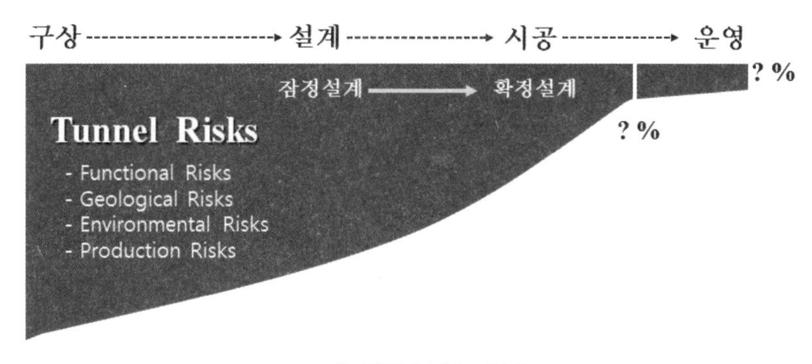


터널사업과 리스크관리

이 장에서 다룰 주요 내용은 다음과 같다.

- 건설사업 리스크관리의 일반이론
- 터널공사의 불확실성과 리스크
- 터널공사의 리스크관리와 관찰법
- 터널공사의 계측

## 5.1 건설사업의 리스크관리

건설사업 추진 주체들은 그간 많은 실패의 경험을 통해서 리스크의 체계적 관리의 필요성을 인식해왔다. **리스크란, 만일 일어난다면, 어떤 부정적 결과를 초래하는 불확실한 사건이나 조건**(uncertain events or conditions)을 말한다. 최근 EU 등에서는 터널과 같이 불확실성이 높은 지하의 건설사업에 대하여 리스크관리를 선택사항이 아닌, 의무시행조건으로 부여되는 경우가 많다. 리스크관리는 사업에 관여되는 모든 정책적 · 행정적 · 절차적 · 기술적 사항이 대상이 될 수 있다.

**그림 E5.1** 터널 리스크 : 굴착 중 터널의 붕괴가 유발하는 사회적 파장은 지대하다

사업이 계획된 대로 추진되기 위해서는 사업과정에서 발생할 수 있는 위험요소를 미리 파악하여 대비하여야 한다. 그림 E5.2와 같이 사업추진과정에서 발생하는 변경비용은 사업이 진척될 수 있도록 크게 증가한다. 즉, 위험을 최소화할 기회가 사업추진과 함께 감소함을 의미한다. 이런 의미에서 '리스크관리(risk management)'를 '기회의 관리(opportunity management)'라고도 한다.

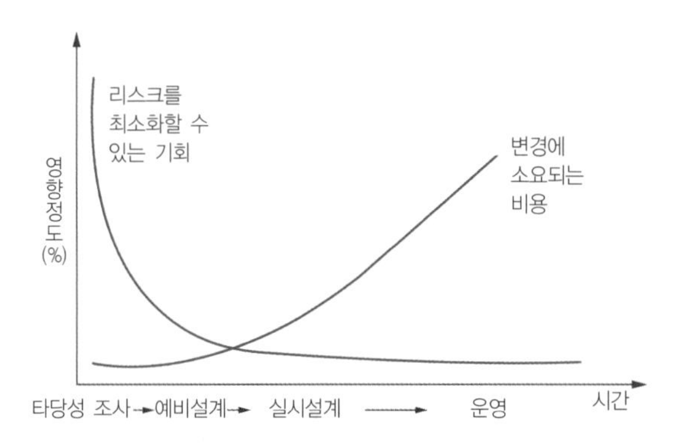


**그림 E5.2** 사업추진 경과에 따른 리스크 영향 특성

## 5.1.1 건설 리스크관리의 체계와 Work scope

'리스크(risk)'는 위험, 손실 또는 상해와 같은 부정적 영향을 미칠 가능성으로서, 건설사업의 특성, 규모, 주변 환경, 공사규칙, 발주방식 등에 따라 리스크의 종류, 영향 정도가 달라지며, 이에 따라 관리대책도 달라진다.

일반적 리스크관리는 그림 E5.3과 같이 '**리스크 파악→리스크 평가→대응방안 개발→리스크 모니터링 및 제어**'의 단계로 진행되며, 사업추진과정에서 지속적으로 개선·수정되고 Feedback되어야 한다.

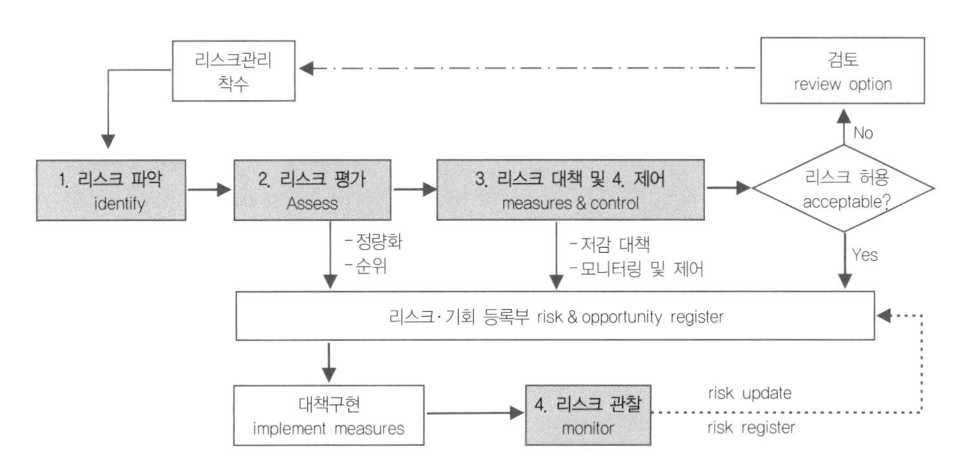


**그림 E5.3** 건설사업 리스크관리 흐름도

기획 및 계획(planning) 단계에서는 리스크관리에 대한 의사결정체계, 구현방안, 실행방안을 결정한다. 초기단계에서 사업의 위험과 기회의 분석을 통해 **잠재적 리스크를 파악**(risk identification)하는 것이 리스크관리의 가장 중요한 사항이다. 리스크 파악단계가 잘 진행되지 않아 핵심 리스크의 파악이 누락되면, 이후 절차가 무의미해진다.

파악된 개별 리스크의 발생 가능성을 평가하는 것을 리스크평가라 하며, 정성적·정량적 평가를 수행할 수 있다. **정성분석**(qualitative analysis)은 발생 확률(빈도) 및 영향에 대한 상대적 예비추정이며, **정량분석**(quantitative analysis)은 위험요인별 확률(빈도) 및 영향에 대한 상세 수치분석이다. 평가된 리스크의 심각성에 따라 리스크의 저감(mitigation)대책을 모색하여야 한다.

사업이 착수되면 파악된 리스크를 등록부에 기재하고, 이를 토대로 건설과정에서 리스크를 모니터링하고, 제어(monitoring & control)한다. 이 과정에서는 리스크 추적, 저감대책 추진, 잔존 리스크 및 새로운 리스크 파악, 저감대책의 실효성 등을 분석하고 리스크관리 시스템에 피드백(feedback)한다.

리스크관리 절차와 각 단계에서의 구체적인 분석과 성과는 그림 E5.4를 참고할 수 있다.

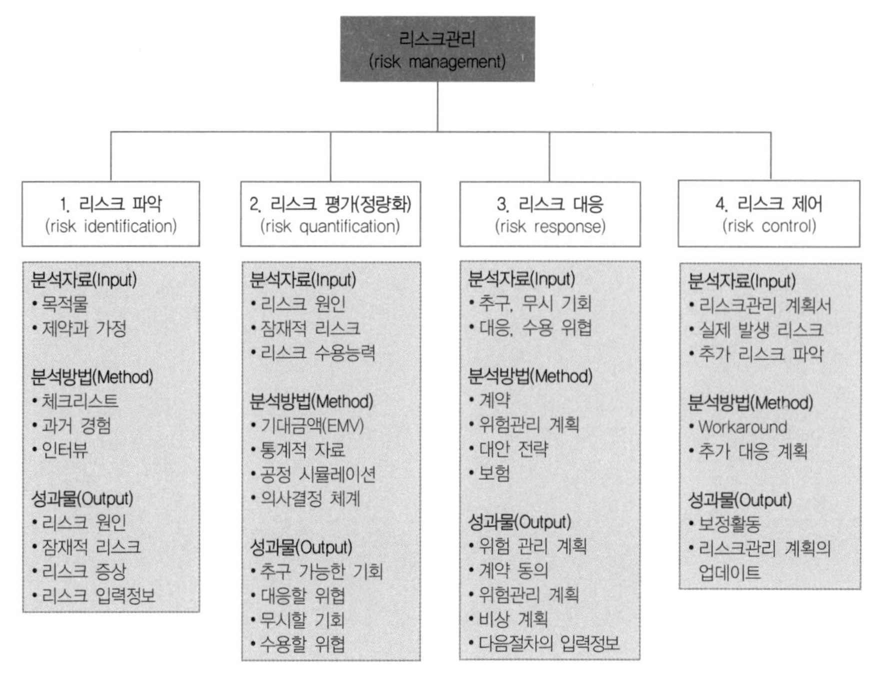


그림 E5.4 리스크관리의 단계별 Work Scope(PM BOK)

### 5.1.2 1단계 : 리스크 파악

리스크를 파악한다는 것은 '**무엇이 잘못될 수 있는가**(What goes wrong)?'라는 질문에 대하여 그 무엇, 즉 위험요인을 파악하는 일이다. 리스크관리가 결국 파악된 위험에 대한 관리이므로 위험요인의 분석은 리스크관리의 시작이자 핵심이다.

리스크를 파악하지 않으면 아무런 분석도 할 수 없다는 사실은 자명하다. 하지만 많은 프로젝트에서 이 절차를 간과하고 있다. 그것은 사업관계자의 무지, 과신, 조직체계 미비 혹은 이들의 조합으로부터 비롯된다. 따라서 사업책임자의 리스크관리를 위한 의지와 노력, 그리고 시간 할애가 중요하다.

일반적으로 리스크관리팀이 구성된 경우라면, 2~3회의 회의만으로도 핵심리스크를 파악하는 데 충분하다. 일반적으로 구성원들 간 **브레인 스토밍**(brain stroming)이 리스크 파악에 효과적이다. 일단 리스크가 도출되면 이를 분류하고 정리한다. 이때 리스크 Breakdown Structure(RBS)에 기초한 Check List 방식을 활용하면 관련 문제에 더 쉽게 접근할 수 있다. 그림 E5.5에 리스크로 고려하여야 할 사업의 업무항목(WBS)를 보인 것이며, 일반적인 건설사업에 관련되는 위험요인을 항목별로 구분해본 것이다. 많은 위험요인이 비기술적 분야에서 발생할 수 있음을 이해하고 있어야 하며, 따라서 위험요인은 사업에 관련되는 모든 분야를 망라 하고, 직위의 모든 계층의 관심사항으로부터 도출되어야 한다. 이러한 경험 Check List를 토대로 해당사업에 부합하는(customized) Check List 작성에 착수할 수 있다.

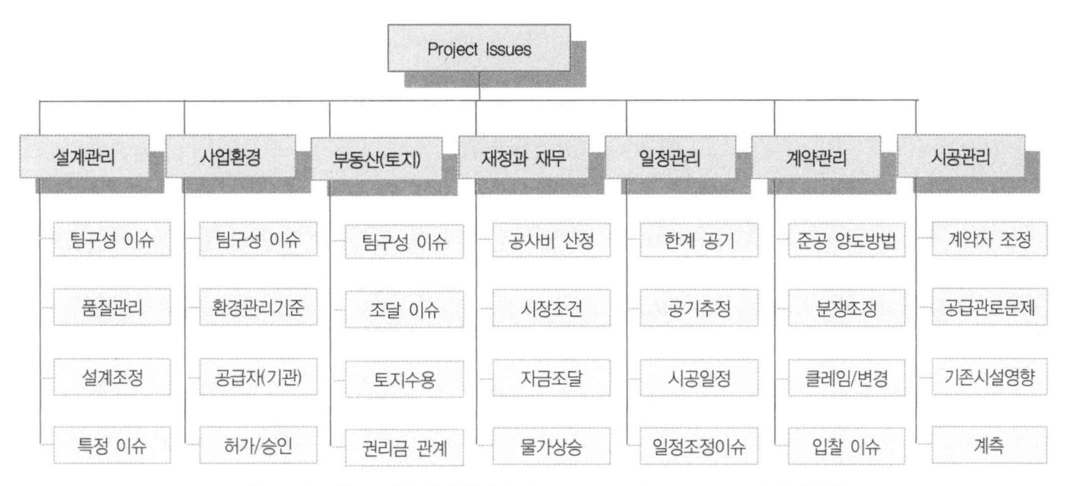


그림 E5.5 리스크 항목구분(Risk Breakdown Structure, RBS)의 예

리스크 파악에 가장 도움이 되는 요소는 팀의 경험과 지식이다. 따라서 여기에 참여 관계자들에게 간단한 질문을 통해 파악하는 방법을 추가할 수 있는데, 이를 **소크라테스식 문답법**(Socratic questioning)이라 한다.

**브레인 스토밍, 체크리스트 법, 그리고 문답법 외에 SWOT 해석법도 활용**할 수 있다. 강점, 약점, 기회, 위협의 약자인 SWOT의 각 항목을 아래와 같이 정의함으로써 리스크 요인을 발굴해낼 수 있다.

- S(strength) : 목적을 성취하는 데 도움이 되는 프로젝트 속성
- W(weakness) : 목적을 성취하는 데 방해가 되는 프로젝트 속성
- O(opportunity) : 목적을 성취하는 데 도움이 되는 외부조건
- T(threat) : 목적을 성취하는 데 방해가 되는 외부조건

그림 E5.6은 SWOT 분석도의 4개념을 비교하여 나타낸 것이다.

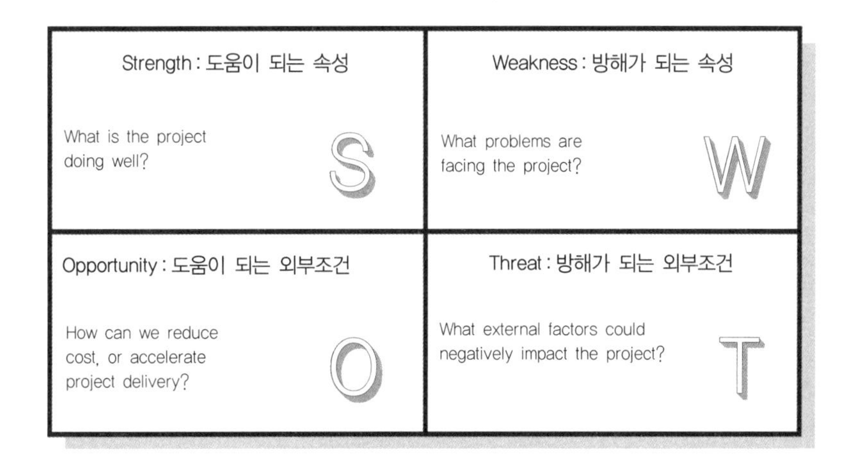


그림 E5.6 SWOT 분석의 예

### 5.1.3 2단계-리스크 평가 Risk Assessment / Risk Quantification

리스크가 파악되면 각 리스크의 발생 가능성과 결과영향을 결합하는 리스크해석을 실시하여 리스크 수준을 결정하여야 하는데, 이를 **리스크 평가**(assessment)라 한다. 리스크평가는 프로젝트 규모, 기술적 복잡성 그리고 사업 참여 당사자 간 관심도 등에 따라 정성적 또는 정량적 방법으로 수행할 수 있다. 대부분의 프로젝트에 대하여 정성분석이면 족하다. 만일 위험성이 프로젝트의 예산 및 기간에 미치는 영향이 상당한 경우 정량적 분석을 수행할 필요가 있다. 그러나 리스크 전문가를 활용할 수 없는 경우라면, 가장 중요한 리스크를 골라내고, 이들 리스크를 어떻게 잘 관리할 수 있는가를 평가하는 것만으로도 리스크는 저감된다.

그림 E5.7은 리스크평가의 내용과 절차를 예시한 것이다. 파악된 개별 리스크(위험)에 대한 위험도 분석(hazard analysis), 안정성 평가(safety evaluation), 사고(event) 발생(accident development) 가능성 분석을 기초로 리스크를 평가하여, 사업을 저해할 치명적 사고(fatality risk)의 발생 가능성을 조사, 예측한다.

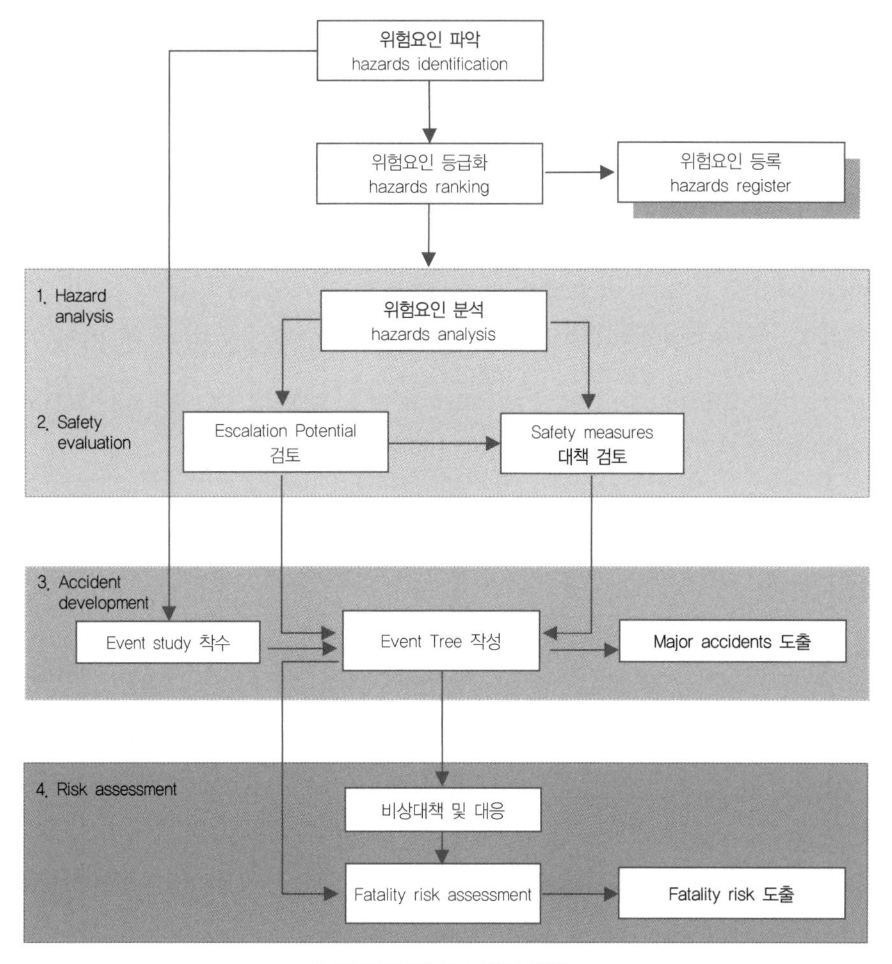


그림 E5.7 리스크 평가 절차

## BOX-TE5-1 CHECK LIST for RISK CHECK LIST

### Project Issues

**A. 계약서류와 회사 관련**

- 입찰 참여자 선정 및 PQ(pre-qualification) 준비 적절성
- 하도급자 / 조달공급자-능력, 과거업무관행
- 계약조건(contract conditions)과 지불규정(payment terms)
- 업무범위와 리스크 책임분담 관계
- 과거 설계 및 시공 업무관계와 책임과 권한 범위
- 소통계통(communication lines)과 취급정보(handling information)
- 변경에 대한 민감도(sensitivity to change : 비용, 시간, 대안)

**B. 팀구성(staffing)**

- 팀 구성원 참여요건과 관련 경험
- 단계에 따른 전문가 참여도
- 전문지식과 전문가의 한계, 내부 전문가의 활용
- 적절한 기술적, 계약적 관리능력

**C. 제3자 및 민감성(third party and sensitivity)**

- 제3자의 참여도 및 타자(other parties) 관련도
- 인접건물 및 설비(service)
- 대중의 관심과 참여(public involvement)
- 위치, 환경적 이슈 / 폐기물관리 / 저감

### Design & Construction Issues

**A. 지반조건**

- 데스크 스터디, 부지조사, 조사보고서의 적절성
- 지질학적 환경-잠재적 변화 정도, 잠재적 위험도
- 수리영향-계절적 변화, 장기적 변화
- 지하수 제어 및 오염관리
- 지반변형 및 구조물 침하와 지반-구조물 상호작용 이슈

**B. 설계**

- 설계자 간 정보 전달 및 설계 절차
- 명료하고, 모호성 없는 설계 및 사용성 기준
- 설계 인터페이스(design interface) 관리
- 예기치 못한 거동(unforseen mechanisms)
- 설계 점검(design check) 체계
- 기술, 공법 및 재료에 대한 혁신과 입증 절차
- 수집 자료의 적절성 및 신뢰성
- 해법의 완전성(robustness)-설계, 인력 계획, 가설

**C. 시공**

- 건설 전 준비
- 건설(시공) 가능성(constructibility)
- 설계 가설을 입증하기 위한 Feedback
- 제약조건과 변경관리
- 유지보수 가능성
- 부지검증 및 문제점 파악, 계측/모니터링
- 시공 인터페이스
- 지반조건 변화의 영향 대응성, 관찰법의 잠재성
- 작업수행절차

### 5.1.3.1 리스크의 정성적 평가

파악된 개별 리스크에 대하여 발생 가능성과 영향도를 종합 분석하여 **리스크 수준**을 'Very low, Low, Medium, High, Very High'와 같이 정성적으로 평가하는 방법이다. 이러한 분석기법은 해당 위험요인의 발생 가능성과 발생 시 미치는 영향 정도로부터 해당 위험요인의 위험 정도를 객관적으로 파악하는 데 유용하다.

정성평가에서 위험도(R, Risk)는 **발생 가능성**(Li, Likelihood)과 **영향도**(c, impact)를 종합하여 정한다. 가능성을 발생빈도 또는 확률에 따라 높음(H), 보통(M), 낮음(L)으로 구분하고 중요도 또한 공사에 미치는 영향 정도에 따라 동일한 방법으로 구분하여 그림 E5.8(a)와 같이 매트릭스를 구성하면 중첩효과를 고려한 위험도를 또한 높음(H), 보통(M), 낮음(L)으로 평가할 수 있다. 이때 각 위험도가 내포하는 대책 수준과 영향은 그림 E5.8(b)에 예시하였다.

| ↑ 영향도 | | | | |
|---|---|---|---|---|
| | H | H | H | H |
| | M | M | M | H |
| | L | L | M | H |
| | | L | M | H |
| | | 발생 가능성→ | | |

(a) 영향도 – 발생 가능성 – 위험도 관계

| 위험도 | 대책 수준 | 대책 및 대책 실패 시 영향 |
|---|---|---|
| L : 낮음 | • 양호한 관리절차가 요구됨<br>• 위험요인 조사가 필요 | • 유사시 대응 계획 수립 및 정기적 검토<br>• 대책 실패 시 심한 공사 영향 없음 |
| M : 보통 | • 양호한 관리절차가 필수적임<br>• 위험요인 인지위한 선행조사 필요 | • 예상 장비 및 인원이 쉽게 동원될 수 있도록 현장에 준비 필요<br>• 대책 실패 시 공사 지연 |
| H : 높음 | • 양호한 관리절차가 절대적임<br>• 막장이 위험요인에 접근하기 전에 인지 위한 조사 필요 | • 예상 장비 및 인원이 즉시 동원될 수 있도록 현장에 준비되어야 함<br>• 대책 실패 시 심각한 공사 지연 |

(b) 위험도에 대한 대책 수준과 실패 시 영향

그림 E5.8 위험도 정성분석과 대책 수준(3단계)

발생 가능성과 영향도는 사업에 따라 3~5단계로 구분할 수 있고, 이에 상응하여 위험도도 3~5단계로 구분할 수 있다. 그림 E5.9에 위험도를 '적색(RED) > 주황색(AMBER) > 황색(YELLOW) > 녹색(GREEN)'의 4단계로 구분하여 '**신호등**' 관리체계로 운영하는 예를 보였다.

일반적으로 모든 RED 및 AMBER에 해당하는 리스크는 추적관리가 필요하다. RED 리스크는 '감내할 수 없는(intolerable)' 수준이므로 정책적 대책이 필요한 요구되는 경우가 많다. YELLOW 리스크도 추적하여 GREEN 상태가 되도록 저감시켜야 한다.

| 발생 가능성 (likelihood) | | 영향 (impact) V. low 1 | Low 2 | Medium 3 | High 4 | V. high 5 |
|---|---|---|---|---|---|---|
| V. low | 1 | n | n | n | n | t |
| Low | 2 | n | n | t | t | s |
| Medium | 3 | n | t | t | t | s |
| Hgh | 4 | n | t | s | s | i |
| V. high | 5 | n | s | s | i | i |

범례(key)

| | | | |
|---|---|---|---|
| i | RED | 감내할 수 없는(intolerable) | 15~25(발생 가능성×영향) |
| s | AMBER | 심각한(significant) | 10~14 |
| t | YELLOW | 감내할 수 있는(tolerable) | 10~14 |
| n | GREEN | 무시할 만한(negligible) | |

그림 E5.9 리스크 정성분석 결과의 신호등체계 관리기법(5단계)

표 E5.1은 터널공사에 대한 위험도 평가 결과를 예시한 것이다. 이 예에서 가장 심각한 위험요인은 지상에 인접한 건물이 존재하는 경우와 지반조건이 불량한 경우로서 이에 대한 특별한 대책을 요구하고 있다. 하지만 지하수위 저하, 지진, 하반 암반발파는 낮거나 보통 수준으로 분석되어 적절한 대책 수립 시 큰 문제는 없을 것으로 평가하였다.

표 E5.1 터널 위험도 정성적 평가 예

| 위험요인 | 위험항목 | 대책 전 Li | C | R | 완화대책 | 대책 후 Li | C | R | 비고 |
|---|---|---|---|---|---|---|---|---|---|
| 지반조건 불량 (저토피) | • 막장 불안정<br>• 천정/측벽 불안정<br>• 지반침하<br>• 건물침하 | H | H | H | • 지보량 증가<br>• 선진보강<br>• 링컷/굴진장 감소 | M | M | M | • 지상건물조사<br>• 주의시공 필요 |
| 지상건물 | 굴착 중 진동 | H | M | H | • 기계굴착<br>• 구조물자중 증대 | M | L | M | • 지상건물조사<br>• 진동 영향 검토 |
| 지하수위 저 하 | 건물침하 | M | M | M | • 차수그라우팅<br>• 강관다단그라우팅 | L | L | L | • 지반투수성 파악<br>• 차수그라우팅 |
| 암반 굴착 | 발파진동 | M | M | M | 미진동/무진동 굴착 | M | L | M | • 시공 중 진동분석<br>• 시험발파 |

주) Li : Likelihood(발생 가능성)
C : impact(영향도)
R : Risk(위험도)

### 5.1.3.2 리스크의 반(부분) 정량평가 semi-qualitative method

리스크의 정성적 분석은 그 심각성을 이해하거나 의미를 전달하는 데 한계가 있다. 따라서 리스크를 계량화하여 정량적으로 다루는 것은 상당한 노력과 시간이 소요된다. 이에 따라 발생 가능성과 영향도를 상대적 수치로 고려하는 **반(semi) 정량적 방법**이 선호된다.

리스크해석은 어떤 특정 위험요인(hazards)에 의해 예상되는 손상, 손실 또는 위해에 대한 충격을 평가하는 것으로 리스크의 정도(degree of risk)를 $R$, 발생 가능성(likelihood)을 $L$, 영향(effect)을 $E$라 할 때, 다음과 같이 정(계)량화한다.

$$R = L \times E$$

리스크의 정량화는 정성적 평가를 수치로 계량화하는 것이며, 이는 통상 관련 인자들의 상대적 중요성을 기준으로 한 스케일링(scaling) 기법을 통해 이루어진다.

① **발생 가능성($L$)의 평가 :** 주어진 사건(위험요인)이 일어날 가능성(likelihood)은 일반적으로 표 E5.2와 같이 4단계 기준으로 평가한다(5단계로 구분할 수도 있다).

표 E5.2 발생 가능성(likelihood)의 규모(scale)

| 규모(scale) | 발생 가능성(likelihood) | 발생 확률(chance, per section of work) |
|---|---|---|
| 4 | 발생 가능한(probable) | >1 in 2 |
| 3 | 발생할 것 같은(likely) | 1 in 10~1 in 2 |
| 2 | 발생할 것 같지 않은(unlikely) | 1 in 100~1 in 10 |
| 1 | 무시할 만한(negligible) | 1 in 100 |

주) 가능성(likelihood)은 '리스크의 발생' 또는 '기회의 상실'에 대한 가능성이다.
주) 경계 옵션이 제공되는 경우를 위해 '1~5단계 시스템'을 사용하는 경우도 있다.
5 : 발생 가능성 거의 확실(업무단위당 발생 확률 70% 이상)
4 : 발생 가능(확률 50~70%)
3 : 약간의 발생 가능성(확률 30~50%)
2 : 발생 가능성 거의 없음(확률 10~30%)
1 : 무시할 만한 수준(확률 10% 이하)

② **결과영향($E$)의 평가 :** 각 위험요인이, 관련된 사건이 일어났을 때의 영향(effect, severity, impact, consequence) 정도를 기준으로 정량화하며, 일반적으로 표 5.3의 기준으로 평가한다. 한 위험요인에 대하여 영향을 비용(cost), 공기(time), 안정성(safety)으로 구분하여 평가할 수 있다.

표 E5.3 영향(effect)의 규모(scale)

| 수준(scale) | 결과(effect, consequence) | 비용 증가 %(공기 또는 안정성) |
|---|---|---|
| 4 | 아주 높음 | >10% |
| 3 | 높음 | 4~10% |
| 2 | 낮음 | 1~4% |
| 1 | 아주 낮음 | <1% |

③ **리스크 수준($R$)의 결정.** 리스크 수준은 발생 가능성의 규모에 결과영향의 규모를 곱한 값으로 정의한다. 리스크 수준의 판정을 위해 정성적 스케일을 정하는 일을 포함한다. 통상 4~5 Scale의 규모 기준을 사용한다. 표 E5.4는 흔히 사용되는 리스크의 정도와 수준을 예시한 것이다.

**표 E5.4** 리스크 수준(risk level)

| 리스크 정도 (degree of risk) | 리스크 수준(risk level) | 발생 확률 (chance, per section of work) |
|---|---|---|
| 1~4 | 발생 가능한(probable) | >1 in 2 |
| 5~8 | 발생할 것 같은(likely) | 1 in 10~1 in 2 |
| 9~12 | 발생할 것 같지 않은(unlikely) | 1 in 100~1 in 10 |
| 13~16 | 무시할 만한(negligible) | 1 in 100 |

리스크 평가는 관련되는 사람과 조직의 허용 수준을 감안하여야 한다. 일례로 몇 천만 원의 손실은 소기업에는 큰 부담이지만 대기업에는 관리 가능한 수준일 수 있다. 따라서 **리스크의 허용 수준**은 개인과 참여 기업마다 다르며, 프로젝트마다 리스크의 규모를 따로 정하여 운영하는 것이 일반적이다. 즉 프로젝트 및 사업체 마다 재정, 안전, 환경영향 등을 고려하여 특화된(customized) 리스크의 유형과 평가 스케일을 도입하는 것이 바람직하다.

대부분의 리스크는 'Minor'로 고려될 것이며, 특별한 조치가 필요하지 않을 것이다. 그러나 리스크 평가자는 얼마나 많은 리스크가 특별한 조치가 필요한지, 그리고 모니터링하여야 할지를 결정하여야 한다. 경험과 사례를 분석해보면 대부분의 프로젝트에서 상위 6~10개의 리스크와 2~3개의 기회요인이 주 관리 대상이 된다.

NB : 위험도의 수준을 5등급으로 Scaling하는 경우도 많다. 이 경우 각 수준에 대한 구분은 다음을 참조할 수 있다.

**표 E5.5** 5단계 리스크 정성평가 기준

| | Impact | Likelihood | Cost | Time | Reputation | H & S | Environment | 확률 |
|---|---|---|---|---|---|---|---|---|
| 1 | 매우 낮음 v. low | 무시할 만한 negligible | 무시 가능 | 무시 가능 | 무시 가능 | 무시 가능 | 무시 가능 | <1% |
| 2 | 낮음 low | 상당한 significant | >예산의 1% | >계획의 5% | 지역적 이미지 손상 | minor injury | minor incident | >1% |
| 3 | 보통 medium | 심각한 serious | >예산의 5% | >계획의 10% | 지역방송 노출 약간 사업 영향 | major injury | 관리 필요 | >10% |
| 4 | 높음 high | 향후작업 및 의뢰인에 위협 probable | >예산의 10% | >계획의 25% | 전국 방송 노출 상당한 사업 영향 | Fatality | 환경단체 시위, 고발 | >50% |
| 5 | 매우 높음 v. high | 사업수행 및 신뢰에 위협 | >예산의 50% | >계획의 50% | 회복불가 손상 심각한 사업 영향 | Multiple fatality | 회복 불가 환경 영향, 기소 | >90% |

표 E5.6 리스크의 반정량평가 및 대책 예

| 리스크 NO | 위험요인 (Hazard) | 리스크 대책 추진 전 평가 | | | 리스크 대책 (RCM, Risk Control Measure) |
|---|---|---|---|---|---|
| | | 가능성 (Likelihood) | 심각성 (Severity) | 리스크 (Risk) | |
| (1) | 지하수오염 | 2 | 3 | 6 | • 수위저하 기간 동안 유량 예측<br>• 지하수 처분에 관한 환경영향평가(EA) 논의<br>• 폐수처리 계획 수립 및 대응책 조사 |
| (2) | 굴착공사 시 지반침하에 따른 건물 손상 | 3 | 2 | 6 | • 적절한 공사방법 적용<br>• 공사 중 거동/진동 계측 수행<br>• 지반거동에 대한 비상 계획 수립 |
| (3) | 민원에 따른 공기지연 | 2 | 2 | 4 | • 초기에 공사정보를 지역주민 및 이익단체에 제공<br>• 지역주민과 정기적 미팅 및 연락망 구축 |

### 5.1.3.3 정량적 평가방법

정량적 방법은 리스크의 발생 가능성과 영향을 공사기간과 비용 기준으로 계량화하는 것이다(risk-based estimate). 하지만 모든 리스크에 대하여 정량적인 영향을 평가하기는 쉽지 않으므로 중요도가 높은 특정 리스크를 대상으로 수행한다. 타당성 조사 단계에서 대안을 검토하는 경우 각 대안의 리스크를 발생 가능성과 영향을 고려하여 공기와 공사비를 산정하는 등의 방법에 활용할 수 있다. 여기에는 고도의 통계적 방법론이 동원된다.

그림 E5.10은 특정 리스크에 대한 통계 확률적 데이터에 기반을 두어 비용과 공기를 산정하는 개념을 예시한 것이다. 공기와 비용을 확률적으로 다루어 상호영향관계를 통계적으로 산정한다. 리스크가 공기와 사업비에 지대한 영향을 미치므로 이러한 평가법은 정책 결정의 기초자료로 활용이 확대되고 있다. 일례로, 최근에는 사업타당성 조사에까지 리스크 기반의 평가 개념을 도입하여 사업추진 여부에 참조한다.

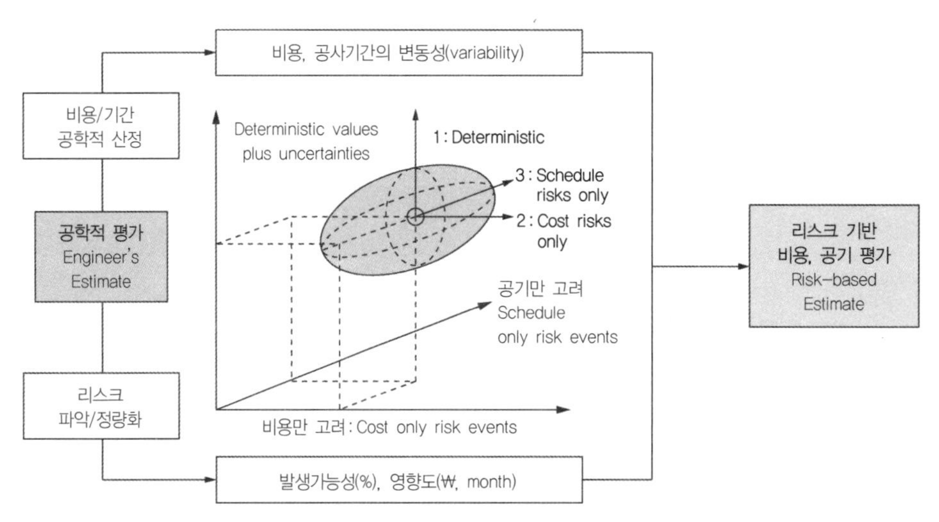


그림 E5.10 리스크 기반의 비용 및 일정 평가(risk-based cost and schedule)

### 5.1.4 3단계-리스크 저감대책 개발 Risk Measures / Response Development

리스크 파악 시 리스크의 범주는 위협요인과 기회요인으로 대별할 수 있다. 요인별 대응방식은 각기 다르다. 먼저, 위협 리스크에 대처하는 방식을 보면 다음과 같다.

- 피할 수 있다면, 피한다(avoid). 예, 선형조정, 노선변경 등
- 비우호적(unfavorable)이라면 전환(transfer)한다. 예, 공사보험가입 등
- 전환하기 어려운 리스크라면, 저감(mitigate)시킨다. 예, 지반개량, 구조물 강성 증가
- 저감이 어렵다면, 수용(accept)하여 관리한다. 예, 관찰법(계측) 등 적용

한편, 기회요인은 이를 확대(enhance), 활용(exploit), 공유(share)하는 대책이 필요하다. 그림 E5.11은 요인별 대응방안을 도식화한 것이다.

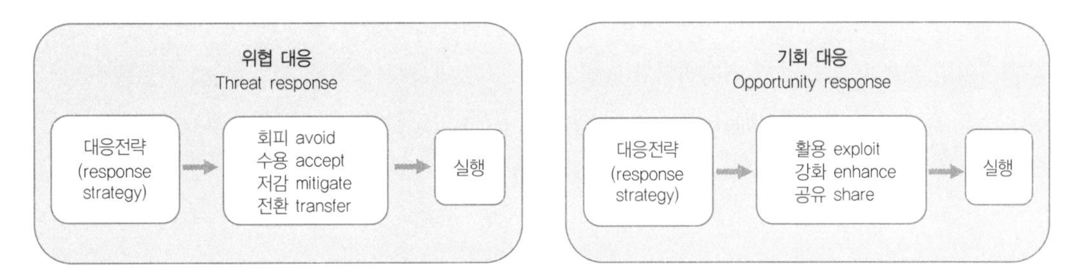


그림 E5.11 위협과 기회의 대응 및 활용 방안

그림 E5.12는 위협 리스크에 대한 대응전략을 보다 구체화한 예를 보인 것이다. 리스크의 회피와 전환은 주로 계획단계에서, 저감은 설계단계에서 그리고 수용관리는 시공중의 대응이라 구분할 수 있다.

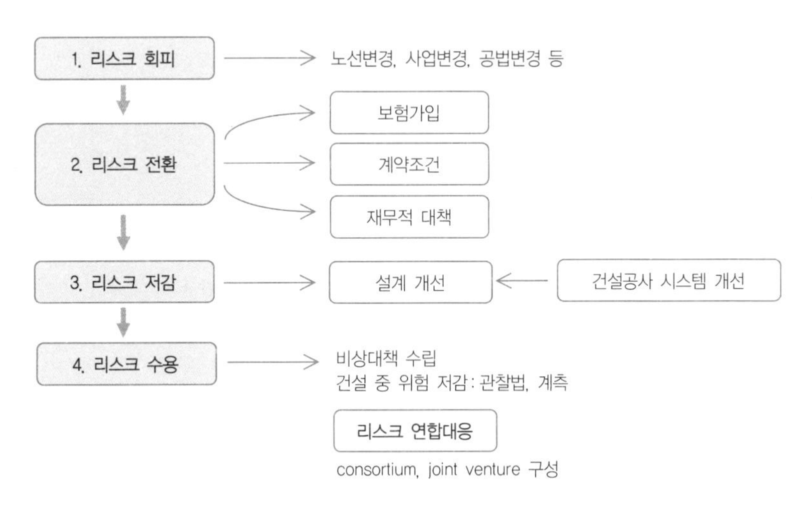


그림 E5.12 리스크의 대응 예

### 5.1.5 4단계-리스크의 모니터링과 제어 Risk Monitoring & Control

각 리스크에 대한 리스크 대응방안이 마련되었다면, 다음 단계는 이를 관리하는 활동에 착수하는 것이다. 프로젝트 주요 공정 단계마다 리스크 검토(interim risk review)가 이루어져야 한다. 리스크 모니터링은 다음의 활동을 통해 이루어진다.

- 리스크의 책임소재(owner)를 파악
- 리스크 모니터링 책임자(task manager)를 파악. 모니터링 책임자는 리스크 계획의 효용성을 추적하고, 의도하지 않은 결과 파악, 리스크 저감을 위한 개선 등의 임무를 수행
- 태스크 매니저가 사업책임자에게 보고할 내용, 빈도 등을 파악
- 모니터링 형식의 업데이트와 관련한 규약(protocol)을 개발(각 태스크 매니저가 최신 리스크 정보를 사업책임자에게 보내 총괄 리스크 등록부를 업데이트)
- 사업책임자는 업데이트된 리스크 등록부를 리스크관리팀에 배포

대형사업의 경우, 리스크관리 액티비티가 많아지므로 리스크관리 전용 소프트웨어의 활용을 포함하는 전산 리스크 정보관리 시스템(Risk Information System, RIS)을 도입하는 것이 유용하다. 그림 E5.13은 리스크관리 시스템의 운영창(window)의 예를 보인 것이다.

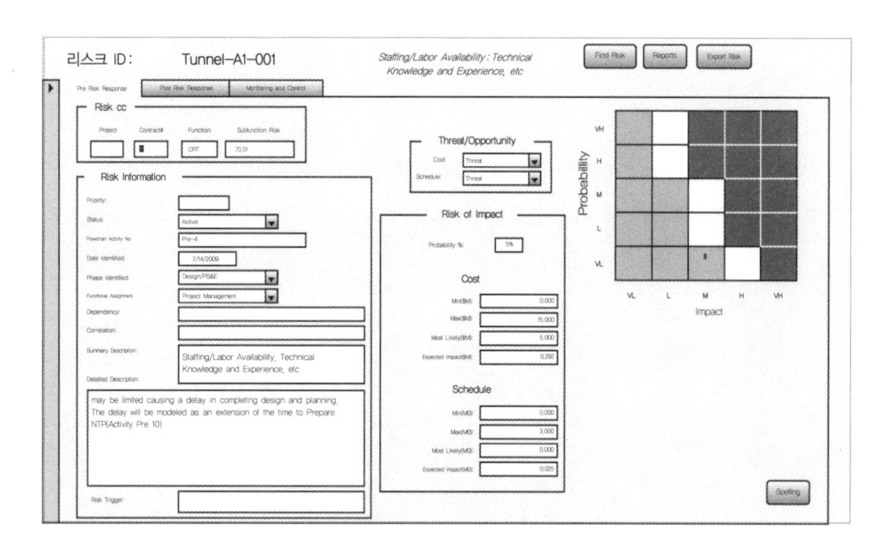


그림 E5.13 Risk Information System(RIS) 예

#### 리스크 제어 risk control

프로젝트 상황은 가동되는 기간 동안 계속하여 변화하므로 사업참여자들과 정기적 Workshop을 개최하여 지속적으로 리스크를 점검하여야 한다. 일반적으로 리스크관리에 대한 개념 구상이 완료된 때, 예비설계단계, 그리고 최종설계단계에서 Risk Workshop을 개최하여 리스크를 전파하고, 공유하는 것이 바람직하

다. 리스크 계획 수립 완성 시기에도 Workshop을 개최하여 초기설계에 반영한다. 이 시기에 대형 'Project-killer' 유형의 리스크가 발견될 수 있다. 이에 따라 상당한 설계변경이나 기본 계획이 변경될 수 있다. 예비설계단계의 Workshop에서는 설계와 관련된 모든 리스크를 파악하고 특히, 기술심사, 토지보상(real estate acquisition), 설계 불확실성에 따른 공정지연과 같은 문제를 집중하여 살펴본다. 이후 실시설계단계의 Risk Workshop은 시공과 계약 관련 리스크에 집중한다.

### 리스크 등록부 운영 risk register

리스크 평가 결과는 모든 공사참여자가 공유하여야 하며, 현장(시공사)에서는 통상 리스크 등록부(risk register)를 이용하여 관리한다. 리스크 등록부는 리스크 평가와 관리에 대한 압축기록부로서 이행사항의 기록 유지 및 공사 참여자 간 의사소통을 위하여 운영한다. 리스크 등록부는 가급적 단순하고, 프로젝트의 복잡성에 관계없이 유연하게, 적용할 수 있어야 한다.

리스크 등록부는 각 리스크에 대하여 발생할 위험, 그 위험의 영향, 위험 저감을 위해 요구되는 대책, 관리책임자, 문제 발생 시 피해 대상, 리스크관리 조치가 필요한 시기 등을 반드시 포함하여야 한다.

| 터널 프로젝트명 : | Project No. | 프로젝트 책임자 : |
|---|---|---|
| | 담당부서 : | 안전책임자 : |

| Hazard Ref. | Hazard | Cause | 초기 리스크 수준 | | | 대응 조치 | | 저감 대책 | 최초 리스크 레벨 |
|---|---|---|---|---|---|---|---|---|---|
| | | | 발생 가능성 | 심각성 | 리스크 | 수행 | 미수행 | | |
| 1 | | | | | | | | | |
| 2 | | | | | | | | | |
| 3 | | | | | | | | | |
| . | .. | .. | .. | .. | .. | .. | .. | .. | .. |
| n | | | | | | | | | |

그림 E5.14 정성적 접근법의 리스크 등록부 예

리스크 등록부는 리스크 등급란(column)을 두어야 하며, 추적관리가 가능해야 한다. 개별 리스크의 점수화와 정성적 설명을 포함하여 리스크별 우선순위에 따른 체계적 조치를 취할 수 있도록 한다. 리스크 등록부는 살아 움직이는 문서(living document)이다. 사업의 모든 당사자가 함께 사용하며, 프로젝트 진행기간 중 계속해서 업데이트하여야 한다.

그림 E5.15는 사업추진 전반과정에서 리스크관리가 구현되는 방법을 예시한 것이다. 리스크관리는 사업 초기에 계획되고 사업추진단계와 함께 진화 발전한다. 사업단계마다 모든 사업참여자가 리스크관리에 대한 필요성을 인지하고 참여할 수 있도록 '공론화'하는 절차가 매우 중요하다. 사업의 단계가 진전되면서 참여 기관 또는 참여자가 확대되는데, 이러한 시점마다 적절한 공론화가 이루어져야 한다.

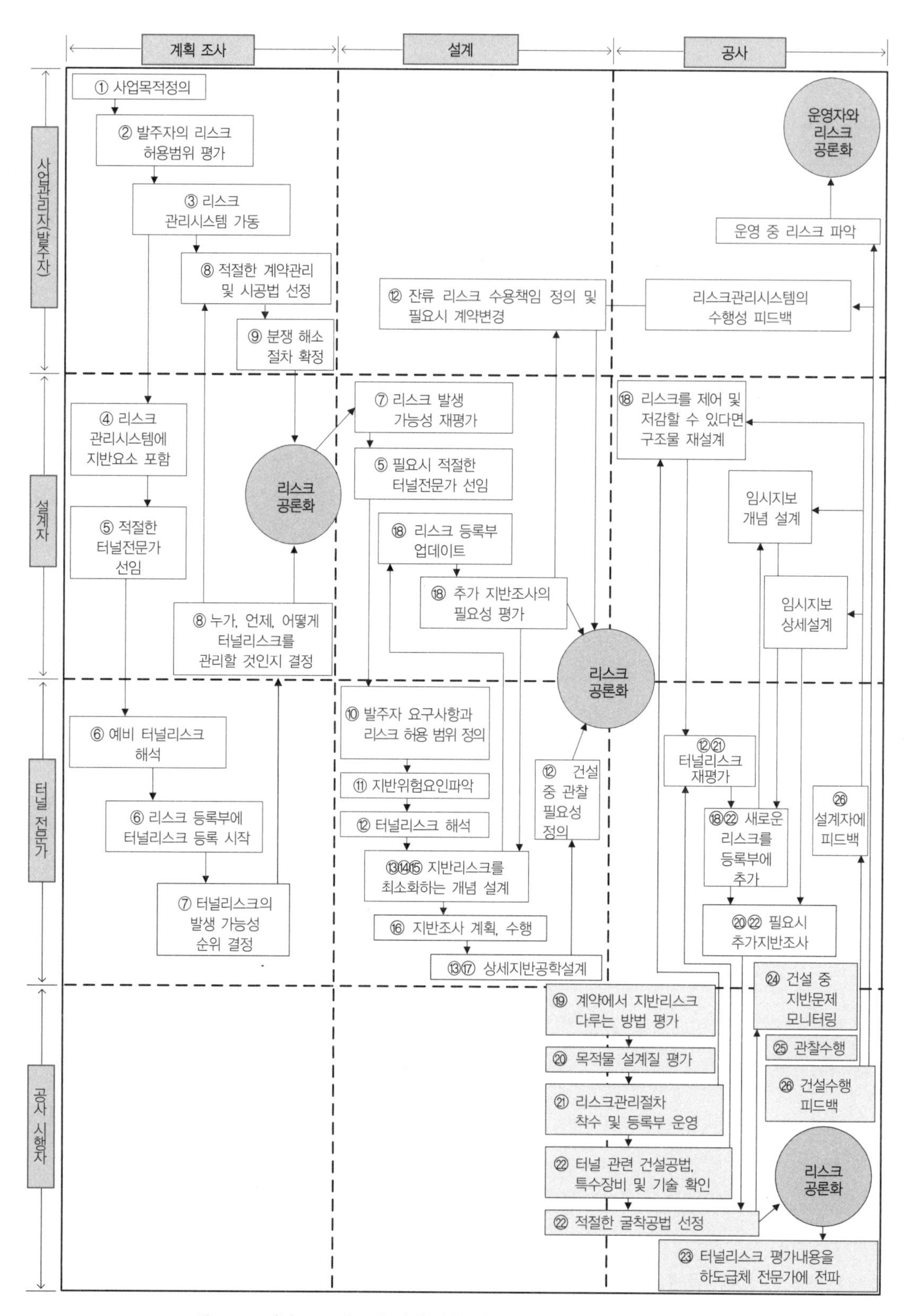


**그림 E5.15** 터널 프로젝트 추진에 따른 리스크관리 활동(after ICE, 2001)

## 5.2 터널공사의 불확실성과 리스크 특성

### 5.2.1 터널공사의 리스크 특성

터널공사에 수반되는 위험요인은 매우 다양하며, 터널이 위치하는 국가, 지역, 기후, 사회여건, 노동시장, 가용장비, 기술자의 수준 등에 따라 달라질 수 있다. 터널사업에 관련될 수 있는 리스크의 원인(위험요인)은 BOX-TE5-2와 같이 구분할 수 있다.

터널과 같은 **지하건설은 지상건설보다 훨씬 더 많은 잠재적 리스크를 포함**하고 있다. 건설공법을 정하거나 설계를 확정하는 데도 대부분 경험과 판단에 의존하므로 터널사업에 대한 리스크 분석은 대체로 정성적일 수밖에 없다.

#### 터널공사의 특성

대부분의 터널붕괴는 막장부근에서 지보가 미처 설치되기 전 굴착상태에서 발생한다. 따라서 터널의 붕괴에 대한 안전율은 그림 E5.16과 같이 **굴착 중 최소**가 되는 특징을 보인다. 일단 터널이 굴착되고 라이닝이 타설되면 터널의 붕괴 위험도는 현저히 감소한다.

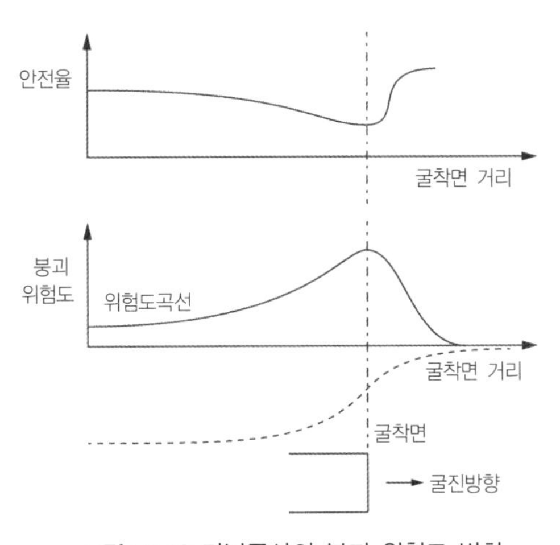


그림 E5.16 터널공사의 붕괴 위험도 변화

한편, 터널공사는 인접한 구조물의 안정성과 사용성에 영향을 미칠 수 있다. 이와 관련한 갈등이 발생하면, 시공자는 비용문제로 경제성을 우선한 대책을 선호할 것이나, 건물소유주는 건물에 미치는 영향을 최소화하는 대책을 요구할 것이다. 따라서 **리스크관리는 갈등관리와도 밀접한 관계**를 갖는다. 일단 완성된 터널은 아치구조로서 비교적 안정된 구조로 유지된다.

**BOX-TE5-2 터널 프로젝트의 리스크**

**터널 프로젝트와 관련한 사업전반 리스크 요약**

A. **사업요인 : 예상하지 못한(unforeseen) 지질조건**

- 단층대 / 파쇄대 조우
- 터널 천단부 상부의 비점착성 토사 / 미고결층 조우
- 터널경로를 따라 종·횡으로 변화하는 지질학적 특성(지반조성 또는 지반거동)
- 지하수 작용(압력, 대수층 간 연결, 오염)
- 지반공동의 존재 / 저밀도 교란 지반 / 가스층

B. **지장물**

- 기초 등 터널 인접구조물 및 파일 또는 방치된 구조물, 불발탄
- 급격한 압력해방(pressure release) 또는 소산(blow-out)을 야기할 수 있는 천공
- 방치 또는 운영 중인 관정(wells)
- 상하수도 관거를 포함하는 지중매설 공급 관의 존재

C. **환경적 요인**

- 공기질 악화 / 메탄과 황화수소를 포함하는 천연가스
- 소음 / 지반진동, 분진 등 환경문제
- 지하수 저하, 오염 등 영향
- 굴착토(버력, spoil) 수송 및 처분(disposal)

D. **침하에 취약한 인접 구조물의 존재**

- 공공 관로설비(특히 주철 가스 또는 상수 공급관, 하수관거)
- 가정(domestic) 설비(utilities)(특히 property margin에서의 파이프 연결)
- 매설 케이블(특히 오래된 고전압 케이블)
- 교량 / 터널 / 철도 / 고속도로 등 주요 인프라

E. **계획 및 설계오류**

- 지반분류 오류
- 지하수 영향을 충분히 고려하지 못한 경우
- 설계입력자료 실수
- 부적합한 재료 모델 및 컴퓨터 프로그램 사용

F. **시공/계측관리**

- 공사시행 절차(순서)상 오류
- 최첨단 통신장비 / 완전히 이해할 수 없는 고도로 자동화된 시스템에 의존
- 기상조건
- 부적합한 계측 Trigger Level 설정 / 계측관리 데이터 오독
- 작업허용치 미달
- 장비 손상 / 시공자재 부적합
- 안전조치 미흡

G. **관리실수**

- 참여자 경험 미숙
- 노동쟁의
- 계약분쟁
- 기관 및 제3자 간섭사항 발생

## 5.2.2 터널공사의 리스크

### 5.2.2.1 지반불확실성과 터널공사의 리스크

터널 건설공사에 수반되는 리스크의 대부분은 **지반불확실성**에서 비롯된다. 지반불확실성으로 인해 지반 문제 예측이 정확하지 못하고, 설계의 신뢰성이 떨어져 비용 증가나 공기 지연과 같은 부정적 영향을 겪게 된다. 일반적으로 경미한 지반 관련 리스크의 경우, 건설비의 약 5% 증가요인이 있다고 알려져 있으나, 전혀 예상치 못한 지반조건이 출현하는 경우, 추가 사업비가 100%를 상회한 경우도 수없이 많다.

터널공사에서 가장 많은 클레임이 발생하는 요인은 설계조건과 '**지반조건 상이**(site differing condition)'이다. 그림 E5.17은 터널의 단위 선형길이 및 심도당 시추공수와 지반조건 상이에 따른 클레임 건수 관계를 보인 것이다.

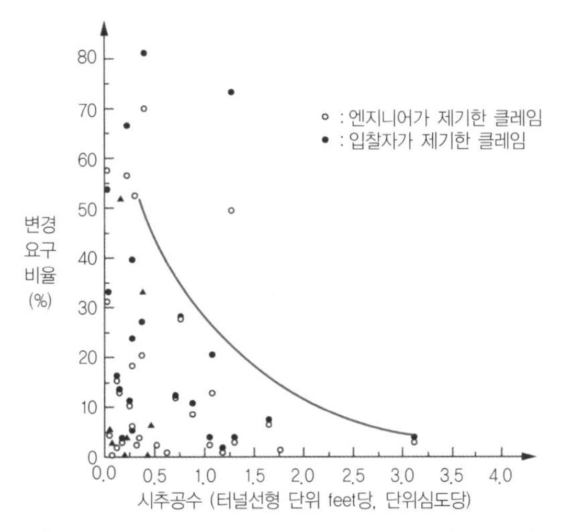


(US National Committee on Tunnelling Technology(USNCTT), 1984)

**그림 E5.17** 터널의 설계와 현장의 상이에 따른 클레임 발생 현황

지반불확실성으로 야기되는 터널공사 리스크의 근본적인 원인은 다음과 같은 지반의 속성 때문이다.

- 지반과 지하수 상태는 공간적 변동성이 매우 크다(Song et al., 2011).
- 지반과 지하수의 물성과 분포는 이미 건설 전부터 결정되어 있는 상태로서 계획대로 만들어진 다른 건설재료와 달리 쉽게 제어할 수 없다.
- 지반공사는 일반적으로 건설사업의 초기에 진행되므로 초기단계에 발생한 지반문제는 이후의 공사에 영향을 미쳐 공기지연을 초래하기 쉽다.

표 E5.7에 따르면 클레임의 주된 원인은 불안정 지반(51%), 굴착 장애(11%) , 지하수 및 지반오염이 각각 6%에 달하여 전체의 약 75%가 지반 관련 문제임을 알 수 있다.

표 E5.7 터널 클레임 발생원인(89개의 터널 조사 결과 분석, USNCTT, 1984)

| 문제 및 클레임 발생 원인 | 문제 발생 비율 (% of tunnels) | 클레임 발생 비율 (% of tunnels) |
|---|---|---|
| 괴상 및 판강암반, 박리, 파열, 과굴, 공동 | 49 | 25 |
| running, flowing, squeezing | 51 | 26 |
| 지하수 유입 | 53 | 6 |
| 지하 유해물질 및 유독가스 | 13 | 6 |
| 기존 지하 매설물 | 1 | 0 |
| 연약암반(soft bottom in rock) | 2 | 2 |
| 암반 연약대(soft zones in rock) | 4 | 2 |
| 극경암(TBM 관련) | 5 | 2 |
| Pressure binding | 4 | 4 |
| 버력처리(mucking) | 5 | 2 |
| 지표침하 | 9 | 2 |
| 장애물(큰돌, 말뚝기초, 관입암반, 고결모래) | 12 | 11 |
| 굴착 선형 문제(steering problem) | 4 | 0 |

그림 E5.18은 터널건설사업의 진행단계에 따른 지반불확실성의 상대적 저감특성을 예시한 것이다. 사업 진행과 함께 조사 정도의 향상 그리고 시공 중 현장 확인에 따라 지반조건에 대한 불확실성은 감소해간다. 하지만 시추조사의 지반정보 파악한계와 현장주변의 굴착되지 않은 부분에 대한 불확실성이 시공 중에도 남아 있다. 따라서 공사 중 지반에 대한 **관찰과 계측**은 지반불확실성이라는 리스크관리의 매우 유용한 수단이다.

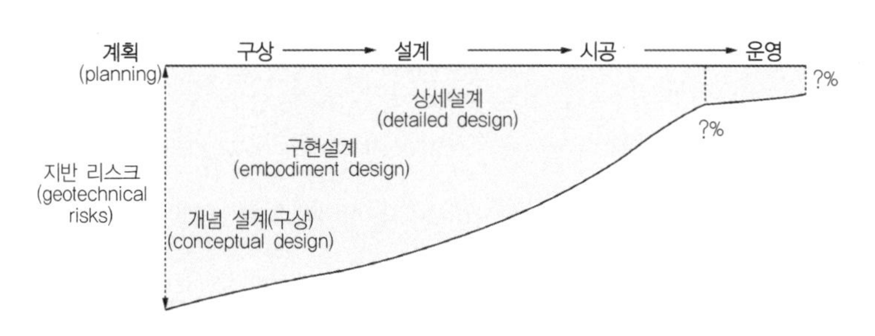


그림 E5.18 사업진행에 따른 지반불확실성

조사비는 프로젝트에 따라 차이는 있지만 일반적으로 전체 사업비의 10% 내외로 알려져 있다. 조사정보가 충분할수록 지반공학적 리스크는 감소하므로 조사비의 증가는 지반불확실성을 제거하여 프로젝트 코스트를 저감시킨다. 하지만 아무리 많은 조사를 수행하더라도 지반불확실성을 완전히 해소할 수 없고, 과다한 조사는 오히려 프로젝트 비용을 상승시키므로 정보 획득과 조사비용의 최적조합을 추구하여야 한다.

터널공사를 성공적으로 수행하기 위해서는 가능한 충분한 조사를 통해 지반 리스크를 사전에 파악하여, 이를 회피(avoid)하던가, 허용 가능한 수준으로 저감시켜야 한다. 이를 체계적으로 검토하기 위해서는 리스크해석을 통해 리스크 수준을 평가하고 설계와 시공과정에서 이에 대응할 수 있는 리스크관리체계가 구축되어 있어야 한다.

### 지반리스크와 지반위험요인의 파악

터널 굴착 시 흔히 나타나는 지반 리스크의 예를 열거하면 다음과 같다.

- 지반이 붕괴될 가능성
  - 지표함몰 및 침하로 인한 터널 주변 구조물 손상
  - 지지력 부족에 따른 막장 불안정(instability of working place)
  - 암파열(rock burst) 또는 압착붕괴(squeezing)
  - 자연공동(natural caverns) / 단층대 조우(approaching fault zone)
  - 지하수유출에 의한 막장붕괴(face collapse by ground water flow)
- 굴착지보재(숏크리트)가 파괴될 가능성
- 예상치 못한 수위상승으로 인해 라이닝 변형이 허용범위를 초과할 가능성
- 예상치 못한 자갈 또는 모래층의 출현으로 배수체계가 무용지물이 될 가능성
- 공사 중 지반공사의 문제로 인해 계약 공기가 증가할 가능성

그림 5.19는 터널공사와 관련한 지반공학적 위험요인의 파악절차를 보인 것이다. 경험 있는 터널 및 지질 전문가의 참여가 바람직하고, 굴착지반에 대한 시공이력에 대한 유경험자를 적극 활용할 필요가 있다.

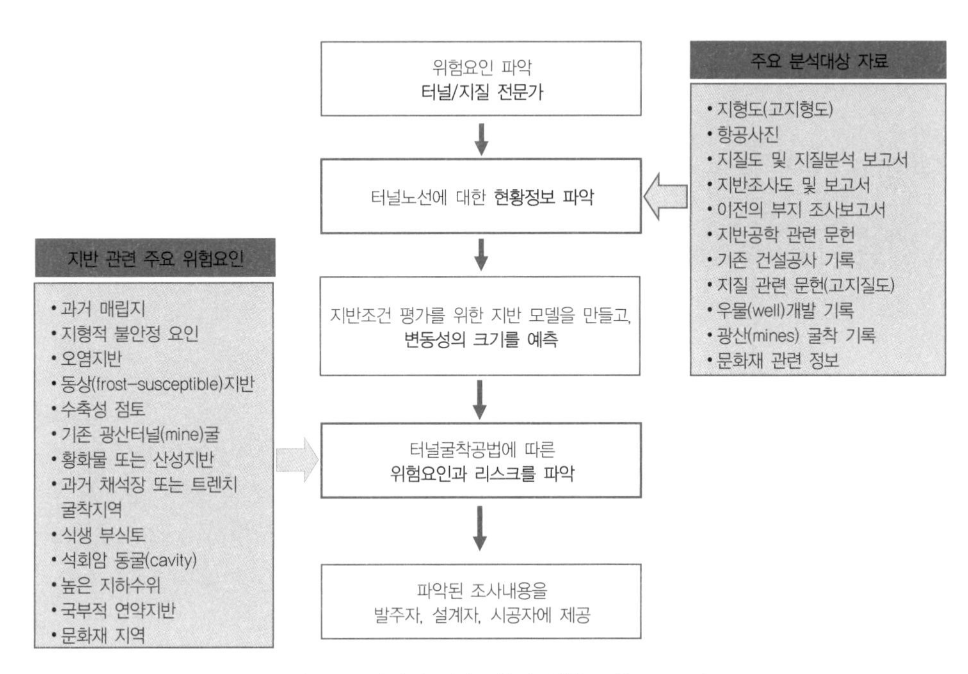


그림 5.19 터널의 지반공학적 위험요인(hazards)

#### 5.2.2.2 터널공법에 따른 리스크 특성

위험요인은 터널공법에 따라서도 다르게 나타난다. 대표적인 관용터널공법인 NATM의 주요 리스크 요인은 아래와 같으며, 대표적 공종을 그림 E5.20에 예시하였다.

- 발파불량 및 지보 부족(insufficient blasting+support)
- 지연 그라우팅(too late grouting effects)
- 배수 불충분 및 압력용출(insufficient drainage, heavy water ingress)
- 지보 부적정(inappropriate support)
- 부적절한 암반평가(inappropriate rock quality assessment)

(a) 갱구부 작업(사면안정)

(b) 터널굴착작업(발파)

(c) 터널지보작업(숏크리트)

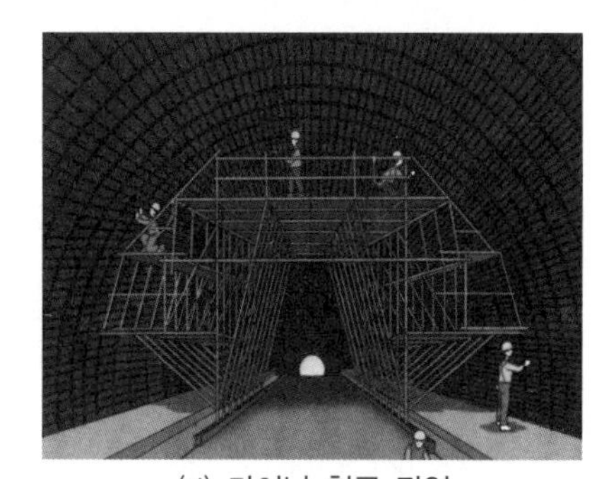

(d) 라이닝 철근 작업

그림 E5.20 관용터널공법의 주요 리스크 공종

한편, TBM 및 쉴드 TBM 공법은 주로 **장비운영과 관련한 리스크**관리가 중요하다. TBM 장비는 혼합지반, 고수압, 팽창성 지반, 지층 내 왕자갈, 지열에 따른 온도 상승 등의 지반조건에 취약하다. 이러한 문제는 장비를 교착상태에 빠지게 하거나 침하 또는 붕괴를 초래할 수 있다. TBM 및 쉴드 TBM 운영과 관련한 리스크는 다음과 같다.

- 디스크커터 마모(wear of the disk cutter)
- 쉴드기 압착, 끼임
- 굴착토(버력, spoil) 조절(conditioning) 실패

- 테일 스킨부에서의 지반손실과 라이닝 주면(annulus)의 불완전한 그라우팅
- 커터헤드 챔버(plenum) 충만 유지 실패
- 복잡한 컴퓨터(complex computer) 및 통신 시스템에 대한 과도한 의존성

## 5.2.3 터널공사의 리스크관리

### 5.2.3.1 리스크 평가와 대책

확인된 리스크에 대하여 각 리스크별 위험도를 5.1절의 방법론에 따라 평가할 수 있다(BOX-TE5-3은 쉴드 TBM 공법에 대한 리스크 평가 결과를 포함하고 있음).

그림 M5.21은 각 리스크에 대하여 대책의 추진 우선순위와 절차를 흐름도로 예시한 것이다. 과거와 달리 지가의 상승과 도심의 건설제약 환경은 설계자가 리스크를 피하거나 전환시키기 어려운 상황이 흔하게 발생한다. 따라서 많은 경우 리스크를 관리할 수 없는 환경에 놓이는데, 지반의 불확실성 조건이 그 한 예이며, 이 경우 비용과 안정성의 최적조합이 쟁점이다. 수용해서 관리할 수밖에 없는 지반 리스크는 모니터링(계측) 기법을 도입하여 현장에서 확인을 통해 리스크에 대응하는 방법을 취하기도 하는데, 이러한 대책 중의 하나가 **관찰법**(observational method)이다. 관찰법은 잠재적 위험에 신속한 대책을 수행하는 '**설계-시공법**'으로서 계측을 통해 잠재적인 위험을 사전에 발견하고자 하는 것이다.

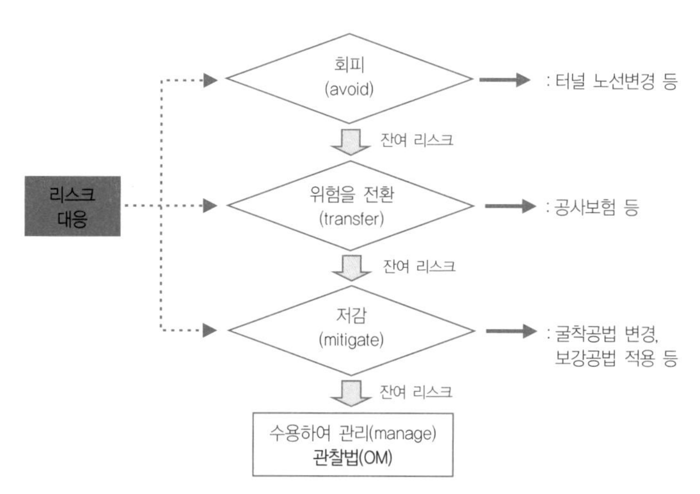

그림 E5.21 터널공사의 리스크 대책과 관찰법

프로젝트의 성공은 결국 리스크를 얼마나 잘 관리하는가에 달려 있다. 리스크 평가 후 최적 리스크 제어와 누가 리스크를 분담(own)할 것인지를 사업참여자들이 합동으로 의사결정(joint decision)하여야 한다. 리스크 분담자(owner)는 리스크가 일어날 경우 계약적으로 리스크를 책임질 계약기관이다. 리스크 등록부를 통해 리스크 분담자와 리스크 대책, 그리고 잔류 리스크도 알 수 있어야 한다.

## BOX-TE5-3 Shield TBM 공법의 RISK 정성평가 예(ICE, BTS, 2005)

| 리스크 분류 및 잠재적 위험 사례 | | 리스크 평가 | | |
|---|---|---|---|---|
| | | 발생 가능성 (likelihood) | 심각성 (extent) | 영향성 (affects) |
| | | H=높음 M=보통 L=낮음 | S=심각 M=보통 | T=공기영향 C=비용영향 |
| TBM 제작 | 공장(factory) 시운전 및 시험의 불만족 | L | M | T, C |
| | 운송 지연 및 운송 중 장비 파손 | L | M | T, C |
| TBM 발진설치 | 지상 시설부지의 미비/부족 | L | M | T |
| | 챔버 조립 미비/불만족 | L | S | T |
| | 강우로 인한 발진구 침수(flooding) | L | S | T, C |
| 쉴드, 구동장치 | 쉴드구조물의 파괴 및 뒤틀림 | L | S | T, C |
| | 추력 및 토크 부족 | M | S | T, C |
| | 격벽의 비상문이 충분히 닫히지 않은 경우 | M | S | T |
| 커터헤드 | 커터헤드 도구의 과도한 교체가 요구되는 경우 | H | M | T, C |
| | 커터헤드 구조물의 과도한 마모 | M | S | T, C |
| | 커터헤드 굴착 비효율 | M | M | T |
| 실(seal) 시스템 | 커터헤드 주요 베어링 및 실의 오염/고장 | L | M | T |
| | 테일실 시스템 비효율 | M | S | T |
| | 충분한 링 조립을 저해하는 테일 실 | L | S | T |
| 굴착중 장비 운영 | 연약지반 폐색으로 인한 커터헤드 정지 | M | M | T |
| | 경암출현으로 인한 커터헤드 정지(clogged) | L | M | T |
| | 커터헤드챔버에 유동토사의 과도한 채워짐 | M | M | T |
| | 막장면 과도한 용수유입으로 장비가동 중지 | H | M | T |
| | TBM 후방의 터널 붕괴 | L | S | T, C |
| | 대형공동/과굴착에 따른 TBM 굴진 중지 | L | M | T |
| | TBM 경로와 수준(level) 유지 실패 | L | S | T, C |
| | 지반보강을 위한 천공장비 접근성 제약 | M | M | T |
| 세그먼트 이렉터 및 뒤채움 설비 | 중량 세그먼트 작업이 불가능한 이렉터 | L | S | T, C |
| | 세그먼트의 잘못된 설치 및 손상에 따른 링 분리 | M | M | T, C |
| | 링 뒤채움 장비 고장 및 테일스킨 배관파이프 막힘 | M | S | T |
| 재료, 후방지원 | 세그먼트 품질 불량 | L | S | C |
| | 세그먼트 가스켓의 품질 불량 | L | S | C |
| | TBM/터널 컨베이어 배토 미흡 | L | S | T |
| 환경적 요인 | 미승인 건설재료 | H | S | T |
| | 지하수위의 과도한 저하(draw down) | H | S | T |
| | 굴착배토(첨가재)로 인한 지표의 오염 | H | S | T, C |
| 보건, 안전 요인 | 고온 작업 중 불충분한 환기 및 화재 | L | M | T |
| | 소음/분진의 허용치 초과 | M | M | T |
| | 원활한 호흡을 위한 공기 질 미달 | L | S | T |

### 5.2.3.2 터널공사의 리스크 등록부 운영

파악된 위험인자에 대하여 리스크 평가를 수행하고 그 결과를 추적 관리할 수 있도록 리스크 등록부에 기록하여 사업참여자 간 공유하여야 한다. 그림 E5.22는 터널공사에 적용된 리스크 등록부의 예를 보인 것이다.

| Risk Assessment-Segment A-1 | | | | | | | | | | | | | | | |
|---|---|---|---|---|---|---|---|---|---|---|---|---|---|---|---|
| Risk 구분 | Risk No. | Risk type | Risk 명칭 | Risk 내용 | Risk 증상 | 영향 공종 | Pre-Workshop Risk Data | | | | | | | | |
| | | | | | | | 발생 확률 | Cost(단위 : 천만 원) | | | | Schedule(단위 : 월) | | | |
| | | | | | | | | Min | ML | Max | EV | Min | ML | Max | EV |
| 설비 문제 | 3.1 | 시공 | 설비 장애 | 지하 매설 | 지상 노출 | 굴착 | 75% | 0.00 | 1.00 | 3.00 | 0.88 | 0.00 | 0.50 | 3.00 | 0.63 |
| 교통 문제 | 5.1 | 시공 | OO 구간 | 교통 사고 | | 운반 | 30% | 0.20 | 0.75 | 2.00 | 0.26 | 0.00 | 0.00 | 0.00 | 0.00 |
| 행정 절차 | 7.5 | 설계 | 승인 | 저감 계획 | 계획 기각 | | 10% | | | | 0.00 | 0.25 | 2.00 | 4.00 | 0.20 |
| | 7.9 | 설계 | 지역 동의 | | | | 25% | | | | | 1.00 | 3.00 | 9.00 | 1.04 |
| 홍수 수질 | 9.1 | 설계 | 야생 보존 | 공항 운영 | 협의 실패 | | 20% | 0.10 | 0.25 | 0.50 | 0.05 | | | | 0.00 |
| | 9.2a | 설계 | 강우 대책 | 협의 지연 | 기각 | | 50% | | | | 0.00 | 1.00 | 3.00 | 8.80 | |
| | 9.2b | 시공 | 홍수 대책 | 비용 소요 | | | 50% | 0.50 | 1.00 | 5.00 | 0.79 | 1.00 | 3.00 | 9.00 | |

주) ML : Most Likely, EV : Expected Value, Risk symptom=trigger(리스크 증상=촉발요인)

그림 E5.22 터널공사 리스크 등록부의 예

### 5.2.3.3 터널공사 추진 시스템의 개선을 통한 리스크 저감

불확실성은 단지 기술적 측면으로만 해소될 수는 없다. 터널건설현장은 이러한 불확실성을 적절히 관리할 수 있는 시스템이어야 한다. 관용터널공사(NATM)의 경우 시추조사를 지반을 완전히 파악하지 못한 상태(설계)로 공사에 착수하게 되며, 따라서 시공 중 확인된 지반에 따라 설계를 조정하는 것이 공법의 원리이다. 하지만 많은 경우 착공 전 설계가 완료된 상태로서 설계자는 현장에 개입하지 않고, 현장이 발주자(또는 이를 대리한 책임감리)와 시공자에 의해 운영되는데, 이러한 사업관리체계는 지반불확실성에 대한 대응을 매우 어렵게 한다.

현장여건에 따라 다소 차이가 있지만, 국제적 건설시스템의 경우 경험 있는 전문가인 'Chief Tunnel Engineer'가 현장의 기술적인 의사결정을 총괄하는 형태로 추진된다. 특히 설계사 혹은 컨설턴트가 현장에서 상주하며 각각 발주자와 시공사를 지원하는 시스템이 구축되어 있다. 이러한 체계에서는 설계사의 엔지니어는 본인이 수행한 설계를 검증받고, Feedback하는 기회가 되며, 기술자 훈련에도 기여하게 되므로 터널공사의 안정성과 품질 향상의 체계적 확보가 가능할 것이다. BOX-TE5-4에 확정설계와 잠정 설계 개념을 비교하였다.

## BOX-TE5-4 바람직한 터널공사 추진 시스템

모든 설계는 기본적으로 기술적으로 치밀한(robust) 확정설계를 지향해야 하지만, 터널의 경우 지반불확실성으로 인해 아무리 많은 조사를 시행하여도 확정설계라 할 만큼 신뢰성을 갖기 어렵다.

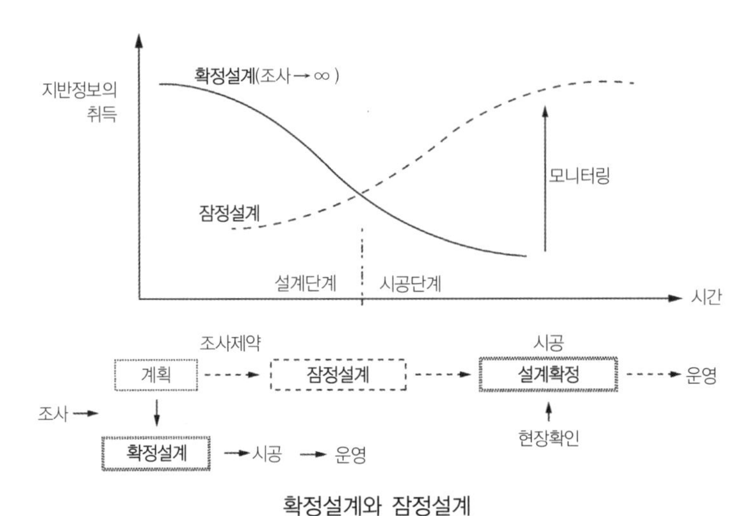


확정설계와 잠정설계

지반불확실성이 내포된 확정설계의 취약점은 다음과 같이 요약할 수 있다.

- 착공 전 이루어진 확정설계로 시공하는 데 따른 설계변경 주체 기술자와 설계기술자가 상이하기 때문에 터널 굴착 관련 의사결정 절차가 복잡하여 암 판정, 지보 확정 등 신속한 현장 대응이 어렵다.
- 확정적 비용으로 불확실성을 대응하기 어려우며, 현장 설계변경에 따른 공사비 증감처리에 대한 갈등이 내재, 경직된 관리체계로 안전과 품질에 집중하기 어렵다
- 설계자의 현장 참여기회가 배제되어 기술의 Feed back은 물론 다양한 현장 시공경험과 이론을 겸비한 터널 전문기술자의 양성이 이루어지지 않고 있다.

따라서 터널공사는 기본설계 위주의 설계 그리고 상세설계의 요건만을 시공 전 확정설계 내용으로 정하고, 굴착, 지보 등 확정설계는 굴착 중 현장을 확인하여 이루어지도록 하는 병행 시스템이 지반불확실성에 바람직한 대응방식일 것이다. 이를 위해서는 설계자가 현장에 상주하며, 잠정 개념의 설계에 대한 확정 및 변경을 지원 및 관리하여야 하며, 이러한 시스템은 긴급 상황에서 신속한 대응은 물론 공사 참여자 간 분쟁을 예방하는 효과도 있다.

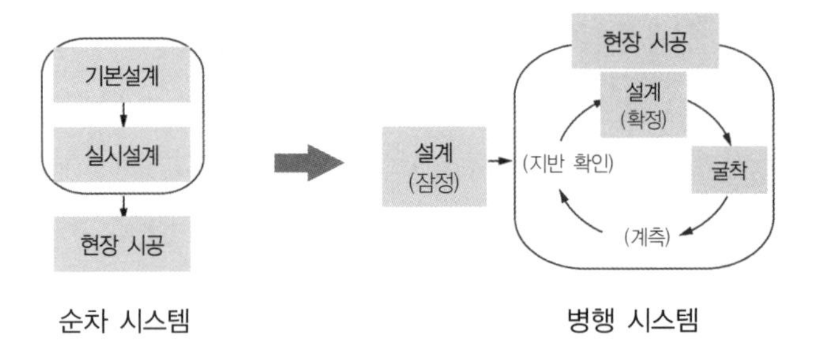


순차 시스템 병행 시스템

(이영근, 한국터널지하공간학회 정책연구자료, 2018)

## 5.3 터널공사의 리스크 저감과 관찰법

### 5.3.1 터널공사의 리스크 저감 원리

터널은 상당 간격의 시추조사 결과를 토대로 설계하므로 불가피하게 상당한 지반불확실성 상태에서 공사를 추진하게 된다. 또한 굴착 중 무지보 상태에서 안전율이 최소가 되는 특징이 있어 불확실성과 안전율 최소상황을 적절하게 관리하여야 한다. 관찰법은 지반불확실성 저감대책으로 유용하며 유로코드를 비롯한 국제적 코드에서 이를 반영하고 있다.

**관찰법**(observational method)의 원리는 그림 E5.23을 통해 살펴볼 수 있다. 공사 중 이상거동이 시작되어 리스크가 높아질 경우, 모니터링(계측)을 통해 이를 조기 발견하고 필요한 조치(recovery)를 취함으로써 리스크를 저감시킬 수 있다. 이상거동의 발견이 늦을수록 리스크 위험도가 증가하고 위험 노출 기간도 늘어난다. 따라서 허용 가능한 거동 수준을 설정하고, 조기 발견을 위한 적절한 모니터링 체계를 도입하여, **위험대응에 소요되는 시간을 최소화**하는 것이 터널굴착 리스크관리의 핵심이다.

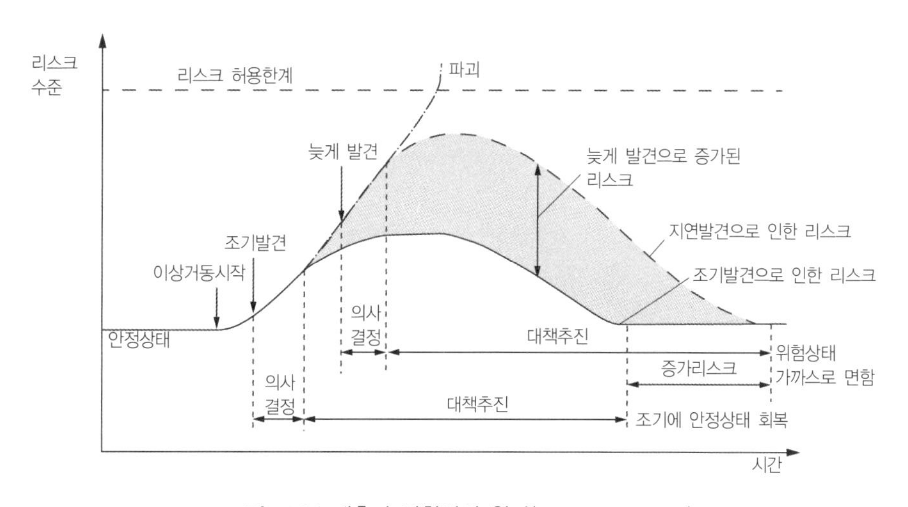


그림 E5.23 계측과 관찰법의 원리(after HSE, 1996)

### 5.3.2 관찰법 Observational Method(OM)

관찰법은 지반불확실성으로 리스크가 높은 건설 사업에 대하여 예측, 모니터링(계측), 검토 그리고 시공 중 설계를 수정해가는 설계·시공기법으로서 안전(safety)을 희생시키지 않으면서, 시간과 공사비를 절약하기 위한 방법으로 Peck(1969)이 제안하였다.

## BOX-TE5-5 관찰설계와 전통적 확정설계의 비교

전통적 지반설계는 보수적 설계조건에 대한 확정설계(predefined design)로 이루어진다. 확정설계는 공사시행 전 독립적으로 이루어지므로 설계와 시공간 연계가 유연하지 못하다. 확정설계와 대응되는 개념 중의 하나는 시공 중 유연한 설계조정을 전제로 하는 관찰설계법이다. 확정설계와 관찰설계의 가장 큰 차이는 설계조건의 설정에 있다. 확정설계의 설계조건은 '적정 보수적' 개념인 반면, 관찰법은 실제 가장 발생 가능한(Most Probable, MP) 조건과 가장 비우호적인 조건(Most Unfavourable, MU)을 모두 설계조건으로 고려한다.

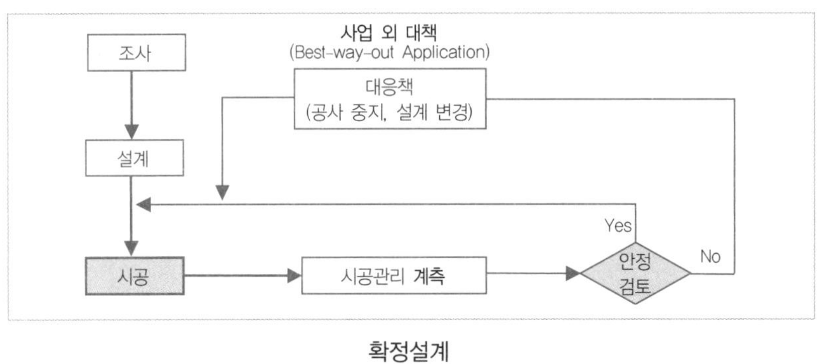


확정설계

조사
대책설계(AB INITO)
설계수정-계획에 따른 대응
(MU, most unfavorable)
OM기준 초과
적정설계
(MP, most probable)
시공 → 모니터링 → 시공

관찰설계

터널과 같이 불확실성이 높은 사업은 이에 대응하기 위하여 관찰설계가 바람직하다. 확정설계와 관찰설계 개념을 설계조건, 수행방식 등의 관점에서 비교해보면, 관찰설계의 의의를 더 잘 이해할 수 있다.

확정설계와 관찰설계의 비교

| 구분 | 확정설계(predefined design) | 관찰설계(observational design) |
|---|---|---|
| 설계조건<br>(설계파라미터) | 설계파라미터(1조건)<br>적정보수(MO),<br>또는 특성치(MC) | 설계파라미터(2조건 이상) : MP~MU<br>(공사착수 – MP, 시공관리 – MU) |
| 설계유연성 | 확정설계(단일설계안) | 유연설계<br>(착수설계, 수정설계안) |
| 설계/시공관계 | 설계 → 시공(단일 시공법) | 설계 → (모니터링 ↔ 시공 ↔ 설계 수정) : 복수의 시공법 |
| 모니터링(계측)의의 | 설계 예측치 초과 여부 확인 | '모니터링 → 설계 수정' 설계 수정 여부 결정 |
| 허용거동한계<br>초과 시 | 사업 외 대책<br>(best-way-out approach) | 미리 정해진 사업 내 설계 수정<br>(ab inito : pre-defined modification) |

Peck이 제안한 **관찰법의 8단계 핵심 절차**는 다음과 같다.

① 충분한 지반조사를 통해 대상지반의 전반적 지층구조, 지반성상, 물성을 파악한다.

② 가장 발생 가능성이 높은(most probable, MP) 및 가장 비우호적인(most unfavourable, MU) 설계지반 조건을 설정 → 두 조건에 대한 해석을 수행하고 편차를 평가한다. 지반설계의 MP 및 MU 조건은 주로 물성으로 고려한다(그림 E5.24).

(예) 강도정수 평가 예(London Clay)
- MP 조건(평균 개념) : $\phi'=24°$, $c'=10kPa$
- MU 조건(worst case 개념) : $\phi'=23°$, $c'=0kPa$

③ MP 조건에 대한 해석 및 설계 수행 → MP 설계지반조건으로 설계안을 마련한다.

④ 설계를 기초로 모니터링 계획 수립 → 설계해석을 통해 예상거동과 허용거동을 평가하여 관리기준(trigger values)을 설정하고, 모니터링 계획을 수립한다.

⑤ MU 조건에 대한 해석 → MU 조건의 예상거동을 평가한다.

⑥ MU 조건에 대한 대응 계획(contingency plan) 수립 → '⑤'의 관리기준을 기초로 대처할 설계수정안(contingency plan)을 준비한다.

⑦ 공사 중 모니터링 수행 및 실제 거동상황 평가 → 건설 중에 모니터링을 수행하고, 실제거동과 관리기준을 비교하여 위험상황을 대비한다.

⑧ 관리기준을 초과할 것으로 '예상'되면 실제조건에 부합하도록, 준비된 대응 계획(contingency plan)에 따라 설계를 수정(modification)하여 공사내용을 변경 시행한다.

관찰법의 특징은 설계지반조건을 한 가지 조건으로 설정하지 않고, 경제적인 실질 수준(MP 조건)의 설계로 출발하되, 안전이 위협되는 경우(MU 조건)에 대한 설계를 미리 준비하고, 모니터링 결과에 따라 별도의 설계변경 절차에 관계없이 설계안대로 절차에 따라 설계를 수정한다. 그림 M5.25에 관찰법의 운영체계를 보였다.

**NB : 관찰법의 설계조건**

관찰설계를 위해서는 우선, 그림 E5.24의 설계지반 파라미터 산정과 관련한 설계조건을 이해할 필요가 있다. 관찰설계는 '가장 발생 가능성이 높은(Most Probable, MP)' 그리고 '가장 비우호적인(Most Unfavourable, MU)' 설계지반조건을 설정하여 Dual Design을 하는 것이다. 해석 지반조건은 불확실성에 대한 고려로서 일반적으로 한계상태설계법의 SLS(serviceability limit state : 사용성 조건)에 대해서는 MP(가장 발생 확률이 높은-평균) 또는 MC(적정 보수) 조건을 적용하며, ULS(Ulitimate Limit State : 붕괴안정 조건)에 대해서는 MU 조건(95% 신뢰도 5% 분위)을 적용한다. 각 설계조건의 적용 의미를 물성(강도)과 응답(변형)에 대하여 그림 E5.24에 예시하였다.

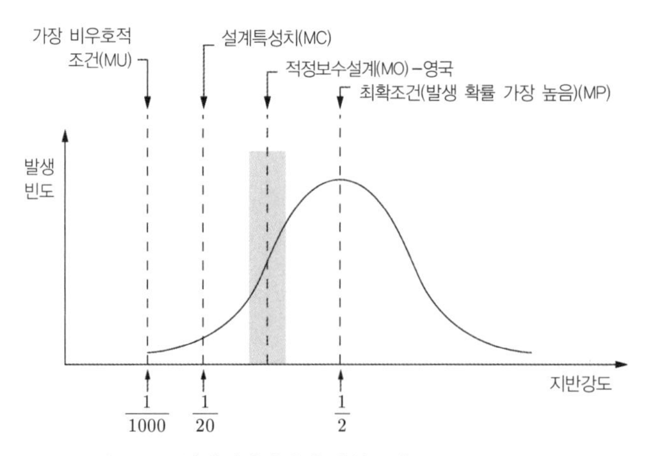


그림 E5.24 설계파라미터의 해석조건

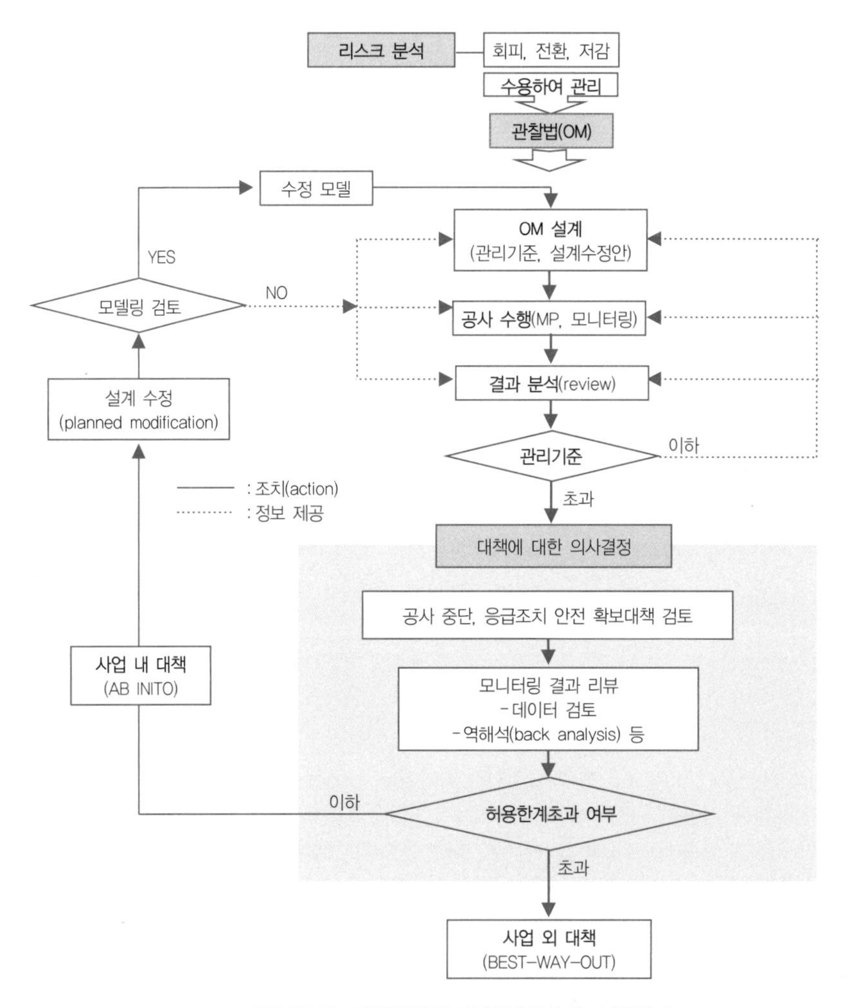


그림 E5.25 지반공학적 관찰법(OM)의 수행체계

관리기준의 설정과 모니터링

관리기준은 보통 분명하고 편리한 개념 부여를 위해 신호등(traffic light) 관리시스템을 이용하여 설정한다. 허용거동을 각각 녹색, 황색, 적색 관리구간으로 구분하며, 녹색(green)-주황색(amber)경계는 SLS의 MP 조건 이상, MU 조건의 해석 값 이하로 설정하고, 주황색(amber)-적색(red)경계는 USL의 MP조건 이상, MU 조건의 해석값 이하로 설정하며, 적색(red) 한계는 USL의 MU 조건의 해석 값을 참고하여 설정한다. 신호등 개념의 단계적 관리체계에 따라 각 단계에서 다음과 같은 검토와 판단기준을 도입한다.

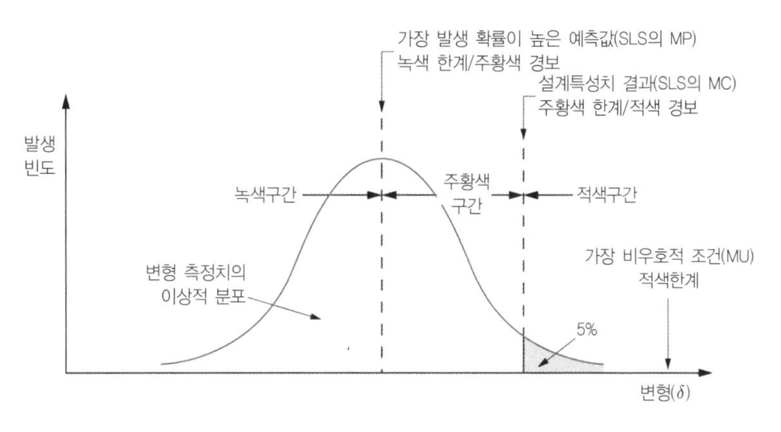


그림 E5.26 관찰법의 관리기준치의 설정

① **안전-녹색(green)** : 관리 기준치에 이르지 않았다 하더라도 계측 결과의 이상 경향에 대해서 주의 깊게 분석하여 문제 상황으로 발전 여부를 파악한다.

② **주의-주황색(amber)** : 사용한계상태(SLS) 조건의 예측치와 의사결정 소요시간을 고려하여 정한다. 황색경보 단계에서는 공사시행전략에 따라 경미한 설계수정이 이루어질 수도 있다. 대책준비와 함께 신중하게 공사를 수행하며, 측정 빈도를 증가시킨다.

③ **위험-적색(red)** : 극한한계상태(ULS) 조건의 예측치와 의사결정 소요시간을 고려하여 정한다. 적색경보 기준치를 초과한 경우, 기 설정된 대책추진에 착수 한다. 즉시, 준비된 대로 설계를 수정하여 공사를 시행함으로써 한계상태를 초과하지 않도록 하여야 한다.

### 5.3.3 터널공사에 관찰법(OM)의 적용

전통적으로 **터널설계는 우발 계획 개념을 기반**으로(contingency basis) 이루어지므로 공사 중 확인되는 상황에 따라 설계변경을 허용한다. 따라서 터널공사는 관찰법의 적용이 가장 유용한 분야 중의 하나이다. 터널프로젝트에 따라 관찰법이 여러 구간에 구현될 수도 있고, 없을 수도 있다. 현재까지 관찰법이 적용된 성공적인 터널건설 발표된 사례는 대부분 인접구조물의 안전한 통과와 관련이 있다. 터널프로젝트와 관련한 관찰법 대상구간은 주로 다음과 같으면 그 예를 그림 E5.27에 예시하였다.

- 주변 중요구조물을 인접하여 통과하는 경우
- 지반이 취약하여 터널의 안정이 심각히 우려되는 경우
- 기존 터널과 인접하여 진행되는 건설공사 등

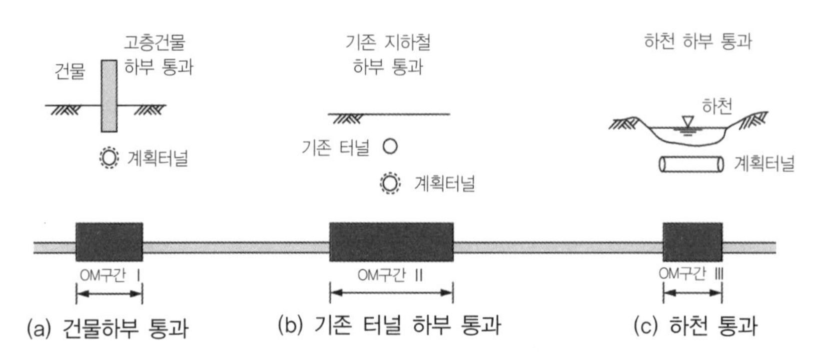


**그림 E5.27** 터널공사의 관찰법(OM) 적용 대상 구간 예

그림 E5.27(a) 및 (b)의 상황을 그림 M5.28에 구체화하여 표현하였다. 이런 경우 설계대안으로 TE4장의 **특수구간 통과공법**이 검토될 수 있다. 인접구조물의 안전을 확보하면서 터널의 품질 확보를 위하여 OM 개념에 따라 매우 구체적으로 설계, 시공, 계측관리 계획이 수립되어야 한다.

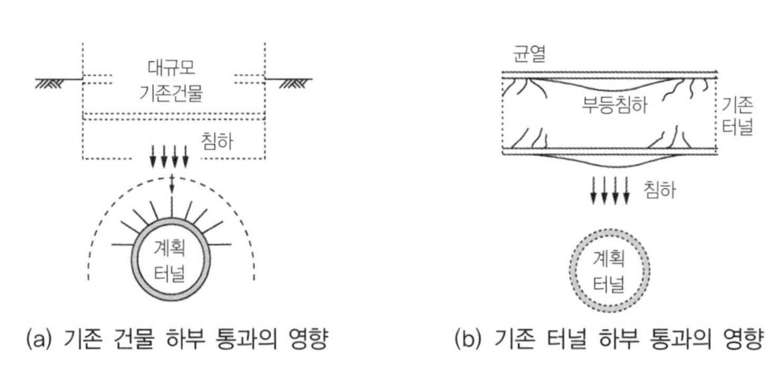


**그림 E5.28** 인접공사로 인한 기존 터널의 영향 예

NB: **OM 적용 예 분석**

흥미로운 사실은 터널 공사에 OM 적용 사례가 여러 번 발표된 바 있지만, 계측관리 기준을 초과하여 설계수정까지 수행된 사례는 거의 확인되지 않는다. 그 이유 중의 하나로 일단 OM 구간으로 관리되면 시공관리가 충실히 이루어져, 예방효과까지 얻게 되기 때문으로 분석되고 있다.

## BOX-TE5-6 관찰법(OM)의 적용 사례

**샌프란시스코 Bay Area Transit**

A. OM 구간 선정

샌프란시스코 지하철 BART 노선의 단선터널구간 중 건물에 인접하여 통과하는 구간에 대한 OM으로서 Peck (1969)이 발표하였다. 그림 E5.73은 OM 구간의 평면과 지층구성을 보인 것이다. 터널은 8층 철근콘크리트로 건물 확대기초의 하부에 인접하여 계획되었다. 당시 이 건물은 지하층까지 모두 사용 중에 있었고, 향후 추가적으로 8층을 더 수직 증축하는 계획이 반영되어 있었다.

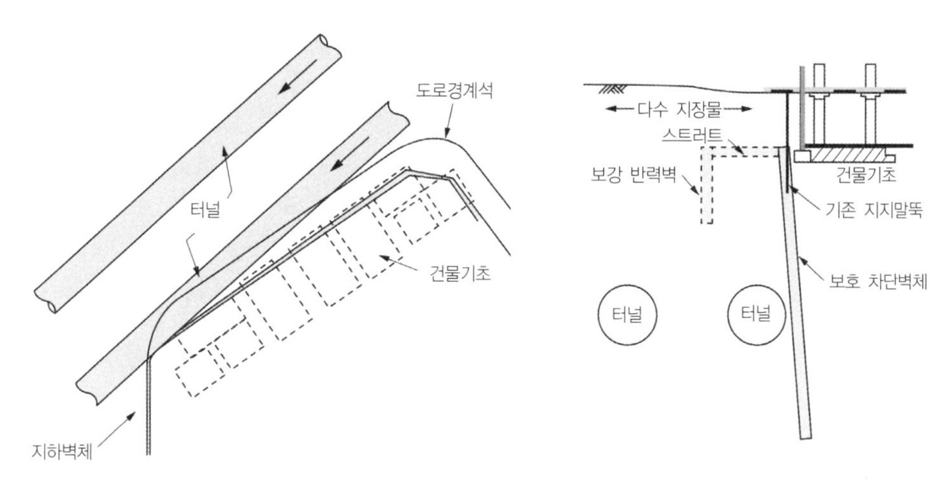


BART 지하철 터널과 인접 건물 OM 구간 지하 차단벽체(cut-off-wall) 설치 MU-설계

B. OM 설계와 대응 계획

현재의 변형조건을 알 수 없는 상태에서 터널굴착에 따른 수위저하는 기초에 50.8~76.2mm의 추가 침하를 유발할 것으로 예측되었다.

건물이 손상되지 않을 것이란 긍정적 의견이 지배적이어서 모니터링을 통한 설계수정방식의 OM 기법이 도입되었다. Peck이 제안한 OM 설계 개념은 MP 조건으로 공사에 착수하되 MU 조건을 고려한 설계안을 준비하고, 모니터링 결과에 따라 설계 수정을 가하는 것이었다. MU 조건의 대책으로서 터널과 빌딩사이에 구조벽체(cut-off wall) 설치 방안이 최종 설계수정안(그림 우측)으로 제시되었다. 이 대안은 터널굴착에 따른 지반거동으로부터 빌딩을 보호하기 위해 벽체 구조물을 설치하는 것으로 철근콘크리트 원주체(cylindrical body)를 약간 경사지게 하여 소요이격거리를 확보한 것이다. 이 보호대책에 소요되는 비용은 거의 50만 달러(1960s 기준)에 달하였다.

C. OM 시공 및 관리기준

보호 대책공은 초기 착수내용에는 포함되지 않았지만 OM 계약 조건으로서, 설계수정안으로 준비되었다. OM 구간의 모니터링이 시작되었다. 지층변화는 크지 않았으나 빌딩에서 좀 떨어진 위치의 초기공사에는 어려움이 있었다. 일부 구간에서는 터널중심에서 12.7mm의 지표침하가 발생하기도 하였지만, 터널 외측 지표에서의 침하는 매우 작았다. 실제로 터널 통과 시 건물에 발생한 침하는 거의 무시할 만한 수준이었고, 결과적으로 준비되었던 어떤 설계수정(보호대책)안도 적용될 필요가 없었다. 전통적 접근법을 사용하였더라면 큰 비용이 소요되었을 공사가 OM을 통해 안정을 확보하며 경제적으로 추진된 것이다.

## 5.4 터널공사의 계측

터널공사에 있어 계측은 관찰법의 틀이 아니어도, 시공관리 또는 위험제어를 위해 광범위하게 수행되고 있다. 어떤 경우든 계측의 궁극적 목적은 공사비의 초과 또는 공기지연으로 인한 경제적 손실을 야기하는 지반공학적 리스크(geotechnical risk) 저감에 기여하는 것으로 공사관리의 점점 더 중요한 요소가 되고 있다.

계측에 대한 수많은 보고서가 간행되었음에도 불구하고, 계측의 실제 운영 실태는 그 중요성에 부응하지 못하고 있다. 따라서 여기에서는 계측의 근본적 원리를 중심으로 유념하여야 할 중요한 계측원리를 중점적으로 다루고자 한다.

### 5.4.1 터널공사의 계측원리

설계해석에서 제시된 관리기준과 이를 판단할 수 있는 거동변수가 설정되면, 공사 중 계측 계획이 수립되어야 한다. 일반적으로 터널굴착 시 계측 계획은 다음의 사전작업을 통해 구체화된다.

① **사업특성 및 초기지반 상태 정의**: 프로젝트의 유형, 부지 형상, 지층 구성, 지반재료의 물성, 지하수 조건, 인접구조물 현황, 환경조건, 시공법을 파악한다.

② **지배 거동메커니즘 예측**: 모니터링 프로그램을 전개하기 전 수치해석 등을 수행하여 가장 지배적일 것으로 판단되는 거동 메커니즘을 파악한다.

③ **관련 지반문제를 정의**: 설치되는 모든 계측기는 공학적 물음에 답변할 수 있어야 한다. 공학적 의문이 없다면 계측기를 설치할 필요가 없다(golden rule). 터널 프로젝트에 대하여 답변되어야 할 주요 공학적 질문은 다음과 같다.

- 지반 붕괴의 안정성이 유지되는가?
- 수리적으로 안정한가?
- 인접구조물 및 시설(life lines)은 안전한가?
- 지하수위 저하가 발생하는가?
- 침하나 변형이 발생하는가?
- 주변구조물에 인장균열이 발생하는가?
- 붕락(암반)의 위험이 있는가?

터널거동은 다양한 거동요소를 포함하므로 이를 고려하여 계측 계획을 수립하고 분석하여야 한다. 다음은 터널 모니터링과 관련하여 유의할 사항이다.

① 계측은 **가장 취약한 한계상태가 가장 잘 드러날 수 있도록 계획하여야 한다.**

② 터널굴착 후 설치한 터널 내부의 측정치는 초기거동이 반영되어 있지 않으므로 정량적 거동지표로 활용하기 어렵다.

③ 천단/내공 변위는 상당부분의 변형이 굴착면 도달 전 발생하지만 터널 내부에 측점설치가 어려우므로 지표침하와 종합적인 상관관계를 분석하여야 한다.

### 5.4.2 터널공사의 계측 계획

계측 계획은 설계에 반영된 거동관찰 계획을 구체화하는 작업이다. 계측 계획 시 고려하여야 할 사항은 다음과 같으며, 표 E5.8에 주요 거동변수와 발생위치를 예시하였다.

- 어디에?–측정범위(영역) 설정, 측정 위치(location, point) 선정
- 무엇을?–측정목적의 구체화와 측정 항목(거동)의 설정, 측정기기의 선정
- 어떻게?–측정빈도, 분석기준의 설정 및 운영(모니터링)

일단 터널굴착 관련 지반문제가 정의되면 그 문제를 관찰하기 위한 거동변수를 설정하여야 한다. 표 E5.8은 터널공사와 관련되는 지반문제와 거동변수를 예시한 것이다. 그림 E5.29는 터널굴착에 따른 거동영향과 계측기 배치 단면을 예시한 것이다.

표 E5.8 터널공사의 주요 거동변수와 위치

| 관련 거동항목 | | 주요 위치 | 계측 특성 |
|---|---|---|---|
| 터널구조물 거동 | • 내공변위<br>• 축력<br>• 토압 | 압밀변형, 터널 천단변형<br>터널 라이닝<br>인접지반 특정지층, 인접건물 및 구조물 | 굴착 후 측정 가능 |
| 지반거동 | • 침하, 부등침하<br>• 융기(heave, rebound)<br>• 경사(tilt)<br>• 수평변위<br>• 간극수압<br>• 하중과 응력 | 터널 상부 지표, 터널 인접 지반<br>터널 인버트<br>인접건물 및 구조물<br>터널 주변 지반<br>지하수위(GWL), 피압상태, 과잉간극수압<br>터널 라이닝, 인접건물 | 굴착 전 측정 가능 |
| 인접건물 (시설) 영향 | • 침하/부등침하/경사<br>• 균열<br>• 수평변형률 | 건물지하바닥 슬라브, 건물주변 시설<br>기둥, 슬라브<br>기초보 | 굴착 전 측정 가능 |
| 지하수 변동 | • 수위저하<br>• 토사유출 | 터널 주변 및 인근<br>터널 주변 | 굴착 전 측정 가능 |

#### 측정영역(범위)의 설정

해당 거동의 발생영역을 고려하여 관찰범위를 설정하고, 관찰영역 내에서 관심 거동에 대한 계측 요소와 계측 위치를 결정하여야 한다. 측정영역의 설정 시 고려할 사항은 다음과 같다.

- 일반적으로 응력–변형 거동은 구조물 규모 혹은 깊이의 수배 정도 범위
- 건설 대상 구조물뿐만 아니라 주변의 건물, 지하매설물의 영향을 고려
- 지하수흐름이나 오염물의 이동 범위는 변형거동보다 훨씬 더 넓은 영역의 관찰이 필요

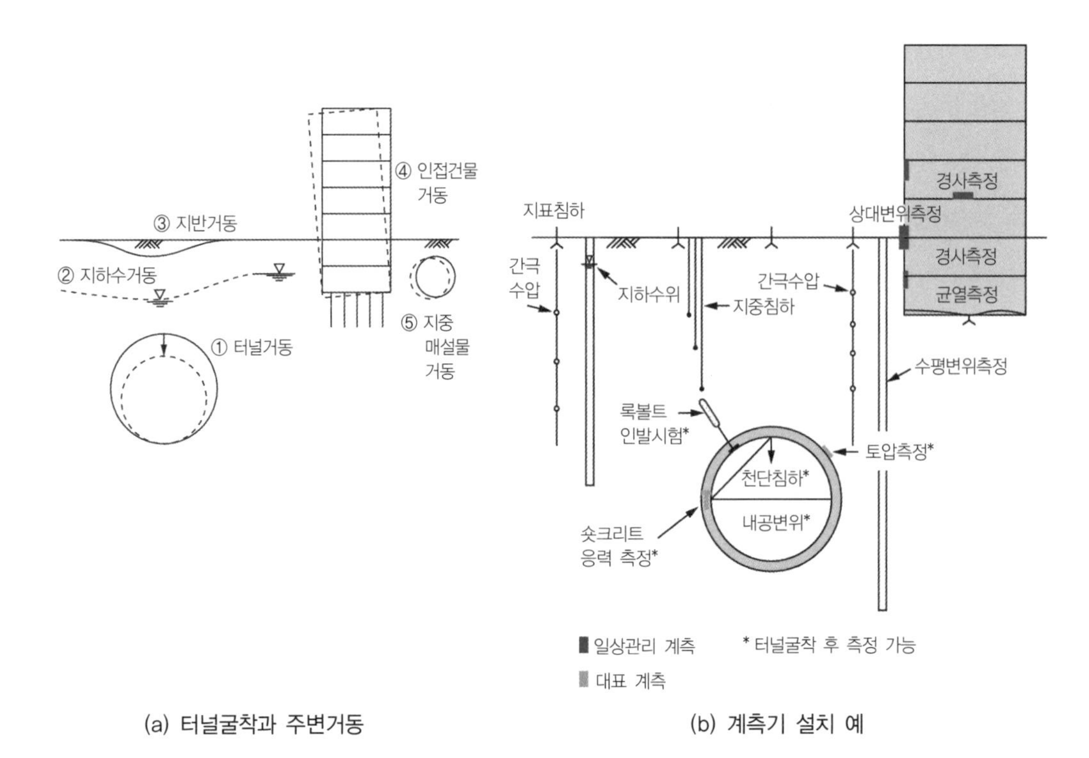


**그림 E5.29** 터널굴착에 따른 거동영향과 터널공사의 계측기 배치 예

**거동 영향권**의 설정은 계측기의 증가를 의미하므로 비용문제와도 관련된다. 따라서 영향권을 정확하게 판단하여야 효과적이고 경제적인 계측 계획을 마련할 수 있다. 직접영향권의 판단은 과거 유사지반의 계측 자료, 충분한 모델경계범위를 설정한 수치해석 결과 등을 이용할 수 있다.

그림 E5.30은 **터널굴착에 따른 영향범위**의 예를 보인 것으로, 일반적인 터널굴착영향의 범위 설정에 참고할 수 있다. 기존 실측 결과 분석자료와 수치해석 결과를 참고하되, 계측 영향권은 적어도 지표거동이 일어나는 거리 이상으로 설정하여야 한다.

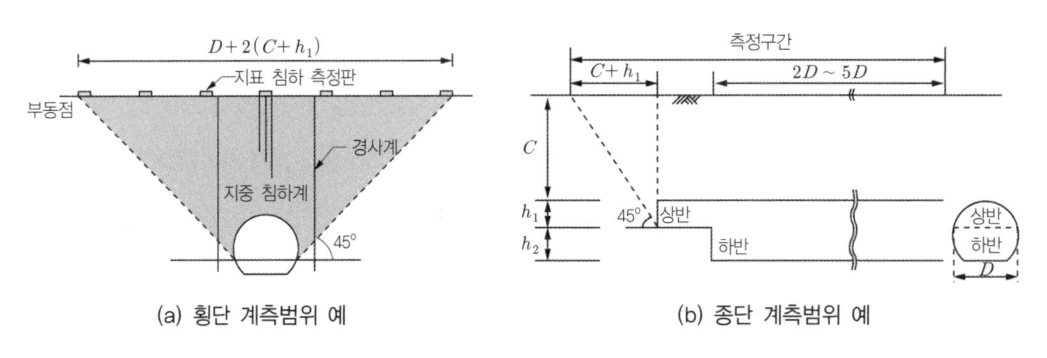


**그림 E5.30** 터널의 계측범위

### 계측기의 설치위치

**계측기 설치위치는 취약 거동을 가장 먼저 뚜렷하게 드러내는 지점**이 되어야 한다. 계측기의 설치위치는 지반의 거동특성을 기초로 판단하여야 한다. 일반적으로 다음을 고려하여 측정위치를 선정한다.

- 응력집중이 예상되는 곳
- 가장 먼저 항복 또는 파괴강도에 이르는 지점
- 예상 활동면 혹은 설계상 최소 안전율의 파괴면
- 배수장애가 있는 지점
- 불확실성 요소가 많아 거동의 평가가 어려운 위치(접근 곤란 위치 등)
- 인접 구조물의 경우 균열 및 경사 부위
- 기타 다른 영향이 게재되지 않는 위치

측정대상 시설물의 규모나 위험도를 기준으로 계측기기의 배치밀도를 검토하여야 하며, 구조적으로 가장 위험한 단면(대상 시설물의 최대변위와 최대응력이 나타날 것으로 예상되는 위치)에 중점적으로 계측기기를 배치하여야 한다. 이의 판단에 수치해석의 결과를 활용하면 좋다. 그림 E5.31은 터널의 대표적 계측을 예시한 것이다.

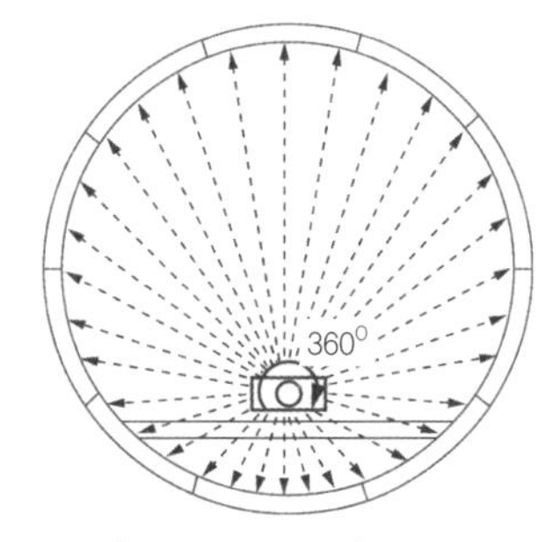


(laser beam method, photogrammetric method(photo images)

(a) 터널 프로파일링(tunnel scanner)

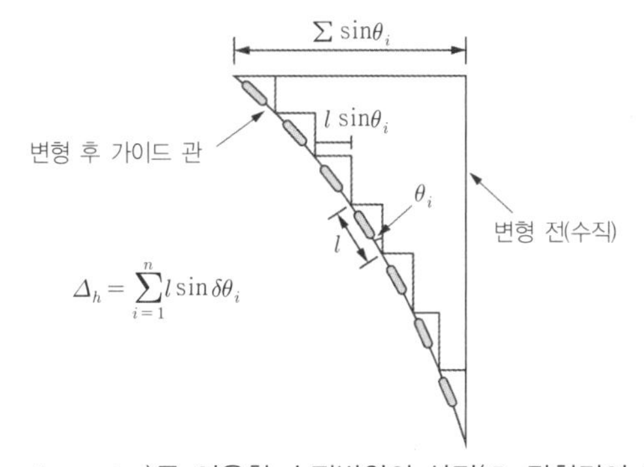


(b) 경사계(inclinometer)를 이용한 수평변위의 산정($L$ : 탐침길이, $\delta\theta_i$ : $i$구간의 기울기측정치)

**그림 E5.31** 대표적 터널거동의 계측 예

### 측정과 연계분석 계획

다음은 계측의 실효성 확보를 위하여 준수하여야 할 계측기 설치 기본원리를 정리한 것이다.

- 측정하고자 하는 거동 발생 전 설치하여야 한다.
- 측정기기 설치로 인해 측정 대상거동이 영향을 받아서는 안 된다.
- 지속적인 측정이 가능해야 한다.
- 연관분석이 가능하여야 한다.
- 계측위치는 해석, 실험 등의 결과와 비교할 수 있도록 배치하여야 한다.

한 위치에 대하여 여러 거동을 동시에 측정하기 위한 계측기의 조합설치는 계측기간 상호 연관성이 유지되도록 가급적 인접하게 배치하여야 한다. 계측 결과의 상호 연계분석은 계측 계획 시부터 고려되어야 하며, 같은 단면에, 혹은 인접 설치한 경우에만 연계분석이 가능함을 이해하고 있어야 한다. 그림 E5.32는 특정 위치에서 터널거동의 연계분석을 위한 계측기 배치 예를 보인 것이다. 터널의 경우 연계분석을 할 계측기는 모두 터널직경 범위 내로 설치하는 것이 바람직하다. 거동분석에 유용한 상호연관거동은 변위-간극수압, 변위-토압, 간극수압-토압, 간극수압-누수량, 토압-누수량 등이다.

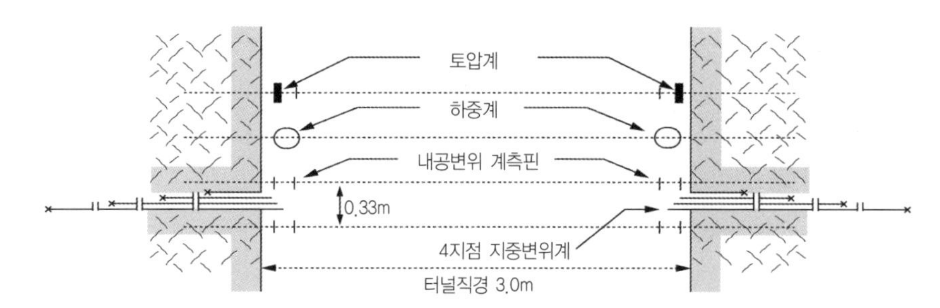


그림 E5.32 연계분석을 위한 계기의 인접배치 예(터널의 경우 계측기간 약 0.33m 간격 바람직)

NB : 계측을 수행하였음에도 지반문제를 예측하지 못할 수가 있는데, 그 한 예를 그림 E5.33에 보였다. 지중 구조물 하부를 터널이 통과할 때, 구조물 거동만 측정하는 경우이다. 구조물의 강성이 크고 폭이 넓을 경우 구조물 변형은 거의 없으나 구조물과 지반 사이는 지반 침하로 인해 공동(cavity)이 발생할 수 있다.

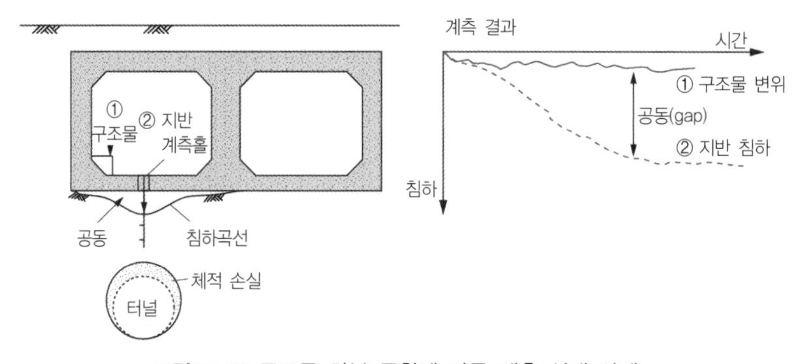


그림 E5.33 구조물 하부 굴착에 따른 계측 실패 사례

### 5.4.3 계측 관리기준의 설정

계측을 통해 공사추진의 적정성 및 위험도 판단을 위해서는 거동에 대한 관리기준 설정이 필요하다. 관리기준의 설정법은 5.3절의 관찰법에서 고찰한 바 있다.

관리기준은 주로 허용치와 변화속도로 규정하며, 특히, 변화속도는 향후거동 진전 예측에 중요하다. 거동의 허용한계는 실내시험, 이론 및 수치해석, 그리고 초기 시공실적 및 유사한 조건을 갖는 계측 결과를 토대로 터널, 지반, 인접건물의 거동을 대상으로 결정한다.

그림 E5.34는 관리기준치를 정하는 데 고려할 영향요인들을 정리한 것이다. 목적물 자신뿐만 아니라 주변영향도 검토하여 상황에 적합한 관리기준을 마련해야 하며 **작업자와 공공의 안전**을 위한 안전규정까지도 고려하여 한다.

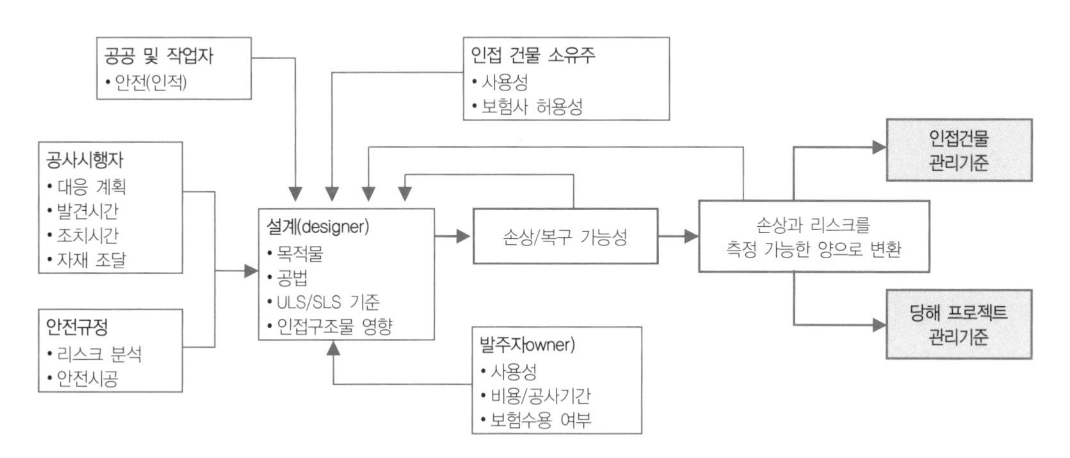


그림 E5.34 관리기준치(trigger values)의 설정 체계

### 5.4.4 계측 결과의 분석과 대응

계측 결과는 측정일자, 경과일수, 초기치, 금회 변위, 누계변위를 정해진 양식에 항목별로 정리하여야 하며, '시간(경과일수)-계측치'를 그래프로 표시하여 거동의 변화경향을 신속히 파악할 수 있도록 하여야 한다. 또한 관리기준을 함께 표시하여 위험상태 접근도를 동시에 파악할 수 있어야 한다. 계측 결과 분석은 당해 현장 또는 유사 현장에서 수행한 수치해석 결과, 경험치, 타 계측 결과 등을 참조하여 실시하며, 여러 관련 거동에 대한 계측 결과를 상호 연계하여 분석하여야 한다.

계측 결과는 의미 있는 정보로 **프로세싱**(processing)되어야 한다. 데이터 프로세싱의 첫째 목적은 필요한 조치를 가급적 빨리 취할 수 있도록 변화를 쉽게 알게 하는 데 있으며, 두 번째로 거동의 경향과 예측 결과를 비교하는 데 있다. 계측 그래프에는 신호등 체계의 관리기준이 함께 표시되어야 의미해석이 용이하다. 가장 흔하게 사용되는 계측 데이터 표현기법은 다음과 같으며 그림 E5.35에 그 예를 보였다.

• 데이터 스크린이 가능한 그래프
• 시간변화 그래프(관리기준과 함께 표시)
• 거동변화의 경향 : 변화속도
• 측정값과 예측치의 비교 그래프
• 원인과 결과 관계 그래프, 예 하중–변위

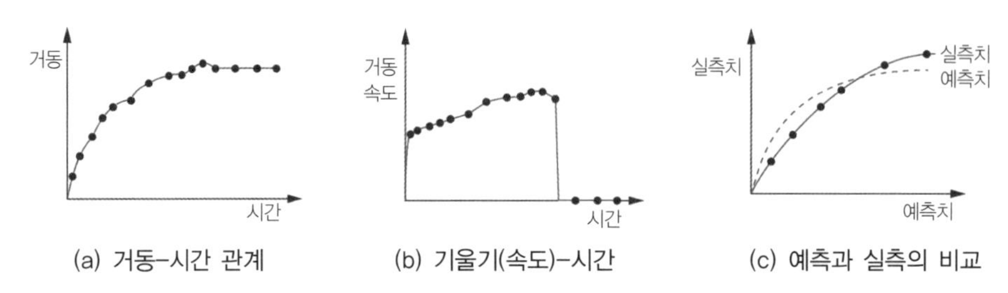


그림 E5.35 계측값의 표현과 분석에 대한 대표적 그래프의 예

계측 데이터는 경험 있는 전문가가 검토·분석하여 적절하게 평가하고 비정상 거동 여부 등에 필요한 조치를 위한 정보로 지원할 수 있어야 한다. 계측데이터 분석은 예측조건과 실제지반조건의 차이, 시공 계획과 실제 시공속도의 차이, 관리기준에 접근도를 포함하여야 한다.

터널의 안정과 관련하여 가장 유의하게 확인하는 계측 결과는 내공변위이다. 하지만 내공변위를 포함, 터널 내에 설치되는 계측기의 측정값은 그림 E5.36에 보인 바와 같이 **굴착 이후**에나 얻을 수 있다. 따라서 굴착 전부터 측정한 지표거동 등과의 상관분석 등을 통해 보정하여야 한다(BOX-TE5-7).

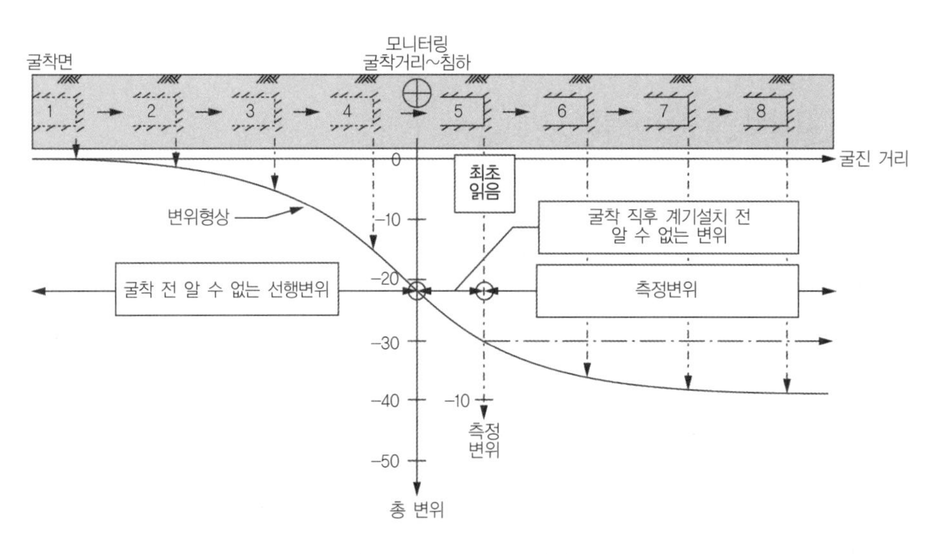


그림 E5.36 터널 내 계측의 측정 시기와 보정

## BOX-TE5-7 터널 내 계측치 초기치 추정

터널의 천단침하, 내공변위, 지중변위 등은 굴착 후 면 정리가 완료되어야 측점 설치가 가능하므로 계기 측정값은 실제 거동의 일부에 해당한다. 터널의 내부 총 거동(침하, 변위, 압력 등)을 $\Delta_T$라 하면, 이는 계기 측정거동($\Delta_m$)과 굴착 후 계기 측정 전까지 진행된 미계측거동($\Delta_o$) 및 굴착 전 진행된 선행거동($\Delta_p$)의 합이므로, $\Delta_T = \Delta_p + \Delta_o + \Delta_m$으로 표현할 수 있다.

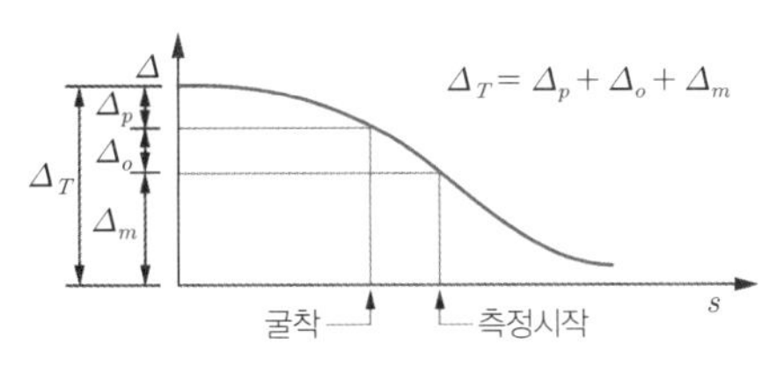


$\Delta_m$ : 터널 시공 중 계측된 거동량
$\Delta_o$ : 굴착 직후부터 측정 전까지 발생한 거동
$\Delta_p$ : 굴착면 도달직전까지 발생된 거동
$\Delta_T$ : 지반에서 발생된 실제 최종 거동량
$s$ : 막장거리

굴착면 도달 전 선행거동($\Delta_p$)의 추정

선행거동은 굴착면이 계측 예정위치에 도달하기 전에 발생한 거동이다. 거동의 추이는 선행거동 측정이 가능한 지표변위 또는 천단의 종방향 침하곡선(LDP) 등을 참고하여 파악할 수 있다. 일반적으로 LDP 분석 결과 선행거동($\Delta_p$)은 최종거동($\Delta_T$)의 약 20~30%인 것으로 알려져 있다(압력굴착 20%, 비압력굴착 30%). 미계측 거동 $\Delta_o$, 측정거동 $\Delta_m$인 경우,

$$\Delta_p = \Delta_T \times (20 \sim 30)\% \text{ 또는 } \Delta_T = (\Delta_m + \Delta_o)/(0.7 \sim 0.8)$$

미계측 거동($\Delta_o$)은 굴착 후 측정 전까지의 시간적 구간에서 발생한 거동이며 측정전후 경계에서 거동이 급격하게 일어나 변곡점이 형성되는 구간이다. 비교적 굴착 후 조기에 측정이 이루어진 경우에는 굴착 직후 거동이 최초 계측 거동($\Delta_m$)과 같은 경향으로 발생하였다는 가정하여 가장 최근 측정변위의 추세(회귀)분석으로 추정할 수 있다.

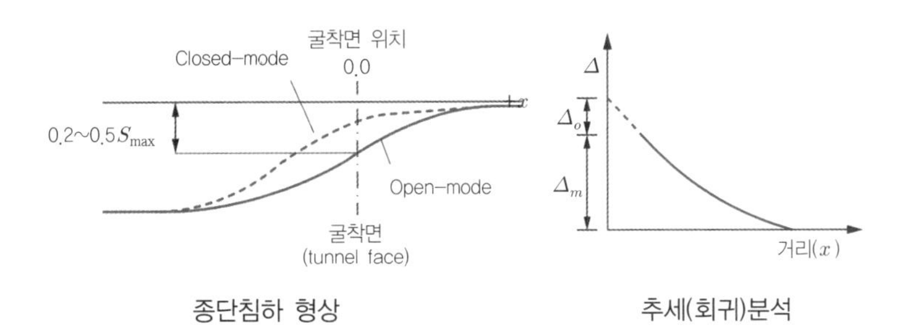


종단침하 형상 추세(회귀)분석

계측기의 설치가 늦어져 시간 갭이 큰 경우 Hoek(1999)의 굴착 전후 전반거동경향을 파악할 수 있는 다음의 지표 종단곡선식 등을 참고할 수 있다.

$$\frac{u_r}{u_{r\max}} = \left[1 - \exp\left(\frac{-x/r_o}{1.10}\right)^{-1.7}\right]$$

계측기 설치 후 진전된 거동이 확보되지 않은 경우에는 거동추정이 거의 불가하다. 따라서 터널 내 측정인 경우, 가급적 조기에 설치하고자 하는 노력이 필요하다.

계측 결과는 역학적 지식을 활용하여 그 의미를 신중하게 파악하여야 한다. 계측 결과가 함의하는 다양한 거동의 징후를 선제적으로 파악하기 위해서는 거동간의 연관분석 등 다양한 해석을 하여야 가능하다. 그림 E5.37은 지표침하로부터 수평변형률을 평가하는 기하학적 방법을 예시한 것이다.

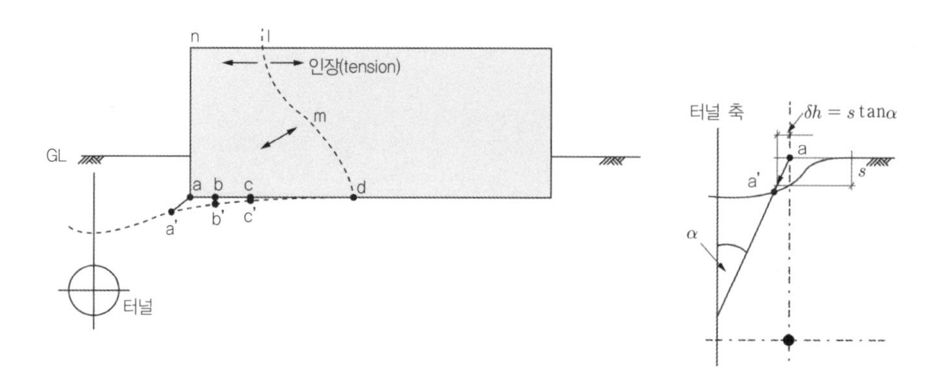


**그림 E5.37** 인접구조물의 수평변형($\delta h$)의 평가 예 : 구조물 수평변위, $\delta h = s\tan\alpha$, $s$ : 구조물침하

## 5.4.5 터널공사에 계측의 활용과 유의사항

관찰법의 중요성이 다시금 강조되는 이유는 건설공사에 관련된 **불확실성을 안전하고 경제적으로 극복할 수 있는 이성적인 대안** 중의 하나이기 때문이다(관찰법(observational method)은 유로코드 등 주요 건설코드에도 규정되어 있다).

관찰법은 고도로 발달된 설계 및 시공기술, 그리고 윤리성에 기반을 두어야 한다. 이 관리법은 사업참여자 간 신뢰와 소통, 계약행정이 뒷받침이 되지 않으면 정착되기 어렵다. 기술에 한계가 있거나 비윤리적 공사관행이 많은 사회에서는 관찰법을 적용하기 쉽지 않다. 관찰법은 기술적 능력뿐만 아니라 참여자 간 소통 그리고 제도적 관행까지 포함하는 건설 산업의 문화적 특성까지도 사업에 투영되기 때문이다.

NB : 계측에 대한 올바른 이해가 부족하여 당초 취지와 달리 과다한 계측 계획으로 오히려 경제적 부담을 주는 역기능적 사례도 또한 보고되고 있다. 따라서 모든 계측활동은 유의미하게 계획되어야 하고, 건설 중 그 의미가 구현되어야 한다. 이를 위해 불필요한 계측을 배제, 계측을 하였다면 그 결과를 반드시 활용하여야 한다.

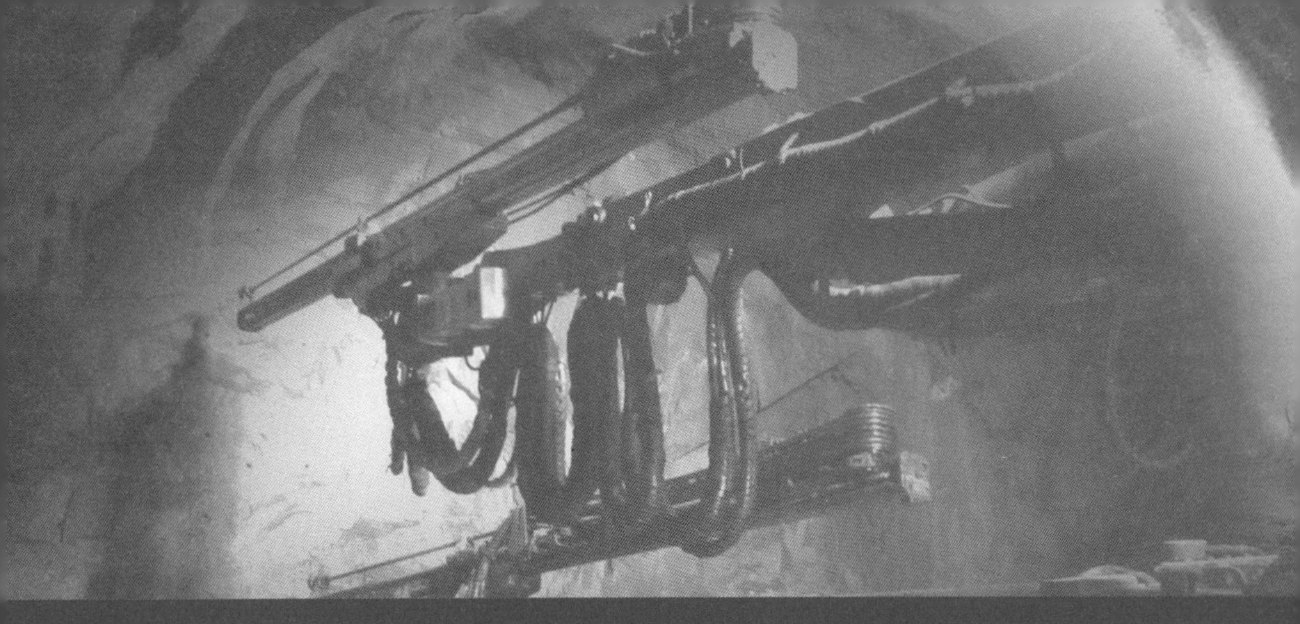

CHAPTER 06

# Maintenance of Tunnels

# 터널의 유지관리

# Maintenance of Tunnels
# 터널의 유지관리

2017년 기준 우리나라의 터널 총 연장은 2,000km를 상회한다. 터널연장이 늘어나면서 유지관리와 관련한 사업비가 기하급수적으로 증가하여왔고, 관련 고용 수요도 크게 늘었다. 국가성장기의 기술역량이 새로운 터널건설에 집중되었다면, 이제는 운영 중 터널의 건전성 유지에도 관심을 가져야 할 시기가 도래하였다.

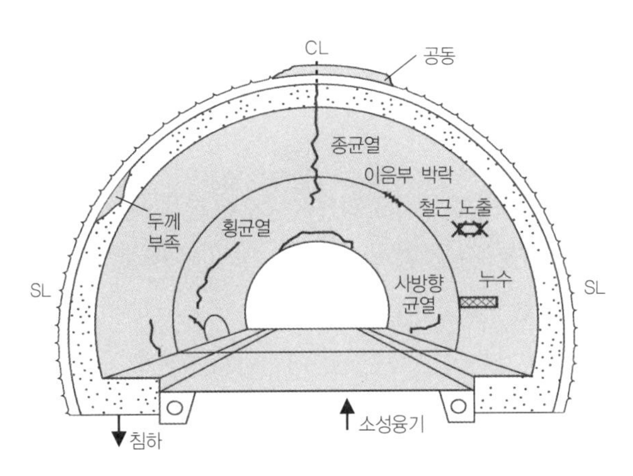


터널의 열화와 변상

이 장에서 다룰 주요 내용은 다음과 같다.

- 터널의 유지관리 체계와 유지관리 방법
- 터널의 열화특성과 변상
- 터널의 변상대책과 안정성 평가 : 역학적, 수리적 변상과 대책
- 운영 중 터널의 근접영향 관리

## 6.1 터널의 운영과 유지관리 체계

### 6.1.1 터널 유지관리의 필요성과 의의

터널을 완공한 것으로 터널기술자의 임무가 종료된 것은 아니다. 개통 이후의 터널은 시간 경과에 따른 재료열화와 외부영향에 의해 구조적 위협을 받게 되며, 이로부터 터널의 건전성을 지속적으로 유지해나가야 하는 것 또한 터널 전문가의 역할이다. **터널의 유지관리는 운영 중 발견된 문제점이나 개선점을 터널의 계획과 설계로 피드백(feedback)하는 기회**이기도 하다. 터널의 유지관리는 터널구조물뿐만 아니라, 터널 내 부대시설의 안전한 운영도 포함한다.

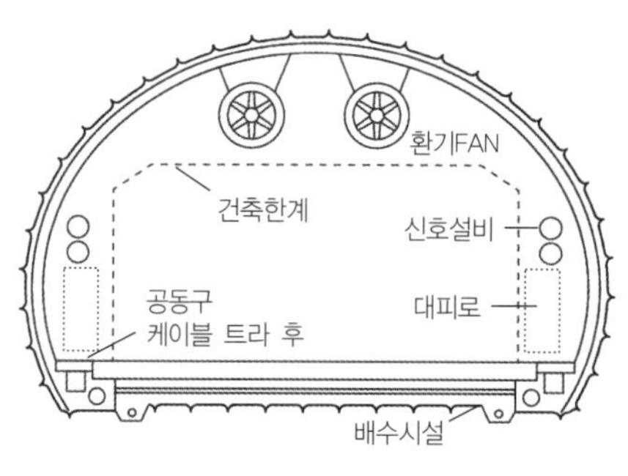


그림 E6.1 터널과 터널 설비

#### 터널의 설계수명과 유지관리

대부분의 터널은 국가의 주요 인프라를 구성하는 구조물로서 본체 구조물은 **설계수명이 100~150년**으로 계획된다(BTS 100년, AASHTO 150년). 반면, 터널 부속시설의 내구성은 터널 본체 구조물의 수명에 훨씬 못 미치므로 교체주기가 빠르고 관리수요도 훨씬 더 크다.

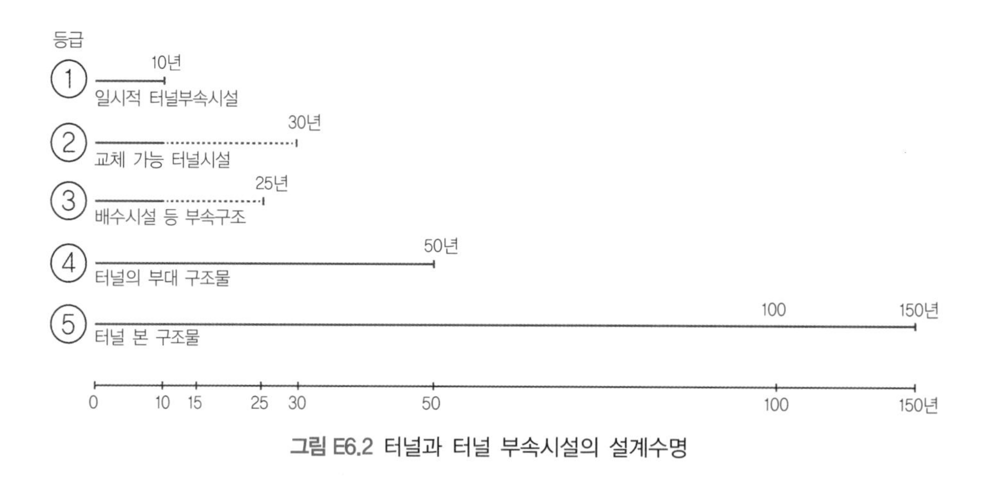


그림 E6.2 터널과 터널 부속시설의 설계수명

터널의 구조적 변상을 방치하면 기능저하가 일어나고 공공 이용기능이 상실될 수 있다. 따라서 변상이 발생하기 전에 보수하거나 복구함으로써 터널을 건전한 상태로 유지할 수 있고, 내용연수도 신장시킬 수 있다. 유지관리의 근본 개념은 그림 E6.3과 같이 구조물이 신설되어 공용기능을 잃을 때까지의 **지속적으로 보수보강하여 건전성을 유지**하는 것이다.

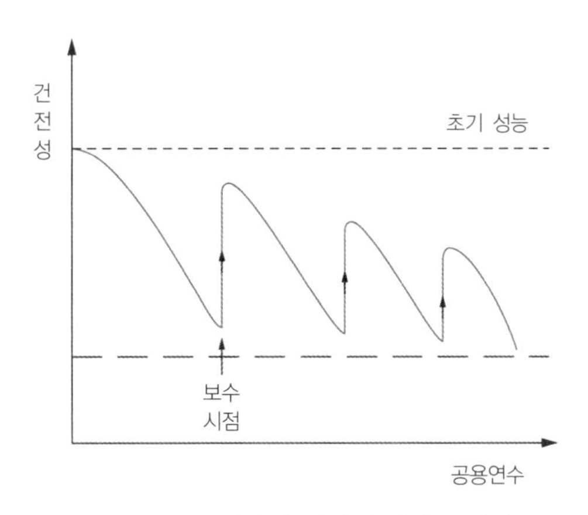


그림 E6.3 유지관리와 터널의 건전도 변화

### 터널 유지관리의 의의

유지관리의 본래 목적은 운영 중 터널의 건전성을 유지하는 것이지만, 시설의 사용자 및 운영자 관점에서 제기된 문제를 터널의 **계획, 설계, 시공에 피드백**할 수 있다는 측면에서 그 기술적 의미가 중요하다. 터널의 궁극적 건설목적이 시민에게 인프라 서비스를 제공하여 삶의 질을 향상시키는 것이므로 터널의 유지관리는 이용자의 목소리를 듣는 기회로도 활용해야 한다.

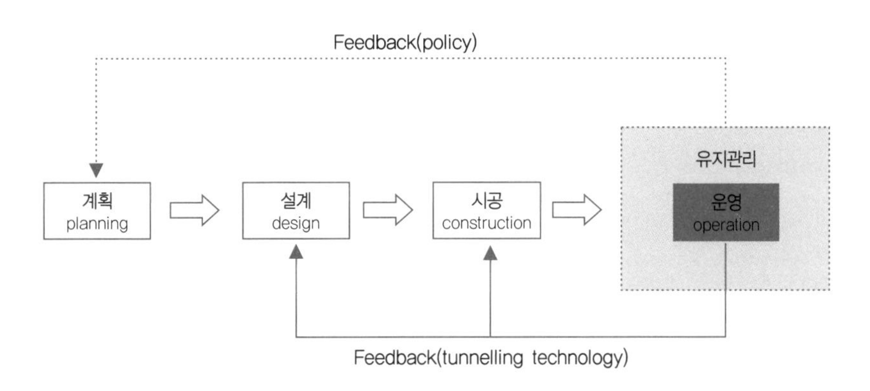


그림 E6.4 터널 유지관리의 의의

## BOX-TE6-1 운영 중 터널의 붕괴

### 일본 사사고 터널 붕괴사고

2016년 8월, 영화 '터널'이 누적관객 수 1,000만 명을 돌파하며 박스오피스 1위를 기록했다. 갑자기 무너진 터널에 갇힌 주인공의 외로운 사투를 다룬 영화로서, 부실공사와 전시적 행정, 그리고 정치적·지역적 이기심과 관련한 의미 있는 메시지가 붕괴된 터널현장을 통해 전달되었다. 영하 흥행과 함께, 운영 중 터널이 과연 안전한가에 대한 우려가 제기되어 많은 시민이 터널을 지날 때 불안감을 느꼈다는 보도도 잇달았다.

"건물은 재료를 더해 건설하지만 터널은 덜어(파)냄으로써 건설된다. 이런 차이로 인해 태풍·지진과 같은 최악의 상황에 취약한 지상구조물과 달리 터널은 굴착 중, 지지부재를 설치하기 직전의 상태가 가장 위험하다. 터널(NATM)의 형성원리는 지반이 원래 가지고 있는 지지능력을 최대한 이용하는 것이다. 이를 효과적으로 유지시키기 위해 굴착 후 암반에 볼트를 박고, 굴착면에 숏크리트를 뿌려 굳히며, 콘크리트 아치(arch) 벽체로 마감한다. 그때서야 터널은 취약한 고비를 넘기고 안정한 평형상태에 도달한다. 따라서 완성된 터널은 일부 미흡시공이 있더라도 운영 중 대규모 붕괴로 이어질 수 있는 가능성은 희박하다. 오래된 동굴, 화산재 더미 속에서 온전하게 발견된 폼페이의 터널형 아치구조가 입증하듯, 터널은 가장 안전한 구조형상 중 하나이다."(조선일보 2016 발언대)

영화 '터널' 포스터

운영 중 터널 사고로는 일본 중앙고속도로의 사사고 터널사고 사례를 살펴볼 만하다. 2012년 12월 2일 아침 8시, 터널의 출입구에서 약 1.7km 떨어진 위치에서 100m 구간의 Precast Concrete Slab(풍도슬래브)가 떨어지면서 3대의 통행 차량을 덮쳤고 그중 한 대에서 불이 나, 9명의 생명을 앗아가고 2명 이상의 부상자가 발생하였다.

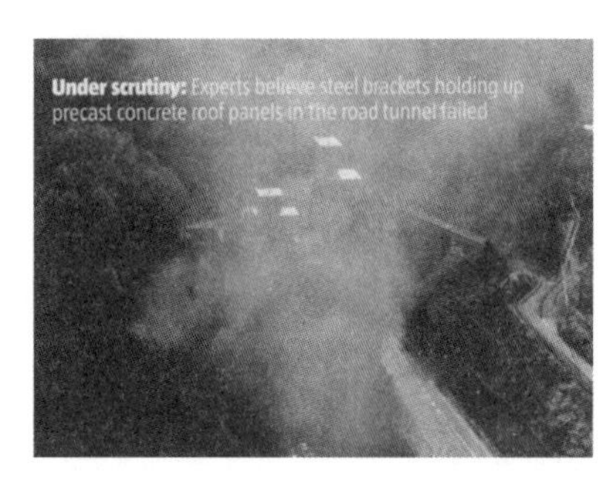


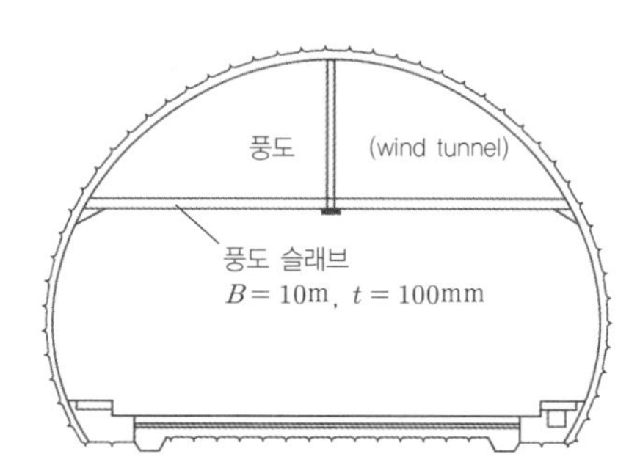


운영 중 터널의 붕괴 사례(일본 사사고 터널)

사사고 터널은 1977년에 건설된 단선병렬터널로서 높이 7m, 폭 6m , 총연장 4.7km로 동경으로부터 80Km 서쪽에 위치한다. 떨어진 터널의 슬래브는 터널의 본구조물이 아니라 공기 덕트(air duct, 풍도)용으로 천장의 높이 5.5m에 설치된 폭 5m, 두께 100mm의 슬래브였다. 슬래브 양측이 터널 측벽에서 받침으로 지지되고 중앙은 Steel Bracket으로 매어단 구조로서 전문가들은 이 Steel Bracket의 부식이 사고원인임을 밝혀냈다. 사사고 터널은 붕괴사고 불과 2개월 전에 안전진단을 받은 바 있어 터널 유지관리체계에 문제점을 던졌다.

## 6.1.2 터널의 유지관리 체계 Tunnel Maintenance System

### 6.1.2.1 터널의 유지관리 절차

터널은 건설 후 100년 이상 사용이 가능한 구조물로서 운영 중 재료 열화, 그리고 설계 시 설정했던 외부 조건의 변화 등으로 구조성능의 저하가 일어나게 된다. 이에 대해 우리나라는 시설물의 체계적이고, 효과적인 유지관리를 위하여 「**시설물 안전관리에 대한 특별법(이하'시특법')**」을 두고 있고, 주요 인프라를 구성하는 터널도 그 대상에 해당된다. 시특법에서 정하는 안전점검 및 진단의 내용과 체계는 그림 E6.5와 같다.

| 터널시설 | 점검 및 진단 실시범위 | | |
|---|---|---|---|
| | 정기점검 | 정밀점검 | 정밀안전진단 |
| 본선라이닝 | ○ | ○ | ○ |
| 갱문 | ○ | ○ | ○ |
| 개착터널 | ○ | ○ | ○ |
| 지하차도 | ○ | ○ | ○ |
| 지하정거장 | ○ | ○ | ○ |
| 수직/경사갱 | ○ | | ○ |
| 환기구 | ○ | | ○ |
| 피난터널 | ○ | | ○ |
| 연결터널 | ○ | | ○ |
| 갱문 | ○ | | ○ |

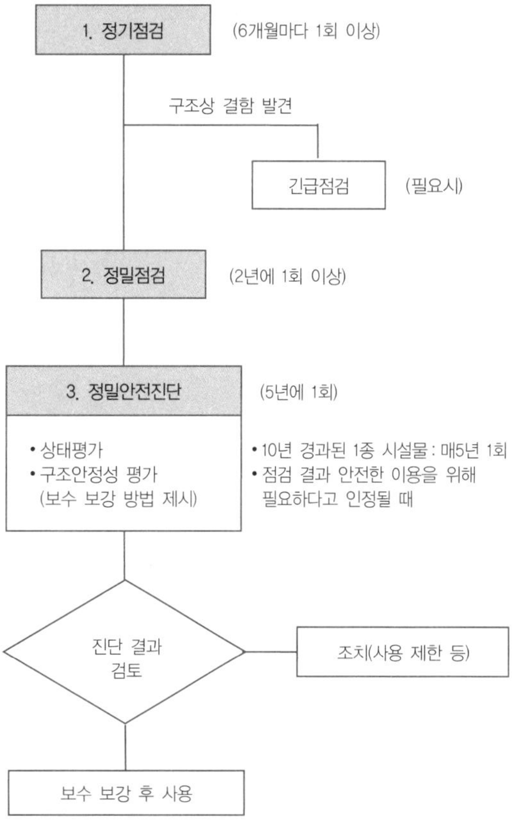

**그림 E6.5** 터널 시설에 따른 점검 및 진단범위와 시설물 유지관리 체계(시특법)

NB : '시특법'은 삼풍아파트 및 성수대교 붕괴사고 이후 제정되었으며, 주요 교통 인프라를 구성하는 터널은 「법」 제2조(정의) 및 「영」 제2조(시설물의 범위)에서 규정에 따라 1종 시설물에 해당한다.

### 6.1.2.2 터널의 안전점검

터널 안전점검은 점검 시기 및 기간에 따라 수시점검, 긴급점검 및 정기점검으로 구분한다. **수시점검**은 유지관리자 또는 관리 주체의 일상적인 유지관리업무이며, **긴급점검**은 자연재해가 발생 후 또는 관리 주체가 필요하다고 판단하는 경우에 실시하는 부정기 점검을 말한다. **정기점검**은 터널변상을 조기에 발견하기 위한 정기적 육안점검으로서 반기별 1회 이상 실시하여 변상 판정기준에 따른 상태등급을 파악한다.

**정밀점검**(초기점검 포함)은 **주요 교통 인프라**의 터널은 시특법 시행령에서 정한 1종 시설물로서 터널 관리 주체가 2년에 1회 이상 실시하도록 되어 있다. 특히, 초기점검은 준공 후 6월 이내에 시행하는 정기점검으로서 신설구조물의 경우 육안 및 장비를 이용하여 점검하며, 변상부위 및 변상종류, 변상의 정도 등 조사세부사항을 시설물 관리대장에 기록한다.

#### 6.1.2.3 터널의 안정성 평가 : 정밀 안전진단 Safety Assessment

국가의 인프라를 구성하는 대부분의 터널은 1종 시설물로서 정밀 안전진단은 일반적으로 안전점검 결과 '**이상**(abnormalities)'이 발견되거나, 준공 10년 경과 매 5년마다 실시한다. 그림 E6.6은 시특법에서 정한 시설물 안전점검 및 진단에 대한 업무 흐름을 정리한 것이다. 터널의 안정성평가는 터널의 **상태평가**와 **안전성 평가**로 이루어지며, 구조재인 터널 라이닝의 안정성을 확인하는 것이 핵심이다.

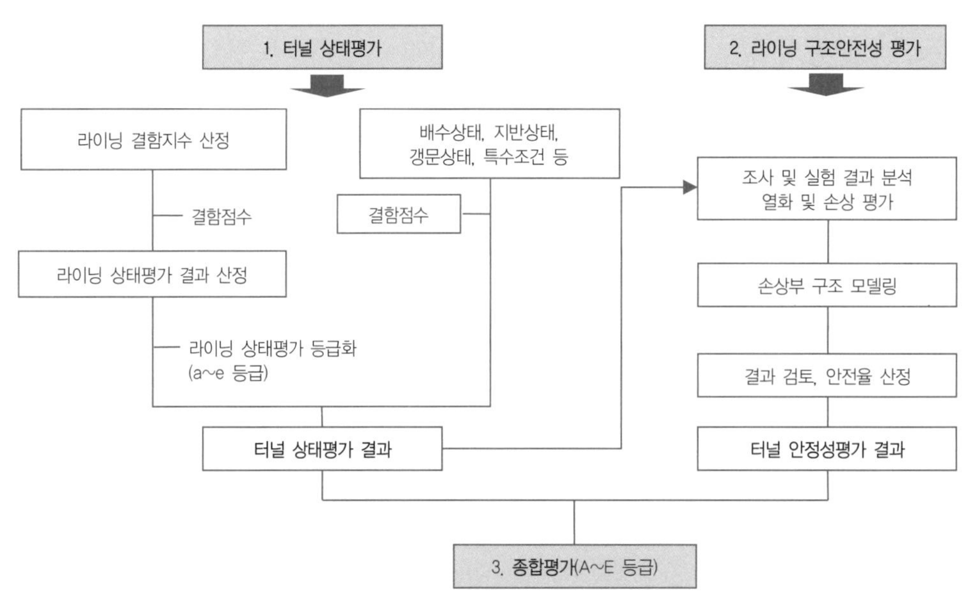


그림 E6.6 터널 안정성 평가 절차

**터널의 상태평가**

터널 상태조사는 그림 E6.7과 같이 기존의 시공자료 조사, 주변환경 조사 그리고 터널 내부 조사를 포함한다. 라이닝의 결함, 배수상태, 지반상태를 종합한 터널상태를 a~e 등급으로 평가하며, 구조안정성 평가의 기초자료로 제공된다.

## BOX-TE6-2 우리나라 지하 인프라의 안전 및 유지관리 체계

### 우리나라 지하 인프라 현황

직접적인 산업활동은 아니나 산업활동을 가능하게 하는 기능이나 서비스 등을 사회간접자본(social overhead capital)이라 하며, 도로, 철도, 공급 및 처리시설들이 이에 해당한다. 통상 '기반시설(infrastructure)' 또는 '인프라'라 칭한다. 인프라 중 지하구조로 건설되는 시설은 도로 및 철도의 터널구간, 상하수도, 전력 및 전기통신 시설, 가스 및 난방공급 시설, 공동구 등이다. 지하안전법에 근거한 조사에 따르면 우리나라에는 2018년 현재 약 15개(용도기준) 종류의 지하시설물이 약 5,900개소 인 것으로 파악되고 있다. 철도의 17%, 도로의 3%, 상하수 19%, 그리고 공동구 26%가 터널 등 지하구조로 건설되어 있으며, 이는 법에서 규정하는 1, 2종 시설물의 약 6%에 해당한다. 최근들어 시설물의 지중화 및 터널건설 추세가 증가하여 그 구성비도 가파르게 상향되고 있다.

### 법적 체계

운영 중 시설물에 대한 안전관리가 이슈화된 것은 성수대교 붕괴의 충격이 가장 직접적인 원인이 되었으며, 이어 삼풍백화점 붕괴 등 대형사고로 안전요구에 대한 시민적 공감대가 형성되었다. 1995년 시설물안전관리에 대한 특별법이 제정되었고, 이후 주요 인프라(1,2종시설)는 주기적인 안전진단과 보수보강을 통해 안전운영에 기여해왔다. 2015년 지하철 9호선 터널건설 현장인 석촌동의 대규모 공동발생이후 지안안전관리를 위해 지하 구조물 유지 및 건설에 따른 지하안전영향 평가제도가 도입되었다. 최근에는 성능관리에 기반을 둔 시설물 관리 기본법과 내진안정성을 포함한 건축물 관리법이 제정되면서 시설물 유지관리에 대한 절차와 규정이 크게 강화되었다.

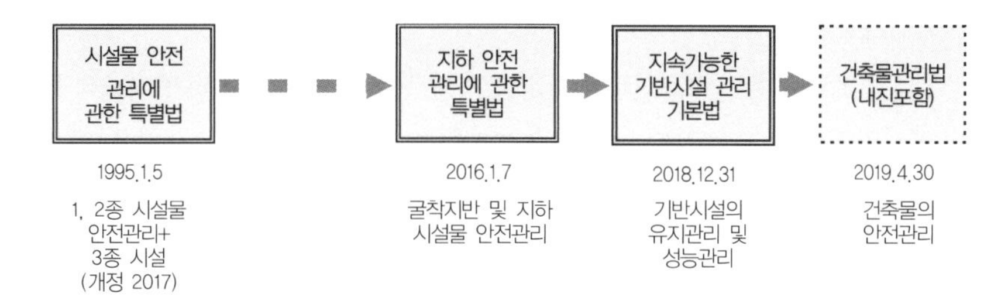


### 터널 유지관리 개념의 변화

최근 제정되어 2020년 1월부터 시행 예정인 '기반시설관리법'은 종래의 피동적 안전 확보 개념을 예방적 성능관리 개념으로 전환하는 의미를 갖는다. 시특법이 주요 인프라(1,2종 시설)에 대한 안정성 평가와 보수보강대책을 마련한 것이라면 기반시설관리법은 안전, 내구, 사용성능에 대한 목표를 설정하여 성능중심으로 생애주기적 시설물 관리를 목표로 하고 있다.

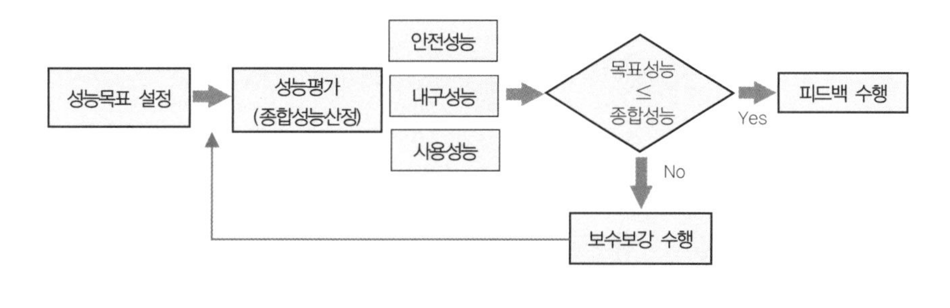

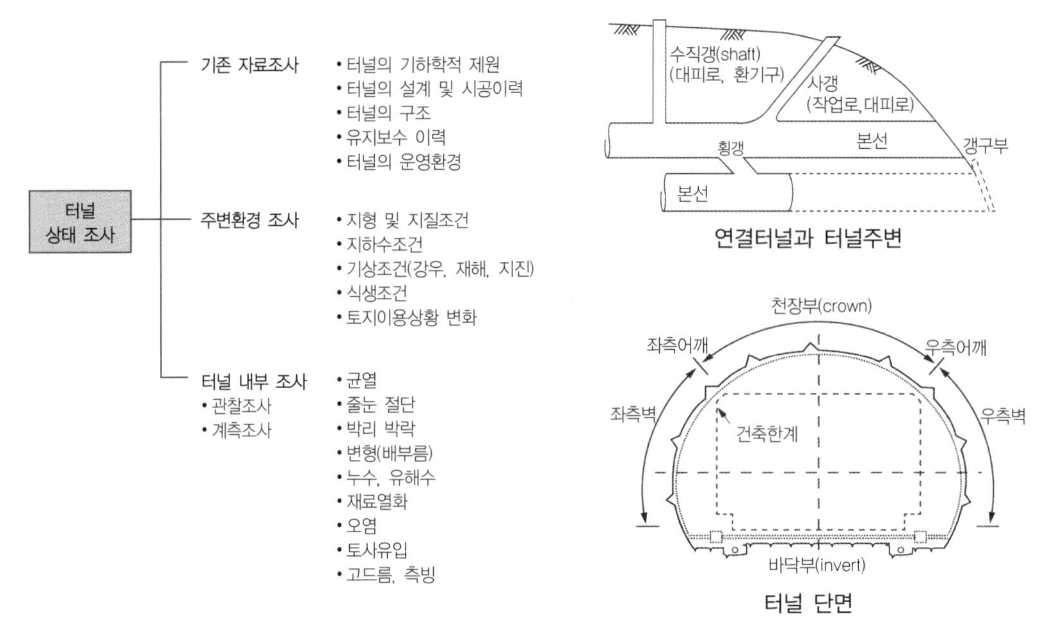


**그림 E6.7** 터널 상태 조사의 범위와 내용

### 터널 라이닝 구조안정성 평가

상태 조사로부터 확인된 결함이 구조안정에 영향을 미칠 수 있다고 판단되면, 안정해석 등을 통해 구조안정성을 검토하고, 필요시 보수·보강대책을 강구하여야 한다. 그림 E6.8은 터널 라이닝의 안정성 평가 절차와 체계를 예시한 것이다.

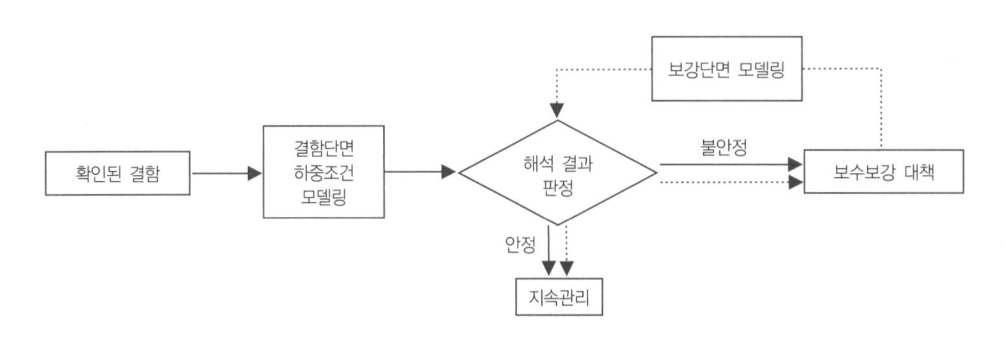


**그림 E6.8** 터널 라이닝 구조 안정성 평가와 대책

정밀안전진단 결과의 상태조사와 안정성평가 결과를 종합하여 터널의 안전등급을 평가한다. 터널평가 등급은 A~E로 분류하며, B등급 이하이면 정도에 따라 보수를 검토하여야 하고, 등급이 E인 경우는 즉각 사용을 금지한 후, 보강 또는 개축하여야 한다.

## BOX-TE6-3 하자(瑕疵, defect)와 유지관리

### 터널공사의 하자

'하자'란 법률 또는 당사자가 예상하는 '**정상적인 상태를 충족하지 못하는 흠이나 결함**'을 말한다. 건설공사가 만족해야 할 '충족요건'은 품질, 규격, 성능, 기능, 안전성, 사용성, 미관, 편리함 등이다. 우리가 고가의 물건을 사는 경우 보증기간이 있듯 구조물에 대하여도 시공자가 시공결함에 대하여 공사 발주자에게 보상을 보증해주는 것이라 할 수 있다.

계약상 하자는 준공 후 터널의 운영 중 발견되는 시공미흡사항이라 할 수 있다. 터널 준공 후 나타나는 주요 변상은 균열, 백태 및 누수, 박락, 배면공동, 라이닝 두께 부족, 처짐, 규격 불일치, 타일 균열 및 탈락, 배수구멍 막힘, 누수, 파손, 줄눈부 손상 등이다. 유지관리 단계의 변상이지만 하자보수비용의 부담 주체는 시공자이다.

### 하자관리와 유지관리

하자의 조건은 공사계약에 따라 정해지며, 하자보증기간 중에 하자로 인정된 보수보강비용은 시공자가 부담한다. 하자처리를 위해 공사계약에 구조물별로 하자담보 책임기간을 설정하며, 시공자의 불이행 시 대집행을 위한 하자보증금의 납부를 규정하고 있다(건설산업기본법 및 국가계약법, 터널 등 주요 구조물은 계약금액의 100분의 5). 따라서 공사시행자는 준공 후 일정 기간(하자담보책임기간) 동안 발생하는 목적물의 흠결에 대해 자기부담으로 이를 보수하여야 한다(사용되지 않은 하자보증금은 시공자가 돌려받는다). 터널의 하자보증 기간은 터널의 철근 콘크리트부 및 철골 구조부는 10년, 그 외 공종은 5년, 터널 내 전문공사(의장, 도장, 포장 등)는 1~3년이다. 하자보증금률은 구조물의 용도나 중요도에 따라 달리 계약조건으로 설정될 수 있다.

하자처리의 관건은 발견된 터널의 변상이 계약상 '하자'인지 여부를 판단하는 것이다. 하자인지, 혹은 운영자 책임사항인지 여부가 분쟁이 되는 사례도 많다. 시설 운영 중 원활한 하자 처리를 위하여 터널 운영기관과 시공 계약자 간 하자의 구체적 범위와 조치방법을 정한 하자처리 체계를 계약으로 정해 운영한다.

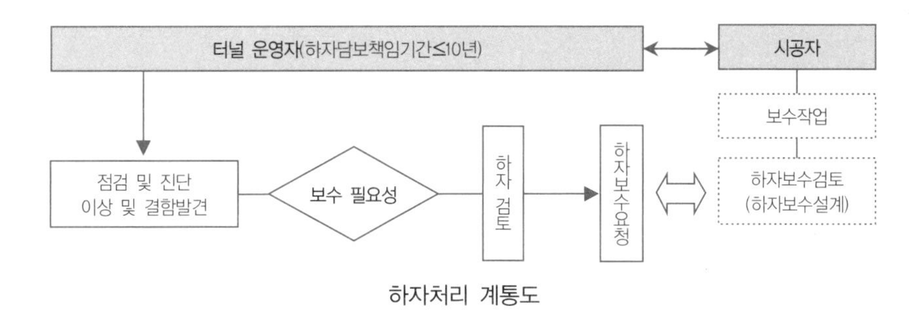


하자처리 계통도

참고로 시설물안전관리에 관한 특별법(시행규칙)에서 정하는 터널 관련 1종 시설은 도로터널의 경우, 1km 이상의 터널과 3차선 이상의 터널로 규정하며, 철도터널은 1km 이상의 터널로 규정하고 있다. 2종 시설은 도로터널의 경우 고속국도, 일반국도 및 특별시도, 광역시도의 터널로서 1종에 해당되지 않는 터널로 규정하며, 철도터널의 경우, 특별시 또는 광역시 안에 있는 터널로서 1종에 해당되지 않는 터널로 규정하고 있다.

터널의 대표적인 하자는 터널 변형, 벽체 균열, 공동, 라이닝 두께 부족, 탈락, 그리고 라이닝의 심한 누수 및 변상 등을 들 수 있다.

**BOX-TE6-4** **유지관리 용어정의**

**유지관리 업무의 확대와 함께 기술적 의사소통을 위한 관련 용어에 대한 기술자 간 상호의 이해가 필요하다**

- **건축한계**(architectural limit) : 터널 이용목적을 원활하게 유지하기 위한 한계이며 열차 또는 차량을 위한 건축한계 내에는 시설물을 설치할 수 없는 경계
- **결함**(缺陷) : 시설물이 자체적인 열화 또는 외부의 작용에 의해 불완전하게 된 상태
- **내용년수**(耐用年數) : 시설물이 신설된 후 각 부분에 있어서 위치, 형상, 구조 등이 정상이 아니어서 제 기능을 발휘하기가 곤란하게 되는 상태까지의 기간을 말한다.
- **박락**(spalling) : 콘크리트가 균열을 따라서 원형 형태로 떨어져나가는 층분리현상의 진전된 형상을 말한다. 깊이 2.5cm 이상 직경 15cm 이상이면 대형 박락이라 한다.
- **박리**(scaling) : 콘크리트 표면의 몰탈이 점진적으로 손실되는 현상으로 끝마무리 및 양생이 부절절한 경우 주로 발생한다. 2.5cm 이상의 조골재가 손실되는 경우 극심한 박리라 한다.
- **변상**(變狀) : 사용목적에 따른 기능이 저하되어 있는 상태, 또는 방치하면 기능 저하의 가능성이 있는 상태를 말한다.
- **보강**(補强) : 손상된 구조물 보수와 관련하여 원래 기능 이상으로 기능향상을 꾀하거나, 적극적으로 기존 구조물의 기능 향상을 목적으로 행하는 작업을 말한다.
- **보수**(補修) : 일상적인 조치로는 감당치 못할 정도로 크게 변상된 시설물을 수리를 통해 시설물의 기능 또는 내구성을 설계 목적대로 회복시키기 위한 작업을 말한다.
- **복구**(復舊) : 재해 등의 요인으로 변형되어 본래의 기능을 상실한 시설물을 원형으로 재시공하여 본래의 기능이 발휘될 수 있도록 보수하는 작업을 말한다.
- **안전점검**(安全點檢) : '경험과 기술'을 갖춘 자가 '육안 또는 점검도구 등'을 이용하여 시설물의 위험요인을 조사하는 행위를 말한다.
- **유지관리**(維持管理) : 시설물과 부대시설의 기능을 보존하고 이용자의 편익과 안전을 도모하기 위하여 일상적으로 또는 정기적으로 시설물의 상태를 조사하고 변상부에 대한 조치를 취하는 일련의 행위를 말한다.
- **정밀안전진단**(精密安全診斷) : 시설물의 물리적·기능적 결함을 발견하고 그에 대한 신속하고 적절한 조치를 취하기 위해 구조적 안전성 및 결함의 원인 등을 조사·측정·평가하여 보수·보강 등의 방법을 제시하는 행위를 말한다.
- **콜드조인트**(cold joint) : 콘크리트타설 시 운반 및 타설이 지연되어 먼저 타설된 콘크리트가 경화를 시작한 후에 새로 타설된 콘크리트가 일체가 되지 않아 형성된 불연속 분리면
- **터널 1종 시설** : 도로터널의 경우 1km 이상의 터널, 3차선 이상의 터널, 철도터널의 경우 1km 이상의 터널
- **터널 2종 시설** : 도로터널의 경우 고속국도, 일반국도 및 특별시도, 광역시도의 터널로서 1종에 해당되지 않는 터널. 철도터널의 경우, 특별시 또는 광역시 안에 있는 터널로서 1종에 해당되지 않는 터널
- **터널의 중대한 결함**(시설물안전관리에 관한 특별법 시행규칙) : 벽체균열 심화 및 탈락, 복공부위의 심한 누수 및 변형
- **층분리**(delamination) : 철근의 부식에 따른 팽창작용으로 철근의 상부 또는 하부에서 콘크리트가 층상으로 분리되는 현상

## 6.2 터널의 변상과 라이닝의 열화

완공 후 터널관리는 시각적 접근이 가능한 라이닝에 집중될 수밖에 없다. 따라서 유지관리 단계에서 터널의 열화와 변상조사는 **콘크리트 라이닝**이 주 대상이다. 하지만 만일, 복공 라이닝이 비구조재로 설계된 경우라면, 배면의 굴착지보가 터널 안정을 담당하므로 이에 대한 열화와 변상이 검토되어야 한다.

### 6.2.1 터널변상의 원인

#### 6.2.1.1 터널의 변상요인과 변상진행과정

터널 구조물의 변상은 그림 E6.9에 보인 바와 같이 시공 부적정, 시공 미흡 등 **내적 영향**과 지반활동 등의 **외부영향**, 그리고 시간경과에 따른 **재료열화**에 기인한다.

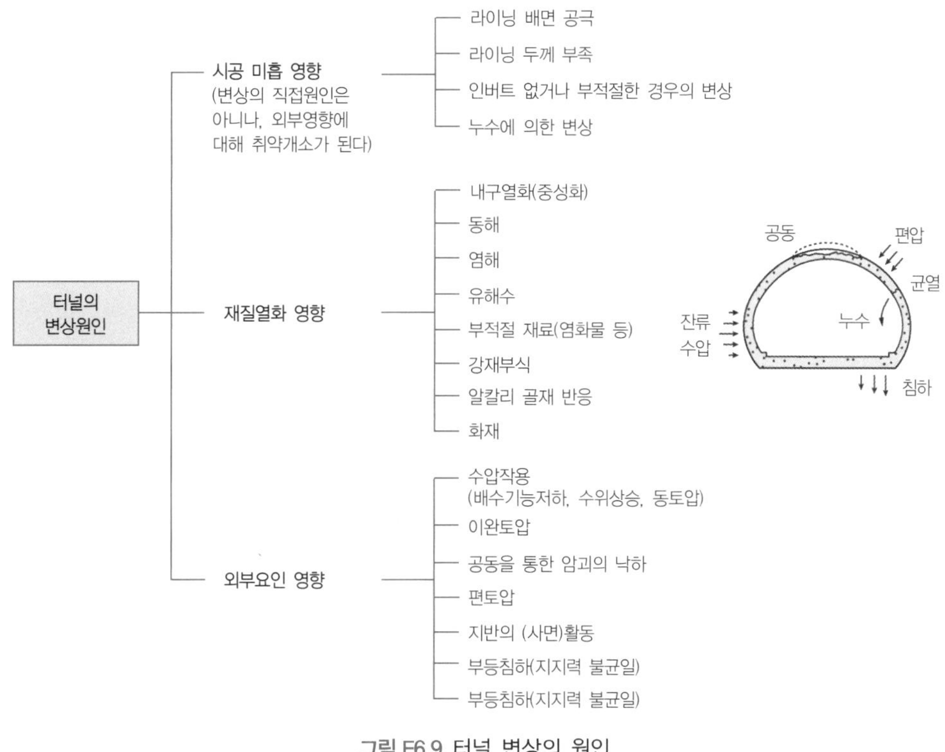


그림 E6.9 터널 변상의 원인

대부분의 열화는 초기에 경미하게 진행되나, 시간 경과와 함께 심화되고, 열화요인들이 상호 복합적으로 영향을 미쳐, 열화속도가 촉진된다. 터널변상의 대부분은 시공상 미흡 등 내적 취약개소가 외부영향을 받을 때 촉진된다. 그림 E6.10은 변상의 심화과정을 예시한 것이다.

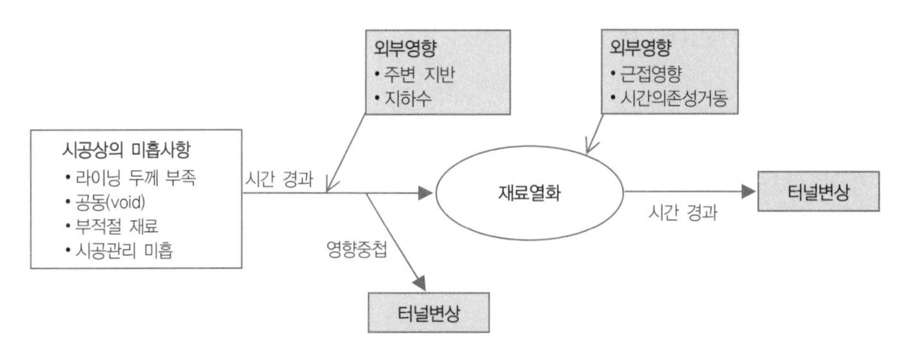


그림 E6.10 변상의 심화과정

NB : 관용터널의 복공라이닝이 구조재인 경우, 또는 세그먼트 라이닝의 경우 라이닝 자체의 안정을 조사하는 것으로 충분할 수 있다. 하지만 관용터널의 복공라이닝이 비구조재인 경우, 터널안정을 담당하는 1차(굴착)지보에 대한 조사가 필요하나, 현실적으로 용이하지 않다. 이 경우, 미리 설치된 계측기의 측정치를 분석하거나 복공 라이닝을 통해 전달된 2차 영향 검토, 비파괴 탐사법을 활용 등을 통해 굴착지보 안정성을 분석해야 한다.

### 6.2.1.2 변상을 초래하는 내재적 결함(시공 미흡)

#### 배면공동과 라이닝 두께 부족

라이닝 배면공동은 주로 천단부에서 라이닝 콘크리트 타설 미흡에 의하여 발생한다. 또한 토사유출, 방해석 용해 등 준공 후 라이닝 균열을 통한 지하수 흐름에 의해서도 발생할 수 있다.

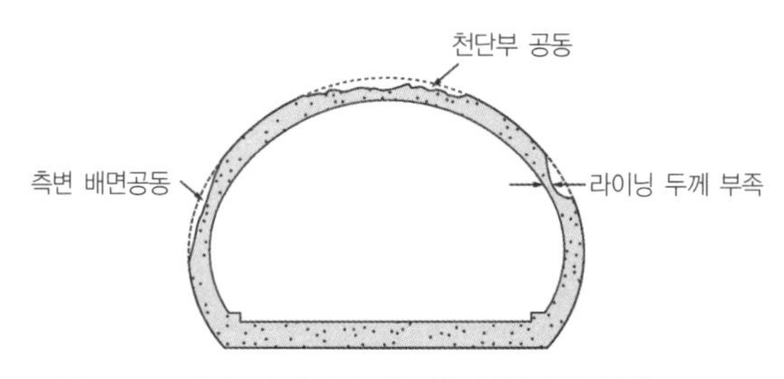


그림 E6.11 터널 라이닝의 대표적 시공미흡 사항

라이닝 콘크리트를 타설할 때 형틀 내에 콘크리트가 충분히 충진되지 않으면 라이닝 두께가 설계치보다 작아지고, 배면 공동이 발생할 수 있다. 또한 굴착 시 미굴(under break)이나 지반이 변형하여 터널 내부로 밀려들어온 경우 복공 라이닝 타설 공간이 잠식되는 경우에도 발생할 수 있다.

라이닝 배면과 지반 사이에 공동이 있으면 지반이완이 진전될 수 있고, 이로 인한 토압하중 증가로 라이닝의 구조적 부담이 증가할 수 있다. 특히 토피고가 작은 경우 라이닝 배면공동에서 발생한 지반이완은 지표침하로 발전될 수 있다. 공동과 라이닝 두께 부족은 외부 압력증가 등의 영향과 중첩될 때, 터널변상에 치명적이다. 이러한 위치에서는 누수가 발생하거나, 재료 열화도 빨리 진행된다.

### 콘크리트 라이닝 균열

시공관리 미흡으로 야기될 수 있는 가장 일반적인 라이닝 변상은 '**균열**(cracks)'이다. 그림 E6.12는 '균열' 변상을 수반할 수 있는 시공미흡 및 재료 부적정 사항들을 정리한 것이다. 불균질한 콘크리트 타설로 비롯된 재료 분리, 양생 불충분 개소 및 콜드 조인트가 형성되었던 위치에 균열이 나타나고, 균열 위치에서부터 열화가 진행되기 쉽다.

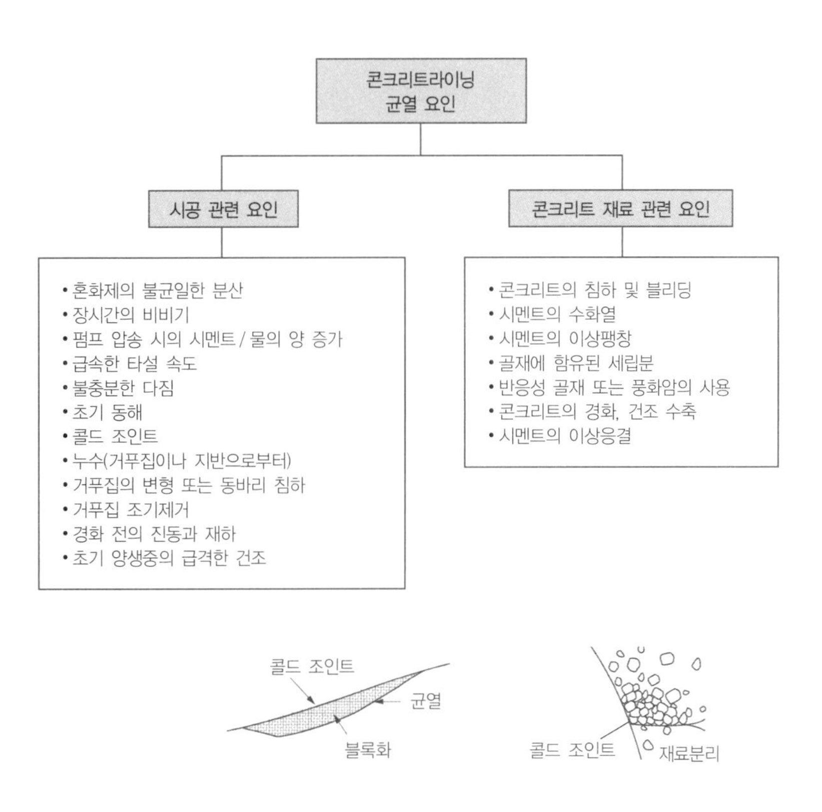


**그림 E6.12** 콘크리트라이닝 균열 변상요인

**NB : Single Shell 터널 및 비구조재 라이닝 터널의 안정성 평가**

Single Shell 터널의 숏크리트 및 록볼트는 영구지보재이며, 지보재가 모두 노출되어 있으므로 라이닝 건전성 평가 시 대한 육안관찰은 물론 조사에 제약이 없다. 하지만 터널의 기능 유지를 위하여 비구조재 Double Shell 콘크리트 라이닝의 경우 굴착지보의 육안관찰은 물론 접근이 불가하다. 비파괴 시험 등을 통해서도 콘크리트 라이닝의 이면을 조사하는 것은 거의 불가하다. 터널의 유지관리 관점에서 보면, 이런 터널은 설계단계에서 터널 유지관리를 위한 개념이 추가 고려되어야 한다.

## BOX-TE6-5 터널의 단면 결함 조사

외관조사 결과 단면의 이상이 의심되거나, 차량 등의 접촉마찰에 의한 벽면 스크래치가 있는 등의 경우에 측량기법을 도입하여 단면의 변형 여부, 건축한계의 만족 여부 등을 조사한다. 측량기인 무타겟 토털스테이션이 주로 이용되며, Laser 이용법도 적용되고 있다. 터널의 종·횡단 측량 또는 선형 측량을 실시하여, 준공도상의 단면과 현 상태의 차이를 검토하고 건축한계선과 비교하여 단면의 이동 또는 변화 여부를 판단한다.

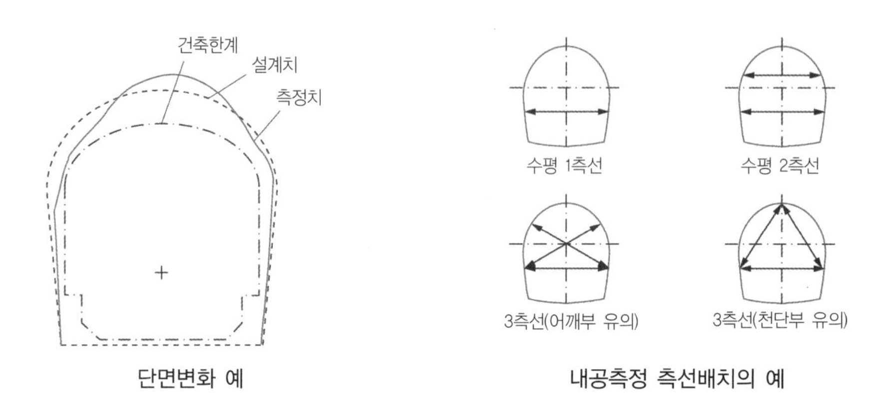

단면변화 예 내공측정 측선배치의 예

**내공변위 측정(진행성).** 터널내공에 측정 Pin을 설치하여 내공변위계를 이용하여 측정한다. 측정방법은 변상경향을 고려하되, 편압이 있는 경우 'X'형으로 설치하는 것이 바람직하다. 온도보정도 필요하다. 침하나 융기, 부상 등이 우려되는 경우 수준 측량을 시행한다. 이 경우 부동점은 변상영향과 무관한 터널 외부의 고정점에 설정한다.

**라이닝의 배면공동, 배부름 및 두께 부족 조사.** 타음 조사를 통해 의심이 가는 부분을 확인하고, 복공의 두께, 배면공동, 배면 지질상황 등은 Boring하거나, 직접 절취하여 조사할 수 있다. 직접 조사 시 복공의 일부를 50×50cm 정도로 절취하여 복공의 상황(두께, 공동, 균열깊이 등)을 조사한다. 시추조사 시 Boring Scope 또는 Fiber Scope(보링 내시경)을 이용하면, 복공배면을 관찰할 수 있다. 조사면적이 넓은 경우 물리탐사법인 GPR 탐사법(Gorund Proving Radar : 수 메가~기가 Herz의 전자기파를 지표면이나 구조물의 노출면에서 투사하여 전자기적 물성이 다른 매질을 만나 반사하여 돌아온 신호를 받아 처리하는 물리탐사법)을 이용할 수 있다.

**인버트라이닝 설치 여부 조사.** 시공 후 지반이 안정된 터널이라도 지질학적 또는 외적 요인에 의해 지질학적 거동이 일어나 토압이 증가하거나 측압 또는 지반 융기를 일으키면 터널 변상이 야기될 수 있다. 인버트 설치 여부가 설계도면으로 확인되지 않으면, 터널 저면 굴착을 통해 확인할 수 있다. 인버트의 두께 및 곡률이 부적절한 경우에도 변상이 일어날 수 있으므로 인버트에 대한 상세정보도 조사하여야 한다.

**터널-개착 구조물 접속부 상태조사.** 터널의 입·출구부, 터널-개착구조물 연결부는 접속부로서 비교적 토피가 낮아 지반 아치(ground arch)가 형성되기 어렵고 구조적으로 취약하며, 주변 환경에 영향을 많이 받는 부분이므로 세부 조사가 필요하다.

단면 변화는 터널의 사용성을 제약할 수 있는 심각한 변상이다. 단면변상의 주요 요인은 시공미흡뿐 아니라 지질 구조적 압착거동(squeezing)이다. 압착거동은 강도에 비해 지중응력이 과대한 지반에서 점착력 상실에 따른 시간 의존성 소성변형으로, 건설 중 및 터널건설 이후 운영 중에도 나타날 수 있음을 일본의 사례로부터 알 수 있다. Montmorillonites 또는 Smectite 등의 팽창성 광물이 존재하는 경우 압착거동은 보다 심각할 수 있다.

### 6.2.1.3 콘크리트 재료열화(장기) Deterioration of Tunnel Lining

#### 염해 salt damages

염해는 대기 중의 염분입자에 의한 영향, 또는 염분이 남아 있는 해사 사용, 염화칼슘계 혼화제의 부적절한 사용에서 비롯된다. 염소이온($Cl^-$)과 나트륨이온($Na^+$)이 시멘트수화물과 작용하여 열화물질을 발생시키기거나, 강재를 부식시키며, **알칼리 골재 반응**을 일으켜 콘크리트의 내구성을 저하시킨다.

해수중의 염소이온은 시멘트 수화물에 있는 수산화칼슘과 반응하여 염화칼슘($CaCl_2$)과 칼슘-클로로 알루미네트를 생성하여 콘크리트를 다공성화 또는 팽창시키는데, 이로 인해 표면의 박락, 균열발생 등이 야기된다. 또한 해수 중의 $Cl^-$와 $SO_4^{2-}$는 강재표면에 붙어 있는 **부동태 피막을 파괴하여 철근에 부식층을 형성**할 수 있다. 부식층의 체적은 철의 경우 보통 2.5배에 달할 수 있어 콘크리트 덮개(피복두께)에 균열 또는 들뜸을 야기할 수 있다.

#### 알칼리골재반응

골재에 함유된 반응성의 실리카 광물과 시멘트의 수산화알칼리가 물과 반응하여 알칼리-실리카겔(알칼리-실리카 반응)이 생성되는데, 겔이 물을 흡수할 때 팽창이 일어나 콘크리트에 균열, 박리 등을 야기할 수 있다.

#### 유해수의 영향

콘크리트에 지하수가 침투하면 수산화칼슘이 용해되고, 공극 내 탄산가스와 반응하는 중성화 작용이 일어나, 콘크리트가 열화된다. 또한 콘크리트가 **중성화**(neutralization)하면 라이닝 내 철근 부식이 일어나 체적팽창이 초래된다. 경과년수 $t$일 때, 중성화 깊이 $D_n$는 다음과 같이 산정할 수 있다.

$$D_n = \sqrt{t/k} \tag{6.1}$$

여기서 $k = 0.3\{1.15 + 3w\}/\{(w - 0.25)^2\}$이며, $w$는 물시멘트비이다.

한편, 용해 탄산가스, 식물의 불완전 분해로 생성된 부식산을 함유한 지하수나, 온천수 및 광천수와 같은 용출 지하수는 pH를 저하시켜(산성화), 복공 라이닝의 열화를 야기 할 수 있다. pH가 6 이하이면 콘크리트 표면에 영향을 미칠 수 있고, 4 이하이면 시멘트를 용해시킬 수 있다.

#### 연해(煙害) smoke damages

차량의 배기가스에는 질소산화물(NOx)과 아황산가스($SO_2$)가 포함되어 있다. 이들이 유입수에 의해 용해되면 강한 산성수가 되어 콘크리트와 줄눈 몰탈을 열화시킨다.

BOX-TE6-6 **콘크리트 라이닝 열화조사**

**콘크리트 강도조사**

일축압축강도시험(한 장소에서 3개 이상 코어($ph$=50mm, $l$=100mm 기준)를 채취), 슈미트 해머를 이용한 표면 반발경도시험(콘크리트 표면의 반발경도로 콘크리트의 압축강도를 추정), 초음파속도법을 이용하여 조사할 수 있다. 특히, 초음파속도법은 재료 내 초음파속도가 콘크리트 밀도 및 탄성계수와 관련되는 특성을 이용하여, 콘크리트 강성을 구할 수 있다($G=\rho V_s^2$, 구속탄성계수 $M=\rho V_p^2$).

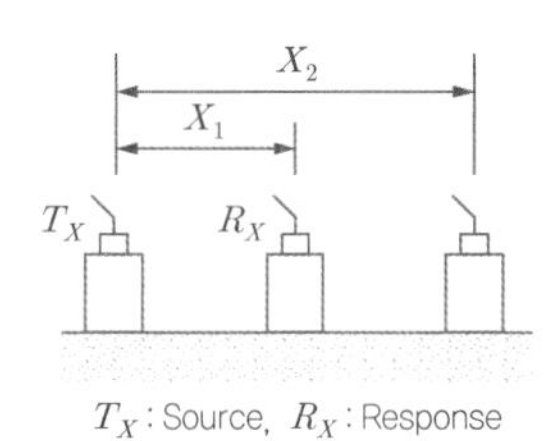

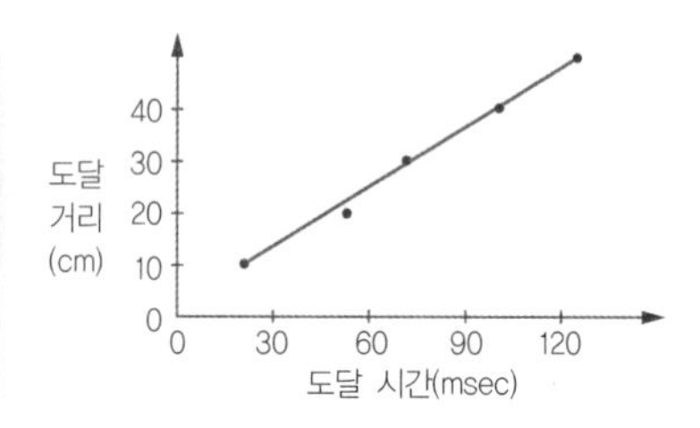


초음파시험

**중성화조사**

경화콘크리트는 표면에서부터 시간경과와 함께 서서히 탄산화하며, 이에 따라 pH 값이 12~13에서 8~10 이하로 감소하는데, 이를 중성화라고 한다. 중성화 반응식은 다음과 같다.

$CaO + H_2O \rightarrow Ca(OH)_2$; $Ca(OH)_2 + CO_2 \rightarrow CaCO_3 + H_2O$

탄산화가 바로 콘크리트 성능의 저하를 의미하는 것은 아니나, 탄산화 영역이 피복두께를 초과하여 철근에 도달하면, 철근표면에 부식을 야기하게 된다. 탄산화 정도는 콘크리트 구조체에 구멍을 뚫고, 1% 페놀프탈레인 용액을 분무했을 때 변색 여부로 판단한다, 중성화된 부분은 보라색(적자색)으로 착색이 되지 않는다.

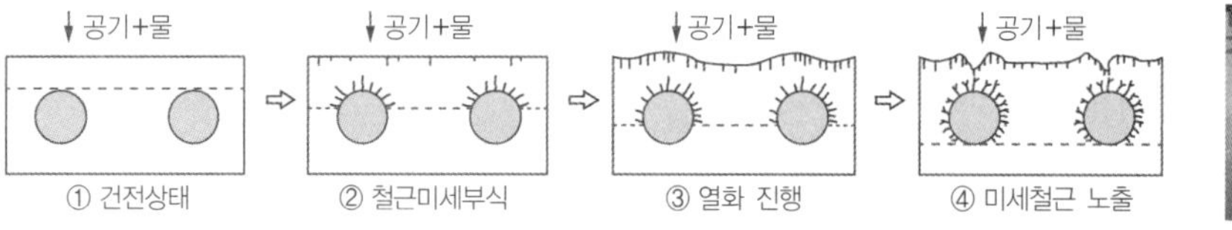


탄산화의 과정과 철근부식 원리(보라색은 중성화되지 않음을 의미)

**철근부식도(염화물 조사)**

콘크리트에 침투한 염화물은 철근에 산소접촉을 차단하는 부동태막을 파손하여 철근 표면의 부식이 가능하게 한다. 부식 방지를 위해 굳지 않은 콘크리트에 대하여, 염화물을 0.30kg/m$^3$ 이하로 제한하고 있다. 염화물 시험은 현장에서 채취한 콘크리트 분말 약 40g을 물 200mL을 넣어 30분간 교반하고 5분간 존치 후, 상부에서 160mL를 채취하여 염화물 농도를 측정하는 것이다. 이 밖에도 분말 $X-$선 회절분석, 열분석 등을 통해 수산화칼슘 또는 탄산칼슘의 양도 조사할 수 있다.

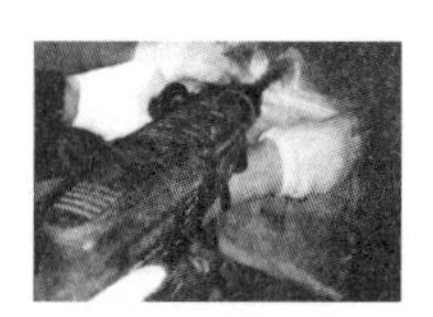

염화물 시험 : 코아드릴링 및 분말채취

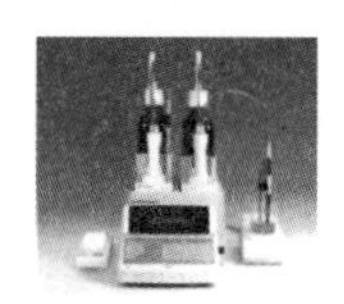

염분측정기

#### 6.2.1.4 외부영향에 의한 터널 라이닝 변상

터널에 작용하는 외부영향은 주변 지반과 지하수의 이동이 주가 되는 자연적 원인, 인접공사 또는 지하수 경계조건 변경 등의 인위적 원인이 있다. 인위적 영향은 통상, 터널 운영기관과 인접 사업자 간 협의 통해 사전 검토가 가능하고 손상을 제어할 수 있으므로 6.4절 근접영향관리에서 다룬다.

오래된 터널에서 발견되는 외부영향에 의한 대표적인 터널 변상 형태는 다음과 같다.

- 지형경사에 따른 편압 및 지반활동에 의한 균열
- 지반 이완압에 의한 하중증가로 인한 균열
- 터널의 종방향 또는 횡방향 침하로 인한 균열
- 갱구부 침하 또는 지반이동에 따른 변상 및 균열
- 지하수위 변화에 따른 누수 및 변상

대부분의 터널은 견고한 구조체로서 시간에 따른 지반이완의 확대에도 잘 저항하나, 천장부 **공동**, **복공두께 부족**, **인버트 미설치**, **직선형 측벽**, 측벽 **내공부족**과 같은 내재적 결함이 외부영향과 중첩되는 경우 쉽게 변상을 촉발할 수 있다. 그림 E6.13에 외부영향에 의한 터널 변상을 예시하였다.

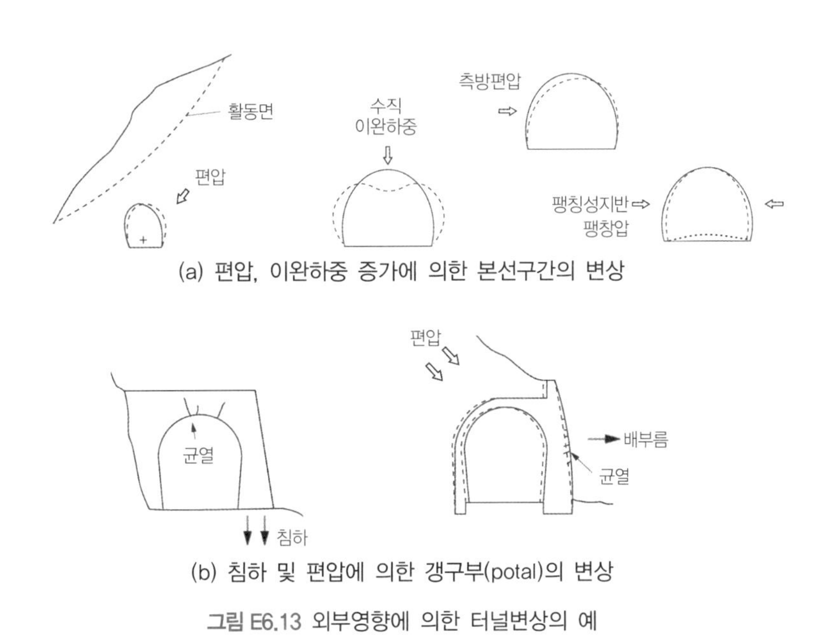


(a) 편압, 이완하중 증가에 의한 본선구간의 변상

(b) 침하 및 편압에 의한 갱구부(potal)의 변상

그림 E6.13 외부영향에 의한 터널변상의 예

### 6.2.2 유형별 변상특성

6.2.1에서 원인별 터널 변상특성을 살펴보았다. 대부분의 **변상은 내적 취약 요인과 외적영향이 중첩되는 위치에서 시작**되고, 또 촉진된다. 일반적으로 변상의 복구대책은 변상의 유형에 따라 결정되므로 터널변상을 유형별로 정리하여 고찰해보는 것이 의미가 있다.

#### 6.2.2.1 터널변상의 유형

변상의 유형은 역학적 원인과 물리적 형상에 따라 구분되며 크게 **균열, 박리, 박락, 변형, 침하, 단차** 등의 구조적(역학적) 변상과 **누수, 백태, 토사유출** 등의 수리적 변상으로 구분할 수 있다. 터널의 각 부위에서 주로 발견되는 변상의 형태는 그림 E6.14에 예시하였다.

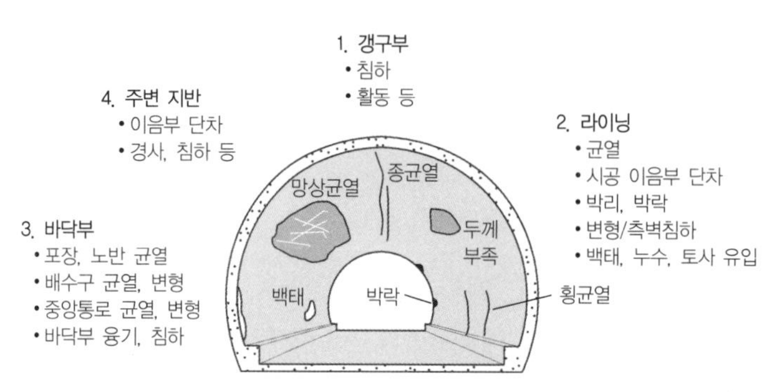


그림 E6.14 터널 및 터널 주변의 주요 변상형태

### 터널 라이닝의 변상 유형

운영 중 발견되는 터널의 대표적 변상 유형은 변형, 배부름, 들뜸, 박리, 균열, 단차, 기울음, 누수 등이다. 그림 E6.15는 그림 E6.14의 변상형태를 원인과 형태에 따라 분류한 것이다.

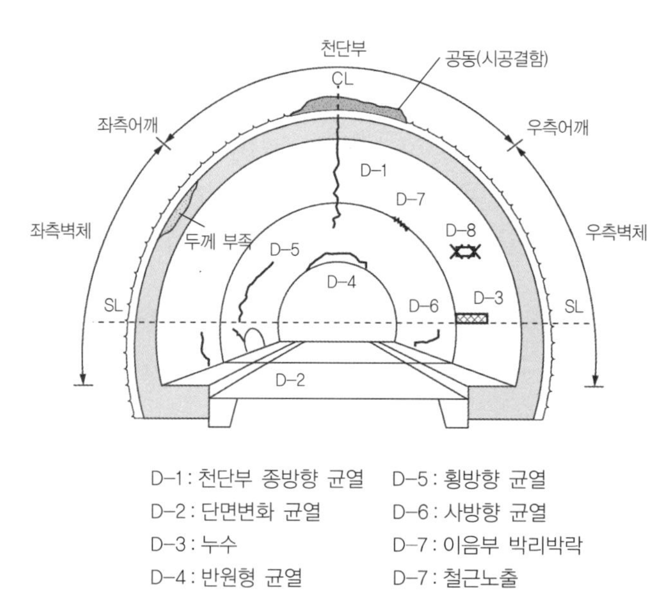


그림 E6.15 터널 라이닝의 주요 변상 유형(계속)

| 유형 | 변상 내용 | 주요 발생 원인 |
|---|---|---|
| D-1 | 천단부 종방향 균열 | 하중에 의한 구조균열 : 이완토압, 지압, 편압<br>비구조균열 : 건조수축, 횡방향 온도 변화 |
| D-2 | 단면변화 균열 | 응력집중, 초기 수화열, 건조수축, 온 균열 |
| D-3 | 누수 | 방수막 손상 |
| D-4 | 반원형 균열 | 천단라이닝 두께 부족, 거푸집 충격, 슬럼프 큰 경우 |
| D-5 | 횡방향 균열 | 초기 수화열, 건조수축, 온도균열, 구속균열 |
| D-6 | 사방향 균열 | 거푸집 탈형 및 이동시 충격, 평면상 부등침하 |
| D-7 | 이음부 박리박락 | 단부균열이 박리박락으로 진전 |
| D-8 | 철근노출 | 콘크리트 두께 부족 |

그림 E6.15 터널의 부위별 주요 변상 유형

### 6.2.2.2 재료열화에 따른 콘크리트라이닝의 박리·박락

시간 경과와 함께 콘크리트 라이닝은 열화하기 마련이다. 재료 열화로 야기되는 대표적 변상은 표면마모 현상인 **스케일링**(scaling)과 체적팽창으로 콘크리트 표면부가 튀듯 떨어져 나가는 **팝 아웃**(pop-out)을 들 수 있다. 그림 E6.16의 스케일링은 주로 겨울철 섭씨 0도 이하에서 시멘트 내의 공극수가 동결 팽창하여 시멘트가 서서히 박리되거나, 산 또는 염류의 화학작용으로 시멘트의 부착 강도가 상실되어 발생한다.

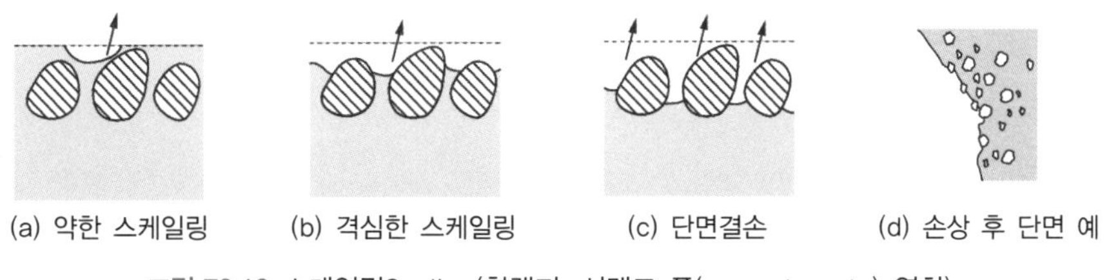


그림 E6.16 스케일링Scaling(한랭지, 시멘트 풀(cement paste) 열화)

그림 E6.17에 보인 팝아웃 역시 겨울철 동해로 인해 발생할 수 있으며, 저품질 골재, 유해광물의 함유, 알칼리 골재 반응 등에 의해 야기될 수 있다.

그림 E6.17 한랭지 누수, 동결영향에 따른 팝 아웃 현상(pop out)

철근이 부식되고 부피가 팽창하여 콘크리트 표면이 들뜨는 현상을 **박리**(spalling)라 한다. 박리의 진전으로 철근을 덮고 있는 콘크리트 덩어리가 떨어지는 상태를 **박락**(sliced-fall)이라 한다.

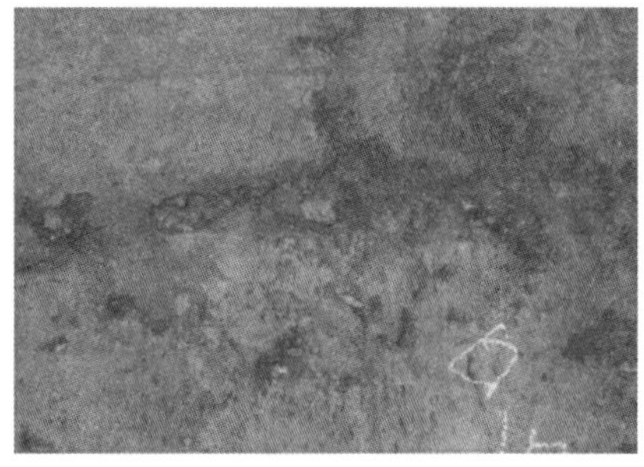

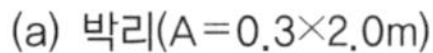

(a) 박리(A=0.3×2.0m)

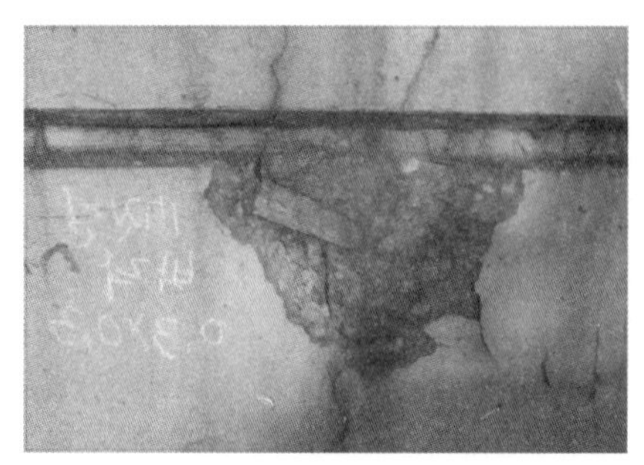

(b) 박락(A=0.3×0.3m)

**그림 E6.18** 박리와 박락의 예

## 6.2.2.3 콘크리트 라이닝의 균열 변상

유지관리 단계에서 가장 관심이 집중되는 변상형태는 균열이다. 콘크리트 균열은 변상의 결과로 나타나는 가장 흔한 물리적 결함(defect)이다. 균열의 원인은 매우 다양하고, 여러 가지 원인이 복합되어 나타나는 경우가 많으므로 원인 분석이 쉽지 않다. 다행히도, 그간의 많은 유지관리 사례로부터 균열의 원인에 대한 유추 가능한 정보가 충분히 축적되어왔고, 이를 활용하여 변상의 유형을 파악하는 기술도 향상되었다.

일반적으로 '**균열**'이라 함은 단차가 없는 균열을 말한다. 단차가 있는 균열은 '**어긋남**'이라 하며, 전단응력으로 인하여 발생한다. 인장응력에 의한 균열은 '**개구**(開口, opening)', 압축응력으로 인한 균열을 '**압좌**(押坐, crushing)'를 야기한다. 인장균열은 보통 파괴면이 명확히 정의되나, 압좌의 경우 파괴면이 불명료하고(부스러짐), 조각 이탈이 발생할 수 있다. 압좌는 보통 라이닝 단면 내외측에서 동시에 발생한다. 종방향 균열이 발생하는 위치는 대부분 스프링라인 상부의 아치구간이다. 그림 E6.19에 균열의 유형을 예시하였다.

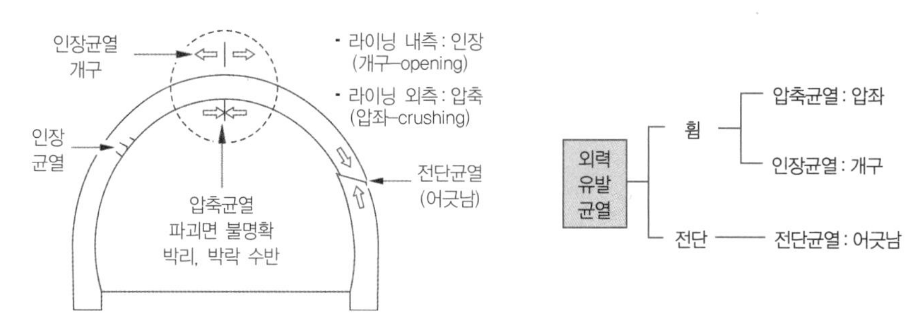


**그림 E6.19** 외력에 의한 콘크리트 라이닝 균열 특성

## BOX-TE6-7 콘크리트 라이닝 균열조사

**균열폭.** 콘크리트 균열폭은 아래와 같이 균열게이지(crack gauge)를 이용한다. 균열 측정기를 설치하면 장기간 균열폭 변화를 측정할 수 있다.

균열게이지를 이용한 균열 폭의 측정

균열깊이 측정

**균열 깊이.** 초음파시험을 이용하여 초음파의 통행경로와 도달시간으로부터 균열깊이를 추정할 수 있다. 균열이 없는 건전부의 초음파 도달시간을 $T_o$, 균열부 초음파 전달속도를 $T_c$라 하면, 균열깊이 $h$는, $h=(L/2)\sqrt{(T_c/T_o)^2-1}$

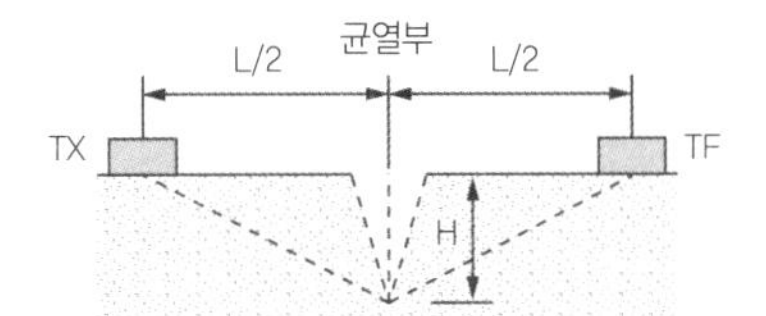


L : 발진-수진기 간 이격거리
TX : 송신단자
TF : 수신단자

균열깊이 측정(초음파속도법)

**균열의 진행성.** 균열은 발견 그 자체보다 진행성 여부가 중요하다. 아래에 균열의 진행성을 파악하기 위한 간단한 측정법을 예시하였다. 균열의 진행성 여부는 구조적 손상예방에 중요하다. 균열선단의 진행성 여부, 폭 및 깊이, 단차(어긋남)의 시계열적 조사가 필요하다.

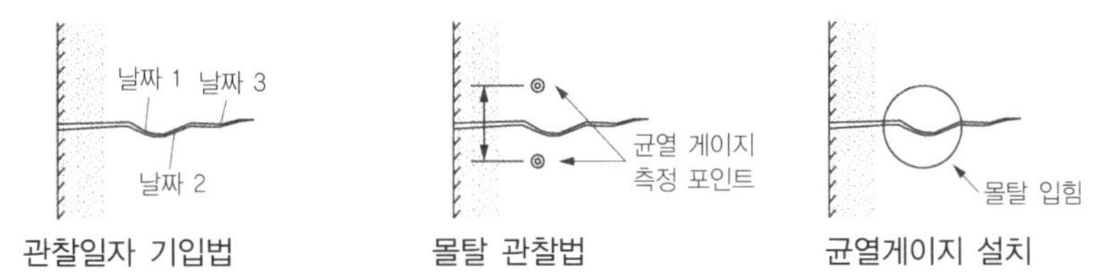


관찰일자 기입법 몰탈 관찰법 균열게이지 설치

균열의 진행성 조사는 Mortar Pat를 이용하면 편리하다. Mortar Pat는 시멘트:모래=1:1(중량비)의 비율로 반죽한 몰탈을 브러쉬로 청소한 균열부에 도포한 후 시간경과에 따른 변화를 관찰하여($\sigma_{pt}$ : Pat의 인장강도, $\sigma_{pc}$ : Pat의 압축강도, $\tau_p$ : Pat와 라이닝 부착강도) 아래와 같이 판정할 수 있다.

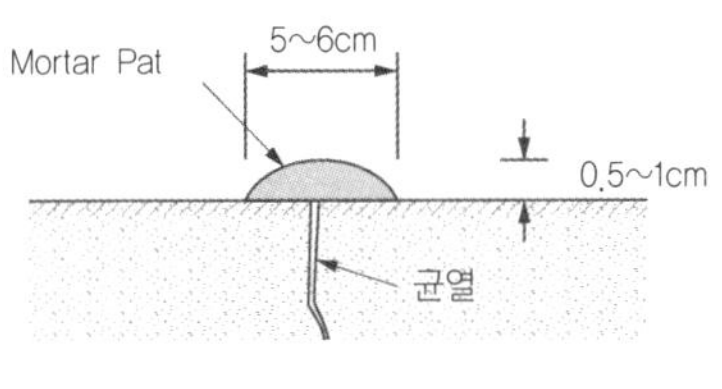


Mortar Pat을 이용한 균열의 진행성 판별법

| 라이닝 균열 | Pat 상태 | |
|---|---|---|
| 인장균열이 진행 | Pat에 인장균열 발생($\sigma_{pt} < \tau_p$) | PAT 복공 균열 |
| | 편측이 박리($\sigma_{pt} > \tau_p$) | |
| 압좌, 어긋남 진행 | 압좌,어긋남 균열 발생($\sigma_{pc} < \tau_p$) | |
| | 편측이 박리($\sigma_{pc} > \tau_p$) | |

라이닝 균열의 유형

콘크리트라이닝의 잔균열은 주로 건조수축, 온도변화, 변위구속 등의 시공 및 2차적인 영향에 의하여 발생한다. 균열폭이 0~3mm 이상이며, 일정한 경향성을 나타내는 경우 구조균열일 가능성이 크다. 균열일 패턴과 원인을 분류하면 그림 E6.20과 같다.

그림 E6.20 터널 균열형상의 정의

구조적으로 유의해야 할 큰 규모의 주된 균열은 천정부 종방향 균열, 벽체부 횡방향 및 사방향 균열, 시공이음부 주변 횡방향 균열, 천단부 반원형 균열이다. 균열의 유형에 따른 주된 발생 요인은 다음과 같다.

① **종방향 균열** : 터널 중심선과 평행하게 터널 천장부와 어깨에 터널 종단방향으로 발생하는 직선상의 균열로서 시공상의 원인은 콘크리트의 급격한 타설 / 온도응력, 거푸집의 조기 탈형, 거푸집 침하 등을 들 수 있으며, 외부영향으로는 하중 증가, 침하 등이 원인일 수 있다.

② **횡방향 균열** : 터널 중심선에 직교하여 횡방향으로 발생하는 균열형태이며 시공 이음부 전 주변장과 터널어깨, 천장부에 주로 발생(공동영향)하는 균열로, 콘크리트 경화 시 수축에 따른 배면지반과의 구속영향, 온도응력(스팬중앙에 규칙적), 그리고 **종방향 부등침하**(라이닝 타설 시의 지지력 부족) 등이 횡방향 구조균열을 야기할 수 있다.

③ **전단균열** : 터널 중심선에 대각선방향으로 나타나는 균열형태로서 주로 터널어깨에서 발생한다.

④ **콜드조인트** : 콘크리트 타설을 중단하였다가 다시 타설하였을 때, 형성되는 불연속면을 말한다.

⑤ **망상균열**(복합균열, 불규칙균열) : 터널 천단에서 발생한 종방향 균열이 전단균열의 형태로 진전되거나 종방향 균열이 횡방향 균열과 복합적으로 연결되어 나타나는 균열형태이다. 시멘트 응축 이상, 알칼리 골재 반응, 황산염광물의 성장, 양생 중 급격한 건조, 중성화에 의한 철근 부식, 동해(귀갑상 균열이 발생), 화재(미세한 망상 균열이나 박리) 등이 원인이다.

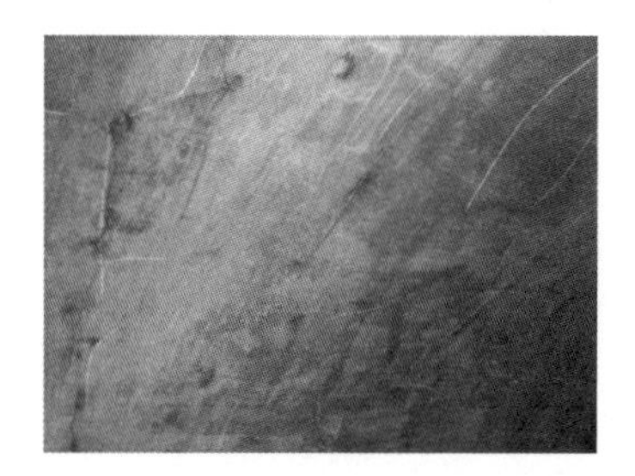
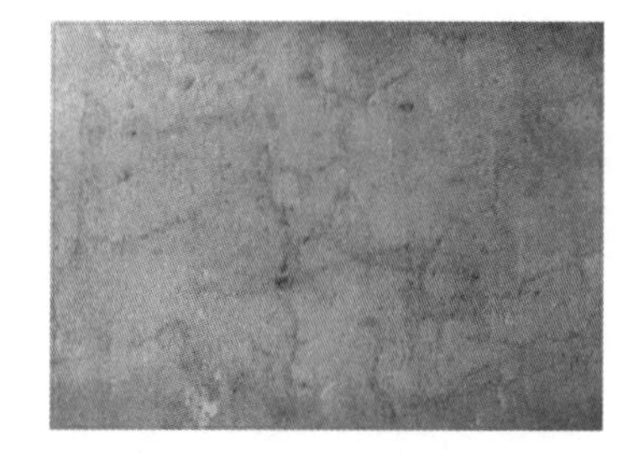

그림 E6.21 망상균열의 예

### 6.2.2.4 변상 원인별 균열패턴

균열패턴은 균열의 원인을 분석하는 데 매우 중요한 정보이다. 하지만 대부분의 균열이 한 가지 요인에 의한 것이 아닌, 다수 요인에 기인하는 경우가 많으므로 분석 시 유의가 필요하다. 그림 E6.22는 터널공법과 라이닝 유형에 따라 흔히 나타날 수 있는 균열패턴을 예시한 것이다.

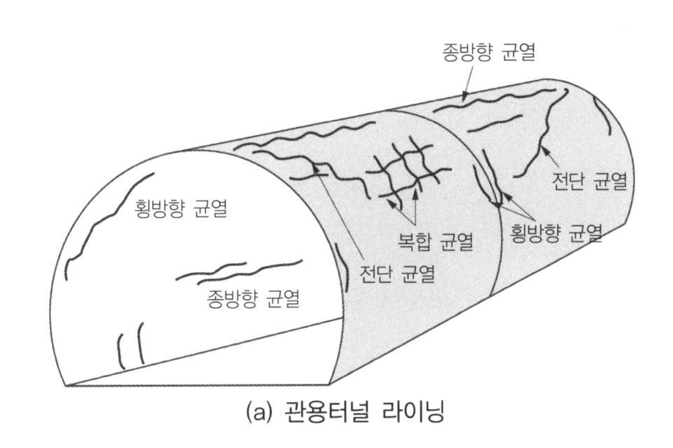


(a) 관용터널 라이닝

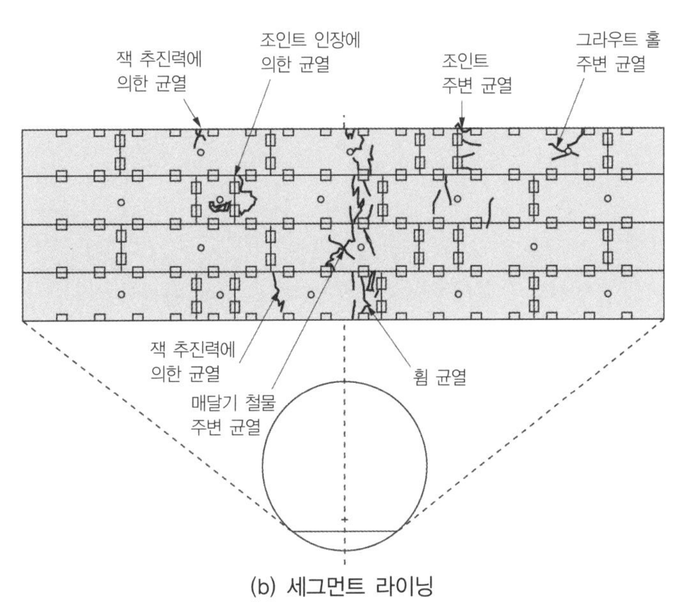


(b) 세그먼트 라이닝

그림 E6.22 라이닝 유형에 따른 균열형태

#### 시공 관련 균열-내재균열

시공미흡으로 발생된(내적)균열은 운영 중 외적 영향에 의한 균열과는 구분되지만, 보통 내적 균열의 위치가 외적 영향의 취약개소가 되므로 영향 중첩에 따른 기존균열의 확대 및 촉진을 초래한다. 그림 E3.23에 시공미흡에 의한 균열양상을 예시하였다.

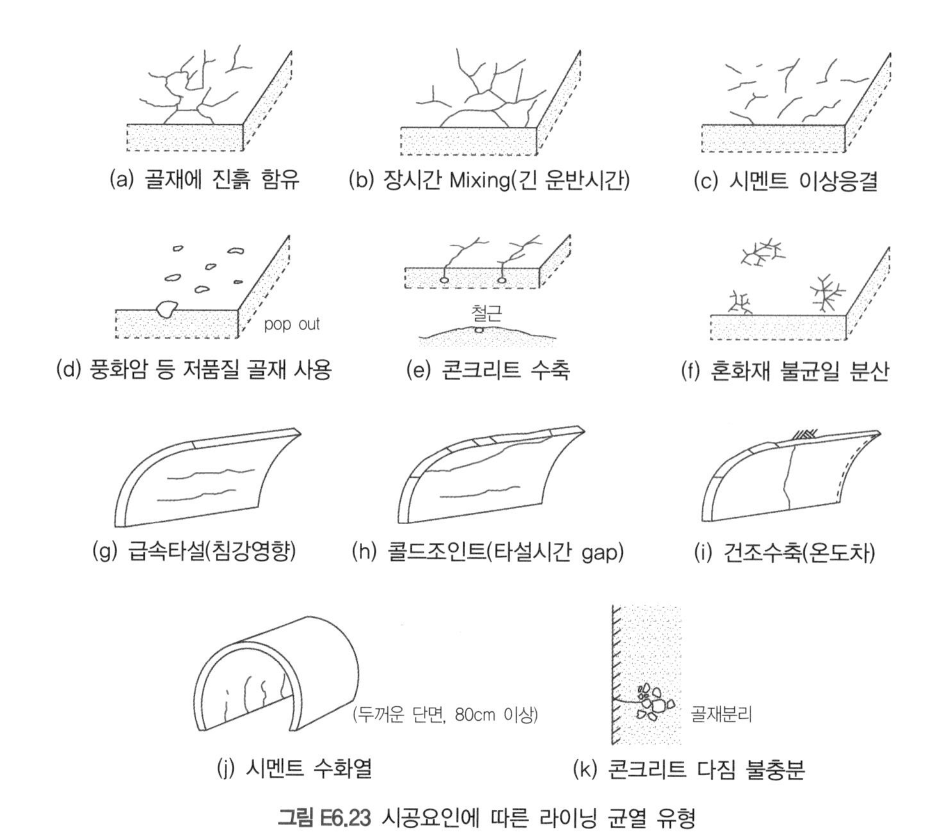


**그림 E6.23** 시공요인에 따른 라이닝 균열 유형

### 환경요인에 따른 균열

외부 환경요인에 의해 발생하는 균열변상의 패턴을 그림 E6.24에 예시하였다.

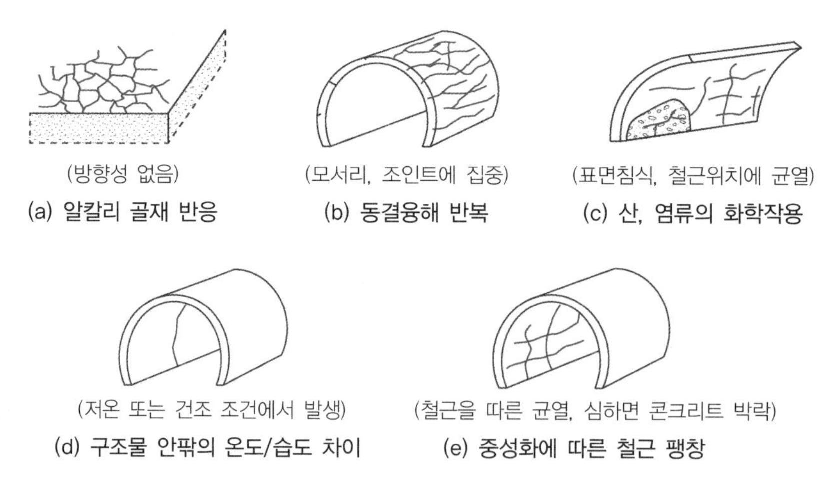


**그림 E6.24** 외부환경요인에 따른 라이닝 균열 유형

### 외부하중에 의한 균열

운영 중 터널은 다양한 형태의 외부하중 조건에 놓일 수 있다. 대표적인 외부영향은 라이닝 기초의 침하와 지압(편압, 소성압, 활동 등)이다.

**지형경사에 따른 편압 및 지반활동.** 편압은 복공 라이닝에 그림 E6.25(a)와 같이 산지 측 어깨부 및 반대측 스프링 라인에 개구균열을 야기할 수 있다. 한편, 경사지의 활동에 의한 변상의 경우 그림 E6.25(b)와 같이 3차원 활동에 따른 부등변형으로 라이닝에 횡균열을 야기할 수 있으며, 활동경계(터널 종방향)부에서 매우 복잡한 균열형태를 나타낸다.

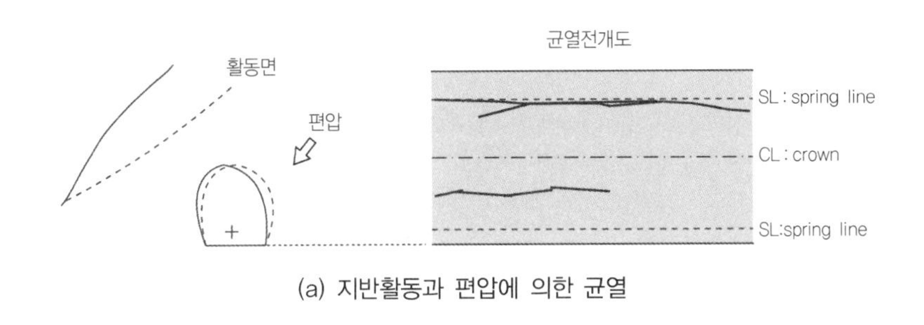


(a) 지반활동과 편압에 의한 균열

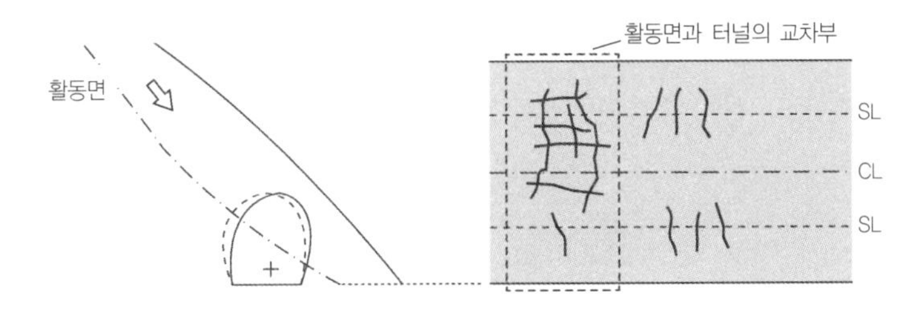


(b) 지반활동에 의한 균열 예(3차원 활동면, 활동면과 터널의 교차부에 균열이 집중된다)

**그림 E6.25** 편압작용과 지반활동에 따른 균열발생 예

**지반이완압(시간의존성 이완압).** 시간경과에 따른 터널 주변 지반의 점착력 감소는 **지반소성영역을 증가**시켜 이완압 증가에 따른 터널의 **압착거동을 유발**할 수 있으며, 이로 인해 터널에 내공축소 또는 바닥부 융기 변형이 야기될 수 있다. 지반이완(소성압)에 의한 변상은 하중 위치 및 작용방향에 따라 다양하게 나타날 수 있으나, 측압이 증가하는 경우 그림 E6.26(a)와 같이 측벽 종균열, 내공축소, 터널하부 융기(노면부상, 인버트 콘크리트 변상), 천장부 처짐, 대피로의 변상(맨홀에 둥근형상의 균열) 등이 야기될 수 있다.

팽창성 광물이 터널 주변에 분포하는 경우 균열은 그림 E6.26(b)와 같이 양측의 스프링라인 위치에서 발생할 수 있다. 소성압 또는 팽창압이 공동 및 라이닝 두께 부족 등 내부결함과 중첩되면 변상이 증폭될 수 있다.

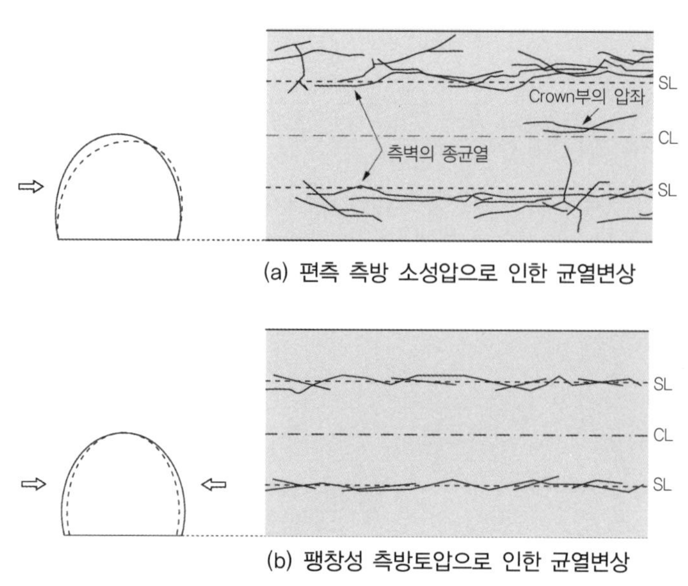

(a) 편측 측방 소성압으로 인한 균열변상

(b) 팽창성 측방토압으로 인한 균열변상

그림 E6.26 측방 소성압 및 팽창압으로 인한 균열 변상

**지반이완 및 돌발성 하중의 영향:** 지반이완은 터널 상부에서 일정구간 연속된 연직하중을 유발하며, 이로 인해 그림 E6.27(a)와 같이 천장부에 종방향 인장(개구)균열, 어깨부에 압축 종균열 또는 경사균열, 천장부 붕괴 등을 야기할 수 있다. 터널 상부 공동이 있는 경우 어깨부 지반의 일부가 떨어져 나와 터널어깨에 집중하중으로 작용하면, 그림 E6.27(b)와 같이 충격위치를 중심으로 **방사형으로 균열이 형성**될 수 있다.

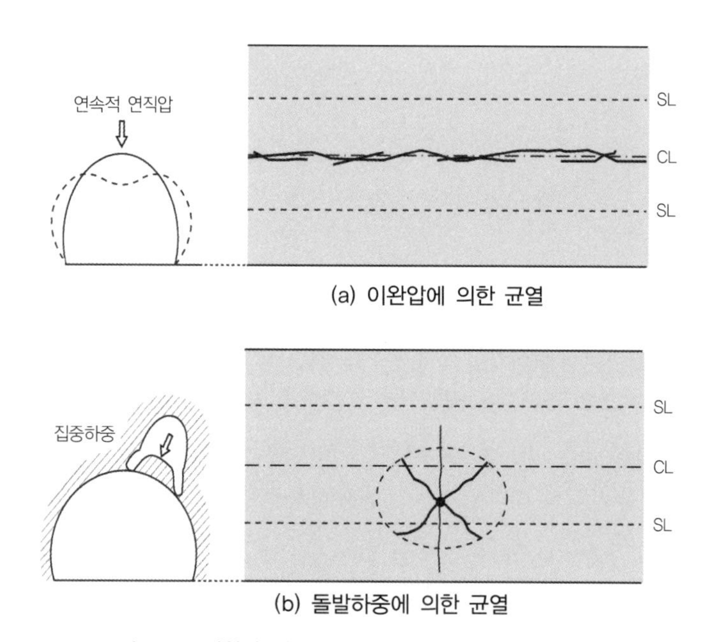

(a) 이완압에 의한 균열

(b) 돌발하중에 의한 균열

그림 E6.27 이완압 및 돌발하중에 따른 균열패턴 예

NB : **하중-균열 상관관계.** 라이닝 모형에 대한 재하실험으로부터 지압의 작용 위치 따른 균열양상을 조사한 결과를 그림 E6.28에 보였다(실선은 인장균열, 음영부는 압축파괴(압좌)부를 의미한다. 일본 철도종합연구소).

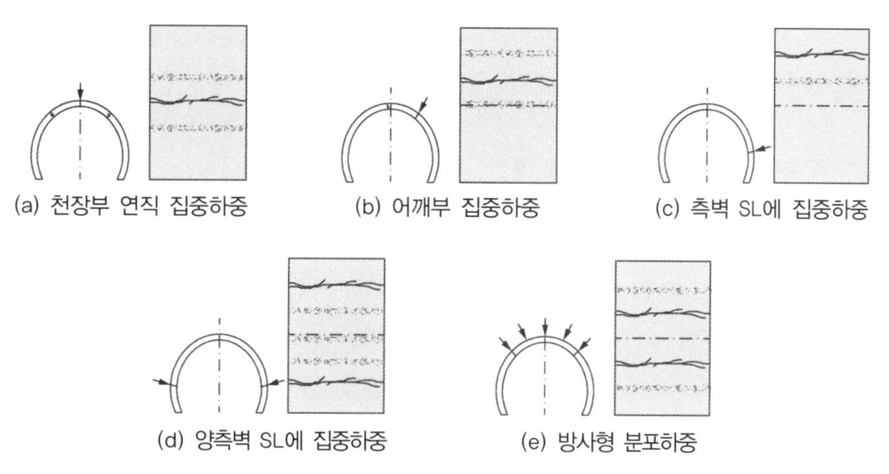

(a) 천장부 연직 집중하중 (b) 어깨부 집중하중 (c) 측벽 SL에 집중하중
(d) 양측벽 SL에 집중하중 (e) 방사형 분포하중

그림 E6.28 외부지압의 형태에 따른 라이닝 균열패턴

**침하에 의한 균열.** 침하는 라이닝에 구조균열을 야기할 수 있다. 침하의 범위, 부등침하의 정도에 따라 다양한 형태의 균열이 나타난다. 편측이 일정하게 침하하는 경우, 터널 천장부에 그림 E6.29(a)와 같이 종균열이 야기된다. 갱구부의 경우 종방향 침하가 일어날 수 있으며 그림 E6.29(b)와 같은 횡균열이 발생할 수 있다.

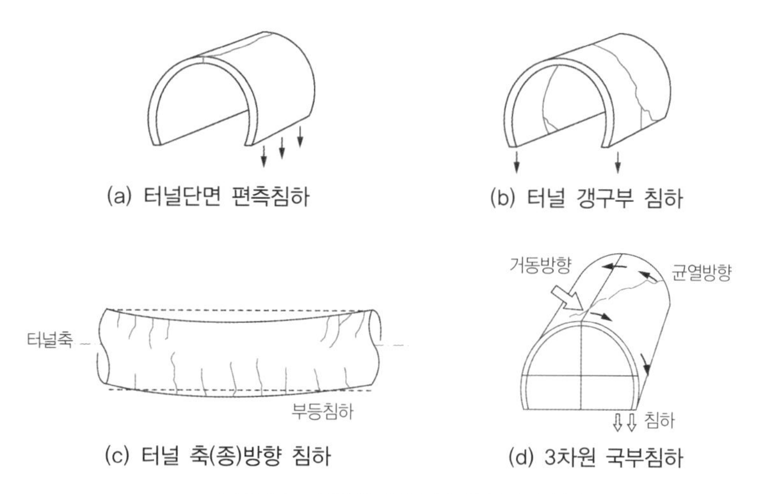


(a) 터널단면 편측침하 (b) 터널 갱구부 침하
(c) 터널 축(종)방향 침하 (d) 3차원 국부침하

그림 E6.29 침하에 의한 라이닝 균열패턴

터널에 **축방향 부등침하**가 발생하는 경우, 그림 E6.29(c)와 같이 원형의 횡균열이 주로 발생한다. 한편, 터널의 좌우 기초지반 강성이 현저하게 차이가 날 때 국부적 침하가 발생할 수 있는데, 이 경우 그림 E6.29(d)와 같이 라이닝에 사방향 비틂균열이 유발될 수 있다.

## BOX-TE6-8 세그먼트 라이닝 변상

세그먼트 라이닝은 관용터널 지보재와 달리 공장에서 제작되고 운반과 조립이라는 과정을 거치게 되어 링으로 조립되기 전 단계부터 다양한 유형의 손상을 받을 수 있다. 조립된 후에 발견되는 손상은 조치에 상당한 공기 손실을 유발할 수 있다. 세그먼트 변상은 손상 정도가 경미하여 보수하여 사용 가능한 기술적 손상과 단면손실이 발생하여 구조적 저항능력이 감소하거나 방수기능이 상실되는 구조적 손상(세그먼트 교체)으로 구분할 수 있다.

**A. 기술적 손상(technological damages) → 보수**

(1) 제작장에서 제작 중 손상

- 표면손상 : 홈 선형불량(hollow), 철근노출, 골재노출, 표면박리
- 매입불량 : 매입(소켓 등) 설치불량, 기름 유입
- 가스켓 손상 : Anchored gasket : 콘크리트-가스켓 복합 손상
  Glued gasket : 모서리 변형, 가스켓 이탈

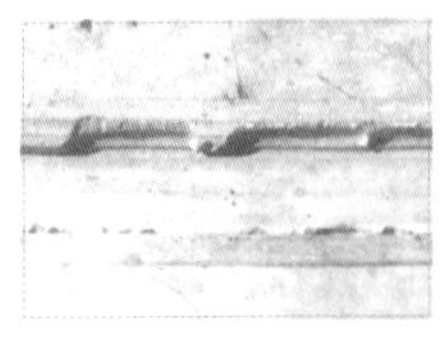

Hollow

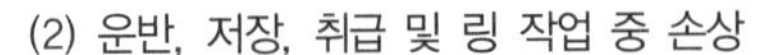

(2) 운반, 저장, 취급 및 링 작업 중 손상

- 설치 중 가스켓 이탈 : resin injection
- 모서리(edge, coner) 깨짐

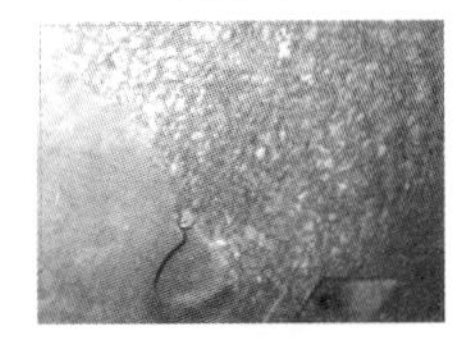

Exposed aggregates

(3) 추진 잭 작업 중 손상 : 추진잭 플레이트의 가스켓 압착

(4) 그라우팅 및 운영단계

- Gap 또는 Offset 초래
- 누수 및 유해수 침투
- 오일 침투 및 화재 손상
- 조인트 볼트 풀림

Gasket expulsion

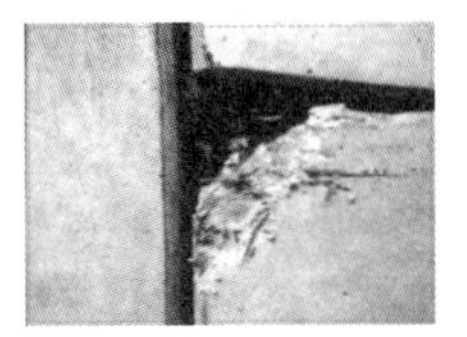

Damaged corner

**B. 구조적 손상(structural damages) → 교체검토**

구조적 손상은 주로 조립설치 중 추진압력에 의해 발생하는 경우가 많으며, 누수를 동반할 수 있다. 대표적 구조적 손상은 다음과 같으며, 세그먼트의 교체를 검토하여야 한다.

- 종방향, 횡방향(원주상) 균열
- 상당한 모서리 손상(chipping)
- 세그먼트 조인트 / 링 조인트 주변 / 외부표면 심각한 Scraping
- 내면 실금(hair crack) / 상당한 비노출 내재 균열
- 종방향 좌굴(특히 강재 세그먼트)
- 조인트 볼트의 파손

Spalling cracks

Longitudinal crack

Corner chipping

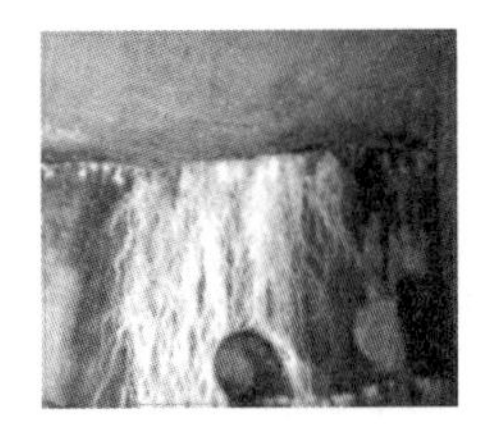

Leakage

## 6.3 터널의 변상대책

터널변상에 대한 보수보강의 첫 단계는 정확한 조사로 원인을 바르게 진단해내는 일이다. 조사 결과에 따라 각 변상별 적절한 대책이 수립되어야 하며, 각 대책은 해석을 통해 안정성이 확인되어야 한다.

### 6.3.1 변상대책 일반

점검을 통해 확인된 결함에 대해 대책의 필요 여부, 대책 필요시 응급(임시) 또는 본(영구)대책 여부를 먼저 검토하여야 한다. 응급대책은 사고를 방지하거나 결함의 확산을 막기 위한 긴급한 조치이며, 이후 결함의 정도와 성상에 따라 보강설계를 포함하는 영구대책을 검토한다.

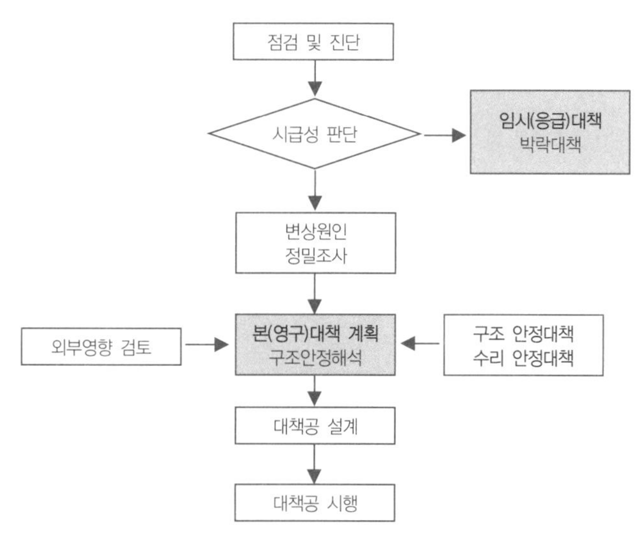


그림 E6.30 변상 대책의 시급성 검토 절차

**응급대책.** 사고예방을 위한 일시적이며, 잠정적인 조치를 응급대책이라 한다. 일례로 작은 규모의 낙하 우려가 있을 때, 파손물의 낙하를 방지하는 **철망붙이기공법** 등이 이에 해당한다. 수리적 응급대책은 도수, 지수 등 사용공간으로 낙하하는 누수를 임시로 유도 배제하는 대책이다.

**본대책.** 터널의 성능을 보수 보강하는 작업을 본 대책이라 한다. 본 대책은 일반적으로 구조적 안정과 수리적 안정성을 모두 검토하여야 하며, **구조안정대책의 주요 대책과 목적**은 다음과 같다.

- 보강판 및 그물망(net) 설치→복공 파쇄편 낙하 방지
- 록볼트 보강→내압효과, 지반 전단저항 보강
- 라이닝 보강→복공 전단저항 보강
- 새들(saddle, 아치형 강지보) 보강→내압효과

### 6.3.2 터널의 구조적 변상대책 Structural Restoring Measures

#### 6.3.2.1 시공결함 및 재료열화에 따른 변상대책

**시공결함**은 시공 직후 바로 확인이 되지 않다가 재료가 열화하거나 외부영향이 가해졌을 때, 드러나는 경우가 많다. 대표적 시공 결함은 천장부 공동, 라이닝 두께 부족, 인버트 미시공에 따른 변상 등이다.

**재료열화**는 오랜 시간에 걸쳐 서서히 진행되며, 많은 경우 다른 영향요인과 중첩되어 변상을 야기한다. 따라서 초기에 재료 열화만 진행되는 경우라면, 이에 대한 억제대책을 강구하는 것이 바람직하다. 초기에 표면보호를 위해 (염해나 탄산화의 경우) 기밀성 도료로 표면 도장한다. 알칼리 골재반응은 콘크리트의 습윤 상태에서 일어나므로 콘크리트를 건조상태로 유지하거나, 수밀성 도장하여 예방한다.

시공결함이나 재료열화가 심각한 경우, 구조안정해석을 수행하여 설계하중을 지지가능한지 여부를 확인하고, 필요시 구조보강을 하여야 한다.

#### 6.3.2.2 외부영향에 의한 변상대책

설계 시 고려하지 못한 영향이 터널 외부로부터 초래되어 터널에 구조적 부담을 주는 경우 이에 대한 구조적 안정성을 검토하고, 필요시 적절한 대책을 반영하여야 한다. 대표적 외부영향으로 터널 상부 지반의 **활동, 소성거동, 터널의 침하** 등을 들 수 있다.

##### 지형경사에 따른 편압 및 지반활동 대책

편압에 대한 보강대책은 다음의 방법들을 단독 혹은 복합적으로 적용할 수 있다.

- 편압의 경감 : 터널 상부(산지측) 절취 제거, 하부(계곡 측) 압성토
- 지반보강 : 사면보호, 지하수위 저하
- 지보반력 증대 : 부벽 콘크리트 월, 압성토
- 복공의 보강 : 계곡측 벽체 각부 보강, 배면공동 충진, 록볼트 추가 설치, 새들(saddle, 아치형 강지보), 숏크이트, 내부라이닝 추가 및 개축

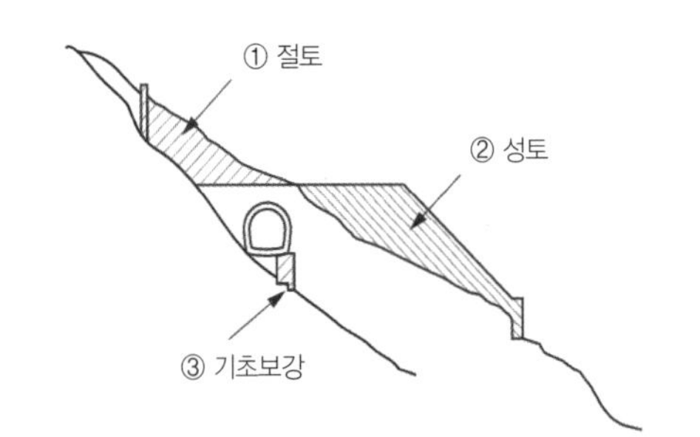


(a) 터널 외부 대책 : 상부 절취, 압성토, 기초보강

그림 E6.31 편압대책의 예(계속)

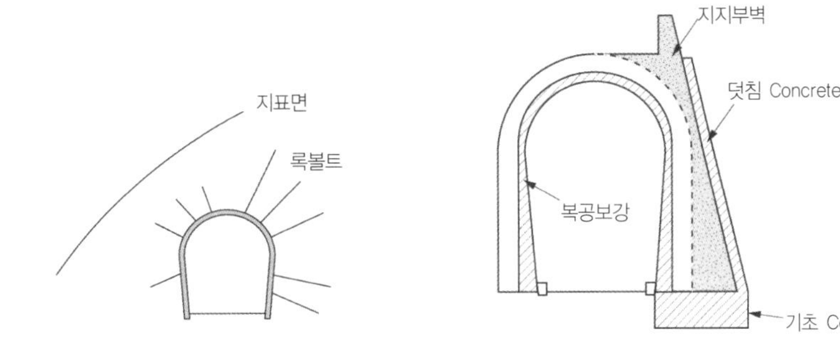


(b) 터널 내부 대책 : 록볼트, 복공보강, 지지부벽, 기초콘크리트

그림 E6.31 편압대책의 예

**지반활동**에 대한 대책으로 다음의 방법들을 고려할 수 있다.

- 지하수 대책 : 활동면의 전단저항증가(배수, 집수), 활동하중 경감(수위 저하)
- 지상대책 : 활동토체의 이동억제 및 저항증대, 지반개량, 활동토체 절취 배제, 하부 압성토, 앵커, 억지말뚝 등
- 터널 내 대책 : 배면주입, 새들 설치, 록볼트, 라이닝 덧치기, 인버트 시공, 부벽콘크리트 시공 등(변형 방지, 복공내력 증가)

### 지반 소성압(시간의존성 이완압) 대책-압착성 지반

압착(squeezing)거동은 일반적으로 시간 경과에 따른 점착력 감소로 야기되며, 지반강도에 비해 지중응력이 큰 연암반에서 주로 나타난다. 압착성 지반에서 터널지지저항(특히, 인버트)이 부족하면 융기거동이 나타날 수 있으며, 이런 영향이 터널 자체의 **시공결함과 중첩**될 경우 영향이 심각해질 수 있다. 압착성 지반의 소성압이 시공미흡과 결부되었다면, 소성압 대책은 복공의 지지능력이 충분한 경우 **배면주입**(cement mortar, air mortar 주입)이면 족하나, 복공의 지지력이 부족한 경우에는 건축한계에 여유가 있다면, '보강 새들+내부 라이닝' 시공, 건축한계에 여유가 없다면, '저판(base plate)+록볼트' 등으로 보강한다. 측압 증가로 터널의 구조거동이 우려되는 경우 측벽록볼트와 함께 스트러트 또는 인버트 설치 방안도 검토하여야 한다.

**압착(소성압) 대책**은 터널결함(예, 공동, 두께 부족), 압착거동의 규모 및 방향에 따라 다음의 대책을 고려할 수 있다.

- 인버트 설치(미설치인 경우), 스트러트(strut) 공, 측벽하부 및 인버트에 록볼트 시공
- 직선형 측벽 개량(축력전달가능 구조로 보완 재시공)
- 측벽 내공 부족은 라이닝 복공 또는 새들공 등 축력 전달 가능 구조로 보강
- 측벽 및 바닥부 록볼트 시공

그림 E6.32에 압착성 지반의 소성압 대책을 예시하였다.

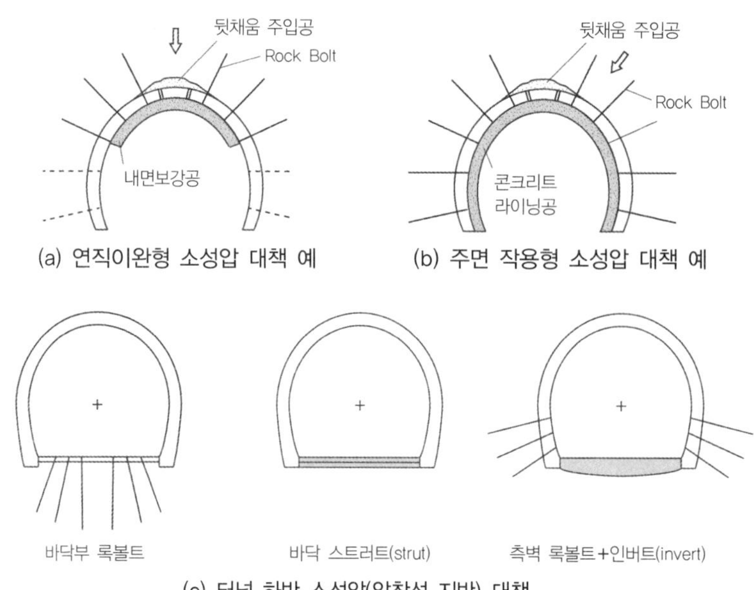


**그림 E6.32** 소성압에 대한 구조보강 대책 예

#### 지반침하 및 지지력 부족 대책

침하 보수대책으로 터널외부의 지하공동 충진, 되메우기 대책 등을 먼저 검토하여야 하며, 그 다음 인버트 설치, 새들 및 내부라이닝 보강, 복공개축 등의 터널 내부대책을 검토한다. 또한 측벽하부 지지력 보강을 위해 인버트, 또는 스트러트 설치, 지반 주입, 측벽단면 증가 등을 고려할 수 있다.

#### 갱구부 변상

갱구부는 하중, 지반강성, 온도환경 등이 급격히 변화되는 구간으로 유지관리 시 예의 주시가 필요한 부분이다. 갱구부 보수보강은 변상 원인별로 다음과 같은 대책이 고려될 수 있다.

- 갱문의 기울음 변형 : 갱구연장 및 면벽길이 확장, 갱구부 하부지반 치환
- 부등침하 : 터널 기초부 지반개량, 새들 보강, 인버트 및 스트러트 시공
- 편압변형 : 라이닝 내공 보강, 계곡 측 지보 및 기초지반 개량, 새들 및 인버트 보강, 스트러트 시공 등

## 6.3.3 보수·보강공법

### 6.3.3.1 비구조적 보수대책 Non-structural Measures

구조적 손상을 수반하지 않은 시공 미흡사항의 교정, 재료열화에 대한 보완 등을 '**보수대책**'이라 하며, 구조적 손상으로 진전되지 않도록 하는 예방대책이다.

### 표면처리공법

매연, 유리석회, 백태, 박테리아 슬라임(박테리아 슬라임은 주로 맨홀 또는 배수로 저면에 형성), 유지관리를 위한 부착물 등은 복공의 열화를 촉진시키므로 제거한다. 표면청소는 다른 보수공법의 사전처리로서도 중요하며, 해머(hammer)를 이용하여 얇은 박락 등을 보수 전에 먼저 제거한다. 모래분사(sand shot), 고압살수(water jet), 압축공기, 와이어브러쉬(wire brush) 등을 이용할 수 있다.

표면에 단면손실이 있는 경우, 고분자재료(epoxy 수지 등)를 혼입한 몰탈을 이용하여 손실부를 충진하며, 이를 **단면복원**이라 한다. 신구부재의 일체화를 위한 접착력 확보와 강도 유지가 중요하다.

모재는 건전하지만 줄눈재가 열화한 경우, 줄눈재를 제거하고, 그 부위에 몰탈 등을 충진하는 줄눈보수공법(pointing)을 적용한다. 줄눈보수는 향후 열화 가속화를 제어하는 데 도움이 된다.

### 균열 주입공

에폭시 수지나 초미립자 시멘트를 균열에 주입하는 공법이다. 균열이 진행성인 경우, 주입시공만으로는 불충분하며, 구조 안정대책이필요하다.

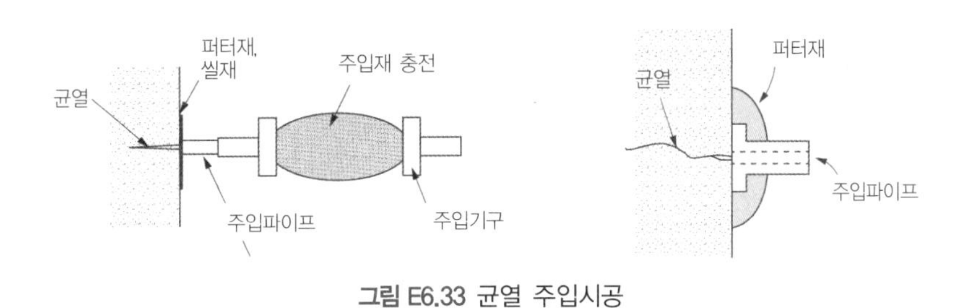


그림 E6.33 균열 주입시공

### 와이어 메쉬, Net 부착공

박락에 따른 피해를 예방하기 위한 응급대책으로서 Crimp 금속망, 에스판도메탈, FRP 그리드, 수지 Net 등을 라이닝 콘크리트에 앵커로 고정 설치한다.

### 배면공동 채움공법

천단에 공동이 있는 경우, 편압 또는 팽창성 지압 등의 측벽 외력에 대하여 라이닝의 수동저항을 기대할 수 없다. 공동 존재 시 장기적으로 천장부 지반이 낙하하여 이완영역이 확대되고, 연직하중의 증가가 초래되거나, 호우 시 대량의 토사가 터널 천장부로 낙하하여 라이닝 손상을 야기할 수도 있다. 따라서 외압에 대해 라이닝의 지지력이 유효하게 발휘되게 하려면, 공동을 채워 작용압력을 균일화하여야 한다.

배수터널의 채움작업은 라이닝 천공에 따른 방수기능 저하, 그라우트재 침투에 따른 배수층 막힘현상을 야기할 수 있으므로 유의하여야 한다.

공동 주입재료로 시멘트몰탈(밀크, 에어몰탈), 우레탄(용수 있는 곳), 물유리, 폴리머시멘트(고분자계의 가소성 주입재, 용수부) 등을 사용하며, 주입압력은 0.1~0.2MPa(정수압 없는 경우) 범위로 한다. 그림 E6.34에 주입시공절차를 예시하였다. 공동부에 수 개의 주입공을 설치하고, 좌우 양측에서 낮은 위치에서 높은 위치 방향으로 주입하며, 천장부는 맨 나중에 주입한다.

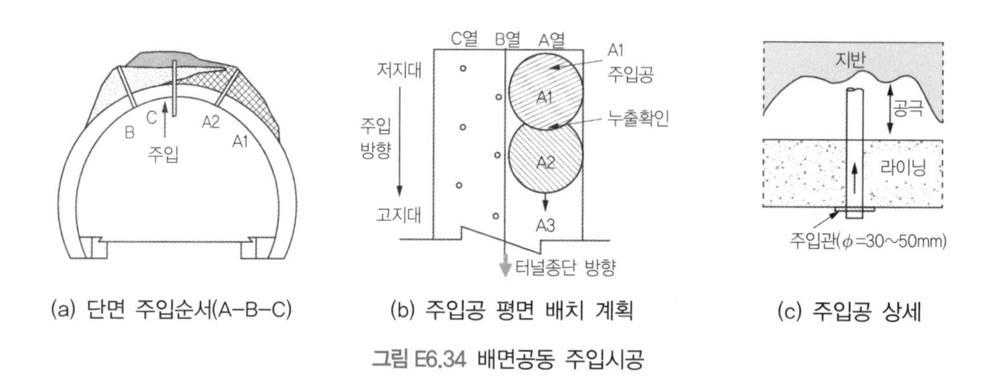


(a) 단면 주입순서(A–B–C) (b) 주입공 평면 배치 계획 (c) 주입공 상세

그림 E6.34 배면공동 주입시공

**NB : 주입재-가소성 주입재**

에어 몰탈에 폴리머(가소제) 등을 첨가하여 유동성을 높인 주입재를 '가소성 주입재'라 한다. 고체와 액체의 중간 상태(겔 상태)로서 용수가 있는 경우에도 재료분리가 일어나지 않는다.

주입공법은 용수부, 라이닝 두께 부족부, 라이닝 재질 불량부(일축강도 10N/mm$^2$ 이하), 라이닝 균열부 등에는 주입재 유출 가능성이 있어 적용이 어렵다.

### 6.3.3.2 구조보강 대책 Structural Reinforcement

#### 섬유시트 fiber sheet 부착공법

탄소섬유(최근 전기적인 특성 때문에 철도(지하철) 터널에 대한 적용이 재검토되고 있다), Aramid 섬유, 유리섬유(glass fiber)로 FRP를 제작하여(Young 계수 2.0×10$^6$ kgf/cm$^2$, 인장강도 25,000kgf/cm$^2$ 이상), 라이닝 내면에 **토목용 접착제(보통 에폭시 수지)**로 부착하는 공법이다. 인장균열과 라이닝의 변형을 억제하는 공법으로 사용되며, 내공단면의 여유가 없는 경우 유용하다. 그림 E6.35에 부착공법의 원리를 예시하였다.

수작업으로 섬유를 함침·접착하므로 장비동원이 거의 필요없고 공간제약도 거의 없다. 보강면적 대응이 유연하며, 적층 층수의 증감으로 보강량 조절도 가능하다. 하지만, 압축력을 받는 부위에서는 보강효과를 기대하기 어렵고, 함침·접착수지가 가연성이며, 표면에 부착하므로 열화가 진행되기 쉬운 단점이 있다.

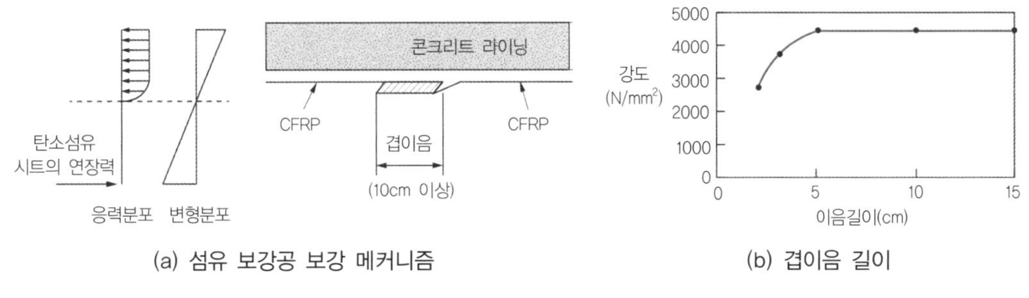


(a) 섬유 보강공 보강 메커니즘 (b) 겹이음 길이

그림 E6.35 섬유부착공법의 원리

작업은 모래분사(블러스터), 고압살수 등으로 라이닝 표면의 오염과 박리표층 제거와 평탄화 작업 등 기초처리부터 시작한다. 요철 보수재는 콘크리트 몰탈, 폴리머 시멘트 몰탈, 에폭시 수지 몰탈, 에폭시 퍼티(putty) 등을 사용한다. 균열 및 누수가 있는 경우 주입재 및 지수재를 사용한 사전처리작업이 필요하다. 이후 작업은 그림 E6.36에 보인 적층 순서를 참고하여 시행한다.

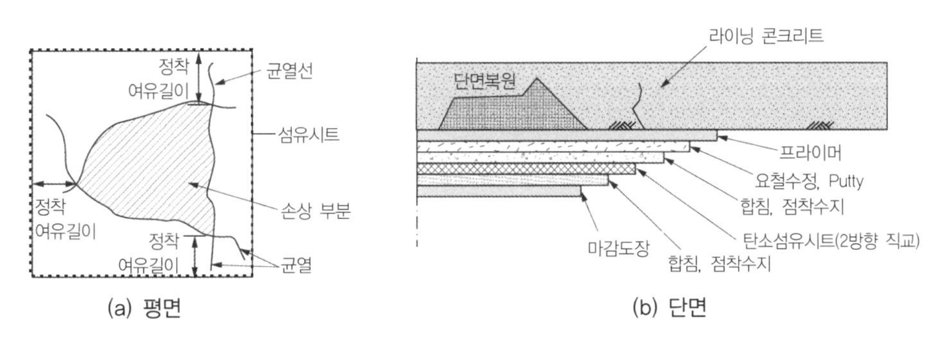


(a) 평면 (b) 단면

그림 E6.36 섬유시트 부착공법(탄소섬유 보강공)

보강작업의 적정성은 인발시험으로 평가할 수 있다. 코어비트를 이용하여, 보강부의 보강재를 Cutting하고(커팅깊이=보강재두께+15±5mm), 표면을 청소한 후 접착제(예, 에폭시)로 알루미늄 인발기를 부착한 다음, 경화 후 인발하여 그림 E6.37과 같이 적정성을 판정한다. 모재 파괴가 일어나는 경우 부착강도는 양호하다. 표면 및 경계면 파괴가 일어나는 경우 인발력이 적어도 1.5MPa 및 2.0MPa 이상이어야 한다.

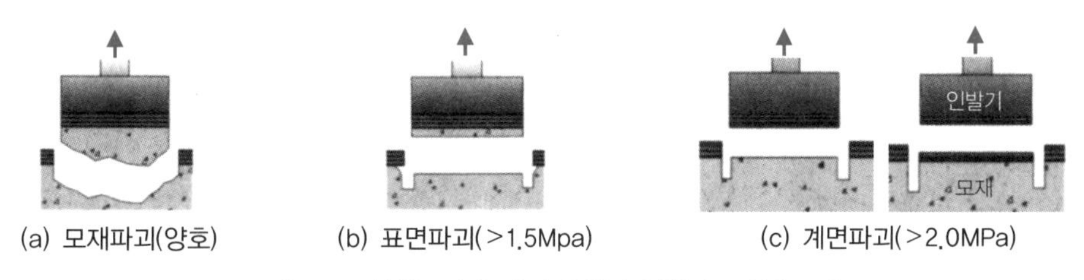


(a) 모재파괴(양호) (b) 표면파괴(>1.5Mpa) (c) 계면파괴(>2.0MPa)

그림 E6.37 부착보강재 파괴 유형과 부착강도 양호조건

### 강판부착공법

강판(steel plate)을 콘크리트 앵커볼트와 수지(주로 에폭시 3~5mm)로 라이닝에 부착하여 강판의 전단강도로 박락된 콘크리트 편을 지지하는 방법이다. 강판(steel plate) 대신 강재 띠(steel strap)를 이용할 수도 있다. 내공단면 잠식이 섬유보강 공법보다는 크지만, 거의 없는 편이다. 강철판(t=4.5mm)을 사용하는 경우 전도성과 녹 방지에 유의가 필요하다.

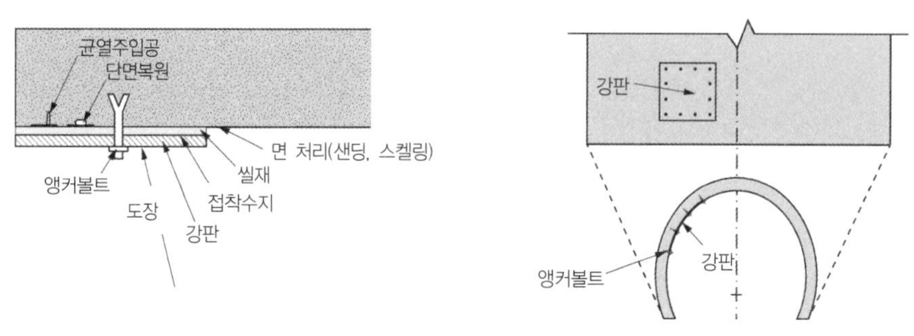


그림 E6.38 강판(steel plate)부착공법

### 내부라이닝 타설공법(숏크리트, 현장타설)

라이닝 열화부가 10m$^2$ 이상으로 광범위하고, 내공단면의 축소가 가능한 경우, 내부 라이닝 추가타설 보수공법을 적용할 수 있다. 그림 E6.39에 보수공법에 따른 두께 적용 사례를 비교하였다. 현장 타설공법은 내공두께를 최소한 125mm 이상 확보 가능할 때 적용할 수 있다. 인장강도의 증가가 필요한 경우 콘(숏)크리트에 유리섬유나 강섬유를 추가할 수 있다.

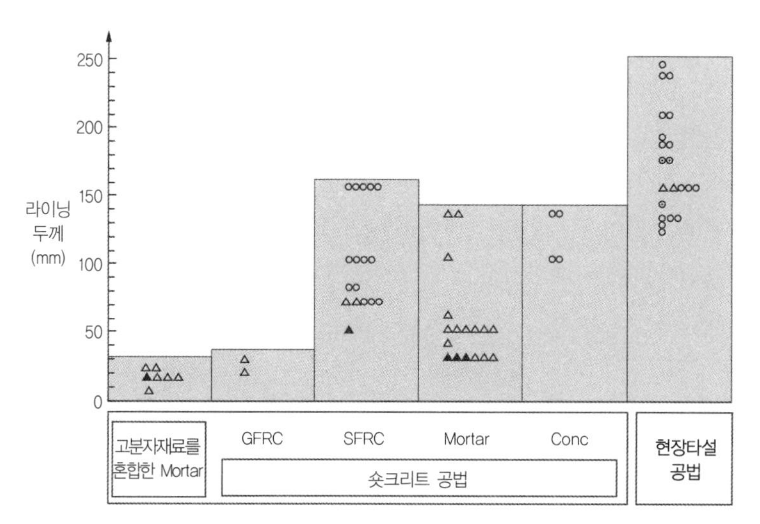


그림 E6.39 라이닝 보수공법별 보수두께 예(일본, 철도종합연구소 자료)

현장 타설의 경우, 기존 라이닝과 신설 라이닝 간 연결처리(insert 철근)와 시공이음이 중요하다. 기존 라이닝면을 정으로 쪼아(chipping) 면을 정리한 후, 접착재를 도포하고, 연결 철근을 삽입한다.

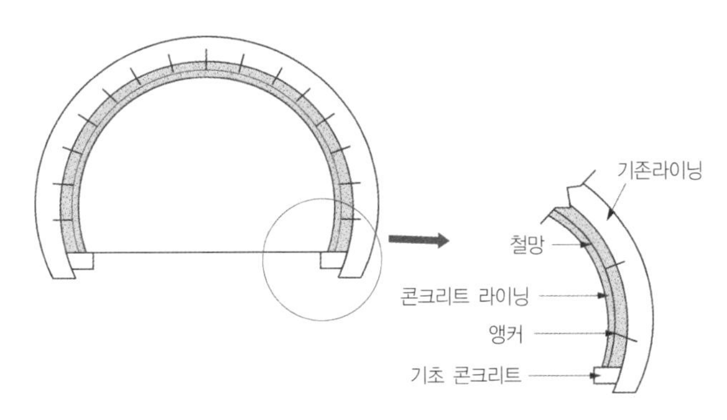


그림 E6.40 콘크리트 현장타설 보강공법

## 새들 보강공 saddle reinforcement

지압에 대응하거나 대규모로 블록화한 라이닝 아치부의 붕락방지를 위해 **강 아치 지보인 새들**(saddle, 소단면 H형 강재)을 설치할 수 있다. 내공단면 축소가 가능한 경우 적용가능하며, 박락 방지를 위하여 철망(steel wire net)과 병용하는 경우가 많다. 그림 E6.41과 같은 휨 가공한 H형 강재를 복공내면에 따라 일정 간격(1.0~1.5m)으로 설치한다.

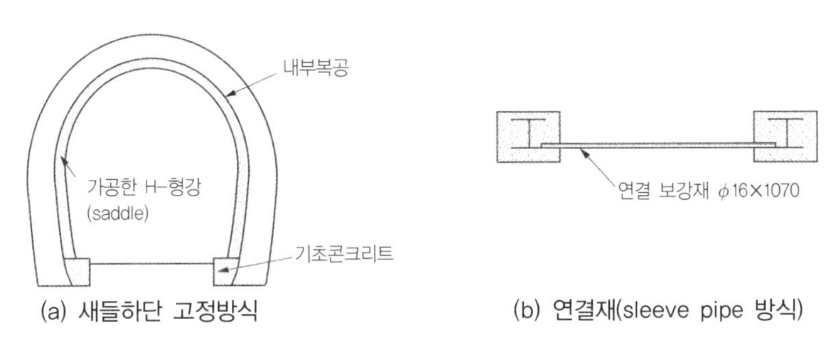


(a) 새들하단 고정방식 (b) 연결재(sleeve pipe 방식)

그림 E6.41 새들(saddle, 아치형 강지보) 보강공법

NB : 기존 터널이 협소하여 이를 확장 개축하는 사례도 빈번하다. 이런 경우, 터널의 안정성 확보는 물론, 개축공사 중 터널의 운영유지도 중요하다. 그림 E6.42(a)는 기존 터널의 확폭 개축을 예시한 것이며, 그림 E6.42(b)는 기존 터널 내에 철제 프레임으로 가설터널을 설치하여 터널 기능을 유지하면서 확장공사를 시행하는 예를 보인 것이다.

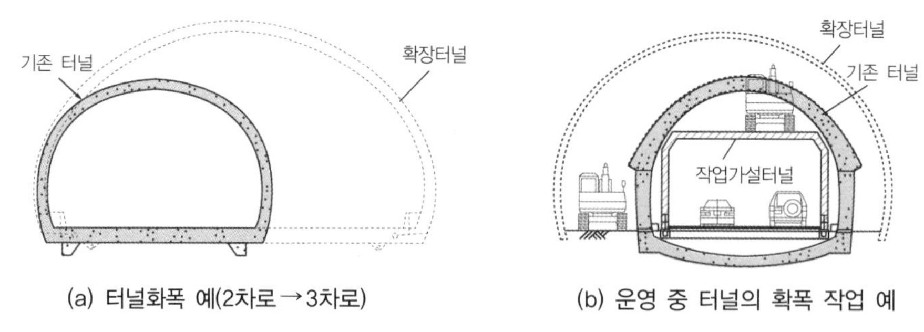


(a) 터널화폭 예(2차로→3차로)　　(b) 운영 중 터널의 확폭 작업 예

그림 E6.42 기존 터널의 확폭 개축

### 부분 및 전면개축

개축은 열화한 부분의 라이닝을 걷어내고, 콘크리트 등으로 치환하여 복공의 내력을 복원하는 공법이다. 부분 또는 전면개축이 있다. 그림 E6.34에 부분개축을 예시하였다.

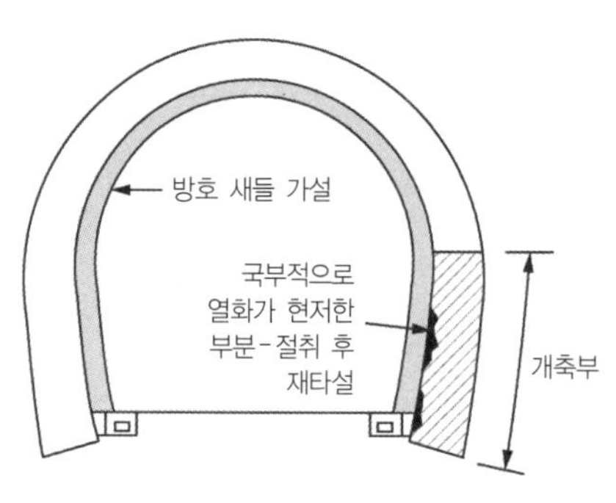


그림 E6.43 부분 개축의 예

## 6.3.4 터널 라이닝 구조 안정성 평가

운영 중 터널이 하중, 침하 등의 영향을 받았거나 결함이 확인된 경우, 터널의 안정성을 평가하고, 필요시 보강대책을 반영하고 이의 적정성을 확인하여야 한다.

### 6.3.4.1 터널결함에 대한 안정해석 방법

터널 라이닝에 변상 등으로 인한 결함이 발생하였을 때, 안정성 여부를 평가하고 필요시 보강하여야 한다. 일반적으로 터널의 **콘크리트 복공라이닝**이 그 대상이다. 구조 안정검토는 설계하중 변화 없이 결함이 발생하여 결함단면에 대한 안정성을 검토하는 경우(A)와 하중변화, 침하 등에 따른 외부영향이 확인된 경우(B)에 실시한다. 각 경우에 대한 해석 절차를 그림 E6.44에 보였다.

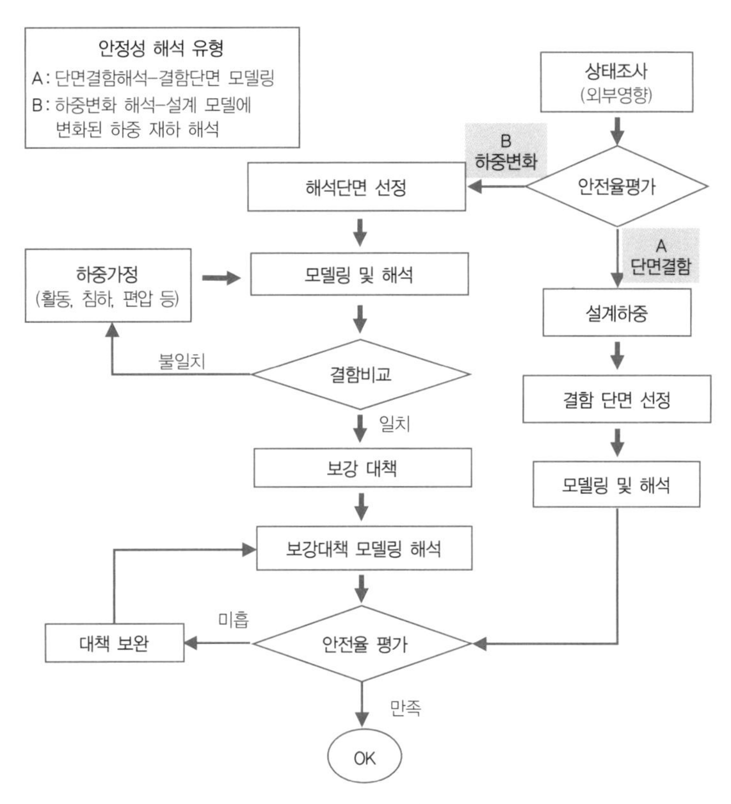

그림 E6.44 유지관리단계의 터널 라이닝 구조안정성 해석 절차

### A. 하중의 변화가 없는 결함단면 안정성 검토

설계하중의 변화 없이 발생한 단면결함(예, 재료열화, 시공 미흡사항이 원인인 변상)에 대해서는 **결함을 고려한 모델에 설계하중을 작용**시킨 해석 결과가 허용응력기준을 초과하는지 여부를 평가한다. 결함단면의 응력이 허용응력을 초과하면 규정된 안전율 여유를 갖도록 보강대책을 반영하여야 한다.

관찰 가능한 결함은 대부분 복공 라이닝이므로 복공 라이닝이 주 검토 대상이 된다. 하지만 록볼트+숏크리트로 구성되는 초기지보의 문제가 확인되었다면, 전체 수치해석 모델(full numerical model)을 이용한 초기 지보의 안정성을 검토하고, 2차 영향에 대하여 콘크리트 라이닝 골조가 안정한지 검토하여야 한다. 실제 결함은 국부적으로 발생하는 경우가 많으므로 라이닝을 3차원 쉘 구조로 모델링하는 해석이 바람직하다.

**해석 예** 그림 E6.45(a)와 같이 천단부에 2.4×3.0m의 라이닝 들뜸이 확인되었다. '들뜸' 결함을 라이닝 두께 부족으로(최소두께 3cm) 고려하여 3차원 Shell 구조로 모델링하고, 설계기준에 따른 이완하중과 잔류수압을 적용하여 해석을 수행하였다. 해석 결과 최대 인장응력이 1.79MPa로 나타났다. 허용인장응력 $f_{ru}=0.63\sqrt{f_{ck}}=2.88$MPa을 고려하면, $F_s=0.986$으로 나타나 구조적 보강이 필요한 것으로 평가되었다. 따라서 섬유보강 등의 보강대책이 필요하다.

(a) 라이닝 결함 예

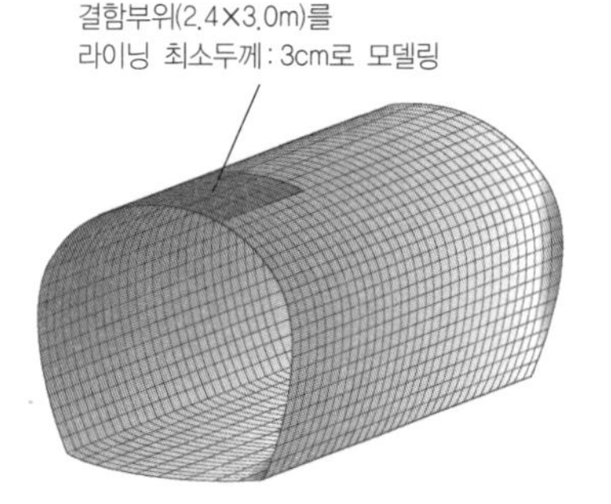


(b) 결함 모델 : 이완하중작용

(c) 해석 결과

**그림 E6.45** 터널결함(들뜸)의 3차원 해석 예

## B. 하중조건이 변화된 경우 결함원인분석 및 보강대책을 위한 안정해석

운영 중 터널에서 외부하중 영향, 침하 등이 확인된 경우, 터널 단면이 안정상태에 있는지 검토하여야 한다. 이를 위해, 먼저 결함을 모사하는 해석을 실시하여 결함을 야기한 하중조건을 파악하고, 결함단면의 현재 내력상태를 확인한다. 일례로, 대상 결함이 균열인 경우, 해당 균열을 야기할 수 있는 외부하중, 지반활동, 침하 등을 시행착오(trial and error method)적으로 가정하고 해석하여 원인을 추정한다. 여러 영향이 복합적으로 작용할 수도 있으므로 상태조사 결과와 해석 결과를 면밀하게 비교·분석하여야 한다.

단면결함과 하중변화가 동시에 발생한 경우, 위의 두 조건을 모두 고려(A+B)하여 해석하여야 한다. 모사한 영향의 해석 결과가 요구내력에 미치지 못하거나 허용응력을 초과하는 경우, 보강대책을 마련하고, 대책을 포함한 라이닝 모델에 대한 구조해석을 실시하여 보강대책의 적정성을 확인하여야 한다.

**NB : '균열'변상 모사를 통해 원인을 추정**

현재의 라이닝이 등분포 수직력을 받아 인장균열 상태에 있는 것으로 조사되었다고 가정하자. 그림 E6.46(a)의 터널 라이닝 골조 모델에 대하여, 하중을 증가시키는 탄성 증분해석을 실시한다.

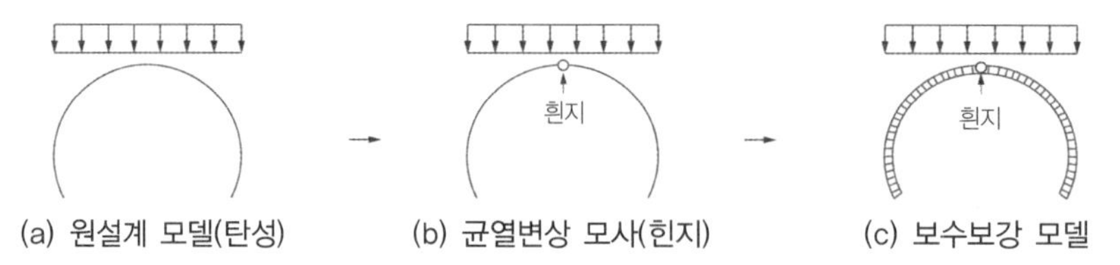


(a) 원설계 모델(탄성) (b) 균열변상 모사(힌지) (c) 보수보강 모델

**그림 E6.46** 균열변상과 보강대책의 모델링

부재의 인장 측 단부 응력이 인장강도에 도달하면 인장균열이 발생한 것으로 본다. 그림 E6.46(b)와 같이 인장균열 발생 지점을 소성힌지(hinge-pin)로 경계조건을 변경하여 다음단계 증분해석을 계속한다. 조사된 균열, 변형 등과 일치하는 조건이 현재 상태이다. 보강대책의 적정성은 그림 E6.46(c)와 같이 보강대책을 반영한 모델에 대해 증분해석을 수행하여 보강단면의 균열 전 내력이 목표내력보다 큰지 확인한다. 보강 단면의 구조내력(지내력)은 하중 증분해석 중 강도를 초과하는 지점의 경계조건을 힌지로 변

경하고 증분해석을 지속하여, 콘크리트의 한계변형인 3,500$\mu$m 때의 하중으로 판단한다. 그림 E6.47은 이 해석과정을 변위-하중(지내력) 관계로 정리한 것이다. 보강으로 인해 증가된 구조내력은 $\Delta p$이며, 보강단면의 지내력이 $p_a$보다 커야 보강대책이 적정하다고 할 수 있다.

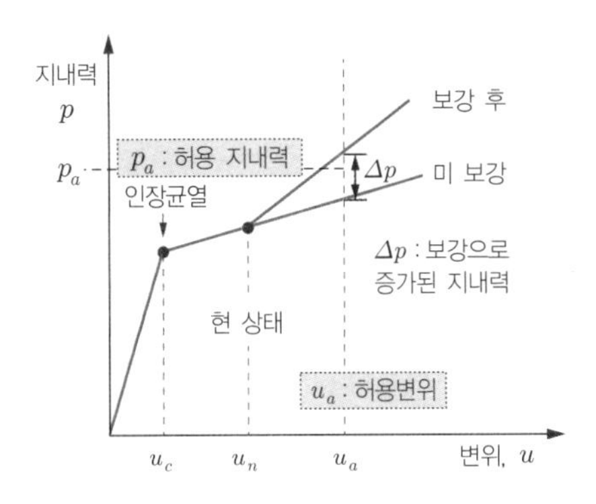


그림 E6.47 라이닝 균열거동 모델링 및 보강대책 적정성 평가 예

### 6.3.4.2 결함단면의 선정과 모델링

#### 검토(결함)단면의 선정

라이닝 구조해석은 열화 또는 손상으로 인한 터널 단면의 안정성을 평가하기 위하여 수행한다. 따라서 유지관리 단계에서 운영 중 특별한 열화나 손상이 확인된 경우에 대하여 라이닝 구조해석을 수행하고 안정성을 분석한다. 단면에 구조적 영향을 미칠 만한 주요 요인은 두께 부족, 공동확인 등 **시공미흡사항**, 라이닝 하중 증가, 재료 열화 등에 따른 **단면 감소(부족)** 등이다. 이런 요인들은 라이닝에 균열형태로 증상을 나타낸다. 따라서 터널상태 조사 시 '균열', 특히 **종방향 구조균열**인 경우, 안정해석이 필요하다. 그림 E6.48에 구조안정 검토가 필요한 대표적 상황과 단면을 보였다.

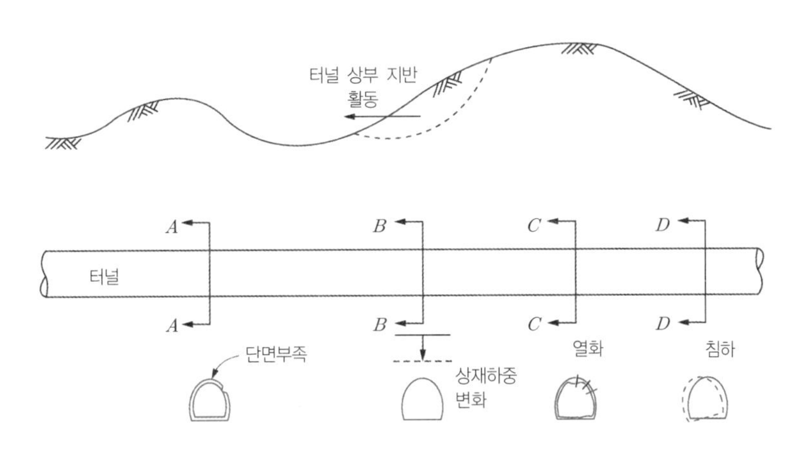


그림 E6.48 라이닝 안정검토 구간(단면)의 선정

### 라이닝 구조 모델링

라이닝 해석은 일반적으로 **빔-스프링 모델**을 이용하며, 보통 **선형 탄성 보요소로 모델링**한다. 지반은 **탄성스프링**으로 단순 모델링한다(TE5장). 스프링은 라이닝이 지반외측으로 거동(압축)하는 경우만 유효하고, 인장 시에는 스프링의 역학적 기능을 비활성화시킨다. 배면공동이 있는 부분에는 스프링을 두지 않는다.

### 결함(균열)의 모델링

터널의 대표적 결함은 균열이다. 이를 모사하기 위해서는 균열위치 등이 정확하게 파악되어야 한다. **균열은 일반적으로 소성힌지로서 Pin 절점으로 고려**한다(균열단면에서 회전강성을 고려할 수도 있다). 특히 축력이 큰 경우, 해당균열이 발생하는 증분해석 단계마다 균열 위치에 힌지 경계조건을 도입하여 모사한다. 그림 E6.49는 배면공동을 고려한 해석 모델을 예시한 것이다(실제, 지반 인장부이므로 공동이 없어도 스프링 기능을 배제하여야 한다). 공동부는 지반과의 접촉이 일어나지 않으므로 스프링을 배제한다.

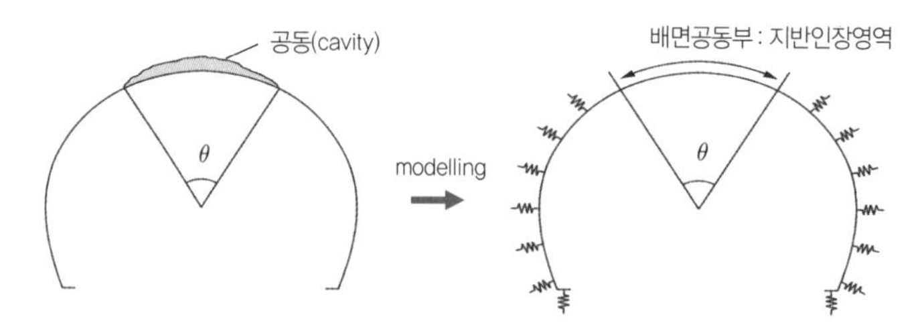


그림 E6.49 배면공동을 고려한 라이닝-라이닝 해석 모델 예

### 열화거동의 모델링

상태조사에서 확인된 변상을 모사하여 현재의 내력상태를 평가할 수 있다. 하지만 같은 변상을 야기할 수 있는 조건이 외부하중, 지반활동, 침하 등으로 다양하고, 이들 영향이 복합적으로 작용할 수도 있어, 시뮬레이션을 통하여 원인을 찾아내기는 용이하지 않다. 따라서 현장의 상태를 면밀하게 조사하여 **시행착오적 가정과 해석을 반복수행**하여 원인을 추정한다. 그림 E6.50에 열화거동의 유형에 따른 수치해석적 모사의 예를 보인 것이다.

(a) 연직압 증가(소성압, 공동이완압)

그림 E6.50 외부하중 영향의 모사 예(계속)

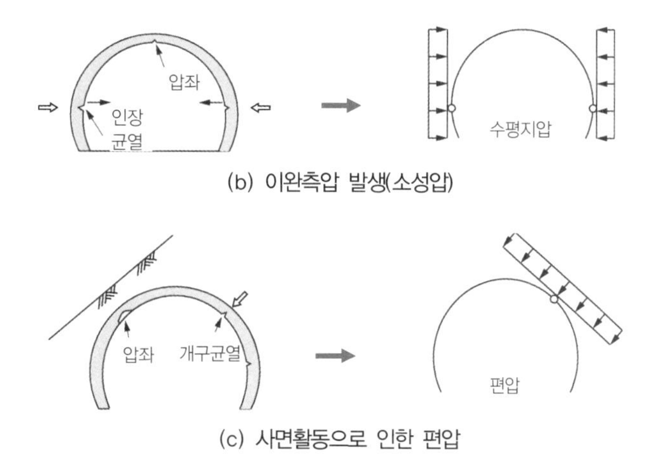

(b) 이완측압 발생(소성압)

(c) 사면활동으로 인한 편압

그림 E6.50 외부하중 영향의 모사 예(라이닝 강도를 초과하는 절점은 힌지 경계조건으로 전환)

이완영역 증가는 추가 지반압으로 고려할 수 있다. 편압 등은 예상하중 작용 방향으로 하중을 재하한다. 증분해석 시 허용강도가 초과되면 해당위치에 Pin 절점(hinge)을 도입하여 저항능력 상실을 고려한다.

### 대책공의 모델링

보강대책의 적정성을 확인하기 위하여 라이닝 모델에 대책공을 고려하는 보강요소를 추가하여 안정해석을 수행한다. 보강대책별 수치해석적 모델링은 다음을 참고할 수 있다.

- 뒤채움 주입공 : 뒤채움으로 지반과 연결되므로 지반스프링으로 고려
- 록볼트 보강공 : 선단을 고정한 Bar 요소로 모사
- 콘크리트 라이닝 보강공(새들보강) : 보요소로 고려하고 기존라이닝과 압축력만 전달하는 층간 스프링을 도입(전단스프링은 생략 가능)
- 내면보강공 : 내면보강공은 인장균열에 대한 보강대책이므로, 이전단계의 해석에서 힌지로 모사된 균열을 내면보강 후 강결 조건으로 전환. 다만, 섬유시트대책의 경우 멤브레인 요소로 고려(휨강성 배제)

그림 E6.51은 대표적 보강대책에 대한 모델링 방법을 예시한 것이다.

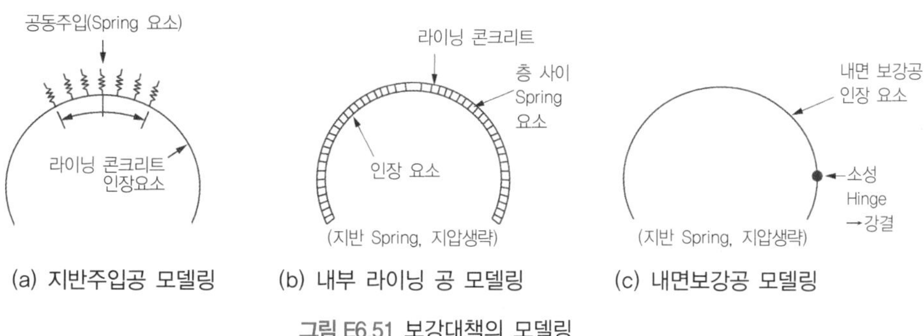

(a) 지반주입공 모델링　(b) 내부 라이닝 공 모델링　(c) 내면보강공 모델링

그림 E6.51 보강대책의 모델링

## 6.3.5 수리적 영향에 의한 터널 라이닝 변상과 대책

### 6.3.5.1 터널의 수리적 열화거동

수리열화는 서서히 진행되며. 돌발적인 구조적 영향을 미치지는 않지만, 터널의 사용성을 저감시키고, 이용자들에게 불편을 초래할 수 있다. 수리열화의 결과는 **백태, 누수, 수압 증가, 배수시스템 열화** 등으로 나타날 수 있다.

#### 백태 efflorescence

노후화된 콘크리트 표면에 생기는 **백색의 결정인 탄산칼슘을 백태**라 하며, 콘크리트 중의 황산칼슘, 수산화칼슘 등이 물에 녹아 침출된 칼슘이 대기나 물속의 이산화탄소와 반응하여 생성된다. 주로 균열 및 시공이음부에서 누수와 동반된 형태로 발생하며, 몰탈 방수 구간에서도 발생한다.

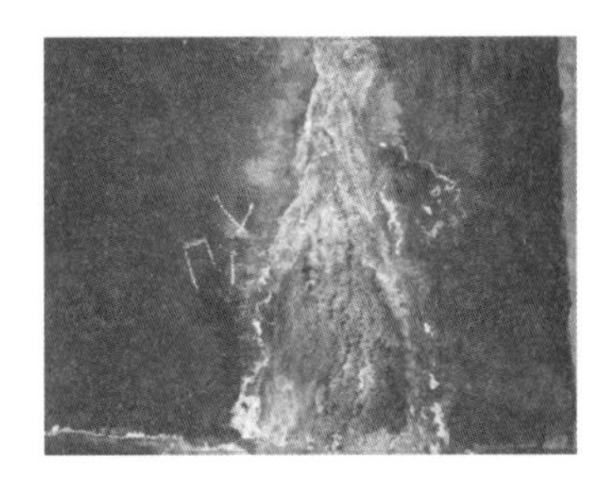
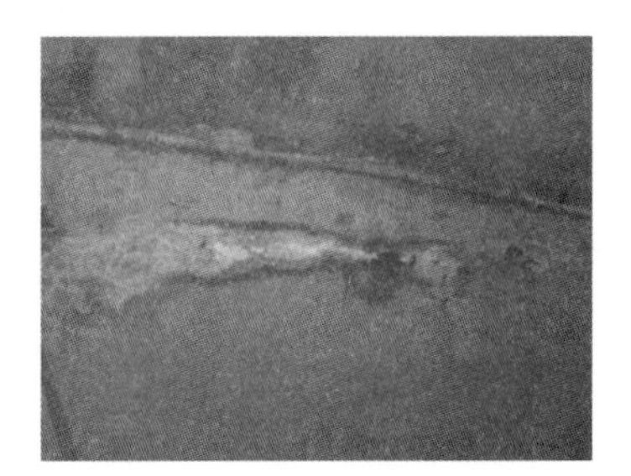

그림 E6.52 백태(좌 : A=0.6×2.8m, 우 : A=0.2×2.0m)

#### 누수 leakage

터널을 유지관리함에 있어서 가장 흔하게 부딪히는, 그러나 완벽한 대책이 용이하지 않은 문제가 바로 누수이다. 누수의 원인은 콘크리트 라이닝 균열을 통해 지하수나 빗물이 침투하는 외적요인과 재료의 치밀성 부족, 콘크리트의 배합, 시공방법, 물-시멘트비 등의 부적절에 따른 재료적 요인이 있다. 누수는 문제는 터널의 구조적 기능 저하(배수기능 저하 및 열화 촉진), 터널 이용편의 저해, 박테리아 발생 등에 따른 건강유해 상황 야기, 또는 구조물 부식 촉진 등의 터널문제를 야기할 수 있다.

(a) 관용터널(NATM) 라이닝 균열 누수

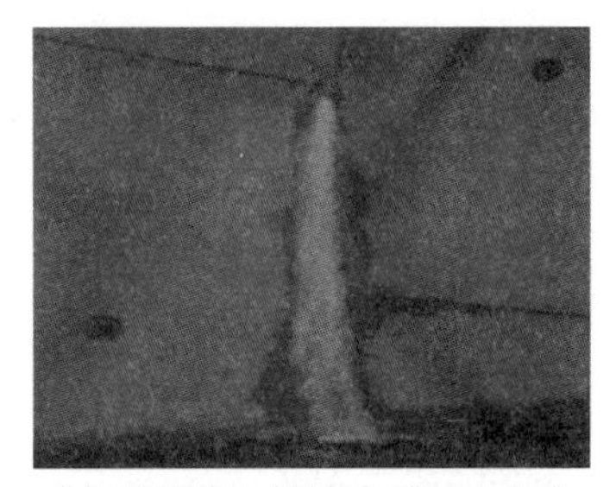

(b) 세그먼트 라이닝 조인트 누수

그림 E6.53 누수 예

### 결빙 및 동상 freezing and frost heaving

터널 동해는 주로 갱구부에서 발생하며, 지하수 동결에 따른 체적팽창이 터널에 하중으로 작용하여 라이닝 변상을 유발할 수 있다. 터널 주변 지반의 일축압축강도가 50kgf/cm$^2$ 이하, 포화습윤밀도 2.0g/cm$^2$ 이상, 실트크기 입자 함유량 20% 이상인 조건에서 주로 발생한다. 동해가 배면공동, 두께 부족 등의 시공 불량 위치와 중첩되는 경우 심각한 터널변상이 야기될 수 있다. 동상에 따른 라이닝 변상은 측벽 콘크리트 압출, 종방향 인장균열, 천단부 압축파괴(압좌) 등의 형태로 나타난다. 동해 변상은 터널 외부 온도와 약 1개월 정도의 시차를 갖는 것으로 알려져 있다.

### 배수시스템 열화

배수터널에서는 **폐색**(clogging)과 **블라인딩**(blinding : 토립자의 선형침적(bridging)으로 흐름경로가 차단되는 현상)에 의해 배수재의 배수기능저하 현상이 일어난다. 배수시스템 침전물의 주성분은 산화칼슘(시멘트 용탈), 탄산칼슘(콘크리트 중성화), 산화철(강재부식), 벤토나이트(토사유입) 등으로 알려져 있다. 용해도가 낮은 산화칼슘과 산화철은 배수재 표층에 퇴적되어, 부직포 표면에 **이막**(filter cake)을 형성함으로써 배수를 저해한다. 반면, 용해도가 높은 탄산칼슘과 벤토나이트는 지하수와 함께 배수재를 통과하여 배수층 전 단면에 고르게 퇴적되는 경향을 나타낸다. 배수재의 기능저하는 잔류수압을 증가시켜 라이닝에 구조 손상을 야기할 수 있다.

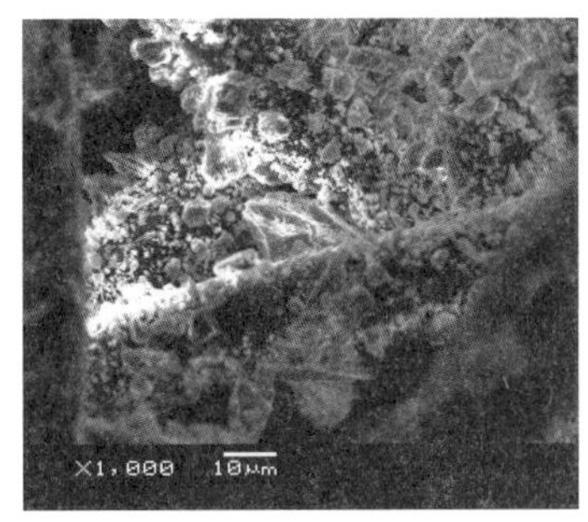


(a) 배수재 주 침전물(탄산칼슘)

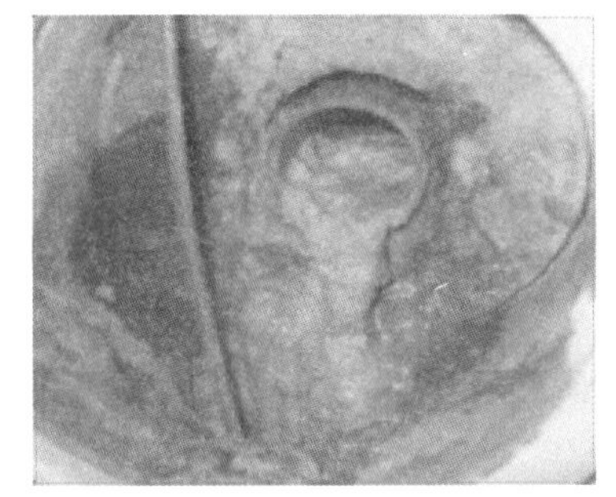

(b) 배수공 퇴적 및 막힘

**그림 E6.54** 배수터널의 수리열화 요인과 수리열화의 결과 예

### 수압작용

장기강우 또는 터널 주변 댐의 담수, 저수지 수위상승 등으로 지하수위가 상승하면 침투력이 증가하여, 터널 내 누수량 증가, 배수공 토사 유입 등이 야기될 수 있다. 특히, 터널 배수시스템의 통수능력을 넘는 지하수위는 배수층 내 잔류수압을 증가시켜 콘크리트 라이닝에 구조적 부담을 야기할 수 있다.

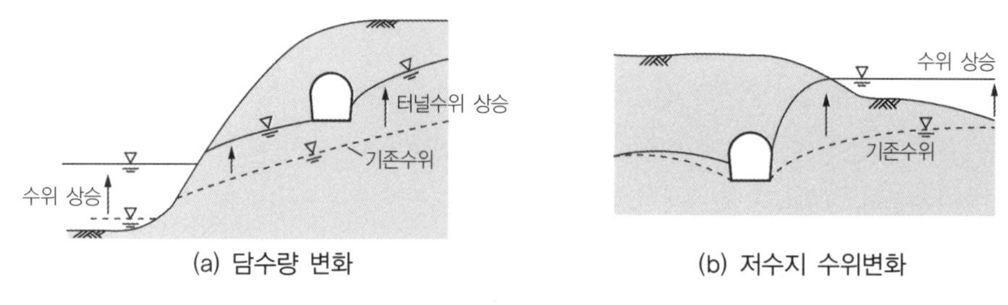

(a) 담수량 변화 (b) 저수지 수위변화

그림 E6.55 터널주변 지하수 변동요인

수압에 대한 보수대책은 터널 내 대책으로 추가 배수공 설치와 맹(blind)배수공 설치, 그리고 터널 외부 대책으로 복공주변의 배수를 위한 다공성(strainer)관 설치 등으로 대응할 수 있다.

### 6.3.5.2 터널의 배면 잔류수압의 평가

배수터널의 경우 **운영 중 잔류수압의 증가는 라이닝 구조적 부담**을 줄 수 있다. 따라서 터널 안정성평가 시, 잔류수압의 허용 수준 여부를 확인하여야 한다. 하지만 대부분의 터널은 수압계가 설치되어 있지 않고, 설치되었더라도 수년 후 망실되는 경우가 대부분이다. 새로운 수압계의 설치는 터널의 방수체계를 훼손하므로 거의 용인되기 어렵다. 이런 경우 **수압-유입량관계** 및 **투수성-수압관계**를 이용하면, 근사적으로 라이닝 배면의 잔류수압을 추정할 수 있다. 이 방법을 BOX-TE6-9에 예시하였다.

**예제** 세그먼트 라이닝으로 설계된 터널에 누수가 있어, 유도배수를 위한 밸브시설을 갖춘 배수파이프를 설치하였다. 밸브를 완전히 잠근 상태(Case A), 밸브를 완전히 연 상태(Case B), 각각에 대하여 24시간 후 평형상태조건에서 각각 유입량, 배면수압, 지하수위를 측정하였다. 배면 잔류수압을 추정하여 측정 결과와 비교해보자.

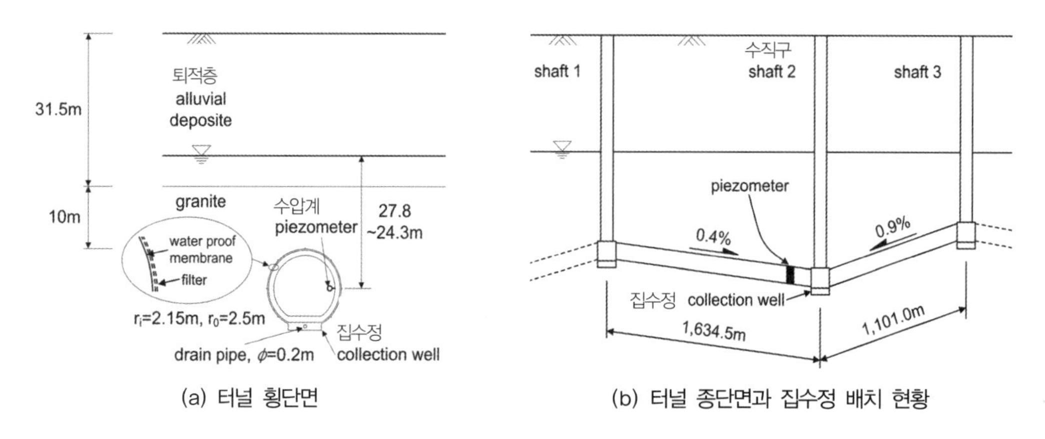

(a) 터널 횡단면 (b) 터널 종단면과 집수정 배치 현황

그림 M6.56 터널 횡단 및 종단 프로파일

**풀이** 주어진 데이터를 이용하면, 다음 두 가지 방법으로 잔류수압을 구할 수 있다(BOX-TE6-8).

1) 이론해법 : 정수압($p_o$), 지하수위, 자유유입량($q_o$)-Goodman식, 유입량($q_l$)으로부터(TM6장 식 (6.20)) 다음과 같이 구할 수 있다.

$$p_l = p_o(q_o - q_l)/q_o$$

2) 수치해법 : 터널 및 지반파라미터를 이용한 결합 수치해석을 수행하여 $p-q$ 관계곡선을 얻으면(해석하지 않고 기 알려진 정규화 $(p/p_o)-(k_k/k_s)$ 관계 이용 가능, (TM6장 그림 M6.54) 주어진 데이터로 상대투수성을 아래와 같이 산정한다.

$$k_l/k_s = \frac{1}{C}\left(\frac{q_l}{q_o - q_l}\right) \quad \text{여기서} \; C = \left\{\left[1-\left(\frac{r_o}{2h_o}\right)^2\right]\ln\left(\frac{2h_o}{r_o}\right)-\left(\frac{r_o}{2h_o}\right)^2\right\} / \left\{\left[1-3\left(\frac{r_o}{2h_o}\right)^2\right]\ln\left(\frac{r_o}{r_i}\right)\right\}$$

위에서 구한 상대투수성과 $(p/p_o)-(k_k/k_s)$ 관계를 이용하면 아래와 같이 잔류수압을 구할 수 있다.

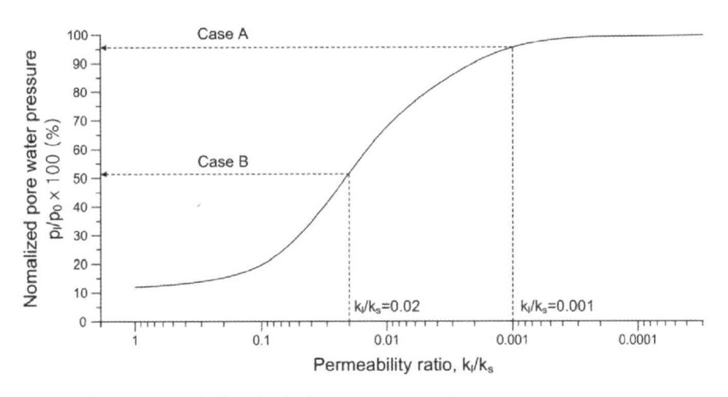


그림 M6.57 $(p/p_o)-(k_k/k_s)$ 관계를 이용한 잔류수압 예측

| Case | $h_o$ (m) | $p_o$ (MPa) | $q_o$ (m$^3$/day/m) | $q_{lm}$ (m$^3$/day/m) | $k_l/k_s$ | 측정치 | 계산치, $p_l$ | |
|---|---|---|---|---|---|---|---|---|
| | | | | | | $p_{lm}$ | 이론해 | 수치해 |
| A | 27.8 | 0.272 | 0.814 | 0.025 | 0.0015 | 0.240 | 0.263 | 0.249 |
| B | 24.3 | 0.238 | 0.743 | 0.200 | 0.0246 | 0.015 | 0.174 | 0.110 |

이론해석 결과와 수치해석과 이론해를 조합한 해법을 이용한 결과를 측정치와 비교하였다. 밸브를 잠가 잔류수압이 유의미한 경우 예측치는 측정치와 상당히 부합하였다. 밸브를 열어 잔류수압이 작게 분포하는 경우, 오차가 증가하였으나 간극수압의 크기가 무시할 만큼 작아 의미를 부여할 만한 결과는 아닌 것으로 검토되었다(이 예제는 호서대학교 김상환 교수의 현장 실험 결과(S.H.Kim, KTA Report, 2005)를 이론을 통해 검증한 것으로 Géotechnique 60(2), pp.141-145, 2009을 참고).

NB : **운영 중 터널의 잔류수압 평가.** 위 방법을 이용하면, 유지관리 단계에서 수압계가 설치되지 않은 터널의 잔류수압을 단지 지하수위, 유입량, 지반투수계수 만으로 추정할 수 있으므로 실무적으로 매우 유용하다.

## BOX-TE6-9 운영 중 배수터널의 잔류수압 예측법

**운영 중 터널의 수압영향 진단 : 잔류수압 평가**

오래된 터널의 경우 수리열화에 따른 잔류수압이 증가하여 라이닝에 구조적 부담을 야기하고 있지만, 터널에 천공을 하여 측정하지 않고는 배면의 잔류수압을 알기란 용이하지 않다. 유지관리를 위하여 계측기를 매설한 경우라도 계측기의 수명한도, 고장 등의 원인으로 수압 모니터링이 중단되는 경우가 흔하다. 이런 경우 이론해법 또는 이론-수치해석 조합법을 이용하여 터널 배면수압(잔류수압)을 추정할 수 있다.

아래 절차에 따라 터널 배면수압($p_l$, 터널중심위치)을 예측할 수 있다.

① 기본데이터 : 터널형상, 지하수위(시추조사), 지반평균투수성, 터널 내부 유입량($q_l$) 계측

② 이론공식으로 정수압 $p_o$, 자유유입량 $q_o$ 산정(예, El Tani식)

→ **단순법과 수치해석법 이용하여** $p_l$ 산정 가능

이론해석법 : 수압-유량관계 이용하여, $p_l = p_o[(q_o - q_l)/q_o]$ : TM6장 식(6.20) 이용

③ 수치해석법(기존의 특성곡선 활용 가능)

- 대상지반-터널 수치 파라미터 해석 → $p_l/p_o - k_l/k_s$ 특성곡선 도출 또는 TM6장 그림 M6.54 이용
- 지반과 라이닝(배수재, 1차 라이닝 평균)의 상대투수성 산정, $k_l/k_s$
- $p_l/p_o - k_l/k_s$ 특성곡선에서 위에서 산정한 $(k_l/k_s)$ 값으로 $(p_l/p_o)$ 값 $\alpha$ 읽음 → 배면수압(잔류수압) $p_l = \alpha p_o$

④ 위의 평가 잔류수압을 하중으로 하는 라이닝 구조해석을 실시하여 라이닝 안정성 확인

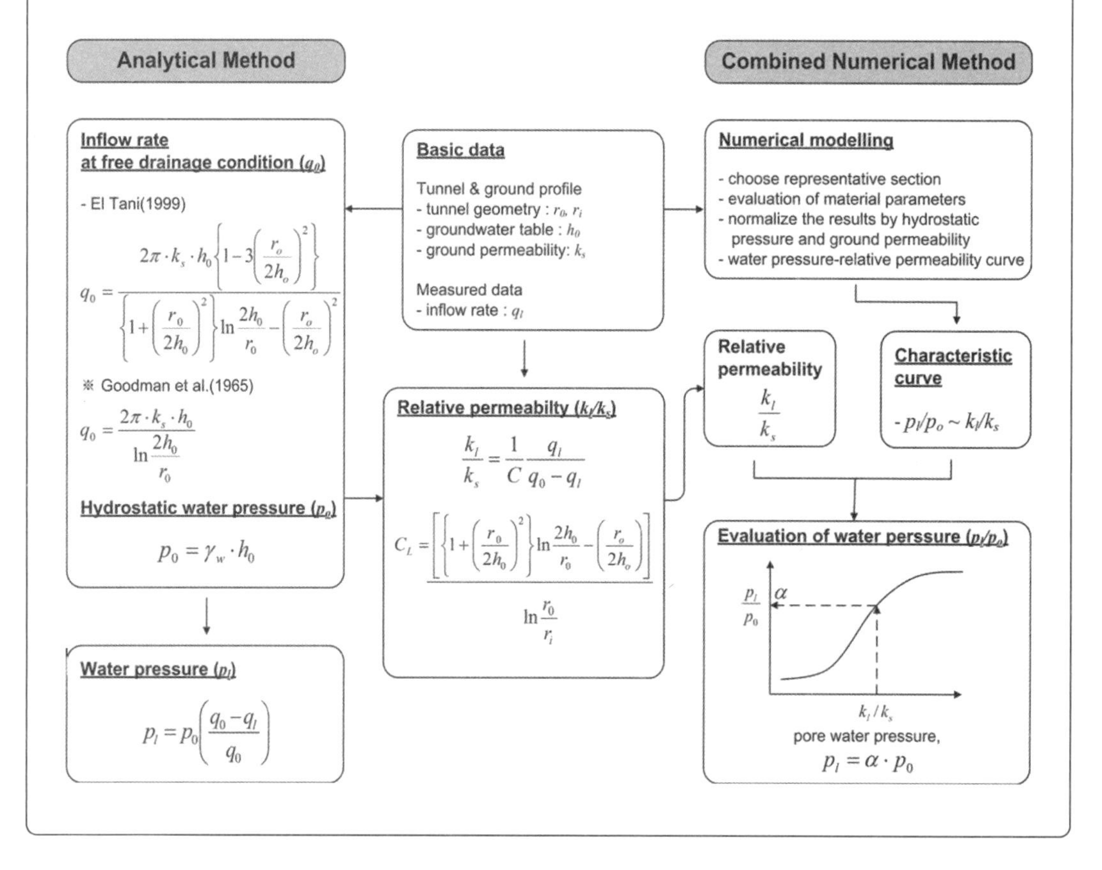

### 6.3.5.3 수리열화에 대한 보수보강 대책

누수대책으로 여러 공법들이 개발, 제안되었으나 완벽하게 영구적으로 누수를 차단하는 공법은 거의 없으며 **보수 후 누수가 재발**하는 경우가 대부분이다. 따라서 누수대책은 누수상황, 대책공법의 효과, 내구성 등 제반 사항을 충분히 고려하고, 수압발생 및 취약부를 통한 새로운 침투경로의 발생가능성을 판단하여 결정하여야 한다.

누수 대책은 그림 E6.58과 같이 대책의 구조적(역학적) 역할 여부에 따라 구조적 및 비구조적 대책으로 구분할 수 있으며, 대책의 임시성 여부에 따라 응급대책과 본 대책으로도 구분한다.

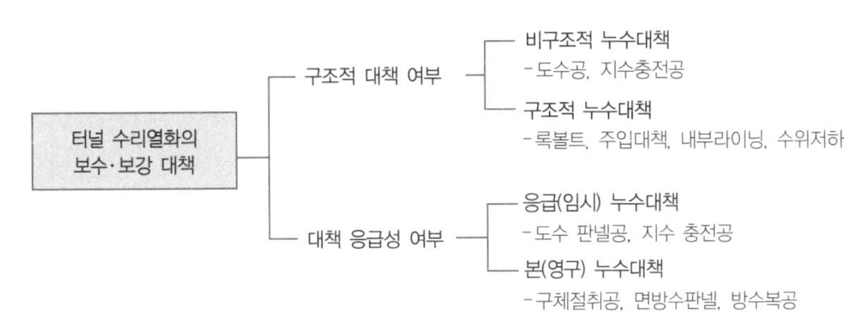


그림 E6.58 터널 누수대책의 예

비구조적 대책 non-structural measures

**백태처리.** 일반적으로 콘크리트를 완전히 건조시킨 후 백태를 제거하고 **폴리머 모르터** 등으로 마감처리한다. **희석한 염산**(1:5~1:10) 또는 **인산**으로 표면을 처리하거나 **모래를 분사**하여 제거할 수도 있다. 또한 **포졸란계 미분말**로 미세 공극을 채우거나 **침투성 발수제**의 도포 또는 분무처리도 도움이 된다.

NB : 백태는 발생의 예방에 보다 주력하는 것이 바람직하다. 다음 사항에 대한 적절한 시공관리를 통해 이를 예방 또는 최소화할 수 있다.

- 물–시멘트비와 단위수량의 최소화
- 콘크리트의 표면을 충분히 다짐
- 경화촉진제, 백태방지제, 방수제나 발수제 등 사용
- 방수제(아크릴산 수지계, 실리콘계, 유지계 등)에 의한 박막 처리

**유입수 유도처리.** 대표적 비구조적 대책은 터널 유입수를 원활하게 유도하는 것으로 이를 도수(導水) 공법이라 한다. 도수공법은 라이닝에 선상(線狀, line 형태)으로 물길을 만들어 유도배수하는 공법이다. 도수판넬공, 구체절취공, 지수충전공, 면 방수판넬공, 방수시트공, 방수복공 등이 있다.

① **구체 절취공.** 선(線)상 누수대책으로 본대책으로만 가능하다, 표면을 V-형 또는 U-형으로 절취하고, 배수경로 설치 후 표면을 시멘트계, 또는 고무계 씰재를 이용하여 충전한다.

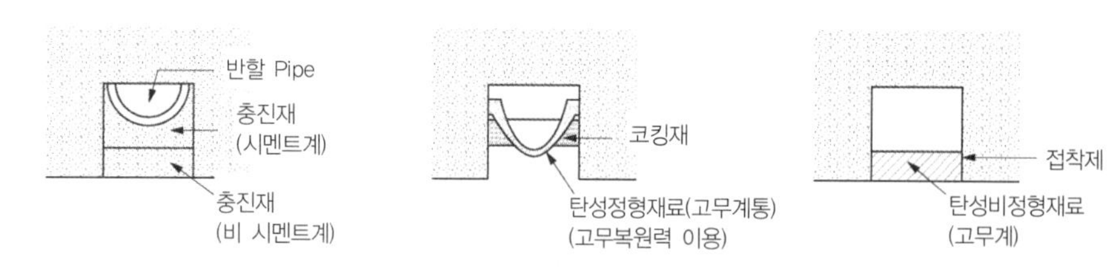


그림 E6.59 구체 절취공

② **지수 충전공.** 라이닝을 균열을 따라 절취한 후 몰탈 등으로 충전하는 본 대책공법이다. 시간경과와 함께 충전재가 열화되면 박락 또는 재누수의 가능성이 있다.

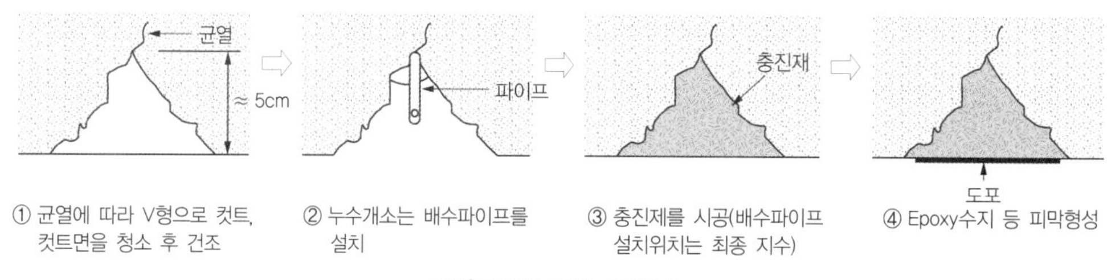


그림 E6.60 지수 충전공

③ **도수 판넬/시트공, 방수복공.** 염화비닐, 합성수지계 판넬을 복공 표면에 앵커볼트로 고정하는 방법으로 대량누수 대책에 유용하다. 주로 응급대책으로 사용되며, 본 대책으로도 가능하다. 내공단면이 충분한 경우 시트(sheet) 대신 판넬(panel)과 형강 또는 콘크리트 복공을 적용할 수도 있다. 새로 방수막을 설치하고 추가 라이닝을 설치할 수도 있는데, 추가 라이닝을 방수 복공이라 한다.

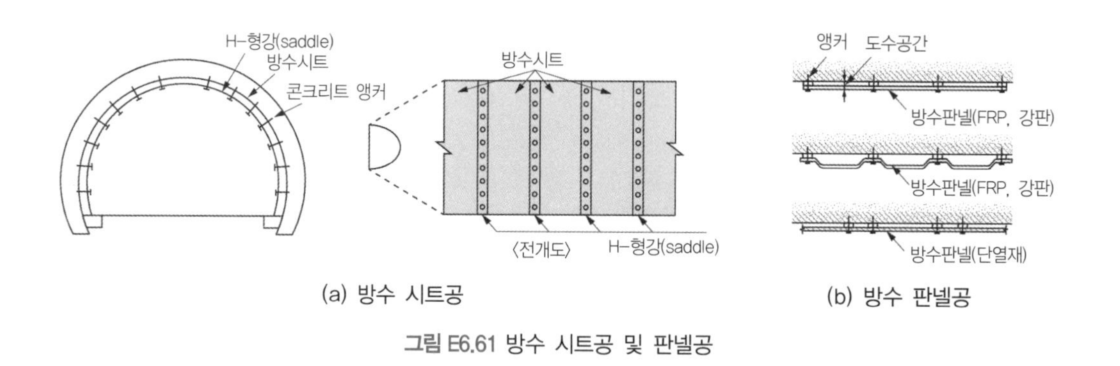


그림 E6.61 방수 시트공 및 판넬공

**갱구부 동해대책.** 갱구부에 집중되는 동해의 경우, 터널 외부에 대해서는 주변토 치환(동상영향 없는 자갈토 등으로), 발포성 수지 등 단열재 시공 등을 검토할 수 있고, 터널 내부에 대해서는 배면주입(정체수 동결 방지), 측벽개축(변상이 현저한 경우) 등의 대책을 반영할 수 있다.

### 구조적 누수대책

수리열화에 대한 구조적 대책은 유입량 제어와 수압 대응이 목적이며, 터널의 건설에 사용되는 지보요소를 모두 대책 공으로 검토할 수 있다. 즉 록볼트 보강, 숏크리트 추가, 원지반 주입, 내부 라이닝 추가(방수복공) 등의 공법이 적용 될 수 있다. 보강설계원리는 터널 지보설계와 유사하며, 비구조적 누수 대책과 병행하여 구조적 문제와 누수문제를 모두 고려하여야 한다.

### 차수 및 지수 공법

대표적 누수대책으로 **주입공법(그라우팅 공법)**이 있다. 시멘트계 또는 화학 재료를 배합한 주입액을 누수경로를 포함하는 주변 지반에 주입하여 누수를 제어한다. 주입압이 라이닝에 부담을 주지 않도록, 라이닝의 변위와 함께 주입압력을 적절히 관리하여야 하며, 방수막 훼손 대책이 필요하다.

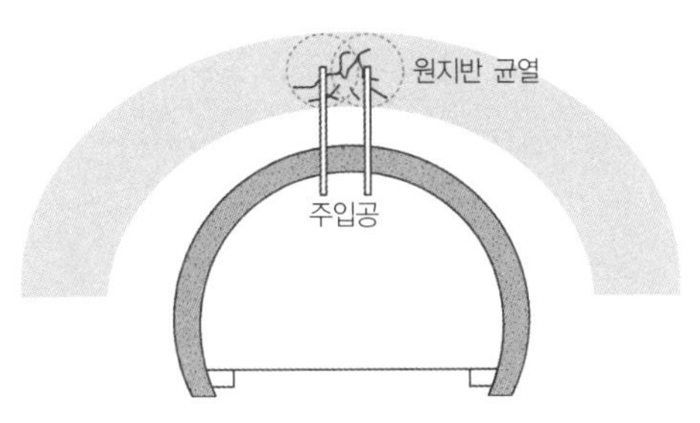


그림 E6.62 터널 주변 그라우팅 지수공

### 배수공법

배수로 깊이를 저하시키면 주변수위를 낮추어 지하수와 터널 간 접촉을 차단하는 **배수로 깊이 저하법**(배수구 수위도 함께 낮춰야 한다)과 집중누수가 형성된 경우 이를 배수시키는 **수발 보링 공**(drain pipe)이 있다. 수발 보링 공은 라이닝을 관통하여 설치되므로 방수막이 설치되지 않은 오래된 터널에 대한 누수대책이다.

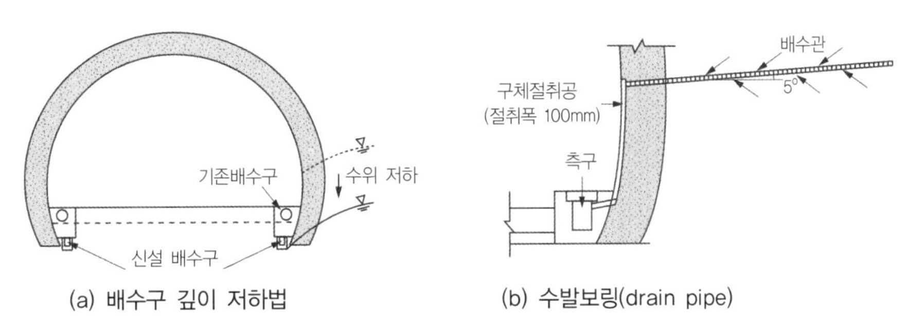


(a) 배수구 깊이 저하법 (b) 수발보링(drain pipe)

그림 E6.63 구조적 누수대책의 예

## 6.4 운영 중 터널의 근접영향의 관리

### 6.4.1 근접영향의 관리

기존 터널에 인접하여 건설공사가 행해지는 경우 터널 주변 지반 응력의 증가 및 재배치가 일어나면서, 기존 터널에 손상을 야기할 수 있다. 흔히 발생하는 기존 터널의 근접영향은 다음과 같다.

- 신규 터널의 병설 및 교차
- 기존 터널 상부 개착, 인접부 건물의 건설
- 지반진동을 야기하는 터널 주변의 건설공사
- 지하수 변동을 야기하는 터널 주변 건설공사
- 기존 터널 근접 주입공사

#### 근접영향의 검토체계

근접영향은 운영 중 터널 관리 주체의 시설확장 계획 등에 따라 수반될 수도 있지만, 대부분 터널 인근 다른 건설공사가 주 원인이다. 따라서 영향 원인자인 인접건설 사업자가 대책을 수립하여, **터널운영기관과 협의**토록 되어 있다.

일반적으로 인접사업자는 경제적 비용으로 사업을 추진하고자 하는 반면, 터널 운영자는 과하다 싶을 정도의 대책과 조치를 요구하게 되므로, 터널 전문가들이 참여하여 최적방안을 조언하는 체계가 바람직하다. 근접영향의 예와 관리절차를 그림 E6.64에 예시하였다.

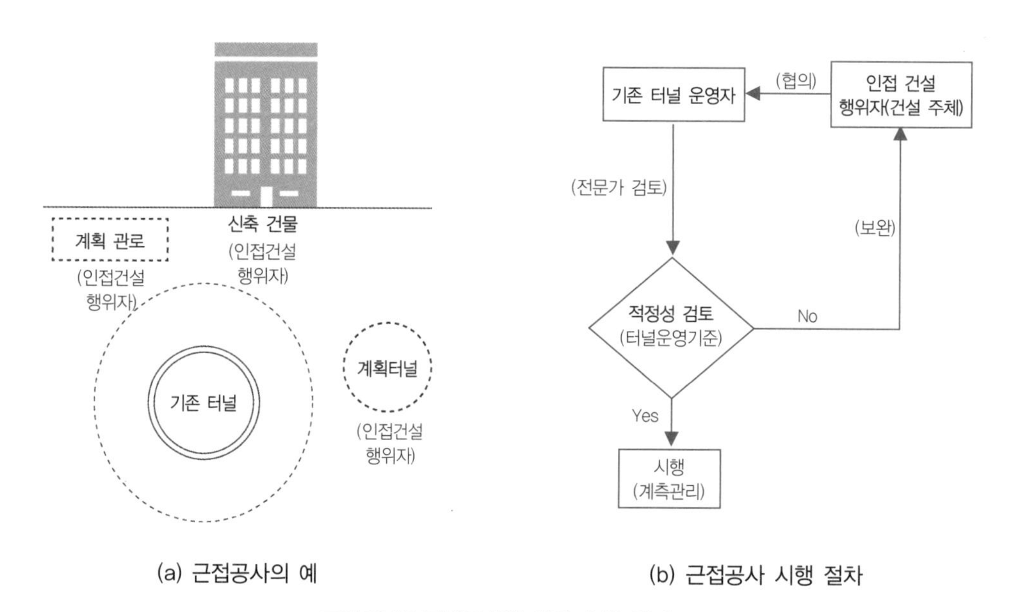


(a) 근접공사의 예 (b) 근접공사 시행 절차

그림 E6.64 근접공사의 예와 수행 체계

### 터널 보호영역

터널은 지지 지반 없이 유지될 수 없고, 특히 관용터널공법의 경우 지반과 지보재가 일체화된 지지링 개념으로 시공되었으므로 터널로부터 일정영역은 보호되어야 한다. 이에 따라 터널 운영기관들은 나름의 **보호영역 기준과 근접영향 관리**에 대한 기술지침을 운영하고 있다.

그림 E6.65는 근접영향 관리를 위한 터널 주변의 보호영역을 예시한 것이다. 근접 터널 건설, 성토 및 절토 등 개별영향에 따른 보호영역은 BOX-TE6-10을 참고할 수 있다.

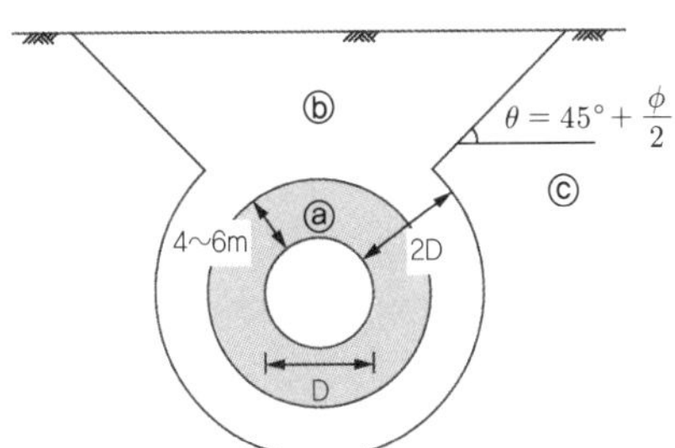


그림 E6.65 터널 주변 근접영향에 대한 보호영역 예

터널과 인접하게 계획되는 구조물의 경우, 터널운영기관의 요구조건을 포함하는 안정성 검토가 필요하다. 근접영향에 대한 안정성검토는 터널보호를 위한 대책의 적정성을 평가하는 것으로 수치해석 등을 통한 영향평가, 발파 등 진동영향 추정, 지하수위 저하, 지하수 침투 등 배수시스템 영향 등의 평가를 포함하며, 검토 결과에 따라 저감대책 수립, 계측 계획 등을 반영한다.

근접영향의 대책은 크게 **기존 터널 보강대책**과 **주변보강**을 통해 터널을 보호하는 대책으로 구분할 수 있다. 기존 터널 보강대책으로 라이닝보강(받침판, 단면보강, 철망 등)이 고려될 수 있고, 주변보강대책으로는 배면 보강재 주입, 록볼트 시공, 단면두께 보완 등을 검토할 수 있다.

## 6.4.2 근접영향의 유형과 대책

### 6.4.2.1 근접영향의 대표적 유형

### 터널 상부의 굴착 및 성토

터널의 상부 개착에 의해 하중이 제거되어 연직토압이 감소하고, 측압계수가 커지면 터널 천장이 부상(융기)할 수 있다. 터널 상부의 건물 축조는 라이닝에 수직하중을 증가시키며, 성토가 균등하지 않은 경우는 라이닝에 편압을 야기할 수도 있다. 그림 E6.66은 터널 상부 하중 변화 요인을 예시한 것이다. 터널 상부에 신설 구조물을 건설하기 위하여 굴착하는 경우, 굴착 중에 터널 작용하중이 감소하지만 신축과 함께 하중이 증가하므로, 하중 변화 전 과정에 대한 영향이 검토되어야 한다(Lee Y.J. & Basstte, 2007).

**BOX-TE6-10 근접영향 유형에 따른 터널의 보호영역**

운영 중 터널의 근접영향은 주변 건설(공사) 유형에 따라 다르게 나타나므로 이를 고려하여야 한다.

**A. 터널의 보호영역 일반**

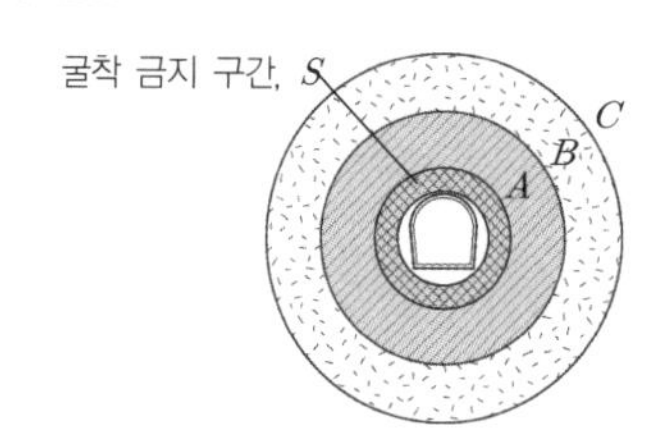


$S$ : 라이닝~6.0m : 굴착 금지
$A$ : 6m ~ $2.0D_e$ : 굴착 제약
$B$ : $2.0D_e$ ~ $3.0D_e$ : 보강 굴착
$C$ : $3.0D_e$ 이상 : 주의 굴착
$D_e$ : 터널의 등가직경

※ Rock Bolt 길이 6.0m 이상인 경우:
→Rock Bolt 길이+1.0m 굴착 금지

**B. 병행 및 교차터널구간의 보호영역**

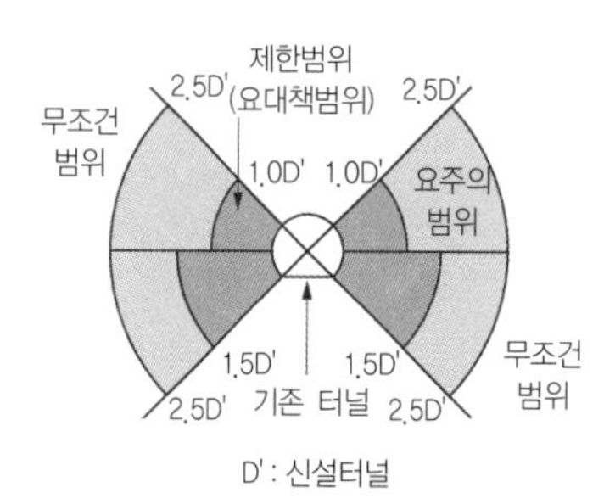


병행터널의 안전영역 예

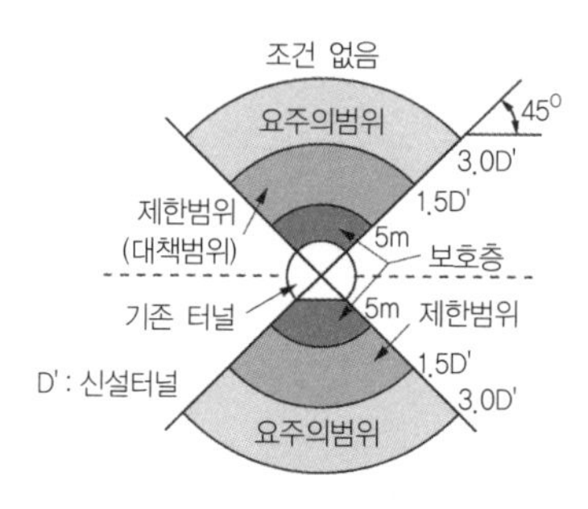


교차터널의 안전영역 예

**C. 터널 상부 성토에 따른 보호영역 :** 터널토피 $C$가, $C$>3D이면, 무조건 범위 성토 허용 높이 1.0$C$

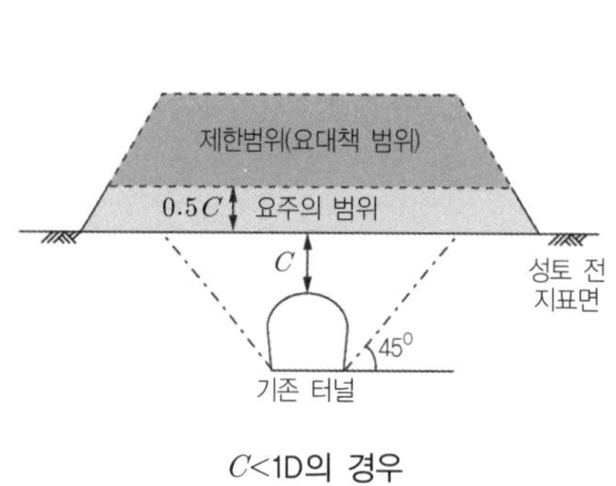


$C$<1D의 경우

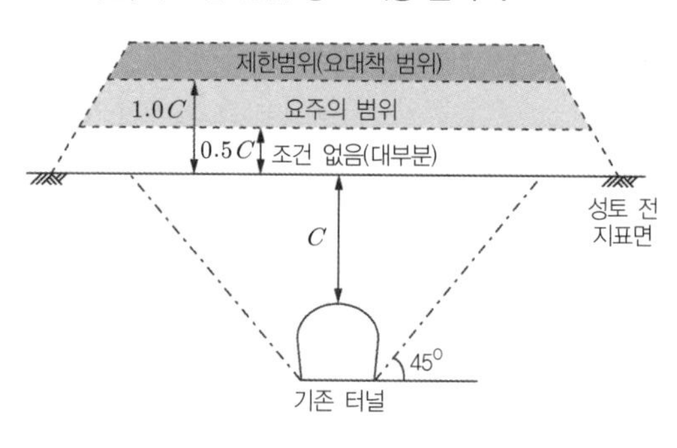


$1D \leq C < 3D$의 경우

**D. 터널 상부 절토에 따른 보호영역**

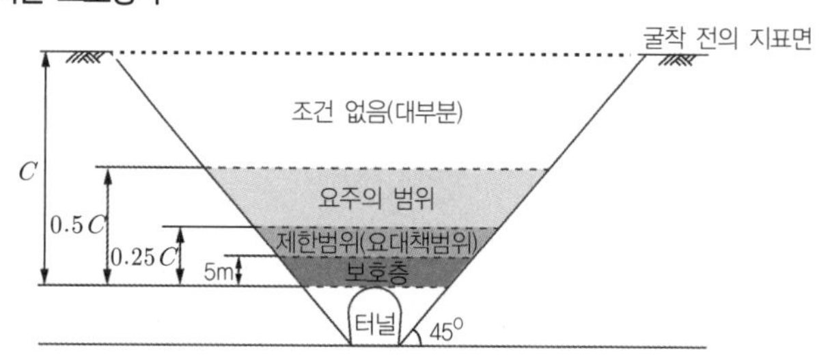

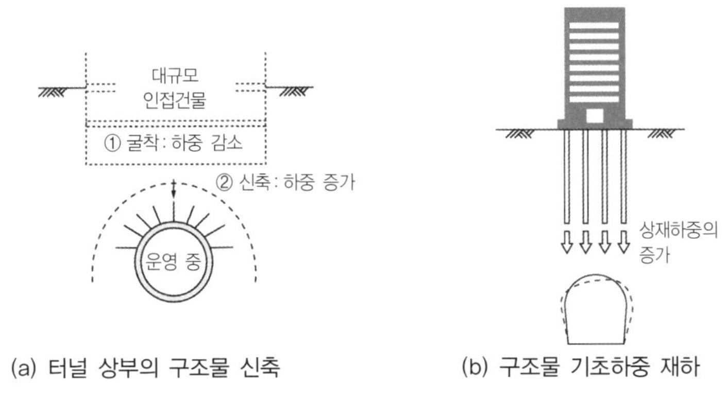


(a) 터널 상부의 구조물 신축 (b) 구조물 기초하중 재하

그림 E6.66 터널 상부의 하중변화 영향

### 터널의 교차와 병설

기존 터널에 인접하여 새로운 터널을 굴착하는 경우, 신설터널 쪽으로 변형되는 거동이 일어날 수 있다. 신설터널이 기존 터널 상부를 통과하는 경우, 이격거리가 가까우면 기존 터널의 **지반 아칭효과가 소멸**되어 라이닝에 작용하는 하중이 증가할 수 있다. 반면, 신설터널이 기존 터널의 하부를 통과하는 경우에는, 지반 이완에 따라 기존 터널에 침하를 야기할 수 있다.

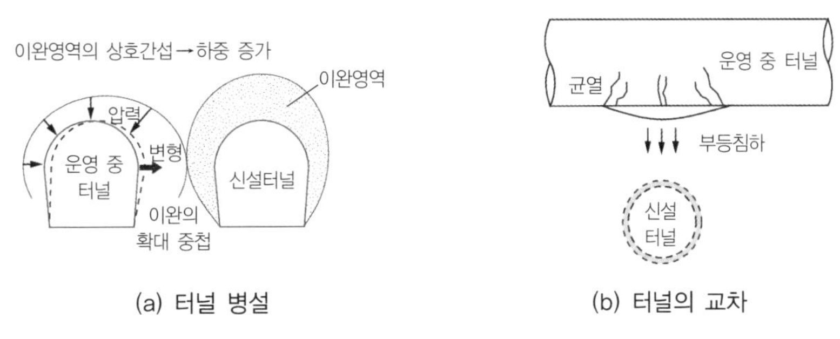


(a) 터널 병설 (b) 터널의 교차

그림 E6.67 터널의 병설과 교차 영향

### 터널 주변 건설작업의 영향

건설공사는 구조물의 건설에 따른 상재하중 증가 외에도 그림 E6.68과 같이 기존 터널에 다양한 영향을 미칠 수 있다. 일례로 터널 상부의 토사제거는 터널형성의 원리가 되는 **지반아치작용을 소멸**시켜 터널에 구조적 영향을 미칠 수 있다.

측면 굴착이나 흙막이 깊은 굴착 등 터널 측면의 지압을 해제시켜 터널에 횡방향 변상을 초래할 수 있다. 터널 주변의 앵커 정착부 등도 인발, 하중에 따른 수평변위를 야기하므로 터널변상의 원인이 될 있다.

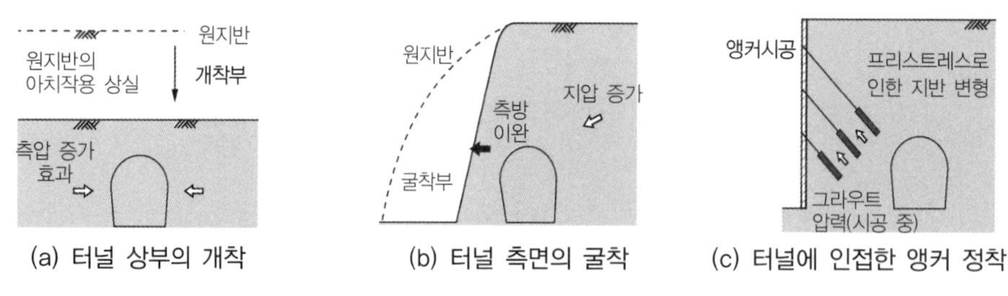

(a) 터널 상부의 개착 (b) 터널 측면의 굴착 (c) 터널에 인접한 앵커 정착

**그림 E6.68** 터널주변 건설작업이 터널에 미치는 영향

한편, 기존 터널에 근접하여 발파하면 진동하중에 의해 터널 라이닝에 균열이 야기되거나 콘크리트 박리가 일어날 수 있다.

### 지하수 영향

댐 건설, 지하수보호 대책 시행(예, New York 시) 등으로 터널 주변의 수위가 상승하면, 터널에 작용하는 수압의 크기가 변화하여 터널에 구조적 영향을 미칠 수 있다.

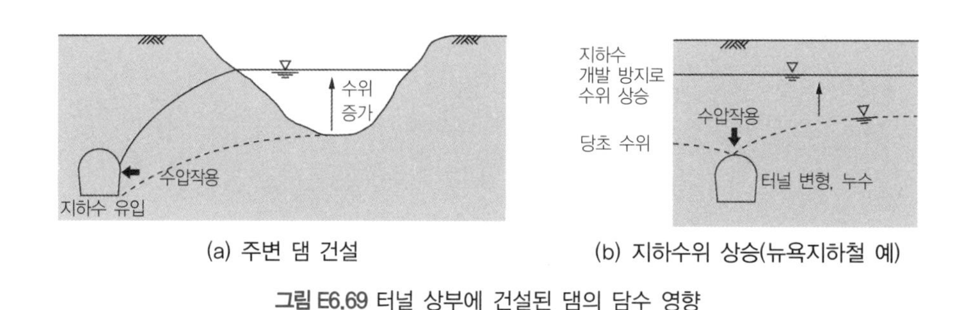

(a) 주변 댐 건설 (b) 지하수위 상승(뉴욕지하철 예)

**그림 E6.69** 터널 상부에 건설된 댐의 담수 영향

## 6.4.3 근접시공 영향 검토 및 대책 예 : 터널 주변 깊은 굴착

서울을 비롯한 대도시의 경우, 지하철 망이 촘촘해지면서 초고층 빌딩건설을 위한 깊은 굴착과 기존 지하철 터널과 간섭영향이 발생하는 경우가 흔하다. 터널 주변의 깊은 굴착의 예를 통해 근접영향의 검토 예를 살펴보자.

### 터널 주변 깊은 굴착과 흙막이 계획

그림 E6.70은 2-Arch 터널에 인접하여 터널 바닥 심도에 이르는 깊은 굴착 계획(38.7m)을 예시한 것이다. 지하연속벽 흙막이가 계획되었고, Top Down 방식의 흙막이 공사 계획이 수립되었다. 상부 연속벽은 스트러트로 지지하고, 하부 암반은 '숏크리트+네일(nail)' 지지로 계획하였다.

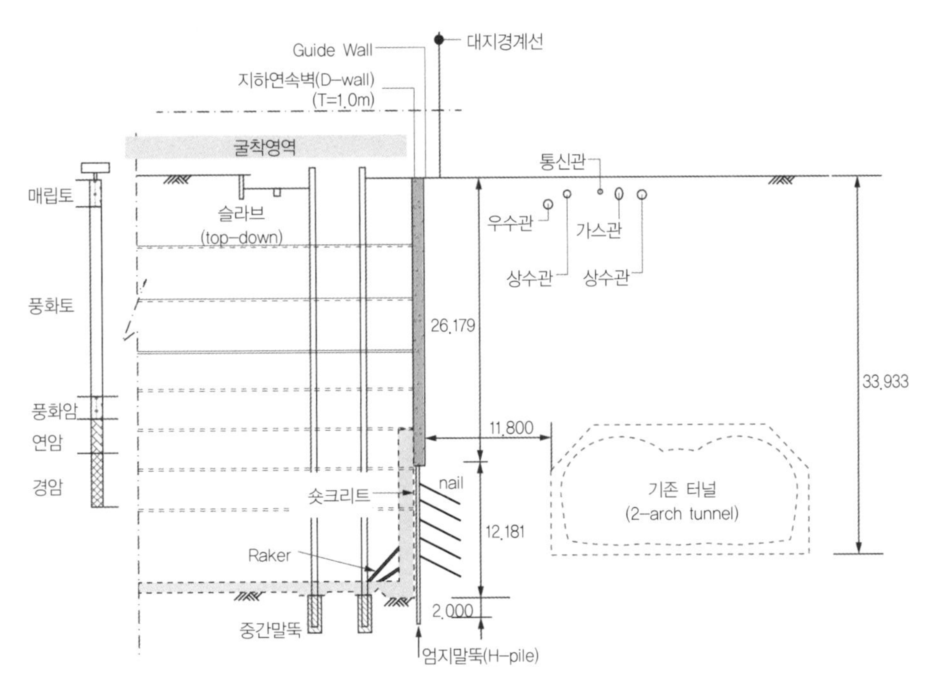


그림 E6.70 터널 인접 깊은 굴착의 흙막이 계획 예

## 흙막이 및 터널 안정해석

수평 자유지반의 초기응력 상태를 설정하고, 먼저 터널 시공을 모사하는 해석을 수행하여, 인접굴착 해석을 위한 초기상속 응력을 결정한다. 상속응력을 유지한 상태로 터널 굴착으로 인한 지반변위를 모두 '0'으로 초기화하고, 이제 깊은 굴착 계획에 따라 '슬러리 월 설치 → 단계적 굴착 및 지지'의 순서로 단계별 굴착해석을 수행한다. 그림 E6.71에 해석 결과를 예시하였다. 단계별 해석 결과가 흙막이 및 터널의 허용거동 이내에 있는지 확인한다. 그림 E6.72는 해석 흐름도를 예시한 것이다.

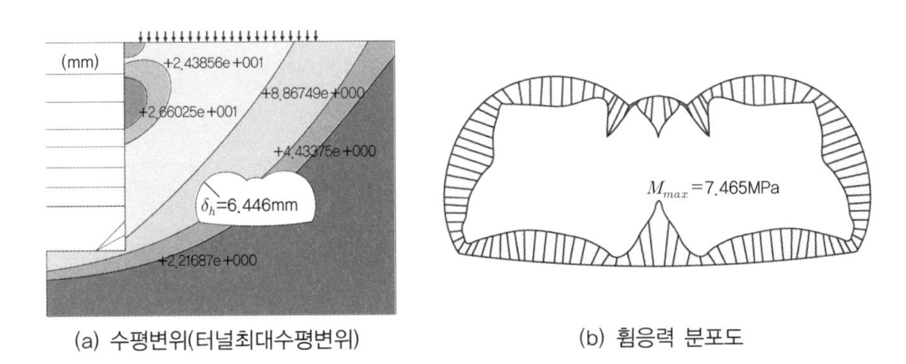


(a) 수평변위(터널최대수평변위)　　(b) 휨응력 분포도

그림 E6.71 해석 결과 예

해석 결과가 변위허용기준, 부재 허용응력 기준 이내로서 별도의 지지구조 보강 등 흙막이 설계를 변경할 요인은 발생하지 않았다. 허용기준 초과 시 구조보강이 필요하다.

흙막이 구조물의 경우 해체 시 과다해체에 따른 붕괴사고가 일어나는 경우가 많다. 따라서 흙막이 해체공사에 대하여 굴착해석의 역으로 해체 해석을 실시하여 흙막이와 터널의 안정을 검토하여야 한다.

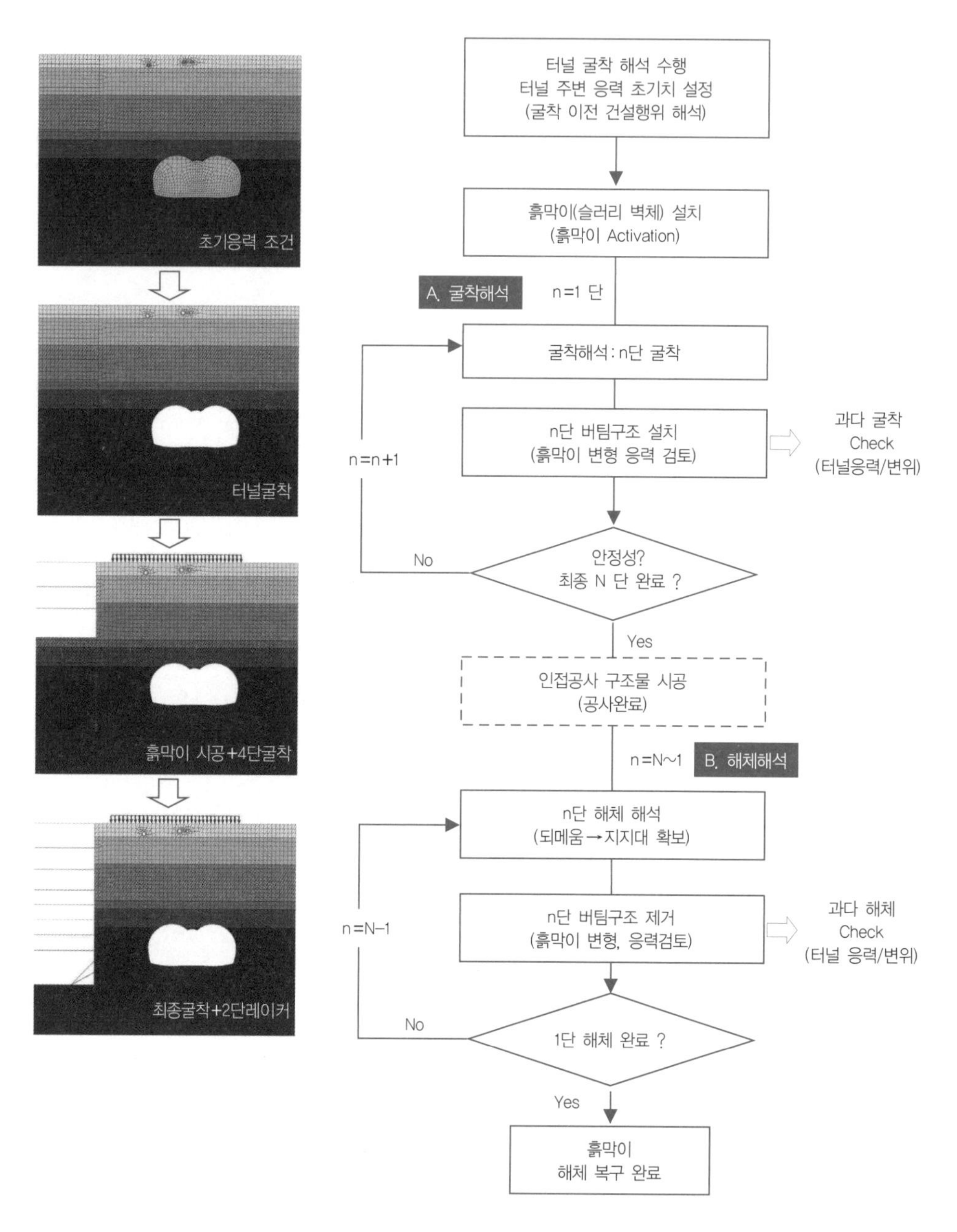


**그림 E6.72** 해석 흐름도(굴착과 해체에 따른 응력 이완이 터널에 미치는 영향을 평가)

### 계측 계획

공사 중 지반불확실성의 대응, 설계 적정성 확인 등 리스크를 관리하기 위하여 모니터링 계획(계측 계획)을 수립한다. 그림 E6.73에 해석 결과에 따른 구조물 중요도 등을 고려한 계측의 범위와 계측기의 배치를 보였다. 지반에 대하여 지표변위, 지중변위, 그리고 터널구조물에 대하여 라이닝 변위, 응력, 경사, 균열폭 변화 등의 계측 계획이 수립되었다. 굴착에 따른 지하수의 영향은 별도 수리해석으로 검토되었으며, 이에 기초하여 모니터링 계획에 지하수위 측정이 포함되었다.

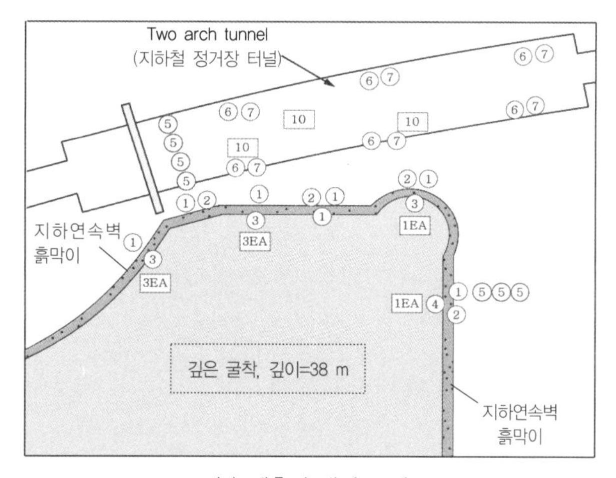


(a) 계측기 배치도 예

| 구분 | 명칭 | 설치 위치 및 측정 대상 | 수량 |
|---|---|---|---|
| ① | 지중 경사계 | 토류벽의 수평변위 계측 | 18 |
| ② | 지하수위계 | 지하수위의 계측 | 9 |
| ③ | 변형률계 | 부재의 변형률 측정 | 7 |
| ④ | 네일(nail)축력계 | 네일 축력 측정 | 19 |
| ⑤ | 지표침하핀 | 지표면에 침하 측정 | 25 |
| ⑥ | 경사계 | 기울기 측정 | 6 |
| ⑦ | 균열측정계 | 구조물 균열 측정 | 6 |
| ⑧ | 내공변위계 | 지하철터널의 변위 측정 | 1 |
| 3D TARGET 측정 | | 흙막이 벽체 변위 측정 | 6 |
| 10 | 진동 측정계 | 발파 등 건설진동 측정 | 6 |

• 계측기간 : 굴착 – 해체까지
• 계측빈도 : 굴착/해체 시 1회/일(위험 시 빈도 증가)

(b) 계측요소와 계측기

그림 E6.73 계측 계획 예

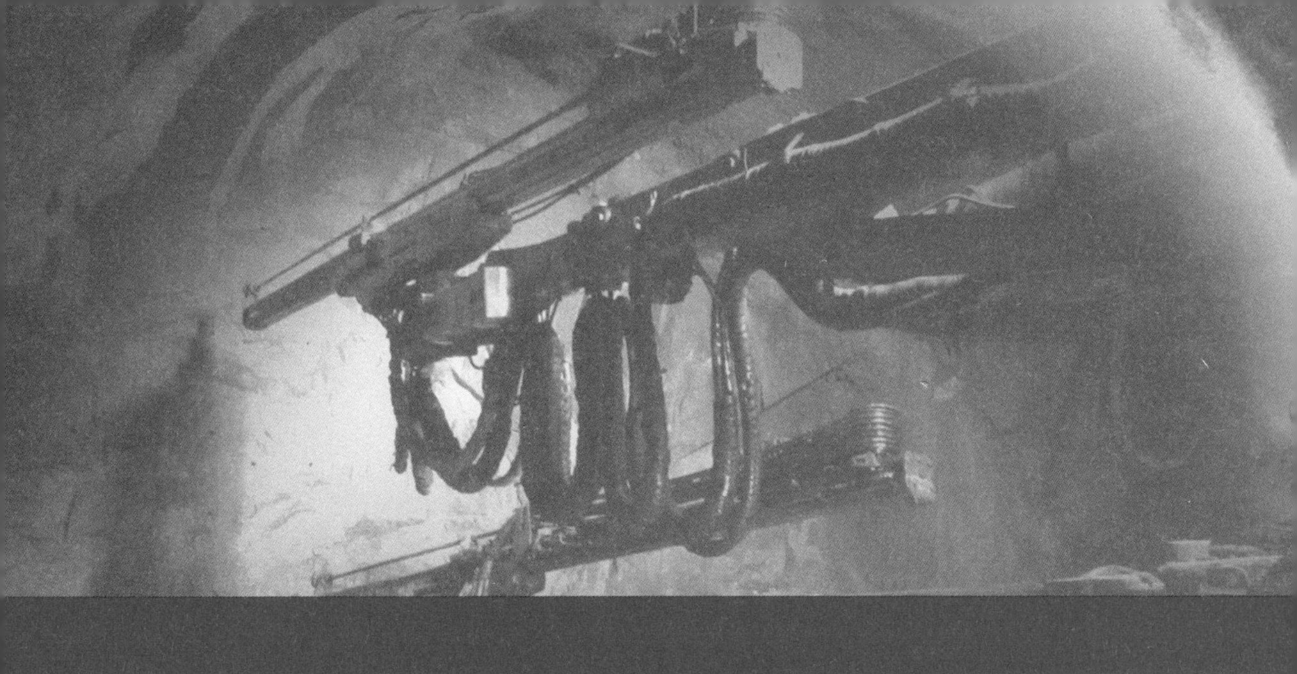

# 부록

# A1. 지질 및 지층구조 Geological Structures

터널노선을 안정이 확보되는 견고한 지층에 배치할 수 있다면 최선의 계획일 것이다. 지질구조가는터널 거동을 지배하는 취약부가 될 수 있기 때문에 지질구조에 대한 이해는 터널공학의 중요한 부문이다.

## A1.1 지질구조의 공학적 이해

현재의 지질구조는 지각운동, 암석의 순환, 그리고 화산 및 지진활동으로 **지층이 뒤틀리고 변형된 결과**이다. 지각 판이 수평력을 받으면 휘거나 파단되어 그림 A1.1과 같이 불연속 지층구조가 생성된다.

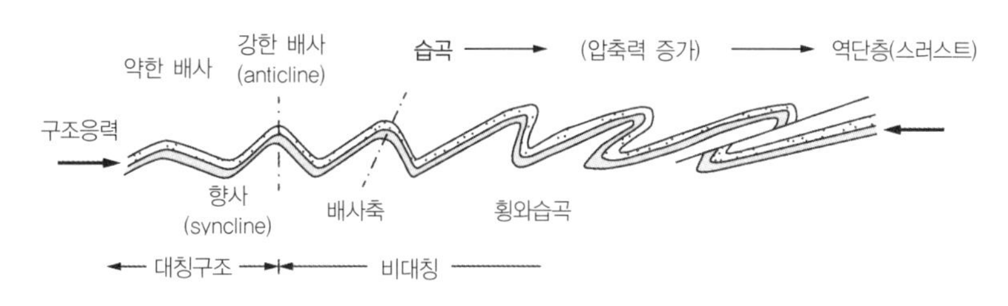


그림 A1.1 지질구조(geological structures)

지질구조의 규모와 역학적 영향정도에 따라 그림 A1.2와 같이 주(主) 구조(major structures)와 경미한 (부) 구조(minor structure)로 구분할 수 있다. 습곡, 단층, 절리 등이 대체로 주 구조에 해당한다.

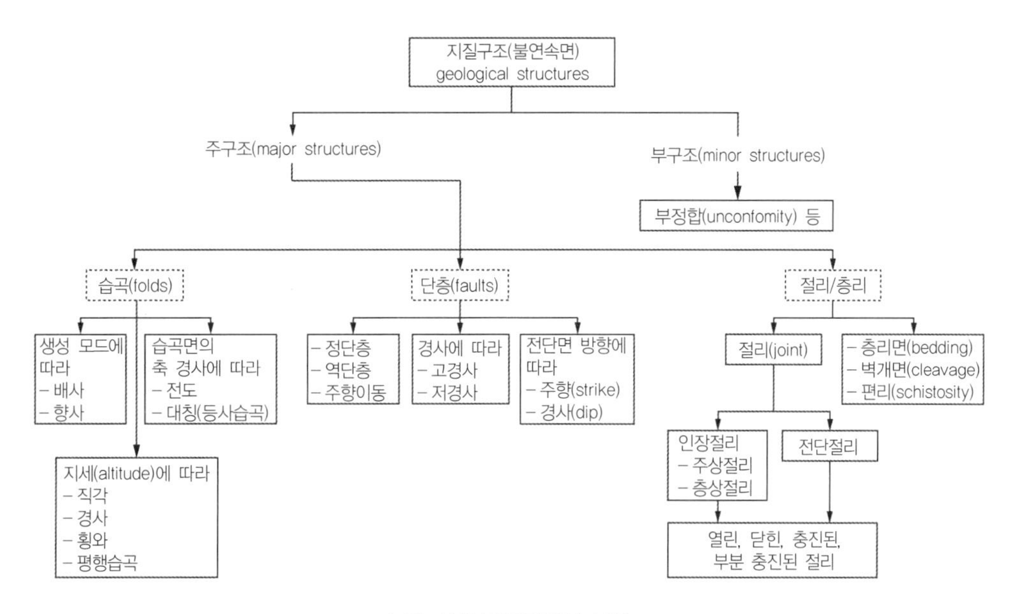


그림 A1.2 지질구조의 분류

### 지질구조 불연속면의 스케일

불연속 지질구조는 역학적으로 취약하기 때문에 **중요한 지반공학적 위험 요소(geotechnical risks) 중의 하나로 관리되어야 한다.** 암 지반의 불연속면 체계는 일반적으로 그림 A1.3과 같다. 검토 대상영역의 규모(scale)는 프로젝트의 규모와 영향 범위를 고려하여 결정한다.

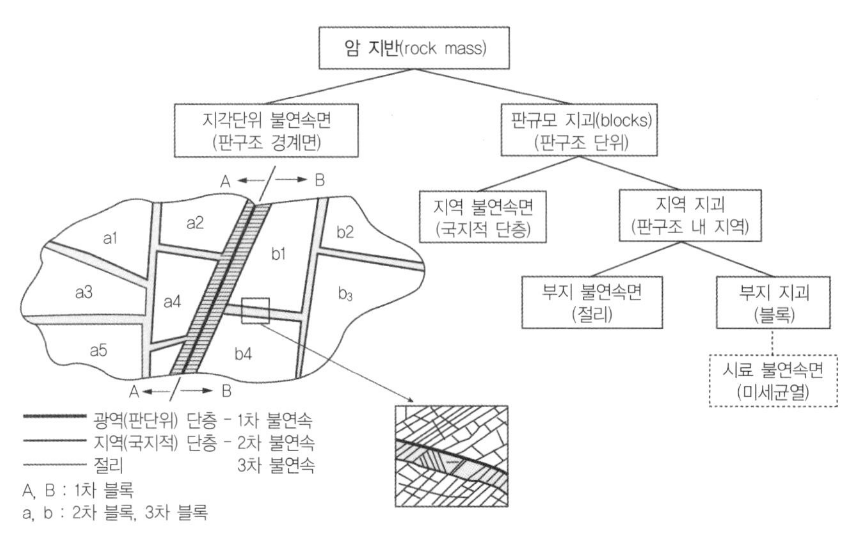

**그림 A1.3** 불연속면의 스케일

그림 A1.4에 불연속면의 길이에 따른 분리와 상태정의를 보였다. 일반적으로 결함(defects)은 길이 0.03m 이하의 미세균열, 절리(joints)는 길이 약 0.03~70m, 그 이상이면 취약부(weak zones)로 분류할 수 있다.

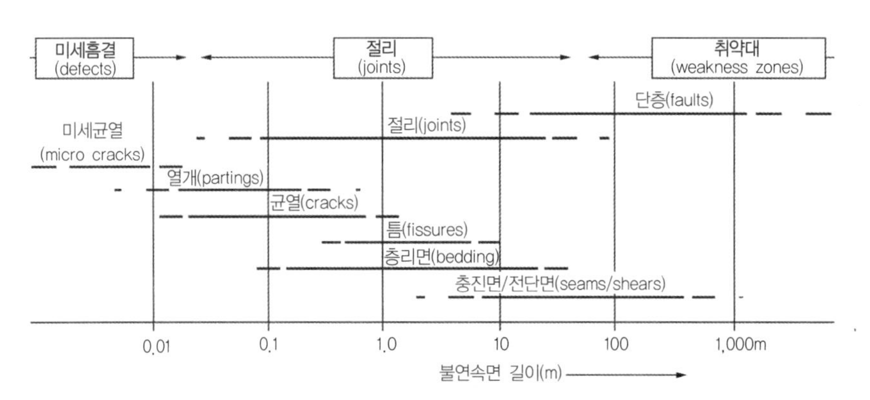

**그림 A1.4** 불연속면의 구분과 상대적 크기

## A1.2 불연속 지질구조

### 층리(層理, bedding plane)와 부정합

층리는 퇴적층의 결을 나타내는 구조로서 형성된 시기(기간)간, 또는 퇴적물로서 구분되는 평면 지질구조이다. 조직, 색깔, 구성 물질 등에 의해 구분되며, 층리는 상대변위가 없는 불연속면 이므로 절리로 인식될 수 있다. 퇴적지층 상·하간에 상당한 시간적 차이(gap)가 있는 경우, 이때의 접촉면을 **부정합**(不整合, unconformity)이라 한다.

### 습곡 fold

습곡(褶曲)이란 지층이 횡압력(tectonic pressure)을 받아 휘어진 구조를 말한다. **위로 볼록한 습곡구조(∩)를 배사(anticline), 아래로 볼록한 구조(∪)를 향사(syncline)**라 한다. 횡압력을 견디지 못하고 파단이 일어나면 **단층**이 된다(그림 A1.5).

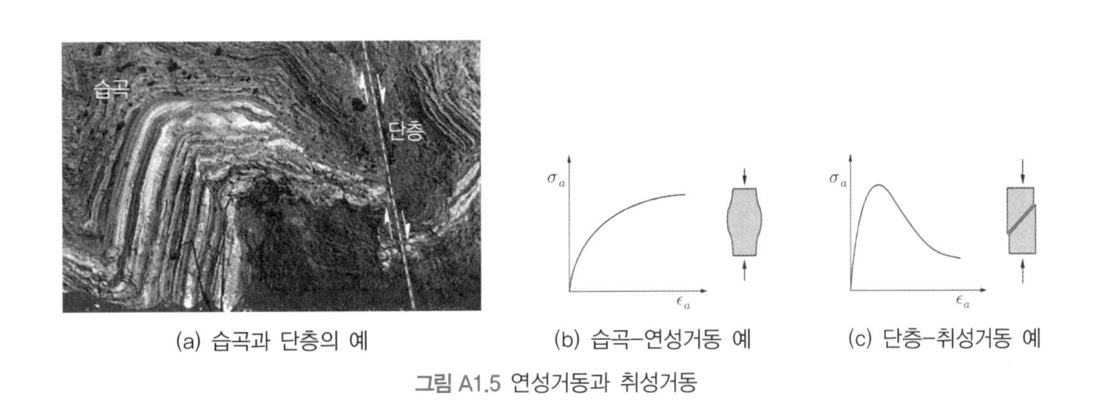


(a) 습곡과 단층의 예 (b) 습곡–연성거동 예 (c) 단층–취성거동 예

그림 A1.5 연성거동과 취성거동

### 단층 faults

단층(斷層, faults)은 지층이 횡압력, 장력, 중력 등을 받아 특정 위치에서 상대적 변형이 크게 발생하여 지층의 연속성이 어긋난(파단된) 지질구조를 말한다(그림 A1.5). 단층은 지층의 소성 습곡변형, 취성파단, 융기 및 침강 등의 지질작용 중에 발생하며, 많은 경우 판구조론적 지각운동의 결과이다. 단층지반을 통과하는 터널에서는 압착(squeezing)거동이 야기되는 사례가 많이 보고되었다.

단층이 발생한 얇은 단층면을 따라 충진물인 반죽상태(rock paste)의 **단층 가우지(fault gouge)**가 채워진 경우가 많다. 상대변위가 진행되는 과정에서 매끈하게 닳아진 단층면을 **슬리컨사이드(slickenside)**라 한다.

그림 A1.6에 단층의 종류를 보였다. 단층면을 경계로 한 지층의 상대적 이동 위치에 따라 경사이동단층(dip-slip fault)과 주향이동단층(strike-slip fault)으로 구분한다(그림 A1.6c). 경사이동단층은 다시 횡압력의 작용에 따라 **정단층(normal fault)**과 **역단층(reverse fault)**으로 구분한다.

- 정단층(normal fault) : 천장부가 아래로 이동한 **경사이동단층**(dip-slip fault)을 말한다. 일반적으로 지각 상부는 온도도 낮고, 구속압력도 적어 인장력을 받을 경우 쉽게 파단되는데, 이때 정단층이 생성되기 쉽다. 정단층은 인장상태가 존재하였음을 의미한다. 대부분의 정단층은 규모가 작은 수 미터 수준이다.
- 역단층(reverse fault) : 천장부가 위로 이동하는 경사이동단층을 말한다. 압축력을 받는 환경에서 발생하며 경사각이 45도 이상인 경우 역단층(reverse fault), **45도 이하인 경우 특별히 스러스트 단층**(thrust fault)이라고도 한다. 통상 대규모로 나타난다.

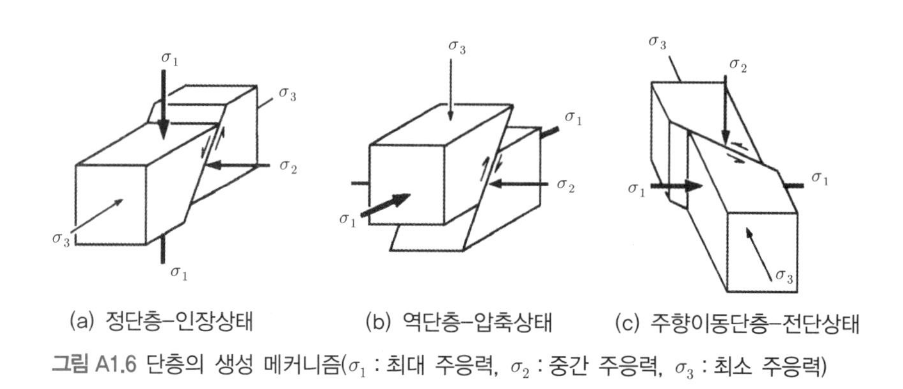

그림 A1.6 단층의 생성 메커니즘($\sigma_1$ : 최대 주응력, $\sigma_2$ : 중간 주응력, $\sigma_3$ : 최소 주응력)

## 절리 節理, joints

절리란 암반의 생성 시 온도수축이나 지각변동 과정에서 힘을 받아 나타나는 상대적 이동이 거의 없는 암석(반)의 갈라진 틈(균열)을 말한다. 주로 인장파괴로 발생한다. 일반적으로 성인이나 특성에 관계없이 **상대변위가 거의 없는 암반 내 불연속면(intra block discontinuities)을 포괄적으로 '절리'**라 칭한다.

## 기타 불연속면 구조

- 벽개(cleavage) : 주로 광물(화성암)이 일정한 방향으로 쪼개지는 특성으로, 층리와 무관하며 광물 구조와 관련(규칙성)이 있다. 벽개면을 따라 생성된 균열이 상대변위가 없는 경우 벽개절리(cleavage joint)라 한다.
- 파쇄대(fracture-cleavage, fractured zone, crushed zone) : 암석이 파쇄 되고 세편화하여 일정 두께의 띠 모양으로 연속 분포하는 구조를 파쇄대라 하며, 단층과 같은 지각작용 시 생성된다.
- 심(seam) : 폭이 좁은 파쇄대에 얇은 점토질 흙이 채워져 있는 경우를 말한다. 파쇄대에 빗물이 스며들어 점토 함유 암석이 풍화되어 발생한다.
- 미세균열(fissure, fine cracks) : 무결암(intact rock)에 존재하는 내재적인 실금(균열)을 말하며, 암석 생성 시 수축력에 의해 발생한다.
- 엽리(foliation) : 변성작용 시 편압을 받아 판상 또는 연속된 광물의 띠로 형성된 선형 지질구조이다. 변성암에서 발견되는 엽리는 보통 나뭇잎처럼 넓은 모양의 구조를 보인다.
- 편리(schistocity) : 변성작용에서 나타나는 결정상 암석의 엽리를 말하며 엽리보다 얇은 바늘모양의 불연속 띠 형태로 나타난다. 광역 변성암에 주로 발달하는 좁은 간격의 불연속면이다.

# A2. 암석과 암반의 식별

## A2.1 풍화(weathering)와 암반분류

**풍화의 등급**은 암반의 정의에 따라 다양하게 분류되고, 터널 프로젝트에 따라서도 설정될 수 있다. 기술적 의사소통(technical communication)을 위한 풍화도 구분을 표 A2.1에 보였다. 일반적으로 암석조직, 굴착 용이성, 기초(foundation)재료로서의 활용성 등을 고려하여 6등급으로 구분한다.

암반 풍화의 구분(ISRM)

| 등급 (grade) | 분류 (description) |
|---|---|
| VI | 흙(soil) |
| V | 완전 풍화(풍화토) (completely weathered) |
| IV | 심한 풍화 (highly weathered) |
| III | 보통 풍화 (moderately weathered) |
| II | 약간 풍화 (slightly weathered) |
| I | 신선암(fresh rock) |

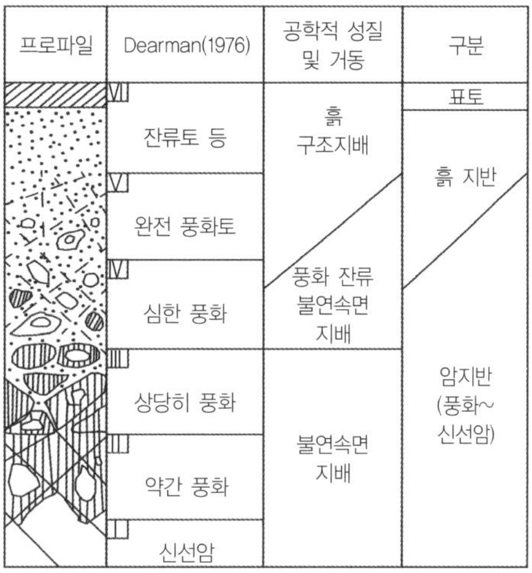

| 프로파일 | Dearman(1976) | 공학적 성질 및 거동 | 구분 |
|---|---|---|---|
| VI | 잔류토 등 | 흙 구조지배 | 표토 / 흙 지반 |
| V | 완전 풍화토 | | |
| IV | 심한 풍화 | 풍화 잔류 불연속면 지배 | |
| III | 상당히 풍화 | 불연속면 지배 | 암지반 (풍화~신선암) |
| II | 약간 풍화 | | |
| I | 신선암 | | |

그림 A2.1 지층의 구성과 분류

## A2.2 암반과 토사지반의 경계

입자의 평균거동이 제체(mass)거동을 지배하는 경우에는 **토사지반**, 불연속면이 제체거동을 지배하는 경우는 **암지반**으로 구분할 수 있다. 그림 A2.1에서 보듯, 완전풍화~상당히 풍화된 경우는 상황에 따라 토사지반 또는 암지반으로 분류될 수 있다.

암 지반과 흙 지반의 경계는 시추조사비 산정, 해석 모델링, 굴착공사비 산정 등 용도에 따라 달리 설정될 수 있다. 암과 지반의 경계에 대한 분류기준을 설정하고, 시추자료를 토대로 기반암 경계를 추정한다.

지반-터널 시스템에서 불연속면이 거동을 지배하는가 여부는 불연속면의 규모(간격)와 터널의 상대적 크기에 따라 달라진다. 암반 여부의 판단은 **상대 규모**(scale effect) 외에도 심도(depth effect), 응력상태, 지하수, 건설공법 등을 종합 고려하여 **터널 프로젝트별로 판단**할 수 있다. 터널의 경우 굴착주변은 응력의 이완으로 인장상태가 되어, 작은 블록도 탈락될 수 있으므로 불연속 거동 여부는 상대적 크기뿐만 아니라 응력환경을 동시 고려하여 판단해야 한다.

## A2.3 암반 불연속면의 정의 : 주향과 경사

암반 불연속면의 기하학적 구조는 그림 A2.2와 같이 주향과 경사, 경사 방향으로 나타낸다.

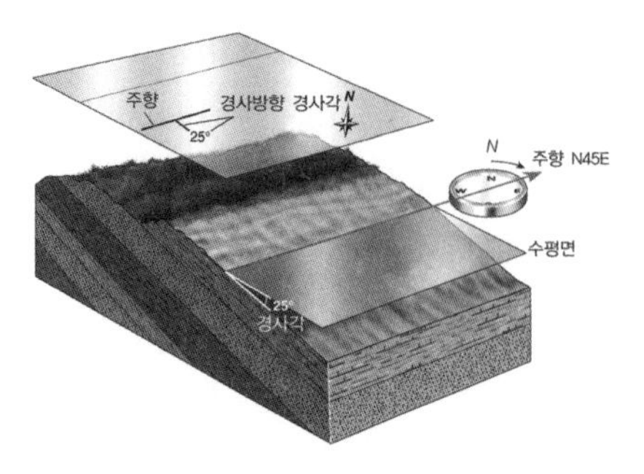


그림 A2.2 불연속면(선)의 정의와 표기

**주향(strike).** 불연속면과 수평면의 교선 방향을 나타내며, 자북(그림 A2.2)의 N, 나침반이 가리키는 북쪽)을 기준으로 0~360° 범위로 표시한다. 교선의 방향이 북동 방향으로 45°인 경우 주향은 N45E이다.

**경사(dip).** 불연속면의 최대 경사각도를 말하며 수평면에서 아래 방향으로 이루어진 각도로 0~90 범위로 표시한다(그림 A2.3(a) 각도 $\beta_d$). 일례로 '60° SE'는 경사각이 60°이고, 경사 방향은 남동쪽이다.

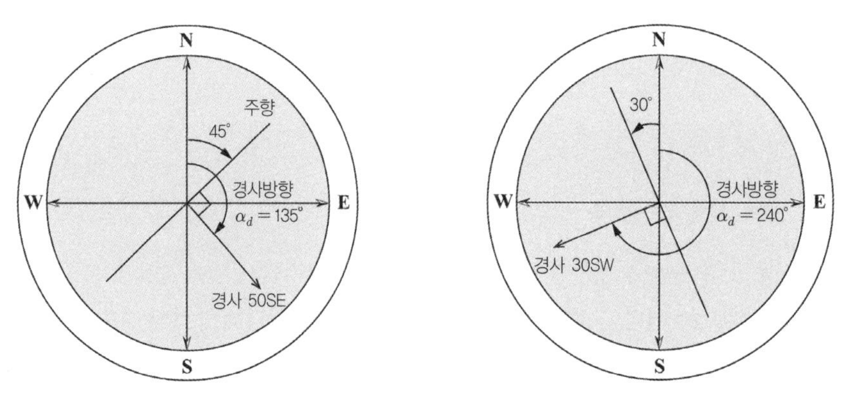


그림 A2.3 불연속면의 표현(나침반 평면)

**경사방향(dip direction 또는 dip azimuth).** 경사(dip)를 수평면에 투사하여 자북(N)에서 시계방향으로 잰 각도로 0~360 범위로 표시한다(그림 A2.3에서 $\alpha_d$). 경사의 방향과 주향은 반드시 직각이다. 예로, 주향이 N45E인 경우의 경사방향은 90°+45°=135°(90°+주향)이다.

**불연속면(面), 불연속선(線)의 표시방법.** 불연속면의 방향성은 '주향과 경사'로 표시(strike and dip)하는 경우와(e.g, N45E, 60° SE) '경사방향/경사'로 표시($\alpha_d/\beta_d$)하는(e.g, N45E, 60° SE → 135°/60°) 방법이 있다. '경사방향/경사' 표기법이 더 선호된다.

## A2.4 불연속면의 입체투영 Stereographic Projection

암반 불연속면의 3차원적 불연속구조를 2차원적으로 나타내기 위하여 여러 **입체투영법(stereographic projection)**이 도입되었다. 스테레오 네트(stereo net)투영법이라 불리는 **등각투영법**(Wulff Net)이 주로 사용된다. 등각투영법은 그림 A2.4와 같이 구의 중심을 지나는 불연속면이 구의 하반부 외주면과 만나는 점을 구의 중심평면(스테레오그램)에 투영하는 방법이다. 면(面)은 선(線)으로, 선(線)은 점(點)으로 투영된다. 불연속면이 구의 외주면과 만나는 원호 궤적을 **대원**(great circle)이라 하며, 불연속면과 직각을 이루며 구의 중심을 지나는 선이 구외주면과 만나는 점을 **극점**(polar)이라 한다.

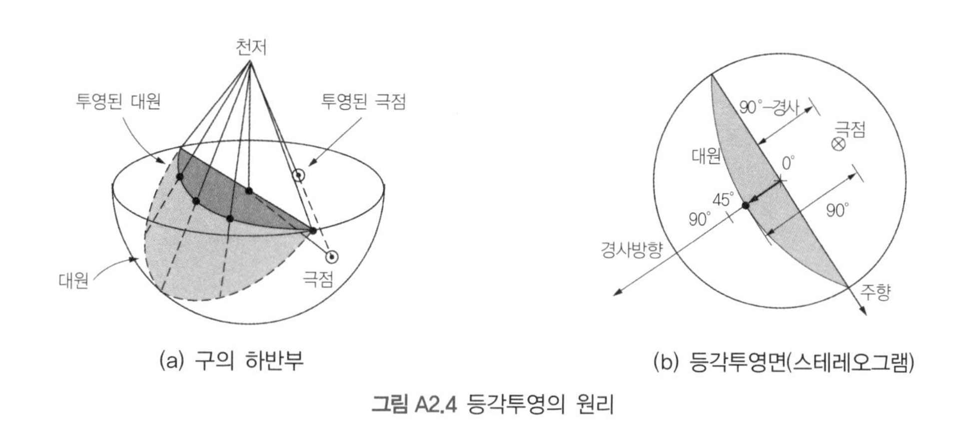

(a) 구의 하반부 (b) 등각투영면(스테레오그램)

**그림 A2.4** 등각투영의 원리

그림 A2.5와 같이 30-125인 습곡의 힌지(線구조), 그리고 층리(面구조)(113/35SE)의 지질도 표기와 입체투영 원리를 보였다. 선은 구(球)의 외주면과 한 점에서 만나기 때문에 선(線)구조의 투영은 '**점**'으로 나타난다. 반면에 불연속면이 외주면과 만나는 궤적은 '**곡선**'이며 따라서 투영면에 곡선으로 나타난다.

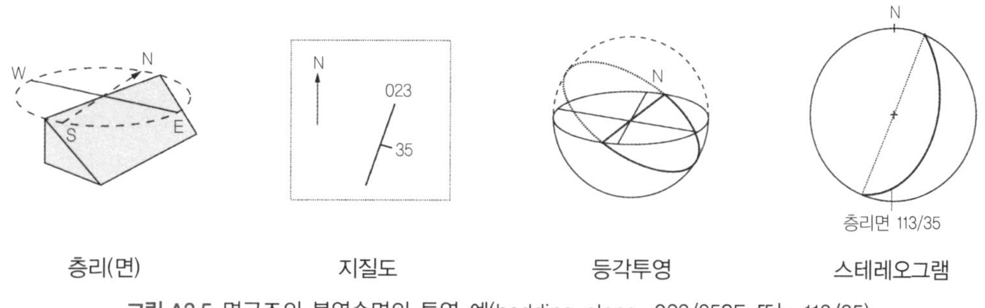

층리(면) 지질도 등각투영 스테레오그램

**그림 A2.5** 면구조의 불연속면의 투영 예(bedding plane, 023/35SE 또는 113/35)

터널의 중심을 지나는 연직면을 투명하면 터널축과 일치하는 직선이 된다. 하지만 터널축선을 투영하면 점으로 나타나는데, 선의 경사방향을 'Trend', 선의 경사를 'Plunge'라 한다.

## A2.5 암반의 상태정의

암반의 상태는 시추 조사를 통하여 파악될 수 있다. 채취 샘플로 얻을 수 있는 가장 기초적인 정보는 RQD(Rock Quality Designation)와 TCR(Total Core Recovery)로서 각각 다음과 같이 정의한다.

$$RQD = \frac{\text{샘플링된 암석 코아 중 길이가 10cm 이상인 조각들의 합계 길이}}{\text{시추공에서 샘플링한 시추공 총 길이}} \times 100\%$$

$$TCR = \frac{\text{샘플링된 코아 중 암석부분의 총 길이}}{\text{시추공에서 샘플링한 시추공 총 길이}} \times 100\%$$

RQD는 암반의 절리상태를 나타내는 가장 흔히 사용하는 지표이다. 하지만 RQD만으로 암반상태를 표현하는 데 한계가 있고, 또 시추 시 시추공이 휘어지는 문제 때문에 상당한 오류가 야기될 수 있다. 그림 A2.6에 보인 바와 같은 단위체적당 절리 수($J_v$) 혹은 블록체적($V_b$) 등의 변수를 도입하면 RQD보다 정확하게 암반을 정의할 수 있다. 하지만 이들 변수는 조사가 용이하지 않다.

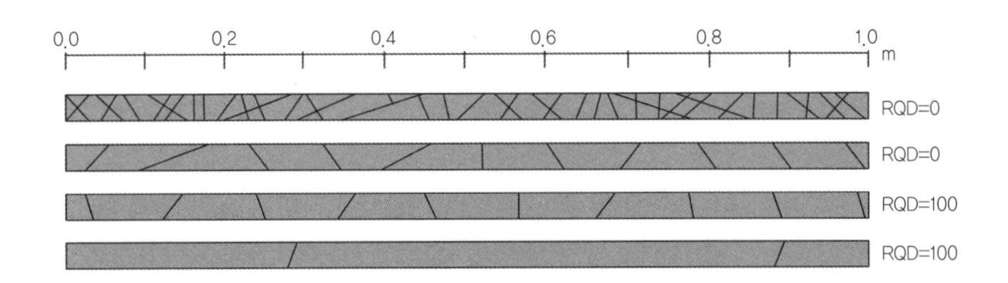


(a) RQD의 물리적 표현의 한계(RQD의 범위는 암반 전반 상태를 대표하지 못함)

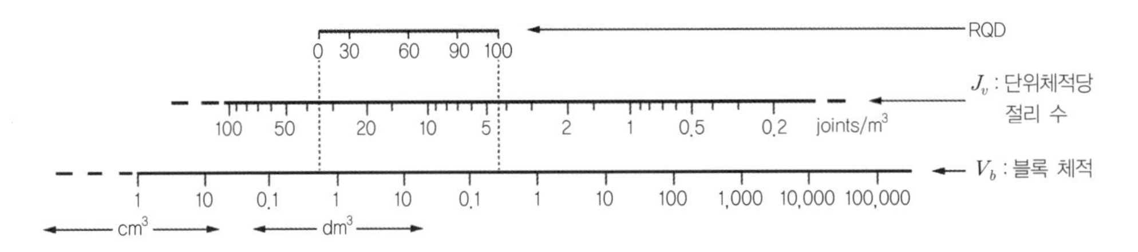


(b) RQD-단위체적당 절리 수($J_v$, volumetric joint count)-블록체적($V_b$, block volume) 상관관계

※ 블록체적($V_b$)은 TM3장(굴착안정론)의 연암반의 붕괴거동 평가에 활용된다(BOX-TM3-8)

그림 A2.6 RQD 한계와 암반상태 표현

## A2.6 암석의 식별

암석을 구성하는 조암광물은 매우 다양하고(약 300종), 결정조합도 매우 불규칙하다. 암석과 암반의 정확한 분류는 전문가에게도 어려운 일이나, 터널엔지니어는 암석/암반에 대한 충분한 소양이 필요하다.

### 성인별 암석 구분

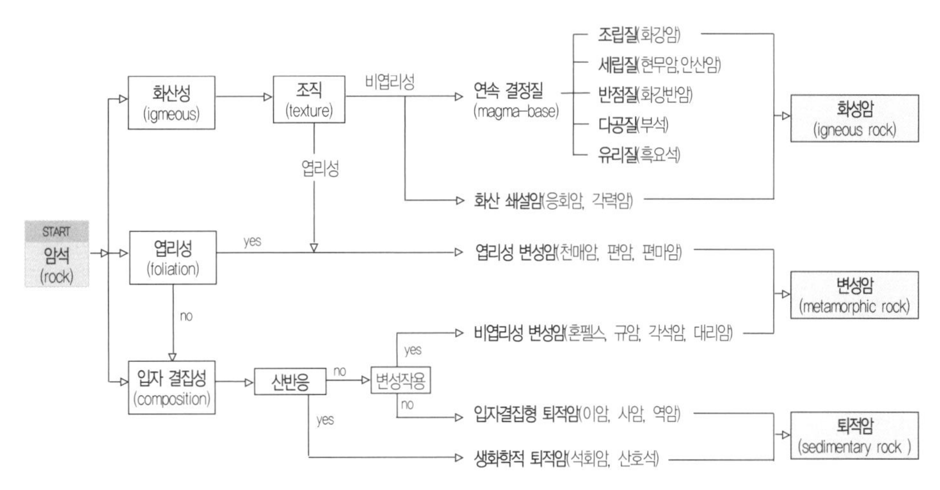


그림 A2.7 변성작용과 변성구조

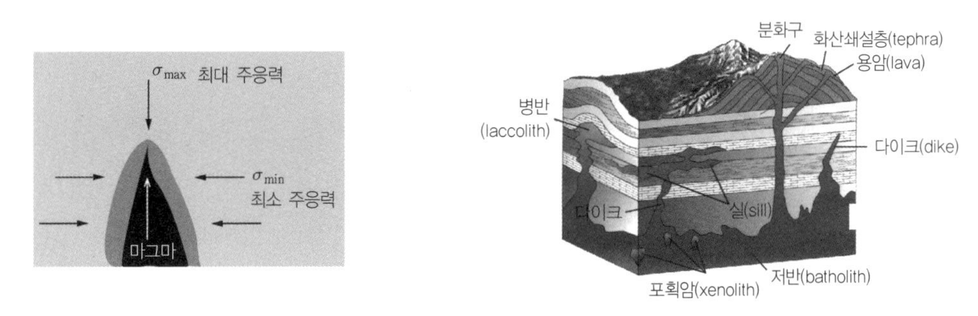


(a) 마그마의 관입 메커니즘과 화성구조

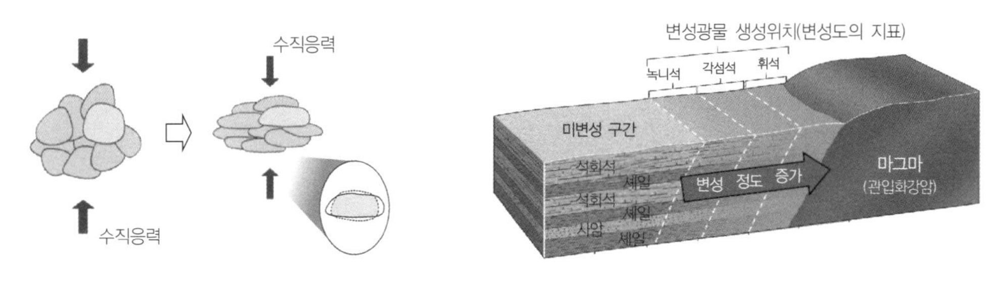


(b) 엽리 메커니즘과 변성구조의 예

그림 A2.8 화성구조와 변성구조

## 화성암의 분류 igneous rocks

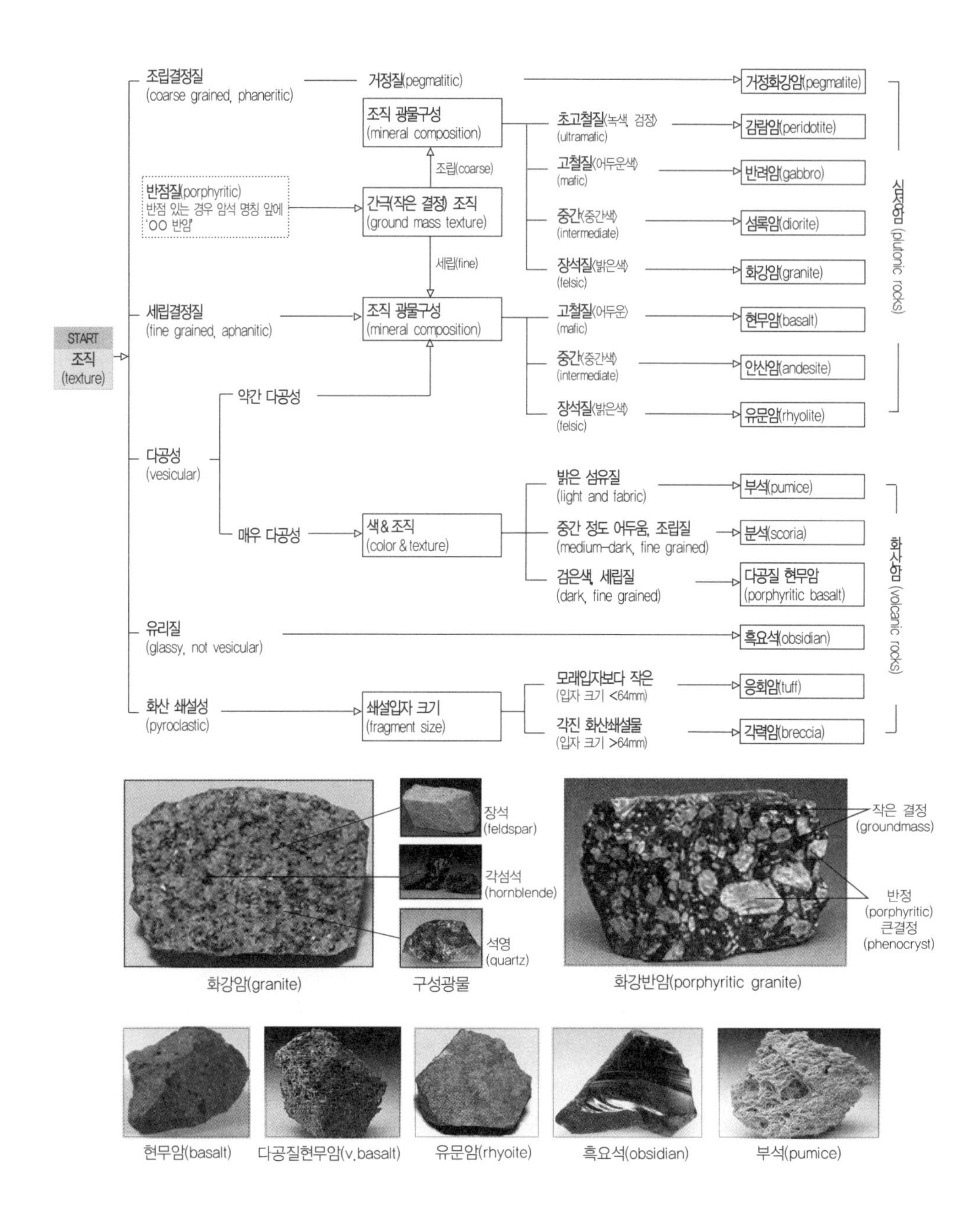


화강암(granite) 구성광물 화강반암(porphyritic granite)

현무암(basalt) 다공질현무암(v.basalt) 유문암(rhyoite) 흑요석(obsidian) 부석(pumice)

※ 화성암의 색상

철분(ferro)함량이 많을수록 검은색을 나타냄

- Felsic(담색)=Feldspar+Silica
- Mafic(Fe-Mg : 검은색)=Ferrosic(Fe)+Magnesium(Mg)

## 퇴적암의 분류 sedimentary rocks

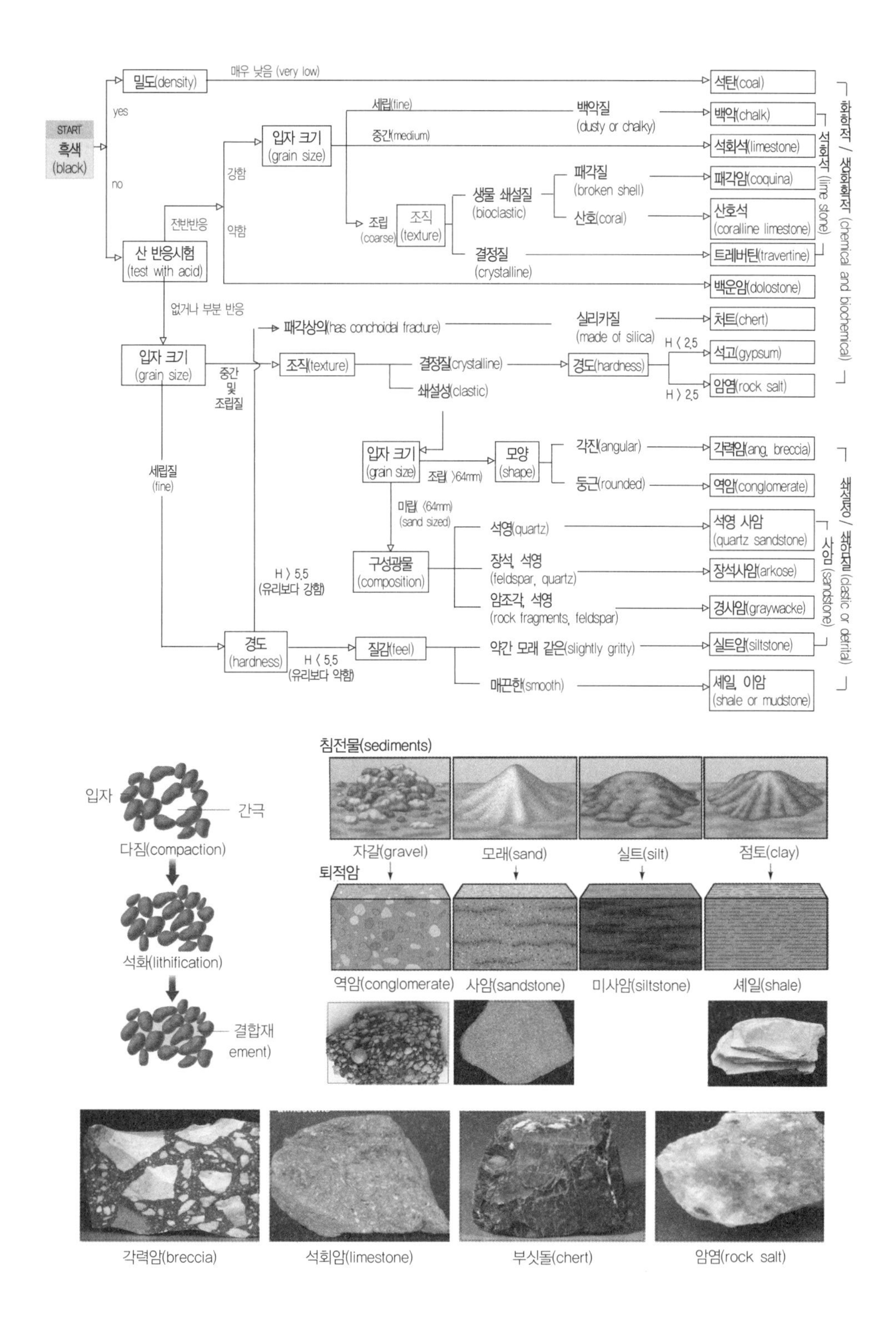


각력암(breccia) 석회암(limestone) 부싯돌(chert) 암염(rock salt)

## 변성암의 분류 metamorphic rocks

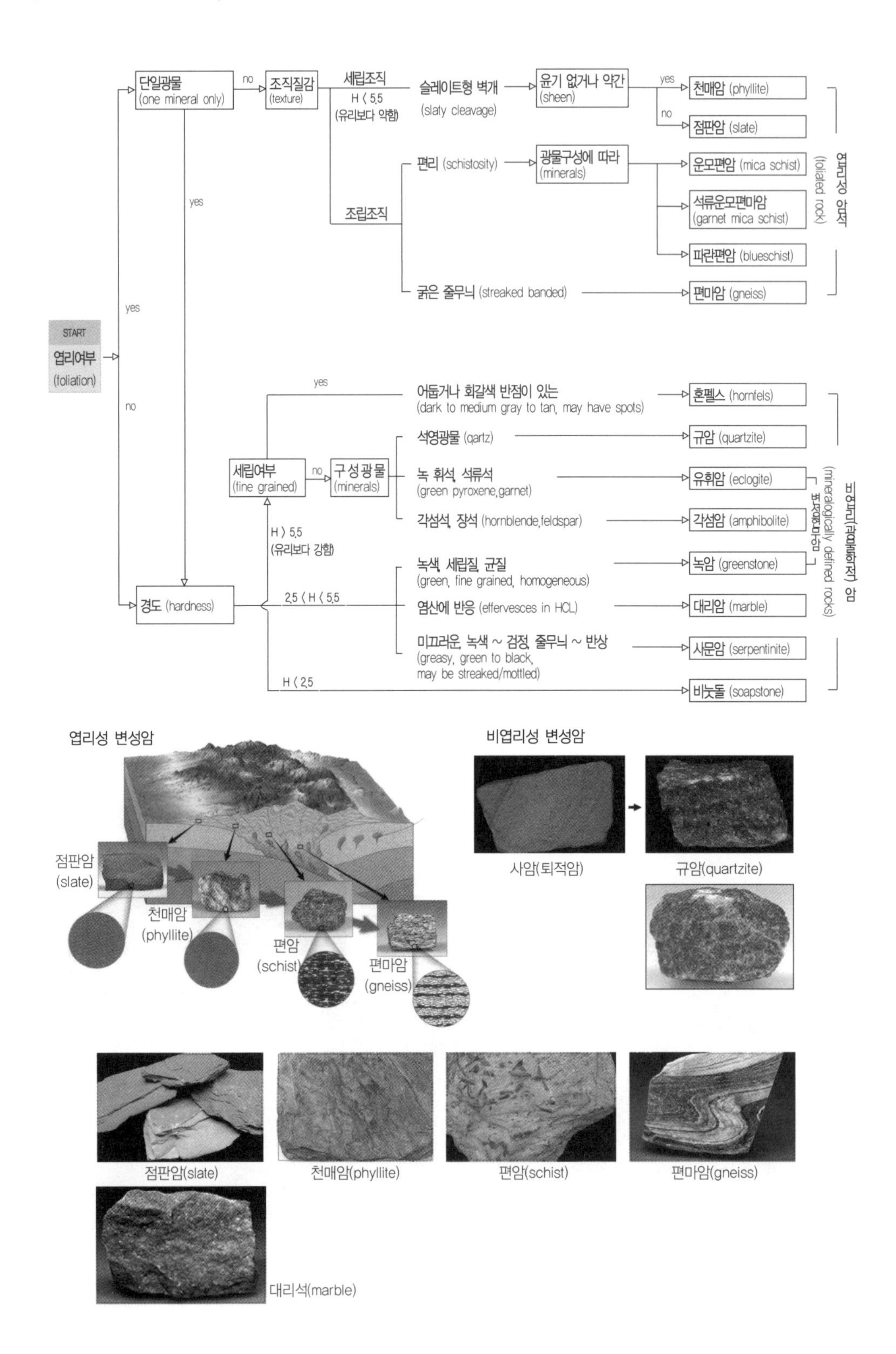

# 주요 광물 및 암석의 명칭

| | 영어 명칭 | 국문(한자/영문) 명칭 |
|---|---|---|
| A | agate (퇴) | 마노(瑪瑙)-chert 일종 |
| | albite-광물 | 조장석(曹長石) |
| | amphibolite(변) | 각섬암(角閃岩) |
| | amphibole (광) | =hornblende의 광물 |
| | andesite (화) | 안산암(安山巖) |
| | anorthite (광) | 회장석(灰長石) |
| | arkose (퇴) | 아코오스(장석질 사암) |
| | asbestos | 석면(石綿) |
| | augite (광) | 휘석(輝石) (=pyroxene) |
| B | basalt (화) | 현무암(玄武岩) |
| | biotite (화) | 흑운모(암) |
| | breccia (퇴) | 각력암(角礫岩) |
| | bauxite (광) | aluminium oxide |
| C | calcite (광) | 방해석(方解石) |
| | chalk (퇴) | 백악(白堊) |
| | chert (퇴)<br>agate, jasper, flint | 규질암(硅質岩)-고결퇴적암:<br>마노, 벽옥, 부싯돌 |
| | chlorite (광) | 녹니석(綠泥石) |
| | claystone (퇴) | 이암(점토암) |
| | conglomerate (퇴) | 역암(礫岩) |
| | coquina (퇴) | 코퀴나(조개껍데기석회암) |
| | corundum (광) | 강옥 |
| D | diabase (화) | 휘록암(輝綠岩) |
| | dacite (화) | 석영안산암(石英安山岩) |
| | diorite (화) | 섬록암(閃綠岩) |
| | dolomite (퇴) | 백운석(白雲石)/광물<br>=dolostone고회암(퇴) |
| | dunite (화) | 더나이트-순감람암 |
| E,F | evaporates(퇴) | 증발잔류암(=halite) |
| | feldspar (광) | 장석(長石) |
| | felsite | 규장암(硅長岩) |
| G | gabbro(화) | 반려암(斑糲岩) |
| | galena (광) | 방연석(lead sulfide) |
| | garnet (광) | 석류석 |
| | gneiss (변) | 편마암(片麻岩) |
| | graphite (변) | 토상흑연 |
| | graywacke (퇴) | 경사암(硬砂岩) |
| | gypsum (퇴) | 석고(石膏) |
| | granite (화) | 화강암(花崗岩) |
| | granodiorite (화) | 화강섬록암(花崗閃綠岩) |
| H | halite (퇴) | 암염(岩塩): rock salt |
| H | hematite (광) | 적철석(iron oxide) |
| | hornblende (화) | 각섬석(角閃石) |
| | hornfels (변) | 혼펠스 |
| I,L | jasper (퇴) | 벽옥(碧玉)-chert일종 |
| | limestone (퇴) | 석회석(石灰石) |
| | limonite (광) | 갈철석 |
| M | magnetite (광) | 자철광(iron oxide) |
| | marl (퇴) | 이회암 |
| | marble (변) | 대리암(大理岩) |
| | mica (광) | 운모, 흑운모 biotite, |
| | muscovite (화) | 백운모(암) |
| | mudstone (퇴) | 이암(泥岩) |
| O | obsidian (화) | 흑요석(黑曜石) |
| | olivine (광) | 감람석/암 |
| | orthoclase (광) | 정장석(正長石) |
| P | peridotite (화) | 감람암(橄欖岩) |
| | olivine (광) | 감람석(橄欖石) |
| | phyllite (변) | 천매암(千枚岩) |
| | plagioclase (광) | 사장석(斜長石) |
| | pyrite (광) | 황철광(iron sulfide) |
| | pyroxenite (화) | 휘석(輝石)-관입암 |
| | porphyry | 반암(班岩) |
| | pumice (화) | 경석(輕石) |
| Q | quartz (광) | 석영(石英) |
| | quartzite (변) | 규암(珪岩) |
| R | rhyolite (화) | 유문암(流紋岩) |
| | rock salt (퇴) | 암염=halite |
| S | sandstone (퇴) | 사암(砂岩) |
| | schist (변) | 편암(片岩) |
| | scoria | 분석-암석 재(dust) |
| | serpentinite (변) | 사문암(蛇紋岩) |
| | shale (퇴) | 셰일 |
| | slate (변) | 판암(板岩) |
| | siltstone (퇴) | 미사암(微砂岩) |
| | sphalerite (광) | 섬아연광(閃亞鉛鉱) |
| | syenite (화) | 섬장암(閃長岩) |
| T | talc (광) | 활석(滑石) |
| | topaz | 황옥(黃玉) |
| | trachyte (화) | 조면암(繰綿岩) |
| | tuff (화) | 응회암(凝灰岩) |
| Z | zircon (광) | 지르콘 |

# A3. 터널 설계를 위한 암반분류

## A3.1 RMR 분류(Bieniawski, 1989)

RMR은 다음의 6가지 요소를 평가하여 0~100점 범위로 산정한다.

RMR의 정의 : $R = \sum_{i=1}^{5}$(암반분류 요소에 따른 점수) + 불연속면의 방향성 효과에 따른 보정

- 암석의 일축압축강도 (15)
- RQD (20)
- 불연속면의 간격 (20)
- 불연속면의 상태 (30) : 표B
- 지하수의 상태 (15)
- 보정: 불연속면의 방향성의 영향을 고려( ≤ −60)

**표 A** : 위의 1)~5) 요소의 상태에 따른 RMR 점수

**표 B** : 불연속면의 상태를(표 A의 4항) 구체적으로 평가하기 위한 세부 기준

**표 D** : 불연속면의 방향성 영향을 고려한 보정계수(시설물별로 점수가 다르다)

**표 C** : 불연속면이 터널공사에 미치는 영향을 구분하기 위한 세부 기준(표 D에서 사용)

### A. RMR 암반분류 평가항목 및 평점

| 분류 기준 | | | 특성치 구분 및 평점 | | | | | | |
|---|---|---|---|---|---|---|---|---|---|
| 1 | 암석의 강도 | 점하중 강도 지수(MPa) | >10 | 4~10 | 2~4 | 1~2 | 일축압축강도 이용 | | |
| | | 일축압축 강도(MPa) | >250 | 100~250 | 50~100 | 25~50 | 5~25 | 1~5 | <1 |
| | 평점 | | 15 | 12 | 7 | 4 | 2 | 1 | 0 |
| 2 | RQD(%) | | 90~100 | 75~90 | 50~75 | 25~50 | <25 | | |
| | | 평점 | 20 | 17 | 13 | 8 | 3 | | |
| 3 | 불연속면의 간격 | | >2m | 0.6~2m | 200~600mm | 60~200mm | <60mm | | |
| | | 평점 | 20 | 15 | 10 | 8 | 5 | | |
| 4 | 불연속면의 상태 | | 매우 거친 표면<br>연속성 없음<br>틈새 없음<br>벽면 신선 | 거친 표면<br>틈새 <1mm<br>벽면 약간 풍화 | 약간 거친 표면<br>틈새 <1mm<br>벽면 심한 풍화 | 매끄러운 표면<br>또는 가우지<br><5mm 또는 틈새<br>1~5mm 연속성 | 연약한 가우지 >5mm<br>또는 틈새 >5mm<br>연속성 | | |
| | | 평점 | 30 | 25 | 20 | 10 | 5 | | |
| 5 | 지하수 상태 | 터널 길이 10m당 유입량(ℓ /분) | 0 | <10 | 10~25 | 25~125 | >125 | | |
| | | 수압/주응력의 비 | 0 | <0.1 | 0.1~0.2 | 0.2~0.5 | >0.5 | | |
| | | 건습상태 | 완전 건조 | 습윤 | 젖음 | 물방울이 떨어짐 | 지하수가 흐름 | | |
| | 평점 | | 15 | 10 | 7 | 4 | 0 | | |

## B. RMR 불연속면의 상태를 평가하기 위한 기준 : 30점 만점

| 분류 기준 | 특성치 구분 및 평점 | | | | |
|---|---|---|---|---|---|
| 불연속면길이(연속성) | <1m | 1~3m | 3~10m | 10~20m | >20m |
| | 6 | 4 | 2 | 1 | 0 |
| 틈새 | 0 | <0.1mm | 0.1~1.0mm | 1~5mm | >5mm |
| | 6 | 5 | 4 | 1 | 0 |
| 거칠기 | 매우 거침 | 거침 | 약간 거침 | 매끄러움 | 아주 매끄러움 |
| | 6 | 5 | 3 | 1 | 0 |
| 충진물질(가우지) | | 견고한 충진물 | | 연약한 충진물 | |
| | 0 | <5mm | >5mm | <5mm | >5mm |
| | 6 | 4 | 2 | 2 | 0 |
| 풍화정도 | 신선함 | 약간풍화 | 중간풍화 | 심한풍화 | 완전풍화 |
| | 6 | 5 | 3 | 1 | 0 |

## C. RMR 불연속면의 방향성이 터널공사에 미치는 영향

| 불연속면의 주향이 터널축에 수직 | | | | 불연속면의 주향이 터널축에 평행 | |
|---|---|---|---|---|---|
| 내림 경사방향 굴진 | | 오름경사방향 굴진 | | | |
| 경사 20~45 | 경사 45~90 | 경사 20~45 | 경사 45~90 | 경사 25~45 | 경사 45~90 |
| 유리 | 매우 유리 | 불리 | 보통 | 보통 | 매우불리 |

| 주향과 무관 |
|---|
| 경사 0~20 |
| 양호 |

## D. RMR 불연속면의 방향성에 대한 보정

| 불연속면의 방향 | | 매우유리 | 유리 | 양호 | 불리 | 매우 불리 |
|---|---|---|---|---|---|---|
| 보정점수 | 터널 | 0 | −2 | −5 | −10 | −12 |
| | 기초 | 0 | −2 | −7 | −15 | −25 |
| | 사면 | 0 | −5 | −25 | −50 | −60 |

## E. RMR에 따른 암반 분류 등급

| RMR 평점 | 81~100 | 61~80 | 41~60 | 21~40 | ≤20 |
|---|---|---|---|---|---|
| 분류(등급) | I | II | III | IV | V |
| 상태평가 | 매우 좋은 암반 | 좋은 암반 | 양호한 암반 | 불량한 암반 | 매우 불량한 암반 |
| 암반의 점착력(KPa) | >400 | 300~400 | 200~300 | 100~200 | <100 |
| 암반의 내부마찰각(°) | >45 | 35~45 | 25~35 | 15~25 | <15 |

## A3.2 Q-분류

Barton 등(1974)에 의하여 제시된 분류법으로서 $Q$ 값은 0.001~1000까지 분포하도록 정의되었으며, 다음 6가지 요소를 토대로 하고 있다($Q$ 값이 클수록 공학적으로 양호).

- RQD
- 불연속면군(discontinuity set)의 수 : $J_n$
- 가장 불리한 불연속면의 거칠기 상태 : $J_r$
- 가장 약한 불연속면의 변질상태와 충진상태 : $J_a$
- 지하수 유입상태 : $J_w$
- 응력조건

$Q$ 값의 정의 : $Q = \dfrac{RQD}{J_n} \cdot \dfrac{J_r}{J_a} \cdot \dfrac{J_w}{SRF}$

여기서, $J_n$ : 절리군의 수(joint set number) $\leq 20$

$J_r$ : 절리면의 거칠기계수(joint roughness number) $\leq 4$

$J_a$ : 절리의 변질도(joint alteration number) $\leq 20$

$J_w$ : 절리면에 존재하는 지하수에 따른 저감계수(joint water reduction number) $\leq 1.0$

$SRF$ : 응력감소계수(stress reduction factor) $\leq 20$

$Q$ 값을 구하는 식에 포함된 세 요소의 의미

$\dfrac{RQD}{J_n}$ : 암반의 기하학적 상태(rock mass geometry)를 나타내는 항으로서, RQD값이 증가할수록, 불연속면군의 숫자가 적을수록 이 항의 값은 증가

$\dfrac{J_r}{J_a}$ : 절리의 전단강도(inter-block shear strength)의 영향을 고려하는 항으로서 불연속면의 거칠기가 클수록, 변질도가 심하지 않을수록 이항의 값은 증가

$\dfrac{J_w}{SRF}$ : 환경적인 요소(environmental factor)로서 불연속면 사이에 존재하는 수압이 감소할수록, 전단응력을 받지 않아 암반의 응력상태가 좋을수록 이 항의 값이 증가

## Q-분류법 세부평점

| 암반 조건 | 값 | 비고 | |
|---|---|---|---|
| **1. 암석의 강도** | RQD | | |
| A. 매우 불량<br>B. 불량<br>C. 보통<br>D. 양호<br>E. 매우 양호 | 0~25<br>25~50<br>50~75<br>75~90<br>90~100 | 1. RQD가 10 이하인 경우에는 10을 적용<br>2. RQD는 5간격으로 표기. 즉 100, 95, 90 | |
| **2. 절리군의 수** | $J_n \leq 20$ | | |
| A. 괴상으로 절리가 전혀 없거나 또는 거의 없음<br>B. 1방향의 절리군<br>C. 1방향의 절리군과 랜덤한 절리<br>D. 2방향의 절리군<br>E. 2방향의 절리군과 랜덤한 절리<br>F. 3방향의 절리군<br>G. 3방향의 절리군과 랜덤한 절리<br>H. 4 또는 그 이상의 절리군과 랜덤하게 현저히 절리가 많음<br>I. 토사상으로 파쇄된 암반 | 0.5~1.0<br><br>2<br>3<br>4<br>6<br>9<br>12<br>15<br>20 | 1. 절리의 교차부에 대하여($3.0 \times J_n$)<br>2. 갱구에 대하여($3.0 \times J_n$) | |
| **3. 절리면의 거칠기 계수** | $J_r \leq 4$ | | |
| a. 절리면이 접촉하고 있는 경우 및<br>b. 전단변위 10cm 이하로 절리면이 접촉한 경우 | | | |
| A. 불연속성 절리<br>B. 거칠거나 또는 불규칙하고 파상<br>C. 평탄하고 파상<br>D. 박피상이고 파상<br>E. 거칠거나 또는 불규칙하고 평탄<br>F. 매끈매끈하고 평탄<br>G. 박피상이고 평탄 | 4<br>3<br>2<br>1.5<br>1.5<br>1.0<br>0.5 | 1. 당해절리군의 평균절리 간격이 3m 이상인 경우는 1.0을 더함<br>2. 선상구조가 최소 강도방향으로 배열되어 있을 경우는 이러한 선상구조를 갖는 평탄한 표층의 절리에 대하여 $J_r$=0.5로 한다. | |
| c. 전단 시 절리면의 접촉이 생기지 않는 경우 | | | |
| H. 절리면의 접촉을 막는 데 충분한 두께의 점토광물협재<br>I. 절리면의 접촉을 막는데 충분한 두께의 모래, 자갈 또는 파쇄대 | 1.0 | | |
| **4. 절리 변질도** | $J_a \leq 20$ | $\phi_{res}$(개략치) | |
| a. 절리면이 접촉하고 있는 경우 | | | |
| A. 강하게 결합하고 경질로서 비연화상의 불투수성 충전물을 함유<br>B. 절리면이 불결한 상태일 뿐이고 변질되어 있지 않음<br>C. 절리면은 약간 변질되고 비연화 광물로 피복된 사질입자, 점토분이 없는 풍화암 등을 함유<br>D. 실트질 점토 또는 사질점토로 피복되고 소량의 점토를 함유(비연화성)<br>E. 연화된 또는 마찰이 작은 점토광물, 즉 카오리 나이트, 운모 등으로 피복되어 있다. 또 녹니석, 활석, 석고, 흑연 등과 소량의 팽창점토를 함유(불연속성 피복물의 두께는 1~2mm 또는 그 이하) | 0.75<br>1.0<br>2.0<br>3.0<br>4.0 | –<br>(25~35°)<br>(25~30°)<br>(20~25°)<br>(8~16°) | 1. 잔류마찰각 $\phi_{res}$는 변질물의 광물적 성질을 고려하여 개략적인 참고치로 하고 있음 |

| 암반 조건 | 값 | 비고 | |
|---|---|---|---|
| b. 전단변위 10cm 이하에서 절리면이 접촉하는 경우 | | | |
| F. 사질입자, 점토분이 없는 풍화암 등<br>G. 강하게 과압밀된 비연화 점토광물의 충전물(연속성이며 두께 <5mm)<br>H. 중간 정도 또는 조금 과압밀되어 연화한 점토광물의 충전물(연속성이며 두께 <5mm)<br>J. 팽창성 점토 충전물, 즉 몬모릴로나이트(연속성이며 두께 <5mm). $J_a$의 값은 팽창성 점토의 비율과 물의 유무에 관계됨 | 4.0<br>6.0<br>8.0<br>8.0~12.0 | (25~30°)<br>(16~24°)<br>(12~16°)<br>(6~12°) | |
| c. 전단 시 절리면의 접촉이 생기지 않은 경우 | | | |
| K. 풍화 또는 파쇄된 암석 및 점토의 띠상 협재<br>L. M.(점토의 상태에 따라서 G, H 및 J를 참조)<br>N. 실트질점토 또는 사질점토의 띠상으로 협재, 점토 함유량은 소량(비연화)<br>P. 점토가 두꺼운 연속성인 분포<br>Q. R. 또는 구역(점토의 상태에 따라서 H 및 J를 참조) | 6.0~8.0<br>또는<br>8.0~12.0<br>5.0<br>10.0~13.0<br>또는<br>13.0~20.0 | (6~24°)<br>(6~24°) | |
| **5. 절리면에 존재하는 지하수에 따른 저감계수** | $J_w \leq 1.0$ | 개략의 수압 (kgf/cm²) | |
| A. 건조상태에서 굴착 또는 소량의 용수 즉 국부적으로 <5ℓ /분 | 1.0 | <1.0 | 1. C에서 F항까지는 극히 개략적인 추정치, 배수공사를 시공한다면 $J_w$를 늘림<br>2. 동결(凍結)이 있는 특별한 문제는 고려하지 않음 |
| B. 중간 정도의 용수 또는 중간정도의 수압, 때에 따라 절리충전물의 유출 | 0.66 | 1.0~2.5 | |
| C. 충전물이 없고 절리가 있으며 내력이 있는 암반 내의 대량의 용수 또는 높은 수압 | 0.5 | 2.5~10.0 | |
| D. 대량의 용수 또는 높은 수압, 충전물의 상당량이 유출 | 0.33 | 2.5~10.0 | |
| E. 발파 시에 예외적으로 다량의 용수 또는 예외적으로 높은 수압시간과 더불어 감소 | 0.2~0.1 | >10 | |
| F. 예외적으로 다량의 용수 또는 예외적인 높은 수압. 수량 감소 없이 계속 유출 | 0.1~0.05 | >10 | |
| **6. 응력감소계수(SRF)** | | | |
| a. 터널 굴착 시 암반에 이완이 생길 가능성이 있는 연약층이 공동과 교차하는 경우 | SRF | | |
| A. 점토 또는 화학적으로 풍화한 암석을 포함하는 약층이 복수로 있고 주변 암반이 느슨해져 있다(굴착깊이에 무관) | 10.0 | 1. 문제가 되는 전단영역이 공동과 교차하지 않는 경우 SRF를 25~50% 이하로 낮춤<br>2. 초기 응력장(측정되었을 경우)이 강한 이방성을 나타낼 경우 $5 \leq \sigma_1/\sigma_3 \leq 10$일 때, $\sigma_c$를 $0.8\sigma_c$로, $\sigma_t$를 $0.8\sigma_t$로 감소시킴. $\sigma_1/\sigma_3 > 10$일 때 $\sigma_c$를 $0.6\sigma_c$로, $\sigma_t$를 $0.6\sigma_t$로 감소시킴. 여기에 $\sigma_c$=일축압축강도 $\sigma_t$=인장강도(점재하), $\sigma_1$과 $\sigma_3$는 각각 최대, 최소 주응력임<br>3. 크라운의 지표에서 깊이가 스팬보다 낮은 곳에서의 몇몇 사례에서는 SRF는 2.5를 5로 증대사키는 편이 좋다(H 참조) | |
| B. 점토 또는 화학적으로 풍화한 암석을 포함하는 단일약층(굴착깊이 50m 이하) | 5.0 | | |
| C. 점토 또는 화학적으로 풍화한 암석을 포함하는 단일약층(굴착깊이 50m 이상) | 2.5 | | |
| D. 내력이 있는 암반 내에 복수의 전단 대(점토를 함유하지 않음)가 존재하고 주변 암반은 느슨해졌음(굴착깊이에 무관) | 7.5 | | |
| E. 내력이 있는 암석 내에 단일 전단 대(점토를 함유하지 않음)(굴착깊이 50m 이하) | 5.0 | | |
| F. 내력이 있는 암석 내에 단일 전단 대(점토를 함유하지 않음)(굴착깊이 50m 이상) | 2.5 | | |
| G. 이완되고 열린 절리, 현저하게 발달된 절리 또는 각진 암편(굴착깊이에 무관) | 5.0 | | |

| 암반 조건 | 값 | 비고 | | |
|---|---|---|---|---|
| b. 내력이 있는 암석에서 암반응력이 문제가 되는 경우 | $\sigma_c/\sigma_1$ | $\sigma_t/\sigma_1$ | SRF | |
| H. 지표 가까이에서 낮은 응력<br>J. 중간정도의 응력<br>K. 높은 응력에서 대단히 강고한 지질구조(일반적으로 안정성에 관해서는 양호하나 벽면의 안전에 관해서는 불리하게 될 가능성이 있음)<br>L. 암석파쇄는 적다(괴상암반)<br>M. 격심한 암석파괴(괴상암반) | >200<br>200~10<br>10~5<br>5~2.5<br><2.5 | >13<br>13~0.66<br>0.66~0.33<br>0.33~0.16<br><0.16 | 2.5<br>1.0<br>0.5~2<br>5~10<br>10~20 | |
| c. 압출성 암반, 즉 암반의 높은 압력영향으로 내력이 없는 암석이 소성유동을 일으킬 경우 | SRF | | | |
| N. 중간 정도의 압출성 암반 압력<br>O. 격심한 압출성 암반 압력 | 5~10<br>10~20 | | | |
| d. 팽창성 암반 즉 물의 유무에 지배되는 화학적 팽창성 작용을 일으킬 경우 | SRF | | | |
| P. 중간 정도의 팽창성 암반 압력<br>R. 격심한 압출성 암반 압력 | 5~10<br>10~20 | | | |

# 참고문헌


신종호 (2015), " 지반역공학 I, Geomechanics and Engineering – 지반 거동과 모델링", 도서출판 씨아이알.

신종호 (2015), " 지반역공학 II, Geomechanics and Engineering – 지반 해석과 설계", 도서출판 씨아이알.

신종호, 마이다스아이티 (2015), "전산지반공학 Computational Geomechanics", 도서출판 씨아이알.

신종호, 이용주, 이철주(역) (2014), "지반공학 수치해석을 위한 가이드라인", 도서출판 씨아이알.

Anagnostou, G., and Kovári, K. (1996), "Face stability conditions with earth-pressure-balanced shields", Tunnelling and underground space technology, **11**(2), 165-173.

Anagnostou, G., and Kovári, K. (1997), "Face stabilization in closed shield tunnelling", In 1997 Rapid Excavation and Tunneling Conference, Proceedings, Society for Mining Metallurgy & Exploration, 549-558.

Barrett, S. V. L., and McCreath, D. R. (1995), "Shortcrete support design in blocky ground: Towards a deterministic approach. Tunnelling and Underground Space Technology", **10**(1), 79-89.

Barton, N., Lien, R., and Lunde, J. (1974), "Engineering classification of rock masses for the design of tunnel support. Rock mechanics", **6**(4), 189-236.

Barton, N., Grimstad, E., Aas, G., Opsahl, O. A., Bakken, A., & Johansen, E. D. (1992), "Norwegian method of tunnelling", World Tunnelling, **5**(6).

Bhasin, R., and Grimstad, E. (1996), "The use of stress-strength relationships in the assessment of tunnel stability", Tunnelling and Underground Space Technology, **11**(1), 93-98.

Bickel, J. O. (1996), "Tunnel Engineering Handbook", Chapman & Hall.

Bieniawski, Z. T. (1980), "Rock classifications: state of the art and prospects for standardization", Transportation Research Record, 783.

Bieniawski, Z. T. (1989), "Engineering rock mass classifications: a complete manual for engineers and geologists in mining, civil, and petroleum engineering", John Wiley & Sons.

Brady, B. H., and Brown, E. T. (1992), "Rock mechanics for underground mining".

Broms, B. B., and Bennermark, H. (1967), "Stability of clay at vertical openings", Journal of Soil Mechanics and Foundations Division, **93**(1), 71-94.

Brox, D. (2017), "Practical Guide to Rock Tunneling", CRC Press.

Carranza-Torres, C., and Fairhurst, C. (2000), "Application of the convergence-confinement method of tunnel design to rock masses that satisfy the Hoek-Brown failure criterion", Tunnelling and Underground Space Technology, **15**(2), 187-213.

Chambon, P., and Corte, J. F. (1994), "Shallow tunnels in cohesionless soil: stability of tunnel face", Journal of Geotechnical Engineering, **120**(7), 1148-1165.

Deere, D. U. (1963), "Technical description of rock core for engineering purposes", Rock Mechanics Engineering, **1**.

Deere, D. U., Hendron, A. J., Patton, F. D., and Cording, E. J. (1967), "Design of surface and near-surface construction in rock, Failure and breakage of Rocks", Society of Mining Engineers of AIME, New York.

El Tani, M. (1999), "Water inflow into tunnels", In Proceedings of the World Tunnel Congress ITA-AITES, 61-70.

Goodman, R. E., Moye, D. G., Van Schalkwyk, A., and Javandel, I. (1964), "Ground water inflows during tunnel driving", College of Engineering, University of California.

Goodman, R. E. (1989), "Introduction to rock mechanics", New York: Wiley, **2**, 52.

Hoek, E., & Bray, J. W. (1977), "Rock slope engineering", Institution of Mining and Metallurgy, London.

Hoek, E. (1999), "Rock Engineering", Course Notes, na.

Hoek, E., and Brown, E. T. (1980), "Underground excavations in rock", CRC Press, 527.

Hudson, J. A. (1989), "Rock mechanics principles in engineering practice".

Hudson, J. A., and Harrison, J. P. (1997), "Introduction. Engineering Rock Mechanics".

Jethwa, J. L., and Dhar, B. B. (1996), "Tunnelling under Squeezing Ground Condition", Proceedings, Recent Advances in Tunnelling Technology, New Delhi, 209-214.

Kaiser, P. K., Diederichs, M. S., Martin, C. D., Sharp, J., and Steiner, W. (2000), "Underground works in hard rock tunnelling and mining", In ISRM International Symposium, International Society for Rock Mechanics and Rock Engineering.

Karlsrud, K. (2001), "Water control when tunnelling under urban areas in the Olso region", NFF pub, **12**(4), 27-33.

Kastner, H. (1952), "Zur Theorie des echten Gebirgsdruckes im Felshohlraumbau", Osterr, Bauzeitschrift.

Kastner, H. (1962), "Statik des Tunnel-und Stollenbaues auf der Grundlage geomechanischer Erkenntnisse", Springer.

Kirsch, C. (1898), "Die theorie der elastizitat und die bedurfnisse der festigkeitslehre", Zeitschrift des Vereines Deutscher Ingenieure, **42**, 797-807.

Kim, S. H. (2005), "Final report on water proof ing measures for Yeungseo- yeongdeungpo Electrical Utility Tunnel", Seoul: Korean Tunnelling Association(KTA).

Kolymbas, D. (2005), "Tunnelling and tunnel mechanics: A rational approach to tunnelling", Springer Science & Business Media.

Kommerell, O. (1912), "Statische Berechnung von Tunnelmauerwerk: Grundlagen und Anwendung auf die wichtigsten Belastungsfälle", Ernst.

Krause, T. (1987), "Schildvortieb mit flűssigkeits-und erdgestűtzer Ortsbrust", No. 24 in Mitteilungdes Instituts fur Grundbauund Bodenmechanikder Technischen Universität Braunschweig.

Leca, Eric, et al. "Design of sprayed concrete for underground support".

Lee, Yong-Joo and Bassett, Richard H. (2007), "Influence zones for 2D pile-soil-tunnelling interaction based on model test and numerical analysis", Tunnelling and Underground Space Technology, 22, 325-342.

Lee, Young-Joo and Bassett (2006), "A model test and Numerical investigation on the shear deformation patterns of deep wall-soil-tunnel interaction", Can Geotech. J. 43: 1306-1323.

Lunardi, P. (2008), "Design and construction of tunnels: Analysis of Controlled Deformations in Rock and Soils (ADECO-RS)", Springer Science & Business Media.

Maidl, B., Herrenknecht, M., and Anheuser, L. (1996), "Mechanised Shield Tunnelling", John Wiley & Sons.

Maidl, B. (2001), "Tunnelbohrmaschinen im Hartgestein", Ernst.

Maidle, B., Herrenknecht, M., Maidle, U., and Wehrmeyer, G. (2012), "Mechanised shield tunnelling 2nd edition",

Ernst & Sohn.

Maidl, B., Thewes, M., and Maidl, U. (2013), "Handbook of Tunnel Engineering Ⅰ Structures and Methods", Ernst & Sohn.

Maidl, B., Thewes, M., and Maidl, U. (2013), "Handbook of Tunnel Engineering Ⅱ Basic and Additional Services for Design and Construction", Ernst & Sohn, a Wiley Brand.

Martin, C. D., Kaiser, P. K., and McCreath, D. R. (1999), "Hoek-Brown parameters for predicting the depth of brittle failure around tunnels", Canadian Geotechnical Journal, **36**(1), 136-151.

Mogi, K. (2007), "Experimental Rock Mechanics".

Moon, J. S., Fernandez. G. (2010). "Effect of excavation-induced groundwater level drawdown on tunnel inflow in a jointed rock mass", Engineering Geology, **110**(3-4), 33-42.

Moon, J. S. and Jeong, S. S. (2011), "Effect of highly pervious geological features on ground-water flow into a tunnel", Engineering geology, **117**(3-4), 207-216.

Obert, L., and Duvall, W. I. (1967), "Rock mechanics and the design of structures in rock", J. Wiley.

Oh, T. M. and Cho, G. C. (2016), "Rock cutting depth model based on kinetic energy of abrasive waterjet", Rock Mechanics and Rock Engineering, **49**(3), 1059-1072.

Oreste, P. (2009), "The convergence-confinement method: roles and limits in modern geomechanical tunnel design", American Journal of Applied Sciences, **6**(4), 757.

Panet, M., and Guenot, A. (1982), "Analysis of convergence behind the face of a tunnel", Proc. Tunnelling'82, London, The Institution of Mining and Metallurgy.

Panet, M.(chairman) (2001), AFTES, Working Group(WG) 1, The convergence-confinement method, Technical Committee.

Park, D. H., Sagong, M. Kwak, D. Y. and Jeong, C. G. (2009), "Simulation of tunnel response under spatially varying ground motion, Soil Dynamics and Earthquake Engineering, **29**(11-12), 1417-1424.

Park, Inn-Joon and Desai, Chandra S. (2000), "Cyclic behavior and liquefaction of sand using disturbed state concept", Journal of Geotechnical and Geoenvironmental Engineering, Vol.126, Issue 9 (September 2000).

Peck, R. B. (1969), "Deep excavations and tunneling in soft ground", Proceedings, 7th ICSMFE, 225-290.

Rabcewicz, L. V., and Sattler, K. (1965), "Die neue österreichische Tunnelbauweise", Der Bauingenieur, **40**(8), 2.

Rowe, R. K., Lo, K. Y., and Kack, G. J. (1983), "A method of estimating surface settlement above tunnels constructed in soft ground", Canadian Geotechnical Journal, **20**(1), 11-22.

Sattler, K. (1968), "Neuartige Tunnelmodellversuche-Ergebnisse und Folgerungen", In Aktuelle Probleme der Geomechanik und Deren theoretische Anwendung/Acute Problems of Geomechanics and Their Theoretical Applications, Springer, Vienna, 111-137.

Shin, J. H., and Potts, D. M. (2002), "Time-based two dimensional modelling of NATM tunnelling", Canadian Geotechnical Journal, **39**(3), 710-724.

Shin, J.H., Potts, D.M. and Zdravkovic, L. (2002), "Three-dimensional modelling of NATM tunnelling in decomposed granite soil", Geotechnique, **52**(3), 187-200.

Shin, J. H., Potts, D. M., and Zdravkovic, L. (2005), "The effect of pore-water pressure on NATM tunnel linings in decomposed granite soil", Canadian Geotechnical Journal, **42**(6), 1585-1599.

Shin, J. H. (2008), "Numerical modeling of coupled structural and hydraulic interactions in tunnel linings", Structural Engineering and Mechanics, **29**(1), 1-16.

Shin, J. H., Moon, J. H., Lee, I. K., and Hwang, K. Y. (2006), "Bridge construction above existing underground railway tunnels", Tunnelling and Underground Space Technology, **21**(3-4), 321-322.

Shin, J. H., Choi, Y. K., Kwon, O. Y., and Lee, S. D. (2008), "Model testing for pipe-reinforced tunnel heading in a granular soil", Tunnelling and Underground Space Technology, **23**(3), 241-250.

Shin, J. H., Kim, S. H., and Shin, Y. S. (2012), "Long-term mechanical and hydraulic interaction and leakage evaluation of segmented tunnels", Soils and Foundations, **52**(1), 38-48.

Shin, J. H., Lee, I. K., and Joo, E. J. (2014), "Behavior of double lining due to long-term hydraulic deterioration of drainage system", Structural Engineering and Mechanics, **52**(6), 1257-1271.

Shin, J. H., Moon, H. G., and Chae, S. E. (2011), "Effect of blast-induced vibration on existing tunnels in soft rocks", Tunnelling and Underground Space Technology, **26**(1), 51-61.

Shin, Y. J., Song, K. I. Lee, I. M. and Cho, G. C. (2011), "Interaction between tunnel supports and ground convergence-consideration of seepage forces", International Journal of Rock Mechanics and Mining Sciences, **48**(3), 394-405.

Singh, B., Jethwa, J. L., Dube, A. K., and Singh, B. (1992), "Correlation between observed support pressure and rock mass quality", Tunnelling and Underground Space Technology, **7**(1), 59-74.

Son, M., and Cording, E. J. (2006), "Tunneling, building response, and damage estimation", Tunnelling and Underground Space Technology incorporating Trenchless Technology Research, **3**(21), 326.

Song, K. I., Cho, G. C. and Lee, S. W. (2011), "Effects of spatially variable weathered rock properties on tunnel behavior", Probabilistic Engineering Mechanics, **26**(3), 413-426.

Szechy, K. (1966), "The Art of Tunneling;(Die Kunst des Tunnelbaus)", refs, Akadémiai Kiadó, Budapest, 891.

Terzaghi, K. (1946), "Introduction to tunnel geology", Rock tunnelling with steel supports, 17-99.

Von Rabcewicz, L. (1944), "Tunnelbau-und Betriebsweisen bei echtem Gebirgsdruck. In Gebirgsdruck und Tunnelbau, Springer, Vienna, 65-74.

Von Rabcewicz, L. (1964), "The New Austrian Tunnelling Method", Water Power, 65.

Vlachopoulos, N., and Diederichs, M. S. (2009), "Improved longitudinal displacement profiles for convergence confinement analysis of deep tunnels", final report on water proofing measures forRock Mechanics and Rock Engineering, **42**(2), 131-146.

Wang, Y. (1996), "Ground response of circular tunnel in poorly consolidated rock", Journal of Geotechnical Engineering, **122**(9), 703-708.

Yoo, C., and Shin, H. K. (2003), "Deformation behaviour of tunnel face reinforced with longitudinal pipes: laboratory and numerical investigation", Tunnelling and Underground Space Technology, **18**(4), 303-319.

# 찾아보기

**著者 신종호**

2004 - 현재 건국대학교 사회환경공학부 교수

고려대학교 토목공학과

KAIST 토목공학과
"터널굴착에 따른 지반거동" MSc Thesis

Imperial College, London, University of London, UK
"Numerical Analysis of Tunnelling in Decomposed Granite Soil" PhD Thesis

대우엔지니어링

서울특별시청(지하철 건설본부)

대통령실(국토해양, 지역발전, 국가건축위, 지역발전위)

(사)한국 터널지하공간학회 회장(12대)

**주요 저서**

지반역공학 I : 지반거동과 모델링, 2015(개정), 도서출판 씨아이알.

지반역공학 II : 지반해석과 설계, 2015, 도서출판 씨아이알.

전산지반공학, 2015, 도서출판 씨아이알.

# 터널공학 Tunnel Engineering

**초판인쇄** 2020년 1월 2일
**초판발행** 2020년 1월 9일

**저 자** 신종호
**펴 낸 이** 김성배
**펴 낸 곳** 도서출판 씨아이알

**책임편집** 박영지
**디 자 인** 윤지환, 윤미경
**제작책임** 김문갑

**등록번호** 제2-3285호
**등 록 일** 2001년 3월 19일
**주 소** (04626) 서울특별시 중구 필동로8길 43(예장동 1-151)
**전화번호** 02-2275-8603(대표)
**팩스번호** 02-2265-9394
**홈페이지** www.circom.co.kr

**I S B N** 979-11-5610-781-1 (93530)
**정 가** 24,000원